复合土钉支护设计与施工

曾宪明 郑志辉 戴瑞奇 李世民 编著

中国建筑工业出版社

图书在版编目（CIP）数据

复合土钉支护设计与施工/曾宪明等编著.—北京：中国建筑工业出版社，2009
 ISBN 978-7-112-11216-6

Ⅰ.复… Ⅱ.曾… Ⅲ.①土钉支护-设计②土钉支护-工程施工 Ⅳ.TU753.8

中国版本图书馆 CIP 数据核字（2009）第 151638 号

复合土钉支护是一种公认先进的岩土工程加固、支护工法，具有浓厚的中国特色，在不良地质条件下，大有取代单一土钉支护的趋势。本书总结归纳了近十余年来复合土钉支护在我国边坡、基坑、隧道、地基等工程中应用的主要成果和经验，其内容涉及工程勘察、设计、施工、监理、质检等方面技术工作，可供相关工程技术人员参考。

* * *

责任编辑：丁洪良
责任设计：赵明霞
责任校对：刘　钰　梁珊珊

复合土钉支护设计与施工

曾宪明　郑志辉　戴瑞奇　李世民　编著

*

中国建筑工业出版社出版、发行（北京西郊百万庄）
各地新华书店、建筑书店经销
北京红光制版公司制版
北京市安泰印刷厂印刷

*

开本：787×1092 毫米　1/16　印张：23½　字数：572 千字
2009 年 10 月第一版　　2009 年 10 月第一次印刷
印数：1—3000 册　定价：48.00 元
ISBN 978-7-112-11216-6
(18441)

版权所有　翻印必究
如有印装质量问题，可寄本社退换
（邮政编码 100037）

前 言

1. 编著者初衷

复合土钉支护是指单一土钉支护与其他一种或以上传统工法结合形成的岩土加固支护方法。它最初被称为改良土钉支护法，简称改良法。复合土钉支护技术自 1992 年首次在深圳文锦广场应用以来，已走过 16 年历程。目前，复合土钉支护在我国岩土工程加固支护领域，已成为一种公认主流技术，它对我国工程建设产生的社会和经济效益不可低估。

应用复合土钉结构加固支护了数不胜数的岩土基坑、边坡、隧道和地基工程，其中绝大多数都获得了成功，取得许多正面经验；也有极少数工程因故出现了险情或失稳事故，尚有若干反面教训。在广泛开展工程应用同时，我国工程技术人员围绕复合土钉支护工作原理、作用机制和设计方法等，开展了不少室内外试验研究、工程监测、数值模拟和设计理论探讨等工作，又提出诸多研究成果。

对上述工程经验、反面教训和研究成果进行归纳、整理和提炼，使之形成一本复合土钉支护设计与施工实用图书，这就是本书编著者创意和初衷。相信本书面世会适逢其时，受到欢迎。

需要指出，采用某项技术发生工程事故后，人们常把事故归罪于该技术方法本身。这有失公道，且于事无补。

2. 应用 16 年，迄今无标准

工作在第一线的工程质检、监理、勘察、设计、施工技术人员深感缺乏并不断以不同方式呼吁尽快建立复合土钉支护设计施工标准，事实上，我国目前还没有这类技术标准。复合土钉支护是与土钉支护相继产生并在我国广泛推广应用起来的，前者大有取代后者的趋势，特别是在不良地质条件下。对于土钉支护，我国先后出版过中国工程建设标准化协会标准《土钉支护设计与施工技术条例》和《基坑土钉支护技术规程》CECS96：97，同济大学出版社 1997 年出版《岩土深基坑喷锚网支护法原理·设计·施工指南》，中国建筑工业出版社 2000 年出版《土钉支护设计施工手册》，人民交通出版社 2007 年出版《土钉支护技术规范》GJB 5055—2006（国家军用标准）。此外，还有若干省市编制了地区性土钉技术标准。然而，关于复合土钉支护，哪怕是非强制性技术标准也未编制过一部。这与复合土钉支护目前作为我国岩土工程加固支护主流技术之一的状况是很不相称、很不相适应的。

但愿本书能为编制相应强制性技术标准奠定一定基础。

3. 我看敏感问题

何为敏感问题？锚杆和土钉区分问题，土钉墙与土钉支护差异问题，单一土钉支护与复合土钉支护界定问题。尤其是前两个问题，一直争论很激烈。

我国岩土工程界对上述问题还未取得统一认识。这种情况国外也普遍存在，并不稀奇，国外月亮也有阴晴圆缺。对此，读者可参见本书专题研究中所举多处例证。在这种情况下，有专家就主张，什么锚杆、土钉、锚索，一律都叫锚杆或新奥法。这样做是简而化之，不过，这对这些技术的研究、应用与发展未必就有利。况且新奥法并不等于锚杆支护。新奥法在1955年才发表，而锚杆在1872年以前就已有研究和应用了，早了前者83年。

我的看法是，不宜简单地从表象上去区分，而应从本质上予以区别。单根注浆锚杆与单根注浆土钉在施工工艺上是完全相同的，但它们工作原理就有可能不同。它们的大小、长短、疏密、预应力的有无及高低等，均是表象和相对概念，且与工程大小及重要性程度、基坑深浅、岩土介质优劣等密切相关。在不同工程、地质、环境和水文条件下，锚杆设计的长度比土钉短、密度比土钉密、直径比土钉细、预应力比土钉低，都不是不可能的，并非总是相反。锚杆与土钉的差异在于工作原理、作用机理和设计方法不同，土钉墙与土钉支护、单一土钉支护与复合土钉支护亦然。

注浆锚杆与锚索仅为材质上差异，一般都需考虑力平衡条件，不稳定体力须用内锚固段锚固力来平衡，内锚段须穿过滑移面锚固在稳定地层中，因而主要取锚固原理。土钉墙方法是对新奥法的改进和发展，它同样要考虑力平衡条件，但对不稳定体力主要不是通过锚固力来平衡，而是通过土钉杆体和注浆体以及面层对岩土介质进行改性加固作用，使之成为一种物理力学性质得到显著提高的稳定的新地质体，因而其长度不一定要穿过滑移面，故主要取加固机理。土钉支护是在土钉墙基础上发展起来的，它是在土钉加固改性后仍不稳定条件下将其杆体延伸至滑移面之外，利用延长部分锚固力来平衡不稳定新地质体的方法。因而它取加固基础上的锚固机理。复合土钉支护是土钉与其他传统工法有机结合的产物，形式众多，其作用机理也比单一土钉支护复杂得多，但存在优化复合问题。

4. 打破微观结构理论的一统天下

锚杆、锚索、土钉拉拔试验国内外做了成千上万次，但最近几十年来占主导地位思维模式却是由D. J. Pinchin和D. Tabor（1978）提出的，此后又由A. Benter，S. Diamond和S. Mindess（1985）等人进一步研究和发展的著名微观结构理论。

微观结构理论认为：浆体材料在界面处存在一个相对较弱的界面区。此界面区主要由氢氧化钙晶体、C-S-H等组成，对界面力学特性起着非常重要的作用。由于界面层材料的微观构造尺寸即使与很细的钢纤维相比仍然非常小，因而纤维直径的变化不会引起界面层微观结构的变化。鉴于此，提出了基于平均剪应力的界面剪切强度与摩擦剪应力计算方法，并认为可以用表面处理相同的钢条或钢筋替代钢纤维进行试验，以确定锚杆界面的力学特性。

锚杆界面微观结构理论在国际上的影响是不言而喻的，以致影响到了许多国家，其中也包括我国现行相关技术标准的制定。但是，这个理论在将钢纤维从基体中拔出的试验研究结论推广应用于锚杆设计是存在重大缺陷的，准确地说，这种推广与大量原型锚杆拉拔试验结果不符。编著者也曾撰文列举大量中外研究人员的试验研究结果和结论以及本人研究所得，证明这种推广存在的严重问题（读者可参见本书专题研究）。

究其原因主要有二：①该理论的应用超出了本身适用范围；②尺度效应影响。锚杆界面微观结构理论承认即便很短的钢纤维在从混凝土和水泥浆基体中拔出时也不是理想均匀的。但是，钢纤维直径与锚杆直径尺寸通常相差2个数量级。本来就不很均匀的钢纤维与基体间界面剪应力在被放大100倍以后，仅就相似模型原理的几何相似而言不就是我们所不能容忍和接受的锚杆与浆体界面间平均剪应力的问题吗？

5. 平均剪应力概念和方法应彻底摒弃

对于多锚杆体系的情况，R. A. Cook 等学者还提出了一种计算紧密排列的锚杆锚固强度的方法，在理论推导中，为简化计算，假设粘结剪应力沿锚固段长度均匀分布。据说这已为实验结果和有限元分析所证明。采用平均剪应力的弊端在于：①它不符合科学事实；②它使工程设计存在潜在危险。危险在于：锚固力不够就延长锚固类结构杆体长度，而在岩土介质中锚固长度是有限制的，即存在一个临界锚固长度，超过此长度既是一种浪费，又无法满足设计要求。当然，摒弃平均剪应力概念和方法有一个较长过程，在规范没有修订之前，我们还不得不用它。因此，在本书中不可避免地还将见到它的身影。

6. 锥形破坏面产生条件

在一般完整性较好、强度很高的硬岩或混凝土中钻孔，安装锚固类结构，灌注低强水泥砂浆，锥形破坏模式是很难产生的。其原因在于剪应力在钢筋-水泥浆体-模拟围岩介质的混凝土这三种介质中的空间分布形态是衰减的，并且破坏首先发生在相对较弱的介质中或界面处。只有：①钢筋；②钢筋与水泥浆体之间的界面（即第 1 界面）；③水泥浆体；④水泥浆体与岩体或混凝土之间的界面（即第 2 界面）的力学强度均显著高于围岩介质或模拟围岩介质混凝土的时候，锥形破坏面（即第 3 界面）才有可能产生于岩体或混凝土介质之中。

7. 界面剪应力在两个正交方向上都是衰减的

假如锚固类结构杆体设计长度足够长，剪应力在垂直于杆体轴线方向和沿杆体轴线方向上都是衰减的，并且是从最大值衰减至零。第一个"衰减"证明剪应力在垂直于杆体轴线方向上保持不变的假设不成立，第二个"衰减"说明在杆体轴线方向上"平均剪应力"应摒弃。

8. 注浆体裂缝的转移性、随机性、不确定性

破坏条件下，锚固类结构钻孔中注浆体裂缝是不断延伸、转移的，并且是同峰值剪应力和零值剪应力的转移基本同时发生；如果不是破坏后的水泥浆体还存在一定摩阻效应，上述三者的转移将同时发生。这均已为试验研究结果所证实。一定条件下锚固类结构杆体抗拔力是一定的，但裂缝长度却不确定，既可以在丝米量级或更小（宏观不可见），也可以在宏观可见的开裂、破碎后沿锚固段全长发生，具有相当大的随机性和不确定性。

9. 他人成果选编

本书在编著者研究所得基础上，有取舍地编入了其他专家、学者和研究生的部分成果，并根据需要，斗胆作了改写、删节、补足或润色。他们的成果与结论弥足珍贵，他们的大名及研究成果书中均有评介，编著者无意贪天之功。

其成果部分编入本书的作者有：张凡，杨志银，张飞，孙铁成，宋二祥，杨林德，杨志明，周川杰，李象范，屠毓敏，赖天文，陈清华，段建立，郭清，石建，吕麟信，马金普，许斌，汤凤林，张旭辉，孙晓勉，杨绍祺，杨振军，黄力平，刘彦忠，郑坚，周健，李文丘，赵佩胜，杜飞，孙剑平，许光宇，袁培中，莫暖娇，魏建华，宋建学，周同和，马军，张钦喜，尹骥，陈肇元，闫军，李方震，朱绍新，蒋孙春等，美国交通部联邦总局（FHWA-SA-96-069R）、佘诗刚等，Gyaneswor Pokharel，Tatsumi Ochial 等。

10. 问题多，待后生

复合土钉支护种类繁多，优化复合问题特别突出。复合土钉支护面世16年来尚未建立相应技术标准即可说明这一点。复合土钉支护可归类于锚固类结构。本书在专题研究中，较详尽地列举了锚固和复合锚固类结构亟待研究解决的诸多问题，可供有兴趣研究人员参考。问题多，不可怕，要进步，解决它。最可怕的是，有问题，看不见；看见了，懒得管。

11. 小建议，大事情

我在查阅相关文献资料时发现一个较普遍问题，就是对于同一编年，被不同的作者表述成不同的年代。如1961年，有说是60年代的，有说是50年代的，有说是70年代的。这实在令人懊恼、啼笑皆非而又无可奈何。

记得千年之交时我国对此曾有过一番公开讨论，看来似乎进行得不彻底，认识未统一，惯性在继续。恰像锚杆与土钉区分之争一样，上述现象表明问题仍处于无序阶段。真乃万事一理！在我先前发表的拙文中，严格算来也有几多类似荒唐处，不免有愧于读者，心常不安。昨日事，今朝看，不一样，时空变。这也正是我执意不愿出版论文选集的缘由。银河在旋，地球在转，年轮在长，时代在变。无穷东西须探讨，瞬息万变皆自然。昨日黄花何须看。

于是我查阅了《辞海》，它是这样定义"世纪"的：

世纪：历史上的计年单位。百年为一世纪，特别指耶稣基督纪元（公历纪元）之百年分期。每世纪中又以十年为一"年代"。如二十世纪七十年代，通常指1970—1979年，即习惯上以出现"70"为七十年代之始；亦有主张1971—1980年者。

原来《辞海》也不是圣经。

也许上述思想的混乱就与《辞海》有关。

于是我又请教了大约60位同行专家、学者，没想到耳朵听到的与眼睛看到的结果相差无几。我本该意识到这一点：文如其人。

由此我推断，其他行业诸多期刊情形亦相仿。总体看来，乱如一锅粥。

有专家说，讨论这个问题很无聊。

我不这么看。

岩土工程一般都认为是很"土"的，没有什么高科技（其实不然，正是因为"土"，我国与先进国家的差距反而小一些，在某些方面，也差不到哪里去，复合土钉支护技术即如此）。但例如岩土工程中的动载量测一般都须精确到毫秒（千分之一秒）量级，请问30年是多少毫秒？文章参考文献标注一般要求精确到月份，请问30年是多少个月？

习惯是一种惯性，但有好习惯和不良习惯之分。当习惯对社会生活和科技发展带来不良影响时，我们是不是该重视并修正它。

圣人也会犯简单错误。不然的话，2000年时怎会普天同庆新千年的到来呢？

《辞海》差不多是圣人编写的。70余年来《辞海》也被修订过多次。至少在"世纪"这一条上还应作认真修改。第一，不宜有两种说法，让人无所适从，竟有两难；第二，两种说法均不甚科学，不甚严谨，不甚合理。

对于第一种说法，如果20世纪70年代是指1970～1979年，那么它就是下面的分法：

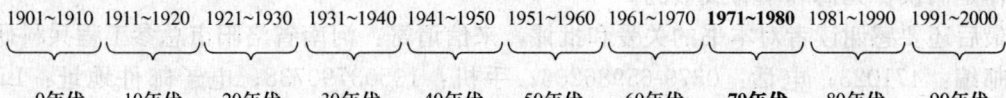

1901～1909算什么年代呢？按逻辑推理，只能算零年代，但又只有9年，而2000年这一年又无所依附，像个没娘的孩子，总不能把它归于第三个千年罢！是不是不伦不类很荒唐。

对于第二种说法，如果20世纪70年代是指1971～1980年，于是就有以下分法：

1901~1910	1911~1920	1921~1930	1931~1940	1941~1950	1951~1960	1961~1970	**1971~1980**	1981~1990	1991~2000
0年代	10年代	20年代	30年代	40年代	50年代	60年代	**70年代**	80年代	90年代

如果不补充一个"零年代"，100年就只有9个年代，少了10年。补了一个零年代，从概念上看又不甚合理。1000年，100年（世纪），10年（年代），年，这是一个系列。既然有零年代，就该有零千年、零世纪和零年。但是，这叫谁读得懂呢？世界上从来就不曾出现过公元零年。

世界科技的发展，从来是从无序到有序，从粗到细再到微，其间过程或长或短能理解。我的建议是：一、修改《辞海》"世纪"条；二、年代定义须统一。这个问题不能一人说了算，不能几人说了算，不能完全凭习惯。习惯如果不科学、不严谨、不合理，理应改，似应该。

一、修改《辞海》"世纪"条

①《辞海》"世纪"条第一句中宜删除"上的"二字；②第四句中，应将"通常指1970～1979年"改为"是指1961～1970年"，删除"习惯上"三字，并将"始"改为"末"；同时删除"亦有主张1971～1980年者"。

修改后的"世纪"条如下：

世纪：历史计年单位。百年为一世纪，特别指耶稣基督纪元（公历纪元）之百年分期。每世纪中又以十年为一"年代"。如二十世纪七十年代，是指1961—1970年，即以出现"70"为七十年代之末。

具体建议如下，仍以刚过去的公元两千年20世纪为例：

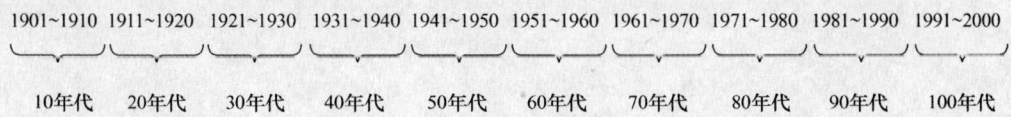

这种分法比较科学，比较严谨，比较合理。但有违长者心态，也不太适合纯美最是少年心。比较适于中年人，显得更年青。毕竟感觉是一码事，道理是另码事。不能完全跟着感觉走，有序才是理性化。

二、年代定义应统一

小题大作？没事找事？意在炒作？任你评说。德性功于教化，教化有赖文章，文章几多混乱，岂不应该归一。君不见，准确定义年代，其值高于天。一人力，几人力，总不及。国家力，泰山移。建议由国家有关部门组织专家，立项研究，制定强制性执行标准，予以统一。否则终究只是公说公理，婆说婆理，读罢美文笑嘻嘻。

12. 鸣谢

感谢复合土钉支护的众多理论研究工作者和更多的设计施工实践者，他们辛勤劳动的结晶本书中多有展现。

感谢中国建筑工业出版社，长期以来，他们对广泛应用于我国岩土工程的土钉支护和复合土钉支护技术的发展等给予了极大的关注和支持。

感谢我的合作者郑志辉副教授、戴瑞奇总工、李世民助理研究员和王启睿硕士。我们的合作是愉快、无悔和卓有成效的。

最后还要感谢读者对本书的关爱和批评，来信请寄：河南省洛阳市总参工程兵科研三所，邮编：471023；电话：0379-65986206；手机：13503790738；电子邮件地址：Lishimin306@Sina.com.

曾宪明
二〇〇九年三月于洛阳

目 录

图表索引
1 绪论 ·· 1
  1.1 概述 ·· 1
  1.2 复合土钉支护的试验研究与监测 ·· 1
  1.3 复合土钉支护的数值分析方法 ··· 2
  1.4 复合土钉支护的设计理论探讨 ··· 3
  1.5 复合土钉支护在岩土工程中的应用 ·· 4
  1.6 复合土钉支护工程失稳原因分析 ·· 5
  1.7 复合土钉支护研究与应用中存在的主要问题 ····································· 5
  1.8 复合土钉支护的国外研究与应用简况 ··· 6
  1.9 小结 ·· 7

2 复合土钉支护工作性能试验与监测 ··· 8
  2.1 土钉-深层搅拌桩复合结构的现场测试 ·· 8
  2.2 土钉-旋喷桩-微型桩复合结构的监测 ·· 12
  2.3 土钉-锚索（杆）复合结构的现场测试 ·· 18
  2.4 土钉-锚杆复合结构现场测试 ·· 24
  2.5 新型复合土钉结构抗动载性能测试 ·· 30
  2.6 回填土边壁（坡）工程性能测试 ·· 37
  2.7 降雨导致填土边壁（坡）滑塌的模型测试 ······································ 45
  2.8 降雨前后夯实填土边坡工程性能测试 ··· 54
  2.9 土钉-止水帷幕复合结构工作特性测试 ·· 61
  2.10 降雨前复合土钉支护填土边坡模型试验 ······································· 70
  2.11 降雨条件下复合土钉支护受力变形特性测试 ································· 78

3 复合土钉支护的数值分析方法 ·· 89
  3.1 不同土钉结构特性的比较分析 ··· 89
  3.2 土钉-搅拌桩复合结构工作特性数值分析方法 ·································· 94
  3.3 土钉-锚杆（微型桩）复合结构的变形特性 ···································· 98
  3.4 土钉-双排超前钢管注浆桩复合结构位移特性 ································ 102
  3.5 土钉-搅拌桩墙复合结构受力变形特性 ·· 106

3.6　土钉-搅拌桩复合结构稳定性分析 ……………………………………………… 111
　　3.7　填土边壁（坡）破坏模式相似模型试验的有限元分析 ……………………… 114

4　复合土钉支护设计方法 …………………………………………………………………… 151
　　4.1　土钉-超前锚杆复合结构作用机理 …………………………………………… 151
　　4.2　土钉-搅拌桩/锚管桩复合结构设计参数敏感性 ……………………………… 156
　　4.3　土钉-搅拌桩复合结构设计方法 ……………………………………………… 159
　　4.4　挡土挡水复合土钉支护的设计 ………………………………………………… 170
　　4.5　土钉-搅拌桩复合结构设计的综合法 ………………………………………… 176
　　4.6　土钉-搅拌桩复合结构整体稳定性计算方法 ………………………………… 183

5　复合土钉支护在岩土工程中的应用 ……………………………………………………… 190
　　5.1　复合土钉支护常用形式与工程实例 …………………………………………… 190
　　5.2　土钉-搅拌桩复合结构的应用 ………………………………………………… 194
　　5.3　土钉-钢管桩复合结构的应用 ………………………………………………… 197
　　5.4　土钉-微型桩-预锚复合结构的应用 …………………………………………… 200
　　5.5　土钉-树根桩-花管复合结构的应用 …………………………………………… 204
　　5.6　土钉-桩-锚复合结构的应用 …………………………………………………… 206
　　5.7　土钉-桩-锚索复合结构的应用 ………………………………………………… 209
　　5.8　土钉-深层搅拌桩-钢管桩复合结构的应用 …………………………………… 212
　　5.9　注浆钢管土钉-板桩复合结构的应用 ………………………………………… 216
　　5.10　土钉（锚杆）-水泥土墙复合结构的应用 …………………………………… 218
　　5.11　土钉-深层搅拌桩复合结构在软土中的应用 ………………………………… 221
　　5.12　多种复合土钉结构在软土工程中的应用 …………………………………… 225
　　5.13　土钉-注浆花管复合结构的应用 ……………………………………………… 231
　　5.14　土钉-钻孔桩复合结构的应用 ………………………………………………… 234
　　5.15　多种复合土钉结构在软土地基中的应用 …………………………………… 237
　　5.16　土钉-搅拌桩复合结构在软土中的应用 ……………………………………… 238
　　5.17　土钉-搅拌桩-微型桩复合结构的应用 ……………………………………… 240
　　5.18　土钉-微型桩-预锚复合结构应用 …………………………………………… 244
　　5.19　土钉-锚杆-微型桩-搅拌桩复合结构在重要工程中的应用 ………………… 248
　　5.20　钢管土钉-搅拌桩复合结构的应用 …………………………………………… 252
　　5.21　土钉-改良加筋土复合结构的应用 …………………………………………… 256
　　5.22　复合土钉支护在CFG桩复合地基中的应用 ………………………………… 260
　　5.23　土钉-预锚复合结构的应用 …………………………………………………… 263
　　5.24　锚管-注浆-排水复合系统处理险情工程 …………………………………… 268
　　5.25　注浆钉-击入钉复合结构的应用 ……………………………………………… 270
　　5.26　小钉管-大钉管-注浆复合结构的应用 ……………………………………… 273
　　5.27　土钉-排桩-挡墙复合结构的应用 …………………………………………… 275

    5.28   土钉-搅拌桩复合结构在不良地层中的应用 ·············· 280

6 复合土钉支护工程事故原因剖析 ·············· 282
    6.1   土钉-搅拌桩复合结构倒坍原因 ·············· 282
    6.2   土钉-搅拌桩-暗墩复合结构两次失稳原因 ·············· 286
    6.3   土钉-双层深层搅拌桩复合结构大变形原因 ·············· 288
    6.4   钢管土钉-单排搅拌桩复合结构坍塌原因 ·············· 291

7 专题研究 ·············· 294
    专题Ⅰ   锚固和复合锚固类结构抗动静性能问题研究 ·············· 294
    专题Ⅱ   锚固类结构诸界面剪应力相互作用关系与设计方法问题研究 ·············· 306
    专题Ⅲ   岩土高边坡破坏模式、预测预警与防治方法问题研究 ·············· 321
    专题Ⅳ   锚固类结构及其耐久性与使用寿命问题研究 ·············· 341

图 表 索 引

图 1　梁洲段基坑断面示意图 ·· 8
图 2　基坑及测点平面布置图 ·· 9
图 3　基坑支护设计方案 ·· 9
图 4　A-A 断面测力计布置示意图 ··· 9
图 5　基坑开挖与测试土钉设置的进度 ·· 10
图 6　水平位移随深度的变化曲线 ··· 10
图 7　土钉拉力-时间关系曲线 ·· 11
图 8　钉头测试装置示意图 ··· 12
图 9　土钉头部测点受力随时间变化曲线 ······································ 12
图 10　复合土钉支护的常用类型 ··· 13
图 11　基坑东侧复合土钉支护剖面 ··· 15
图 12　土钉抗拔试验荷载与变形曲线 ··· 16
图 13　基坑东侧复合型土钉支护剖面图 ······································ 17
图 14　最大轴力分布区域图 ··· 18
图 15　开挖后土钉最大拉力位置 ··· 18
图 16　测试锚杆断面图（单位：m） ··· 19
图 17　测试土钉支护断面图（单位：m） ····································· 19
图 18　复合土钉支护测试立面图（单位：m） ································ 19
图 19　土层锚杆轴向拉力-时间关系曲线 ······································ 20
图 20　永久支护第 1 排土钉轴向拉力-时间关系曲线 ·························· 21
图 21　永久支护第 3 排土钉轴向拉力-时间关系曲线 ·························· 21
图 22　永久支护第 4 排土钉轴向拉力-时间关系曲线 ·························· 21
图 23　永久支护第 6 排土钉轴向拉力-时间关系曲线 ·························· 22
图 24　土层锚杆拉力沿基坑深度方向的分布图 ································ 22
图 25　土钉拉力沿基坑深度方向的分布图 ···································· 23
图 26　复合支护体系中预应力锚杆与土钉拉力变化图 ························· 23
图 27　基坑平面及测点布置图 ··· 24
图 28　地质剖面图（2-2 断面） ··· 25
图 29　边坡支护方案（1-1 断面） ··· 26
图 30　1#土钉微应变-时间关系曲线 ·· 26
图 31　1#土钉微应变沿钉长分布形态 ·· 26
图 32　2#土钉微应变-时间关系曲线 ·· 26

图 33	2#土钉钉长上微应变随时间变化曲线	26
图 34	3#土钉微应变-时间关系曲线	27
图 35	3#土钉应变沿钉长分布形态	27
图 36	4#土钉应变-时间关系曲线	27
图 37	4#土钉应变沿钉长分布形态	27
图 38	边坡水平位移-时间关系曲线	27
图 39	边坡水平位移-开挖深度关系曲线	27
图 40	边坡水平位移-测点位置关系曲线	27
图 41	地表沉降-时间关系曲线	28
图 42	边坡沉降-测点位置关系曲线	28
图 43	原型试验洞室断面图（单位：mm）	31
图 44	各试验段支护参数设计	31
图 45	各试验段的测点布置	32
图 46	复制模型洞室的设计（单位：mm）	36
图 47	模型洞室的临界破坏情况	37
图 48	试验设备示意图	40
图 49	主滑塌面形态	41
图 50	质点随动计的位移轨迹	41
图 51	1～5号观测线的变化规律	42
图 52	应变沿高度的分布形态	42
图 53	挡板应变随开挖的变化曲线	43
图 54	不同缩尺模型与原型滑塌面对应质点坐标与时间的关系曲线	44
图 55	模型与原型的质点随动位移与时间的无量纲关系曲线	44
图 56	降雨装置示意图	46
图 57	降雨前滑塌崖形态	47
图 58	降雨过程中原滑塌崖与地面变形破坏演变过程	47
图 59	一次性全部拆除挡板后的最终滑塌面	48
图 60	质点随动计的位移轨迹	48
图 61	逐次降雨条件下的渗水曲线	48
图 62	平均渗水速率与沉降速率	49
图 63	位移观测线变化轨迹	50
图 64	挡板应变随持续降雨和强降雨期的变化曲线	50
图 65	不规则冲沟形态	51
图 66	降雨前滑塌崖形态	55
图 67	挡板应变沿高度的分布形态	55
图 68	降雨过程中原滑坡崖和地面变形破坏演变过程	55
图 69	质点随动计的位移轨迹	56
图 70	七条裂缝的发展变化轨迹	56
图 71	逐次降雨条件下渗水曲线	57

图72	渗水速率与沉降速率比较	57
图73	降雨过程中五条位移观测线变化轨迹	57
图74	实测挡板应变值随持续降雨期变化曲线	58
图75	土钉与止水帷幕复合支护	62
图76	观测侧面及测点布置（单位：mm）	63
图77	端面及土钉布置示意图（单位：mm）	64
图78	基坑开挖后地表沉降变形曲线	65
图79	基底最大隆起-时间曲线	66
图80	坡面顶部水平位移-时间曲线	66
图81	普通土钉支护边坡垂直断面变形分布（单位：mm）	67
图82	复合土钉支护边坡垂直断面变形分布（单位：mm）	67
图83	土钉支护边坡试验位移矢量场及等值曲线	68
图84	复合土钉支护边坡试验位移矢量场及等值曲线	69
图85	土钉（水平支护锚管）测点布置（单位：cm）	71
图86	试验箱立面（开挖端面）测点布置示意图	71
图87	实测挡板应变随开挖变化曲线（单位：cm）	72
图88	挡板应变随高度分布曲线	72
图89	位移观测线变化轨迹	73
图90	潜在滑移面综合分析	73
图91	质点随动计位移轨迹	74
图92	水平锚管应变随开挖支护变化曲线	74
图93	钢筋网应变随开挖支护变化曲线	75
图94	面层应变随开挖支护变化曲线	75
图95	超前竖直锚管应变随开挖支护变化曲线	76
图96	复合土钉支护及地面封闭条件下渗水线分布形态	80
图97	位移观测线变化轨迹	80
图98	降雨过程中地面质点随动计位移轨迹	81
图99	降雨过程中地面沉降曲线变化特性	81
图100	渗水速率、渗水速率增量与沉降速率的比较	82
图101	四根测试锚管应变曲线	82
图102	实测钢筋网应变随时间变化曲线	83
图103	实测面层应变随时间变化曲线	83
图104	实测超前竖直锚管应变随时间变化曲线	84
图105	基坑开挖后的超静水压分布	91
图106	复合土钉支护变形网格	93
图107	一般土钉支护变形网格	93
图108	复合土钉水泥搅拌桩墙后土压力（最大80kPa）	93
图109	一般土钉支护面层后土压力（最大46kPa）	93
图110	复合土钉支护中典型土钉轴力分布	93

图 111　一般土钉支护中典型土钉轴力分布 ……………………………………………… 93
图 112　带转动自由度的 Goodman 单元 …………………………………………………… 95
图 113　基坑平面及测点布置图 …………………………………………………………… 96
图 114　不同开挖阶段复合土钉支护水平位移曲线 ……………………………………… 97
图 115　最大侧向位移计算值与实测值比较 ……………………………………………… 97
图 116　不同开挖阶段地面沉降曲线 ……………………………………………………… 97
图 117　不同开挖阶段第一排土钉轴力变化曲线 ………………………………………… 97
图 118　第二排土钉轴力计算与实测值曲线比较 ………………………………………… 97
图 119　不同开挖阶段第三排土钉轴力变化曲线 ………………………………………… 97
图 120　不同开挖阶段第四排土钉轴力变化曲线 ………………………………………… 98
图 121　不同开挖阶段第五排土钉轴力变化曲线 ………………………………………… 98
图 122　不同开挖阶段第六排土钉轴力变化曲线 ………………………………………… 98
图 123　锚杆-土钉复合支护问题的有限元网格 ………………………………………… 100
图 124　土钉支护与复合土钉支护坑壁位移比较 ………………………………………… 100
图 125　工程西侧基坑支护结构示意图 …………………………………………………… 105
图 126　各工况面层位移计算与实测曲线比较 …………………………………………… 106
图 127　基坑平面尺寸示意图 ……………………………………………………………… 108
图 128　有限元计算网格划分图 …………………………………………………………… 108
图 129　不同支护结构开挖变形比较（挖深为 3.5m） …………………………………… 109
图 130　不同支护结构开挖矢量场比较 …………………………………………………… 110
图 131　不同支护结构由开挖引起塑性区比较 …………………………………………… 110
图 132　土钉支护实测值与计算值比较 …………………………………………………… 110
图 133　第三步开挖时各排土钉轴力分布曲线 …………………………………………… 110
图 134　计算循环方法 ……………………………………………………………………… 112
图 135　土钉支护示意图 …………………………………………………………………… 114
图 136　土体支护后位移矢量图 …………………………………………………………… 114
图 137　土钉体位移实测值与计算值比较 ………………………………………………… 114
图 138　开挖完毕后各排土钉轴力分布图 ………………………………………………… 114
图 139　试验设备示意图 …………………………………………………………………… 114
图 140　不夯实填土边壁（坡）滑塌面形状 ……………………………………………… 115
图 141　夯实填土边壁（坡）滑塌面形状（降雨前、后滑塌面）………………………… 115
图 142　开挖边界结点 ……………………………………………………………………… 116
图 143　有限元计算模型及初始网格图 …………………………………………………… 117
图 144　各开挖工况的有限元网格局部放大图 …………………………………………… 118
图 145　不夯填情况下各开挖阶段土体最大剪应力及屈服度等色图 …………………… 119
图 146　不同开挖阶段不夯填土层边壁（坡）局部区域的屈服度等高线及
　　　　滑塌趋势线 ………………………………………………………………………… 122
图 147　夯填情况下各开挖阶段土体最大剪应力及屈服度等色图 ……………………… 126
图 148　不同开挖阶段夯填土边壁局部区域屈服度等高线及滑塌趋势线 ……………… 129

图 149　考虑滑塌的计算模型及初始网格图 …………………………………… 132
图 150　各开挖工况的有限元网格局部放大图 ………………………………… 133
图 151　考虑滑塌的计算模型及初始网格图 …………………………………… 135
图 152　各开挖工况的有限元网格局部放大图 ………………………………… 135
图 153　不夯填情况下考虑滑塌体时各开挖阶段土体最大剪应力及
        屈服度等色图 …………………………………………………………… 136
图 154　考虑土体滑塌影响时不夯填土边壁局部区域屈服度等高线及
        滑塌趋势线 ……………………………………………………………… 138
图 155　夯填情况下考虑滑塌体时各开挖阶段土体最大剪应力及屈
        服度等色图 ……………………………………………………………… 143
图 156　考虑土体滑塌影响时夯填土边壁局部区域屈服度等高线及滑
        塌趋势线 ………………………………………………………………… 147
图 157　逐次降雨条件下的渗水曲线 …………………………………………… 148
图 158　考虑降雨后部分土体饱和的计算模型及初始网格图 ………………… 148
图 159　考虑降雨影响土体一次开挖后最大剪应力及屈服度等值线图 ……… 149
图 160　考虑降雨影响土体一次开挖后最大剪应力及屈服度等色图 ………… 149
图 161　复合土钉支护结构剖面图 ……………………………………………… 151
图 162　超前锚杆抗滑作用 ……………………………………………………… 151
图 163　超前锚杆受力分析 ……………………………………………………… 152
图 164　超前锚杆嵌固深度计算简图 …………………………………………… 154
图 165　土钉支护结构布置图 …………………………………………………… 155
图 166　作用于超前锚杆上的土压力 …………………………………………… 155
图 167　超前锚杆内力分布 ……………………………………………………… 155
图 168　圆弧破坏模式示意图 …………………………………………………… 156
图 169　复合土钉支护结构示例 ………………………………………………… 160
图 170　复合土钉支护形式 ……………………………………………………… 160
图 171　复合土钉支护与一般土钉支护沉降比较 ……………………………… 161
图 172　复合土钉支护位移时程曲线 …………………………………………… 162
图 173　土钉受力的三个阶段 …………………………………………………… 163
图 174　抗渗流验算简图 ………………………………………………………… 163
图 175　土钉长度计算简图 ……………………………………………………… 164
图 176　内部稳定性验算简图 …………………………………………………… 166
图 177　外部稳定性验算简图 …………………………………………………… 166
图 178　整体稳定性验算 ………………………………………………………… 166
图 179　水泥土桩底部强度验算 ………………………………………………… 168
图 180　复合型土钉支护剖面 …………………………………………………… 175
图 181　土钉抗拔力验算简图 …………………………………………………… 175
图 182　复合土钉支护计算简图 ………………………………………………… 177
图 183　复合土钉支护结构整体稳定性分析 …………………………………… 177

图 184　基坑平面及场地环境 ·· 180
图 185　基坑南侧复合土钉支护剖面 ································ 181
图 186　基坑北侧复合土钉支护剖面 ································ 181
图 187　稳定性计算示意图 ·· 183
图 188　按已有方法搜索的圆弧位置 ································ 184
图 189　实际工程中裂缝出现位置 ··································· 184
图 190　滑裂面假设示意图 ·· 185
图 191　稳定性系数与半径比的关系曲线（挖深 4.6m） ······· 185
图 192　稳定系数与半径比关系曲线（挖深 3.5m） ············· 186
图 193　稳定系数与半径比关系曲线（挖深 4.5m） ············· 186
图 194　稳定系数与半径比关系曲线（挖深 5.5m） ············· 186
图 195　滑裂面形态与半径比关系曲线 ····························· 187
图 196　不同发展阶段裂缝形态 ······································ 187
图 197　对第二阶段的裂缝形态 ······································ 187
图 198　对第三阶段裂缝形态的推测 ································ 188
图 199　复合土钉支护破坏后的形态 ································ 188
图 200　改进方法的计算模型 ··· 188
图 201　第二裂缝发展阶段滑裂面形态及稳定系数 ·············· 188
图 202　搜索第三裂缝发展阶段滑裂和稳定系数的计算模型 ·· 189
图 203　第三裂缝发展阶段滑裂面形态及稳定系数 ·············· 189
图 204　土钉与止水帷幕复合支护 ··································· 191
图 205　土钉与微型桩复合支护 ······································ 191
图 206　土钉与预应力锚杆复合支护 ································ 192
图 207　部分基坑支护形式 ·· 193
图 208　土钉-搅拌桩复合支护基坑断面图 ························· 195
图 209　复合土钉支护结构图 ··· 195
图 210　土钉及钻头结构示意图 ······································ 196
图 211　C_1 孔测点位移时程曲线 ··································· 199
图 212　2♯土钉拉拔荷载-位移曲线 ································· 200
图 213　超前支护微型桩设计方案（平面图） ···················· 201
图 214　复合土钉支护方案（断面图） ····························· 201
图 215　土钉设计方案 ·· 202
图 216　锚垫板的构造 ·· 202
图 217　钢管竖向连接方式 ·· 203
图 218　钢管底端结构 ·· 203
图 219　土钉-桩-锚工程实例 ··· 206
图 220　土钉-锚杆-微型桩工程实例 ································ 206
图 221　基坑边壁复合土钉支护设计 ································ 208
图 222　基坑平面示意图 ··· 209

17

图 223	基坑支护主要形式	210
图 224	坡顶水平位移及地面沉降典型曲线	211
图 225	坡体变形典型曲线	211
图 226	广州海琴湾商住楼基坑围护平面图	213
图 227	海琴湾商住楼基坑 ABC 段支护结构断面图	214
图 228	ABC 段深层搅拌桩和钢管注浆桩平面布置图	214
图 229	海琴湾商住楼基坑 CDA 段支护结构断面图	215
图 230	CDA 段深层搅拌桩和钢管注浆桩平面图	215
图 231	注浆钢管土钉-板桩复合设计断面	217
图 232	最危险滑弧示意图	217
图 233	基坑工程与周边环境平面示意图	218
图 234	水泥土墙加锚围护示意图	219
图 235	复合土钉支护示意图	219
图 236	深层土体位移曲线图	220
图 237	基坑边壁复合土钉支护方案	222
图 238	基坑局部双排搅拌桩防渗方案	222
图 239	对防渗帷幕缺口的处理方案	223
图 240	某综合楼场地地层构造	226
图 241	某基坑边坡复合土钉支护断面图	227
图 242	"钢管微型桩-土钉"支护断面图	228
图 243	"水泥土搅拌桩幕墙-喷锚支护"断面图	228
图 244	"松树树根桩-钢筋网喷射混凝土面板"支护剖面	229
图 245	水泥土搅拌桩帷幕挡土性能原位测点布置图	230
图 246	试验锚管结构图	231
图 247	美林海岸花园工程基坑支护平面图	232
图 248	B-B 剖面图	233
图 249	土钉-钻孔桩支护剖面图	235
图 250	测斜孔位移随时间的变化曲线	236
图 251	复合土钉支护的两种结构形式	241
图 252	复合土钉支护深部滑移稳定问题	242
图 253	基坑工程甲 JX5 孔土体水平位移随深度变化曲线	243
图 254	边壁顶部 J5、J10、J12、J16 测点水平位移时程曲线	243
图 255	某基坑平面图	245
图 256	东、北侧边坡剖面	245
图 257	西侧边坡剖面（一）	245
图 258	西侧边坡剖面（二）	245
图 259	四周无楼房坡段支护结构剖面图	249
图 260	西侧通信机房楼处支护结构剖面图	250
图 261	基坑支护方案（一）	254

图 262	基坑支护方案（二）	254
图 263	钢管土钉拉拔力与位移关系曲线	255
图 264	基坑东侧坡顶沉降时程曲线	256
图 265	基坑西侧坡顶沉降时程曲线	256
图 266	夯实填土边壁降雨前后的滑塌形态	257
图 267	复合土钉支护的设计	259
图 268	填筑至地面时的情景	259
图 269	围护结构与地基处理竖向增强体空间关系	260
图 270	复合地基对围护结构的影响	261
图 271	围护结构对地基应力曲线的影响	261
图 272	A 基坑支护与地基工程剖面图	261
图 273	B 基坑支护与地基工程剖面图	261
图 274	基坑平面示意图	263
图 275	基坑西侧人防工程位置图	264
图 276	土钉支护设计剖面图（尺寸单位：m）	264
图 277	X 方向的位移等值线图	266
图 278	加设短土钉后的位移分布图	266
图 279	坡顶水平位移随开挖变化曲线	266
图 280	坡顶地表沉降随开挖变化曲线	266
图 281	土钉轴力的数值模拟结果	266
图 282	场区平面示意图	268
图 283	挡土墙立面图	268
图 284	锚杆布置图	270
图 285	锚杆示意图	270
图 286	土钉支护立面图	274
图 287	基坑土钉支护断面图	274
图 288	监测平面图	275
图 289	位移与时间关系曲线	275
图 290	基坑边壁设计施工图	276
图 291	EF 段主动土压力分布图	277
图 292	AB-CD 段基坑壁土压力分布形态	278
图 293	基坑支护剖面图（单位：cm）	281
图 294	围护方案示意图	283
图 295	基坑边壁加固处理设计示意图	284
图 296	各测点-位移时程关系曲线	285
图 297	各测点-沉降时程关系曲线	285
图 298	基坑南侧支护断面图	286
图 299	基坑平面示意图	288
图 300	支护结构剖面图	289

图 301　相邻建筑沉降发展过程 …………………………………………………… 290
图 302　南边坡水平位移发展过程 …………………………………………………… 290
表 1　主要土层物理力学参数指标值 ………………………………………………… 8
表 2　土钉拉拔力及拔伸位移测试结果 ……………………………………………… 28
表 3　试验场地黄土物理力学参数指标值 …………………………………………… 31
表 4　临界承载能力试验的实际加载等级 …………………………………………… 33
表 5　不同爆炸条件下临界承载压力的比较 ………………………………………… 34
表 6　相似模型试验的相关参数 ……………………………………………………… 36
表 7　相似模型的比例系数 …………………………………………………………… 39
表 8　相似模型的系列时间 …………………………………………………………… 40
表 9　分次降雨时间及降雨量 ………………………………………………………… 46
表 10　随动计测最大位移和平均速率 ……………………………………………… 49
表 11　日渗水速率与沉降速率实测值比较 ………………………………………… 49
表 12　观测线最大水平位移及平均位移速率 ……………………………………… 49
表 13　质点随动计量测的最大位移量及平均位移速率 …………………………… 56
表 14　逐日的渗水速率与沉降速率 ………………………………………………… 56
表 15　系列相似模型设计 …………………………………………………………… 62
表 16　原型与相似模型支护参数 …………………………………………………… 62
表 17　水泥土抗压强度 ……………………………………………………………… 64
表 18　不同模型的系列时间 ………………………………………………………… 70
表 19　位移观测线最大水平位移和位移速率 ……………………………………… 73
表 20　模型的系列时间 ……………………………………………………………… 78
表 21　模型的土钉支护参数 ………………………………………………………… 79
表 22　分次降雨时间及降雨 ………………………………………………………… 79
表 23　实测位移观测线最大位移及最大位移速率 ………………………………… 80
表 24　逐日的渗水及沉降速率 ……………………………………………………… 82
表 25　主要计算结果比较 …………………………………………………………… 93
表 26　主要土层物理力学参数取值指标计算表 …………………………………… 96
表 27　土钉最大轴力比较（kN）…………………………………………………… 101
表 28　土体物理力学参数 …………………………………………………………… 104
表 29　土钉弹簧刚度 K_T 计算值（MN/m²）……………………………………… 105
表 30　计算取用土层参数表 ………………………………………………………… 109
表 31　黄土物理力学特性参数计算取值 …………………………………………… 117
表 32　不同开挖阶段土体最大剪应力 τ_{max} 及屈服度值 ………………………… 119
表 33　考虑土体滑塌时不同开挖阶段土体最大剪应力 τ_{max} 及屈服度值表 …… 146
表 34　场地土主要物理力学参数指标值 …………………………………………… 154
表 35　各参数取值及因素水平 ……………………………………………………… 157
表 36　正交试验设计及结果 ………………………………………………………… 157
表 37　正交试验结果的极差分析 …………………………………………………… 158

表38	正交试验结果的方差分析	158
表39	地层主要物理力学参数指标值	174
表40	各土层主要物理力学参数指标值	180
表41	基坑支护安全系数	182
表42	土钉计算参数	185
表43	土性计算参数	185
表44	计算稳定性参数	185
表45	土性计算参数	188
表46	微型桩与水泥土搅拌桩的比较	191
表47	土层物理力学参数指标值	192
表48	土层物理力学性能指标值	193
表49	部分土层物理力学参数指标值	193
表50	土层物理力学参数指标值	198
表51	1-1a断面土钉主筋规格及长度参数	201
表52	1-1b断面土钉主筋规格及长度参数	202
表53	计算用土性数据	207
表54	实测水平位移数据表（m）	208
表55	两种支护结构位移及沉降平均值比较	211
表56	各土（岩）层主要物理力学参数指标值	214
表57	各土层主要物理力学参数指标值	217
表58	整体稳定性计算结果	218
表59	实测水平位移与沉降量统计	234
表60	土层物理力学参数指标值	235
表61	设计工况	236
表62	各土层物理力学性质指标	239
表63	土层主要物理力学参数指标值	245
表64	基坑支护安全系数	246
表65	土钉抗拔试验结果	246
表66	复合土钉边坡坡顶水平位移、竖向沉降及住宅倾斜	247
表67	普通土钉边坡坡顶水平位移、竖向沉降	247
表68	各土层主要物理力学参数指标值	249
表69	钢管土钉拉拔试验结果	255
表70	各排土钉设计参数	264
表71	土层计算参数取值	265
表72	用不同计算方法求得的土钉受力	267
表73	各土层主要物理力学参数指标值	269
表74	土层厚度及物理力学性质	271
表75	土层主要物理力学参数指标值	273
表76	6分管土钉抗拔力试验结果	275

表 77 ϕ48mm 钉管抗拔力试验结果 ·· 275
表 78 土层工程特性指标 ·· 276
表 79 EF 段各层土钉计算结果 ·· 277
表 80 AB-CD 段各层土钉计算结果 ··· 279
表 81 各土层主要物理力学参数指标值 ··· 286

1 绪 论

1.1 概 述

复合土钉支护技术最初被称为改良法，它是在土钉支护基础上发展起来的一种应用非常广泛的岩土工程加固与支护工法。它既是土钉支护研究不断深化的结果，也是与岩土工程的其他工法有机结合的产物。复合土钉支护技术已在岩土工程的诸多领域中应用，但工程数量最大的仍然是建筑深基坑的支护。实际上，该工法也可有效地应用于岩土边坡工程、地基工程、地下工程和大坝工程等的加固与支护。复合土钉支护技术适用性强，安全可靠，经济快速，在建筑工程市场很受欢迎。

复合土钉支护的应用实践是先于理论的。尽管迄今为止某些理论尚不成熟，仍处在发展、完善的过程之中，但围绕复合土钉支护的大量工程问题，我国广大工程技术人员和科研工作者已经开展了许多卓有成效的科学技术研究工作，这些工作又有力地促进了复合土钉支护技术的发展与应用。

本章试就我国复合土钉支护技术研究与应用的现状以及存在的问题作一评述。

1.2 复合土钉支护的试验研究与监测

一般复合土钉支护现场试验为原型或接近于原型试验，测试数据基本反映了工程实际受力变形及稳定状态，因而试验数据较为难得。由于试验条件及经费限制等原因，我国在这方面所做工作尚不多。

张凡等在南京玄武湖隧道工程现场对复合土钉支护的工作性能进行了现场测试。基坑边壁土层介质主要为素填土、粉土夹粉砂，以及粉细砂等。复合形式为自钻式土钉与水泥土搅拌墙组合结构，以此为主体将面层和原位土体连为一体形成共同工作体系。试验测得了基坑边壁位移与时间的变化曲线，指出其特点与单一土钉支护具有显著差异，并测得了土钉的弓形受力形态，认为它是存在潜在滑移面的结果。

杨志银等在深圳畔山花园大厦基坑工程现场，对复合土钉支护结构的土钉应力进行了监测试验。复合形式为：土钉支护加深层搅拌止水帷幕桩墙和预应力锚索。场地地层为：人工回填土、埋藏植物层、淤泥质黏土、粉质黏土、粗砾砂，以及残积黏土层等。监测内容包括：基坑周边水平位移（40～60mm），坡顶和邻近道路沉降（20～30mm），坡体位移（27～43mm），以及地下水位变化等，并对土钉和锚杆分别进行了拉拔试验。

杨志银等还在深圳赛格基坑工程现场，对多种形式的复合土钉支护进行了现场测试。试验同样测得了土钉的弓形受力形态，并认为试验条件下潜在滑动面位于直线破裂面 $[(\beta+\varphi)/2]$ 与圆弧破裂面之间，试验还测得了开挖后土钉最大拉力作用位置。

张飞等在广州凯城东兴综合大厦基坑工程中，对复合土钉支护（人工挖孔桩加预应力锚杆和土钉）的受力变形特性进行了现场测试。试验结果表明：锚杆锁定后3～5d内有较大预应力损失；上下层锚杆轴向力处于不断调整状态；土钉拉力沿其轴线分布不均匀；土钉长度超过10m的部分几乎不受力，并认为对中等硬度黏性土，土钉的极限锚固长度即临界锚固长度可取为12m。

曾宪明、郑志辉等在长沙星电公寓基坑工程中完成了复合土钉支护（土钉加预应力锚杆）厚杂填土边坡的现场试验研究，指出杂填土中土钉应变沿钉长的分布形态之一为双弓形，表明潜在滑移面有两个或多个。研究认为土钉应变峰值点与零值点向土钉里端的转移是同时或相继发生的，它标志着土钉的局部破坏已经发生，在同时或相继转移的土钉应变峰值点与零值点之间的距离就是临界锚固长度，在理想条件下它是一个常数，在试验条件下约为9m。

复合土钉支护的室内试验研究较为少见。孙铁成、张明聚等采用相似模型理论，进行了基坑边壁复合土钉支护大比例模型试验。曾宪明、文高原等以长沙星电公寓厚杂填土基坑边壁复合土钉支护为背景，开展了一组相似模型试验。其内容包括：无支护、降雨与不降雨条件下非夯实厚填土边壁破坏模式研究，无支护、降雨与不降雨条件下夯实填土边壁破坏模式研究，复合土钉支护、降雨与不降雨条件下非夯实填土边壁受力变形特征和作用机理研究，获得了若干有意义的结果。

复合土钉支护的室内外试验研究固然重要，但由于现场条件一般比较恶劣，试验技术上的问题较突出，不易取得较好的试验数据；而室内试验都有一定的简化。因此，卓有成效地开展数值模拟研究，也是指导和推动复合土钉支护技术不断深入发展的一个重要方面。

1.3 复合土钉支护的数值分析方法

我国地质条件复杂，复合土钉支护形式多样且应用广泛，室内外试验条件的代表性和试验周期等受到一定限制。因此，采用有限元方法对复合土钉支护的工作性能、受力变形破坏机理，以及设计计算方法等进行分析和探讨，是十分必要的。在这方面我国岩土工程技术人员已做了大量的工作，从而深化了复合土钉支护的研究。

宋二祥等采用其与荷兰同事合作开发的土工有限元软件PLaxis将土的变形模式取为一种剪切硬化模式，对复合土钉支护（土钉支护加水泥搅拌桩墙）与一般土钉支护在土体参数接近软土条件下的工作性能进行了分析计算。计算结果表明：①两者的变形大小及特征不同，复合土钉的小，一般土钉的大；②两者的墙背和面层后土压力的大小和分布形态不同，复合土钉的最大值为81kPa，土钉支护的最大值为46kPa；前者为上小下大的直角三角形分布，后者呈上、下部小而中下部大的不规则分布形态；③两者的土钉轴力大小和分布特征不同，复合土钉的最大值为24～67kN，总和为203kN，在土钉与桩连接的端头处轴力最大，且轴力分布不规则；一般土钉支护的轴力最大值为34～62kN，总和为241kN，其分布形态近似弓形。宋二祥等还指出，在进行此种类型的复合土钉支护设计时，将墙外端部分的土钉设为自由段更为合理。

杨林德等假定：复合土钉支护的计算可简化为二维平面应变问题；土钉及其辅助加固材料处于弹性受力状态，地层土体为弹塑性土体。在此基础上进行了复合土钉支护的非线性有限元分析。计算取用的土层参数为上海地区土层物理力学指标的平均值。计算结果表明，复合土钉支护（土钉加搅拌桩墙体）初始变形特征与一般土钉支护相似，此后随开挖深度增加中下部水平位移发展较快，墙体鼓胀，并向基坑内侧凸出，最大侧向位移发生在坑底附近；随挖深增加，地面沉降峰值和分布范围增大，最大值在基坑外侧约 $0.9H$ 处。土钉轴力随挖深增大而增大，沿钉长分布不均匀，最大轴力发生在基坑壁后 1~2m 范围内。分析指出，坡脚塑性区是剪胀屈服的反映，而地表塑性区则是抗张拉能力不足的后果。计算结果与实测结果吻合较好。

宋二祥等还以北京地区的土层为背景进行了复合土钉支护变形特性的二维和三维有限元分析。计算结果表明：①纯土钉支护的坑壁变形倾向于基坑内侧，最大水平位移发生在基坑边壁顶部（约 25mm）；采用预应力锚杆-土钉复合支护时，坑壁位移尤其是锚杆与面层连接处的水平位移明显减小，在坑口甚至出现朝向坑外的位移；②复合土钉的轴力最大值比纯土钉的有所减小，且距锚杆越近，减小幅度越大。当锚杆预应力值很大时，两层锚杆之间的土钉在与面层相连接部分出现压力。超前微桩-土钉复合支护计算结果表明，增设微桩可使坑壁最大水平位移由无桩时的 5.5cm 减小至 2cm。超前微桩对控制基坑坑壁早期变形具有显著作用。

杨志明等采用杆系有限元方法结合工作土钉滞后的施工动态分析，对土钉加超前桩墙的复合结构位移进行了求解。作者指出，面层所受到的土压力，比复合支护结构的小；由于受超前桩作用，复合土钉支护边坡上部位移与纯土钉支护的不同，表现在前者位移受到控制并有所减小，一般会在边坡顶部和中上部位置出现两个峰值。

周川杰针对松散土和软土地层，采用二维有限差分法程序（FLAC-2D）对复合土钉支护（土钉加搅拌桩墙）的稳定性进行了分析，钟正雄、李象范等对软土地区复合土钉支护结构的稳定性进行了有限元分析，均得出若干有意义的结果和结论。

综上所述，人们对复合土钉支护的工作性能、作用机理以及稳定性分析等，已经做了许多有价值的工作。但是这种探索仍处在发展过程之中，理论滞后于实践的状况依然存在，仍有必要进行更多更深入的探讨。

1.4 复合土钉支护的设计理论探讨

复合土钉支护的设计理论目前尚不系统和完善，但已做了许多探讨性的工作，获得了若干阶段性成果，可在许多方面对设计施工提供借鉴和指导。

屠毓敏对复合土钉中超前锚管的工作机理进行了研究。他将 Ito 和 Matsui 关于作用于排桩上的土压力理论研究成果应用于复合土钉支护中超前锚管的抗滑作用分析，提出了此种类型的复合土钉支护结构的稳定性分析方法，并得到了工程实测数据的验证。

赖天文对复合土钉支护（土钉加桩墙）稳定性对设计参数的敏感性进行了研究。首先以一般黏性土基坑边坡的复合土钉支护建立力学和数学模型，然后设计正交试验，分析影响其内部稳定性因素的灵敏性，提出最佳参数模型，可用于指导复合土钉支护的设计与施工。经对 13 项参数的敏感性分析，作者认为，土条的黏聚力（c）和土钉的有效长度（L）对复合土钉支护的内部稳定性有高度显著影响，土条内摩擦角（φ）、土钉排数（N）、坡顶超载（P）和界面粘结强度（T）具有一般显著影响，其他 7 项因素无显著影响。

李象范、徐水根等根据对复合土钉支护作用机理的研究，提出采用单排或双排水泥土桩形成帷幕后再做土钉支护，这种复合形式能解决上海地区边坡挡墙的漏水、防渗及土体自稳能力不足的问题，并提出了相应的设计计算模式。其内容包括：土钉设计，面层设计，内部、外部、整体和底部稳定性验算等。作者指出，这些设计计算模式在上海的40多个基坑工程中得到了验证。

陈清华通过对复合土钉支护结构工作机理的研究，提出了包括土钉参数计算、桩体嵌入深度、面层设计、内部与外部稳定性和整体与局部稳定性验算的"综合法"设计方法，对研究与应用很有参考价值。

单一土钉支护的设计理论尚在完善之中，复合土钉支护则更需进一步探讨。目前设计中常用的是基于叠加原理的各种方法，但简单叠加不一定能反映复合土钉支护结构的真实工作状况，而某些复合结构就合理性而言，也可能存在改进之处。在宋二祥等的计算结果中已可看出这种问题的存在。

1.5 复合土钉支护在岩土工程中的应用

如果说复合土钉支护的工作特性、作用机理和设计理论尚在探索之中，那么复合土钉支护在岩土工程中的应用则早已如火如荼。虽然复合土钉支护已在地下空间、桥墩、铁塔、路基、堤坝、矿山开采工程中有许多应用，但应用更广泛更密集的仍属建筑深基坑和边坡工程。

复合土钉支护在一般岩土介质中已有大量应用。采用复合土钉支护后使得工程的安全度更高，因而更受建筑投资者欢迎。段建立等采用自钻式土钉和SMW机械施工止水帷幕的复合结构形式，在南京玄武湖隧道基坑边壁支护中获得成功。郭清采用锚管加土钉复合支护结构对杭州滨江大厦基坑工程进行了有效支护。石建等撰文介绍了采用复合土钉支护（土钉-微型桩-预应力锚杆）围护北京青年楼基坑的经验。吕麟信归纳了采用土钉-注浆花管-树根桩复合支护在30多幢高层建筑深基坑和边坡中成功应用的可取做法。马金普、许斌、汤凤林等分别报道了北京、深圳、广州地区采用各种复合土钉支护形式围护建筑深基坑的许多经验。

软土是一类不良地质体，在我国东南沿海地区分布十分广泛。新奥法和土钉墙法的相关技术标准均不建议在此类介质中应用，由此可知其中的工程技术难度之大。但随着土钉支护首次在上海紫都莘庄工程中应用成功，该方法在软土中的应用便一发而不可收。近年来，复合土钉支护工法获得很大发展，并有逐步取代纯土钉支护的趋势。同国外先进国家相比，尽管我国在机械和材料等方面尚有较大差距，但采用复合土钉支护软土一类不良地质体工法的研究与应用，在国际上可谓独树一帜。张旭辉、龚晓南在采用复合土钉支护工法（竖向槽钢桩-水平注浆锚管）应用于某软土基坑工程后指出，该方法极具推广价值。李象范等报道了在上海西门广场基坑中采用搅拌桩-土钉复合结构进行围护，保证了周边环境安全，为业主节省了大量工程投资。孙晓勉、杨绍祺、杨振军、黄力平等人与其各自的合作者，分别撰文介绍了在上海、中山、广州和深圳采用复合土钉支护的成功经验。

复合土钉支护在杂填土工程中的应用颇具特色。以往工程中遇到的杂土层一般不厚或沉积已久，工程问题不甚突出。近年来，随着房地产的进一步开发，不少新近填筑的深厚填土基坑、边坡工程日渐增多，其中问题不断显现。刘彦忠撰文报道采用复合土钉（深层搅拌桩加预应力钢管土钉）支护太原东大花园工程的做法，解决了杂填土中不易成孔的难题。曾宪明、宋红民等依据所建立的夯实填土的复杂破坏模式，采用"锚管土钉-钢筋土钉-改良加筋土"复合结构对洛阳市中州渠厚杂土边坡工程进行了成功的加固支护。

1.6 复合土钉支护工程失稳原因分析

随着复合土钉支护在岩土工程中的大量采用，一些工程险情与事故的发生和处理也时见报道。发生工程事故及险情的原因可能是多方面的，但笔者相信，由于这种方法本身的技术缺陷而引发的可能性是不大的。

上海某新开发的能源中心基坑工程采用"1排搅拌桩加土钉"复合支护。北侧基坑在开挖将要到底时，土钉挡墙突然发生倒塌，坑底产生隆起，围护墙根部向前推进1m左右，顶部后仰并下沉约1m，破坏比较严重。发生事故的主要原因是：①全部采用击入式土钉，注浆效果不明显，拉拔力达不到设计要求；②设计过程中过分强调经济性，将水泥土桩的入土部分截去一排；③施工中取消了坑内降水，使抗滑安全系数进一步降低。

上海南市区某基坑工程北侧采用"搅拌桩加土钉"复合支护。开挖到底时，坑底发生涌土，边坡整体滑移并严重坍塌，地面沉降约1.6m，整体滑移约1m，相邻围墙倒塌，地下管道破裂，严重影响周边环境。分析该事故原因为：①过分强调工程经济性，使得围护设计安全系数偏低；②施工未按设计要求进行（未降水就开挖；将 $\phi22$ 土钉改为 $\phi48$ 锚管；超挖）。

上海静安区某基坑工程采用"搅拌桩-土钉-超前锚管"复合支护。挖深到 3.5m 和 4.75m（到底）时，先后发生两次事故。第 1 次桩顶沉降 75mm，建筑物墙角达 7.7～8.5mm，同时水管断裂漏水。第 2 次 JS_4 测点以 4～5mm/h 速率下沉，24h 累计沉降量为 121mm；该测点总沉降量为 187mm。分析造成该工程事故的原因为：①施工严重超挖；②对水患的重视与防范不够；③为了降低工程造价，删除了本不该删除的若干监测项目等。

有文献分别分析了采用复合土钉支护的郑州、上海某些工程发生工程事故或险情的原因。这些原因均大同小异，具有某种共性。

综上所述，复合土钉支护工法在我国岩土工程的大量应用中，难以避免地发生了一些工程事故和险情。科学地分析这些反面教训，即可化失败为成功，使之成为人们的共同财富。笔者认为，在诸多事故原因中，盲目追求经济效益、不按设计要求施工具有一定的普遍性，值得人们深思和警醒。

1.7 复合土钉支护研究与应用中存在的主要问题

复合土钉支护研究与应用中存在的问题很多，主要有：

1）理论研究落后于工程实践，因而不能很好地指导设计与施工。

土钉与一种或多种其他支护工法结合而成的复合土钉支护体系，其内部以及外部存在复杂的相互作用问题，加之地质条件千变万化，使得支护结构工作状态各异，作用机理不同，研究难度很大。

2) 设计方法尚不系统，不统一；没有相应的技术标准，设计无所遵循。

目前不少工程设计是基于叠加原理进行的，而各种支护结构与岩土介质的相互作用可能是一种复杂的耦合作用而不是简单叠加。而如果不采用叠加原理则又缺乏公认、统一的设计方法。这似可归因于目前没有相应的设计施工技术标准可以遵循，但设计方法仍处在发展、完善阶段也是实情。

3) 复合土钉支护的耐久性问题尚未受到普遍重视。

临时工程如基坑围护不必考虑此问题，但边坡工程、隧道工程等一般均应认真考虑。土钉、锚杆和锚索等的使用寿命问题尚在研究之中，施工质量低劣、腐蚀环境恶劣条件下的这些支护结构的使用寿命远不如人们所期望的那样高，采取一些公认行之有效的防护对策后能够显著延长这些支护结构的使用寿命。如果复合土钉支护的耐久性未能受到应有的重视，就可能有违业主的要求和设计者的初衷。

4) 复合土钉支护工程失稳有其共性，但一直难以解决。

工程事故的共性原因是：①建筑投资者单纯追求经济效益，干预工程设计或盲目压低工程造价；②施工违反设计要求；③设计不当。症结虽然明确但却一直难以解决，值得人们认真思考。

1.8 复合土钉支护的国外研究与应用简况

国外一般不称作"复合土钉支护"，更多情况是称作土钉或土钉墙，间或称作复合结构，如美国交通部公路总局（FHWA）。无论称谓如何，工作内容仍然是相近的。

1997年，日本为了满足轻便、经济、高效加固自然和人工开挖边坡的需要，研制了一种板墙土钉法。该方法用预制钢筋混凝土板替代传统土钉支护中常用的喷射混凝土面层。施工时，首先将土钉置入土体，然后将预制钢筋混凝土板同土钉外端用螺母紧固在一起。为确保该工法的可靠性，日本进行了多次原型和模型试验，并制定了相关的设计技术标准。

法国工程界认为土钉支护可采用小型机具，最适合城市地区施工。为减少基坑开挖中支护结构变形，避免对附近建筑物或设施造成不良影响，强调上排土钉宜加长或改用预应力锚杆支护。如1985年在一处深21m的基坑开挖支护中（由Montpellier Opera施工），即采用角钢击入钉，上部加一排锚杆的联合支护系统。

法国于1990年在Cotiere隧道北口（一条高速铁道隧道入口）28m高的边坡支护中，采用了10排长15m的注浆土钉、上部加2排30m长的锚杆的复合支护系统。其中锚杆的作用是对深层破坏提供支护，保护附近关键结构安全，并限制坡顶位移。

德国在柏林一处土钉墙工程中采用了一种"土钉-锚杆-竖桩"的复合支护系统。其中锚杆和短钉主要用于在建造期间提供更多的面层局部稳定性，土钉还可减轻面层上的抗弯力矩以增大竖桩之间的距离。

美国在Oregon DOT Portland和Light Rail工程中采用了一种"土钉墙-加筋土墙"的复合挡土结构。这种结构中，上部是加筋土墙，下部是土钉墙。土钉加固的地层构成上部结构的基础,并将上部土钉墙(考虑有垂直荷载、水平荷载和倾覆力矩),及其所挡土体对下部的作用荷载,作为土钉结构部分设计的表面附加荷载来处理。

国外复合土钉支护工法除了其新颖的建造思路与设计方法之外,还有许多方面(例如高度的机械化,先进的工艺、材料和施工与运行管理方法等)也很值得我们学习和借鉴。

1.9 小　　结

鉴于复合土钉支护在我国岩土工程中应用广泛、发展迅速,编著者综合论述了这一新型工法的研究与应用现状,指出了其中存在的突出问题,旨在介绍给更多的相关读者,并期促进这一工法更加成熟和规范。文中附带介绍了国外复合土钉支护的研究与应用简况,其中不乏我国岩土工程技术人员学习和借鉴之处。

2 复合土钉支护工作性能试验与监测

2.1 土钉-深层搅拌桩复合结构的现场测试

复合土钉支护的现场测试十分重要,其中变形观测尤甚。张凡等在玄武湖隧道基坑工程中对复合土钉支护的位移特性等进行了测试,获得大量宝贵数据,其经验值得借鉴。

2.1.1 工程与地质概况

玄武湖隧道工程东起新庄立交桥二期工程,穿越玄武湖、古城墙、中央路,西至模范马路芦席营路口。试验场地土层自上而下为:①素填土,褐黄色,层厚1.0m;②-1粉土夹粉砂,灰黄色,饱和,稍密,层厚10.0m,夹少量薄层粉质砂;③-3粉细砂,灰色,饱和,稍密,层厚12.0m。主要土层物理力学性质如表1所示。

主要土层物理力学参数指标值　　　　表1

土层名称	饱和重度 γ (kN/m³)	黏聚力 c (kPa)	摩擦角 φ (°)
-1粉土夹粉砂	19.0	8.7	30.7
-3粉细砂	19.1	9.4	30.6

基坑断面和平面布置见图1和图2。

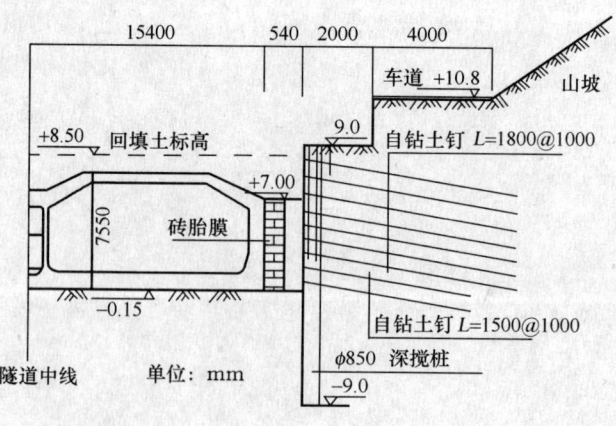

图1 梁洲段基坑断面示意图

根据基坑周围的环境和场地情况,北侧采用二级放坡,南侧采用复合土钉支护。

2.1.2 现场测试方案

现场试验选定三个量测断面，支护断面如图3所示。土钉由上至下共设9排，倾角均为15°。土钉设计参数均为$\phi 32mm L18000mm@1000mm$。在测试段共布置2个测斜孔断面，每一断面设3个测斜孔。

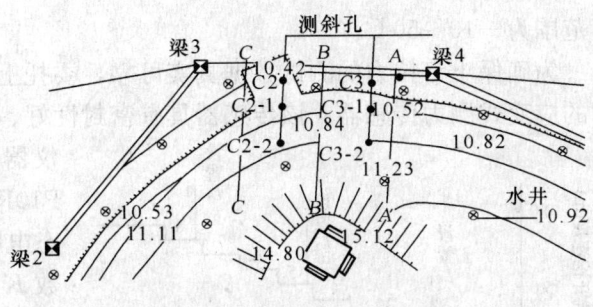

图2 基坑及测点平面布置图

测斜孔钻孔直径为110mm，孔深为25.0m，测斜管采用内径43mm、壁厚5mm的PVC硬塑料管。设置测斜管时，用水泥、砂子或细石填满钻孔与测斜管之间的缝隙，使测斜管同土体连为一体。土体产生位移时，带动测斜管一起移动，使其变形能够反映土体实际位移。

测斜孔孔深约为基坑深度的1.5倍，最深达23m，已进入风化岩层，可以认为测斜管已深入到变形影响深度以下。

测试土钉布置如图4所示。测量导线从各测点引出，并沿着边坡坡面汇集到坡顶的集线箱内。在每根测试土钉的2.0m、5.0m、8.0m、16.0m处布置应变式测力传感器，用于测试土钉拉力分布。在土钉的中前部布置传感器较密，后部较疏，以便测得土钉拉力最大值和土钉端部受力特性。

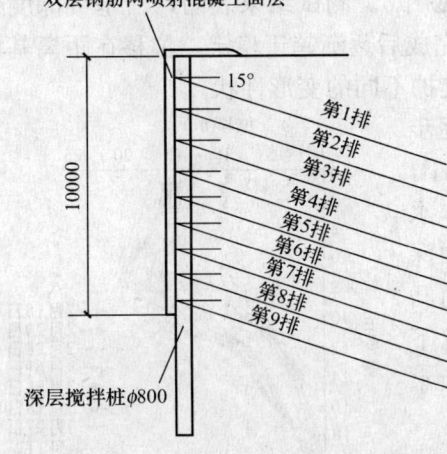

图3 基坑支护设计方案

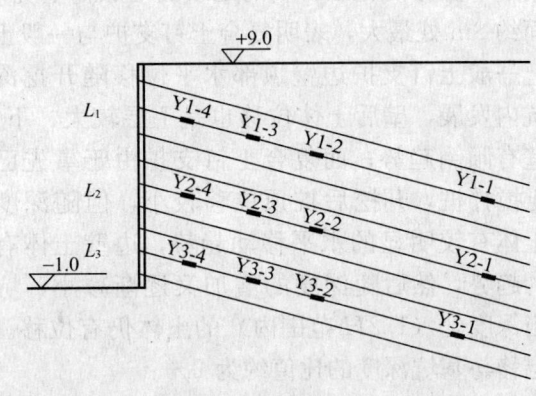

图4 A-A断面测力计布置示意图

应变式测力传感器的安装过程为：按照设计位置，用钢丝将传感器两端固定在土钉筋体上，理顺从传感器引出的导线，并沿土钉筋体用钢丝固定，测取初读数；为测得土钉的等效拉力，在传感器范围内用水泥袋或胶带纸包裹筋体直径约至8cm，以削弱注浆体的断面，使该断面首先产生裂缝，土钉受到的拉力全部传到钢筋应力计上。

土钉前端拉力采用100kN电阻应变拉压传感器进行测量。应变式测力传感器和电阻应变拉压传感器通过四芯静电电缆分别接到平衡箱上，再接上应变仪进行测试。

基坑水平位移测试采用CX-03型伺服加速度仪，其测头尺寸为$\phi 32mm \times 660mm$，量程为±53°，位移方向为水平向，分辨率为±0.02mm/500mm，精度为±4mm/15mm，温度范围为-10~50℃。

为确保土钉拉力的测试数据真实可靠，委托上海应变计厂设计加工了适合潮湿环境使用的应变式测力传感器。该传感器具有密封性好、精度高的特点。同时采用上海华东电子仪器厂的 YJ-26 静态电阻应变仪，配合 P10R-18 型预调平衡箱进行测量。YJ-26 静态电阻应变仪的电桥电压为 DC2V，灵敏系数 $K=1.8\sim2.6$，基本误差 $<0.1\%\pm2\mu\varepsilon$。

基坑开挖与测试土钉设置进度见图5。

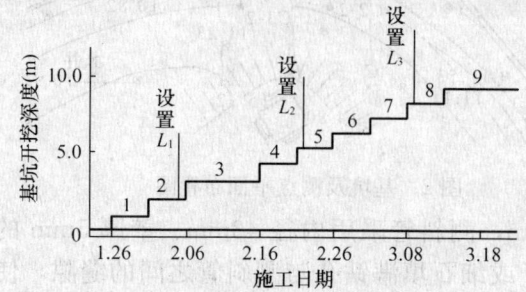

图5 基坑开挖与测试土钉设置的进度

土钉拉力测试与施工同步进行，监测频率为：

1) 开挖施工前期，每天至少测量1次；
2) 开挖施工后期，每2天测量1次，发现土钉受力或变形较大时则加大监测频率，尤其注意在雨天和雨后加强观测；
3) 稳定期，土钉受力及变形稳定后减少测量次数，稳定前期每3天测量1次，稳定后期每7天测量1次。

2.1.3 主要测试结果及分析

1) 水平位移

实测复合土钉支护水平位移随深度的变化曲线见图6。测试结果表明，沿基坑深度各点的水平位移随施工日期的延续而增加，基坑开挖完成后逐渐趋于稳定。位移在距离基坑顶面约8m处最大，表明复合土钉支护与一般土钉支护不同的变形性状。

一般土钉支护边壁顶部水平位移随开挖深度逐步向坑内发展，壁后土体位移也是上层较大、下层较小，边壁有倾倒趋势；而复合土钉支护由于事先已施作水泥土搅拌桩，开挖后桩顶位移较小，但随深度增加深部土体有较明显的水平移动趋势，边壁土体有向前凸起的趋势，然后随深度的增加又逐渐减小，坑底以下相当深度处（1.2H范围内）的土体仍有位移。最大水平位移与基坑深度的比值约为2%。

2) 土钉拉力

在施工阶段，测得 A-A、B-B、C-C 三个断面测试土钉中各测点的拉力时程曲线。从 A-A 断面第 2、5、8 排的测试土钉拉力时程曲线可以发现，土钉支护受力随施工日期的延续而变化。在施工阶段，土钉从被置于坑壁土中开始，所受拉力每天均有增加，下层土体开挖对已设置土钉的受力均有较大影响。各层土钉的拉力存在突变增量，即土钉的受力具有开挖效应。在使用阶段，受力整体上趋于稳定，但仍有增加趋势，尤其是下排土钉拉力增加的趋势较为明显。

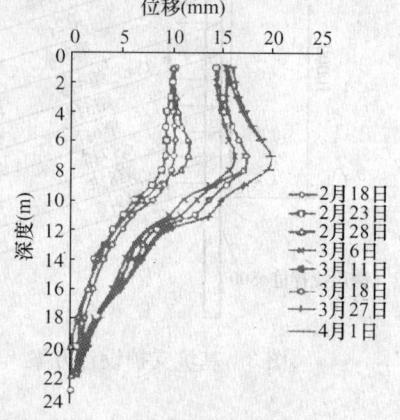

图6 水平位移随深度的变化曲线

土钉的开挖效应要求一排土钉设置后应停留一段时间，或使用早强剂，使注浆体达到一定强度并与周围土体粘结牢固后，再进行下步开挖。这样不但可使土钉作用得到充分发挥，而且可保证土钉支护具有良好的工作性能并处于稳定状态。因此，若土钉设置后还未起作用时就进行下步开挖是很危险的，应严格禁止。

由3根测试土钉L1-1的拉力分布形态可知，土钉所受拉力沿其长度是变化的，沿钉长呈中间大两端小的弓形分布形态。第8排土钉已靠近基坑底面，潜在滑动区接近基坑边，所以其受力表现为接近基坑边较大，里端受力相对较小。其他两排测试土钉里端受力较大，主要是由于自钻式土钉端部有钻头所致。

2002年3月13日基坑开挖完毕，但土钉受力仍在增加，尤其是第八排自钻式土钉增长量较大（见图7）。

综上所述，土钉受力与变形均具有时间效应。土体是多相介质，基坑开挖卸载引起静孔压的消散与时间有关，而土骨架又具有蠕变特性。这些因素都使得基

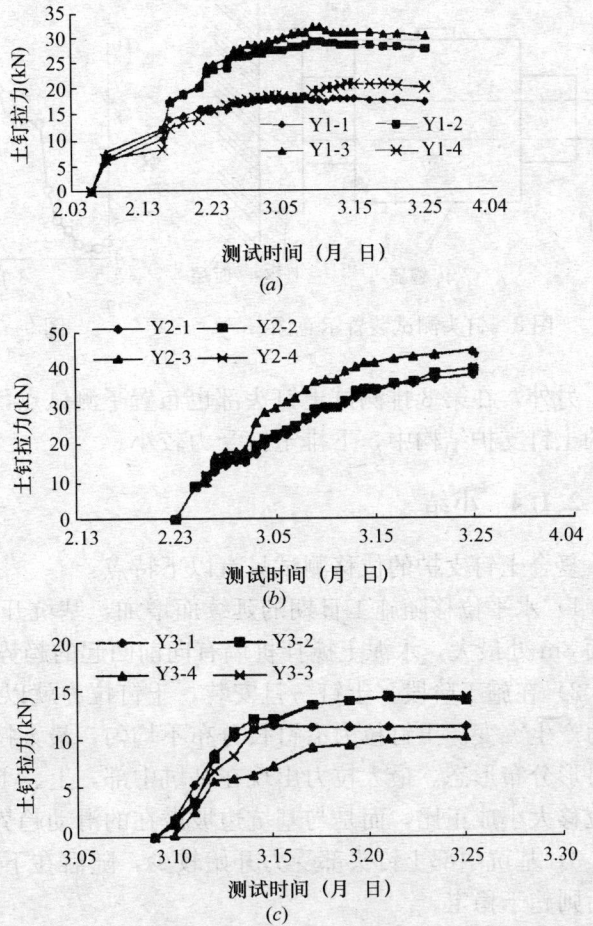

图7 土钉拉力-时间关系曲线
(a) L_1；(b) L_2；(c) L_3

坑开挖后土体应力与变形具有时间效应，而土钉拉力和基坑水平位移的变化是由土体应力与变形引起的。因此，土钉支护受力和变形同样也具有时间效应。故分层开挖后应尽快设置土钉，以及时约束土体变形。

3) 土钉头部受力测试

为测试土钉头部在施工过程中的受力情况，在第5、8排土钉的头部安装了电阻应变传感器，具体测试装置见图8。传感器为华东电子仪器厂生产的BLR-1型电阻应变传感器。

安装过程如下：测试土钉在设置应变式测力计后注浆，接着编制钢筋网放置加强筋，再喷射C20混凝土。注意加强筋不能与测试土钉焊接，而且在测试土钉头部范围内用水泥袋和胶带纸包裹，使之与深层搅拌桩以及面层不粘结，保持自由状态，以使土钉头部受力能传到传感器。然后安装垫板以及BLR-1型电阻应变传感器，最后用螺母锁定。

第5排土钉的头部测试点（对应于测试土钉L2）的受力随时间变化如图9所示，从图中可以看出土钉头部受力开始略有减少，这可能是由于土体蠕变引起的松弛所致。随后在下部土体逐层开挖，土钉头部受力均有增长。在基坑开挖完成后土钉端部受力总体上趋于稳定。

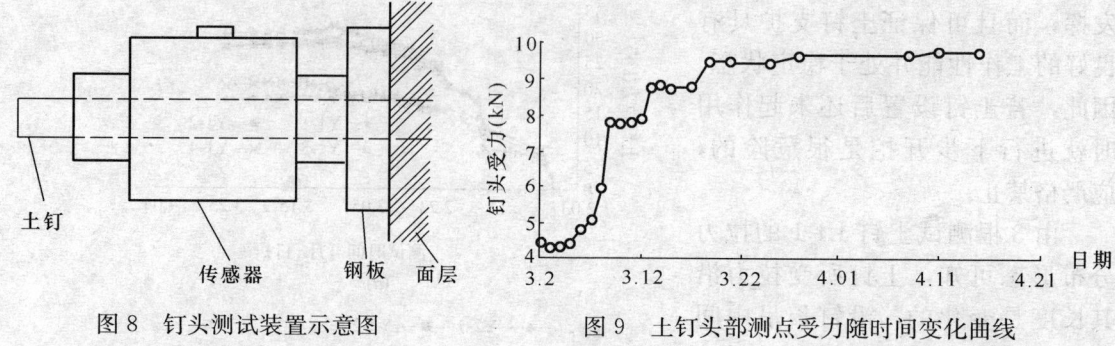

图8 钉头测试装置示意图　　图9 土钉头部测点受力随时间变化曲线

另外,在第8排测试土钉头部也布置了测试点,其头部受力变化较小。这说明,在稳定的土钉支护结构中,下排土钉受力较小。

2.1.4 小结

复合土钉支护的位移测试具有以下特点:

1) 水平位移随施工日期的延续而增加,基坑开挖完毕后趋于稳定;位移在距离基坑顶面8m处最大,水泥土搅拌桩墙有向前凸起的趋势。这与一般土钉支护不同。

2) 在施工阶段,土钉一旦安装,土钉拉力就以缓慢的速率增加。开挖施工可使土钉拉力产生突变。土钉拉力沿钉长分布不均匀,最大拉力出现在中部,在两端逐步减小,即呈弓形分布形态。最大拉力出现在基坑中部,上、下部土钉受力较小。土钉受力并非与水平位移大小成正比,而是与基坑边坡潜在的滑动趋势有关。

3) 基坑中部土钉头部受力开始较少,随后在下层土体开挖时受力持续增大,开挖完成后则趋于稳定。

4) 土钉的设置原则上愈快愈好。如此,可及时约束土体变形并减小开挖对土体的扰动影响。土钉设置后宜停留一段时间,或使用早强剂使注浆体达到一定强度并与周围土体粘结牢固后,再进行下步开挖。

2.2　土钉-旋喷桩-微型桩复合结构的监测

2.2.1　概述

复合土钉支护是在土钉支护基础上发展起来的新型支护结构,它是将土钉与深层搅拌桩、旋喷桩、各种微型桩、钢管土钉及预应力锚杆等结合起来,根据具体工程条件进行组合,形成复合基坑支护技术,极大地扩展了土钉支护技术的应用范围。复合土钉支护技术具有安全可靠、造价低、工期短等特点,已获得广泛的工程应用。

根据深圳地区的工程实践,杨志银认为复合土钉支护主要有下列六种类型(见图10)。

1) 土钉-止水帷幕-预应力锚杆(图10a)

土钉-止水帷幕-预应力锚杆是应用最为广泛的一种复合土钉支护形式。由于降水经常引起基坑周围建筑物和道路沉降,造成环境破坏,引起纠纷,所以,一般情况下,基坑支

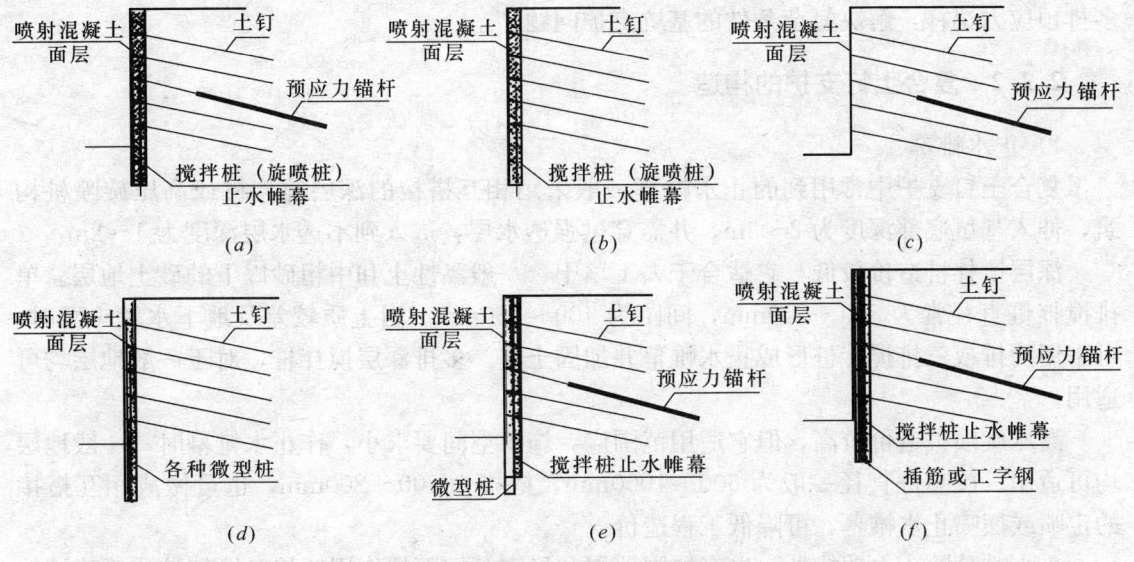

图10 复合土钉支护的常用类型

护均需设置止水帷幕。止水帷幕可采用搅拌桩、旋喷桩及注浆等方法形成。搅拌桩止水帷幕效果好，造价低，在可能条件下应优先采用。在搅拌桩难以施工的地层中可使用旋喷桩。在基坑较深对变形要求严格的情况下，还需采用预应力锚杆限制土钉支护的位移。在设计中，根据基坑深度、工程地质条件、周边环境条件，计算选择这种复合土钉支护的各种参数，一般情况下，搅拌桩宜选用1～2排，预应力锚杆宜选用1～3排。

2）土钉-止水帷幕（图10b）

当基坑较浅或对基坑变形要求较低时，可取消预应力锚杆，以降低工程造价。但受周围环境限制，不能降水，或土质条件较差，开挖后容易塌方时，可采用土钉支护-止水帷幕这种复合土钉支护形式。这时止水帷幕可起到止水和加固土层的双重作用。

3）土钉-预应力锚杆（图10c）

当地层条件为黏性土层和周边环境允许降水，基坑较深且无放坡条件时，可不设置止水帷幕，而采用土钉-预应力锚杆这种复合土钉支护形式。

4）土钉-微型桩（图10d）

当基坑开挖线离红线和建筑物距离很近，且土质条件较差，开挖前需对开挖面进行加固，搅拌桩又无法施工时，可采用土钉-微型桩这种复合土钉支护形式。其中，微型桩常采用100～300mm的钻孔灌注桩、型钢桩、钢管桩以及木桩等。

5）土钉-止水帷幕-微型桩-预应力锚杆（图10e）

当基坑深度较大，变形要求高，地质条件和环境条件复杂时，可采用土钉-止水帷幕-微型桩-预应力锚杆这种复合土钉支护形式。这种支护形式常可代替桩锚支护结构或地下连续墙支护。其中，预应力锚杆一般设为2～3排，止水帷幕一般为旋喷桩或搅拌桩。

6）土钉-止水帷幕插筋-预应力锚杆（图10f）

此种复合土钉支护形式与5）类似，是在基坑支护条件特别复杂时采用，只是取消微型桩，通过在搅拌桩或旋喷桩中插筋来加强支护结构的抗拉性能。方法是：在单排搅拌桩中插入型钢，在多排搅拌桩时双排内外插入粗钢筋和钢管，形成配筋的止水帷幕墙，结合多排预应力锚杆，解决复杂条件的基坑支护问题。

2.2.2 复合土钉支护的构造

1) 止水帷幕

复合土钉支护中常用到的止水帷幕一般采用相互搭接的深层搅拌桩或高压旋喷桩构筑，伸入基坑底部深度为2～3m，并需穿过强透水层，进入到不透水层深度为1～2m。

深层搅拌桩造价较低，它适合于人工填土、一般黏性土和中粗砂以下的砂土地层。单排搅拌桩直径常为500～600mm，间距为400～450mm。当土质较差及地下水较丰富时，可采用两排或三排搅拌桩形成止水帷幕并加固土体。多排深层搅拌桩，对于一般地层均可适用。

高压旋喷桩造价较高，但它适用范围广，施工空间要求小，作止水帷幕时，一般地层均可适用。旋喷桩直径一般为600～1000mm，搭接为100～200mm，也可做成相互搭接的定喷或摆喷止水帷幕，可降低工程造价。

止水帷幕除止水功能外，也有加固地层和稳定开挖面的作用，故对搅拌桩或旋喷桩的设计强度有一定要求，其水泥掺量也较常规搅拌桩或旋喷桩为高，常选用早强型水泥品种，桩身强度一般可达到1～3MPa。

2) 预应力锚杆

在复合土钉支护的中部设置1～3排预应力锚杆，对土钉支护施加初始背拉力，可显著减少土钉位移，提高工程安全度，满足不同工程的需要。施加预应力可采用钢绞线预应力锚索和钢筋预应力锚杆，也可采用钢管预应力锚杆。锚杆头与喷射混凝土面层连接必须可靠，可设置承压板和喷射混凝土连梁。锚头承压板或连梁通过计算确定，以保证足够的承载力和刚度，将锚固力有效地传递到面层和土层中。复合土钉支护中预应力锚杆与桩锚体系中的预应力锚杆有所不同，设计荷载不宜过大，一般应小于300kN。

3) 土钉

在复合土钉支护中除使用传统的钻孔注浆型土钉外，常采用新型打入注浆型钢管土钉，以解决在砂层或软土中土钉成孔困难问题和钻孔穿透止水帷幕时的漏水问题。土钉设计长度一般为6～12m，间距为1～2m。其他构造及连接与普通土钉支护相同。

4) 微型桩和插筋

在实际工程中，常根据需要对土钉支护结构采取各种各样的加固措施，以增加结构稳定性和安全性。微型桩和止水帷幕插筋即是应用较多的加固措施，可满足不同工程的需要。

微型桩常采用直径为100～300mm的钻孔灌注桩，桩插入基坑底面以下2～3m深度。微型桩配置钢筋笼或型钢，配置型钢时，以16～22号工字钢应用最多。微型桩上常设置小型冠梁或连梁，将桩连为一体。连梁上常设置预应力锚杆或土钉。

设置止水帷幕时，在搅拌桩或旋喷桩中插入钢筋或钢管以提高帷幕墙抗弯能力，加强复合土钉支护整体作用。插筋以ϕ25mm以上粗钢筋或ϕ40mm以上钢管为宜。单排插筋一般通长设置；双排插筋时，顶部设盖梁，以加强整体作用；当强度要求较高时，帷幕中插入型钢效果较好，型钢以16号以上工字钢为宜。通过微型桩和插筋加强形成的复合土钉支护，在许多情况下可代替排桩或连续墙支护，并能降低工程造价，缩短工期。

2.2.3 基坑支护工程监测

冶金部建筑研究总院深圳分院杨志银、蔡巧灵等在深圳高水位软土地质条件下，成功地运用上述复合土钉结构完成了多项基坑工程的支护，并进行了多项试验与监测。

1) 土钉-搅拌桩-微型桩复合结构的监测

(1) 工程概况

长城畔山花园是一座商住大厦，位于深圳市福山区彩田路，设地下室3层，地上建筑34层，总建筑面积96000m²。其中地下室建筑面积为18000m²。基坑开挖轮廓：长×宽＝92m×73m，开挖深度为11.65m。

(2) 地质条件及周围环境

该基坑开挖范围自上而下主要地层有：人工回填土、埋藏植物层、淤泥质黏土、粉质黏土、粗砾砂、残积黏土层等。基坑东侧和南侧有较密的管网和重要交通道路，特别是南侧，道路下有煤气管，排洪沟，上、下水管等七种管线，且离基坑最近处只有2m。北侧相邻建筑为沉管灌注桩基础，西侧为待建小区道路。

(3) 支护方案

根据地质条件和周边环境，基坑东、南、北三面采用单排深层搅拌止水帷幕桩墙与加强型土钉支护组成联合"支护·防水"体系，其中在南侧为保护坑边煤气管道，在长约36m的地下车道处（坑壁距煤气管距离约为3m）增加一排型钢微型桩。支护参数为：深层搅拌桩为$\phi 500@400mm$，桩长为14m；土钉采用打入式高压注浆钢管土钉（$\phi 48mm$、$\delta 3.5mm$）；预应力锚索长为16～18m，由3根1×7-$\phi 15mm$钢绞线组成，微型桩为$\phi 250mm$，型钢为18a工字钢。基坑西侧为普通土钉支护，并设有5口降水井。基坑东侧支护典型剖面如图11所示。

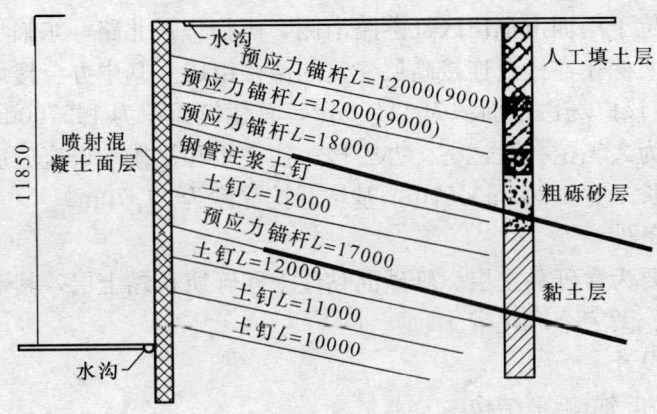

图11 基坑东侧复合土钉支护剖面

(4) 施工与监测

该基坑于1999年6～8月完成基坑开挖和支护。施工期间进行了较全面的工程监测，包括基坑周边水平位移，坡顶和邻近道路的沉降观测，地下水位观测，坡体位移观测（测斜管）。根据监测结果，至1999年8月底，基坑周边位移多数点在40mm以下，少数点达到50～60mm；沉降值多数点在30mm范围内，特别是在管线密集的东侧和南侧沉降值大多在20mm以下。坡体位移观测值较大的部位在南侧地面下4.5～8.0m，位移值为27～

28mm；东侧最大位移在地面下4.5～9.0m，位移值在41～43mm之间。总体上基坑稳定情况良好。监测结果显示，在台风和暴雨以及西侧修路、挖沟、积水时对边坡部分测点位移有明显影响。

(5) 现场土钉抗拔试验

工程开工前，在基坑内开挖了深度约为3m的试验坑，进行土钉和预应力锚杆抗拔试验。试验打入注浆型钢管钉3根，长度均为10m，灌注纯水泥浆，水灰比0.45，水泥用量约200kg；钢管采用$\phi 48$mm、$\delta=3.5$mm焊接钢管。试验钻孔注浆型土钉3根，长度均为10m，钻孔孔径为100mm，灌注纯水泥浆，水灰比0.45，水泥用量约125kg；土钉杆体采用$\phi 25$mm Ⅱ级钢筋。试验采用YC-100型千斤顶分级加载，用游标卡尺测量土钉头部位移。试验土钉共6根，1～3根为打入注浆钢管土钉，4～6根为钻孔注浆钢筋土钉。单根土钉抗拔力设计值为100kN，土钉单位长度抗拔力设计值为10kN/m。试验结果如下：3根预应力锚杆，均达到设计要求。试验土钉抗拔力均超过了设计要求（图12），其中1#、5#、6#土钉抗拔力达到200kN，2#、3#、4#土钉抗拔力达到150kN，平均值为175kN。钢管土钉和钢筋土钉抗拔力基本相同，但钢管土钉变形量相对较大。

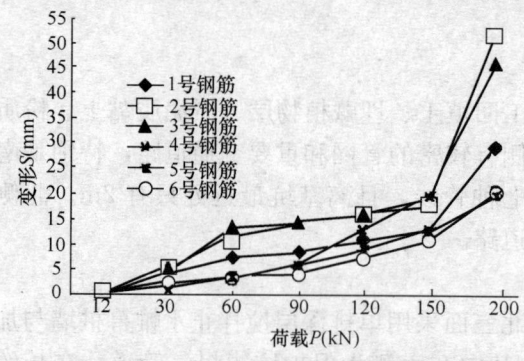

图12 土钉抗拔试验荷载与变形曲线

2) 土钉-旋喷桩-锚索复合结构的监测

(1) 工程概况

赛格群星广场位于深圳市福田区红荔路南侧，西临华强北路，东临华发北路。该建筑群由一栋办公楼和两栋住宅楼及连接高层建筑的裙楼组成。其中办公楼地面以上为40层，建筑高度为148m。该广场占地面积为11150m²，总建筑面积为145700m²。结构设计采用框支剪力墙，基础为人工挖孔灌注桩。办公楼、住宅楼和裙楼均设有三层地下室，地下室开挖线轮廓尺寸为长×宽=205m×57m，基坑开挖深度为11.70m。

(2) 工程地质条件

该场地地层主要为含砾黏土层、砾砂混黏性土和砾质粉黏土层，其下为燕山晚期花岗岩，并分为强、中、微三个风化带。

(3) 基坑支护设计

① 基坑南侧：桩-锚-帷幕结构

基坑南侧有二栋8层和10层已建楼房，均为天然地基，浅基础，距基坑仅为2.8～3.0m。由于附加荷载大，故采用"人工挖孔桩-预应力锚杆-止水帷幕"支护方案。

② 基坑东侧：加强钉-帷幕结构

基坑东侧紧邻华发北路，路下管网密集，红线距地下室外墙轴线只有1.5m。此条件下，单独设置排桩则空间位置不足，采用地下连续墙则费用太高，采用单一土钉支护似太薄弱；另外考虑到东侧有5～6m厚的砾砂层，从支护和止水两方面考虑，东侧宜采用止水帷幕与加强型土钉共同组成的复合型土钉结构。

设计采用三重管旋喷桩组成截水桩墙；基坑垂直开挖，上部二排采用钢筋注浆土钉，下部六排为新型打入式高压注浆钢管土钉，其中第三排和第五排间隔布置预应力锚索，锚索为 $2×7\text{-}\phi5\text{mm}$ 钢绞线，长度 $L=18\text{m}$，间距为 2.4m。土钉长度为 8～13m，土钉间距为 1.2m×1.2m。基坑东侧复合型土钉支护剖面图见图13。

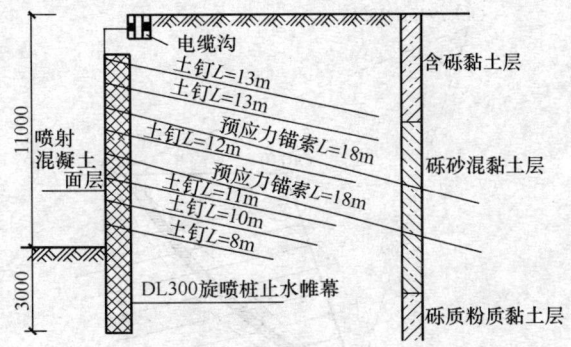

图13 基坑东侧复合型土钉支护剖面图

③ 基坑西侧和北侧：普通土钉支护

基坑西侧和北侧均采用 $\phi25\text{mm}$ 钢筋注浆土钉支护，土钉长为 6～12m，间距为 1.2m×1.2m，梅花形布置，边坡坡度为 1∶0.25；坡面采用C20喷射混凝土面层，其厚度为100mm。

④ 土钉受力监测

为进一步了解土钉受力情况，对基坑北侧土钉应力进行了监测。该侧土钉支护边壁稍有倾斜。试验土钉应力测点分别设在第3、5、7、9排土钉上，距地面距离分别是2.8m、5.2m、7.6m、10.0m，相应长度分别为12m、11m、10m、8m，其上共布置19个测点。量测周期从土钉注浆开始，直至地下室底板浇筑完成结束。通过监测得到以下认识：

a. 土钉杆体内的受力分布是不均匀的，一般呈现中间大，两端小的规律。

b. 土钉杆体应力随基坑开挖深度增加而增加。

c. 土钉受力规律为 $T_9>T_7>T_5>T_3$，即布置深度越深的土钉所受拉力越大（T_i 代表第 i 排土钉的轴向拉力），而且布置越深的土钉其最大受力点的位置越靠近面层。

d. 如图14所示，两条虚线是计算所得的直线破裂面和圆弧破裂面，其间阴影部分是试验得到的土钉最大拉力分布区域，近似为一个通过坡脚的弧形区域，此即为潜在滑动面所在区域。

e. 从试验结果可以看到，土钉在基坑开挖到底后 25d 测得的拉力值要比开挖刚结束时大得多，这主要是由于土体徐变所致。土钉拉力值增加受诸如天气情况、现场施工情况等很多因素影响，总体上呈增加趋势。而且布置深度越深的土钉拉力值增加的幅度越大。基坑开挖完毕 171d 后，土钉拉力值才趋于稳定，且在暴露期间，雨水、坡顶施工等因素对土钉拉力影响显著。这一方面说明土钉支护达到其内力稳定状态的过程较长（与土层性质密切相关），另一方面说明在土钉支护内力重分布过程中下部土钉拉力值增加幅度更大。以第九排土钉为例，在开挖 50d 后测得最大拉力值比开挖刚结束时最大拉力值增加1.47倍，171d 后达到1.67倍。

f. 土钉内最大拉力沿高度变化形态见图15。由该图可知土钉最大拉力实测分布形态近似于梯形。从该图还可看出，第3、5排土钉的轴力接近或超过了按朗肯土压力公式计算的主动土压力值，而第7、9排土钉的轴力则低于计算主动土压力数值。由此可知，按朗肯主动土压力验算单根土钉抗拔能力时，对中下部土钉来说是偏于安全的。

(4) 基坑施工与稳定性监测

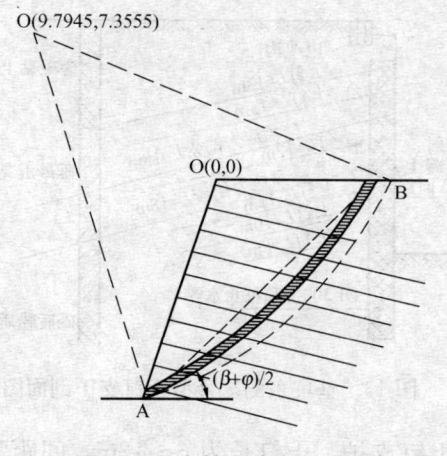
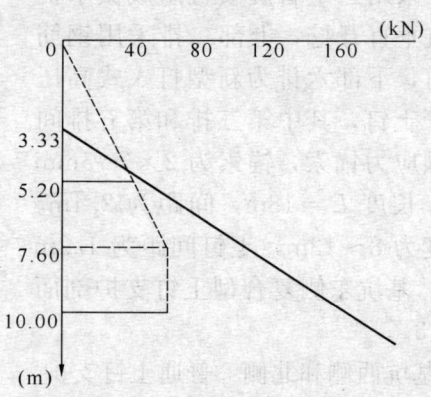

图 14 最大轴力分布区域图　　图 15 开挖后土钉最大拉力位置

基坑开挖与支护从 1999 年 1 月初开始，至同年 5 月初开挖完毕，并按设计要求完成全部支护工作。该工程监测项目包括基坑周边水平位移、地面沉降、建筑物倾斜、地下水位变化等。根据监测结果，至 5 月 10 日，各项监测参数基本趋于稳定，基坑南侧桩锚支护最大位移为 34.7mm，与设计计算值 31mm 基本吻合。基坑北侧土钉支护最大位移为 10mm，基坑东侧复合土钉支护最大水平位移为 12mm，地面沉降均在 20mm 以内。该基坑工程自始至终稳定安全，支护效果良好。

2.3　土钉-锚索（杆）复合结构的现场测试

2.3.1　概述

凯城东兴综合大厦基坑是迄今为止广州基坑工程中深度较大、支护条件较困难、支护结构较复杂的工程。该基坑深度达 22.6m，支护周长为 210m，基坑周围近距离内密布 10 栋民用住宅楼。这对基坑支护设计、施工均提出了很高要求。该工程分为两级基坑支护，其中在第一级基坑深度（11.6m）范围内，张飞等采用预应力土层锚杆加土钉的复合土钉支护技术，拓宽了这两种不同支护技术应用空间，并在施工中进行了预应力锚杆与土钉轴向拉力的长期监测，为研究这种新型支护结构的工作机理提供了宝贵资料。

2.3.2　基坑支护设计

综合分析该场地勘察报告可知，场地土层分布均匀，土质为硬塑-坚硬粉质黏土，其物理力学参数指标值为：$\gamma=20kN/m^3$，$c=40kPa$，$\varphi=20°$，$\tau_s=70kPa$。支护体系的桩锚与土钉支护为两桩一墙等宽度相间分布形式。支护桩桩径为 1.2m，桩间距为 1.5m，桩长为 16m，入土深度为 4.4m。土压力计算基底以上为三角形分布，基底以下为矩形分布。锚杆内力计算采用逐层开挖支撑内力不变法；位移计算采用弹性地基梁 M 法。设计采用三排锚杆，其竖向间距分别为 2.0m、4.0m、3.5m；锚杆设计荷载为 100kN、300kN、250kN；安全系数取为 2，即锚杆极限承载力为设计荷载的两倍。杆体材料分别为 1ϕ28mm 钢筋、1860 级 4×7ϕ5mm 钢绞线、1860 级 4×7ϕ4mm 钢绞线；长度分别为 15m、

23m和19m。测试锚杆、土钉断面图,以及复合土钉支护立面图见图16～图18。

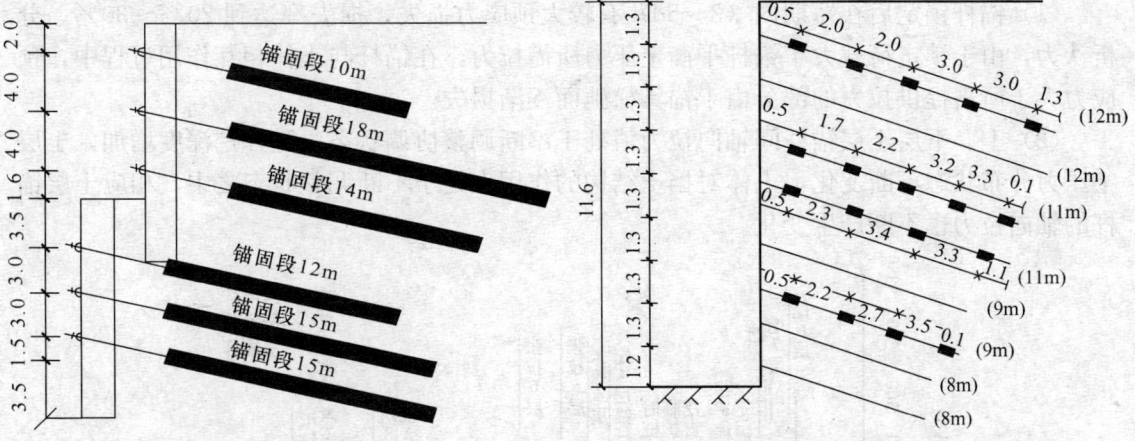

图16 测试锚杆断面图（单位：m）　　　　图17 测试土钉支护断面图（单位：m）

土钉支护设计压力采用矩形分布模式,计算根据规范进行。

土钉支护整体稳定性分析方法采用圆弧滑动条分法,取安全系数$F_s \geqslant 1.5$。

经计算设计土钉水平与竖向间距均为1.3m,土钉倾角为15°,土钉钢筋均采用φ25Ⅱ级螺纹钢筋,长度由上到下分别为12m、12m、11m、11m、9m、9m、8m、8m,整体稳定安全系数为1.55。

2.3.3 支护施工及测力计安设

土钉与锚杆分布密度差异较大。施工采用逐层开挖法。当挖土标高是某种支护形式时,即迅速进行该种支护的钻

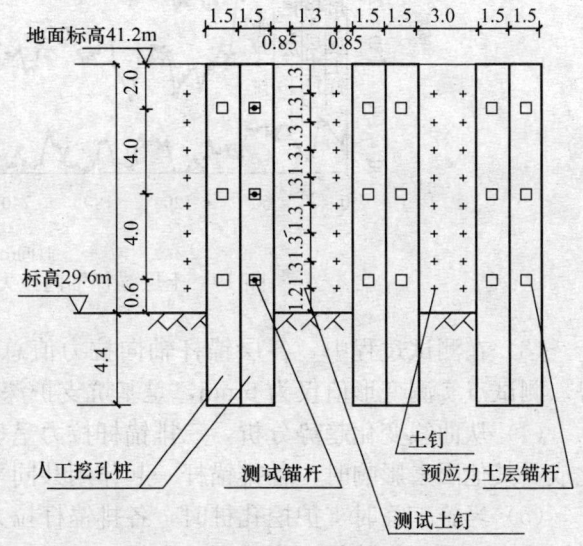

图18 复合土钉支护测试立面图（单位：m）

孔、注浆等施工。土层锚杆注浆7d后即张拉锁定,同排预应力锚杆间用钢筋混凝土腰梁连接。

测力计安设与支护施工同步进行,即安放土钉钢筋时,通过帮焊,在该土钉上安设4～5个钢筋应力计。张拉锚杆是在锚杆端部安设GMS测力计,并记录下初始锁定荷载和测试荷载,然后进行长期观测。钢筋应力计与测力计均为每隔2～3d观测1次,测试时间1年余。

2.3.4 测试结果与分析

1）预应力锚杆轴向拉力测试

三层锚杆轴向拉力随时间及施工过程的变化曲线如图19所示。预应力锚杆轴向拉力

有以下变化规律：

（1）锚杆锁定后在短期内（3~5d）有较大预应力损失，损失率达到20%~30%。分析认为，由于锁定荷载大于锚杆平衡土压力所需拉力，在锚杆与土体相互作用过程中，预应力大于所需提供拉力的部分由于锚具松弛而逐渐损失。

（2）上、下层土层锚杆间轴向拉力值处于不断调整协调状态。随开挖深度增加，土层土压力分布状态不断变化，土体对挡土结构的作用也处于不断调整状态之中，相应土层锚杆的轴向拉力也不断产生变化。

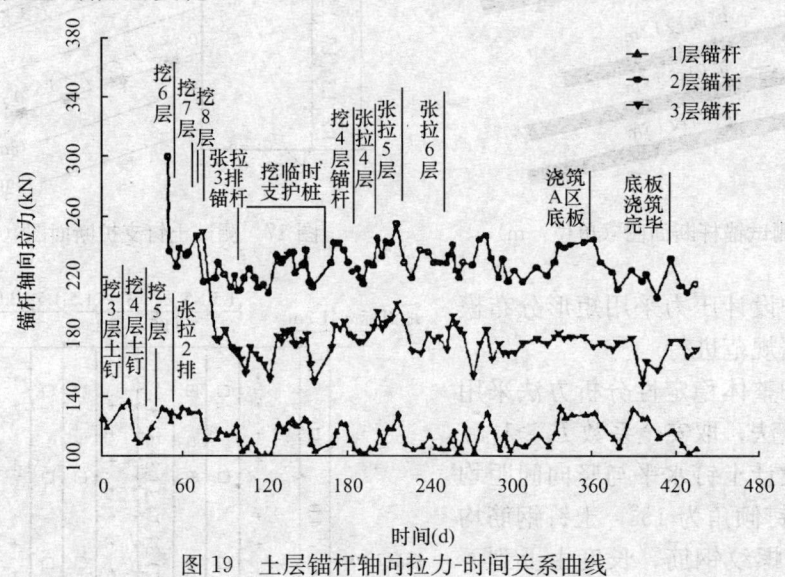

图19 土层锚杆轴向拉力-时间关系曲线

（3）在测试过程中，各层锚杆轴向拉力值总体呈现在某一数值范围内上下摆动的趋势。测试点实测变形值仅为5mm，是基坑支护深度的0.2%，底部变形值为1mm。

（4）从曲线变化趋势分析，三排锚杆拉力呈现一致变化规律，即当支护背后土压力变化或受其他因素影响时，各排锚杆一起作用共同平衡这种变化。

（5）当施工临时支护挖孔桩时，各排锚杆拉力均呈现上升趋势，而桩灌注完毕，各排锚杆拉力又呈下降趋势；当地下室底板浇筑后，各排锚杆拉力都呈现大幅度下降趋势。这说明支护桩施工的开挖卸荷作用明显，而底板浇注后对支护结构具有支撑作用。

2）土钉支护轴向拉力测试分析

由图20~图23可以看出，预应力锚杆与土钉联合支护时，土钉轴向拉力呈现以下变化规律：

（1）土钉系被动受力杆件，因此，钉体拉力-时间关系曲线一般是上升的。但在与预应力锚杆联合支护时，锚杆拉力的变化影响了临近土钉受力，故土钉拉力也呈现出较大幅度的起伏。

（2）各土钉曲线最初一段是整个监测过程中斜率最大者，说明临近的下层土钉或锚杆施工对土钉拉力影响最大。

（3）二级基坑施工对于土钉支护下部的影响远大于上部。二级基坑开挖过程中，第1、3排土钉拉力不断下降，第4排土钉拉力几乎维持不变，而第6排土钉拉力呈现明显上升趋势。这表明，在联合支护体系中，土钉具有重要作用。

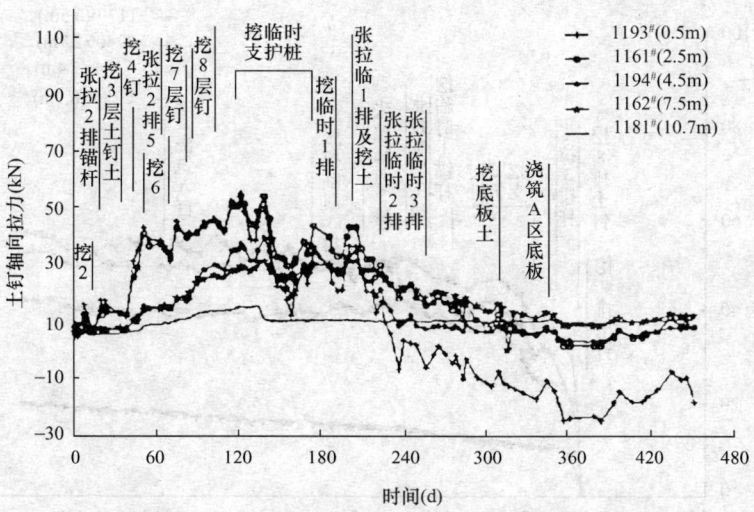

图20 永久支护第1排土钉轴向拉力-时间关系曲线

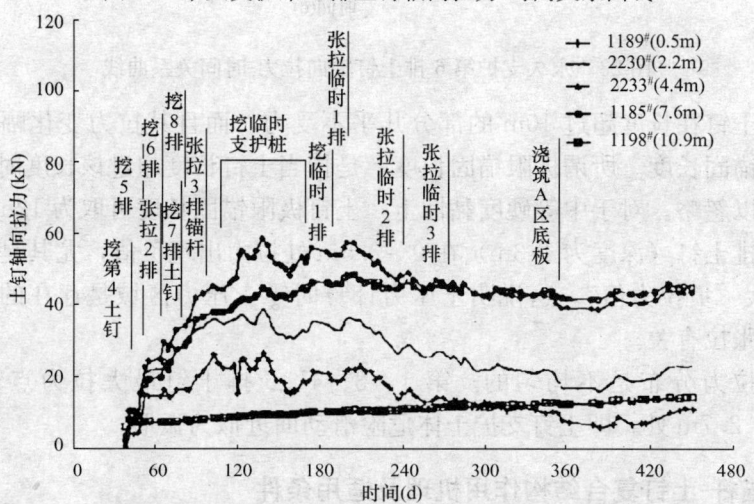

图21 永久支护第3排土钉轴向拉力-时间关系曲线

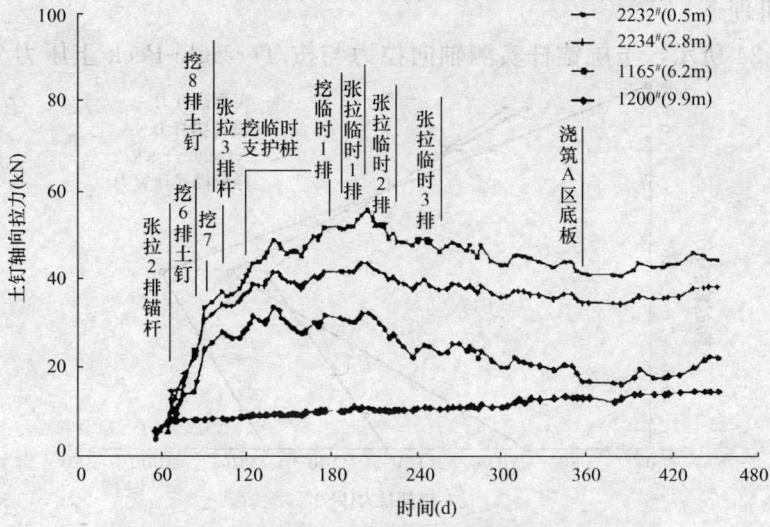

图22 永久支护第4排土钉轴向拉力-时间关系曲线

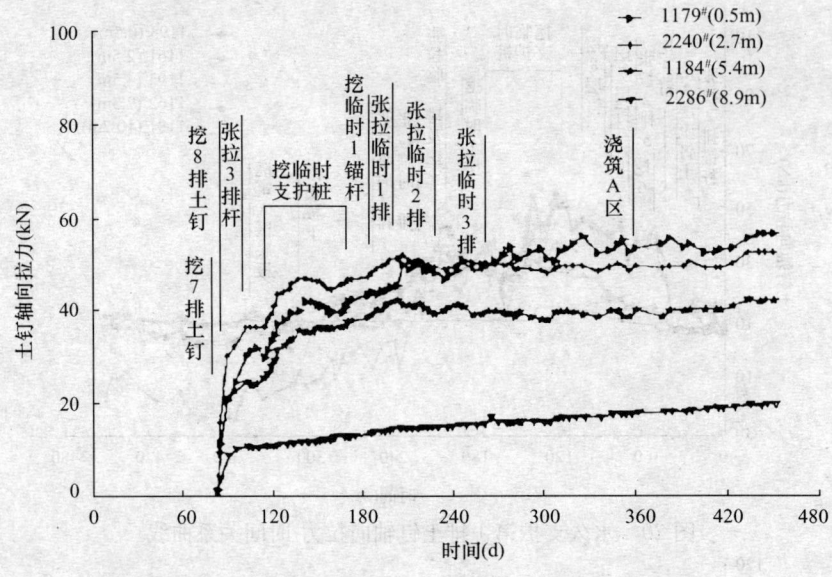

图 23 永久支护第 6 排土钉轴向拉力-时间关系曲线

(4) 各层土钉在长度超过 10m 的部分几乎不受力，而且其拉力变化幅度很小。说明土钉存在极限锚固长度。所谓极限锚固长度，是指当土钉长度超过该长度时，土钉锚固力增加很小，可以忽略。对于中等硬度黏性土，土钉极限锚固长度可取为 12m。

(5) 第一排土钉（深度为 1.3m）在 0~2.5m 处拉力出现负值，尤其是端部，曾出现 -25kN 的较大"负拉力值"。这说明土压力计算时零土压力区域是存在的。当然，这也可能与锚杆的张拉有关。

(6) 土钉拉力分布是不均匀的。第 1、3、4、6 排土钉最大拉力点分别在 2.5m、6.2m、6.2m、2.7m 处，即土钉支护土体危险滑动面近似为弧形。

2.3.5 锚杆-土钉复合结构作用机理及适用条件

1) 作用机理

(1) 如图 24 所示，土层锚杆实测轴向拉力与按 Terzaghi-Peck 土压力分布修正的梯

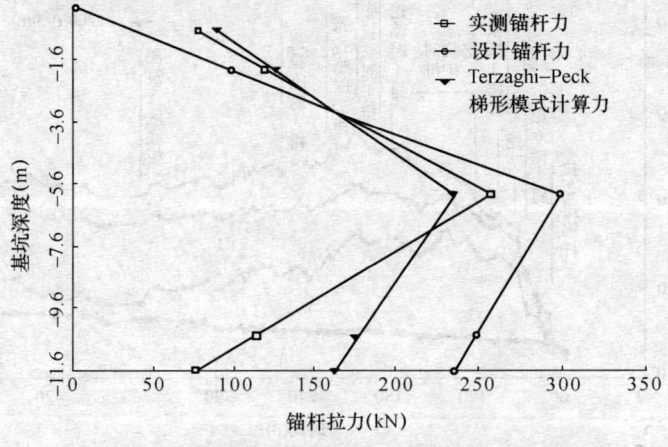

图 24 土层锚杆拉力沿基坑深度方向的分布图

形模式计算结果相近（底部实测值大于计算值是由于二级基坑的影响使底部锚杆拉力增大）。设计值则上部偏小，下部偏大。

（2）如图25所示，土钉实测拉力与按照矩形模式计算的土钉拉力有较大差异，实测值约为计算值的50%~75%。这可能是预应力锚杆分担了一部分土钉支护力的结果。

（3）从图26中可以看出，土钉拉力与锚杆拉力呈现互补状态。当锚杆拉力减小时土钉拉力增大，反之亦然。这种互补状态取决于它们的受力特点：土钉是被动受力，而锚杆是主动受力。这种互补性对基坑稳定具有重要作用。但锚杆拉力变化幅度大于土钉。

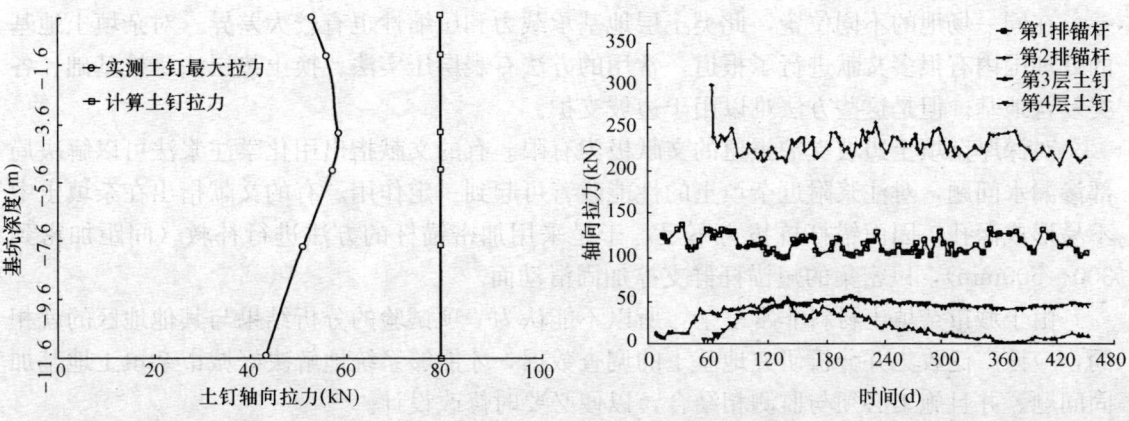

图25　土钉拉力沿基坑深度方向的分布图　　图26　复合支护体系中预应力锚杆与土钉拉力变化图

综上所述，预应力土层锚杆与土钉联合支护的工作机理是：锚杆与土钉的作用相互补充、相互影响；预应力锚杆对土钉影响略大，但两者均比设计结果要小。所以在此类复合支护设计中，可以采用单独计算的方法来确定其力学参数。建议适当加大预应力锚杆设计锁定荷载。

2）适用条件

该测试工程所处场地地质条件较好，测试结果较好地验证了设计方案的合理性。但由于基坑支护工程的复杂性和不确定性，设计计算方法不可生搬硬套。而且此种联合支护形式的可行性尚应通过其他大量工程验证后方可形成系统设计、施工理念。结合该工程实际，张飞等认为预应力锚杆与土钉联合支护技术的适用条件是：

（1）基坑深度小于12m；

（2）基坑周围土层为坚硬或中等硬度黏性土及粉质黏土，土层含水量较小；

（3）基坑周围无重要建筑物或构筑物，对基坑变形控制要求不甚严格。

2.3.6　小结

1）在中等硬度黏性土中采用预应力锚杆与土钉联合支护技术是可行的。

2）预应力锚杆与土钉在支护体系中是相互补充、相互作用的；但采用这种复合结构支护时，土钉间距不宜过大。

3）预应力锚杆与土钉联合支护设计时可采用分算方法。对于中等硬度黏性土，锚杆计算可采用Terzaghi-Peck土压力分布修正模式，土钉设计计算可采用矩形分布模式。

2.4 土钉-锚杆复合结构现场测试

2.4.1 概述

杂填土的处理是城市建设中经常遇到的疑难问题。因为杂填土是人类活动所形成的不规则堆填物，其成分复杂，无规律性，含腐殖质及水化物，性质随堆填龄期而变化。杂填土结构松散、压缩性高，其物理力学性质在水平与垂直方向上均呈现不均匀性，稳定性较差。在同一场地的不同位置，此类土层地基承载力和压缩性也有较大差异。对杂填土地基的处理国内有很多文献进行了报道，常用的方法有表层压实法、换土垫层法、桩基础、各类复合地基。但是这些方法难以用于边坡支护。

对深厚杂填土边坡支护报道的文献极为有限。有的文献指出用化学注浆法可以解决局部渗漏水问题，对注浆附近杂填土的性能改善可起到一定作用。有的文献指出在杂填土中不易形成深孔，因而锚杆抗拔力不足；于是采用加密锚杆的方法进行补救（间距加密到300～500mm），以密集的短锚杆群支撑加固滑动面。

由于城市杂填土材料非常复杂，所以不能认为一项试验的分析结果与其他地区的就相同，应该广泛收集并分析研究地基土的调查数据，才能够系统地解决好城市杂填土地基加固问题。并且施工必须与监测相结合，以便必要时修改设计。

地下水对杂填土的性能有负面影响。因为垃圾中的黏土粒、有机质分解产生的胶结物质，以及垃圾本身的逐渐压密是决定黏聚力大小的主要因素；内摩擦角则是由于垃圾中材料颗粒间的镶嵌及相互摩擦而产生的，因此排水固结后，垃圾土的 c、φ 值一般会有所增大。可见在垃圾填埋中合理设置渗滤层及排出渗滤液是至关重要的。如果采用压力注浆，不但能改变杂填土的成分，更能将其压密，使杂填土 c、φ 值增大，改善杂填土性能指标。

总之，杂填土边坡支护有一定难度，虽有成功先例，但坡高一般在 10m 以内，且多为临时边坡。曾宪明、郑志辉、徐勋长等结合对一深度为 14.1m 永久性杂填土边坡的支护，完成了复合土钉在杂填土边坡中的现场试验研究。

2.4.2 工程概况

长沙市星电公寓为 27 层商住楼，其东侧为城西供电局已建 7 层办公楼。基坑北侧 3.5m 外为交通繁忙的主干线桐梓坡路，路面高出星电公寓地面 9.5m 左右。基坑开挖前，北边已有高度为 9m 左右，坡角为 30°～40°的由杂填土形成的边坡。人行道已有宽度为 5mm 裂缝。因边坡下部有大量抛置片石，厚度约为 2m，施工时需要全部取出，因而不得不进行垂直开挖。开挖后将使该边坡形

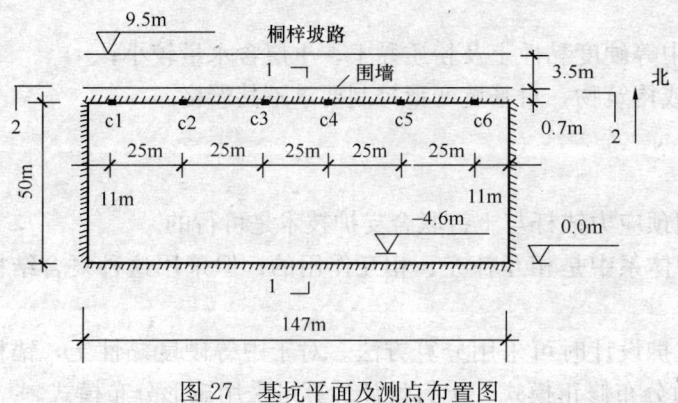

图 27 基坑平面及测点布置图

成长度为147m、深度为14.1m的直立边坡，并需进行永久支护。基坑平面如图27所示。

2.4.3 工程地质及水文地质条件

该场地位于剥蚀残冲积沟谷，主要由杂填土、粉质黏土层组成（图28）。各层土的分布及特征如下：

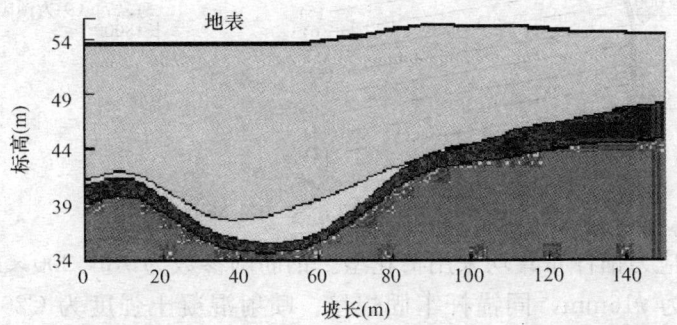

自上而下为：杂填土、粉质黏土、第四系残积粉质黏土、元古界板溪群强风化岩

图28 地质剖面图（2-2断面）

1) 杂填土：厚度为10.4～16m，褐色及褐灰杂色，掺有大量黏性土，夹有10%～30%卵石、圆砾石、碎砖、有机质为腐烂的植物残骸及其他杂物，结构松散，密实程度不等，由生活垃圾和建筑垃圾组成。

2) 粉质黏土：灰黄、灰绿色，含有机质及未完全腐烂的植物残骸，湿、可塑、不均匀；并含有20%～40%的石英质卵石，其粒径为3～5cm，湿、可塑至硬塑状态，层厚为0.4～0.8m。

3) 第四系残积粉质黏土：褐黄或褐绿色，呈条纹状，由板岩风化而成，残留少量风化岩块，稍湿、硬塑状态，层厚为0.28～0.4m。

4) 元古界板溪群强风化岩：褐黄色，大部分已风化呈土状，揭露厚度为0～0.6m。

该场地地下水埋深在路面下5.8m左右。水来源为生活排放水和大气降水，属上层滞水。含水层为人工杂填土和粉质黏土层。填土层结构松散，属强透水层。场地内地下水对混凝土具有弱腐蚀性。

2.4.4 复合土钉支护方案

该边坡主要由杂填土构成，结构松散，成分复杂，边坡上部地势较高，地下水丰富，又属于永久支护，设计时应考虑边坡的位移与沉降控制，并加强对上层滞水的处理。由于地质条件复杂，边坡支护采用理论计算和工程类比法相结合原则，根据设计和施工经验，该边坡可采用土钉支护。但考虑到永久性边坡应有效控制其位移，所以设计增加了预应力锚杆支护。在通过多方案的可行性、安全性、经济性比选，并经专家论证认可后，确定采用复合土钉支护方案。

1) 土钉参数计算。计算包括土钉长度、喷射混凝土厚度的确定，土钉支护抗滑动、抗倾覆和地基承载力验算。并对土钉长度、倾角作了优化处理，以避免土钉端部处于同一立面上和避开地下市政管线设施。最终设计剖面如图29所示。

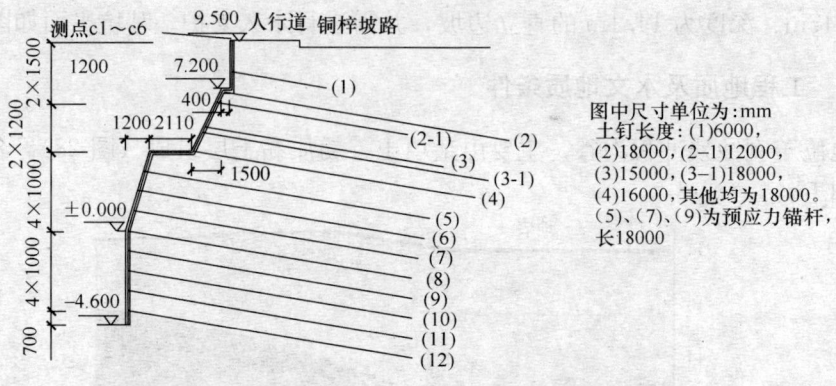

图29 边坡支护方案（1-1断面）

2）土钉和预应力锚杆布置均采用梅花型。钢筋网参数为 $\phi 8@200 \times 200$。设在面层之间的锚杆加强筋为 $\phi 16mm$，同锚杆牢固焊接。喷射混凝土强度为C20，厚度为 $\delta 100 \pm 20mm$，土钉和锚杆注浆所用浆液为水泥净浆，水灰比为0.45，注浆压力为：土钉 $0.4 \sim 0.6MPa$，预应力锚杆 $1.5MPa$，浆液凝固体强度为M15。

3）把第（5）、（7）、（9）排设置为预应力锚杆。

2.4.5 现场实验结果

现场试验内容包括：①土钉受力变形特性测试；②边坡位移测试；③地面沉降观测；④土钉拉拔力试验；

1）土钉受力变形测试结果

1#试验土钉应变随时间的关系曲线及沿钉长的分布形态见图30和图31。

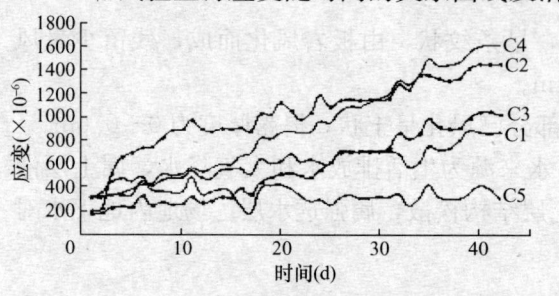

图30 1#土钉微应变-时间关系曲线

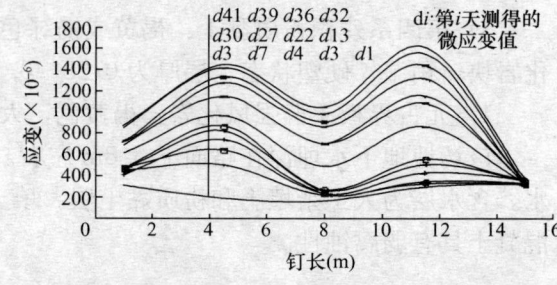

图31 1#土钉微应变沿钉长分布形态

2#试验土钉应变随时间的关系曲线及沿钉长的分布形态如图32和图33所示。

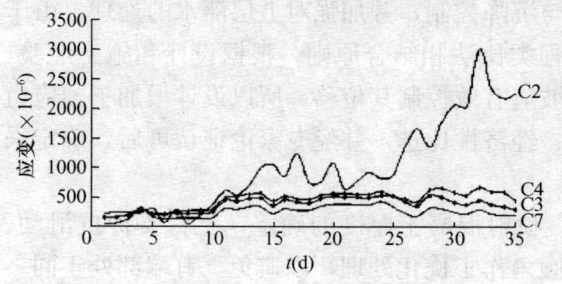

图32 2#土钉微应变-时间关系曲线

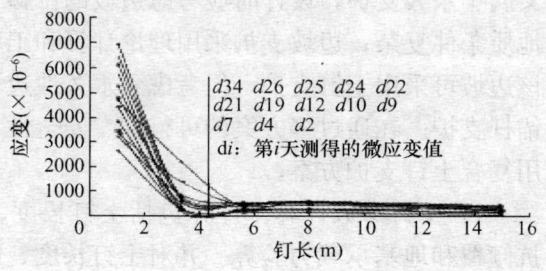

图33 2#土钉钉长上微应变随时间变化曲线

3#试验土钉应变随时间的关系曲线及沿钉长的分布形态见图34和图35。

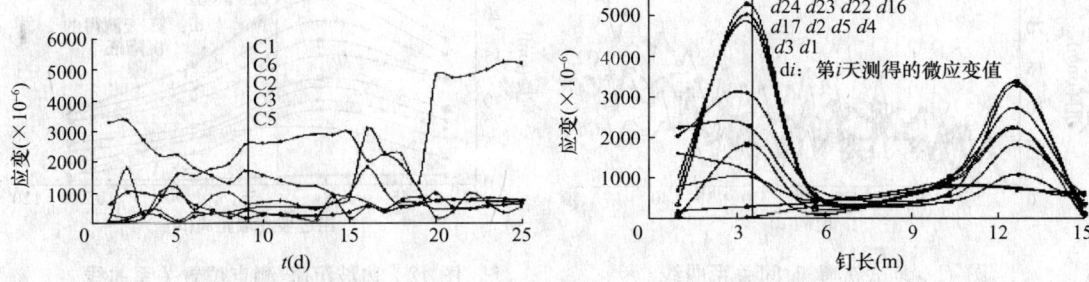

图34 3#土钉微应变-时间关系曲线　　　图35 3#土钉应变沿钉长分布形态

4#土钉应变随时间的关系曲线及沿钉长的分布曲线见图36和图37。

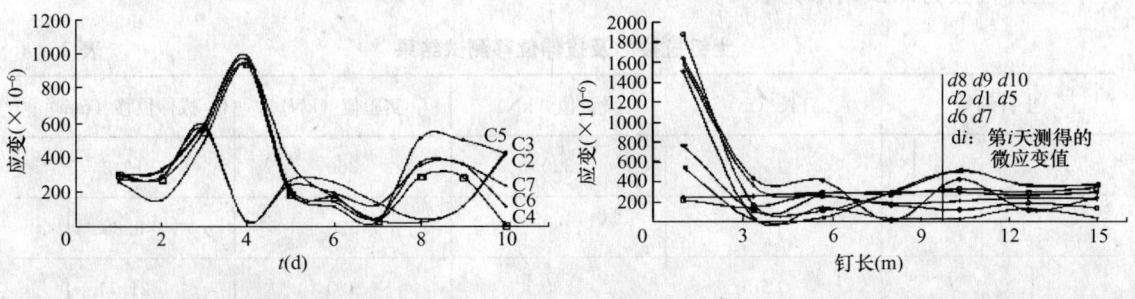

图36 4#土钉应变 时间关系曲线　　　图37 4#土钉应变沿钉长分布形态

2）边坡位移测试结果

边坡位移测试结果见图38～图40。

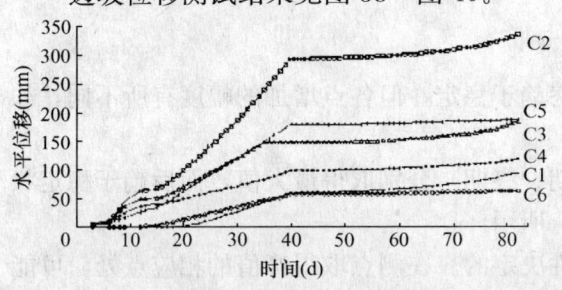 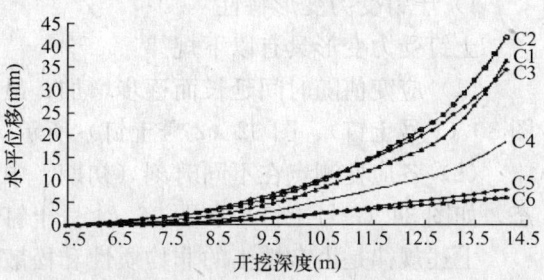

图38 边坡水平位移-时间关系曲线　　　图39 边坡水平位移-开挖深度关系曲线

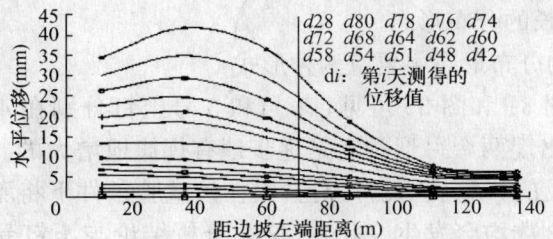

图40 边坡水平位移-测点位置关系曲线

3）地面沉降测试结果

地表沉降采用水准仪量测，测试结果见图41和图42。

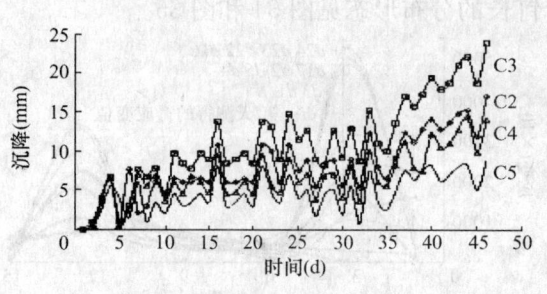
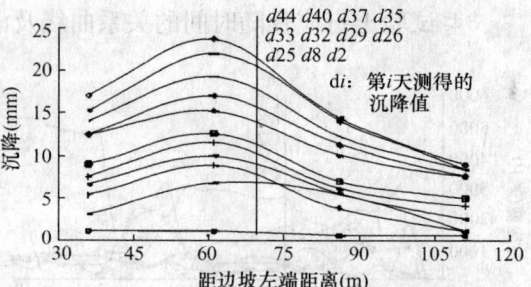

图 41 地表沉降-时间关系曲线　　　　图 42 边坡沉降-测点位置关系曲线

4） 土钉拉拔力测试结果

土钉拉拔力测试结果见表2。

土钉拉拔力及拔伸位移测试结果　　　　表 2

土钉编号	钉长（m）	设计值（kN）	实验值（kN）	拔伸位移（mm）
5	15	320	360	10.2
6	12	280	320	6.88
7	12	280	320	21.71

2.4.6　测试结果分析

1） 土钉受力变形特性

土钉受力变形具有以下规律：

（1） 应变值随时间延长而逐步增加，最终趋于稳定，但各点增加的幅度有所不同，如图30（1号土钉）、图32（2号土钉）所示。

（2） 各应变测点在不同时刻（初期、中期、终期）分别取得最大值，而后趋于稳定状态，如图34（3号土钉）和图36（4号土钉）所示。

上述规律是由杂填土的非均质性和松散性决定的。在测点取得峰值的相应点处，可能存在潜在滑移面。这意味着，对松散杂填土而言，边坡潜在滑移面在坡高一定条件下可能不止一个。这是杂土边坡一个十分重要的特性。

2） 土钉应变沿钉长的分布形态

土钉应变沿钉长的分布形态主要有两种形式：

（1） 双弓形：由图31和图35可见，1号和3号土钉分别在4m和12m处附近，以及3m和12m处附近出现两个弓形，它是逐步地有规律地增大的。这种双弓形在一般岩土介质边坡中是不常见的，它表明潜在滑移面在该试验条件下将不少于2个（支护参数加强或减弱，峰值的个数均会发生变化）。这一分析结论与土钉受力变形特性的推断是吻合的。

（2） 峰值点和零值点转移型：如图33和图37所示，2号和4号钉靠近钉头部位首先产生峰值，而远离钉头的部位其值较小，并逐步趋于零。随着峰值进一步加大，砂浆与介质间粘结力被破坏，土钉应变峰值下降并发生向邻近里端转移；与此同时，零值点也发生类似转移。峰值点和零值点转移的本质是部分界面粘结力丧失的结果。因此，峰值点转移、零值点转移，同浆体局部破坏转移是同时发生的。需要指出，峰值点与零值点之间的距离就是临界锚固长度。该试验条件下，临界锚固长度约为9m。

3）边壁水平位移特性

边壁水平位移是指基坑靠桐梓坡路一侧的边壁上部倾向基坑内的水平位移。边壁水平位移具有下列特点：

(1) 随着时间延长，边壁水平位移量值增加；但各测点量值增加的幅度有所不同，填土厚度越大，位移越大，反之亦然；至40d后趋于稳定（见图38）。

(2) 随着开挖深度增大，边壁水平位移量值增大，且测点所处部位的填土厚度愈大，其位移量值愈大（如 $C_1 \sim C_3$），反之较小（如 $C_4 \sim C_6$），具有很强的规律性（见图39）。

(3) 边壁水平位移与相应测点位置的关系曲线见图40。将图40与图28作比较可以看出，水平位移曲线的包络线与填土厚度的边界线就几何图形而言是相似的。这表明，填土厚度最小者水平位移量值最小，填土厚度较大者水平位移量值较大，在最大填土厚度点处（距西壁40～60m），边壁具有最大水平位移量值。

土钉面层是大体均匀布设的，而预应力锚杆仅在桐梓坡路一则边壁中部布置了三排，注浆压力在各层介质中基本相同。在这种条件下，由于填土介质比其他土层介质具有大得多的松散性、压缩性和非完整性，因而边壁的变形主要由填土介质所控制是合理的。

4）地面沉降特性

(1) 由图41可见，地面沉降量随时间延长而增加，但增加幅度有所不同，位于填土厚度较大点处的测点，其增值较大，反之较小。

(2) 地面沉降不均匀（图42）。沉降量大小依测点位置不同而不同。实际上沉降量受控于相应测点下部的填土厚度。在厚度较大的点处，地面沉降量较大，反之较小。把图42同图40相比较，二者具有相同的规律性。

5）土钉抗拔特性

表2表明，在该试验条件下，一组（3根）土钉的极限承载力比设计值高约12.5%～14.3%。松散介质难以提供较大的粘结力或摩阻力。土钉良好的抗拔特性源于土钉的加固作用，其中水泥浆液在填土介质各种宏观和微观缝（孔）隙中的渗透、挤压作用是其重要因素之一。试验表明，水泥浆液不规则渗透路径在杂填土介质中可达20m之多。土钉的加固作用使得填土介质成为一种物理力学性能指标更为优越的新地质体，因而能够提供较大的粘结力和摩阻力。

6）土钉与预应力锚杆的相互作用

最初的边壁防护设计采用的是单一土钉支护。为进一步控制边壁变形，三排预应力锚杆是后增加的。土钉按加固基础上的锚固原理设计，预应力锚杆按锚固原理设计，二者对边壁不稳定体的作用按叠加原理考虑。实际情形比这复杂得多，锚杆张拉时，邻近土钉里端的拉应变增加，外端拉应变减小或短时波动；锚杆自由段为4m，预应力约为5t（低预应力），它对约束第一个潜在滑移面（3～4m）是有利的，但对稳定第2个潜在滑移面至少在初期不十分有利。对此还须深入研究。

2.4.7 小结

1) 杂填土中土钉应变沿钉长的分布形态之一为双弓形，它表明潜在滑移面有两个，推断甚至有多个。这是填土边壁（坡）不同于一般黏土边坡的重要特点之一。

2) 土钉应变峰值点与零值点向土钉里端的转移是同时发生的，它标志着土钉局部破坏已经发生（界面粘结力丧失），与此同时钉体释放了部分能量。这是一般锚固类结构（土钉、锚杆、锚索）的共同破坏特征。

3) 在同时转移的土钉应变峰值点与零值点之间的距离即为临界锚固长度。该试验条件下，土钉临界锚固长度约为9m。一般而言，超过临界锚固长度的设计是不适宜的，但存在多个潜在滑动面的情形又另当别论。

4) 复合土钉支护填土边壁（坡）水平位移和垂直沉降随时间延长和开挖深度增大而增加，但位移的主要部分在支护均衡条件下是由填土厚度控制的，厚度越大，则位移和沉降量越大。

5) 填土边壁（坡）中土钉具有较好的抗拔承载力，这得益于土钉支护的加固（改性）作用。土钉抗拔承载力是其最终发挥锚固作用的前提和基础。

6) 土钉与预应力锚杆的相互作用较为复杂，某些认识还只是定性、粗浅的，有必要进一步深入研究。

2.5 新型复合土钉结构抗动载性能测试

2.5.1 概述

大量工程实践、试验研究与理论分析计算业已证实和证明，土钉支护具有良好的抗静载性能和经济技术效果，可在城建、交通、铁路、冶金、水电、煤炭和人防等行业广泛应用。据报道，1989年美国加州北部发生7.1级的Loma Prieta地震，使国道1-880和地方道路上的许多桥梁、挡土墙工程等遭到严重破坏。而震区内的8个土钉墙工程（其中有3个位于震中33km范围内），其结构均未出现损坏迹象。这表明，土钉墙结构抗震性能也很好。土钉支护抗爆性能如何？国内外均未见报道。一般爆炸荷载与地震荷载作用时间相差2~3个数量级，作用方式有别，完全不可比拟。以往国内外做过大量锚杆喷射混凝土抗不同爆炸荷载试验研究，获得许多有价值成果。但土钉支护与喷锚支护的工作特性、作用机理及设计方法均有较大差异，因此不能简单移植或借用锚杆支护的成果结论用于土钉支护。

有鉴如此，曾宪明等开展了复合土钉支护抗爆性能的初步试验研究。

2.5.2 爆炸荷载作用下复合土钉支护黄土洞室的临界抗力试验研究

1) 试验场地工程地质条件与洞室支护参数设计

试验地位于河南洛阳伊川县境内的郭塞村老虎山黄土阶地上，场地土为典型的洛阳黄土（Q_2），其物理力学参数指标值见表3。试验段共分为3段：①毛洞段；②土钉支护段；③土钉支护加构造措施段。试验洞室跨度为1.95m，直墙半圆拱形。试洞长为12m，即每个试验段长度为 4m。各试验段量测断面位于相应各段中部，拱顶及底板的测点位于爆心投影点正下方。爆心至拱顶面层的距离为 2.61m，此时相对平面度为 $\xi=0.6$，是典型的爆炸局部作用问题，见图 43。

试验场地黄土物理力学参数指标值　　　　　　　　　表 3

含水量	密度	土粒相对密度	孔隙比	孔隙度	干密度	无侧限抗压强度	弹性模量	割线模量	泊松比	黏聚力	内摩擦角
$w(\%)$	$\rho_n(g/cm^3)$	d_s	$e(\%)$	$n(\%)$	$\rho_d(g/cm^3)$	$R(kPa)$	$E(MPa)$	$E_0(MPa)$	μ	$c(kPa)$	$\varphi(°)$
21	1.85	2.61	70.7	41.4	1.53	86.3	66.64	19.60	0.13～0.27	27.4	29

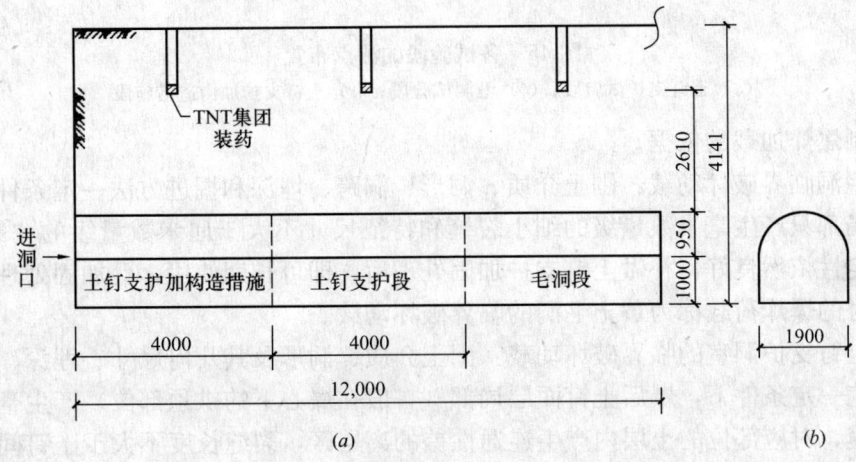

图 43　原型试验洞室断面图（单位：mm）
(a) 断面图；(b) 立面图

各试验段支护参数设计见图 44。

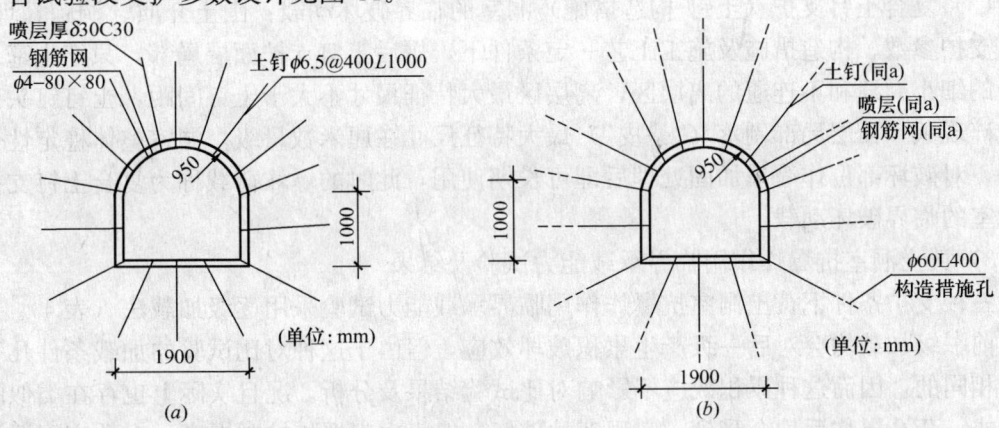

图 44　各试验段支护参数设计
(a) 土钉支护试验段；(b) 土钉支护加构造措施试验段

各试验段测点布置见图 45。
2) 洞室临界抗力的宏观约定
为进行对比试验分析，对各种支护条件下黄土洞室的临界抗力作了下述宏观约定，以

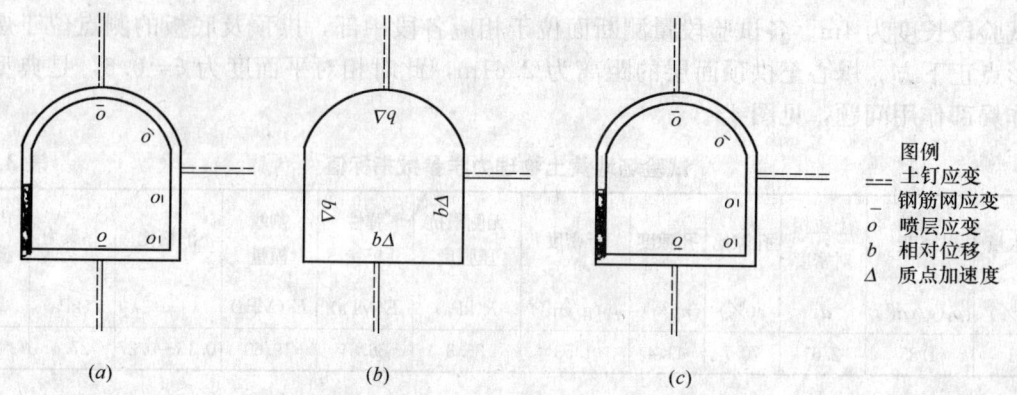

图45 各试验段的测点布置
(a) 土钉支护试验段；(b) 毛洞试验段；(c) 土钉支护加构造措施段

此作为控制爆炸加载的依据。

(1) 毛洞临界破坏动载：围土介质、洞形、洞跨、埋深和掘进方法一定条件下，爆后毛洞表面局部只产生毫米数量级的细小裂缝和特征尺寸不大于厘米数量级的"暴皮"，洞室整体稳定性依然良好，补做土钉支护加固处理后，即可长期使用，且加固处理时无不安全感，此时的爆炸荷载称为黄土毛洞的临界破坏动载。

(2) 土钉支护洞室的临界破坏动载：围土介质、洞形及其几何尺寸、埋深、支护参数及施工工艺一定条件下，爆后土钉面层局部（一般在爆心下的拱顶部位）产生毫米数量级的细小裂缝，对应部位的土层内产生连通性差的离层区，裂缝长度不大于土钉间距，土钉钉头部位无破碎现象，面层"暴皮"特征尺寸在厘米数量级，此时钢筋网无局部裸露现象发生，洞室整体稳定性依然良好，破坏部位做简单加固处理后即可长期使用，此时的爆炸荷载称为土钉支护洞室的临界破坏动载。

(3) 复合土钉支护（土钉-构造措施）洞室的临界破坏动载：围土介质、洞跨、埋深、土钉支护参数、构造措施及施工工艺一定条件下，爆后土钉支护面层局部，只产生毫米数量级的细小裂缝和不连通的离层区，离层区最大特征尺寸不大于土钉间距，土钉钉头部位无破碎现象，面层局部剥落（"暴皮"）最大特征尺寸在厘米数量级，洞室整体稳定性依然完好，对破坏部位作简单加固处理后即可长期使用，此时的爆炸荷载称为复合土钉支护黄土洞室的临界破坏动载。

3) 黄土洞室抗爆炸作用临界承载能力试验及结果

三种支护条件下黄土洞室抗爆炸作用临界承载能力试验采用逐级加载法（表4）。

前一级加载均会对后一级产生累积破坏效应，但由于这种对比试验的加载条件几乎是完全相同的，因而这种累积效应不影响对比试验结果及分析。况且实际上也存在类似的加载方式，药孔爆炸后均会受到一定程度的破坏，但每次都严格控制爆高，对孔底因爆炸压缩而缺失的部分土体一律采用人工回填夯实，以控制相同的爆距条件。各试验段均在表4的相应最后一级加载时产生了临界破坏。即毛洞段、土钉支护段、复合土钉支护段产生临界破坏时的TNT集团装药量分别为1kg、5kg和33kg。此时洞室拱顶所受爆炸压力分别为0.09MPa，0.33MPa和1.52MPa，亦即复合土钉支护洞室的临界承载压力分别为土钉支护和无支护洞室的4.7倍和17.0倍。

临界承载能力试验的实际加载等级　　　　　　　　表 4

加载序号	TNT 集团装药量 （kg）		
	毛洞段	土钉支护段	土无钉支护加构造措施段
1	0.2	0.3	0.3
2	0.5	0.5	0.5
3	0.3	0.3	0.3
4	1.0	1.0	1.0
5		1.5	1.5
6		2.0	2.0
7		2.5	2.5
8		3	3
9		4	4
10		5	5
11			6
12			7
13			8
14			9
15			10
16			33

4) 现场试验结果分析

(1) 在无支护条件下，黄土洞室抗爆炸荷载的临界承载能力较低，为 1kgTNT 集团装药隔离顶爆。此时拱顶介质所受爆炸压力约为 0.09MPa。

(2) 在土钉支护参数较弱条件下，洞室抗爆炸荷载的临界承载压力为无支护毛洞的 3.7 倍。支护参数进一步增强，临界承载能力还会进一步提高。临界承载能力显著提高的根本原因，在于土钉长度范围内介质就整体而言，其物理力学性质已有很大改善，并已成为一种与原介质有较大差异的加固介质；加固介质作为结构物，其力学强度增高，变形刚度增大，整体稳定性增强。毛洞条件下，洞室处于单一黄土介质之中；土钉支护后，加固支护结构与被加固介质共同形成了新的结构体，它是一种变形刚度差异较大的双介质结构体系。其中变形刚度较小的介质（黄土）吸收的爆炸能量相对较大，变形刚度大的吸收的爆炸能量相对较小，从而导致土钉支护洞室的临界承载能力显著提高。此外，面层也具有一定支撑作用，可防止浅层剥落和坍塌。

(3) 复合土钉支护试验段，其临界承载压力在土钉支护基础上进一步提高了 3.7 倍。土钉支护加构造措施在较单一、均匀的黄土介质中，形成三介质系统，并使原介质的变形刚度小于土钉支护介质，而大于有构造措施的介质。三种介质变形刚度不同，各自吸收的爆炸能也不同。爆炸后，最软弱介质产生的变形相对最大，吸收爆炸能最多，次软弱介质次之，刚度相对最大的复合土钉支护介质又次之。从而导致后者在较高动载作用下所吸收爆炸能相对较少，其最终临界承载压力在土钉支护基础上再次得到大幅度提高。

（4）该试验条件（$\xi=0.6$）下黄土毛洞和土钉支护洞室临界承载压力均小于平面波条件（$\xi=1.0$）下的相应临界压力（表5）。这一现象表明，对同一地下结构物而言，其抵抗爆炸局部作用的能力比抵抗爆炸整体作用的能力低42%～56%，此现象对于设计者来说具有重要意义。

不同爆炸条件下临界承载压力的比较　　　　　　　　　　表5

支护类型	临界承载压力		$\Delta P_1/\Delta P_2$
	ΔP_1（$\xi=0.6$）	ΔP_2（$\xi=1.0$）	
无支护洞室	0.09	0.14	56%
土钉支护洞室	0.33	0.47	42%

2.5.3 爆炸荷载作用下复合土钉支护黄土洞室相似模型试验研究

为验证上述试验结果，进行了土钉支护黄土洞室复制模型试验。

1）现象分析

无支护毛洞条件下采用TNT集团装药进行隔离爆炸（顶爆），土中爆炸应力波对洞室产生压缩、反射拉伸、绕射和稀疏等作用，致使洞室产生破坏。洞室之所以形成乃拱效应使然，因此可将其广义地视为"结构物"。应力波在介质和结构物中的传播会发生衰减，而且对于不同介质其衰减系数有所不同；爆炸前处于静止状态的"结构物"因其具有较大的质量，爆炸后将具有较大的惯性能。

综上所述，无支护毛洞条件下，采用TNT集团装药进行隔离爆炸，所需考虑的主要因素是：①炸药爆炸能E_b，它与炸药体积和密度有关；②"结构物"弹性能；③爆炸应力波衰减能；④"结构物"惯性能，等。

2）支配现象的物理法则

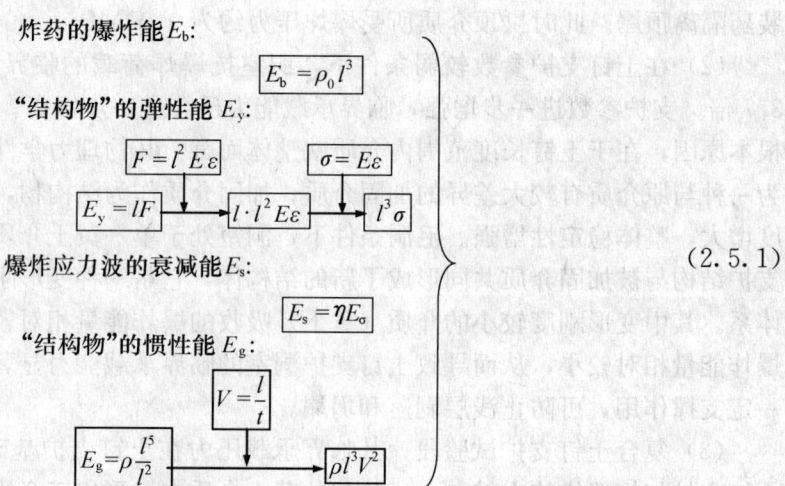

$$\left.\begin{array}{l}\text{炸药的爆炸能 }E_b: \quad E_b = \rho_0 l^3 \\ \text{"结构物"的弹性能 }E_y: \\ \quad F = l^2 E\varepsilon \quad \sigma = E\varepsilon \\ \quad E_y = lF \rightarrow l \cdot l^2 E\varepsilon \rightarrow l^3 \sigma \\ \text{爆炸应力波的衰减能 }E_s: \\ \quad E_s = \eta E_\sigma \\ \text{"结构物"的惯性能 }E_g: \\ \quad V = \frac{l}{t} \\ \quad E_g = \rho \frac{l^5}{t^2} \rightarrow \rho l^3 V^2 \end{array}\right\} \quad (2.5.1)$$

式中：E_b为炸药的爆炸能；ρ_0为炸药的密度；l为长度；E_y为结构物的弹性能；F为弹

性力；E 为弹性模量；ε 为应变；σ 为应力；E_s 为爆炸应力波能量；η 为衰减系数；E_σ 为介质中爆炸应力波在某点处衰减后的能量；E_g 为结构物的惯性能；m 为质量；V 为速度；ρ 为介质的密度。

"结构物"的弹性能是存在的，但土壤介质不可能是理想弹性体，因而存在爆炸能量衰减问题。作者业已建立非自由场条件下爆炸近区地下结构物的应力波衰减规律的经验公式，却未见爆心至近区再至地下结构物的应力波衰减规律的一般数学描述，它是非常复杂的。如果使原型的材料与模型的相同，则爆炸应力波在介质中的衰减能这一因素即可合理地忽略，即

$$\boxed{E_\sigma = E'_\sigma} \longrightarrow \boxed{\dfrac{E_\sigma}{E'_\sigma} = 1} \tag{2.5.2}$$

式中，E'_σ 为模型的衰减能。

于是式（2.5.1）成为：

$$\left. \begin{array}{l} \boxed{E_b = \rho_0 l^3} \\ \boxed{E_y = \sigma l^3} \\ \boxed{E_g = \rho l^3 V^2} \end{array} \right\} \tag{2.5.3}$$

由式（2.5.3）可确定两个主 π 数：

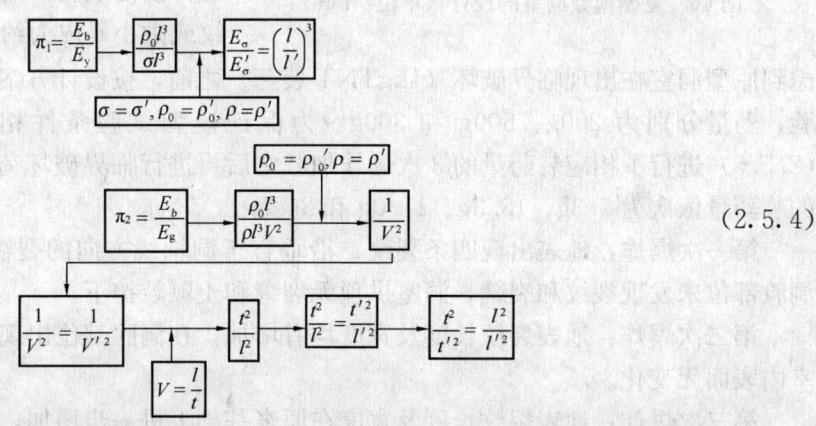

$$\tag{2.5.4}$$

式中，由于原型结构物介质和爆炸所用炸药介质分别与模型的相同，故有 $\rho = \rho'$，$\rho_0 = \rho'_0$。

根据 π_1，炸药比尺与结构物比尺成（3次方）比例地缩小（对于模型）或增大（对于原型）。根据 π_2，现象的观察时间应与 l 成（2次方）比例地减小。然而，爆炸应力波只有到达地下洞室拱顶嵌固层所在平面内并在反射拉伸波作用下使洞室拱顶发生破坏才是最重要的，而"结构物"随时间的变化过程（随爆炸应力波的衰减过程），并不是关注的重点，故此 π_2 可以忽略。因而在模型中使用与原型相同的材料时，相似模型的相似准则为：

$$\boxed{\pi_1 = \dfrac{l^3}{l'^3}} \tag{2.5.5}$$

3）相似模型设计

现场试验洞室是一个自模拟问题。既可把它看成是一个原型洞室，也可以把它视为模型洞室。当把它看作原型是，按 3 倍缩尺比例并据式（2.5.5）可求得复制模型试验相关

参数如表6所示。

相似模型试验的相关参数 表6

相关几何参数（m）	指标值	炸药重量（g）
洞室跨度 l	0.64	第1次爆炸 7.3
洞室长度* L	1.33	第2次爆炸 18.3
爆心投影点位置 $L/2$	0.67	第3次爆炸 11.0
爆炸距离 R	0.87	第4次爆炸 36.5

* 指考虑洞室空间效应，试验相似模型洞室长度 L 被延为2m。

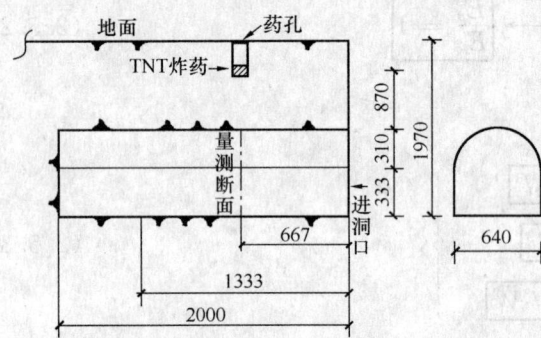

图46 复制模型洞室的设计（单位：mm）

复制模型试验洞室的设计见图46。

4）复制模型试验及结果

复制模型试验地点选在原型洞室试验场附近，洞室介质均系与原型洞室相同的原状土。复制模型试验洞室严格按设计尺寸施工，误差不大于±10mm；地表水平平整，立面垂直，装药量及装药位置准确。洞室内表面在爆前进行2次喷白处理，以便观测；爆后其表面以出现微小裂纹或微小暴皮为约定的临界破坏状态。考虑到原型洞室在出现临界破坏（1kgTNT装药）之前，按设计方案依次进行了3次爆炸试验，药量分别为200g、500g和300g，为保证模型试验条件相似，按缩尺比例及式（2.5.5）进行了相应装药量的3次爆炸加载之后再进行临界破坏荷载爆炸试验。4次爆炸的装药量依次为7.3g、18.3g、11.0g和36.5g。

第一次爆炸：地表出现四条裂纹，沿垂直于洞轴线方向的裂纹分布稍长，约3.4cm，洞脸部位未发现裂纹和裂缝，洞室拱顶无裂缝和土颗粒掉下。

第二次爆炸：地表裂纹长度及宽度均有增加，在洞脸部位出现竖向裂纹，不连续。洞室内表面无变化。

第三次爆炸：地表裂纹长度及宽度在原来基础上进一步增加，在洞脸部位出现竖向裂纹，不连续。洞室内表面仍无变化。

第四次爆炸：地表裂纹进一步变长变宽。在洞室拱顶左、右两侧各出现一条裂纹；左侧裂纹宽度为0.3~0.5mm，长度为200mm；右侧裂纹宽度与左侧相当，长度为230mm。两条裂纹在拱顶没有连接（图47）。此外，洞室内表面无其他破坏现象发生。根据约定，上述破坏现象表明模型洞室已进入临界破坏状态。

5）复制模型试验结果分析

此次相似模型试验旨在重现原型坑道中出现的破坏现象和破坏程度，检验坑道的临界承载能力，验证所建立相似法则的合理性及适用性。模型试验完全达到了预期的效果，试验表明：

（1）在预定产生临界破坏的TNT集团装药爆炸条件下，相似模型洞室破坏现象和破坏程度与原型洞室非常一致，表明在模型洞室内取得的结果和结论可以应用于原型。

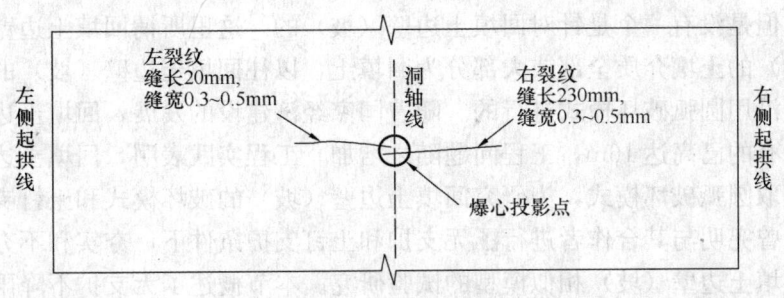

图47 模型洞室的临界破坏情况

（2）原型试验条件下毛洞临界承载能力为1kgTNT爆药隔离爆炸。这一结果与3倍缩尺比例的模型洞室按式（2.5.5）求得的36.5gTNT集团装药爆炸是等效和可比拟的，表明所建立的复制模型相似法则具有良好的适用性，是科学、合理的，可以推广应用于类似条件下的试验研究。

（3）原型试验构筑了3个试验段。而模型坑道只构筑了相应的一段（无支护段），由于研究经费短缺，未构筑土钉支护和复合土钉支护试验段。但在无支护段所取得的对相似法则进行成功验证的结论，对其他两个试验段同样是适用的。因为模型与原型洞室介质、支护材料相同，爆炸方式及爆炸应力波传播、作用方式不变，仅应力波强度及支护结构抗力有差异。

2.5.4 小结

1）黄土毛洞在$\xi=0.6$条件下具有一定抗动载能力；在相同条件下，土钉支护和复合土钉支护抗动载压力，分别为黄土毛洞的3.7倍和17倍，相应的装药量为黄土毛洞的5倍和33倍。

2）各种支护条件下，复合土钉支护具有最好的抗动载性能，因而预期具有较好的经济技术效果和应用空间。

3）土钉支护加构造措施优异的抗爆性能源于介质的弱化机理。弱化效应与弱化比面积及介质特性有关，因而存在抗爆效应的优化问题。对此，还需作进一步探讨。

4）研究建立的复制模型相似法则 $\boxed{\pi_1=\dfrac{l^3}{l'^3}}$ ，经试验验证是可靠的，可据此进行类似试验设计。

5）黄土毛洞在$\xi=0.6$条件下的临界承载能力，比$\xi=1.0$条件下的降低42%～56%。这需要设计者引起注意。

2.6 回填土边壁（坡）工程性能测试

2.6.1 概述

边壁（坡）破坏模式是边壁（坡）稳定性分析和支护参数设计计算的基本依据。人类对边壁（坡）破坏模式的研究有据可查的历史已有九十余年，所研究建立的经典破坏模式多达数十个,但是没有一个是针对回填土边壁(坡)的。这里所谓回填土边壁(坡)是指构成边壁(坡)的土壤介质全部或大部分为回填土,以往回填土边壁(坡)的稳定性分析大都是近似地沿用圆弧破坏模式进行的。随着国家经济建设的发展,回填土边壁(坡)工程愈来愈多,有的已高达 16m,工程问题随之增加。工程实践表明,回填土边(壁)坡的破坏并不一定取圆弧破坏模式,为研究回填土边壁(坡)的破坏模式和土钉支护作用机理与设计方法,曾宪明与其合作者进行了无支护和土钉支护条件下,夯实和不夯实以及降雨和不降雨时回填土边壁(坡)相似模型的试验研究。本节概述了无支护不降雨条件下自然堆填回填土边壁(坡)破坏模式的主要试验结果与结论。

2.6.2 相似模型的相似法则

回填土的成分及其堆填过程较为复杂,其应力应变关系也不清楚,用解析法分析其边壁(坡)变形、破坏性能较为困难。鉴于此,考虑采用相似模型法进行室内大比例尺模型试验及其与原型(自模拟)的对比试验。

回填土的变形主要与以下诸力有关:①回填土颗粒间的惯性力;②回填土颗粒间的摩擦力;③回填土颗粒间的黏聚力;④回填土的重力;⑤回填土的弹性力;⑥外力。此外,回填土变形、变形速度、由变形而使回填土变硬的程度等,对摩擦力、黏聚力、弹性力等均可能产生影响。各主要影响因素如式(2.6.1)所示。

$$
\left.\begin{aligned}
&\text{惯性力} \quad F_i = \rho l^2 V^2 \\
&\text{重力} \quad F_g = \rho g l^3 \\
&\text{黏聚力} \quad F_c = c l^2 \\
&\text{内摩擦力} \quad F_f = N \mu \\
&\text{弹性力} \quad F_e = \frac{E \varepsilon l^2}{\nu} \\
&\text{外力} \quad F
\end{aligned}\right\} \quad (2.6.1)
$$

式中:ρ 为回填土的密度;c 为回填土的黏聚力;μ 为回填土的内摩擦系数,$\mu = \tan\varphi$,φ 为回填土的内摩擦角,假定它是与回填土变硬程度、变形及变形速度无关的常数;l 为长度;V 为速度;N 为力;g 为重力加速度;E 为杨氏模量;ε 为应变;ν 为泊松比。

在多数情况下,由于回填土的弹性力很小,变形速度的影响也很小,故这两种因素均可忽略。而使土壤变硬的程度可认为是相同的,只要在模型和原型中使用相同的回填土介质,使其应力和压力相等即可。模拟回填土边壁(坡)的变形失稳,主要是考虑自重作用,因而外力也予以忽略。于是式(2.6.1)成为如下形式:

$$
\left.\begin{aligned}
&\text{惯性力} \quad F_i = \rho l^2 V^2 \\
&\text{重力} \quad F_g = \rho g l^3 \\
&\text{黏聚力} \quad F_c = c l^2 \\
&\text{内摩擦力} \quad F_f = N \mu
\end{aligned}\right\} \quad (2.6.2)
$$

由于回填土是一种松散介质，作用于颗粒间的黏聚力同重力及摩擦力相比较小，可以忽略。为使模型回填土介质的内摩擦系数与原型相等，宜使用同一种介质。不过这样做的结果，两个系统颗粒的大小就不相似。但在回填土变形过程中，根据相似模型原理，由颗粒运动的集聚效果才是研究的对象，所以每个颗粒的大小不相似是可以接受的。综合以上分析，回填土介质相似模型试验的相似法则建立如下：

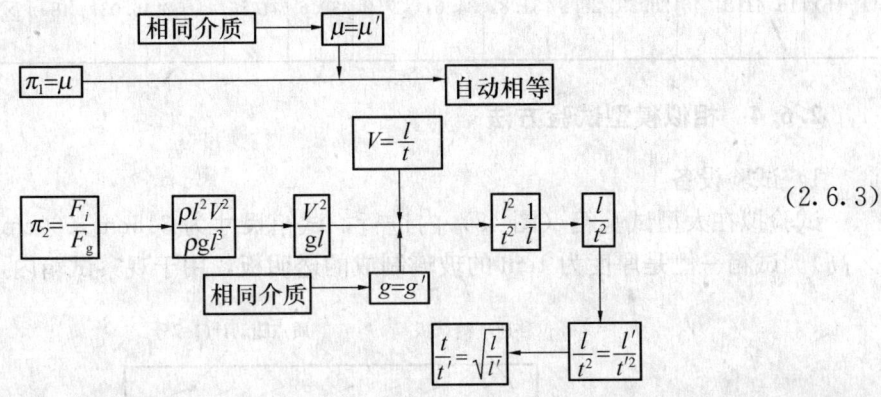

(2.6.3)

式（2.6.3）表明：原型与模型的时间之比，等于原型与模型长度之比的平方根。这一法则是模型试验设计的基本依据。

2.6.3 相似模型试验设计

1) 原型尺寸的确定

回填土介质的临界自稳高度尚未知，根据经验估计，一般不大于2.5m。大于临界自稳高度的回填土边壁（坡）可以认为是一个分层开挖条件下的原型边壁（坡），此后的破坏只是随着开挖深度加大，边壁（坡）滑塌规模逐渐增大，优势滑移控制线不断向边壁（坡）纵深发生转移而已。因此，原型的尺寸暂定为2.5m。

2) 系列模型的缩尺比

模拟分层开挖的大型试验箱的端部挡板大都按20cm/块设计。因此相对于不同的开挖深度，相似模型的比例亦不同。兹列举于表7。

相似模型的比例系数　　　　　表7

开挖序号	1	2	3	4	5	6	7	8	9	10	11	12	备注
模型尺寸（m）	0.3	0.5	0.7	0.9	1.1	1.3	1.5	1.7	1.9	2.1	2.3	2.5*	*为自模拟条件
模型比例	0.33	5.0	3.57	2.78	2.27	1.92	1.67	1.47	1.32	1.19	1.09	1.0	

3) 试验时间的模拟

虽然尚不知道原型发生破坏的时间，但在分层开挖条件下每层土壤完成变形达到稳定的时间，或变形不收敛（趋向破坏）的时间一般不少于2~3d的实际经验则是可以借鉴的。为此设原型的时间为$t=2d=48h$。由此计算出系列模型的时间如表8所示。

相似模型的系列时间 表8

序号	1	2	3	4	5	6	7	8	9	10	11	12	备注
l' (m)	0.3	0.5	0.7	0.9	1.1	1.3	1.5	1.7	1.9	2.1	2.3	2.5*	*为自模拟条件
t' (h)	16.61	21.46	25.39	28.8	31.82	34.61	37.2	39.6	41.86	44.02	46.03	48	$\sum_{1}^{12} t'(h) = 415.4h = 17.3d$

2.6.4 相似模型试验方法

1) 试验设备

试验拟在大型试验箱（图48）内进行，试箱尺寸为315cm×60cm×250cm（长×宽×高）。试箱一侧是厚度为1cm的玻璃制成的透明板，用于观察试箱内土体变化。

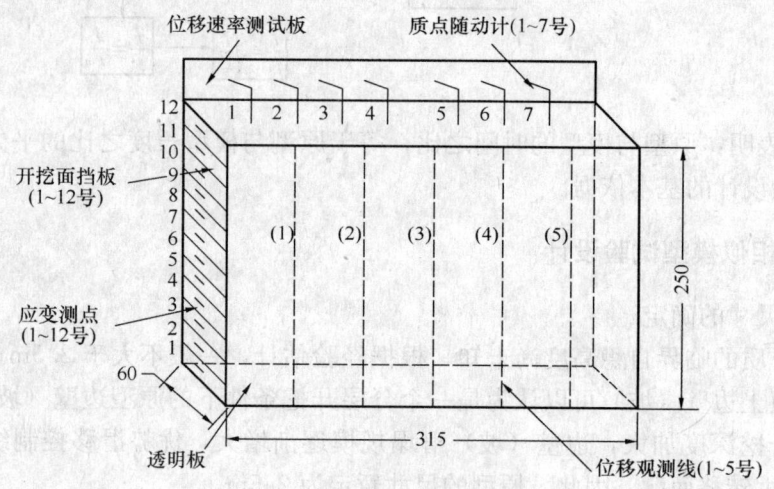

图48 试验设备示意图
(注：图中尺寸单位为cm)

2) 测点布置

在试箱透明板的内侧布置了五条位移观测线，用于观测边壁（坡）断面的变形情况。试箱的一端为开挖面，由12块嵌入试箱的钢板（长×宽×厚=60cm×20cm×0.2cm）构成挡板。在每块挡板外侧面的中心点处均贴有应变片，用以测量开挖面在开挖过程中的应变变化。在试箱最上部地表布有位移速率测试板，可自行记录地表7个质点随动计变化过程（图48）。

3) 试验方法

为减小侧壁摩擦影响，制模前于试箱内壁做了三道减摩措施（光滑处理、涂黄油、贴塑料薄膜）。模型介质采用真实的素填土（洛阳Q_2黄土），填筑前过筛，筛孔尺寸为2cm×2cm。试验时将黄土分层填入后刮平，不夯实，每层厚约30cm。

试验时严格按表8给定的时间间隔控制自上而下地开挖，同时进行观察和测试。

2.6.5 试验结果

开挖过程中发生过多次滑塌，先后共产生Ⅰ～Ⅵ个主滑塌面。相应的滑塌线形状如图49所示。

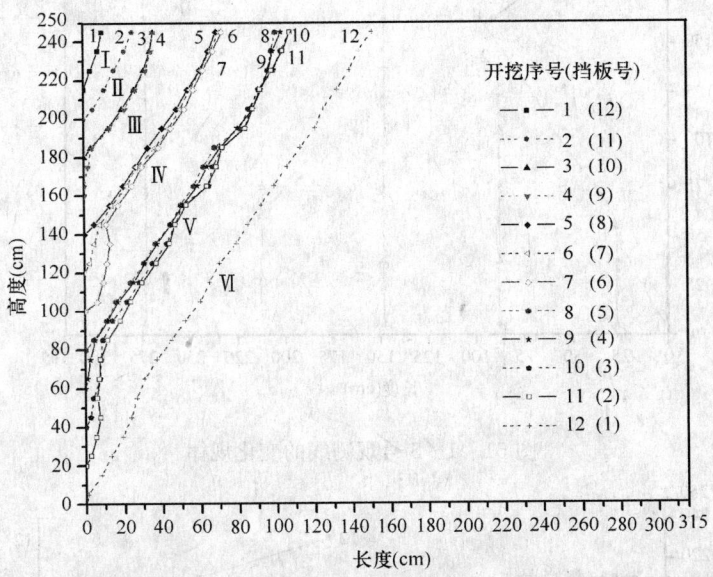

图49　主滑塌面形态

实测地表7个质点随动计的位移变化轨迹如图50所示。其中1～4号随动计因边壁滑塌只测得滑塌前的部分随动位移。

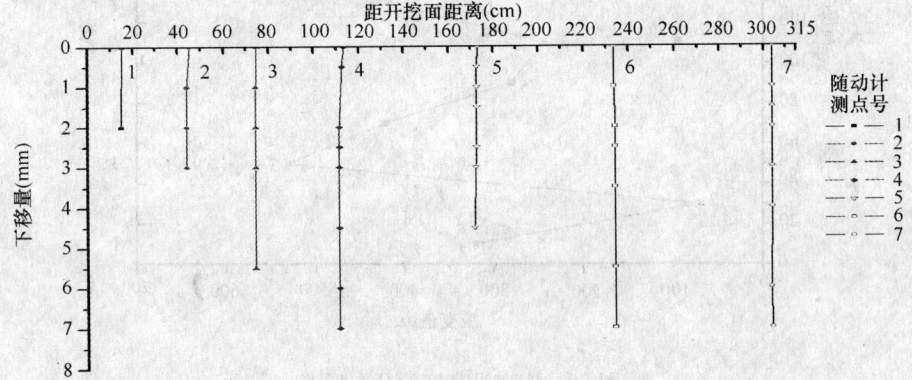

图50　质点随动计的位移轨迹

开挖过程中1～5号观测线的变化规律见图51。
挡板应变沿高度的分布形态见图52。
开挖面挡板应变随开挖次数的变化形态如图53所示。

2.6.6 试验结果分析

1) 相似法则的证明
(1) 滑塌的时间效应（定性证明）

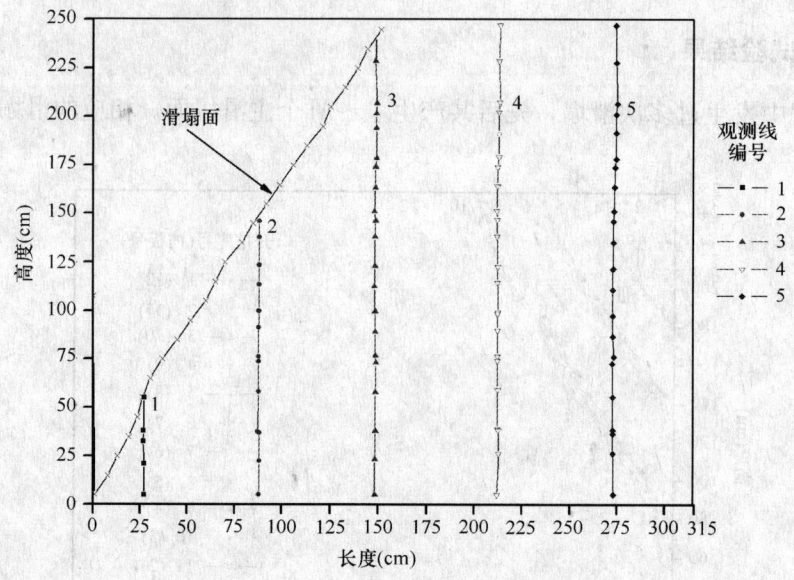

图51 1～5号观测线的变化规律

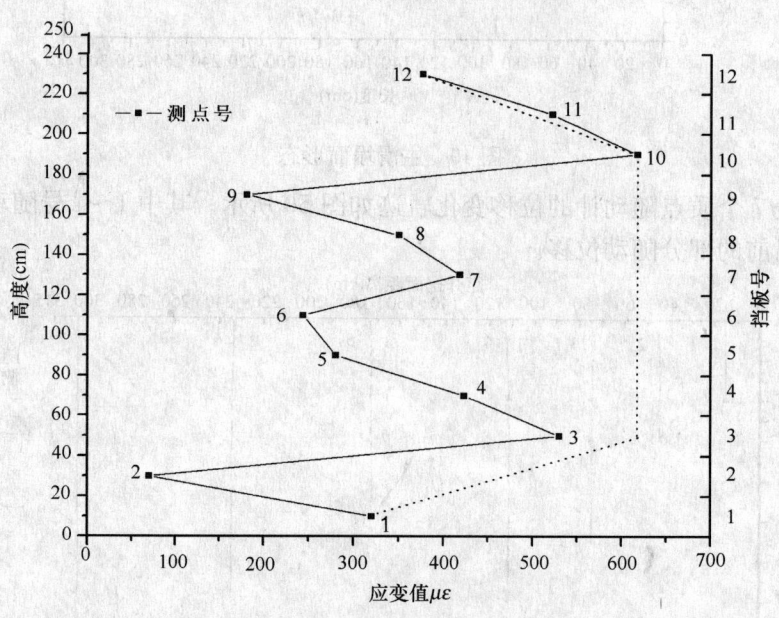

图52 应变沿高度的分布形态

由式（2.6.3）可知，当原型的 t 和 l 一定时，模型长度越小，模型完成变形的时间就越短，反之亦然（参见表8）。实际模拟开挖中（见图49），第1、2、3次开挖后，对应的主滑塌面Ⅰ、Ⅱ、Ⅲ都是在瞬间完成的。第4次开挖并未形成主滑塌面，只在第Ⅲ主滑塌面下部坡脚处形成局部破坏。第5次开挖后形成了第Ⅳ主滑塌面。第6、7次开挖只在第Ⅳ主滑塌面基础上发展变形和产生同上类似的局部破坏。第8次开挖形成了第Ⅴ主滑塌面。第9、10、11次开挖只在第Ⅴ主滑塌面基础上发展变形和产生同上类似的局部破坏，第12次开挖形成了第Ⅵ主滑塌面。综合以上规律可以看出，开挖深度越浅（模型 l' 越小），主滑塌面形成越快（模型 t' 越短），开挖深度越大（模型 l' 越大），主滑塌面形成越

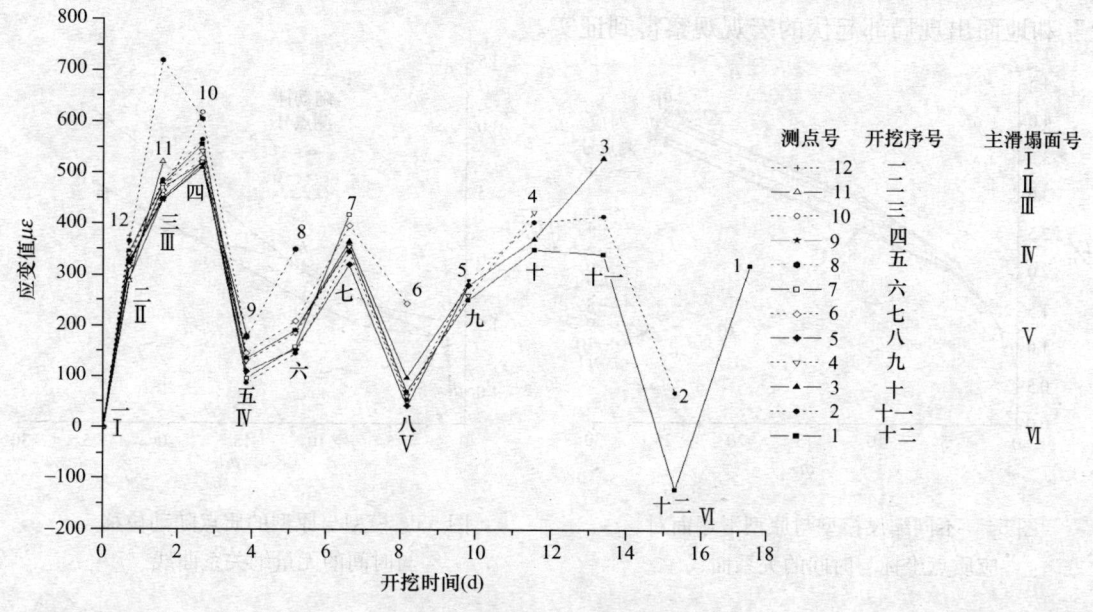

图53 挡板应变随开挖的变化曲线

慢（模型 t' 越长）。上述规律与式（2.6.3）是完全吻合的，表明相似法则所反映回填土介质边壁（坡）变形破坏特性本质的主要方面是正确的。

(2) 相似法则的定量证明

以第12次开挖的自模拟试件为原型，以此前各次不同开挖深度的试件为不同缩尺比例的相似模型，据各滑塌面上对应点坐标 [原型 (x, y)；模型 (x', y')]，按 $l = \sqrt{x^2 + y^2}$，$l' = \sqrt{x'^2 + y'^2}$，在直角坐标系中绘出 $t/t' \sim \sqrt{l/l'}$ 的无量纲关系曲线，如图54所示。

安装在地面的5、6和7号质点随动计测出了全部12次开挖过程中地面质点随动位移的全过程。将原型与不同缩尺比例的相似模型的随动位移作比较，绘出的关于 $t/t' \sim \sqrt{l/l'}$ 的无量纲关系曲线见图55。

① 不同缩尺模型与原型的相似性

据图54可看出，不同缩尺模型与原型的无量纲关系曲线的分布形态是相似的。ab 段曲线几近平行，bc 段曲线逐渐收拢并弯曲，反映了在自然堆填条件下黏性松散介质自上而下由于重力作用其密实度及力学强度在逐步增加这一真实情况，并且这一变化过程是渐进、连续和非线性的。

② 地面质点随动位移的相似性

地面质点随动位移由两部分构成：a. 朝向开挖面一侧的水平位移；b. 垂直沉降。由于测点位置距开挖面较远，随动位移的主要部分是垂直沉降，表现为随动曲线轨迹大体为一簇竖直线（见图51）。由图55可见，相对于不同缩尺比例的模型与原型的随动位移同时间的关系曲线就5、6和7号测点而言，其规律是一致的，因而是相似的。bc 和 cd 段曲线同样反映了在自然堆填条件下，自上而下介质密实度和力学强度由于重力影响而渐进、连续、非线性增加的特性。需要指出，图55中5号质点随动计所测曲线在 ab 段有一定变异，这主要是由于地面不均匀沉降造成的。这可从观测线所在质点左右摆动的"褶皱现象"和地面出现局部起伏的宏观观察得到证实。

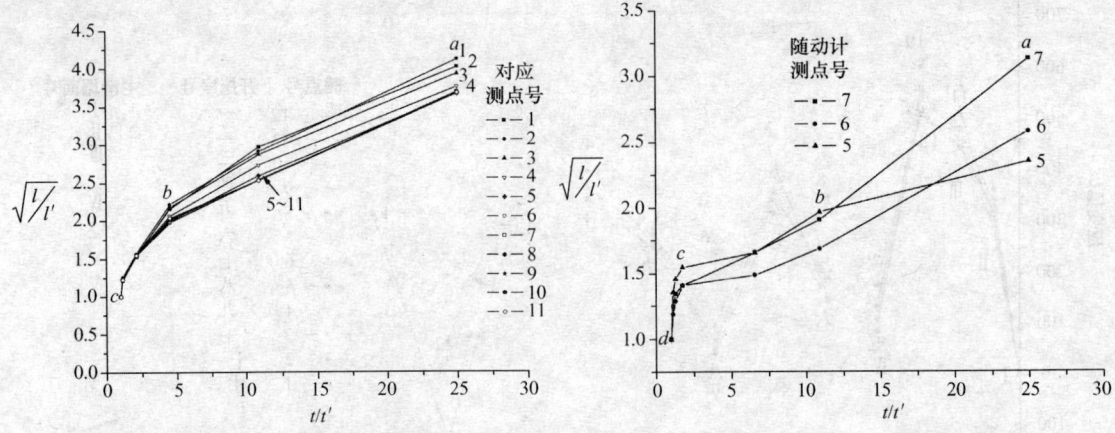

图54 不同缩尺模型与原型滑塌面对应质点坐标与时间的关系曲线

图55 模型与原型的质点随动位移与时间的无量纲关系曲线

2）回填土边壁（坡）的破坏模式

由图49可见，非夯实回填土边壁（坡）破坏具有以下特点：①主滑塌面为一簇大体平行的平面，滑塌角约为60°。②随着开挖深度增大，主滑塌面逐渐向边壁纵深发生转移。③回填土在自然堆填条件下，其临界自稳高度甚小，小于0.3m。④开挖深度越浅，主滑塌面形成越快，随着开挖深度增大，主滑塌面形成逐渐变慢，具有明显的时间效应。⑤当滑移体较薄时，填土颗粒介质表现为滚落和流动，当滑移体较厚时，表现为整体滑移兼有部分倒塌。⑥当在边壁下部开挖时，总是壁（坡）脚部位首先产生破坏，而后形成新的主滑塌面。⑦滑塌体在滑塌过程中对滑塌面附近土体的变形影响甚小，表现为观测线除滑掉部分外无宏观可见的扰动发生（参见图51）。由于边坡破坏是因为在自重作用下主滑塌面上土体剪应力超过了其自身的抗剪强度，因此在自然堆填条件下，回填土边壁（坡）破坏模式可概括为平面破坏模式。

3）开挖面挡板应变变化规律

分析图53，可得到以下规律：

（1）每一次上部开挖并形成主滑塌面时，均使下部挡板的应变增大。如第1、2、3、5、8和12次开挖并形成Ⅰ～Ⅵ号主滑塌面时，剩余的下部挡板应变值均呈增加趋势。其原因在于上部挡板约束去掉后，虽释放了一部分滑塌体，但无支护高度增大，剩余挡板减少，其所分担的约束力因而增加。

（2）每次开挖后当坡脚部位出现局部失稳和滑塌，下部挡板应变值就暂时减小。如第4、7和11次开挖后坡脚产生局部滑塌，下部挡板应变值均减小。其原因在于，坡脚局部失稳对位于该部位下部的挡板具有暂时的减载作用，从而导致其应变值减小。

（3）第一次开挖是在所有挡板应变测点读数调平至零的条件下开始的。各挡板的最后一次读数则是在被拆除之后的自然状态下测得的，因而它所反映的是试验条件下真实土压力对挡板的作用效应。试验条件下应变沿高度的分布形态见图52。由该图可知，它近似为梯形（如图中虚线所示）。

2.6.7 小结

1) 式 $t/t' = \sqrt{l/l'}$ 反映了自然堆填黏性回填土相似模型本质的主要方面，据此可进行相应的试验设计和研究，其结果可以真实地再现原型的变形与破坏图景。

2) 研究表明，自然堆填黏性回填土具有七大破坏特征，其破坏模式可概括为平面破坏模式，即主滑塌面的空间形态为平面，造成此形态的机理为上覆介质自重作用形成的剪应力超过主滑塌面抗剪强度所致，以往采用圆弧破坏模式来近似是不合适的。

3) 自然堆填条件下，回填土介质密实度和力学强度由于上覆介质重力及堆填时间不同等原因自上而下是渐进、连续和非线性增加的。

4) 自然堆填条件下，黏性松散回填土介质具有显著不均匀沉降效应，以及上部开挖对下部的影响效应。

5) 自然堆填条件下，实测挡板应变沿开挖高度的分布近似呈梯形，它是土体侧压力作用的结果。

2.7 降雨导致填土边壁（坡）滑塌的模型测试

2.7.1 概述

自然界许多边坡和若干人造边壁（坡）都是在大雨期间或强降雨之后破坏的，降雨条件对边壁（坡）稳定性的重要影响业已得到广泛认同。但是与之有关的学术争论也一直在继续。Peck（1967）和 Lumb（1975）等分别指出：10d 和 15d 的降雨期对斜坡稳定性具有重要意义。Vanghan（1985）研究指出，斜坡的破坏发生在长期大雨的第 3d。Vargas（1971）和 Brand（1984）认为许多边坡的崩塌破坏只与降雨强度有关，前期降雨没有重要意义。Senanayka（1994）等提出可靠资料证明：斜坡破坏不仅受降雨强度而且受降雨持续期影响。Charles W. W. Ng 和 QunShi（1997）经研究指出，前期降雨对斜坡稳定性有重要影响，影响程度依赖于某个临界降雨期。临界降雨期在 3~7d 之间，持续期短于或等于临界降雨期，随后的一场大暴雨对斜坡的稳定性有不利影响；持续期超过临界降雨期的前期降雨，在随后的一场大暴雨期间似乎不影响斜坡的稳定性。

目前我国建筑基坑工程中填土边壁（坡）问题甚多，遇到降雨特别是持续降雨及强降雨，问题就变得更为复杂，致使工程险情及事故频繁发生。关于降雨条件对边坡稳定性的影响，国内已做过许多工作，不过主要不是针对填土边壁（坡）进行的。特别是关于降雨条件下填土边壁（坡）破坏模式的研究成果国内外均未见发表。而破坏模式问题又是边壁（坡）稳定性分析和支护参数设计的基本依据。为探讨降雨条件对填土边壁（坡）变形、破坏特性的影响及作用机理，曾宪明、文高原等依据相似模型原理所建立的相似法则，进行了降雨、不降雨、夯实、不夯实、无支护及复合土钉支护条件下填土边壁（坡）相似模型试验研究。本节给出了非夯实填土边壁（坡）7d 持续降雨及随后 2h 强降雨条件下的试验成果及结论。

2.7.2 试验原理

素填土成分及其堆填过程较为复杂，其应力应变关系也不清楚，用解析法分析其边壁

（坡）变形、破坏性能较为困难。为此，依据相似模型原理，建立了素填土介质相似模型试验的相似法则如式（2.6.3）所示。

据式（2.6.3）进行了非夯实填土边壁（坡）系列相似模型与自模拟原型的设计、制作和试验（见表8）。在此基础上，进行了持续降雨和强降雨条件下的相似模型试验。

2.7.3 试验方法

1）试验设备

试验模型在大型试验箱（图48）内制作，试箱尺寸为315cm×60cm×250cm（长×宽×高）。试箱一侧是厚度为1cm的玻璃制成的透明板，用于观察试箱内土体的变化。试箱另一侧设了三道减摩措施。拆卸式降雨装置设于试箱上部（图56）。

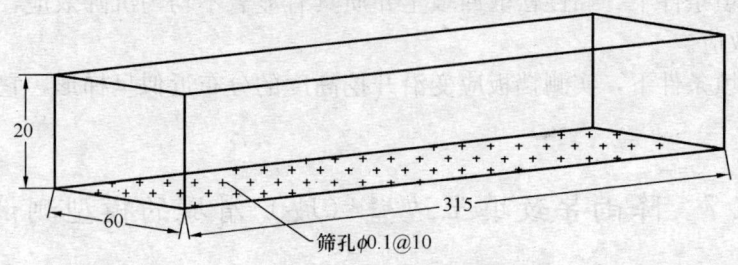

图56 降雨装置示意图
（注：图中尺寸单位为cm）

2）测点布置

在试箱透明板内侧布置了五条位移观测线，观测线由彼此无连接约束的直径为2mm、长度为20mm的微型塑料管段构成，用于观测土体断面质点的变化规律。试箱一端为开挖面，由12块钢板（大多为长×宽×厚＝60cm×20cm×0.2cm）构成。在每块钢板外侧面的中心点处均贴有应变片，用以测量开挖面在开挖过程中应变变化情况。在试箱与降雨装置之间的地表一侧上部布置了位移速率测试板，可自动记录地表7个质点随动计的变化轨迹（见图48）。此外，利用透明板，对渗水和沉降特性进行了观测。

3）试验程序

制模介质采用真实的素填土（洛阳 Q_2 黄土），填筑前过筛，筛孔尺寸为2cm×2cm。试验时将黄土分层填入后刮平，不夯实，每层厚度约为30cm。

试验时严格按表8给定时间间隔控制自上而下开挖，开挖完毕后模型形成的最终滑塌面如图57所示，坡面近似为平面，坡面角 α 约为60°。

在此基础上进行7d持续降雨和2h强降雨（表9）。降雨前重新装上挡板，全部降雨完毕后一次性予以全部拆除。试验中对上述全过程进行观察测试。

分次降雨时间及降雨量 表9

日期	4.20		4.21		4.22		4.23		4.24		4.25		4.26		4.27
降雨时间	9:00	16:00	9:00	16:00	9:00	16:00	9:00	16:00	9:00	16:00	9:00	16:00	9:00	16:00	9:00
降雨序号	1	2	3	4	5	6	7	8	9	10	11	12	13	14	15
降雨量 (mm/d)	37	45	37	45	37	45	37	45	37	45	37	45	37	45	72 (mm/h)

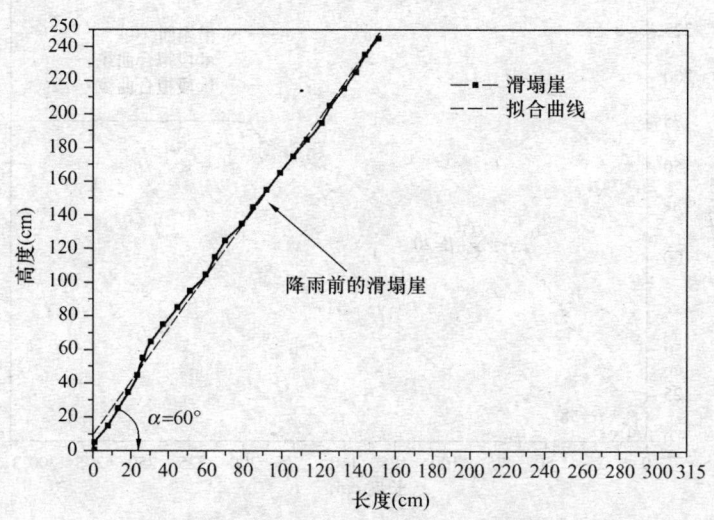

图 57 降雨前滑塌崖形态

2.7.4 测试结果

降雨过程中,原滑塌崖及水平地面的变形破坏过程见图 58。

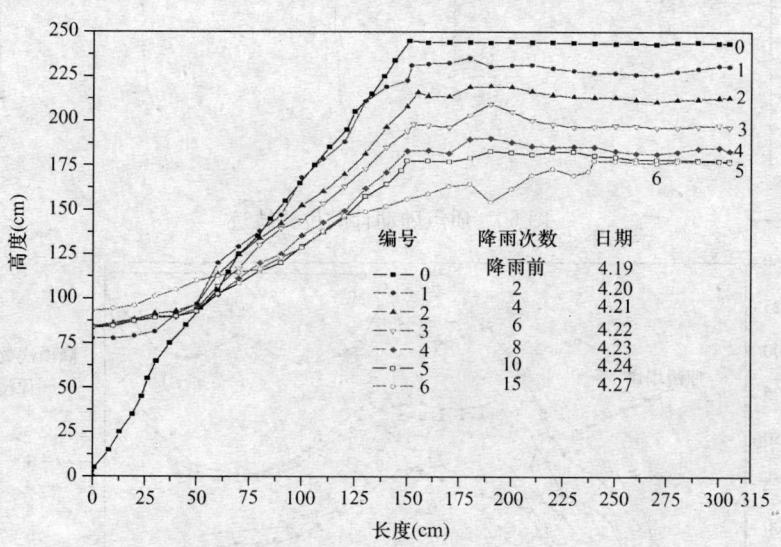

图 58 降雨过程中原滑塌崖与地面变形破坏演变过程

降雨完毕,一次性拆除全部挡板后的变形、破坏形态见图 59。

地表 1~7 号七个质点随动计记录的随动位移轨迹见图 60,其中 1~4 号测点在降雨前已随滑塌体滑掉。随动计测最大位移和平均速率见表 10。

本次降雨后下次降雨前测得的渗水线如图 61 所示。

降雨期间渗水速率与沉降速率的比较见图 62 和表 11。

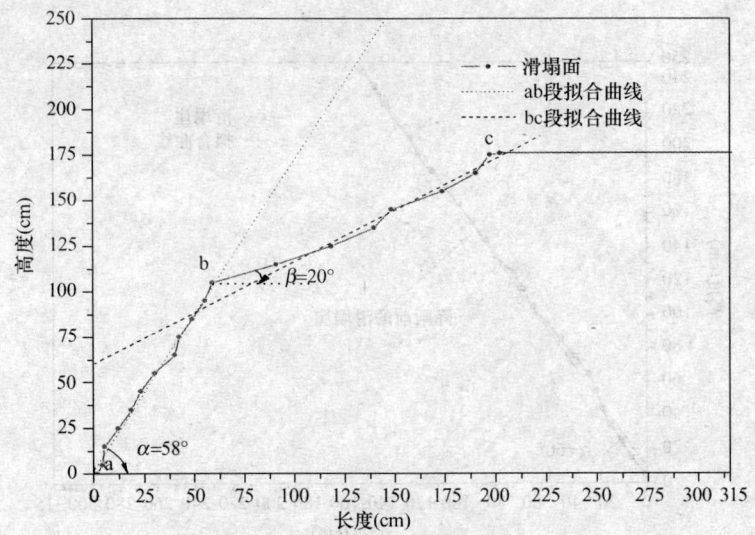

图 59　一次性全部拆除挡板后的最终滑塌面

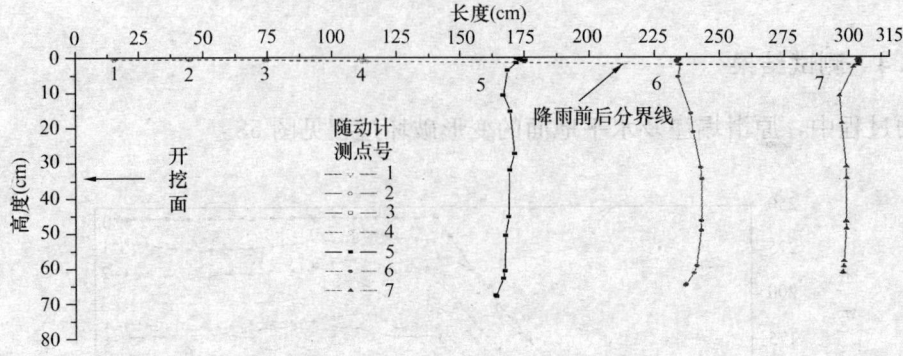

图 60　质点随动计的位移轨迹

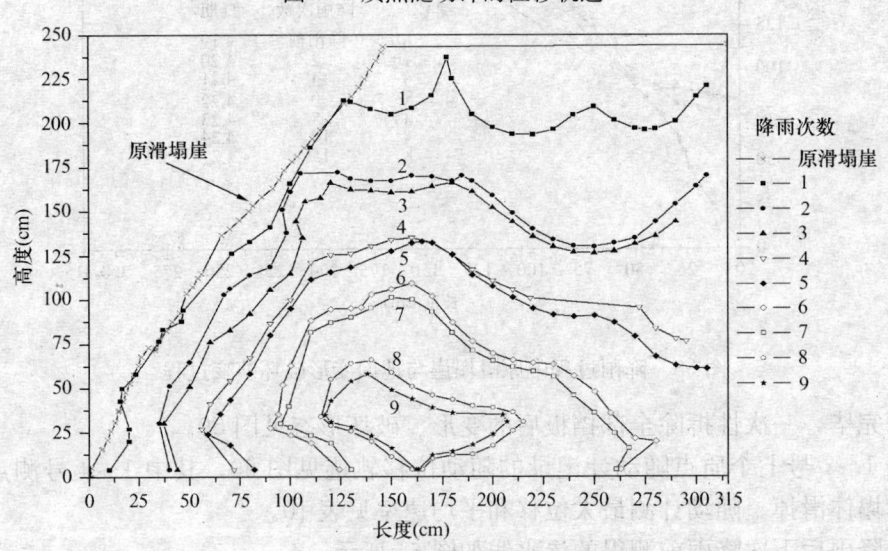

图 61　逐次降雨条件下的渗水曲线

随动计测最大位移和平均速率　　　　　　　　　　　　　　表10

随动计测点编号	5	6	7
最大水平位移（cm）	8.2	−9	7.4
最大垂直位移（cm）	66.7	62.9	59.4
平均水平位移速率（cm/d）	1.03	−1.13	0.93
平均垂直位移速率（cm/d）	8.34	7.86	7.43

注：朝向开挖面的位移为正，否则为负。

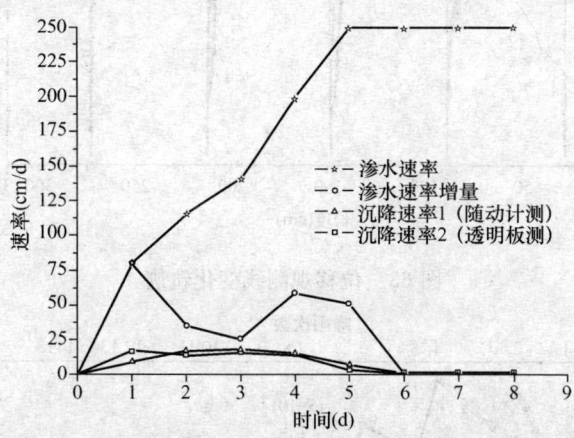

图62　平均渗水速率与沉降速率

日渗水速率与沉降速率实测值比较　　　　　　　　　　　　表11

日期	4.20	4.21	4.22	4.23	4.24	4.25～4.27	备注
渗水速率(cm/d)	80	115	140.5	199	250	250	
渗水速率增量(cm/d)	80	35	25.5	58.5	51	0	Σ250/7
沉降速率1（随动计测）(cm/d)	9.3	16.7	18	15.3	7.1	0.1	Σ26.5/7
沉降速率2（透明板测）(cm/d)	16.5	13.8	15.7	14.3	3.3	0.8	Σ64.4/7

从试箱透明板观察到的位移观测线变化如图63所示。观测线最大水平位移及位移速率见表12。

观测线最大水平位移及平均位移速率　　　　　　　　　　　表12

观测线编号	Ⅰ	Ⅱ	Ⅲ	Ⅳ	Ⅴ
最大水平位移（cm）	0.4*	13.4*	13.4	4.8	2.1
平均位移速率（cm/d）	0.05	1.68	1.68	0.6	0.26

* 为滑落后的剩余部分。

降雨期间及降雨后测得挡板应变值随降雨期变化曲线如图64所示。

持续降雨及强降雨期间，在地表及坡面上形成不规则冲沟形态见图65。

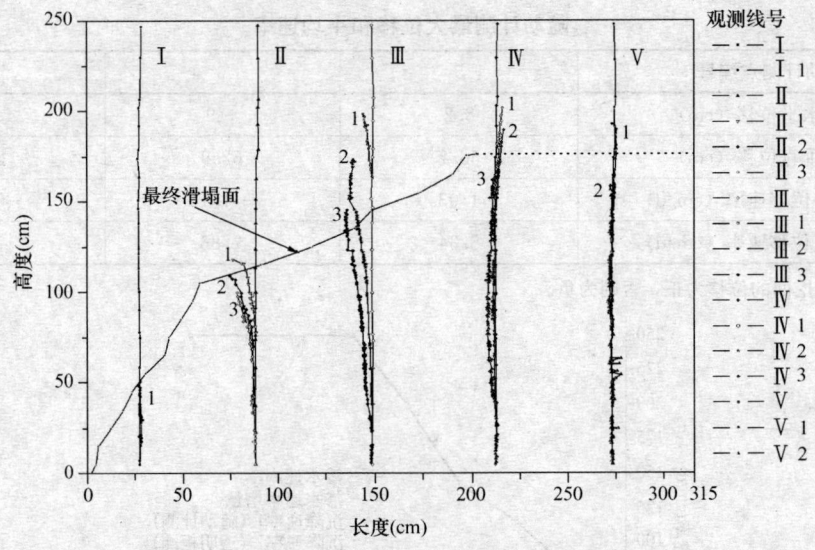

图 63　位移观测线变化轨迹

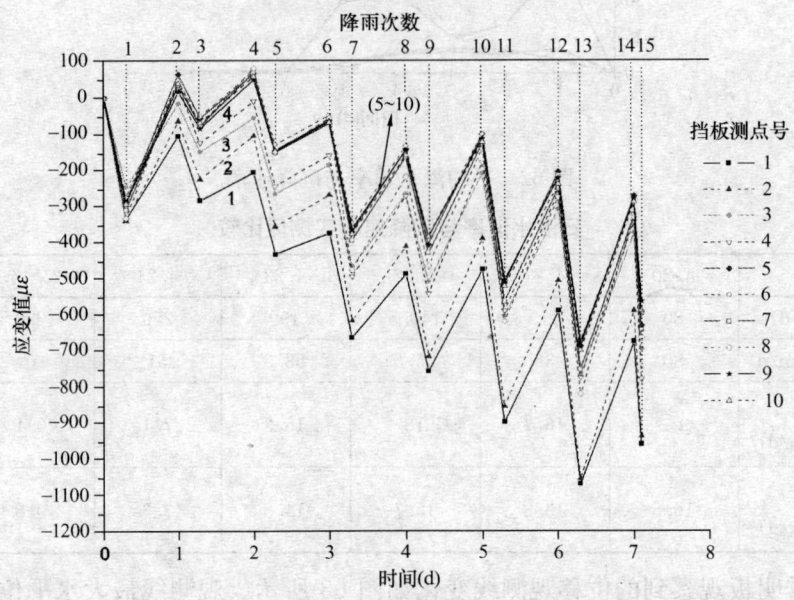

图 64　挡板应变随持续降雨和强降雨期的变化曲线

2.7.5　试验结果分析

1）降雨过程中原滑塌崖与地面的变形破坏过程

（1）分析图 58 可知，随着降雨时间延长和降雨次数增加，原较陡的滑坡崖逐步变缓，与此同时，降雨前滑塌的坡脚处被逐步填满。这是雨水冲刷地表和原崖面松散介质并产生汇流、沉积所致。

（2）降雨前地面较平整，降雨后产生显著沉降，且不甚均匀。土体质点沉降不均匀，表现为曲线的波动起伏。这种不均匀性源于土颗粒大小及其排列不均；孔隙的大小及其排列不均；水滴的大小及其频度并非理想均匀造成的。

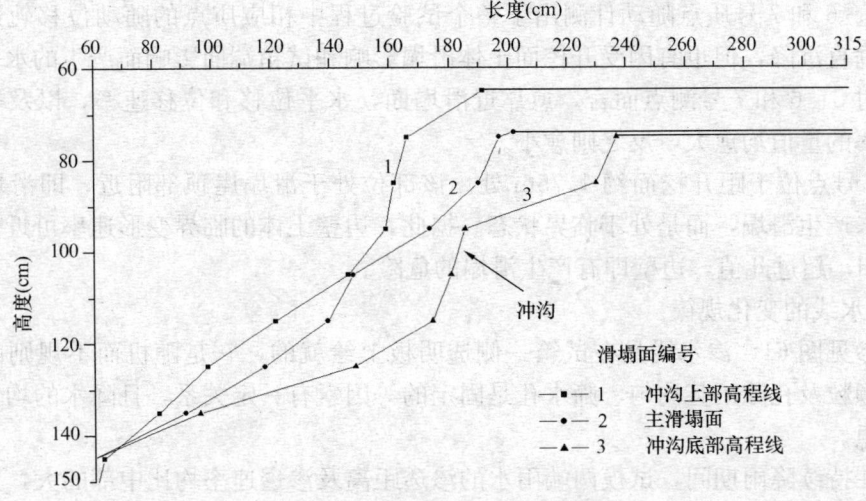

图 65 不规则冲沟形态

(3) 前 4d 沉降量几乎相同,因而沉降速率基本相等;后 3d 沉降量逐日明显减少。这与雨水渗透距离(行程)越来越长,土体饱和程度越来越高有关。

(4) 非降雨条件下,土体也发生一定沉降,其量值约为 1cm。7d 持续降雨条件下平均沉降量和沉降速率分别为非降雨时的 66 倍和 160 倍。

2) 降雨条件下填土边壁(坡)破坏形态

(1) 分析图 59 可知,由于非降雨条件下滑塌规模相对较小且时间较短,7d 持续降雨及 2h 强降雨之后立即一次性拆除全部挡板,其破坏效应与无支护条件下的全断面开挖大体相当。

(2) 最终形成的滑塌面虽不规则,但大体可分为两部分:ab 段和 bc 段。ab 段大致呈直线,滑面上滑痕明显,其抗剪强度不足是导致土体产生滑塌的根本原因;bc 段也可简化为直线,它是由滑移、倒塌、沉降、冲刷等多种因素形成的。因此,非夯实填土降雨后的破坏形态可简化成折线形,折线的倾角 α 约为 $58°$,β 约为 $20°$。

(3) 滑塌面最大纵深约为 $0.8H$(H 为边壁高度),同降雨前($0.6H$)相比要大得多。

(4) 填土边壁(坡)降雨前破坏形态为平面型,降雨后为折线型。这种空间破坏形态的改变,表明降雨后的介质已变为一种相异于降雨前的新介质,由此可见降雨效应未可低估。

(5) 由于非夯实填土土质疏松,降雨时地面出现汇流并流向原塌方区,以致在地面形成不规则冲沟。此冲沟在再次降雨时更易于汇水冲刷,并越冲越深,致使最大冲沟宽度达 28cm,约为模型宽度的 1/2;最大冲沟深度为 59cm,约为现有模型高度的 1/4,由此造成滑塌面上部不甚规整(参见图 65)。在一定条件下,这种汇水冲刷可导致泥石流现象发生。

3) 质点随动计的变化规律

(1) 由图 60 可见,质点随动位移轨迹是随动计自动记录的,它所反映的是质点垂直下沉量和倾向开挖面水平位移量的综合量。

(2) 5、6 和 7 号质点随动计测出了整个试验过程中相应质点的随动位移轨迹。其主要部分是垂直沉降,但也有因受开挖面土体滑塌影响和试箱端面影响而产生的水平位移。

(3) 对 5、6 和 7 号测点而言,愈靠近滑塌面,水平位移和位移速率,以及垂直位移和位移速率的量值均愈大,反之则愈小。

(4) 5 号点位于距开挖面约 1.75m 处。该部位处于滑塌崖顶部附近,即滑塌区的边沿,但并未产生滑塌,而是处于临界状态。据此,边壁土体的临界变形速率可近似地确定为 10mm/d,超过此值,边壁即有产生滑塌的危险。

4) 渗水线的变化规律

(1) 参见图 61,渗水线是在试箱一侧透明板上绘就的,它是随机而不规则的。这与堆填介质颗粒及孔隙不甚均匀、筛水孔是固定的等因素有一定关系,且降水的均匀性难以做到很理想。

(2) 在持续降雨期间,试模两端雨水的渗透距离及渗透速率均比中部的大,具有较明显的"端部效应"。模型开挖面前端及其对应的后端部位,渗水速度最快(80.7cm/d),以致渗透到模型中部之底面部位,从而出现闭合型渗水线(第 8、9 次降雨)。这是因为素填土与试模(钢板)之间粘结性差,雨水极易从两端或四壁面下渗并形成渗水通道,因而此现象缺乏典型性。值得注意的是,降雨前开挖面一端已有较大规模的滑塌,降雨时部分雨水在重力作用下流向开挖面,并不纯粹是"端部效应"所致。两端渗水线分布不对称,开挖面一侧渗水线梯度及范围比中部更大即说明了这一点。

(3) 地表渗透速度较快(50cm/d),坡面渗透速度较慢(34.7cm/d)。雨水在地表处若不发生流动,则只会下渗,若发生流动即形成冲沟;而坡面上雨水会很快形成汇流,并将表层土裹挟至坡脚处。

(4) 降雨时间间隔的影响。前 7d 持续降雨期间,每天降雨两次,时间间隔分别为 7h 和 17h。凡间隔时间长的渗水线就深,间隔时间短的渗水线就浅。

5) 渗水速率、渗水速率增量与沉降速率的比较

(1) 分析图 62 可知,沉降速率与渗水速率无关,前者是一条波动曲线,而后者是单调增加曲线。渗水速率量值较大,沉降速率量值较小。前者比后者约高一个数量级。

(2) 沉降速率与渗水速率增量有很好的对应关系:前者前四天、后者前五天其值较大,其余较小。在 2h 强降雨过程之中和之后,无论是渗水速率抑或沉降速率均保持在一个很低的水平,这说明,降水导致滑坡并不在于它是连续降雨、强降雨,还是持续降雨后紧接着强降雨,也不在于渗水速率的大小,而在于渗水速率增量的某个值。这与 Wong, H. N 和 HO, K. K. S(1995)发表的数值模拟计算结果是完全吻合的。

(3) 渗水速率增量第 1 天最大,此后逐日减小,至第 4 天突然异常增大,再往后又逐步减小,即使 4 月 25 日至 4 月 27 日的连续降雨和强降雨过程中,其量值也为零。上述现象表明,第 4 天的量值点是临界值点,临界值为 58.5cm/d。在这一天,边壁(坡)发生了显著沉降和滑塌(表 11 和图 58)。

(4) 将随动计测得沉降速率与透明板上观测到的沉降速率比较于表 2.7.4。由表 2.7.4 可看出:①二者吻合较好,观测结果是可靠的;②前四天沉降速率均较大,后三天及随后 2h 强降雨条件下其值均较小;③第四天沉降速率位于曲线拐点处,超过该点,沉降速率量值迅速衰减,因而该点是临界点,即临界点的沉降速率约为 14.3~15.3cm/d。

6) 位移观测线的变化规律

(1) 由图 63 可看出，愈靠近开挖面，残存观测线轨迹高程愈低。由于愈靠近开挖面，滑塌深度愈大，土体滑塌后，组成相应观测线的微型塑料质管段因随滑塌体滑落而消失，于是出现上述现象。

(2) 愈靠近开挖面，观测线变化梯度（水平位移）愈大。例外的只是Ⅰ号观测线，因为降雨前的滑塌已使它位于稳定坡脚之内。因而最终滑塌面与各条观测线之间具有一定相关关系：观测线水平位移达到一定梯度时，边壁即产生滑塌。

(3) Ⅳ和Ⅴ号观测线上部具有背向开挖面一侧的位移，而下部有朝向开挖面的位移。这一现象与图 61 中 6 号随动计测点的变化特点相对应，且Ⅳ号观测线与 6 号随动计测点均在 2.25m 附近。分析认为，这是试箱"端部效应"所致，且此时试验尚处于降雨过程中，尚未进行全断面开挖；开挖之后，观测线主要受土体滑塌影响，方向于是发生改变。

(4) Ⅳ号观测线处于临界破坏部位，其位移速率为 6mm/d，较随动计测值小，估计与边壁效应有关。

7) 降雨条件下挡板应变变化规律

(1) 由图 64 可见，由于素填土降雨试验的挡板是降雨前安装的（此时挡板不受力），测出的应变值均是降雨引起的，它反映了随着降雨持续期的延长开挖面挡板的应变变化特性。降雨后，原滑塌崖下部逐步由雨水冲刷、携带的泥沙所沉积，并为挡板所阻挡，因而挡板开始承受土体侧压力。

(2) 降雨导致挡板应变变化的规律为：奇数次（37mm/d）降雨使挡板应变值显著增加，偶数次（45mm/d）降雨使应变值在原基础上有明显减少，并且有很强的规律性。奇数次降雨除第 15 次外，均在每日上午 9：00 时，偶数次降雨均在每日下午 16：00 时，即奇数次降雨的时间间隔均为 7h，偶数次降雨时间间隔为 17h。前者因时间间隔过短，未出现相对固结，导致土（水）压力增大；后者虽然降雨量大于前者，但因时间间隔较长，土体已产生相对固结，导致土压在原基础上有所减小，不过其总趋势仍在增加。如果事实上能做到 7d 连续降雨，应变曲线将不会出现图 65 所示的规律性的反弹（波动）现象。

(3) 特别是第 15 次强降雨（72mm/h）之后，挡板应变值虽有一定增加，但并未达到第 13 次降雨时的水平。这再次表明，当在 7d 持续降雨中有第四天的临界沉降点出现时，随后的 2h 强降雨并不会对边壁（坡）稳定性构成重要影响。

(4) 下部挡板应变相对较大，上部相对较小。实际上，由于降雨前出现滑塌崖，上部 12~7 号挡板始终未与沉积土体接触，其应变值可能是挡板彼此之间的附加摩阻影响所致。

2.7.6 小结

1) 降雨对素填土边壁（坡）破坏模式具有十分显著的影响，它是实际工程中诱发滑坡的主要原因。非夯实填土降雨后的破坏模式可简化成折线形，其滑塌角与土壤介质的种类、密实度、降雨期长短及降雨量大小等多种因素有关，在该试验条件下 $\alpha=58°$，$\beta=20°$。

2) 国际上三十余年来所争论的持续降雨、强降雨、持续降雨后强降雨导致滑坡的原因均不是真正原因，只是各种不同降雨条件或现象。雨致滑坡本质上受控于渗水速率增量，并且与边坡原有的稳定状况有关。当渗水速率增量达到其临界值，无论哪种降雨条件，均可能产生滑坡；否则，滑坡就不会发生。

3）在非夯实填土边壁（坡）横断面上，土壤介质质点位移矢量各不相等，愈靠近开挖面，位移矢量愈大，愈远离开挖面愈小。其临界变形速率约为10mm/d，超过此值，边壁即有产生滑塌的危险。

4）降雨条件下，非夯实素填土介质具有十分显著的不均匀沉降效应，并伴有朝向和背向开挖面水平位移发生，后者主要是端面效应所致。沉降速率与渗水速率增量密切相关，而与渗水速率无关。

5）持续降雨及强降雨均使挡板应变值持续增加，它是土压力和水压力共同作用的结果。停止降雨的时间间隔稍长，由于疏水条件尚好，土体就会发生相对固结，导致挡板应变值减小，从而出现规律的曲线波动现象。

2.8 降雨前后夯实填土边坡工程性能测试

2.8.1 概述

为探讨夯实填土边坡在降雨前后的破坏特性，曾宪明、文高原等依据相似模型原理所建立的相似法则，进行了降雨、不降雨、夯实、不夯实、无支护及复合土钉支护条件下填土边坡相似模型的试验研究。本节给出的是人工夯实填土边坡在降雨前后的试验成果及结论。

2.8.2 试验原理

夯实填土边坡的成分及其堆填过程较为复杂，其应力应变关系也不清楚，用解析法分析其边坡变形、破坏性能较为困难。为此，依据相似模型原理，建立并验证了相似法则 $t/t'=\sqrt{l/l'}$（t、l 分别为原型的时间与长度；t'、l' 分别为模型的时间与长度），并据此进行了夯实填土边坡系列相似模型与自模拟原型的设计和制作（见表8）。在此基础上，进行了持续降雨和强降雨条件下的相似模型试验。

2.8.3 试验方法

1）试验设备

试验模型在大型试验箱（见图48）内制作，试箱尺寸为315cm×60cm×250cm（长×宽×高）。

2）测点布置

在试箱透明板内侧布置五条位移观测线，观测线由彼此无连接约束的直径为2mm、长度为20mm的微型塑料管段构成，用于观测土体断面质点变化规律。试箱一端为开挖面，由12块钢板（大多为长×宽×厚=60cm×20cm×0.2cm）构成。在每块钢板外侧面中心点处均贴有应变片，用以测量开挖面在开挖过程中应变变化情况。在试箱与降雨装置之间的地表一侧上部布置了位移速率测试板，可自动记录地表7个质点随动计的变化轨迹（图48）。此外，利用透明板，对开挖时土体变形破坏情况及降雨时渗水和沉降特性进行了观测。

3）试验程序

制模材料介质采用真实素填土（洛阳 Q_2 黄土），填筑前过筛，筛孔尺寸为2cm×

2cm。试验时将黄土分层填入后刮平，每层厚度约为 30cm，人工夯实，夯实压力约为 1.48~2.22N/cm²。

试验时严格按表 8 给定时间间隔控制自上而下的开挖，试验于 2006 年 1 月 14 日准时开始。12 块挡板全部拆除完毕，随即进行 7d 持续降雨和 2h 强降雨（表 9）。降雨前重新装上挡板，全部降雨完毕后一次性地予以全部拆除。试验中对上述全过程进行观察测试。

2.8.4 试验结果

1）非降雨条件下试验结果

开挖过程中共发生了两次较大规模的滑塌，相应滑塌线形状如图 66 所示。挡板应变沿高度的分布形态如图 67 所示。

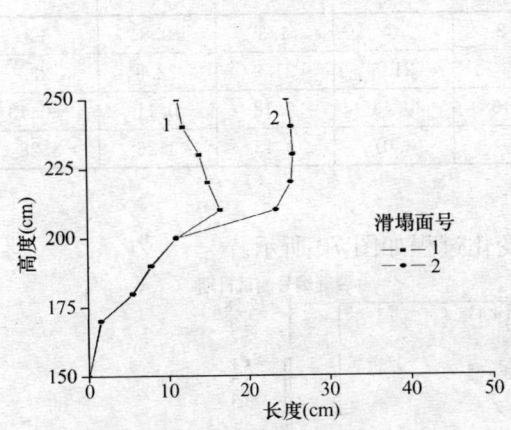

图 66 降雨前滑塌崖形态

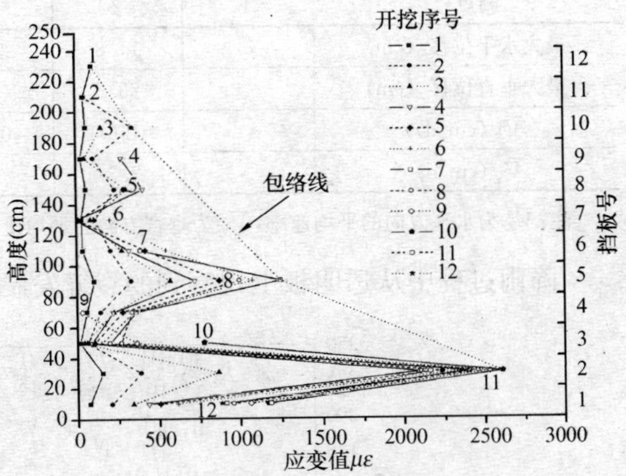

图 67 挡板应变沿高度的分布形态

注：线 1 为第一次滑塌后（1 月 21 日）的滑塌面，线 2 为全部开挖完毕后（2 月 1 日）最终的滑塌面

2）降雨条件下试验结果

降雨过程中，原滑塌崖及水平地面的变形破坏过程见图 68。

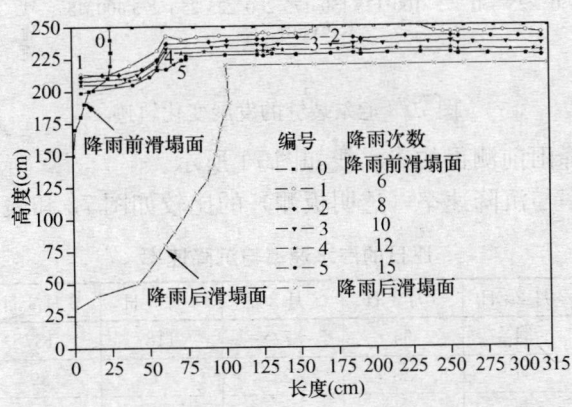

图 68 降雨过程中原滑坡崖和地面变形破坏演变过程

地表 1~7 号七个质点随动计记录的随动位移轨迹见图 69，其中 1 号随动计测点在降雨前已随土体滑塌而滑落。图 69 所示最大位移量及平均位移速率见表 13。

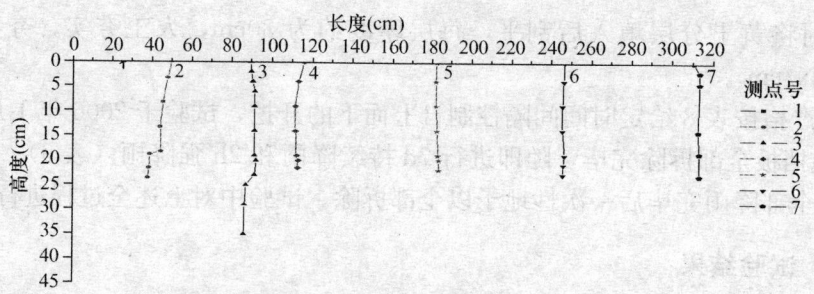

图69 质点随动计的位移轨迹

质点随动计量测的最大位移量及平均位移速率　　　　表13

测点号	1	2	3	4	5	6	7
最大水平位移（cm）		11.8	3.2	3	1.3	0.8	−3
最大垂直位移（cm）		23.6	35	21.5	21.9	22.8	23
$\overline{V}_x$ (cm/d)		1.68	0.46	0.43	0.18	0.11	−0.43
$\overline{V}_y$ (cm/d)		3.37	5	3.07	3.13	3.26	3.28

注：$\overline{V}_x$ 为水平方向的平均速率，$\overline{V}_y$ 为垂直方向的平均速率。

降雨过程中从透明板上观察到的裂缝发展变化过程如图70所示。

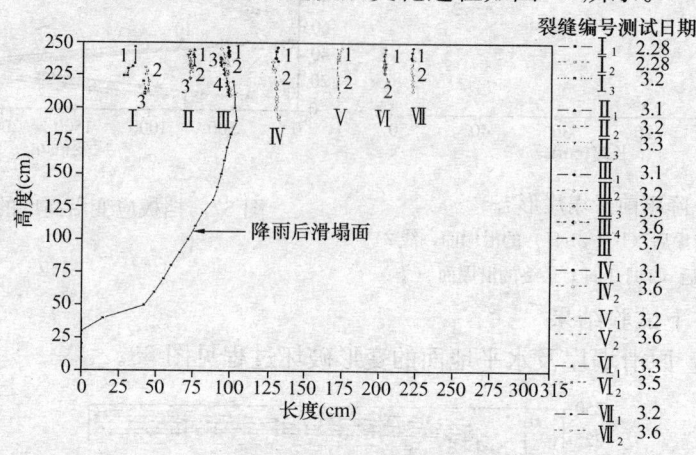

图70 七条裂缝的发展变化轨迹

本次降雨后下次降雨前测得的渗水线如图71所示。

降雨期间渗水速率与沉降速率（透明板测）的比较如图72和表14所示。

逐日的渗水速率与沉降速率　　　　表14

测试日期	2月28日	3月1日	3月2日	3月3日	3月4日	3月5日	3月6日
渗水速率（cm/d）	31	54	77	118	157	203	250
渗水速率增量（cm/d）	31	23	23	41	39	46	46
沉降速率（cm/d）	2	2	2	2	5	5	3

注：为消除端面效应的影响，取试箱中部为研究对象。

从试箱透明板上观察到的位移观测线变化如图73所示。

降雨期间及降雨后测得挡板应变值随降雨期的变化曲线如图74所示。

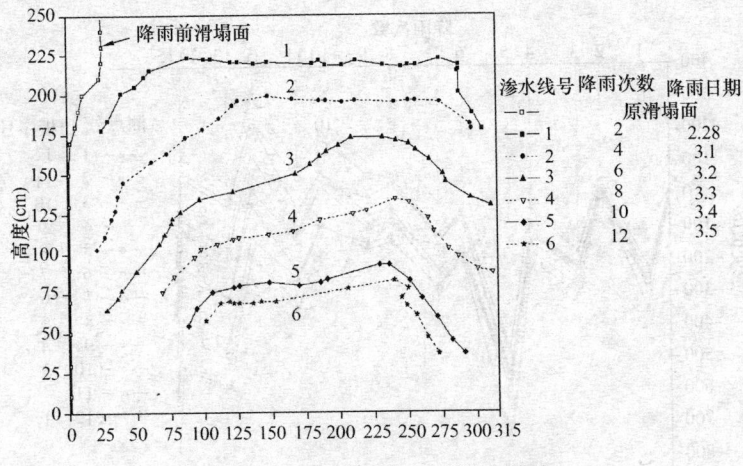

图 71 逐次降雨条件下渗水曲线

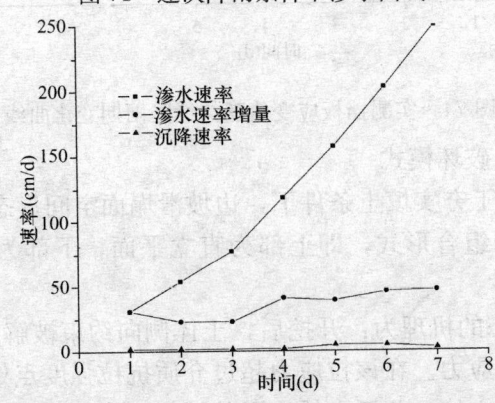

图 72 渗水速率与沉降速率比较

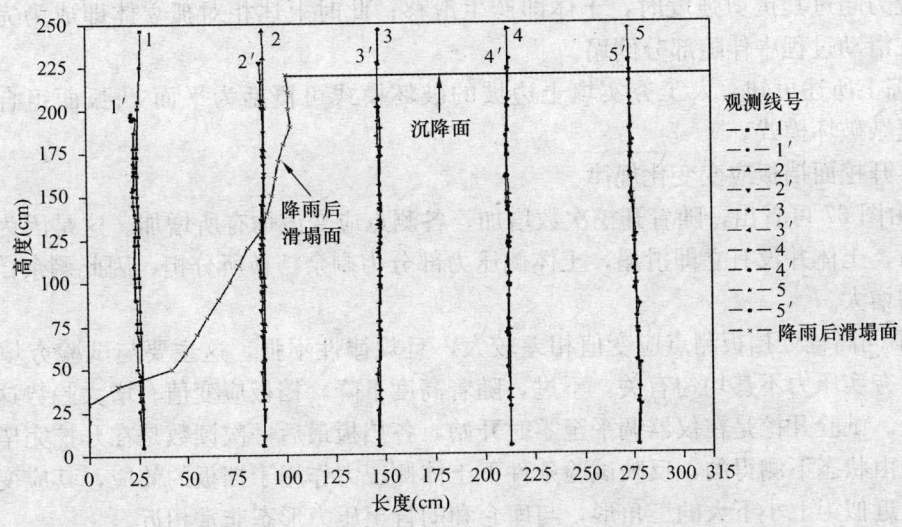

图 73 降雨过程中五条位移观测线变化轨迹

2.8.5 试验结果分析

1）非降雨试验结果分析

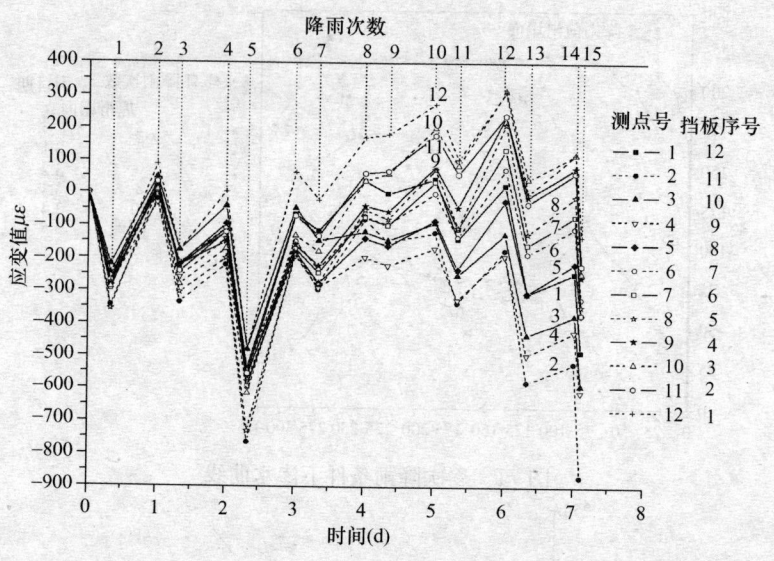

图74 实测挡板应变值随持续降雨期变化曲线

(1) 夯实填土边坡的破坏模式

① 由图66可知,人工夯实填土条件下,边坡滑塌面空间形态既不是圆弧面也不是平面,而是平面与凸弧面的组合形式,即上部为直立平面,下部为凸弧面,上部为倒塌破坏,下部为滑移破坏。

② 造成上述破坏形态的机理为:开挖后,土体侧向约束被解除,于是产生侧向变形,并在土体内部产生侧向拉应力。在该拉应力超过介质抗拉强度点处,土体产生裂缝,同时使不稳定土体成为相对孤立体。此孤立体连同其下部土体的自重荷载在下部潜在滑移面引起的剪应力超过其抗剪强度时,土体即产生滑移;此时上述相对孤立体即成为完全孤立体,并在滑动过程中伴随部分倒塌。

③ 综上所述可知,人工夯实填土边坡的破坏模式可概括为平面-凸弧面组合破坏模式,即复杂破坏模式。

(2) 开挖面挡板应变变化规律

① 由图67可看出,随着开挖次数增加,各测点应变值均有所增加。这是因为上部挡板拆除后,土体并没有立即滑塌,土体侧压力部分为剩余挡板所分担,因此剩余挡板测点应变值均增大。

② 不同高程处挡板测点应变值相差较大,且规律性不强,这主要与试验夯填过程中各处土体夯实压力不甚均匀有关。不过,随着高度下降,挡板应变值有增大趋势这一规律仍很明显。试验开挖是在仪器调平至零时开始,各挡板最后一次读数是在开挖完毕之后挡板处于自由状态下测得,反映试验条件下土体侧压力作用于挡板的效应,其应变沿高度分布形态近似为上小下大的三角形,与库仑和朗肯土压力形态非常相近。

(3) 位移观测线及质点随动计变形特点

非降雨条件下位移观测线及质点随动计无明显变化,3号随动计测最大沉降量约为2mm;1号观测线最大水平位移约为1mm。

2) 降雨试验结果分析

(1) 降雨过程中原滑塌崖与地面变形破坏特点

① 由图 68 可见，编号为 0 者是降雨前已有滑塌面。在降雨过程中，该滑塌面经多次变形破坏，已不复存在，原较陡峻的边坡滑塌崖已变得十分平缓。随着降雨持续进行，该滑塌面逐渐发生转移。这种转移既有朝向原滑塌崖的水平位移，表现为雨水冲刷、汇流并裹挟表层土壤介质向滑塌崖下淤积，又有垂直沉降。前期以水平位移为主，后期以沉降为主，反映在第 2、3 条曲线最低点的高程均高于原滑塌崖最低点的高程，而第 4、5、6 条曲线最低点的高程较规律地低于第 3 条曲线对应点的高程。

② 端面效应明显。在模型开挖端及其对应端，由于钢板与介质之间的渗水通常极易形成，且开挖端在降雨前已有的部分滑塌面同新设挡板形成汇水（土）坑，使得两端尤其是开挖面一端沉降明显增大。

③ 持续降雨及强降雨后，沉降量和沉降速率均较大，其平均值分别约为非降雨条件下的 21 倍和 51 倍。且沉降不甚均匀，即使在模型上表面之中部部位（该部位无端面效应影响），其沉降也很不均匀。

④ 雨水汇流冲刷作用。由于上述汇水（土）坑的存在及端面效应，降雨过程中未及下渗雨水在地表汇集并向两端流动和冲刷，使地表产生小的沟槽，其上过水痕迹显然。其结果使已有滑塌部位出现一定淤积现象，并使原滑塌面不复存在。

(2) 质点随动位移特性

① 由图 69 可知，质点随动位移曲线是随动计自动记录的随动位移轨迹。轨迹曲线反映质点垂直下沉和倾向开挖面水平位移的综合量。

② 质点随动位移变化规律为：垂直位移和位移速率均大于相对应的水平位移和位移速率；愈靠近开挖面，水平位移及位移速率愈大，愈远离开挖面则愈小，临界速率 $\overline{V}_x$ 约为 0.43cm/d；垂直沉降及沉降速率大体为一常数，唯有第 3 点产生突变，该点恰位于主滑塌面近旁，突变现象直接与边坡滑塌有关。

③ 7 号测点因受端面效应影响而有与开挖面方向相反的位移，前述"端面效应"再次得到印证。

(3) 裂缝发生、发展规律和滑塌面形态

① 如图 70 所示，裂缝随时间延长普遍具有加宽、延长、下移、平移、转动的特性。Ⅰ~Ⅴ号裂缝的平移和转动倾向开挖面，而Ⅵ、Ⅶ号则倾向试箱另一端。在端面部位，由于降雨形成较有利渗水通道，无论是渗水速率还是沉降速率，均较其他部位大，由此造成地面高程在两端部位较低的结果。另一方面，在降雨之前，开挖面一侧已发生过小规模滑塌，降雨冲刷、流动作用使得靠近开挖面的地势更低一些。在降雨过程中，表层饱水土层朝向两端（主要是开挖端）变形、移动，由此造成了上述破坏现象。

② 降雨结束后，进行了全断面开挖。开挖后上述Ⅲ号裂缝进一步发展，并形成了最终的滑塌面。此后，剩余的Ⅳ~Ⅶ号裂缝再无明显变化，土体基本趋于稳定。

③ 最终滑塌面有一个萌生、发展和形成的过程（见图 68）。每条裂缝都是一个未贯通的张裂面，也是潜在滑移面。它能否成为优势滑移面，试验条件下主要取决于边坡高度。该高度进一步加大，主滑塌面将向深部进一步转移，但其空间形态不会有大的改变。在本试验条件下，边坡内土壤介质被扰动范围约为 $1.0H$。

④ 最终滑塌面形态不是圆弧面，它由两个面连接而成：一个是上部张裂面，另一个

是下部滑移面。张裂面首先产生，使可能不稳定体成为相对孤立体，相对孤立体与基体的连接部分丧失，从而加剧其失稳可能性，增大了潜在滑移面上剪应力。滑移面次后产生，它产生在潜在滑移面上剪应力超过其抗剪强度之时。但是上述两个面是自然而然发生连接的。由于上部开裂面平移、转动和交错，致使该面有一定曲率，并使得整个滑塌面是一个连续性较好的曲面，其形态类似于悬链面的一支。

(4) 降雨条件下渗水线变化形态

① 由图71可知，在持续降雨期间，试模中部雨水渗透速率为23～41cm/d，其分布曲线大体均匀。

② 在持续降雨期间，试模两端雨水渗透距离及渗透速率均比中部的大，具有较明显"端部效应"。值得注意的是，降雨前开挖面一侧已有部分滑塌和开裂，降雨时部分雨水在重力作用下流向开挖面，并不纯粹是"端部效应"所致。两端渗水线分布不对称，开挖面一侧渗水线梯度及范围比中部更大即说明了这一点。由此可知，挡板上应变值增大有水压力作用因素存在的分析是合理的。

③ 渗水曲线不均匀和不规则。这与土壤介质不均匀，人工夯填力度不均匀，以及雨滴分布也不是理想均匀等因素有关。渗水线不规则是导致沉降不均匀的主要原因之一。

④ 第1～5天，渗水曲线分布密度大体相当。从第6天开始，渗水线明显变密。这可能与土的饱和度较高、渗透距离增长以及渗透性变差等因素有关。

(5) 渗水速率与沉降速率比较

由图72可见，在相同降雨条件下，渗水速率急剧增大，沉降速率相对较小。二者似无明显相关关系。但沉降速率与渗水速率增量显著相关：前四天二者均较小，后三天二者均较大。由此可知，沉降速率受控于渗水速率增量。

(6) 降雨条件下边坡土壤质点变形特点

① 分析图73，从观测线上可看出地面发生的沉降情况，其结果和规律与随动计的测试结果吻合。

② 3、4、5号线及2号线下部具有明显的"褶皱"现象（构成观测线的细短塑料管段随机地发生向基准线两侧倾斜的现象），这是不均匀沉降所致。

③ 雨后大规模滑塌涉及1、2号两条观测线。1号线之1'的上部已滑走，残存部分的上部和中下部有较明显移位；2号线的2'附近也有移位现象发生，其中、下部基本无影响；3～5号观测线无倾向开挖面的明显水平位移。

④ 上述情况表明，人工夯实填土条件下，在7d持续降雨和随后2h强降雨后，大规模滑塌所涉及范围只限于滑塌体本身及其邻近部位，对其他部位影响不明显。这是一个很重要的特性。

(7) 降雨条件下夯实填土边坡破坏模式

综上所述，人工夯实填土在承受7d持续降雨和随后2h强降雨之后滑塌面破坏形态由上部张裂面和下部滑动曲面的悬链面构成。张裂面产生在前，滑动面在张裂面基础上发生。其破坏机理为夯实填土在自重和降雨渗透浸泡作用下，上部土体侧向拉应力超过土体抗拉强度，导致张拉面产生；相对孤立体在自重作用下使潜在滑移面上剪应力超过土体抗剪强度，导致剪切滑移产生。故此，人工夯实填土边坡持续降雨及强降雨条件下破坏模式，可概括为张裂面与悬链面的组合破坏模式，即复杂破坏模式。

(8) 降雨条件下挡板应变随时间变化规律

① 由图 74 可见，由于夯实填土降雨试验的挡板是降雨前安装的（此时挡板不受力），测出的应变值均是降雨引起的，它反映了随着降雨期增加端面各处挡板受力变化特点，并具有很强规律性。

② 其规律为，奇数次降雨使挡板应变值明显增加，偶数次降雨使其在原基础上有所减少。主要原因在于：奇数次降雨时间间隔较短（7h），偶数次降雨时间间隔较长（17h），前者未形成相对固结，而后者已形成相对固结。

③ 在第 5 次（第 3d 的第 1 次降雨）和第 15 次（7d 持续降雨后的随即 2h 强降雨），挡板应变均出现突变。这种突变是边坡内介质发生复杂变化的反映，并与降雨第 4 天沉降发生突变，降雨第 5 天渗水线发生突变密切相关。实际上，产生突变的最大值点不是最下边的 1 号挡板，而是 2 号挡板，它正是最终滑塌面的前沿部位。

2.8.6 小结

1) 人工夯实填土边坡在降雨前后的破坏模式均为复杂破坏模式。在非降雨条件下可概括为平面-凸弧面组合破坏模式，在持续降雨及强降雨条件下可概括为张裂面与悬链面的组合破坏模式。以往近似地沿用圆弧破坏模式对其进行稳定性分析和支护参数设计是不妥当的。

2) 人工夯实填土边坡在非降雨与降雨条件下，上部开挖对下部挡板测点的应变影响一般都是增大的。持续降雨及强降雨过程中，挡板应变分别在第 3 天和 7d 后 2h 强降雨中分别发生两次突变，并与最终滑塌面部位相对应。这两次突变表明土体内部主滑塌面已经形成，在无挡板约束情况下，它或者发生在第 3 天，或者发生在 7d 后 2h 强降雨之后和之中。

3) 人工夯实填土条件下，在 7d 持续降雨和 2h 强降雨后，大规模滑塌所涉及变形影响范围只限于滑塌体本身及地表部位，对其他部位影响不明显。土体因开挖、降雨所引起最大扰动范围（主要为地表张裂缝）约为 $1.0H$。

4) 在夯实填土边坡横断面上，土壤介质质点位移矢量处处不相等，愈靠近开挖面，位移矢量愈大，愈远离开挖面愈小。最终滑塌面有一个萌生、发展和形成过程。每个张裂面均有可能发展成为优势滑移面，能否形成主要取决于无约束边坡的高度，本试验条件下约为 $0.44H$。

5) 降雨对人工夯实素填土边坡破坏模式具有十分显著的影响，它是实际工程中诱发滑坡的主要原因。

6) 降雨条件下，填土边坡沉降速率受控于渗水速率增量，沉降量约为非降雨条件下的 21 倍。

2.9 土钉-止水帷幕复合结构工作特性测试

2.9.1 概述

复合土钉支护是指基坑支护中，除采用土钉作为主要加固体外，还采用其他地基处理技术作为辅助手段与之联合，并协同工作。针对软土、流砂和厚杂填土等不良地质条件，

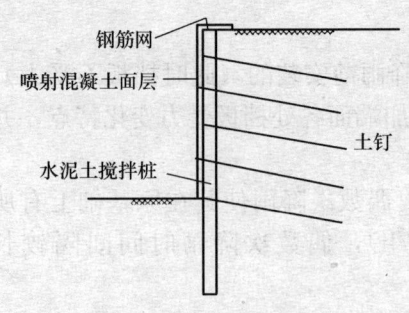

图75 土钉与止水帷幕复合支护

采用超前支护措施来增强土体自稳性、隔水性,提高喷射混凝土面层与土体粘结强度;以水平向压密注浆和二次压力灌浆进行土体加固,提高土钉抗拔力;以相对较大的插入深度阻止坑底发生隆起、管涌和渗流;构成由防渗帷幕、超前支护及土钉等组成的复合型土钉支护体系(见图75)。

复合土钉支护在北京、上海、广州等地有许多成功工程实例,证明该技术可在复杂地质条件下应用。但对其原理、设计和工法的研究还不够。为此,清华大学土木工程系、石家庄铁道学院和总参工程兵科研三所选择上述形式的复合土钉支护进行了试验研究。

2.9.2 试验内容及方法

1) 相似法则及测试内容

该试验在室内进行,用1:10的比例模型作为研究对象。采用式 $t/t' = \sqrt{l/l'}$ 作为相似法则(参见2.7节)。用1m深垂直开挖的模型基坑来模拟实际工程10m深垂直开挖基坑,模型采用每0.2m为一开挖层,共分5层对模拟基坑进行开挖。在实际工程中,假设每2h开挖一层,系列相似模型的设计按上式来控制(见表15)。

系列相似模型设计　　　　　表15

名称	基坑深度(l或l')(m)	比例	时间(h)
原型	10.00	1:1	2/次
模Ⅰ	0.20	1:50	100
模Ⅱ	0.40	1:25	50
模Ⅲ	0.60	1:16.67	33.33
模Ⅳ	0.80	1:12.5	25
模Ⅴ	1.00	1:10	20

原型支护参数按实际工程常用参数,相似模型支护参数按相似法则控制,并按最大的模Ⅴ设计,见表16。

原型与相似模型支护参数　　　　　表16

名称	土钉参数	钢筋网 喷射混凝土	水泥土搅拌桩
原型	φ48×3.5@1500L1500	φ10@15　δ200 C20	20%水泥掺量,厚1200mm
模Ⅴ	φ48×0.35@150L1500	φ1@15　δ20 C20	20%水泥掺量,厚120mm

相似模型支护材料及开挖、支护方法与实际相同,但保持与原型几何相似。

试验测试内容如下:
①地表沉降量;②基底隆起值;③支护面侧向位移;④基坑边壁内土体水平与竖直位移。

2) 试验方法

模型箱系无盖六面箱体,内空净尺寸为长×宽×高=3.5m×1.0m×2.0m。一个侧面和底面由厚度为8mm的钢板制成,另一侧面下部为440mm高度10mm厚度的钢板、上部为1640mm高、12mm厚的钢化玻璃板,共同组成观测面。两端侧面由放在槽口内的木板条组成,木板条可以随时拆卸,每一板条的尺寸为1250mm长、100mm宽、50mm厚。为保证模型箱有足够的抗侧移刚度,在侧面外,沿水平方向每间隔700mm设置4根竖向矩形钢管立柱,沿竖直方向不等间距布置3根水平横梁。

根据现场试验和工程经验,填料重塑后的自稳临界高度约为0.35~0.5m。若取下限值为0.35m,当高度为1m的边壁临空后将在自重作用下产生变形失稳,且底部仍有相当厚度的填料,此时边壁纵向宽度约为临界高度的8.57倍,可以认为破坏现象完整,不受填料深度及纵向宽度影响。

为减小模型试验边界效应,模型箱两主侧面内侧均作润滑处理。具体润滑方法为:

(1) 钢板侧面首先用石蜡打磨,然后用摩擦系数为0.04的塑料薄膜进行覆盖,最后在填装填料时,用机油进行涂抹;

(2) 玻璃侧面在填装填料时直接用机油涂抹。经润滑处理后,侧壁与土体之间摩擦力影响将得到有效控制。

试验中,地表沉降量、基底隆起值和支护面侧向位移采用位移计或钢尺进行量测,基坑边壁内土体水平与竖直位移通过布置在土体内部的测点,利用粘在模型箱观测面上透明坐标纸读出。土体开挖前,将测点初始中心位置在坐标纸上予以标定,每次读取数据时,只要定出测点移动后的中心位置,就可以在坐标纸上量测出该点横向和纵向位移,读数精度约为0.5mm。测点布置位置如图76所示。为测量基底隆起值,将边坡支护面设置在距端面为500mm处,位于开挖区内的测点随基坑开挖同步拆除。

在试验中,采用$D_内=8mm$,$D_外=10mm$的铝管作为土钉筋体。试验完成后,支护

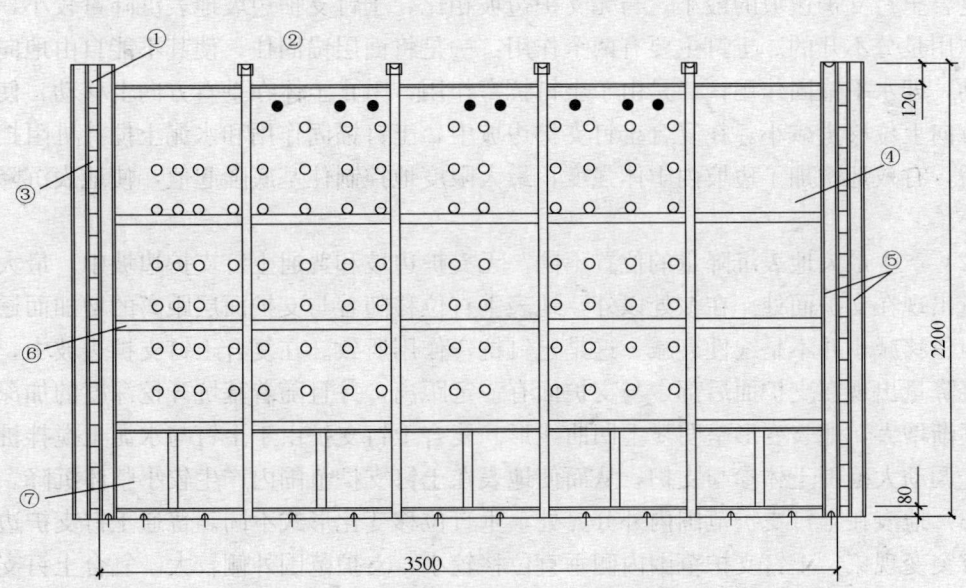

图76 观测侧面及测点布置(单位:mm)

①—马口;②—矩形管立柱;③—木板条;④—钢化玻璃板;⑤—槽钢立柱;⑥—横梁;⑦—10mm厚钢板

○—测点;●—检校测点

面上布置情况见图 77。填料自稳高度为 0.35～0.5m，物理性能指标为：$\gamma = 16.78$kN/m³，$W=45.91$，$W_L=38.77\%$，$W_p=23.86\%$，$I_p=14.91$，$I_L=1.48$，该填料属于流塑状粉质黏土。止水帷幕采用水泥土现场制作，水泥土水泥掺量为20%。将水泥土制成 7cm×7cm×7cm 试块，在保湿箱内养护 7d，对其进行抗压试验，试验数据见表 17。

水泥土抗压强度　　　表 17

试块编号	1	2	3	4	5	6
试验压力(kN)	8	9	9.5	8.7	9	8.6
抗压强度(MPa)	1.633	1.837	1.939	1.776	1.837	1.755
抗压强度平均值(MPa)	1.795					

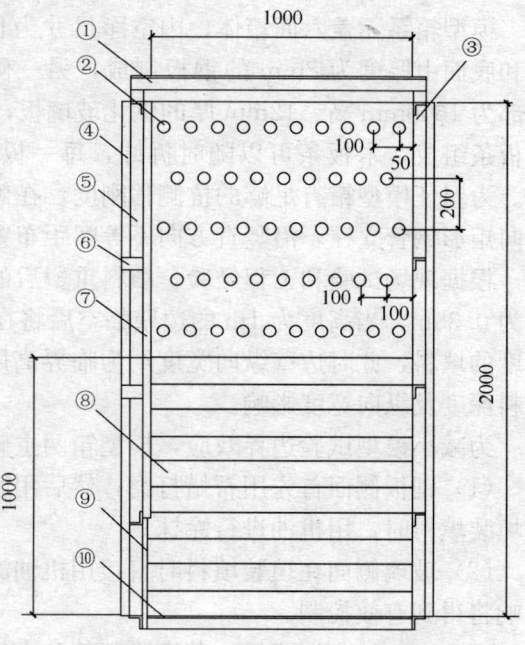

图 77　端面及土钉布置示意图（单位：mm）
①—连梁；②—土钉端头；③—侧面钢板；
④—矩形管立柱；⑤—槽钢立柱；⑥—横梁；
⑦—钢化玻璃板；⑧—木板条挡板；
⑨—10mm 厚钢板；⑩—地面钢板

2.9.3　试验结果与分析

1）地表沉降

试验测得地表沉降曲线如图 78 所示。

由上图可知：

（1）同一次开挖支护完毕后，无支护边坡地表沉降量最大，普通土钉支护边坡的次之，复合土钉支护边坡的最小。与无支护边坡相比，土钉支护边坡地表沉降量较小，这与土钉作用是分不开的。土钉主要有两个作用：一是将面层锚固住，使其不能自由地向基坑内移动，即水平锚固作用；二是由于土钉抗弯作用，阻止土体在垂直方向上移动，使土体在该方向上位移量减小。在复合土钉支护边坡中，土钉锚固作用和水泥土搅拌桩阻挡作用结合后，有效地增加了边坡内土体强度，最大限度地控制住基底隆起值，使地表沉降量显著减小。

（2）产生最大地表沉降量的位置不同。无支护边坡和普通土钉支护边坡中，最大地表沉降量出现在支护面处。在该处以外，地表垂直位移随着与支护面层距离的增加而逐渐减小，但位移减小并不是线性衰减，这是土钉抗弯作用所致。在复合土钉支护边坡中，最大地表沉降量出现在支护面后部，与支护面有一定距离，并且随着基坑开挖深度的加深，该距离逐渐增大，地表变形呈明显上凹曲线形。复合土钉支护由于土钉与水泥土搅拌桩联合作用，调动大范围土体参与支护，从而使地表在土钉支护范围内产生较小整体沉降。

（3）地表在土钉支护范围内外分界处，垂直位移变化形式不同。普通土钉支护边坡在该处有突变现象，土钉支护范围内侧垂直位移较小，支护范围外侧较大。复合土钉支护边坡在该处无突变现象发生。

（4）随着开挖深度增加，普通土钉支护边坡与复合土钉支护坡中最大地表沉降量的差值逐渐减小。

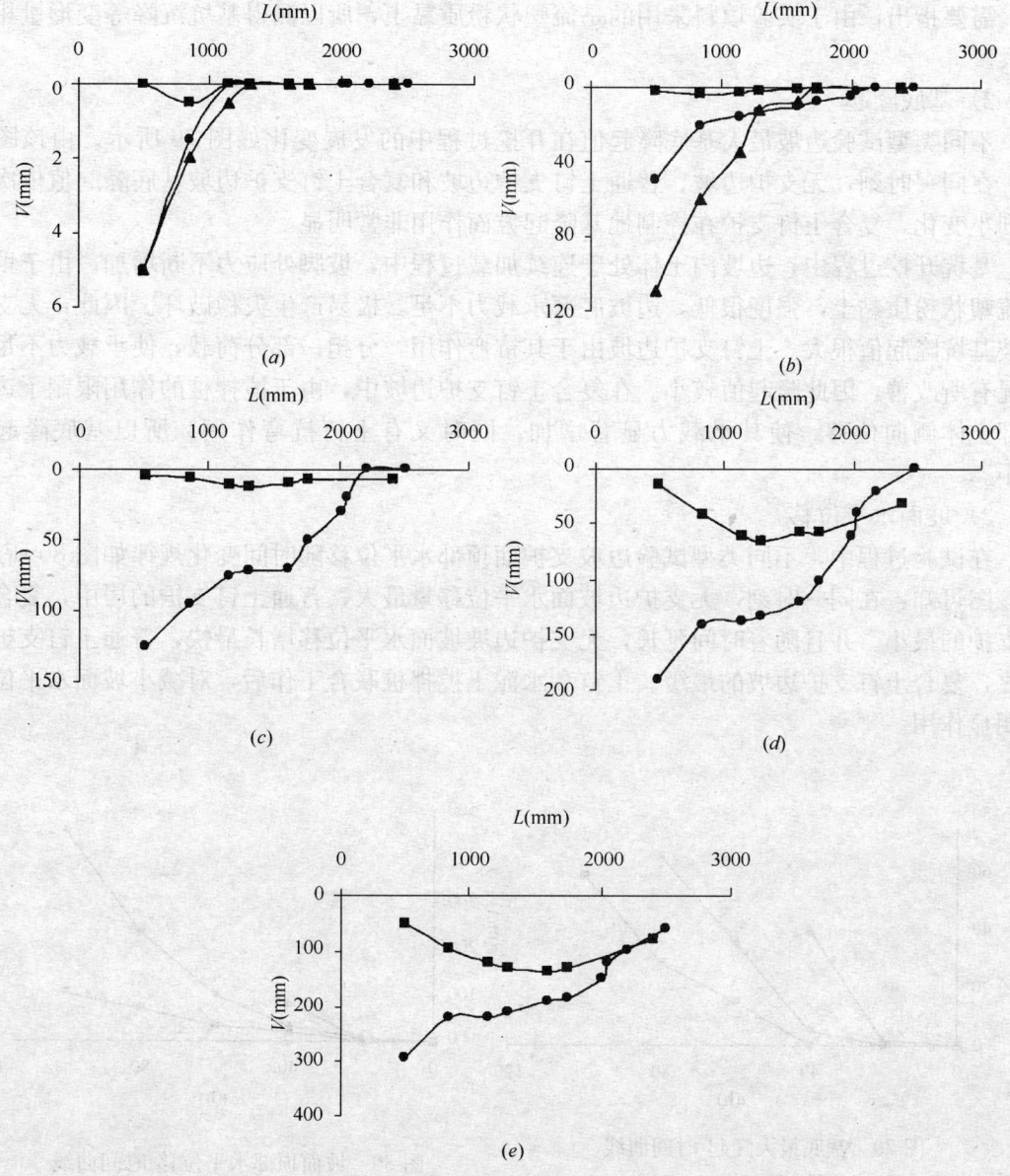

图 78 基坑开挖后地表沉降变形曲线
L—测点距端面的距离；V—测点垂直位移
—●— 普通土钉支护边坡；—■— 复合土钉支护边坡；—▲— 无支护边坡
（a）第一次开挖；（b）第二次开挖；（c）第三次开挖；（d）第四次开挖；（e）第五次开挖

当基坑开挖高度较小时，水泥土搅拌桩现有刚度、入土比及土钉锚固力能够抵抗基坑侧壁土压力，使基坑在支护面处侧向位移和基底隆起量相对土钉支护边坡都比较小，此时普通土钉支护边坡与复合土钉支护边坡中最大地表沉降量的差值较大。随着基坑开挖深度增加，水泥土搅拌桩现有刚度、入土比及土钉锚固力已不能完全抵抗土体侧压力，使支护面水平位移增加较快，基底隆起量增加，从而使地表沉降量增大，此时普通土钉支护边坡与复合土钉支护边坡中最大地表沉降量的差值较小。

需要指出，由于实验填料采用的是流塑状粉质黏土，所以测得基坑沉降等变形量相对较大。

2）基底隆起

不同类型试验边坡最大基底隆起值在开挖过程中的发展变化如图79所示。由该图可知：在同一时刻，无支护边坡、普通土钉支护边坡和复合土钉支护边坡基底隆起值依次由大到小变化，复合土钉支护在控制地基隆起方面作用非常明显。

基坑开挖过程中，边坡内土体处于连续加载过程中，坡脚处应力不断增加。由于填料是流塑状粉质黏土，强度很低，边坡底部承载力不足，极易产生失稳破坏。因此，无支护边坡基坑隆起值很大。土钉支护边坡由于其抗弯作用，分担一部分荷载，使承载力不足的情况有所改善，因此隆起值较小。在复合土钉支护边坡中，由于搅拌桩的作用限制了边坡底部土体侧向位移，使其承载力显著增加，同时又有土钉抗弯作用，所以基底隆起值最小。

3）坡面水平位移

在试验过程中，不同类型试验边坡支护面顶部水平位移随时间变化规律如图80所示。由该图可知：在同一时刻，无支护边坡面水平位移量最大，普通土钉支护的居中，复合土钉支护的最小。并且随着时间延长，无支护边坡面水平位移增长最快，普通土钉支护的次之，复合土钉支护边坡的最缓。土钉和水泥土搅拌桩联合工作后，对减小坡面水平位移有明显作用。

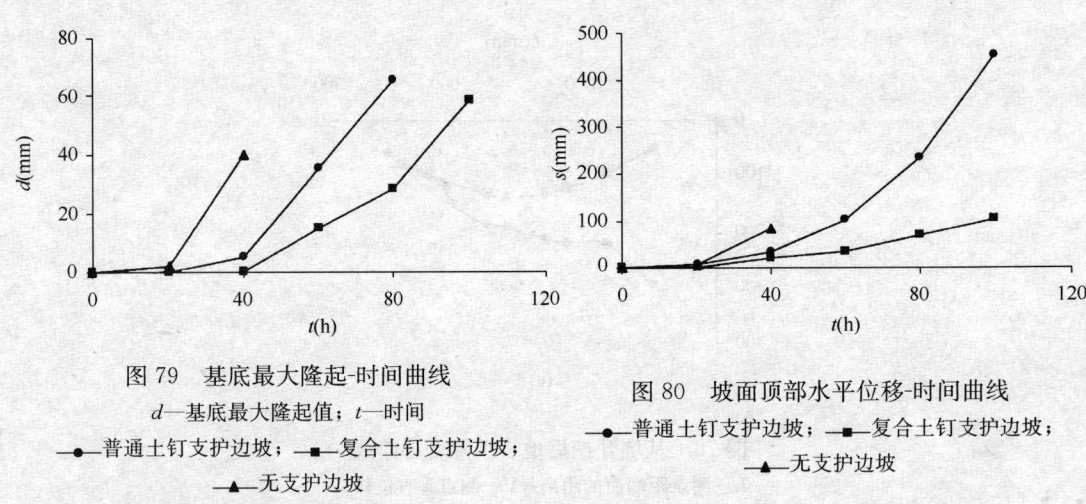

图79 基底最大隆起-时间曲线
d—基底最大隆起值；t—时间
——普通土钉支护边坡；——复合土钉支护边坡；
——无支护边坡

图80 坡面顶部水平位移-时间曲线
——普通土钉支护边坡；——复合土钉支护边坡；
——无支护边坡

4）边坡内土体水平位移

图81和图82分别是普通土钉支护边坡和复合土钉支护边坡土体开挖后各垂直断面变形曲线图。由此二图可知：

（1）每次开挖支护完毕后，基坑最大水平位移出现在支护面处，离支护面越远，土体水平位移量越小。

（2）在同一开挖时限内，普通土钉支护边坡和复合土钉支护边坡中，相同位置土体垂直断面水平位移衰减形式不同。

普通土钉支护边坡垂直断面上最大水平位移发生在地表处，随土体深度增加而减小。

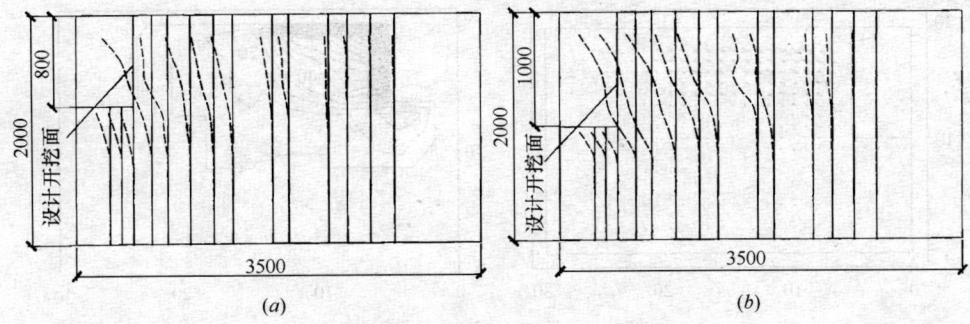

图 81 普通土钉支护边坡垂直断面变形分布（单位：mm）
┄┄垂直变形曲线；──开挖前的基准线
(a) 第四次开挖后；(b) 第五次开挖后

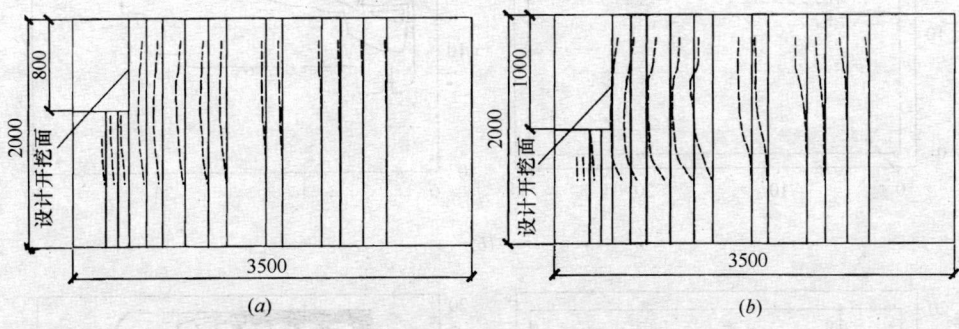

图 82 复合土钉支护边坡垂直断面变形分布（单位：mm）
┄┄垂直变形曲线；──开挖前的基准线
(a) 第四次开挖后；(b) 第五次开挖后

在土钉支护范围内衰减呈非线性，在土钉支护范围外衰减呈线性。这是土钉锚固作用的明显体现。复合土钉支护边坡，在支护范围内，每个垂直断面最大水平位移发生在基坑现有高度的中部偏下位置。随着土体深度增加，水平位移是先增加后减小，呈明显弓形，并且每个垂直断面最大水平位移点随该断面与支护面距离增加而逐渐靠近地表。在土钉支护范围外，每个垂直断面最大水平位移发生在地表处，且随土体深度增加而减小。

(3) 靠近支护面处垂直断面底部变形不同。复合土钉支护边坡的变形量大，普通支护边坡的变形量小。

5) 土体位移矢量

将普通土钉支护边坡和复合土钉支护边坡各测点位移矢量场示意图及其等值线绘制成图 83 和图 84。从位移矢量场中可以得到边坡内土体移动趋势，从等值线中可以比较位移量大小。

由图可知：

(1) 相同开挖深度基坑，参与支护工作土体范围不同。复合土钉支护边坡中参与工作土体范围较大，普通土钉支护边坡中参与工作土体范围较小。

(2) 复合土钉支护边坡与普通土钉支护边坡最大位移矢量模出现位置不同。普通土钉支护边坡中，模最大的位移矢量始终出现在支护面顶部内侧；复合土钉支护边坡中，模最

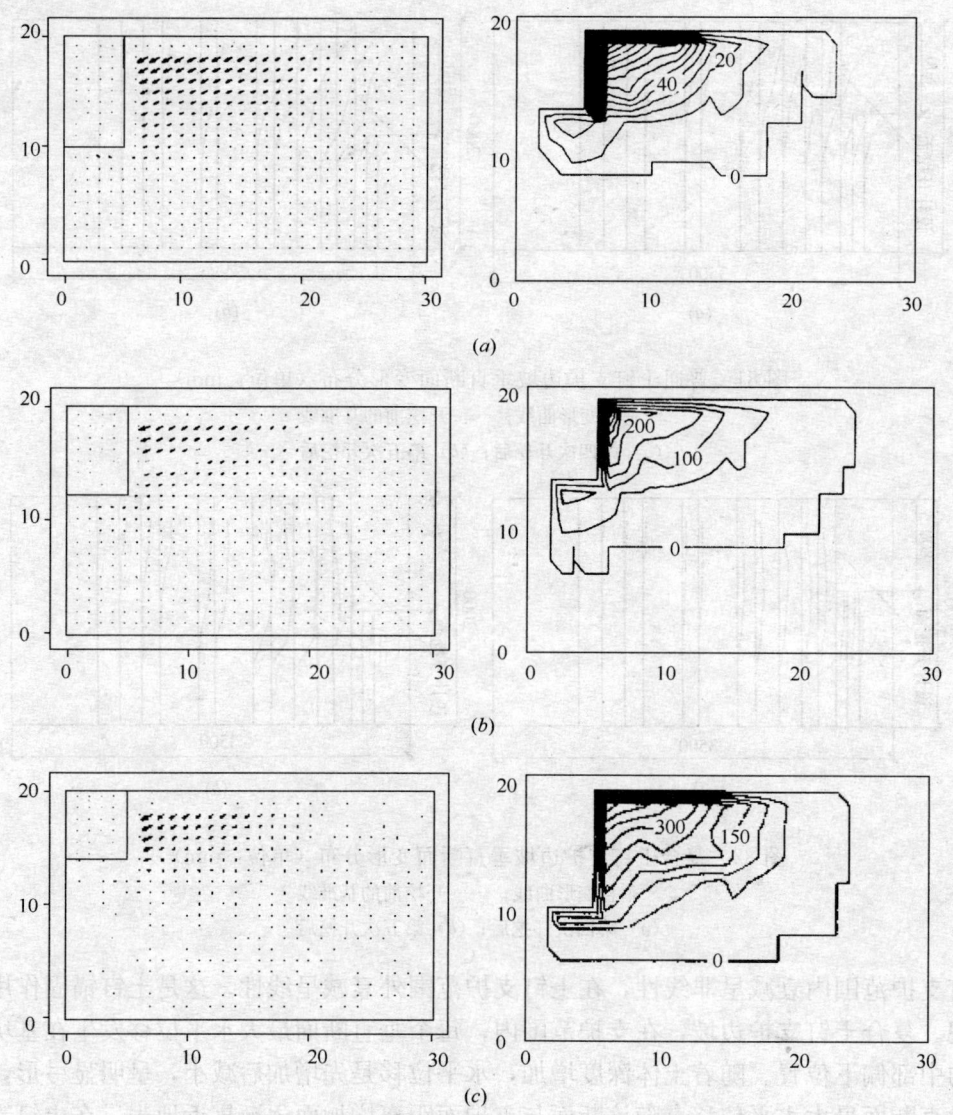

图 83 土钉支护边坡试验位移矢量场及等值曲线
(a) 第三次开挖；(b) 第四次开挖；(c) 第五次开挖

大的位移矢量出现在土体内部，与支护面有一定距离。另外，在基底处有模较大的位移矢量。

（3）测点位移矢量的矢量角沿水平方向变化趋势不同。普通土钉支护边坡中，水平方向每排测点位移矢量角变化不大，而复合土钉支护边坡中，该方向测点的位移矢量的矢量角变化较大，由支护面向后，矢量角逐渐增大，然后再减小。

（4）在水泥土搅拌桩处的基底下部，位移矢量发生突变，当基坑趋于破坏时，突变减小。这表明水泥土搅拌桩对减小基底隆起，控制土体滑移破坏及改变边坡破坏形式等方面起到了重要作用。

从以上对不同类型试验边坡的基底隆起、支护面水平位移、地表沉降和测点位移矢量的综合分析，可以发现，内部土体移动是基底隆起、支护面水平位移和地表沉降等具体外

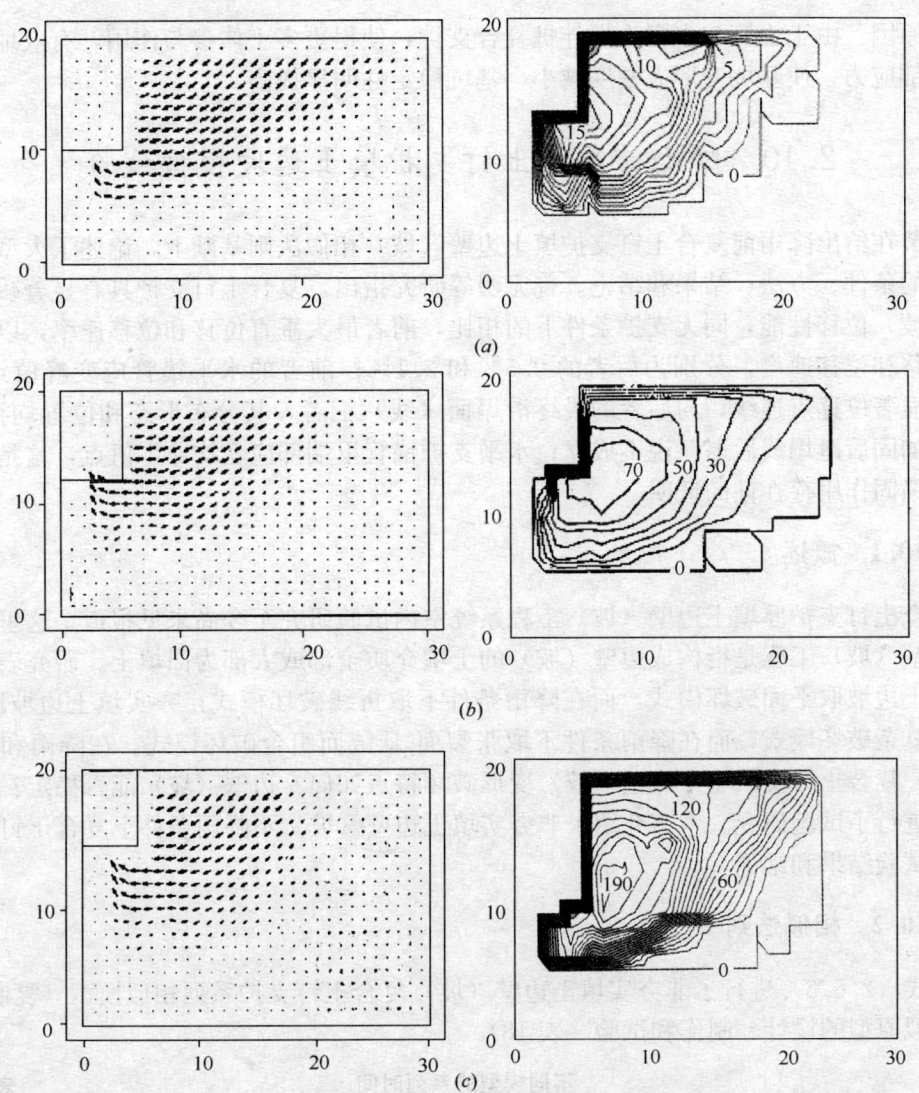

图 84 复合土钉支护边坡试验位移矢量场及等值曲线
(a) 第三次开挖；(b) 第四次开挖；(c) 第五次开挖

部现象的内在原因。

2.9.4 小结

1) 在相同条件下，无支护基坑边坡产生变形最大，普通土钉支护的次之，复合土钉支护的最小。由于土钉与水泥搅拌桩共同作用，显著地减小了基坑变形。

2) 与无支护基坑边坡和普通土钉支护基坑边坡相比，复合土钉支护基坑边坡变形具有不同的分布形态。在复合土钉支护基坑边坡中，沉降沿水平方向呈上凹曲线形分布，最大沉降出现在坡面后一定距离；水平位移沿深度呈弓形曲线分布，最大水平位移发生在基坑边壁中下部。

3) 基坑边坡内土体质点移动是基坑边坡地表沉降、水平位移和基底隆起等外部现象的内在原因。由于土钉与水泥土搅拌桩复合支护,使得更多土体参与作用,有效地分散了土体内部应力,使基坑变形大幅度减小,基坑稳定性明显提高。

2.10 降雨前复合土钉支护填土边坡模型试验

本节在给出降雨前复合土钉支护填土边壁(坡)相似法则基础上,论述了大型相似模型试验的条件、方法、结果和结论。曾宪明等研究指出,复合土钉支护具有显著减小填土边壁(坡)位移性能,同无支护条件下的相比,前者最大垂直位移和位移速率,以及最大水平位移和位移速率,分别为后者的0.5%和2.1%;前者的水平锚管应变峰值点连线、观测线显著位移点连线,与后者的最终滑塌面(线)三者,其分布形态和位置均很相近,说明"加固后滑塌线后退"说不成立;水平支护锚管里端部应变均非零值点,这是复合土钉支护锚固作用存在性的证明。

2.10.1 概述

复合土钉支护厚填土边壁(坡)工程系统室内试验研究至今尚未见报道。这里所谓回填土边壁(坡)工程是指构成边壁(坡)的土壤介质全部或大部为回填土。研究表明,非夯实填土边坡取平面破坏模式,而在降雨条件下取折线破坏模式;夯实填土边坡取平面-凸弧面复杂破坏模式,而在降雨条件下取张裂面-悬链面组合破坏模式。在降雨和不降雨条件下,复合土钉支护填土边壁(坡)变形破坏特点如何?边壁(坡)能否稳定?曾宪明等就此进行了试验研究。本节介绍了非夯实填土边壁(坡)不降雨条件下复合土钉支护工作性能试验结果和结论。

2.10.2 相似法则

据式(2.6.3)进行了非夯实填土边壁(坡)复合土钉支护系列相似模型(复制模型)与自模拟原型的设计、制作和试验(表18)。

不同模型的系列时间 表18

序号	l' (m)	t' (h)	序号	l' (m)	t' (h)
1	0.3	16.61	7	1.5	37.20
2	0.5	21.46	8	1.7	39.60
3	0.7	25.39	9	1.9	41.86
4	0.9	28.80	10	2.1	44.02
5	1.1	31.82	11	2.3	46.03
6	1.3	34.61	12	2.5 *	48.00

注:① * 为自模拟条件;
② $\sum_{1}^{12} t'(h) = 415.4h = 17.3d$。

2.10.3 相似模型试验方法

1) 试验设备

试验模型在大型试验箱（图48）内制作，试箱尺寸为315cm×60cm×250cm（长×宽×高）。试箱一侧是厚度为1cm的玻璃板，另一侧设了三道减摩措施。

2) 模型比例与支护参数

该试验的原型见本书2.4节。相似模型的比例为1:5.8。支护参数为：

水平锚管：直径为25mm，间距为200mm，长度为3100～1030 mm，壁厚为2.15～2.75mm。

垂直锚管：直径为9mm，间距为100mm，长度为2500 mm，壁厚为1mm。

钢筋网：钢筋网采用直径1.4mm、间距35mm的钢丝网制作。

面层：喷射混凝土厚度为17mm，强度为C20，配合比为：水泥：中砂：碎石≈1:2:2（重量比），外掺3%的8604型速凝剂。

注浆：水泥为32.5R普通硅酸盐水泥，净浆，水灰比为0.5，注浆压力为0.3～0.5MPa。

3) 测点布置

在试箱透明板内侧布置了五条位移观测线。观测线由彼此无连接约束的直径2mm、长度20mm的微型塑料管段构成，用于观测土体断面质点的变化规律。试箱一端为开挖面，由12块钢板（长×宽×厚＝60cm×20cm×0.2cm）构成。在每块钢板外侧面中心点处均贴有水平向应变片，用以测量开挖面在开挖过程中应变变化情况；在试箱上部地表一侧布置了位移速率测试板，可自动记录地表7个质点随动计变化轨迹（图48）。试验中着重对超前竖直锚管和水平支护锚管、钢筋网和面层混凝土受力变形进行了测试（图85、图86）。

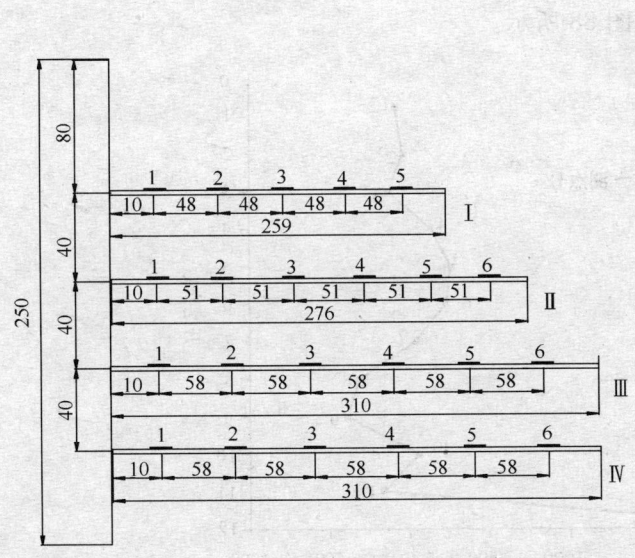

图85 土钉（水平支护锚管）测点布置（单位：cm）
图例：1～6为测点号

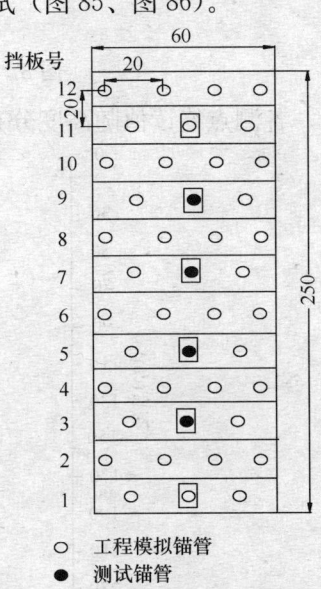

图86 试验箱立面（开挖端面）测点布置示意图

4) 试验程序

制模介质采用真实素填土（洛阳Q_2黄土），填筑前过筛，筛孔尺寸为2cm×2cm。试验时将黄土分层填入大型模型箱内后刮平，不夯实，每层厚度约为20～30cm。然后一次性置入超前竖直锚管（微型桩）支护，再自上而下逐层开挖（拆除挡板），逐层支护（铺设预制钢筋网、喷射混凝土、置入水平支护锚管并注浆；支护材料和工艺与实际工程相同，只是按几何比尺缩小）。

2.10.4 试验结果

挡板应变值随开挖变化曲线如图87所示。

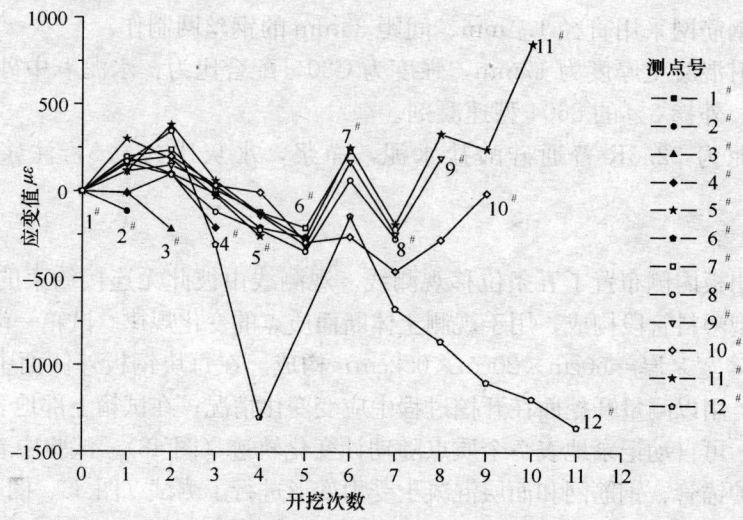

图87 实测挡板应变随开挖变化曲线（单位：cm）

各测点终读值随高度分布曲线如图88所示。

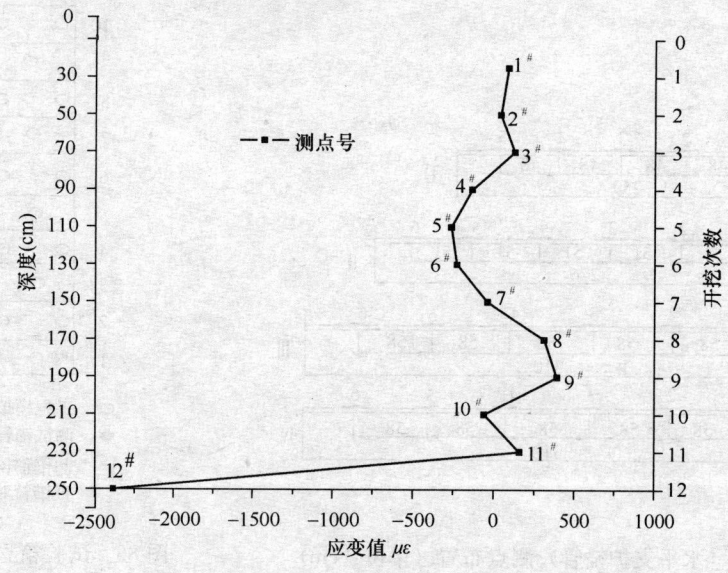

图88 挡板应变随高度分布曲线

在开挖支护过程中从透明板上记录的位移观测线变化轨迹如图89所示。

图89中虚线为位移观测线朝向开挖面最大水平位移点连线。与该连线相对应的无支

护条件下最终滑塌面示于图90。

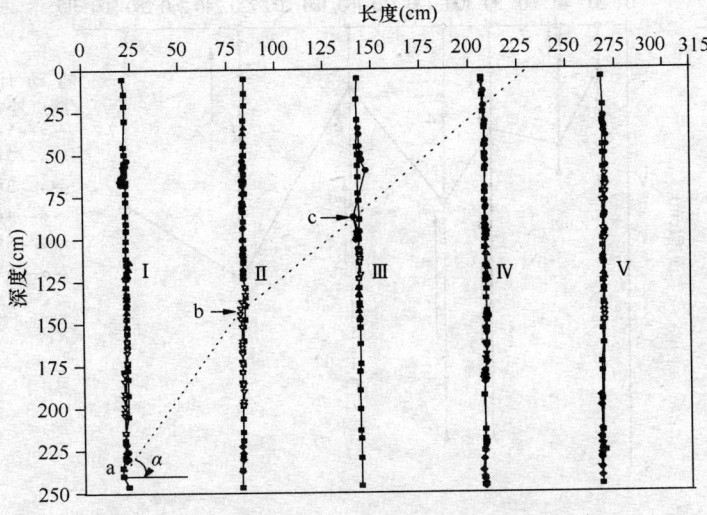

图89 位移观测线变化轨迹

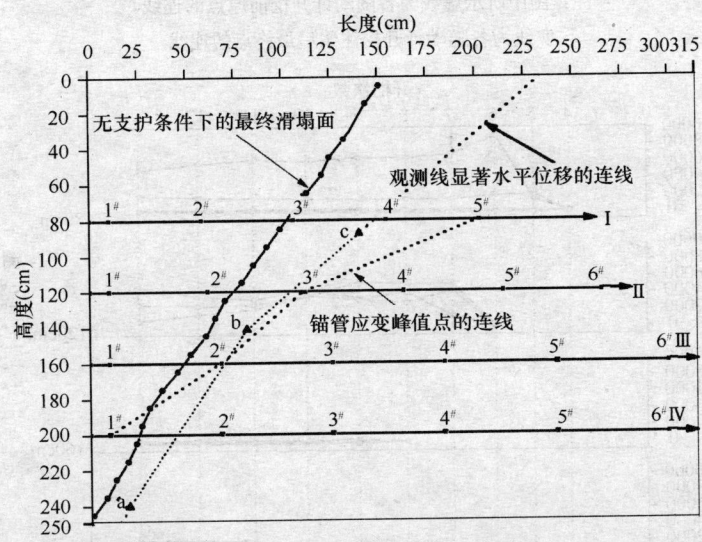

图90 潜在滑移面综合分析

位移观测线朝向开挖面的最大水平位移速率如表19所示。

位移观测线最大水平位移和位移速率   表19

观测线序号	最大水平位移（cm）	最大水平位移速率（cm·d^{-1}）
I	2.8	0.162
II	2.4	0.139
III	3.2	0.185
IV	0.7	0.04
V	0.7	0.04

在开挖支护过程中上表面质点随动计位移轨迹如图91所示。

1号~4号水平支护锚管应变随开挖支护变化曲线如图92所示。

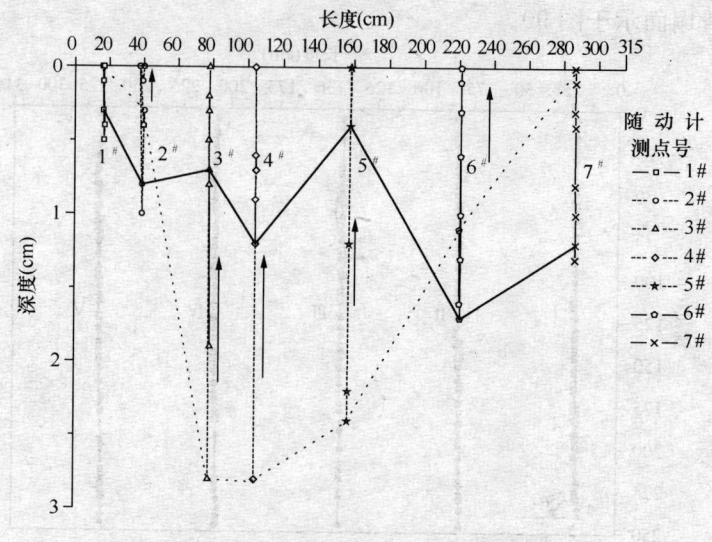

图91 质点随动计位移轨迹

注：图中所示虚线为各随动计开挖前原点的连线，
实线为各随动计开挖注浆后最终点的连线

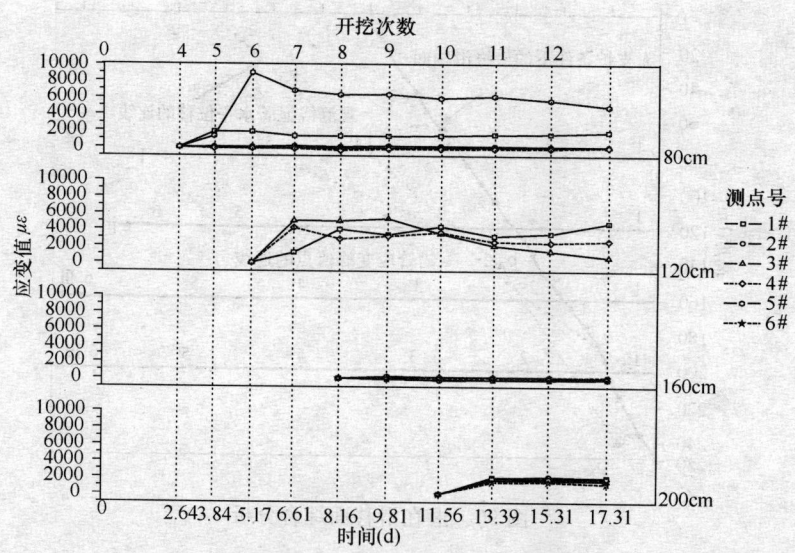

图92 水平锚管应变随开挖支护变化曲线

在分层开挖、支护过程中钢筋网应变分布曲线如图93所示。

在分层开挖、支护过程中面层应变分布曲线如图94所示。

在分层开挖、支护过程中超前竖直锚管应变分布曲线如图95所示。

2.10.5 试验结果分析

1) 挡板应变随开挖变化特性

（1）上部开挖对下部有明显影响。其规律为：总的应变值较小；曲线具有波动性；上部受压，中下部先拉后压再受拉；深度0~1.1m范围内变化幅度较小，1.1m以下逐步增

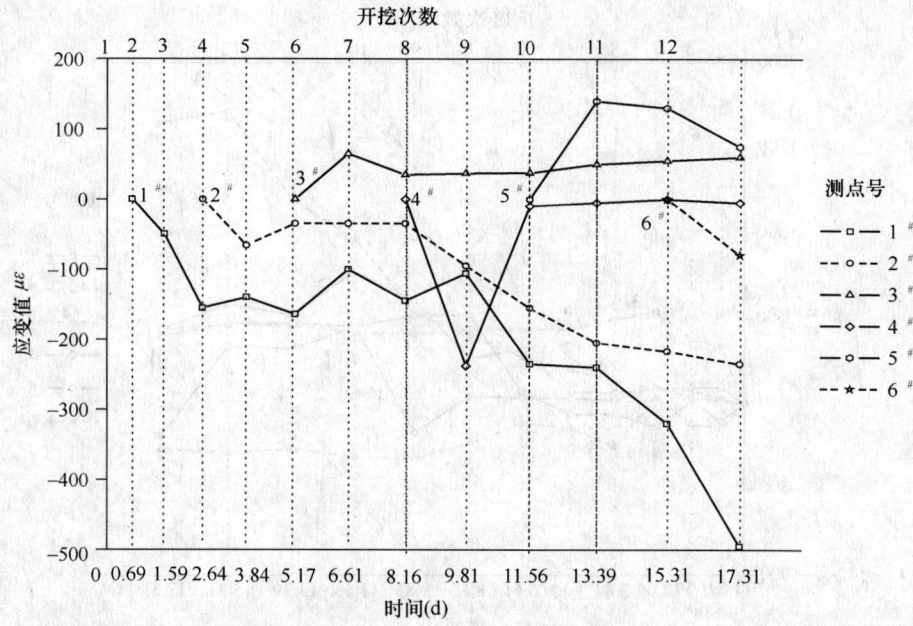

图 93 钢筋网应变随开挖支护变化曲线

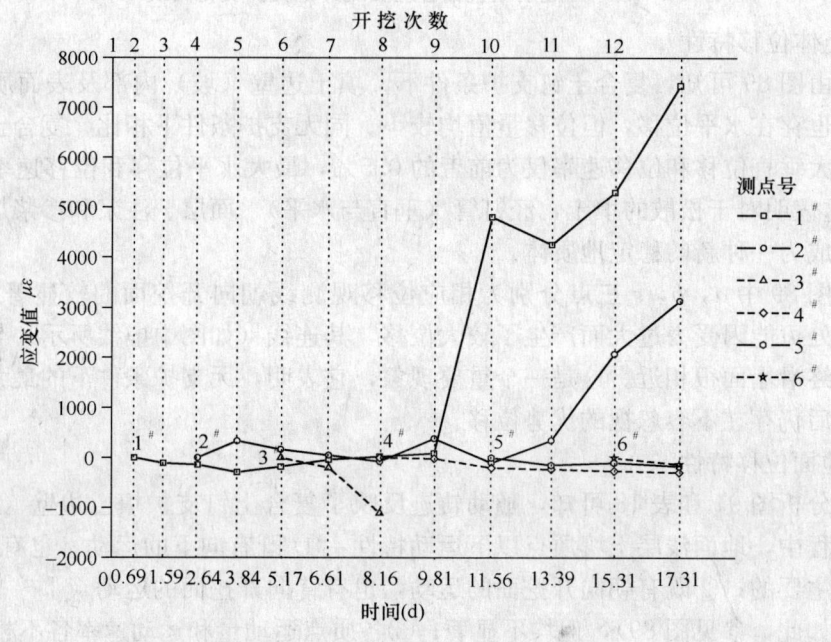

图 94 面层应变随开挖支护变化曲线

大,至 2.1~2.4m 深处的 11 号和 12 号测点绝对值均取得较大值。该部位恰好是无支护不降雨条件下最终滑移面的前沿部位。

(2) 第一次开挖在所有挡板应变测点读数调平至零条件下开始,各挡板最后一次读数则是在被拆除之后自然状态下测得,反映了试验条件下真实土压力对挡板作用效应。由图 88 可知,土体自上而下对挡板土压力分布特点就绝对值而言是:上部较小,中部较大,下部最大,与朗肯土压力分布形态相近;而在未开挖之前,试验条件也是相同的。

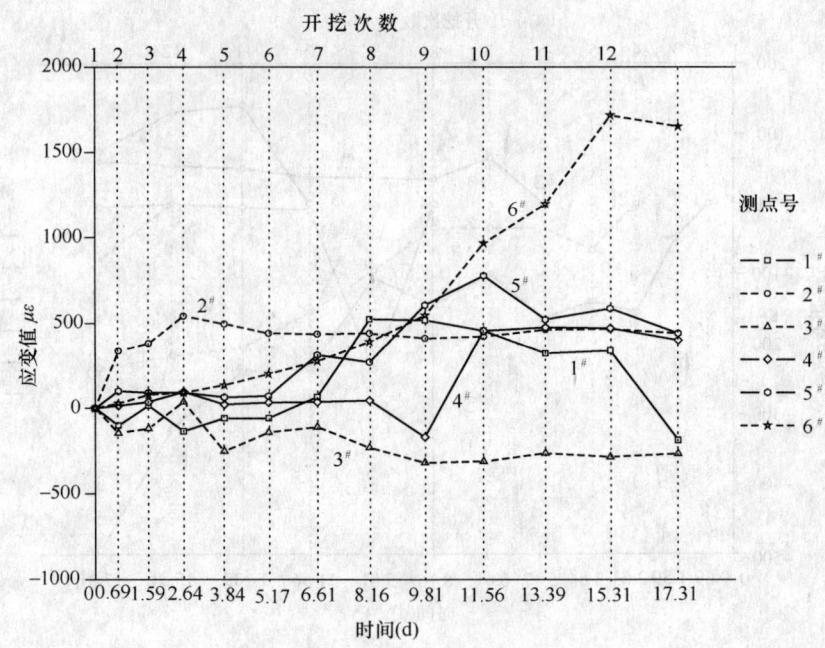

图 95 超前竖直锚管应变随开挖支护变化曲线

2) 土体位移特性

(1) 由图 89 可知，复合土钉支护条件下，填土边壁（坡）内部及表面质点既存在垂直沉降，也存在水平位移，但位移量值均较小。同无支护条件下相比，复合土钉支护条件下土体最大垂直位移和位移速率仅为前者的 0.5%，最大水平位移和位移速率仅为前者的 2.1%。这表明对于松散的填土，经钉管（垂直与水平）、面层、注浆和渗浆加固之后，在整体上已成为一种新的稳定地质体。

(2) 图 89 中 a, b, c 三点分别为相应位移观测线朝向开挖面的较显著水平位移点。在这些点处可能因受力过大而产生了较大位移，其连线（如图中虚线所示）与无支护不降雨时的最终滑塌面很相近。这是一个重要现象，它表明，无支护条件下的最大滑移面，经土钉支护后仍存在不容忽视的优势位移。

3) 地面位移特性

(1) 分析图 91 和表 18 可知，随动轨迹反映了复合土钉支护填土边壁（坡）在开挖、支护全过程中，地面浅层土壤质点以下运动特性：① 既有向下的运动，也有向上的运动，且前者是主要的；② 既有朝向开挖面的运动，也有背向开挖面的运动（Ⅰ～Ⅴ号观测线测试结果亦如此，参见图 89），但均不显著；③ 各质点运动量和运动速率各不相同（表 19），但差异不大；④ 质点垂直运动与水平运动相比，前者是主要的。

(2) 质点运动方向不同，受控于不同运动机制。向下运动主要是重力作用结果，条件是邻近存在适度空穴。向上运动是注浆时浆液渗透、挤压结果。朝向和背向开挖面的质点运动机制为：① 开挖效应；② 端面效应；③ 质点在下沉过程中随机进入四周邻近空穴而出现的水平位移分量。

4) 土钉（水平支护锚管）受力变形特性

(1) 图 92 为四根测试锚管应变随开挖支护的变化曲线，其特点为：边壁中上部锚管应变值较大，下部较小；应变值随开挖次数和时间增加而增大，并逐步趋于稳定。这表明边壁（坡）中上部土钉比下部土钉所承受的土体拉应力更大。

（2）1～4号锚管受力变形有一显著特点，即从零点开始随开挖逐步增加，然后趋于某个非零的常数值。而不是呈通常的"弓"形分布形态。可以认为，此常数值是复合土钉支护中锚管的锚固作用的存在性证明。

（3）将四根锚管应变峰值点连线、观测线显著水平位移值点连线，以及无支护条件下填土边壁全断面开挖后形成最终滑塌面（线）统一绘于图90中。由该图显见，它们具有大体相近的位置和形态，尽管没有重合（其中存在各种难以完全避免的量测误差），也不能认为这是一种巧合。这意味着在无支护的滑塌面部位或附近，复合土钉支护后仍存在显著受力变形。这是对"加固后滑塌面后退"说的反证。

5）钢筋网及面层受力变形特性

（1）由图93和图94可知，钢筋网应变和喷层应变测点位置是相对应的，分布规律亦大体相同，即：就绝对值而言，上部应变最大，中部次之，下部最小。这种分布形态与水平设置的锚管受力变形特点也是一致的，是稳定态。

（2）钢筋网应变和喷层应变曲线一般都随开挖而发生波动，其值或增加或减少，这是由于不断开挖所引起应力变化和调整的结果。

6）超前竖直锚管受力变形特性

（1）由图95知，超前竖直锚管应变分布规律为：①上部应变值较小，中部较大，下部最大；②随开挖深度增大而增加或趋于稳定；③除2号、3号点外，均是由负应变值逐步过渡到正应变值，即由受压状态过渡到受拉状态。应变测试值的正负差异，主要是竖直锚管测点与水平锚管焊接点的不同距离差异造成的，可取绝对值来理解和分析。

（2）超前竖直锚管（微型桩）受力条件较为复杂。总的说来，与挡板应变分布特点相近。超前锚管与挡板的差异在于：开挖前，有挡板挡住，开挖后，同支护结构有连接。超前竖直锚管既受侧压力显著影响，又与边壁连同支护结构整体位移特性有关。在试验条件下，超前竖直锚管是必不可少的，舍此，直立边壁将难以形成。

2.10.6 小结

1）上部开挖对下部有明显影响，曲线具有规律波动性，且在壁脚部位附近受力最大。

2）挡板土压力呈上小下大的直角三角形分布。这与朗肯土压力分布形态相近（试验条件亦相近）。

3）复合土钉支护具有显著减小填土边壁（坡）位移性能，同无支护条件下相比，前者最大垂直位移和位移速率，以及最大水平位移和位移速率，分别为后者的0.5%和2.1%。

4）复合土钉支护条件下水平锚管应变峰值点连线、观测线显著水平位移点连线与无支护条件下最终滑塌面（线）三者，其分布形态和位置均很相近，表明"加固后滑塌面后退"说不成立。

5）复合土钉支护过程中，地面土壤质点群可产生向任意方向的运动，它们受控于不同运动机制。

6）水平支护锚管里端部应变值均非零值点。这是复合土钉支护锚固作用存在性的证明。

7) 超前竖直锚管应变分布特征，与实测挡板应变，以及库仑和朗肯土压力分布形态相近；在试验条件下，锚管是必不可少的。

8) 采用复合土钉支护厚填土边壁（坡）是可行的。

2.11 降雨条件下复合土钉支护受力变形特性测试

2.11.1 概述

本节在依据相似模型的相似法则、完成填土边壁（坡）破坏模式及土钉支护机理的试验基础上，进行了持续降雨及强降雨条件下复合土钉支护受力变形特性试验研究。曾宪明等研究指出：施作地面混凝土封闭层及超前竖直锚管，是复合土钉支护填土边壁（坡）必不可少工序之一；填土颗粒经渗透雨水作用后，具有取得最小势能趋向，即具有流动性，表明刚体转动假设不适用于此类介质边壁（坡）稳定性分析；渗水速率增量临界点是控制雨致滑坡关键，其值为15.5cm/d。当达到此临界值时，地表将发生显著沉降，边坡将发生滑塌。

2.11.2 试验原理

该试验是以长沙某公寓永久性护壁工程为原型，通过相似法则建立相应模型，并采用室内大比例尺试验箱来进行复合土钉支护机理试验研究。业已建立并证明的填土介质相似模型试验相似法则为 $t/t'=\sqrt{l/l'}$。式中，t、l 分别为原型的时间与长度；t'、l' 分别为模型的时间与长度。据此进行了填土边壁（坡）土钉支护系列相似模型与自模拟原型的设计和制作（表20），在此基础上进行了降雨条件下复合土钉支护受力变形特性试验。

因原型高度为14.5m，模型最大高度为2.5m，故比例尺为2.5/14.5=1/5.8。根据相似法则按此比例并结合试验实际情况设计模型试验的系列时间如表20所示。

模型的系列时间   表20

序号	1	2	3	4	5	6	7	8	9	10	11	12	备注
l' (m)	0.3	0.5	0.7	0.9	1.1	1.3	1.5	1.7	1.9	2.1	2.3	2.5*	1. *为自模拟条件； 2. $\sum_{1}^{12} t' = 415.4h = 17.3d$
t' (h)	16.61	21.46	25.39	28.8	31.82	34.61	37.2	39.6	41.86	44.02	46.03	48	

2.11.3 试验方法

1) 试验设备

试验模型拟在大型试验箱（图48）内制作，试箱尺寸为315cm×60cm×250cm（长×宽×高）。试箱一侧是厚度为1cm的玻璃板，用于观察试箱内土体变化。试箱另一侧设了三道减摩措施。拆卸式降雨装置设于试箱上部（图56）。

2) 测点布置

在试箱透明板内侧布置了五条位移观测线。观测线由彼此无连接约束的直径为2mm、长度为20mm的微型塑料管段构成，用于观测土体断面质点变化规律。试箱一端为开挖面，由12块钢板（大多为长×宽×厚=60cm×20cm×0.2cm）构成。在每块钢板外侧面中心点处均贴有应变片，用以测量开挖面在开挖过程中应变变化情况。在试箱与降雨装置之间地表一侧上部布置了位移速率测试板，可自动记录地表7个质点随动计的变化轨迹（图48）。此外，利用透明板，对渗水和沉降特性进行了观测。

试验中选取4根土钉（测试锚管），分别布置在第四、六、八和十层的中间部位。每根测试锚管上布置5～6个应变测点（如图85所示）。在试验箱坡顶处布置了一排超前竖直锚管（微型桩），取中间锚管为测试锚管，管体外侧从上至下共布置六个应变测点。

面层钢筋网应变片设置方法为：先在长约10cm的冷拔钢筋段上粘贴应变片，贴好后将其绑在钢筋网上，共设6个应变测点，从上至下均匀布置。面层应变测点采用应变砖测量，即先用水泥砂浆制成长×宽×厚=50mm×25mm×6mm的试块，接着养护、打磨、粘贴应变片、作防潮处理，并在喷射混凝土面层之前将其置于预定位置。应变砖测点共6个，从上至下均匀布置。其位置与钢筋网应变片相对应（如图86所示）。

模型的土钉支护参数 表21

土钉序号	长度（mm）	间距（mm）	型号	根数
竖直锚管*	2500	100	$\phi 9mm\delta 1mm$	7
第一排	1030	200	$\phi 25mm\delta 2.15mm$	4
第二排	3100	200	$\phi 25mm\delta 2.75mm$	3
第三排	2070	200	$\phi 25mm\delta 2.15mm$	4
第四排*	2590	200	$\phi 25mm\delta 2.15mm$	3
第五排	3100	200	$\phi 25mm\delta 2.75mm$	4
第六排*	2760	200	$\phi 25mm\delta 2.75mm$	3
第七排	3100	200	$\phi 25mm\delta 2.40mm$	4
第八排*	3100	200	$\phi 25mm\delta 2.40mm$	3
第九排	3100	200	$\phi 25mm\delta 2.40mm$	4
第十排*	3100	200	$\phi 25mm\delta 2.40mm$	3
第十一排	3100	200	$\phi 25mm\delta 2.40mm$	4
第十二排	3100	200	$\phi 25mm\delta 2.40mm$	3

注：带*的为测试锚管。

3）试验方法

模型试验介质采用真实素填土（洛阳 Q_2 黄土），填筑前晾晒并过筛，筛孔尺寸为2cm×2cm。试验时将黄土分层填入后抹平，每层厚约20cm。在填土过程中不作夯实处理，使黄土呈自然堆填状态。

试验时严格按表22给定时间间隔控制自上而下的开挖，并及时进行复合土钉支护。在此基础上进行7d持续降雨和2h强降雨。在降雨期间对各测点应变值进行量测，观测并记录渗水线、位移观测线及质点随动计变化。分次降雨时间及降雨量如表22所示。

分次降雨时间及降雨 表22

日期	7.20		7.21		7.22		7.23		7.24		7.25		7.26		7.27
降雨次数	1	2	3	4	5	6	7	8	9	10	11	12	13	14	15
降雨时间	9:00	16:00	9:00	16:00	9:00	16:00	9:00	16:00	9:00	16:00	9:00	16:00	9:00	16:00	9:00
降雨量（mm/d）	37	45	37	45	37	45	37	45	37	45	37	45	37	45	72 (mm/h)

实测位移观测线最大位移及最大位移速率　　　　　表 23

类　别	Ⅰ		Ⅱ		Ⅲ	Ⅳ	Ⅴ
	+a	−a	+b	−b	−c	−d	−e
最大水平位移（cm）	2.2	−3.3	1.6	−1.8	−3.5	−2.3	2
最大水平位移速率（cm/d）	0.275	−0.413	0.2	−0.225	−0.438	−0.288	−0.25
最大垂直位移（cm）	7		12.6		14	22	22.4
最大垂直位移速率（cm/d）	0.875		1.575		1.75	2.75	2.8

注：朝向开挖面方向为正，反之为负。

2.11.4　试验结果

在降雨过程中，从透明板上记录的逐日渗水曲线如图 96 所示。

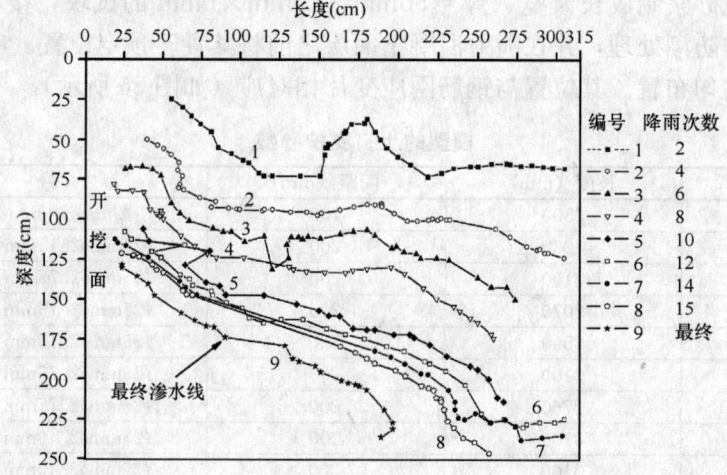

图 96　复合土钉支护及地面封闭条件下渗水线分布形态

在降雨过程中，位移观测线变化轨迹如图 97 所示。

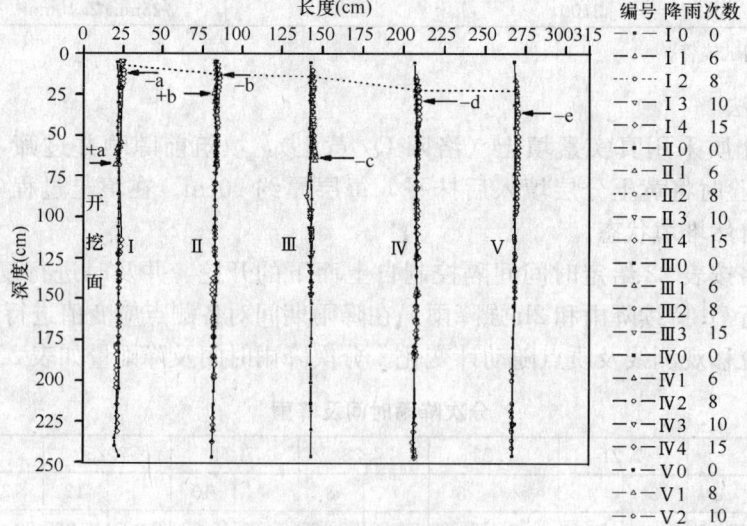

图 97　位移观测线变化轨迹

注：图中箭头所示 a~e 点为最大水平位移点，虚线为各观测线最终沉降点连线

各条观测线最大位移及最大位移速率实测值列于表23。
降雨后地表质点随动计位移轨迹如图98所示。

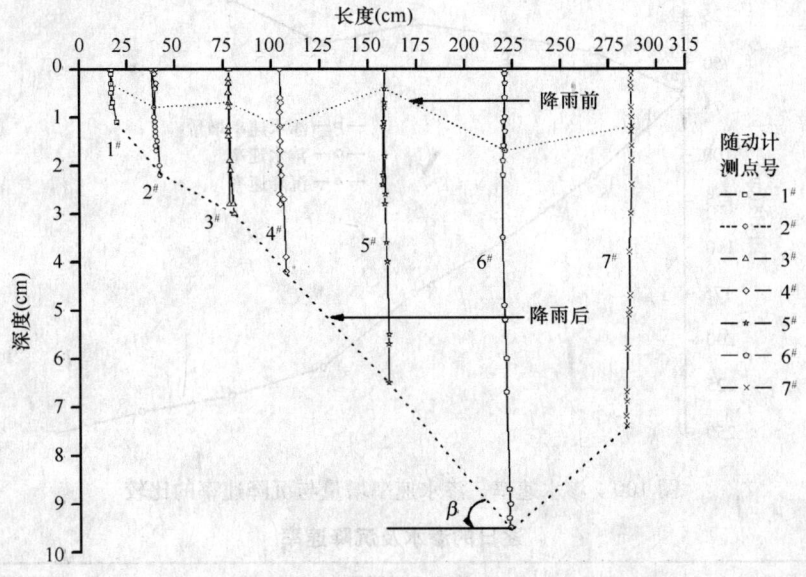

图98 降雨过程中地面质点随动计位移轨迹

降雨过程中，从透明板上观察记录的土体不均匀沉降曲线如图99所示。

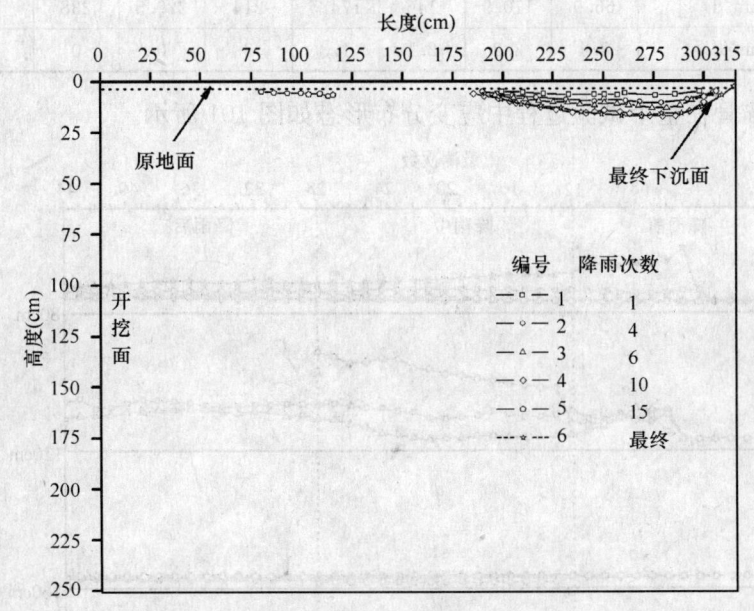

图99 降雨过程中地面沉降曲线变化特性

取试箱后部（约275cm处）的渗水速率、渗水速率增量与沉降速率（均为最大速率）作比较如图100所示。

试箱后部（约275cm处）的渗水速率、渗水速率增量及沉降速率值见表24。

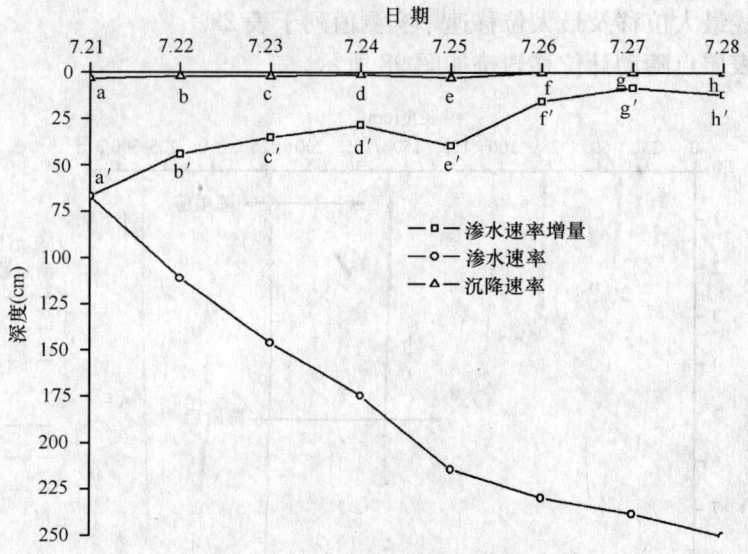

图100 渗水速率、渗水速率增量与沉降速率的比较

逐日的渗水及沉降速率 表24

降雨类型	连续7天降雨（82mm/d）							强降雨（72mm/h）
降雨日期	7.21	7.22	7.23	7.24	7.25	7.26	7.27	7.28
渗水速率增量（mm/d）	66.9	44	35.1	28.5	39.5	15.5	8.5	12
渗水速率（mm/d）	66.9	110.9	146	174.5	214	229.5	238	250
沉降速率（mm/d）	3.4	2.2	2.1	1.3	3	0	0	0

四根测试锚管在整个试验过程中应变分布形态如图101所示。

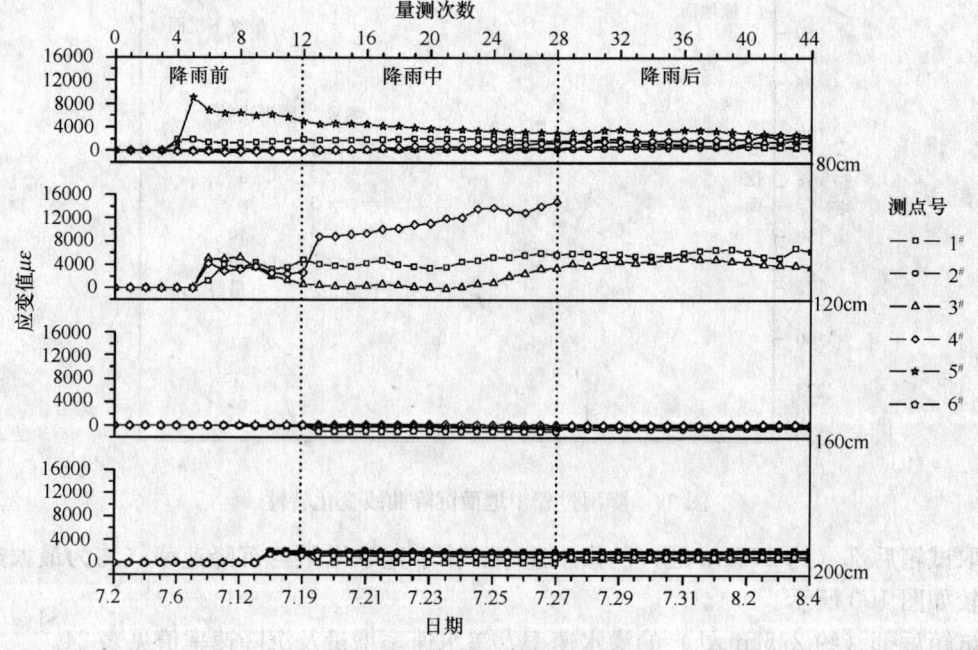

图101 四根测试锚管应变曲线

试验过程中,钢筋网应变随时间变化曲线如图102所示。

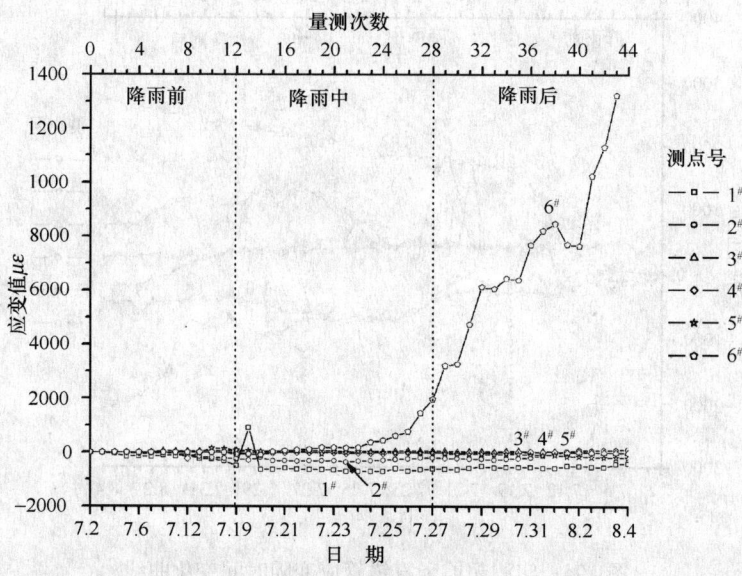

图 102 实测钢筋网应变随时间变化曲线

试验过程中,面层应变随时间变化曲线如图103所示。

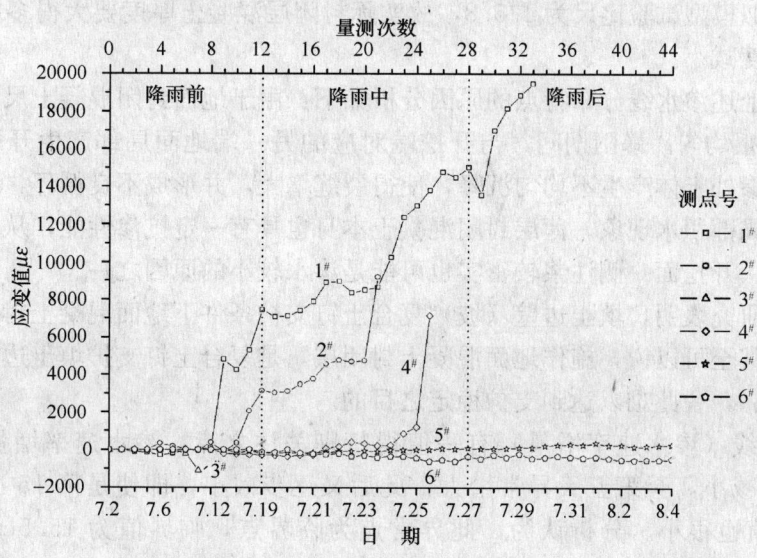

图 103 实测面层应变随时间变化曲线

试验过程中,超前竖直锚管（微型桩）应变随时间变化曲线如图104所示。

2.11.5 试验结果分析

1）复合土钉支护填土边壁渗水特性

(1) 由图96可见,复合土钉支护及地面封闭条件下,渗水线分布特点为:①开挖面一端渗水量和渗水速率均较小（约为16.3cm/d）,而相对应的另一端渗水量及渗水速率均

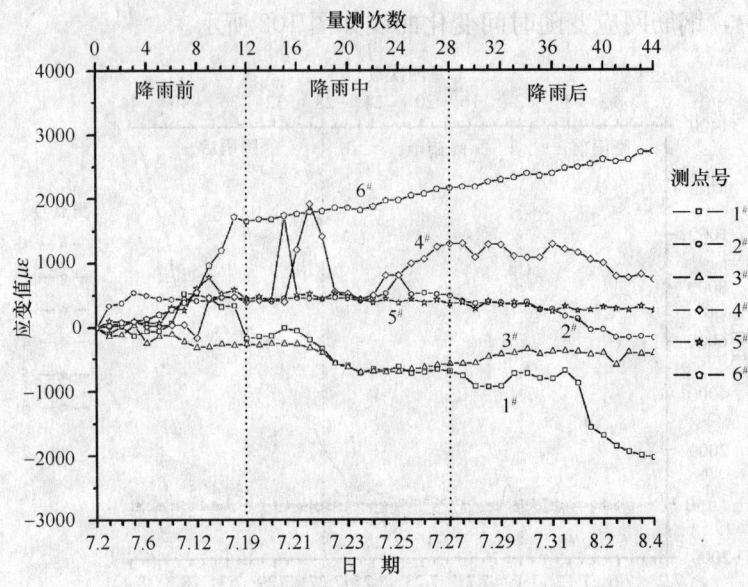

图104 实测超前竖直锚管应变随时间变化曲线

较大（约为31.3cm/d）。②渗水线是起伏、非均匀而连续的，其最大、最小渗水速率分别为无支护条件下的63%和42%。

(2) 该相似模型试验比尺为1/5.8，故实际封闭层混凝土厚度要大得多，因此其渗水速率将会大幅度减小。

(3) 造成上述渗水线分布特点的原因分析如下：由于地面封闭混凝土尺寸较小（约为3cm），且不是很均匀。暴雨期间，与开挖端对应的另一端地面局部产生开裂，部分雨水下渗；雨水下渗处土体产生不均匀沉降，使得裂缝增大，并形成不良循环，致使该处地面低洼，并发生局部积水现象。薄层封闭混凝土本身也具有一定抗渗性能，从而导致上述现象发生。此外，开挖面一侧注浆较密实也可能是渗水较小的原因之一。

(4) 试验研究表明，填土边壁（坡）复合土钉支护条件下地面混凝土封闭层的施作是至关重要的。甚至可以说，施作地面混凝土封闭层，是复合土钉支护填土边壁（坡）必不可少的工序之一，舍此难以达到支护稳定之目的。

(5) 渗水线（渗水速率增量）有一值得特别关注之点：渗水速率增量值第一天最大，此后逐步减小，至第五天异常增大，此后又逐步减小，即使是第15次降雨（为强降雨），增量值也很小。分析认为，此异常点为临界点，临界值为15.5cm/d。如无支护，此时边坡将失稳。由图96所示渗水曲线规律可见，边壁（坡）沉降变形与强降雨无关。

2) 降雨条件下位移观测线特性

(1) 由图97和表23可见，降雨条件下位移观测线具有以下特点：①由于部分雨水渗入，垂直沉降量及沉降速率比不降雨条件下的大，并且不均匀；最大沉降发生在背向开挖面一端，这一结果与渗水线变化结果完全一致；②存在较小水平位移，位移朝向或背向开挖面一端，后者是背向开挖面一端地表出现如上节所述洼地后，引起浅层土体产生倾向该洼地的位移所致；在地表封闭层具有足够厚度时，则是可以避免的。朝向开挖面一侧水平位移值得特别关注。

(2) 降雨条件下无论是垂直和水平位移，以及相应的位移速率，除上述洼地部位外，总的说来较小，同无封闭自然状态（无支护降雨条件）下相比，平均垂直位移为 0.26 倍，平均水平位移为 0.38 倍，平均位移速率为 0.38 倍（水平）和 0.26 倍（垂直）。这表明复合土钉支护填土边壁（坡）地表封闭构造措施是极为重要的，它可看作是复合土钉支护的重要组成部分之一，舍此，其他支护措施将难以发挥作用。

(3) 最终沉降点连线显示了连续降雨和强降雨所致洼地的存在，但并非完全反映，因为洼地处于两侧壁之间，也在第Ⅳ和Ⅴ号观测线之间。

(4) 表 23 显示，观测线最大水平位移为负值，即最大水平位移发生在背向开挖面一侧，是受洼地积水沉降影响所致。这一事实表明：土钉支护是稳定和可靠的，由开挖所引起边壁（坡）变形不是很大，而有效封闭地表是极为重要的。

3) 地面质点随动位移特性

(1) 图 98 所示降雨过程中地面质点随动计位移轨迹具有以下特点：①具有不均匀沉降，开挖面一端较小，另一端较大，该部位恰位于地面低洼处。②具有一定水平位移，其方向指向低洼处，水平位移量值较观测线的大，在低洼处要大得多。

(2) 原因如下：①不均匀渗漏水引起地面不均匀沉陷，进而导致与开挖面相对应一端地表出现低洼部位（最深处位于 2.5～2.75m 处），这是质点水平位移为负值的直接原因，也是该部位附近垂直沉降量最大的直接原因。②质点随动计测位移量值大于观测线位移量值是因为，前者位于地表中心线上，后者则位于侧壁处，即前者靠近低洼处，后者远离低洼处。不过二者终值点连线的形态是相近的。

(3) 随动计测位移轨迹的终值点的连线近似为一条直线，其倾角 $\beta \approx 10°$。无支护条件下（不降雨）滑动面倾角 $\alpha \approx 55°$。β 与 α 的差值即是复合土钉及其注浆对土体加固改性作用的体现。

(4) 洼地最深处位于距开挖端 2.5～2.75m 范围内。图 98 显示，所有随动计测点，均具有向该部位移动的趋势和痕迹，且越靠近该部位总位移量越大，反之越小，表明土壤质点具有取得最小势能趋向，即具有流动性。刚体转动假设是一般土坡条分法分析的基础，填土边壁（坡）介质的流动性，表明刚体转动假设在此是不适用的。

4) 土体沉降特性

(1) 图 99 表明，地面沉降是逐次发生的，当出现低洼部位后，由于积水渗入而形成不良循环。

(2) 地面沉降的发生是局部的，主要产生于模型后端地表。这一结果与地面质点随动计及透明板上观测线测试结果完全吻合。

(3) 图中曲线 6 是由于沉降而出现的低洼部位（最深处）的断面线。曲线 1～5 则是在透明板上的观测结果。二者有差异的原因是相对于沉降部位它们的空间位置不同。

(4) 沉降的发生以及沉降曲线分布特征进一步表明地面封闭是至关重要的。

(5) 试验条件（地面封闭层很薄）下，发生地面局部沉降是难免的。即便如此，它对边壁整体稳定性影响仍然是微小的。

5) 沉降速率与渗水速率、渗水速率增量比较

(1) 一般认为，沉降与渗水有关，沉降速率与渗水速率有关。究竟有无关系，关系有

多大？在本次试验中，通过测试，对该问题作了探讨。

（2）渗水速率是指单位时间内水从渗漏点下渗所经历的路程。沉降速率是指单位时间内土体从沉降起始点下沉所经历的路程。测试结果表明，沉降速率曲线呈波动状态，而渗水速率曲线则是单调增加的（见图100）。这意味着沉降速率与渗水速率无关。

（3）研究表明，沉降速率与渗水速率增量有关。渗水速率增量定义为末渗水速率与初渗水速率之差，即 $\Delta V = V_{末} - V_{初}$。由图100显见，渗水速率增量 ΔV 与沉降速率密切相关。图中 $a \sim h$ 与 $a' \sim h'$ 各点几乎是完全对应的，即 ΔV 值较大时，沉降速率也大，反之亦然。特别有趣的是，在 ΔV 值不大于15.5mm/d时，沉降速率均为零。这可看作该试验条件下沉降位移的临界值。在实际工程中，控制此临界值是十分重要的。

（4）7d连续降雨后的强降雨条件下，虽然渗水速率取得了250mm/d的最大值，ΔV 取得12mm/d的最小值，但沉降速率则为零。这不仅说明沉降速率与渗水速率无关，而且也说明边壁（坡）稳定与连续降雨和强降雨无关，而是受控于渗水速率增量及其临界值。

（5）由表24可见，第一天降雨，渗水速率增量 ΔV_1 与沉降速率均取得最大值，此后三天均连续减小，至第五天，二者均突然异常增大，次后二天连续降雨及7月28日2h强降雨，ΔV 值均维持在一个较低水平，而沉降速率则为零。上述第五天发生的渗水速率增量和沉降速率均突然异常增大的点即是一个临界值点。在该临界值点上，地基将发生显著沉降，边坡将发生滑塌。因此，边壁滑塌不在于降雨类型是连续降雨、强降雨，还是连续降雨后的强降雨，而在于渗水速率增量的临界值点。无论是哪种降雨形式，均有可能产生渗水速率增量的临界值点，只要产生了这个点，任一种降雨条件均会产生滑塌。这就揭示出了为什么各种条件下均有大量边坡滑塌事实的本质。只要不产生这个点，上述任一种降雨条件均不会发生滑塌，这也解释了在上述各种降雨条件下还有更多边坡事实上并未发生滑塌的本质原因。即使不存在上述三种降雨条件，水致边壁（坡）滑塌照样会发生，并且已大量地发生了。这就是地下饮用水管道、地下污水管道、蓄水池、水库、江河堤坝等渗漏水造成的各类工程失稳破坏。这些工程的破坏与否，也均与渗水速率增量有关。上述各类工程，几乎没有不渗水的，几乎都存在并能测取其渗水速率增量，但并非都产生了失稳破坏。

6）测试锚管应变特性

由图101可看出，降雨条件下及降雨后锚管应变具有以下规律：

（1）除Ⅱ号锚管的4#点外，四根锚管的其余20个测点的应变曲线在降雨中均不甚敏感，并逐步趋于稳定。表明在土钉、面层、以及地面封闭层施作之后，即使连续降雨和强降雨，边壁（坡）稳定性基本不受大的影响。Ⅱ号锚管的4#点在7月27日的第15次强降雨后完全无反应，可作为异常点予以排除。

（2）Ⅰ号锚管的峰值应变在9000～2000$\mu\varepsilon$数量级，Ⅱ号锚管在6000～3000$\mu\varepsilon$数量级，Ⅲ号锚管在1000～300$\mu\varepsilon$数量级，Ⅳ号锚管在2000～1500$\mu\varepsilon$数量级，显示出边壁上部第Ⅰ根锚管应变峰值最大，第Ⅱ、Ⅳ根次之，第Ⅲ根最小。第Ⅰ根锚管位于地面下80cm处，恰在69.7cm至89.2cm范围内，相应面层产生了三条宽约为1mm，最长约为55mm的裂缝。这表明，该部位受力确实很大，同时也证实Ⅱ号管的4#测点（测值

$15000\mu\varepsilon$）确为奇异点。

（3）在降雨后各条曲线基本与横坐标平行，即应变值随时间延长不再增加，表明边壁（坡）已经稳定，并且多数稳定在应变值较高水平。

（4）特别是位于Ⅰ~Ⅳ号锚管里端或靠近里端的点的微应变值，一般也保持了3000~1000$\mu\varepsilon$的水平，而不是零值。这是锚管锚固作用存在性的证明，这一点具有特别重要的意义，它是土钉支护法区别于土钉墙法的根本点之一。在土钉墙法中，土钉受力形态为"弓形"，而弓的两端均为零值点。

7）钢筋网应变特性

由图102可见，钢筋网的1~5号测点在降雨期间略有增加，在此后观测期间变化比较平稳，表明钢筋网受力变形不是很大。这可能与"井"形架刚度比钢筋网大得多，测点大多位于"井"形架附近有关。只有第6号测点应变值有逐步增大趋势，即使在观测期间，其应变值也是逐步增大的。这种现象也很异常，很有可能是因为钢筋网上应变片在雨水浸泡下因绝缘度降低而失去作用，不能真实反映钢筋网受力变形。

8）面层应变特性

（1）由图103可见，降雨过程中面层应变值增长幅度较大。其规律为：上部最大，中部次之，下部最小。

（2）降雨过程中面层应变增长幅度较大的原因，一方面是本身受力较大。为模拟现场做法，未设置锚管垫板，因而面层连同钢筋网就是一个通过传递锚管锚固力而对边壁实施约束的大垫板。从面层上所产生的裂缝形式即可说明这一点。另一方面原因是存在雨水的不良影响。降雨过程中应变片完全浸泡在从地表流出的水中，而应变片表面只做了一层简单的环氧树脂封闭处理，绝缘度有一定程度降低，导致应变值误差增大。面层测点损坏较多即可说明这一点（2#和4#点在降雨中损坏，3#点在降雨前损坏）。

9）超前竖直锚管应变特性

（1）由图104可见，超前竖直锚管应变曲线在降雨过程中和降雨后均有一定波动和增大，从整体趋势上看是基本稳定的。

（2）超前竖直锚管应变绝对值是边壁上部及下部均较大，中部较小。中上部主要为负应变，中下部主要为正应变。中上部产生负应变可能是管体受压弯所引起。

（3）超前竖直锚管在降雨中和降雨后始终具有较高应变量值，表明它一直保持着较高应力水平。在此类介质的复合土钉支护中，它具有十分突出的作用。超前竖直锚管也是土钉支护法区别于土钉墙法的重要构造措施之一。

2.11.6 小 结

1）施作地面混凝土封闭层，是复合土钉支护填土边壁（坡）必不可少工序之一，舍此难以达到支护稳定之目的。

2）渗水速率增量临界点是控制雨致滑坡关键，与降雨类型（持续降雨、强降雨等）和是否降雨均无关（如库渗漏、堤渗漏、生活水、施工用水、地下清水管和污水管渗漏等均可导致工程失稳）。

3）填土颗粒经渗透雨水作用后，具有取得最小势能趋向，即具有流动性，表明刚体转动假设不适用于此类介质边壁（坡）的稳定性分析。

4) 沉降速率与渗水速率无关,而与渗水速率增量密切相关。渗水速率增量临界点值为 15.5cm/d。当达到此临界值时,地表将发生显著沉降,边坡将发生滑塌。

5) 超前竖直锚管里端受力大都维持在较高水平,这是土钉锚固作用的存在性证明,也是区别于土钉墙法的要素之一。

6) 施作超前竖直锚管也是区别于土钉墙法的重要构造措施之一。

3 复合土钉支护的数值分析方法

3.1 不同土钉结构特性的比较分析

3.1.1 概述

土钉支护由于造价较低、施工简便、便于在施工过程中调整设计参数等显著优点，目前在基坑支护工程中得到了广泛应用。但是，其施工过程和作用机理决定了土钉支护一般只用于有一定自立能力和较大摩阻力的土层中，如稠度在可塑状态以上的黏性土、有一定胶结力的粉土、砂土层等。在其他不良土层中，或对变形有更严格限制的情况下，依靠单一土钉支护则较难奏效。此时，应联合采用其他一些支护手段，如水泥搅拌桩、超前微桩、锚杆等，构成复合土钉支护。此外，在土质很软的情况下，往往还对土钉进行二次压力注浆以加固坑边土体，提高土钉抗拔力。为防止软土深层滑移，还可对坑底土体进行注浆加固。这时超前微桩及水泥土搅拌桩既可减小开挖过程中土体变形，又可解决土体自立时间短的问题，后者还有止水作用。

上述各种形式复合土钉支护均已在工程中得到成功应用，但对其工作性能及设计分析方法，尚有待深入研究。宋二祥等针对复合土钉支护讨论了类似问题的有限元分析方法，着重研究了开挖条件下土体变形模式及力学参数选用，以及开挖与建造过程的模拟方法。并对水泥搅拌桩—土钉联合形式的复合土钉支护进行了深入分析，得到一些对设计有参考价值的结论。

3.1.2 分析方法及参数取值

严格地说，土钉支护体系分析属于空间问题，用平面模型一般难以很好模拟钉-土界面性质，会给土钉内力计算带来一定误差。但从总体上看，如果考察基坑边坡上并非靠近角部区段，按平面问题研究某些影响因素，还是可行的。可在垂直于计算平面方向取单位厚度进行分析，土钉输入刚度为实际刚度除以水平间距，土钉轴力则为程序输出值乘以水平间距。

1) 开挖和建筑过程模拟

土工结构（包括基坑支护体系）内力和变形往往和其建造过程有密切关系。分析土工结构内力和变形时，有必要模拟其建造过程。

用有限元法模拟开挖和建造过程时，较简便作法是针对施工过程中最大区域来划分有限元网格。

必要时关闭某些单元以形成体系初始状态，之后再通过单元关闭和启动来模拟开挖与建造过程。当单元关、启状态有变化时，程序重新生成体系刚度矩阵，并计算相应施工荷载，求解体系内力和变形改变量，从而实现模拟开挖与建造的计算。

开挖荷载是被挖除土体对剩余部分作用力的反向力，在有限元方程中应采用与界面上应力等效的节点力。宋二祥对这种荷载的计算建议采用如下方法：

$$\{R\} = \{F\} - \int_V [B]^T \{\sigma\} dV \tag{3.1.1}$$

式中：$\{F\}$ 是当前处于启动状态单元上的外荷载，包括单元自重及其他外载；$[B]$ 是有限元的应变-节点位移矩阵；$\{\sigma\}$ 是处于启动状态的单元中尚未受开挖影响的应力。由有限元理论知，$\int_V [B]^T \{\sigma\} dV$ 等于处于启动状态的网格在未开挖前的等效节点荷载，它对应于上式中 $\{F\}$ 与开挖面上被挖除部分对剩余部分的作用力。所以，两者相减得到的就是开挖面上被挖除部分对剩余部分作用力的反向力。这种方法与有限元方法本身思想一致，完全采用有限元程序中的标准子程序，编程方便。

在考虑体系的弹塑性时，每一次的开挖荷载要分步施加，且在每一荷载步内还要进行迭代。计算迭代过程中不平衡力时应注意，未施加的开挖荷载的反向力应按荷载考虑，即不平衡力由下式计算：

$$\{\delta R\} = \{F\} - (1-S)\{R\} - \int_V [B]^T \{\sigma\} dV \tag{3.1.2}$$

式中：S 为开挖完成率，开挖完成时 $S=1$，即 100%。由此式可见，$S=1$ 时应力与当前网格上的实际外载相平衡。

在有关文献中还可看到其他一些方法，如由开挖界面附近单元应力插值外推的方法等，这些方法在理论上与有限元的思想不尽协调，编程也较为复杂。

2) 土的应力-应变模式及参数取值

在土工结构有限元分析中，土的应力-应变关系对计算结果有重大影响。一个实用模型应尽可能简单，但同时也需根据问题特点抓住土的主要变形特征。土体变形性质的一个突出特征是其模量与应力水平有关，卸载模量大于加载模量。这一特征用邓肯-常模型能较好地反映。但邓肯-常模型是非线性弹性模型，不能反映土体在塑性阶段变形特征。莫尔-库仑弹塑性模型能较好描述土体在塑性破坏阶段的变形特征，但它采用常值变形模量，难以较好计算土体在工作状态下的变形。

基坑与基础问题的显著区别是，基坑问题中土体正应力水平是减小的，相应的强度参数和模量都要大一些。正应力减小时强度参数大，是因土体进入超固结状态。模量的提高可由压缩回弹曲线理解，特别是当剪应力水平的增加对土体刚度的影响由塑性模型予以考虑时，更应取较大模量。

宋二祥与其荷兰同事合作开发的土工有限元软件 PLAXIS，其中变形模式采用一种剪切硬化模式，它实质上是邓肯-常模型和莫尔-库仑模型的结合。其屈服函数为：

$$\left. \begin{aligned} f &= \bar{f} - \gamma^p \\ \bar{f} &= \frac{1}{E_{50}} \frac{q}{1-q/q_a} - \frac{2q}{E_{ur}} \end{aligned} \right\} \tag{3.1.3}$$

式中：q 为偏差应力；q_a 为应变很大时偏差应力的极限值；E_{50} 是对应于 50% 极限剪应力的割线模量；E_{ur} 为卸载模量。E_{50} 由下式计算：

$$E_{50} = E_{50}^{ref} \left(\frac{c \cdot \cot\varphi - \sigma_3'}{c \cdot \cot\varphi + P^{ref}} \right)^m \tag{3.1.4}$$

式中：E_{50}^{ref}是在参考压力P^{ref}下的变形模量，一般取$P^{ref}=100\text{kPa}$；E_{ur}的计算式与上式基本相同，只是将E_{50}^{ref}改为E_{ur}^{ref}，一般$E_{ur}^{ref}=(2\sim4)E_{50}^{ref}$；指数$m$按土的类别不同一般在0.5～1.0之间取值。

γ^p为塑性剪切应变，在屈服函数中作为硬化参数。在给定剪胀角时，它和塑性体积应变符合如下关系：

$$\varepsilon_v^p = \sin\psi_m \gamma^p \qquad (3.1.5)$$

式中：ψ_m是当前应力下的剪胀角，可据Rowe剪胀理论由当前摩擦角、临界摩擦角（表征剪应力的水平，大于此剪应力水平之后土体缩转为体胀）及最大剪胀角ψ确定。

上述模型能较好描述土的变形及强度特性，但其数值积分较为复杂。模型参数虽较多，但基本上是邓肯-张和莫尔-库仑两个模型的参数，只是要注意各参数的相对大小。

目前常用程序中往往采用理想弹塑性的莫尔-库仑模型，或其近似形式德鲁克-普拉格模型。此时可通过适当的参数取值来弥补模型缺陷。由于这些模型均为线弹塑性模型，为使各种应力水平下变形计算误差均不致过大，同样应采用与50%破坏荷载对应的割线模量E_{50}。此外还要注意以下两点：①要考虑模量和应力水平有关。地质勘察报告一般给出E_{s1-2}，它对应于应力从100kPa到200kPa时的割线模量，不能直接作为程序的输入值，而应考虑土层中实际应力水平，参照式（3.1.4）进行修正。对厚度较大的土层还应人为地将其分为几层来考虑其应力水平差异。②要认识到卸载时模量应略大，对于砂土卸载模量可取加载模量的3～4倍，对黏性土卸载模量可取加载模量的1.5～2倍。考虑这些因素之后，用较简单模型也可得到较合理结果。

此外，在快速加载情况下对原状土进行总应力分析时，一般采用其固结不排水剪（即通常采用的三轴压缩实验）或固结快剪强度指标。这对建筑地基承载力分析应是偏于安全的，但对基坑问题，在开挖过程中几乎所有部位土体的正应力均在减小，在土渗透性差的情况下将产生负孔隙超静水压，从而使有效正应力基本不变。图105是用有效应力法（将土视为两相体，分别计算超静水压和有效应力的分析方法），计算得出的某基坑开挖后土中超静水压分布，几乎所有点上的孔压均为拉。注意问题的卸载特点，考虑短期强度时，用固结不排水剪强度指标是偏于安全的，但在考虑较长时间后的强度时，用固结不排水剪强度指标则可能偏于不安全。

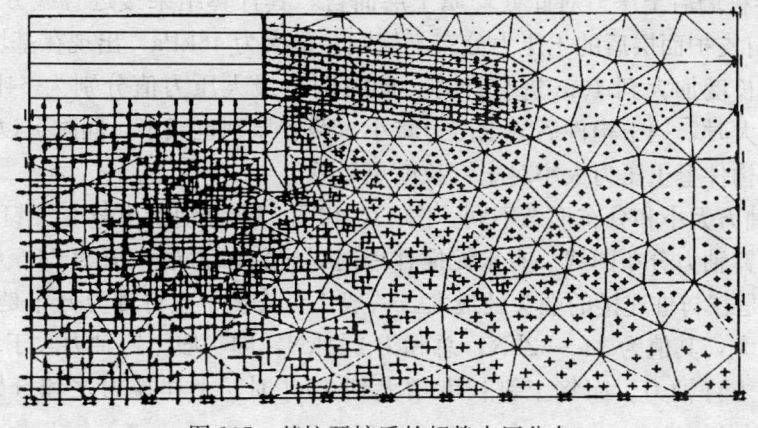

图105 基坑开挖后的超静水压分布

3.1.3 复合土钉支护工作性能分析

按以上方法对一般土钉支护进行计算并与实测数据对比，计算结果较合理，土钉轴力总体水平与实测值接近，仅土钉轴力随深度变化趋势与实测不尽一致。用三维有限元会使结果有一定改进，但计算量较大。

这里主要通过计算分析水泥搅拌墙-土钉联合形式的复合土钉支护，并着重分析它与一般土钉支护的区别。为此需作两个计算，一是复合土钉支护，一是一般土钉支护。为有可比性，两个工程的地层条件、基坑深度、土钉参数、支护面层、开挖过程等均相同，唯一区别是在复合支护中增加水泥搅拌墙。

具体参数为：坑深为 6m；土层参数为 $\gamma=18kN/m^3$；$E_{s1-2}=4500kPa$；$c=10kPa$；$\varphi=15°$。这里土体参数取值大致接近上海地区软土。

土钉孔径为 110mm，钢筋为 $\phi22$，倾角为 10°，竖向和水平向间距均为 1m。这里对土钉按弹性考虑，且仅考虑其受拉。经计算取土钉抗拉刚度 $E_A=2.5\times10^5 kN$。土钉刚度为水泥浆体刚度与钢筋刚度之和，但对水泥浆体应考虑开裂，故乘以折减系数 0.8。

水泥搅拌墙厚度取为 1m，坑底以下嵌固深度为 5m，模量 $E=5\times10^5 kPa$；$\nu=0.25$；$c=350kPa$；$\varphi=25°$。

有限元模型中土体用 6 节点三角形等参元，土钉用 3 节点杆单元。比较计算结果得出以下几点：

1) 两者变形大小及特征不同（见图 106 和图 107）。有搅拌桩时，坑壁最大水平位移为 61mm，发生在坑底上下；地面沉降最大值为 20mm，发生在离开坑边一定距离处；坑底回弹量为 141mm。而普通土钉支护对所给土层条件变形量很大，实际上在开挖到最后一层时，体系已接近真正意义上的破坏，荷载位移曲线斜率已很小，从工程角度来看已经是破坏。坑壁最大水平位移为 327mm，发生在坑口，整个坑壁向坑内倾倒。地面沉降在坑口部位最大，为 260mm，坑底隆起量为 185mm。由此可看出水泥土搅拌桩墙的重要作用。当土钉长度增大到 10m 时，上述坑壁水平位移分别减小到 55mm 和 154mm，土钉长度增大对一般土钉支护更有效。

2) 普通土钉支护面层后土压力与搅拌桩墙后土压力的大小和分布不同（见图 108 和图 109）。搅拌桩墙后土压力对此处均质土层而言，其计算结果接近直线分布，最大值为 81kPa；而土钉支护面层后的土压力分布不规则，最大为 46kPa，出现在基坑边壁中下部。此外还将土钉长度加大到 10m 进行计算，此时两个最大压力值分别为 64kPa 和 43kPa，即土钉长度增大时，挡土构件后的土压力减小，两者差别也减小。同时可以看出，复合土钉支护的挡土构件上土压力大小对土钉长度更敏感。

3) 土钉轴力大小和分布形态不同。图 110 和图 111 分别给出复合土钉支护与普通土钉支护计算土钉轴力分布曲线。有水泥搅拌墙时，土钉轴力最大值为 24～67kN，总和为 203kN；轴力是在与桩连接的端头处最大。一般土钉支护中土钉轴力分布是在距坑壁一定距离处达到最大，其值为 34～62kN，总和为 241kN，即一般土钉轴力大于墙-钉联合的复合土钉支护中土钉轴力。而将土钉长度增大到 10m 时，上述拉力之和分别为 202kN 和 238kN，几乎不变。

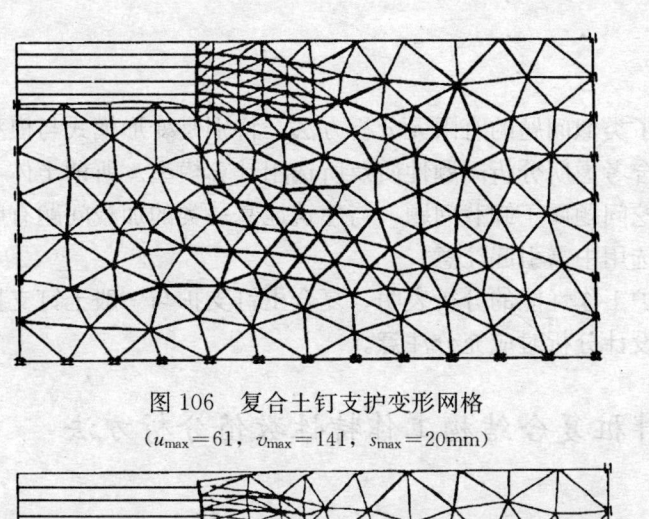

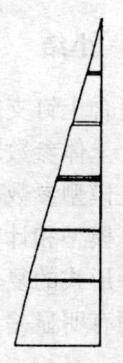

图106 复合土钉支护变形网格

($u_{max}=61$,$v_{max}=141$,$s_{max}=20mm$)

图108 复合土钉水泥搅拌桩墙后土压力（最大80kPa）

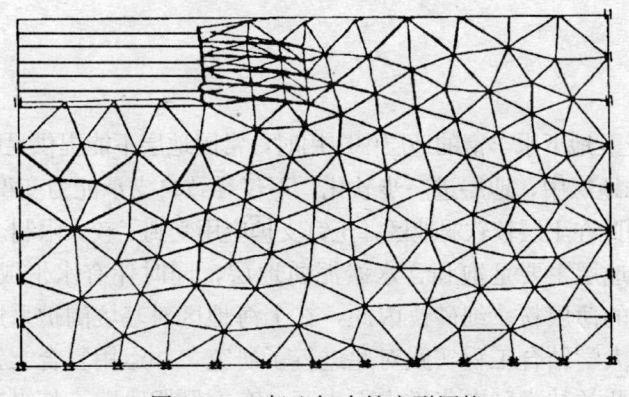

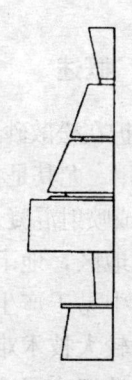

图107 一般土钉支护变形网格

($u_{max}=327$,$v_{max}=185$,$s_{max}=260mm$)

图109 一般土钉支护面层后土压力（最大46kPa）

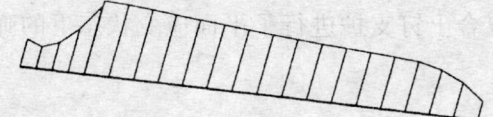
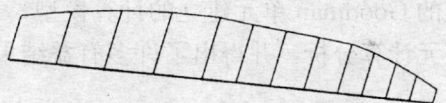

图110 复合土钉支护中典型土钉轴力分布　　图111 一般土钉支护中典型土钉轴力分布

4) 复合土钉支护与普通土钉支护主要计算结果归纳于表25。

主要计算结果比较　　表25

支护类型	复合土钉		一般土钉	
钉长（m）	6	10	6	10
坑壁水平位移（mm）	61	55	327	154
墙面压力（kPa）	81	64	46	43
土钉轴力和（kN）	203	202	241	238

对比计算结果对设计有一定启示。由计算结果可知，在对搅拌桩墙进行验算时，它所受土压力应比一般土钉支护中的面层要大一些，并随土钉长度变化有较大变化。此外，如果计算土钉轴力分布正确，那么对这种复合形式的合理性则需要研究。因为从轴力分布可知，沿全长土钉给土一个向坑内的摩擦力，包括靠近搅拌墙的主动区，这可能不够合理。可能在主动区用短钉加固，再用长钉锚于稳定区（分自由段和锚固段），更合理一些。其稳定验算方法，仍可用滑弧法，但对桩要综合考虑其本身强度以及被动土体对它的支撑情况来确定其挡土作用。

3.1.4 小结

针对复合土钉支护，讨论了类似问题的有限元分析方法，特别是变形模式与模型参数选用问题。土体参数取值要综合考虑所分析问题性质及所选用计算模型。所谓土体参数实际上往往是模型参数。基坑开挖问题属于卸载问题，与建筑地基一类的加载问题有明显区别，在计算模型和计算参数的选用中需引起注意。

对一种形式的复合土钉支护工作性能的分析表明，复合土钉支护与一般土钉支护工作的作用机理有明显差异，这在设计分析时应充分注意。

3.2 土钉-搅拌桩复合结构工作特性数值分析方法

3.2.1 概述

土钉支护在松散砂土、软黏土及地下水丰富的地层中应用时，常因地层不能提供足够抗拔力而难于采用。尤其是在饱和含水地层中，地层进一步软化，不仅导致自支承能力变得更差，而且难于形成喷射混凝土面层。因此在土层较软弱地区，土钉支护应用受到了较大限制。

在上海地区，地下工程涉及地层主要是饱和含水淤泥质地层，同时伴有水平成层的、在开挖过程中易于产生流砂现象的薄层粉、细砂。因此，在上海地区对基坑围护采用土钉技术会遇到较大技术难题。同济大学结合工程实践对此进行了研究，并运用复合土钉支护技术，成功地解决了这一难题。此类技术已在华敏中山小区、东方肝胆医院、虹祺花苑等200多个基坑工程中获得成功应用。为进一步从理论上加深认识，杨林德等采用带转动自由度的Goodman单元建立的计算模型，对复合土钉支护进行了平面应变状态下的弹塑性有限元计算分析，并得出了许多有益结果。

3.2.2 弹塑性有限元分析

1) 基本假定

为简化计算，对数值分析法的建立作以下假定：①复合土钉支护计算可简化为二维平面应变问题；②土钉及其辅助加固材料处于弹性受力状态，地层土体为弹塑性体。

复合土钉支护加固后地层土体的力学行为极为复杂，模拟其材料特性时，屈服条件选为德鲁克·普拉格屈服条件，其表达式为：

$$\alpha I_1 + \sqrt{J_2} = k \tag{3.2.1}$$

式中：I_1 为主应力张量第一不变量；J_2 为主应力偏量第二不变量；α，k 为常系数。平面应变条件下，将上式与莫尔-库仑公式对比，可导得：

$$\alpha = \frac{\sin\varphi}{\sqrt{3}\sqrt{3+\sin^2\varphi}}; k = \frac{\sqrt{3}c\cos\varphi}{\sqrt{3+\sin^2\varphi}} \tag{3.2.2}$$

2) 单元类型与带转动自由度的Goodman单元

对地层土体采用四边形等参元离散，土钉作用简化为仅承受轴力的一维弹性杆单元，地层开挖后出露的密排搅拌桩和喷射混凝土面层的组合体的作用简化为弹性梁，在其与土体接触面上则设置带转动自由度的 Goodman 单元，用以模拟接触面特性影响。

带转动自由度的 Goodman 单元形式如图 112 所示。由该图可见，单元长度为 L、厚度为零、与相邻土体单元和梁单元在结点处位移协调，靠粘结、滑移作用发生力的联系。

在结点力 $\boldsymbol{P}^e$ 作用下，粘结-滑移接触单元内应力为：

$$\boldsymbol{\sigma} = \begin{bmatrix} \tau_s & \sigma_n & M_0 \end{bmatrix}^T \tag{3.2.3}$$

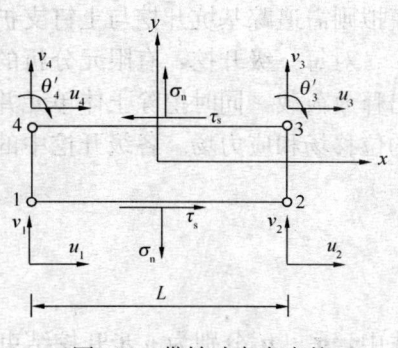

图 112 带转动自由度的 Goodman 单元

将单元结点间切向、法向相对位移及单元两侧相对转角分别记为 Δu，Δv，$\Delta \theta$，并对相对转角设定以使接触面发生逆时针向转动为正，则单元两侧产生的相对位移 $\boldsymbol{\omega}$ 为：

$$\boldsymbol{\omega} = \begin{bmatrix} \Delta u & \Delta v & \Delta \theta \end{bmatrix}^T \tag{3.2.4}$$

线弹性假定下，$\boldsymbol{\sigma}$ 与 $\boldsymbol{\omega}$ 间关系式为：

$$\boldsymbol{\sigma} = \boldsymbol{k}_0 \boldsymbol{\omega} \tag{3.2.5}$$

$$\boldsymbol{k}_0 = \begin{bmatrix} k_s & 0 & 0 \\ 0 & k_n & 0 \\ 0 & 0 & k_\theta \end{bmatrix} \tag{3.2.6}$$

式中：k_s，k_n，k_θ 分别为单元材料的切向、法向和弯曲刚度系数，取 $k_\theta = L^3 k_n / 12$。

接触面单元内各点相对位移为：

$$\boldsymbol{\omega} = \frac{1}{2} \boldsymbol{B}_J \boldsymbol{\delta}^e \tag{3.2.7}$$

式中：

$$\boldsymbol{B}_J = \begin{bmatrix} A & 0 & B & 0 & -B & 0 & 0 & -A & 0 & 0 \\ 0 & A & 0 & B & -B & 0 & 0 & -A & 0 & 0 \\ 0 & 0 & 0 & 0 & 0 & 0 & -B & 0 & 0 & -A \end{bmatrix} \tag{3.2.8}$$

$$A = 1 + 2x/L; \quad B = 1 - 2x/L \tag{3.2.9}$$

$$\boldsymbol{\delta}^e = \begin{bmatrix} u_1 & v_1 & u_2 & v_2 & u_3 & v_3 & \theta_3 & u_4 & v_4 & \theta_4 \end{bmatrix}^T \tag{3.2.10}$$

由虚功原理可导得：

$$\boldsymbol{P}^e = \boldsymbol{K}^e \boldsymbol{\delta}^e \tag{3.2.11}$$

$$\boldsymbol{K}^e = \frac{t}{4} \int_{-\frac{L}{2}}^{\frac{L}{2}} \boldsymbol{B}_J^T \boldsymbol{k}_0 \boldsymbol{B}_J \, dx \tag{3.2.12}$$

式中：t 为单元宽度，对平面应变问题常取 $t=1$。

上式为在单元局部坐标系中表达式。将整体坐标系与单元局部坐标系间坐标转换矩阵记为 $\boldsymbol{T}$，则整体坐标中单元刚度矩阵 $\boldsymbol{K}^{te}$ 的表达式为

$$\boldsymbol{K}^{te} = \boldsymbol{T}^T \boldsymbol{K}^e \boldsymbol{T} \tag{3.2.13}$$

3.2.3 计算简图与开挖过程模拟

采用有限元方法分析时，计算域的确定和边界条件的设置与常规方法相同，开挖过程

模拟则需追踪基坑开挖与土钉支护体系的建造过程。

对每一级开挖，有限元分析的计算过程均为先求出开挖面上土体单元结点力，据以给出释放荷载，同时挖除土体单元并增补表示土钉作用的杆单元，然后计算围护结构和地层的位移场和应力场。各级开挖中的应力及位移计算式为：

$$\boldsymbol{\sigma}_n = \boldsymbol{\sigma}_0 - \sum_{i=1}^{n} \Delta \boldsymbol{\sigma}_i \quad (3.2.14)$$

$$\boldsymbol{u}_n = \boldsymbol{u}_0 - \sum_{i=1}^{n} \Delta \boldsymbol{u}_i \quad (3.2.15)$$

式中：$\boldsymbol{\sigma}_n$、$\boldsymbol{u}_n$ 分别为 n 步开挖结束后的应力和位移；$\boldsymbol{\sigma}_0$，$\boldsymbol{u}_0$ 分别为初始应力和位移，一般令 $\boldsymbol{u}_0 = 0$。

3.2.4 实例分析

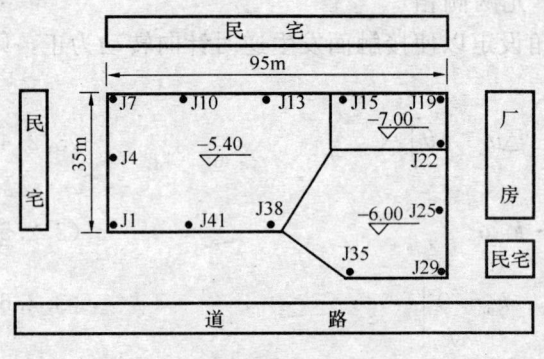

图113 基坑平面及测点布置图

上海东方肝胆外科医院新建病房大楼由一幢15层的高层建筑和裙房组成，裙房基坑挖深为5.4m，主楼基坑挖深一般为6.0m，局部为7.0m，如图113所示。

该基坑工程采用复合土钉支护。施工时先沿基坑轮廓线设置双排水泥搅拌桩形成止水帷幕，搅拌桩墙宽度为1.2m，深度为14.9m。开挖过程中共设置6排土钉，水平和垂直向间距均为1m，第一、二排土钉长度为12m，第三、四排长度为9m，第五、六排长度为6m。分4步开挖，第一、四步挖深为1.5m，第二、三步挖深为2m。

计算选用的结构参数为：土钉弹性模量 $E_I = 3 \times 10^7$ MPa，泊松比 $\mu_I = 0.30$，单钉面积 $A_I = 0.00785$ m^2；搅拌桩墙弹性模量 $E_M = 100$ MPa，泊松比 $\mu_M = 0.30$，每米搅拌桩墙面积 $A_M = 1.2$ m^2，接触单元 $k_s = 100$ kN/m^3，$k_n = 40000$ kN/m^3。计算取用的土层参数为上海地区典型土层物理力学指标值的平均值，见表26。

主要土层物理力学参数取值指标计算表　　表26

土 类	厚度(m)	重度(kN·m^{-3})	变形模量(MPa)	泊松比	凝聚力(kPa)	内摩擦角(°)	静止侧压系数
填土	1.50	1.78	9.00	0.49	15	17	0.49
褐黄色粉质黏土	2.00	1.87	6.00	0.49	14	15	0.51
灰色淤泥质粉黏土	4.50	1.80	5.00	0.49	8	11	0.53
灰色淤泥质黏土	5.00	1.76	15.00	0.49	7	9	0.43
灰色黏土	17.00	1.90	25.00	0.49	17	20	0.45

主要计算结果如下：

1) 复合型土钉支护的位移

图114为分步开挖时搅拌桩墙体侧向变形曲线。由该图可见，起初其变形特征与非复合型土钉支护相似，此后随着开挖深度增加，中下部位水平位移发展较快，墙体鼓胀，向基坑内侧凸出，发生最大侧向变形位置在坑底附近。其变化规律是，在挖深达4m后侧向变形发展较快，在挖深达6m前变形量一般小于5cm，在挖深达6m后大于5cm。

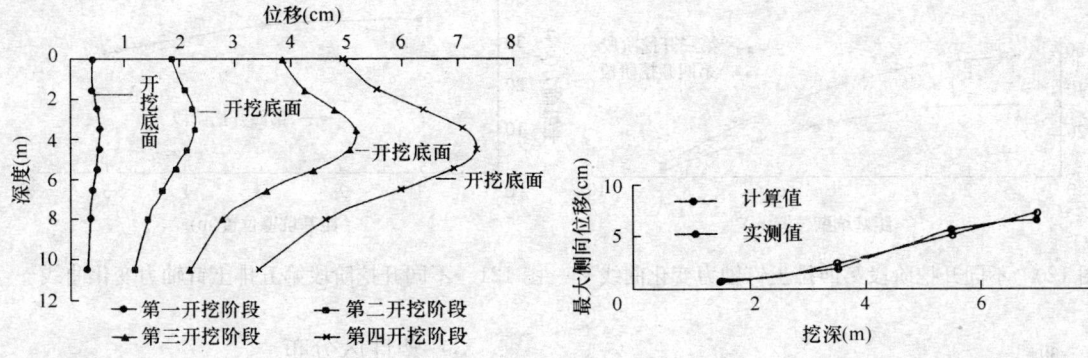

图 114 不同开挖阶段复合土钉支护水平位移曲线　　图 115 最大侧向位移计算值与实测值比较

图 115 为实测最大侧向变形值与计算值比较,可见两者较吻合。

图 116 为分步开挖时地表沉降曲线。由该图可见,随着挖深增加,地面沉降值和分布范围随之增大,最大值在基坑外侧约 $0.9H$ 处。

2) 土钉轴力

图 117～图 122 为不同位置处土钉轴力分布随挖深的变化曲线。从中可见土钉轴力随挖深增大而增大,沿钉深全长分布不均匀,最大轴力发生在基坑壁后 1～2m 范围内,且第二、三和四排土钉最大轴力高于顶层和底层土钉最大轴力。图 118 对第二排土钉轴力的计算值与实测值进行了比较,在第二开挖阶段前半部计算值高于实测值,在第三、四开挖阶段末端实测值比计算值衰减快,其余两者均较接近。

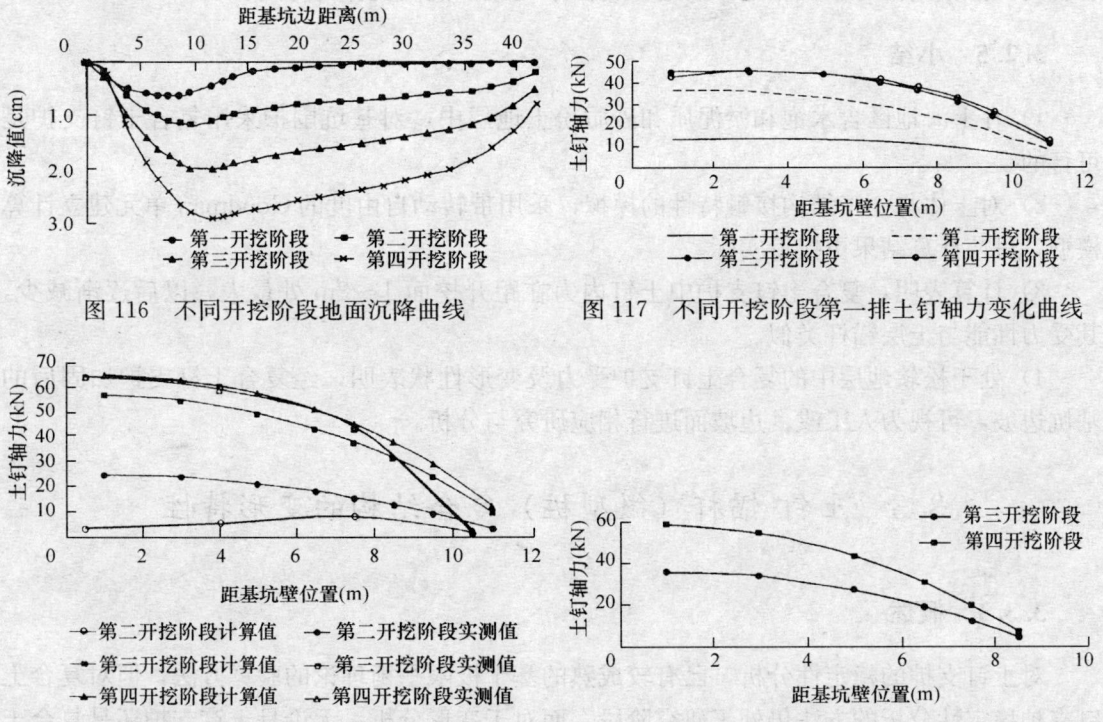

图 116 不同开挖阶段地面沉降曲线　　图 117 不同开挖阶段第一排土钉轴力变化曲线

图 118 第二排土钉轴力计算与实测值曲线比较　　图 119 不同开挖阶段第三排土钉轴力变化曲线

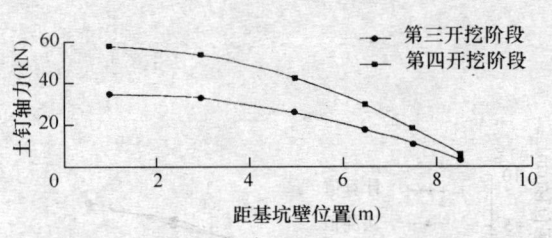
图120 不同开挖阶段第四排土钉轴力变化曲线

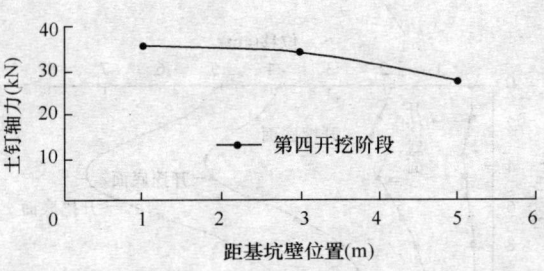
图121 不同开挖阶段第五排土钉轴力变化曲线

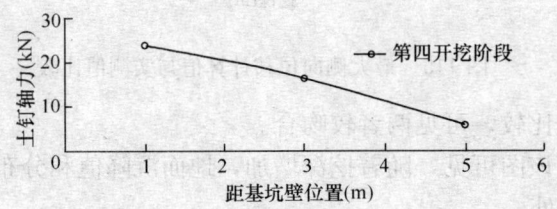
图122 不同开挖阶段第六排土钉轴力变化曲线

3) 塑性区分布

计算表明，第一、二开挖阶段未出现塑性区；第三开挖阶段（挖深5.5m），地表开始在局部小范围内出现塑性区；第四开挖阶段（挖深7m），地表塑性区向后和向深部延伸，同时坡脚也开始出现塑性区。坡脚塑性区是剪胀屈服的反映，而地表塑性区则是抗张拉能力不足的后果。其进一步趋势是二者连通，导致基坑失稳破坏。可见挖深7.0m时这类支护承载能力已趋近极限。

现场观察表明，第三步开挖开始前地表已开始出现微裂缝，走向与坑边平行，其宽度约为3～5cm，分布在距基坑1～2m和1～1.5倍挖深处。前者与土钉最大轴力位置相近，后者则与拉张塑性区位置相近。后经压密注浆处理，使基坑保持稳定。

3.2.5 小结

1) 在上海地区含水饱和淤泥质和砂质粉土地层中，对基坑围护采用复合土钉支护是可行的。

2) 对土体与土工结构接触特性的模拟，采用带转动自由度的Goodman单元建立计算模型，可使计算结果更接近实际。

3) 计算表明，复合土钉支护中土钉内力在距开挖面1～2m处最大，以后逐渐减少，其受力性能与土层锚杆类似。

4) 处于松软地层中的复合土钉支护受力及变形性状表明，经复合土钉支护加固后的基坑边坡，可视为人工改良边坡而进行相应研究与分析。

3.3 土钉-锚杆（微型桩）复合结构的变形特性

3.3.1 概述

对土钉支护的稳定性分析，已有较成熟的基于极限平衡理论的验算方法，但对复合土钉支护稳定性分析的方法仍处于研究阶段。而对于变形分析，无论是土钉支护还是复合土钉支护，目前在设计时主要凭经验估计。实际上，基坑支护设计往往是由变形控制的，研究其变形计算很有必要。

对变形分析一般需采用有限元方法，在这方面国内外研究者已进行了一定研究，宋二祥及其合作者在国内也较早开展了对土钉支护的二维及三维有限元模型的研究。这些研究在不同方面取得了一定进展，但仍有一些问题有待进一步的研究。

宋二祥等首先结合对基坑土钉支护受力变形机理的研究，对土钉及复合土钉支护的有限元分析模型及参数取值原则进行深入讨论，然后通过计算探讨了预应力锚杆-超前微型桩-土钉复合结构的受力变形特性，并提出设计建议。其中对有限元分析模型及参数数值原则的讨论，不仅对土钉及复合土钉支护，对其他一些土工结构的有限元分析也有参考价值。

3.3.2 土钉支护有限元分析中应注意的问题

目前有限元法应用已十分普遍，其基本理论、方法对很多研究者来说均不陌生。即使对于一些较专门的问题，如土-结构共同作用体系的有限元模型、界面单元、土工结构开挖与建造过程模拟等问题的处理方法，也有许多文献发表。但是，仅有这些基本理论和方法，不注意计算模型选择及参数合理取值，往往还不能给出令人满意的计算结果。

一个合理的计算模型，首先应能反映土钉支护内力变形基本特点。对土钉支护内力变形特点，有关文献曾有较全面论述，较突出的主要有以下两点：

① 对一般常见土层及支护情况，土钉支护基坑坑壁变形往往为内倾，最大位移在坑口，同时坑底以下位移急剧减小，变化很明显。这与桩、墙支护有明显区别。桩墙支护水平位移在坑底上下一般无突变，当有水平支撑时最大水平位移往往发生在基坑边壁中部，在软土情况下还可能在坑底以下。

② 对于常见土层，一般是位于基坑边壁中部土钉轴力最大。

上述内力变形特征，有国内外试验数据佐证。但是，如果随便采用一简单有限元模型，如对土采用均质线弹性模型，则计算给出坑壁变形将是坑壁中部水平位移最大，坑口位移较小，甚至向坑外倾斜。对土钉轴力，即使采用较复杂计算模型仍可能有较大误差，特别是计算土钉轴力往往随深度明显增大。

土钉支护是一种柔性体系，其内力变形计算更依赖于对土体性质的准确模拟，而土的性质极为复杂，因此土钉支护有限元计算有较大难度。出现上述不合理结果的主要原因在于未能较好模拟土体以及土钉与土体间界面性质。宋二祥等认为在对土钉及复合土钉支护进行有限元分析时应注意以下几点：

1) 注意较好模拟土体变形性质。土体变形性质的突出特点是其模量随正压应力增大而增大，且卸载模量远大于加载模量。如所取计算模型对此作了考虑，即使对于同一土层其模量亦随深度增大，且由于坑底土体主要经受卸载，模量较大，从而坑底回弹量小，计算的变形一般不会发生坑口外倾现象。同时，由于土体模量随深度增大，也会使深层土钉计算拉力减小。

2) 土钉与土之间的极限摩阻力对同一土层一般取决于注浆压力，不随深度线性增大，而是在超过一定深度后基本保持不变。其部分原因可能是在成孔后形成水平拱，使钉-土界面上正压应力不随深度增大。然而界面极限摩阻力仅当土钉受力较大时才表现出来，在一般工作状态下对计算结果有影响的是界面刚度。宋二祥等认为界面刚度对同一土层也不应随深度线性增大。注意了钉-土界面强度、刚度的上述性质，显然有助于减小深层土钉拉力计算值，使计算结果更接近实际。

3) 必要时宜采用三维模型，以便较好模拟钉—土界面性质。在采用平面模型时，土钉在垂直于计算平面方向被展开成板状，从而明显夸大了钉—土界面实际面积，并且这样展开的土钉将其上下土层完全分开，在这种情况下无论是否加入界面单元，也无论界面单元力学参数如何取值，在理论上都是不可能符合实际的。一般按二维模型计算的土钉轴力随深度明显增加，且深层土钉轴力较实际值偏大。

上述三点中，当注意了第一点时即可得到较合理变形。对土钉内力的计算则还需同时考虑上述后两点。

3.3.3 复合土钉支护有限元分析算例

按上述讨论，宋二祥等开发了土钉及复合土钉支护三维有限元计算分析程序，并进行了若干计算验证，其结果同二维程序相比有较明显改进。

这里作为算例，首先给出对预应力锚杆-土钉复合结构进行计算的初步结果，并与相应单一土钉支护情况进行比较。

基坑深度为10.8m，分6步开挖，每步开挖深度为1.8m。锚杆、土钉的布置与有限元网络的划分参见图123。

土钉孔径为13cm，钢筋为$\phi25mm$，倾角为10°，两向间距均为1.8m。钉土粘结强度取为50kPa。预应力锚杆孔径为15cm，第一排锚杆为$2\times7\phi5$，设置于地表以下0.9m，自由段长度为8m，锚固段长度为12m，施加预应力为150kN。第二排锚杆为$2\times7\phi5$，设置于地表以下4.5m，自由段长度为7m，锚固段长度为16m，施加预应力为200kN。

对土体采用邓肯-常 E-B 模型，取$c=20kPa$，$\varphi=25°$，$R_f=0.7$，$K=500$，$K_w=1000$，$K_b=350$，$n=0.6$，$m=0.4$，$K_0=0.577$。

与之进行比较的单一土钉支护，是将两道锚杆换为土钉，5层土钉的长度均取为10m。在有限元分析中模拟锚杆预应力施加过程的方法是，在启动某一锚杆时，暂只启动其锚固段，同时在与其自由段两端对应的点施加一对大小等于预应力值、方向相对的力，并对此时的体系进行计算。然后，启动其自由段，并令其拉力等于预应力，同时去除上述的一对力。

图124给出复合土钉支护及单一土钉支护坑壁水平位移计算曲线。单一土钉支护坑壁变形为倒

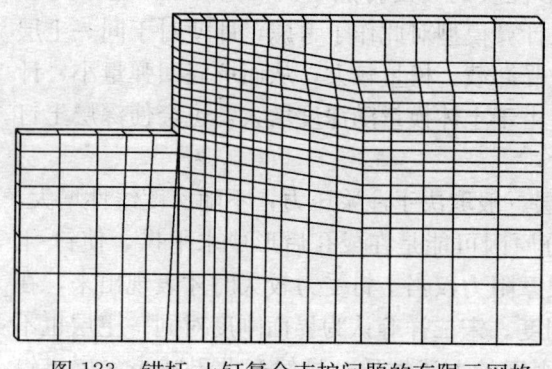

图123 锚杆-土钉复合支护问题的有限元网格

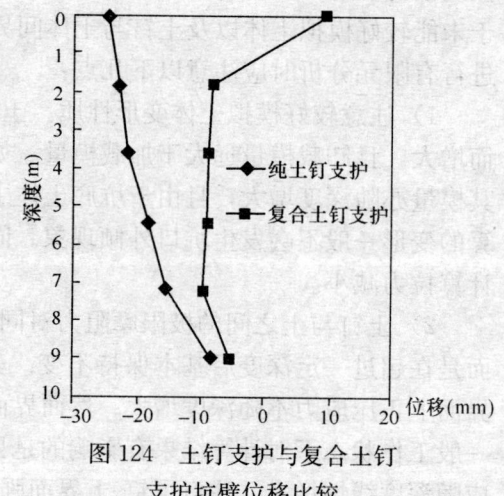

图124 土钉支护与复合土钉支护坑壁位移比较

向基坑内侧，最大水平位移位于坑壁顶部，约为25mm。采用预应力锚杆-土钉复合支护时，坑壁位移尤其是锚杆与面层连接处水平位移明显减小，在坑口甚至出现朝向坑外的位移。

同一土钉的轴力，在有预应力锚杆的情况下，计算结果仍是中部大，两端小。但土钉轴力最大值较单一土钉支护的情况有所减小，且距锚杆越近，减小幅度越大（见表27）。当锚杆预应力很大时，两层锚杆之间的土钉在与面层相连接部分甚至会出现压力。此外，计算表明在有预应力锚杆情况下，土钉轴力最大值位置与单一土钉支护相比略有外移，特别是两道锚杆之间的土钉。

土钉最大轴力比较（kN）   表27

土钉编号	M2	M4	M5
纯土钉支护	80.1	154.5	151.9
复合土钉支护	62.9	132.3	132.1

注：土钉编号按从上到下顺序连同锚杆一起编号。

针对不同的锚杆长度、不同预应力大小进行的比较计算表明，锚杆预应力大小对坑壁水平位移控制有显著作用，但对于限制距锚杆较远处变形的作用则相对较小。至于锚杆长度，在增大到一定程度后再继续增大，对减小坑壁水平位移的作用则很有限。

另外，还分别用二维及三维有限元对超前微桩-土钉复合结构进行了分析。计算针对北京地区较好土层，对一深度约为12m的基坑，设置间距为1.5m、直径为150mm的微桩后，坑壁最大水平位移由5.5cm减小到约2cm。表明超前微桩对控制基坑变形有明显作用，这与工程经验相吻合。

3.3.4 设计与稳定分析建议

1）锚杆-土钉复合支护

由于不采用锚杆时坑壁变形一般是坑口最大，故应将锚杆设置在上层，这对控制变形有利。同时锚杆应有一定倾角，以便于注浆，且使锚固段位于深部较好土层之中。

锚杆-土钉复合支护稳定安全系数计算可采用与土钉类似的、基于极限平衡理论的方法。预应力大小对稳定安全系数计算值应无影响。当然，施加预应力后防止了土体松动，使其能够保持较高强度，实际上有助于提高体系安全储备。在锚杆拉力较大时还应采用Kranz方法分析锚杆整体稳定性。

2）超前微型桩-土钉复合支护

在开挖到坑底时，超前微型桩长径比显然较大。且超前微型桩插入坑底以下长度一般较小，如社科院图书馆工程微型桩嵌入坑底以下仅为0.5m。所以，在验算开挖到坑底的整体稳定性时不应考虑微型桩作用。微型桩作用主要是在早期开挖过程中，控制土体变形并提高基坑边壁整体稳定性。在进行开挖过程中的稳定验算时，不能简单地采用条分法将桩视为一个土条，而应同时考虑桩的嵌固情况，否则会夸大用其作用。

3.3.5 小结

本节通过土钉支护的内力变形特征分析，对土钉及复合土钉支护的有限元分析模型及模型参数取值提出几点看法，可供进行土钉和复合土钉支护工程设计与施工的工程技术人员参考。此外，还介绍了三维有限元程序对预应力锚杆-土钉及超前微桩-土钉复合支护的变形特性分析，并对这两种复合结构设计计算方法提出了建议。

3.4 土钉-双排超前钢管注浆桩复合结构位移特性

3.4.1 概述

土钉支护施工特点是分层开挖、分层施作土钉及面层，故其挡土结构嵌入土中深度为零。当边坡土体发生较大程度的应力释放后变形就会较大。因此，当坡体土质较差，坡底面以下存在软弱土层或需要严格控制坡顶变形时，工程上常在边坡土方开挖和支护结构施工前，沿边坡边线预先施加具有一定挡土或止水功能的排桩或连续墙体，如竖向锚杆（管）、水泥土连续墙、型钢桩等，然后再施工支护土钉。

由于超前桩墙的存在，"边挖边支"的土钉支护变成"预支后再挖再支"，支护结构具有一定嵌入深度且边坡形状得到了控制，因此，施工超前桩墙的复合土钉支护与一般土钉支护作用机理是有区别的。刘吉福等认为：施工超前桩墙的复合土钉支护与锚拉桩作用机理相似，只是桩断面较小，锚杆层数较多。杨志明等在多个复合支护的基坑工程设计中，尝试采用改进杆系有限单元法，对挡土结构水平位移值进行计算，结果表明理论计算值与工程现场实测值吻合较好，证明该方法是可行的。

3.4.2 计算原理及施工动态分析

1) 计算原理

弹性地基杆系有限单元法原理为：根据支护结构受力特性，把各个组成部分理想化为杆系单元。沿竖向将超前桩及喷射混凝土面层划分为 n 个单元、$(n+1)$ 个节点，沿水平方向按平面应变问题取单位宽度；考虑到计算精度，各开挖层面、土层分布、地下水位、支护土钉位置等均作为节点处理。忽略轴向力的影响，挡土结构（超前桩、喷射混凝土面层）的每一单元均取为具有 2 个自由度的"梁单元"；支护土钉则作为一个自由度的"二力杆单元"；弹簧可任意作用在开挖面以下挡土结构节点上，不作为单元，仅在形成总体刚度矩阵时将土弹簧刚度值叠加到相应节点中；荷载为主动压力侧的土压力和水压力。

2) 外荷载及各杆系单元刚度计算

(1) 主动土压力

坑外侧土压力计算取矩形土压力分布，荷载计算宽度取单位宽度，主动土压力计算采取以下两种方法：

① 采用朗肯主动土压力公式，同时考虑土压力的折减系数。土压力折减系数 ζ 主要考虑以下两方面原因：其一，由于土钉支护结构中土钉密度较大，土钉依靠钉土之间相对位移产生摩阻力分担了部分土压力，并约束了土体侧向变形，使土钉支护主动土压力减少；上下土钉间土体形成的承压拱具有一定自承能力，削弱了主动土压力量值。试验表明，喷射混凝土面层荷载压力约为库仑主动土压力值的 60%~70%；其二，由于朗肯主动土压力值是按垂直边坡考虑的，当边坡坡角小于 90°时主动土压力将会减小，故应考虑由于坡角影响而产生的土压力折减系数 ζ，其计算可参考《建筑基坑支护技术规程》

JGJ 120—99。

② 采用已折减的地区经验土压力系数进行计算，即：主动土压力＝竖向应力×经验土压力系数。

(2) 梁单元计算

取梁轴线为 x 轴，忽略轴力影响以简化计算。梁单元刚度矩阵表达式为：

$$\begin{Bmatrix} Y_i \\ M_i \\ Y_j \\ M_j \end{Bmatrix} = \frac{E_i I_i}{l_i^3} \begin{bmatrix} 12 & 6l_i & -12 & 6l_i \\ 6l_i & 4l_i^2 & -6l_i & 2l_i^2 \\ -12 & -6l_i & 12 & -6l_i \\ 6l_i & 2l_i^2 & -6l_i & 4l_i^2 \end{bmatrix} \cdot \begin{Bmatrix} v_i \\ \varphi_i \\ v_j \\ \varphi_j \end{Bmatrix} \tag{3.4.1}$$

式中：Y_i、Y_j 为节点 i、j 剪切力；M_i、M_j 为节点 i、j 弯矩；v_i、v_j 为节点 i、j 横向位移；φ_i、φ_j 为节点 i、j 转角；l_i 为单元长度；$E_i I_i$ 为单元挡土结构截面的抗弯刚度，按下式计算：

$$E_i I_i = E_{2i} \cdot \frac{1}{12}(h_i + h'_i)^3 \tag{3.4.2}$$

将超前桩等效为喷射混凝土材料的连续墙体，按二者刚度相等原则，有：

$$E_{1i} \cdot \frac{\pi d^4}{64} = E_{2i} \cdot \frac{1}{12} S_i h_i'^3 \tag{3.4.3}$$

得到宽度为 S_i（超前桩中心间距）的喷射混凝土连续墙体等效厚度 h'_i 为：

$$h'_i = \sqrt[3]{\frac{3E_{1i}\pi d^4}{16 E_{2i} S_i}} \tag{3.4.4}$$

式中：h_i 为单元喷射混凝土厚度，计算时考虑喷射混凝土面层施工滞后影响，取实际施工厚度的 $1/2$；d 为单元超前桩直径；E_{1i}、E_{2i} 分别为单元超前桩和喷射混凝土面层材料弹性模量。

(3) 支护土钉刚度

土钉可用与拉伸刚度等效的弹簧模拟，第 j 排土钉等效弹簧刚度计算如下：

$$K_{Tj} = \frac{3 E_c A_c E_s A_s}{3 E_c A_c l_{ij} + E_s A_s l_{aj}} \cdot \frac{1}{S_j \cdot \cos a_j} \tag{3.4.5}$$

式中：K_{Tj} 为每延米墙宽的土钉水平向弹簧刚度；S_j 为土钉水平间距；l_{ij} 为土钉自由段长度；l_{aj} 为土钉锚固段长度；α_j 为土钉水平倾角；E_s 为杆体弹性模量；A_s 为杆体截面面积；E_c 为杆体和注浆体的综合弹性模量；A_c 为锚固体截面面积。

(4) 土弹簧刚度

在弹性地基梁单元的每一节处点各设置一附加弹性支承杆，节点土弹簧刚度 K_{Si} 为：

$$K_{Si} = \frac{k_{Si-1} \cdot l_{i-1}}{6} + \frac{k_{Si} \cdot (l_{i-1} + l_i)}{6} + \frac{k_{Si-1} \cdot l_i}{6} \tag{3.4.6}$$

式中：l_i 为计算单元长度；k_{Si} 为单元地基土水平向基床系数，采用"m法"计算，地基土水平向基床系数的比例系数 m 值可凭经验取值或参考《建筑基坑支护技术规程》JGJ 120—99中的公式计算。

3) 考虑支护土钉滞后的施工动态分析

模拟施工过程的计算方法要考虑支护土钉滞后情况。具有多层支护土钉体系的基坑，一般采取分层开挖分层支护工艺。后续各层支护土钉（如第二层、第三层……）是在桩墙及上层支护土钉已经受力并已产生了位移后才设置的，这可视作支护土钉滞后情形，而这种滞后又影响到桩墙变形与支护土钉轴力的分布。假定超前桩墙与喷射混凝土面层结构的位移一致，则第 i 次开挖工况平衡方程可归纳如下：

$$\{F_i\} = [K_i]\{\delta_i\} = [K_{Si}]\{\delta_i\} + \sum_{j=1}^{i-1}[K_{Tj}](\{\delta_i\} - \{\delta_j\} + [K_{Ei}])\{\delta_i\}$$

(3.4.7)

式中：$\{F_i\}$ 为第 i 工况土压力、墙后堆载、支护土钉施加的预应力等组成的荷载列阵；$[K_i]$ 为第 i 工况由各杆单元刚度组成的总刚度矩阵；$\{\delta_i\}$ 为第 i 工况土弹簧刚度矩阵；$[K_{Si}]$ 为在开挖过程中不断变化矩阵，每开挖一段，该段范围加于支挡结构的土体弹簧相应被取消；$[K_{Tj}]$ 为第 j 道支护土钉刚度矩阵，当 $i=0$ 时 $j=0$，取 $\{\delta_j\} = \{\delta_0\} = 0$；$[K_{Ei}]$ 为第 i 工况超前桩和喷射混凝土面层综合单元总刚度。

3.4.3 工程实例

广州农林下路商住大厦基坑西侧开挖深度为 13.1m，邻近农林下路市政道路，距基坑开挖线 3.5m 有一排两层的商铺（浅基础，框架结构），采用超前钢管注浆桩-土钉复合结构支护。基坑土体物理力学参数指标值见表 28，风化基岩为泥质粉砂岩。

土体物理力学参数　　　　表 28

土层编号	土层名称	厚度(m)	重度 γ (kN·m⁻³)	内摩擦角 φ (°)	黏聚力 c (kPa)	m 值 (MN·m⁴)	经验土压力系数
1	杂填土	14	19	10	10	2.0	0.4
2	黏土	3.9	19.5	15	20	5.5	0.4
3	粉质黏土	4.7	19.9	22	25	9.7	0.2
4	强风化岩	3.5	20	30	45	19.5	0.1
5	中风化岩	8	20	35	60	27	0.05

复合结构设计断面见图 125，坡面采用 1:0.2 放坡挂 $\phi16@1300\times1500$mm 钢筋网后，喷射 10mm 厚度的 C20 速凝混凝土；在基坑土方开挖前施工 2 排超前钢管注浆桩，钻孔直径为 $\phi130$mm，内插 $\phi89$ 焊管（$\delta=5$mm），全段注入水灰比为 0.5 的水泥净浆，近基坑侧的超前桩为挡土桩，基坑外侧超前桩为控制坑顶变形的锚拉桩；施工土钉共 10 排，钻孔直径均为 110mm，注浆体水灰比为 0.5（水泥净浆）。

土方开挖前在超前挡土桩之间埋设了 1 个测斜孔（见图 125），测斜孔钻孔直径为 $\phi110$mm，孔深为 17.2m，测斜管采用内径为 43mm、外径为 53mm、壁厚为 5mm 的 PVC 硬塑料管，用水泥、砂子和细石填满钻孔和测斜管之间缝隙。采用英国 GIMK4 测斜仪，分别测量各开挖工况已施工土钉后测斜管每 50cm 不同深处的位移量。

地面超载取值：距离坡顶 1.0～3.5m 考虑正常施工堆载取为 15kPa，3.5～7.0m 的二层商铺取为 25kPa，7.0～14.0m 路面取为 40kPa。主动侧土压力计算按地区经验土压力考虑，根据各层土质情况采取分层经验土压力系数，同时考虑面层土压力受土钉作用和坡角影响的折减系数，详见表 28。

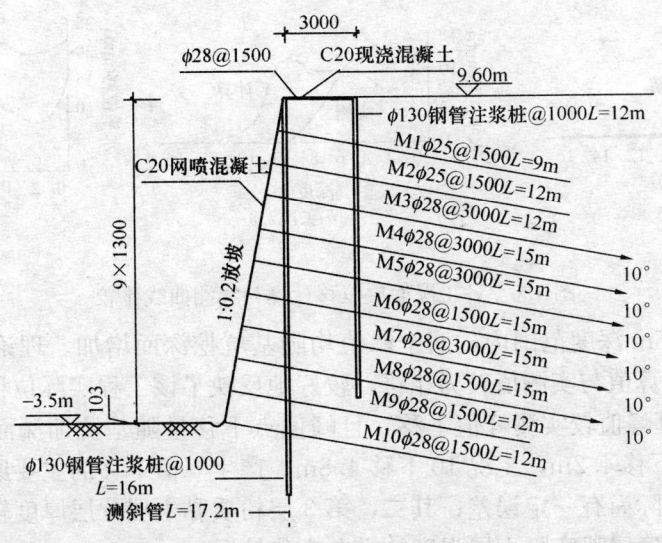

图 125　工程西侧基坑支护结构示意图

各排土钉弹簧刚度计算取值为，$E_s=2\times10^5$MPa，$E_c=4.86\times10^4$MPa，$A_s=6.1544\times10^{-4}$m^2，$A_c=9.4985\times10^{-3}$m^2，$\alpha_j=10°$，$S_j=1.50$m。假设复合土钉支护体滑动破裂面为直线破裂面，且下端点通过坡脚，破裂面与水平面间夹角为$\dfrac{\beta+\varphi}{2}$，其中β为坡角，φ为开挖深度范围内土体的综合内摩擦角；土钉自由段长度l_f值取为自由段长度，土钉锚固段长度l_a值取为稳定段长度；分层土钉K_T值计算取值见表29。

土钉弹簧刚度 K_T 计算值（MN/m^2）　　　　　表29

开挖深度 (m)	土钉排数										
	0	1	2	3	4	5	6	7	8	9	10
7.00	12.80	20.40	23.10	29.20	35.10	37.10					
9.75	12.80	15.10	16.50	19.30	21.50	26.60	34.50	37.10			
13.10	12.80	11.80	12.50	14.00	15.10	17.20	20.10	24.10	30.10	42.10	42.10

注：0排土钉为锚拉桩。

$\phi130@1000$mm超前挡土桩等效力为1m宽度喷混凝土材料的连续墙体厚度h'_i为：

$$h'_i=\sqrt[3]{\dfrac{3E_1\pi d^4}{16E_2S_i}}=\sqrt[3]{\dfrac{3\times3.44\times10^4\times3.14\times130^4}{16\times2.55\times10^4\times1000}}=60.99\text{mm}$$

式中：$E_1=3.44\times10^4$N/mm^2；$E_2=2.55\times10^4$N/mm^2；考虑喷混凝土面层施工滞后，挡土墙体计算厚度为：

$$h_i+h'_i=\dfrac{1}{2}\times100+60.99=110.99\text{mm}$$

工况计算模拟实际施工情况，即首层开挖深度为1.6m，以后各层开挖深度均为1.3m。采用FRWS4.0杆系有限元分析程序计算，主要开挖深度面层位移计算结果与测斜结果比较见图126，其中工况5、7、10分别对应基坑第5、7、10次开挖。

结果表明：实测面层水平位移出现2个峰值，其中第一个最大峰值出现在坡顶，第二

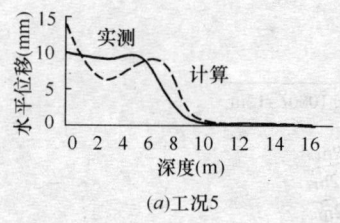 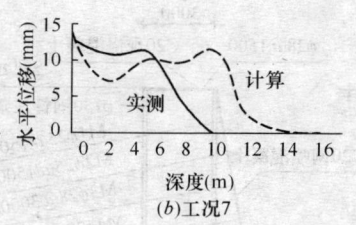 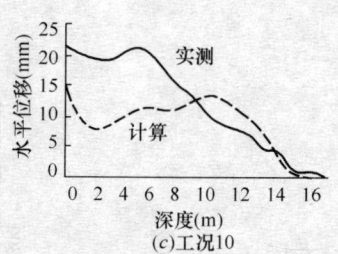

图 126 各工况面层位移计算与实测曲线比较

个峰值出现在 4~5m 深度范围内，两个峰值均随基坑挖深而增加。理论计算也出现了两个位移峰值，且计算值与实测值较为相符，较好地反映了该工程实际位移情况。

1) 第二个计算峰值较实测峰值下移，且峰值点下移量随基坑加深而增加，工况 5 下移 1.2m，工况 7 下移 4.2m，工况 10 下移 4.8m。产生峰值下移的主要原因是：其一，选择的计算参数与实际尚有一定误差；其二，第 3 层粉质黏土层分层厚度较大，单一的分层土压力系数难以精确反映实际土层强度的纵向变化情况。

2) 工况 5 的坡顶水平位移值偏差较大，但随着基坑开挖深度增大，该偏差值逐渐减小。主要原因是后排超前锚拉桩在计算时将其假设为施加在坡顶的支护土钉，没有考虑它在基坑开挖深度较浅时所起挡土作用，但随着基坑开挖深度增大，其挡土作用会逐渐降低。

3) 工况 10 在边坡上部的计算位移值偏小。主要是由于坡顶堆载变化所引起，基坑施工后期由于受施工场地限制，喷混凝土施工使用的 12m³ 柴油空压机等置于坡顶测斜孔附近，致使边坡土体受到震动引起坡顶位移增加。

3.4.4 小结

复合土钉支护面层受到的主动土压力值比桩（墙）锚支护结构受到的小。由于受超前桩作用，复合土钉支护边坡上部位移与一般土钉支护不同，表现在上部位移受到控制并有所减小，一般会在边坡顶部和中上部位置出现 2 个位移峰值，且顶部峰值稍大。通过改变杆系有限元传统分析思路，考虑土压力折减、土钉施工滞后等技术特点，可求解复合土钉支护结构位移，其精度能满足工程设计要求。复合土钉支护面层水平位移计算值主要受到：土压力系数、坡顶堆载、m 值、基坑深度、分层开挖高度等计算参数影响。

杨志明等认为，杆系有限元分析理论，尚存在以下问题，有待进一步研究：

1) 如何模拟复合土钉支护实际墙后主动土压力，例如：土钉长度、布置密度等对面层土压力影响，超前挡土桩墙和面层土压力随基坑开挖深度的变化情况等；

2) 如何根据分层开挖支护实际情况，分别考虑超前桩墙和喷混凝土面层刚度，同时考虑面层施工滞后影响；

3) 如何计算超前桩墙和喷混凝土面层结构内力等问题。

3.5 土钉-搅拌桩墙复合结构受力变形特性

3.5.1 概述

软土是一种特殊不良地质体，即使是新奥法或美国土钉技术标准，也不建议在软土中使用土钉。我国采用土钉和复合土钉支护方法，在东南沿海地区软土边坡、基坑工程中进行了大量成功应用，其经验是十分宝贵的。钟正雄等完成了若干软土工程设计与施工，又对软土复合土钉支护设计理论进行了深入探讨。结果认为，采用复合土钉支护软土边壁（坡）是可行的。

3.5.2　土钉-搅拌桩墙复合结构计算模型

1) 基本假定

为简化计算，对数值分析法作以下假定：

（1）考虑到除基坑坑角外，同一边同一水平上相邻土钉受力和变形基本相同，复合土钉挡墙计算可简化为二维平面应变问题；

（2）土钉及其辅助加固材料假定为弹性材料；

（3）土体假定为弹塑性体。

2) 土体单元及其材料性态模型

对地层土体拟采用四边形等参单元离散。

经复合土钉挡墙加固后的地层土体力学行为极为复杂。模拟其材料特性时，描述土体受荷作用后由弹性状态向塑性状态转变的常见屈服条件是德鲁克-普拉格屈服条件和莫尔-库仑屈服条件。其中德鲁克-普拉格屈服条件与应力偏量 J_3 无关，且公式简单，这里采用前者。其表达式为：

$$\alpha I_1 + \sqrt{J_2} = k \tag{3.5.1}$$

式中：

$$I_1 = \sigma_1 + \sigma_2 + \sigma_3$$

$$J_2 = \frac{1}{6}\left[(\sigma_1-\sigma_2)^2 + (\sigma_2-\sigma_3)^2 + (\sigma_3-\sigma_1)^2\right] \tag{3.5.2}$$

平面应变条件下，将其与莫尔-库仑公式对比可导得：

$$\alpha = \frac{\sin\varphi}{\sqrt{3}\sqrt{3+\sin^2\varphi}}; \quad k = \frac{\sqrt{3}\cos\varphi}{\sqrt{3+\sin^2\varphi}}$$

3) 支护结构单元与材料性态模型

支护结构包括土钉、面板和辅助结构（这里主要是搅拌桩墙）。采用有限元分析，土钉按一维杆单元考虑，搅拌桩墙按梁单元计算，面层仅起护面作用，故暂略。

支护结构材料性质均按弹性体考虑。

4) 开挖过程模拟

采用土钉技术形成基坑围护时，基坑开挖与土钉支护体系建造通常分步完成，使土钉支护结构内力和变形与施工过程密切相关，故有必要在分析土钉结构内力和变形的同时模拟其建造过程。有限元分析中可利用消失和生成单元方法来模拟土钉支护施作过程。网格中单元生成和消失时，土钉支护结构将不再处于平衡状态，需通过计算消除不平衡力。

对每一步开挖，有限元分析计算过程均为先求出开挖面上土体单元结点力 $\{F\}$，据此给出释放荷载，即与此相反的结点荷载 $-\{F\}$，同时将挖除的土体单元从网格中去掉，使开挖面成为自由面，并增补表示土钉作用的杆单元，然后计算围护结构和地层位移场和应力场。

在不计附加应力场情况下，第一步开挖的初始应力场为自重应力场，各步开挖中应力及位移计算式为：

$$\{\sigma_n\} = \{\sigma_0\} - \sum_{i=1}^{n}\{\Delta\sigma_i\} \quad (3.5.3)$$

$$\{u_n\} = \{u_0\} - \sum_{i=l}^{n}\{\Delta u_i\} \quad (3.5.4)$$

式中：$\{\sigma_n\}$、$\{u_n\}$ 为 n 级开挖结束后的应力和位移；$\{\sigma_0\}$、$\{u_0\}$ 为初始应力和位移，除附近有回填土等外一般令为 $\{u_0\} = 0$。

开挖面上释放结点力可由单元内力内插求得，或由已知位移直接求得。这里采用方法为前者，即先由单元内力内插求得结点应力，后由虚功原理将其转化为结点力，据以算得释放结点力。

3.5.3 实例分析

1) 工程概况

上海市区某基坑工程，开挖深度为 5.2m，平面形状不规则，如图 127 所示。基坑围护结构采用土钉-搅拌桩墙复合支护体系，不设内支撑。共设 4 排土钉，第一、三、四排土钉长度为 6m，第二排土钉长度为 9m，水平和垂直向间距均为 1m。

2) 计算简图和材料参数

(1) 有限元网格划分

计算以北侧 CX6 点为例，基坑开挖深度为 5.2m。工程经验表明，基坑开挖影响宽度约为开挖深度的 3～4 倍，影响深度约为开挖深度的 2～4 倍。据此确定网格划分示于图 128，由该图可见计算域宽度为 60m，深度为 30m。

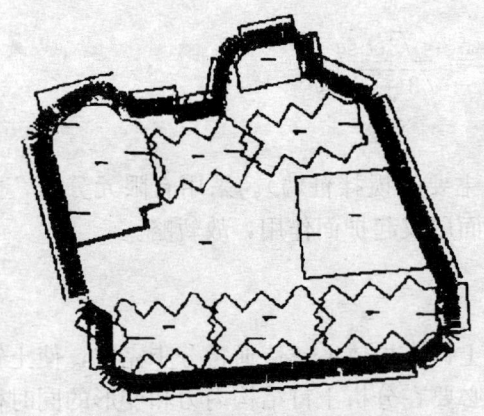
图 127 基坑平面尺寸示意图

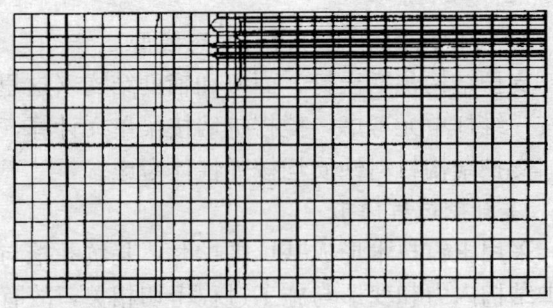
图 128 有限元计算网格划分图

(2) 初始边界约束条件与荷载条件

设定初始边界约束条件时，假设计算域两侧设有水平链杆，底部设有铰支座，顶部取为荷载已知自由边界。初始地应力场令为自重应力场，地表超载为 10kN/m。

(3) 材料参数

复合土钉支护结构中,土钉弹性模量值为 $E_1=3\times10^4$ MPa,单元土钉面积为 $A_1=0.00785$ m²。搅拌桩墙弹性模量值为 $E_M=500$ MPa,泊松比为 $\nu_M=0.30$,单位厚度面积为 $A_M=0.7$ m²。土层材料性态参数按上海市相应土层性态参数平均值取用,并按固结不排水考虑。土层泊松比取为 $\nu=0.49$,其余参数如表30所示。考虑土钉注浆对土体固结改性作用,土钉加固区变形量和凝聚力根据工程经验按原值的1~1.5倍取值。

计算取用土层参数表 表30

土层	H (m)	γ (kN/m³)	E (kPa)	c (kPa)	φ (°)
第一层 杂填、暗浜填土	1.5	19	8.0	12	15
第二层 粉质黏土、淤泥质粉质黏土	4.5	18.7	5.0	14	12
第三层 淤泥粉质黏土	6.0	18.0	4.5	7	13
第四层 淤泥质黏土	8.0	17.6	4.0	7.5	9
第五层 灰色黏土	10.0	19.0	10.0	11	18

3) 有限元计算结果与分析

为了解复合土钉挡墙作用机理,通过弹塑性有限元计算,研究同一地质和开挖施工条件下无土钉加固和有土钉加固的情况,结果如图129~图133所示。

从图129、图130可看出,土钉加固后基坑变形明显减小,无土钉时随基坑开挖将在基坑顶部和底部出现塑性区,土钉加固后,土体没有出现塑性破坏,仅在地表后部8~9m处出现拉张区(图131)。计算与实际结果较相符,说明所采用计算方法具有合理性。

从分步开挖时轴力变化情况看,一、三排土钉端部仍承受一定拉力,轴力分布规律为中部大,两端小。

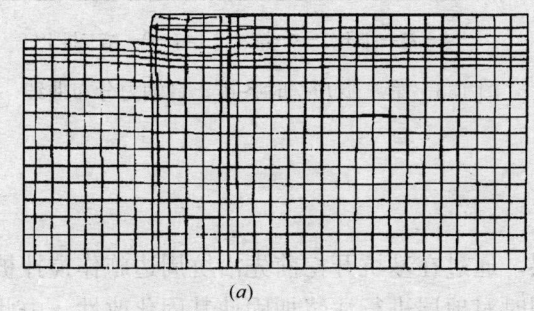 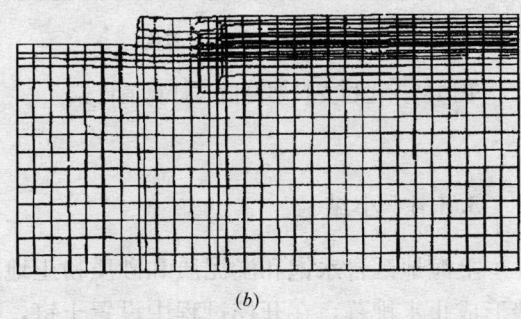

(a) (b)

图129 不同支护结构开挖变形比较(挖深为3.5m)
(a) 无土钉支护;(b) 有土钉支护

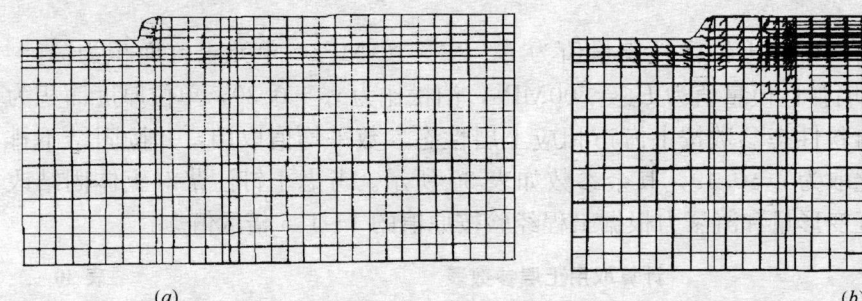

图 130 不同支护结构开挖矢量场比较
(a) 无土钉支护；(b) 有土钉支护

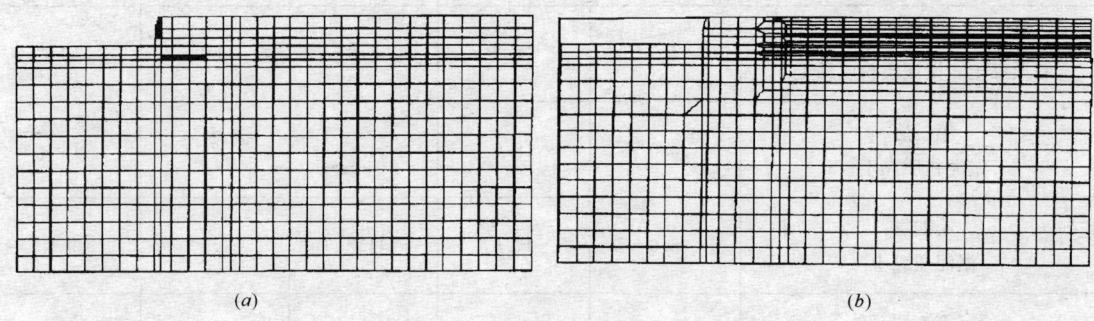

图 131 不同支护结构由开挖引起塑性区比较
(a) 无土钉支护（存在塑性区）；
(b) 有土钉支护（只在表面形成拉张区）

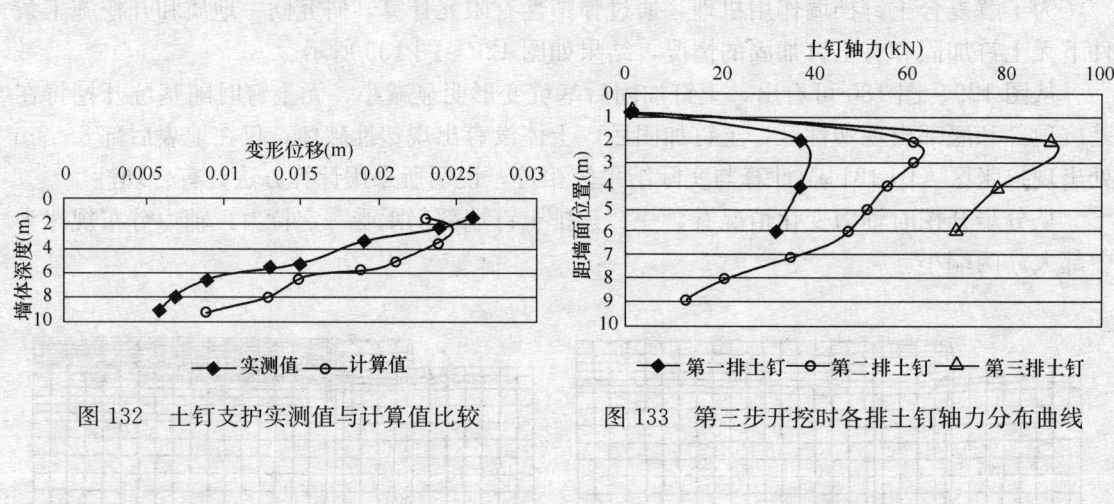

图 132 土钉支护实测值与计算值比较　　图 133 第三步开挖时各排土钉轴力分布曲线

3.5.4 小结

上海地区含水饱和淤泥质和砂质粉土地层，通过在基坑开挖前先沿坑周边施作搅拌桩墙形成止水帷幕，在开挖过程中设置土钉，同时对地层进行注浆加固使其固化改性，由此形成基坑复合土钉支护结构是可行的。这类技术在40多个基坑工程中取得了成功应用，表明这种技术已趋于成熟。

3.6 土钉-搅拌桩复合结构稳定性分析

3.6.1 概述

采用国内外已开发程序对复合土钉支护工程进行稳定性分析，是一种常用方法。采用程序进行分析的关键在于：所采用计算模型和相关参数指标值，应尽可能与具体工程相符合。周川杰等运用 FLAC-2D 二维显式有限差分程序，对某工程作了稳定性分析计算。

3.6.2 FLAC-2D 简介

FLAC-2D (Fast Lagrangian Analysis of Continua in 2 Dimensions) 是由美国 Itasca Consulting Group Inc 开发的二维显式有限差分法程序，可模拟岩土或其他材料介质二维力学行为。FLAC-2D 将计算区域划分为若干四节点平面应变等参单元，每个单元在给定边界条件下遵循指定的线性或非线性本构关系，如果单元应力使得材料屈服或产生塑性流动，则单元网格及结构可随材料变形而变形，这就是所谓的拉格朗日算法。这种算法非常适合于模拟大变形问题。FLAC-2D 采用显式有限差分格式来求解场的控制微分方程，并应用混合单元离散模型，可以准确地模拟材料屈服、塑性流动、软化直至大变形的过程和性能，尤其是在材料弹塑性分析、大变形分析以及模拟施工过程等方面有其独到之处。

FLAC-2D 求解使用了如下 3 种计算方法：

(1) 离散模型方法。连续介质被离散为若干互相连接的四节点单元，作用力均被集中在节点上。

(2) 有限差分方法。变量关于空间和时间一阶导数均采用有限差分来近似。

(3) 动态松弛方法。应用质点运动方程求解，通过阻尼使系统衰减至平衡状态。

1) 空间导数的有限差分近似

在 FLAC-2D 中采用混合离散方法，区域被划分为四节点平面应变等参单元的集合体，而在计算过程中，程序内部又将每个单元分成两个常应变三角形单元，如图 134 所示。设其内部任一点速率分量为 v_i，则可由高斯公式得：

$$\int_S n_i \mathrm{d}s = \int_A \frac{\partial v_i}{\partial x_i} \mathrm{d}A \tag{3.6.1}$$

式中：s 为三角形周长，A 为三角形面积，n_i 为三角形外法向向量，x_i 为坐标。

2) 运动方程

FLAC-2D 以节点为计算对象，将力和质量均集中在节点上，然后通过运动方程在时域内进行求解。节点运动方程可表示为如下形式：

$$\frac{\partial v_i^l}{\partial t} = \frac{F_i^l(t)}{m^l} \tag{3.6.2}$$

式中：$F_i^l(t)$ 为 t 时刻 l 节点在 i 方向的不平衡力分量，可由虚功原理导出；m^l 为 l 节点集中质量，在分析静态问题时，采用虚拟质量以保证数值稳定，而在分析动态问题时则采用实际的集中质量。

将式（3.6.2）左端用中心差分来近似，则可得到：

$$v_i^l\left(t+\frac{\Delta t}{2}\right)=v_i^l\left(t-\frac{\Delta t}{2}\right)+\frac{F_i^l(t)}{m^l}\Delta t \quad (3.6.3)$$

3）应变、应力及节点不平衡力

FLAC-2D 由速率求某一时步单元增量，采用下式：

$$\Delta e_{ij}=\frac{1}{2}(v_{i,j}+v_{j,i})\Delta t \quad (3.6.4)$$

求出应变增量后，即可由本构方程求出应力增量，再将各时步应力增量进行叠加便可得到总应力；在大变形情况下，还需根据时步单元转角对本时步前的总应力进行旋转修正。然后即可由虚功原理求出下一时步节点不平衡力，进入下一时步计算。

4）阻尼力

对于静态问题，FLAC-2D 在式（3.6.2）的不平衡力中加入了非黏性阻尼，以使系统振动逐渐衰减直至达到平衡状态（即不平衡力接近于零）。此时式（3.6.2）变为：

$$\frac{\partial v_i^l}{\partial t}=\frac{F_i^l(t)+f_i^l(t)}{m^l} \quad (3.6.5)$$

式中：$F_i^l(t)$ 为阻尼力，

$$f_i^l(t)=-a\mid F_i^l(t)\mid\operatorname{sgn}(v_i^l) \quad (3.6.6)$$

a 为阻尼系数，其默认值为 0.8；而

$$\operatorname{sgn}(y)=\begin{cases}+1 & (y<0)\\-1 & (y>0)\\0 & (y=0)\end{cases} \quad (3.6.7)$$

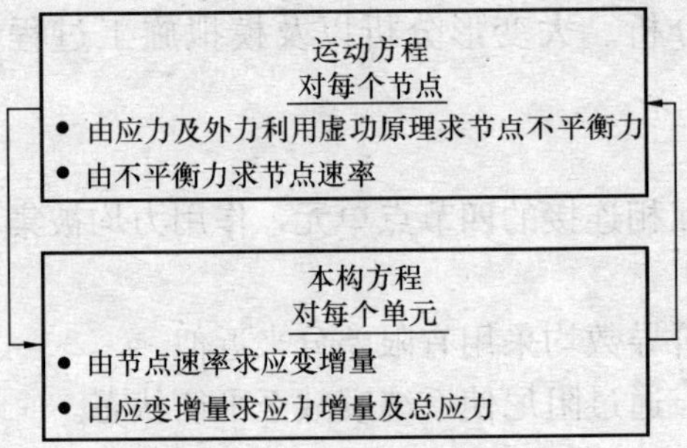

5）计算循环

FLAC-2D 的计算循环方法如图 134 所示。

图 134　计算循环方法

3.6.3　复合土钉挡墙数值分析

1）基本假定

为简化计算，对数值分析法的建立作以下假定：

（1）考虑到除基坑坑角外，同一边同一水平上相邻土钉受力和变形基本相同，认为复合土钉挡墙计算可简化为二维平面应变问题；

（2）假定土钉及其辅助加固材料为弹性体；

（3）假定土体为弹塑性体。

2）土体单元及其材料性态模型

对地层土体拟采用四边形单元来划分。

经复合土钉挡墙加固后的地层土体力学行为极为复杂。模拟其材料特性时，描述土体受荷作用后弹性状态向塑性状态转变的常见屈服条件是德鲁克-普拉格屈服条件和莫尔-库仑屈服条件。周川杰等采用的是莫尔-库仑屈服条件。其表达式为：

$$\frac{\sigma_1 - \sigma_3}{2} = \frac{\sigma_1 + \sigma_3}{2}\sin\varphi + c \cdot \cos\varphi \tag{3.6.8}$$

式中：σ_1，σ_3 分别为最大和最小主应力；c，φ 分别为土的黏聚力和内摩擦角。

3) 支护结构单元与材料性态模型

支护结构包括土钉、面板和辅助结构（这里主要是搅拌桩墙）。在数值分析中土钉按一维杆单元考虑，搅拌桩墙按梁单元计算，面板因支护作用有限而忽略其影响。

4) 开挖过程模拟

采用土钉支护技术形成基坑围护时，基坑开挖与土钉支护体系的建造通常分步完成，使土钉支护结构内力和变形与施工过程密切相关，故有必要在分析土钉结构的内力和变形同时模拟其建造过程。数值分析中可利用消除和生成单元方法来模拟土钉支护施工过程。网格中单元生成和消除时，土钉支护结构不再处于平衡状态，需通过计算消除不平衡力。

3.6.4 实例分析

1) 工程概况

上海市区某基坑工程，开挖深度为 5.2m，平面形状不规则，如图 127 所示。基坑围护结构采用土钉挂网喷混凝土支护体系，不设内支撑。共设 8 排土钉，第二、三排土钉长度为 9m，其余土钉长度为 6m，水平和垂直间距均为 1m。

2) 计算简图和材料参数

（1）网格划分

计算以北边 CX6 点为例，基坑开挖深度为 5.2m。工程经验表明，基坑开挖影响宽度约为开挖深度 3~4 倍，影响深度约为开挖深度的 2~4 倍。经分析确定网格划分见图 135，由该图可见计算域宽度为 60m，深度为 30m。

（2）初始边界约束条件与荷载条件

设定初始约束条件时，假设计算域两侧设有水平链杆，底部设有铰支座，顶部取为荷载已知的自由边界。初始地应力场令为自重应力场，地表超压为 10kN/m。

（3）材料参数

复合土钉支护结构中，土钉弹性模量值取为 $E_1 = 3 \times 10^4$ MPa，单钉面积为 $A_t = 0.00785$m^2。搅拌桩墙弹性模量值为 $E_M = 500$MPa，泊松比为 $\nu_M = 0.30$，单位厚度面积为 $A_M = 0.7$m^2。土层材料性能参数见表 30。考虑土钉注浆对土体固结改性作用，在土钉加固区内其变形模量和凝聚力由工程经验按初始值的 1~1.5 倍取值。

3) 数值计算结果与分析

为了解复合土钉挡墙的机理，周川杰等通过数值计算，研究了同一地质和开挖施工条件下无土钉加固和有复合土钉加固的情况。

图 135 为复合土钉支护示意图，图 136 为土体支护后的位移矢量图。从该图可以看出开挖完毕后土体位移趋势。

图 137 和图 138 分别为土钉体位移实测值与计算值的比较，以及开挖完毕后各排土钉轴力分布图。从图 137 中可以看出，土钉支护边壁变形位移实测值与计算值符合得较好。从图 138 中可以看出，第一、二、六排土钉轴力较大，第四、五排土钉轴力次之，第三排土钉轴力最小。基坑边壁中部土钉轴力较小原因，是由于该部位向外凸出的变位较大所致。

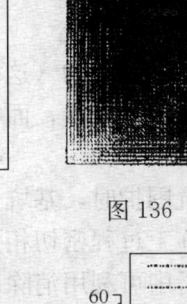

图 135　土钉支护示意图　　　　图 136　土体支护后位移矢量图

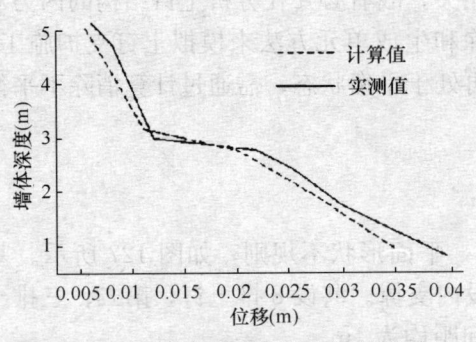
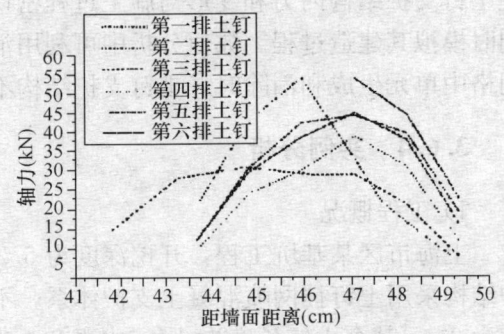

图 137　土钉体位移实测值与计算值比较　　　图 138　开挖完毕后各排土钉轴力分布图

3.6.5　小结

用 FLAC-2D 对复合土钉支护进行数值分析表明，对处于含水饱和淤泥质粉土层中的基坑，采用复合土钉支护技术是可行的；在复合土钉支护中，土钉轴力距开挖面 0.4~0.5m 处具有最大值，其受力性能类似于锚杆。

3.7　填土边壁（坡）破坏模式相似模型试验的有限元分析

3.7.1　概述

边壁（坡）破坏模式是边壁（坡）稳定性分析和支护参数设计计算的基本依据。在以往填土边壁（坡）稳定性分析中大都近似采用圆弧破坏模式，而工程实践表明，填土边壁（坡）的破坏并不一定取圆弧破坏模式。为研究填土边壁（坡）的破坏模式，曾宪明等进行了填土边壁（坡）破坏模式的相似模型试验研究。

在该项试验研究中，根据相似模型理论设计了一个 3.15m×0.6m×2.5m（长×宽×高）的试验箱，如图 139 所示。试验箱长边一侧为

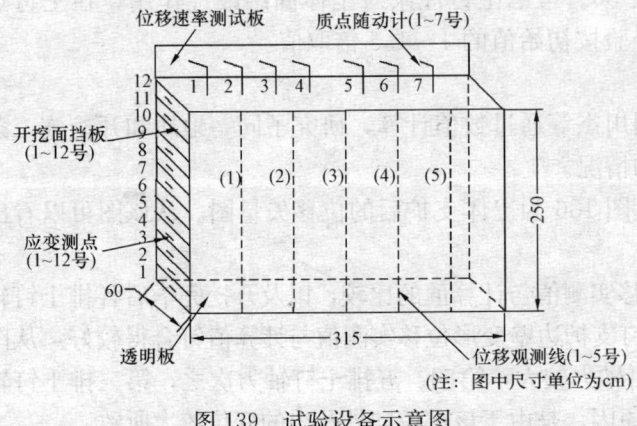

图 139　试验设备示意图

玻璃透明板，用于观测试验箱内土体变化。试验箱两端面的一端为开挖面，由12块钢板构成，试验时按一定时间间隔从上而下拆除挡板以模拟边壁（坡）分层开挖过程。试验介质采用真实素填土（洛阳 Q_2 黄土），试验时将黄土分层填入后刮平，每层厚约30cm。制模时分夯填和不夯填两种方式。

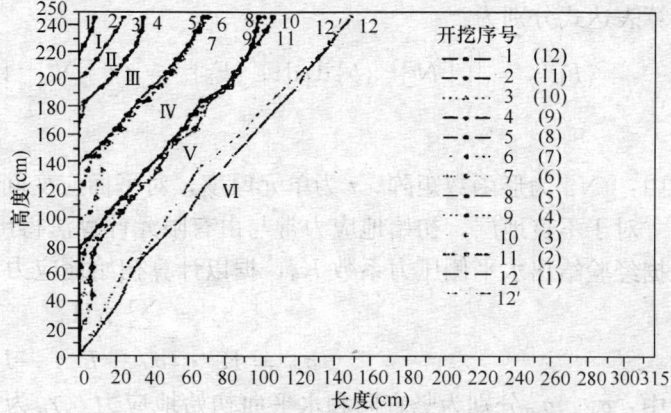

图140 不夯实填土边壁（坡）滑塌面形状

试验结果表明，在不夯填情况下，试验过程中发生多次滑塌，先后共产生6条主滑塌面。各主滑塌面如图140所示，其主要破坏特点为：主滑塌面为一簇大体平行平面，滑塌角为60°左右；随着开挖深度增大，主滑塌面逐渐向边壁纵深发生转移；边壁临界自稳高度小于0.3m；当在边壁下部开挖时，总是壁（坡）脚部首先产生破坏，随后形成新的主滑塌面。其破坏模式为平面破坏模式。

在夯填情况下，试验过程中共发生两次大规模滑塌，相应滑塌线形状如图141所示。由该图可知，边壁（坡）滑塌面空间形态为平面与凸弧面组合形式，即上部为直立平面，下部为凸弧面，上部为倒塌破

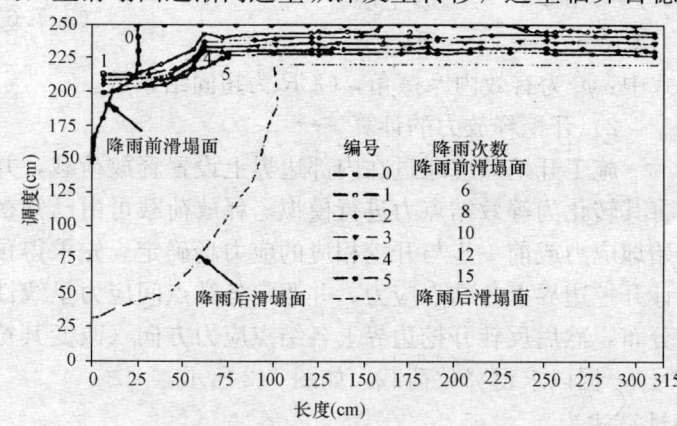

图141 夯实填土边壁（坡）滑塌面形状（降雨前、后滑塌面）

坏，下部为滑移破坏，其破坏模式为平面—凸弧面组合破坏模式。

3.7.2 有限元计算原理

采用同济曙光岩土及地下工程设计与施工分析软件，对填土边坡进行有限元分析。该软件是一套岩土及地下工程领域通用有限元分析与设计平台，适用于岩土及地下工程各个领域，如水电站大型地下厂房、新奥法、盾构法和顶管法隧道、基坑工程、边坡、公路工程等。主要功能包括岩土及地下工程有限元施工动态模拟分析系统，可考虑施工过程的全量和增量反演分析系统，以及盾构、公路隧道等设计计算及配筋模块。

1）初始地应力计算

本程序中提供了两种计算初始地应力方法，即有限元法和经验法。采用有限元方法计算初始地应力 $\{\sigma_0\}$ 时，据以建立求解过程的基本方程为：

$$[K_0]\{\delta\} = \{F_b\}_0 + \{F_s\}_0 + \{F_c\}_0 \tag{3.7.1}$$

$$\{\sigma_0\}^e = [D][B]\{\delta\}^e \tag{3.7.2}$$

式中：$[K_0]$ 为地层材料初始总体刚度矩阵；$\{\delta\}$ 为总体坐标系下结点位移向量；$\{F_b\}_0$、

$\{F_s\}_0$、$\{F_c\}_0$ 分别为由初始体积力 $\{b\}$、面力 $\{P\}$ 和集中力 $\{Q\}$ 引起的等效结点力。其计算表达式分别为：

$$\{F_b\}_0 = \iint_A [N]^T \{b\} \mathrm{d}x \mathrm{d}z; \quad \{F_s\}_0 = t \int [N]^T \{p\} \mathrm{d}S; \quad \{F_c\}_0 [N]^T \{Q\} \tag{3.7.3}$$

式中：$[N]$ 为形函数矩阵；t 为单元厚度，对平面应变问题 $t=1$。

对于不良地层，初始地应力常与由有限元计算法得出的结果不符。对这类地层，常需根据经验给出水平侧压力系数 K_0，据以计算初始地应力。计算式为：

$$\sigma_{z0} = \sum \gamma_i H_i \tag{3.7.4}$$

$$\sigma_{x0} = K_0 \cdot (\sigma_{z0} - P_w) + P_w \tag{3.7.5}$$

式中：σ_{z0}、σ_{x0} 分别为竖直向和水平向初始地应力，γ_i 为计算点以上第 i 层土的重度，H_i 为相应的厚度，P_w 为计算点的孔隙水压力。

无经验可循时，水平侧压力系数可由下式估计确定：

$$K_0 = \begin{cases} 1 - \sin \varphi' & \text{砂土层} \\ OCR^{0.3} - 0.5 & \text{黏土层} \end{cases} \tag{3.7.6}$$

式中：φ' 为有效内摩擦角，OCR 为超固结系数。

2) 开挖释放力的计算

施工开挖效应通过在内部边界上设置释放荷载，并将其转化为等效结点力进行模拟。释放荷载可由已知初始地应力或前一步与开挖相应的应力场确定。先求得预计开挖边界上各结点应力，并假定各结点间应力呈线性分布，然后反转开挖边界上各结点应力方向（改变其符号），据以求得释放荷载，如图142所示。

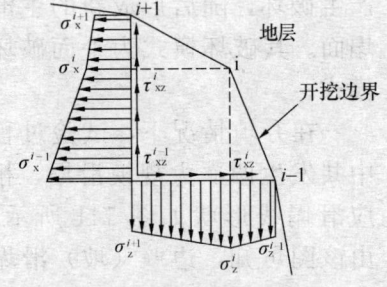

图142 开挖边界结点

对线性分布荷载，等效结点力计算式为：

$$R_x^i = \frac{1}{6} (2\sigma_x^i(b_1+b_2) + \sigma_x^{i+1}b_2 + \sigma_x^{i-1}b_1 + 2\tau_{xz}^i(a_1+a_2) + \tau_{xz}^{i+1}a_2 + \tau_{xz}^{i-1}a_1) \tag{3.7.7}$$

$$R_z^i = \frac{1}{6} (2\sigma_z^i(a_1+a_2) + \sigma_z^{i+1}a_2 + \sigma_z^{i-1}a_1 + 2\tau_{xz}^i(b_1+b_2) + \tau_{xz}^{i+1}b_2 + \tau_{xz}^{i-1}b_1) \tag{3.7.8}$$

式中：$a_1 = x_{i-1} - x_i$；$a_2 = x_i - x_{i+1}$；$b_1 = z_{i-1} - z_i$；$b_2 = z_i - z_{i+1}$；

x_{i-1}、x_i、x_{i+1} 分别为开挖边界结点 $i-1$、i 和 $i+1$ 的 x 坐标；

z_{i-1}、z_i、z_{i+1} 分别为开挖边界结点 $i-1$、i 和 $i+1$ 的 z 坐标。

3) 开挖过程的有限元模拟

对于各个开挖过程，采用有限元方法按二维问题进行模拟计算，其状态变化由下式表示：

$$\left([K_0] + \sum_{j=1}^{i} [\Delta K]_j\right) \{\Delta \delta\}_j = \{\Delta F_r\}_i \quad (i=1,\cdots,L) \tag{3.7.9}$$

式中：L 为开挖过程数；$[K_0]$ 为土体初始刚度矩阵；$[\Delta K]_j$ 为开挖过程中土体刚度的减量，用以体现土体单元的开挖；$\{\Delta F_r\}_i$ 为第 i 开挖阶段开挖边界上的等效释放力。

对于位移、应变和应力的计算，其迭代公式为：

$$\begin{cases} \{\delta\}_i = \{\delta\}_{i-1} + \{\Delta\delta\}_i = \sum_{\lambda=1}^{i}\{\Delta\delta\}_\lambda \\ \{\varepsilon\}_i = \{\varepsilon\}_{i-1} + \{\Delta\varepsilon\}_i = \sum_{\lambda=1}^{i}\{\Delta\varepsilon\}_\lambda \\ \{\sigma\}_i = \{\sigma\}_{i-1} + \{\Delta\sigma\}_i = \{\sigma_0\} + \sum_{\lambda=1}^{i}\{\Delta\sigma\}_\lambda \end{cases} \quad (i=1,\cdots,L) \quad (3.7.10)$$

式中：$\{\delta\}$、$\{\varepsilon\}$、$\{\sigma\}$ 分别为位移、应变和应力向量，$\{\sigma_0\}$ 为初始应力，$\{\Delta\sigma\}_\lambda$ 为任意时步的应力增量。

3.7.3 考虑开挖过程的有限元计算分析

1) 有限元计算模型及开挖模拟

为合理模拟试验土箱、挡板以及开挖全过程，采用图 143 所示计算模型。

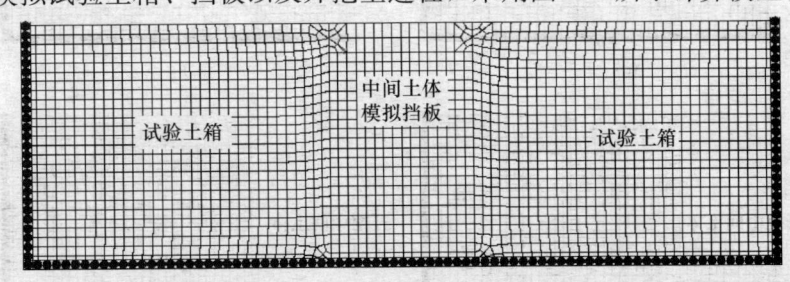

图 143 有限元计算模型及初始网格图

计算中假定为二维平面应变问题，两侧区域内的土体模拟试验土箱中的土体，尺寸与试验土箱一致。中间土体（宽度为 1.5m）模拟挡板作用，采用弹性模量很大（为试验土体弹性模量的 10^3 倍）但重度与试验土体相同的土体。所有土体采用四边形等参元。计算的边界约束条件为边壁左右侧不发生水平位移（即约束 X 方向位移），下部边界不发生垂直位移（即底部约束 Y 方向位移），上部边界为自由边界。

有限元计算中，对土层采用各向同性弹性体模拟。首先由自重计算得到初始地应力场，然后将中间土体分层开挖以模拟挡板拆除，每层开挖深度与拆除挡板的高度一致，每一开挖步作用有一开挖释放荷载，合计 12 个开挖步。各开挖工况有限元网格图如图 144 所示。

根据土的物理特性参数试验，并参照洛阳、郑州等地新近堆积黄土物理力学性能指标，考虑夯填与不夯填对黄土的影响，对计算中土的物理特性参数取值如表 31 所示。土体本构模型采用弹塑性模型，屈服准则为德鲁克-普拉格准则。

黄土物理力学特性参数计算取值　　表 31

夯填情况	凝聚力 c（kPa）	内摩擦角 φ（°）	弹性模量 E_0（MPa）	泊松比（μ）	重度（kN/m³）
不夯填	10	17.8	10	0.3	16.6
夯填	18	28.4	10	0.3	18.9
夯填（降雨饱和）	12	18.0	10	0.3	23.2

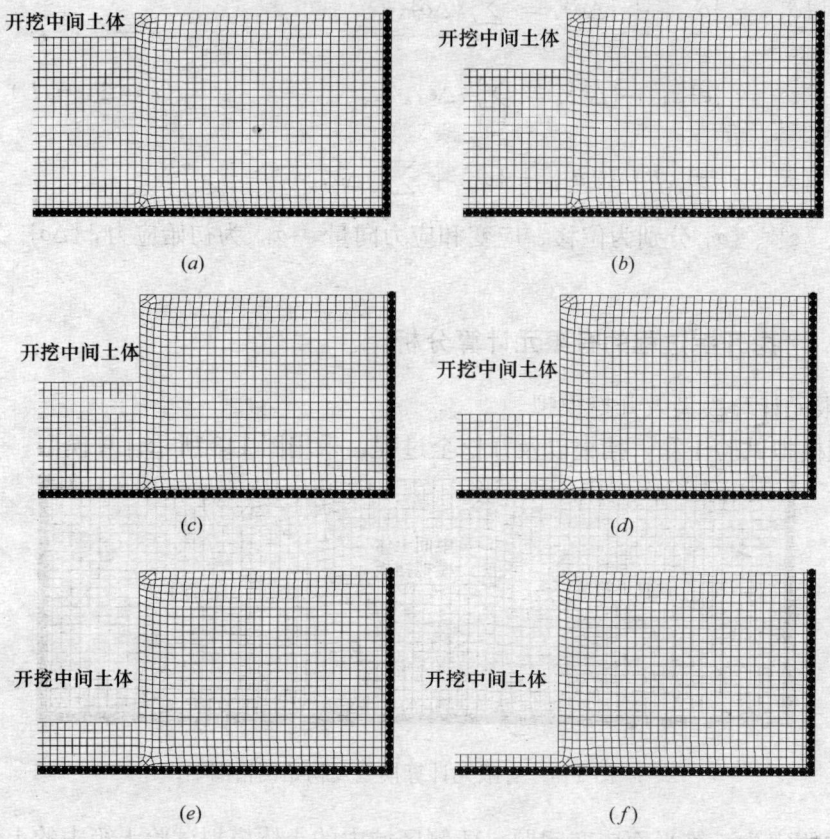

图 144 各开挖工况的有限元网格局部放大图
(a) 开挖步 1，开挖至 -0.3m；(b) 开挖步 3，开挖至 -0.7m；
(c) 开挖步 5，开挖至 -1.1m；(d) 开挖步 7，开挖至 -1.5m；
(e) 开挖步 9，开挖至 -1.9m；(f) 开挖步 11，开挖至 -2.3m

2）计算结果及分析

定义单元土体屈服度 q 为：

$$q = \frac{\text{单元土体最大剪应力 } \tau_{max}}{\text{单元土体抗剪强度 } [\tau]} \quad (3.7.11)$$

式中：抗剪强度 $[\tau]=c+\sigma_z\tan\varphi$，$c$ 为土的凝聚力，φ 为土的内摩擦角，σ_z 为土体单元竖向应力。$q>1$ 时，表明土体单元发生了破坏。

基于上述有限元模型及相应开挖施工过程，计算得到了在夯填、不夯填情况下不同开挖阶段土体最大剪应力 τ_{max} 及屈服度等色图，见图 145 和图 146。

（1）不夯填土情况

图 146 为在不夯填情况下，相应于不同开挖阶段的土体最大剪应力 τ_{max} 及屈服度等色图。由该图可见，每一步开挖过后，最大剪应力位置处于开挖后的坑底与壁脚结合部，且从屈服度图中可知该处土体的屈服度均大于 1（如表 32 所示），说明该处土体已经发生破坏，在实际边壁（坡）中，土体将从该处开始滑落。

不同开挖阶段土体最大剪应力 τ_{max} 及屈服度值   表 32

开挖步	不夯填情况		夯填情况		备 注
	τ_{max}(kPa)	屈服度值	τ_{max}(kPa)	屈服度值	
初始应力状态	15.60	2.36	17.76	1.87	
1	14.64	1.76	16.66	1.29	
2	14.83	1.65	16.89	1.17	
3	15.05	1.59	17.14	1.13	
4	15.00	1.56	17.09	1.06	
5	15.55	1.40	17.71	0.95	
6	15.83	1.31	18.02	0.78	
7	15.79	1.28	17.98	0.72	
8	15.49	1.16	17.64	0.67	
9	14.99	1.11	17.07	0.67	
10	15.46	1.02	16.46	0.67	
11	15.25	1.04	17.37	0.67	
最后应力状态	17.07 (11.28)	1.24 (0.865)	19.43 (10.19)	0.69 (0.57)	括号中数值为土壁(坡)脚之值

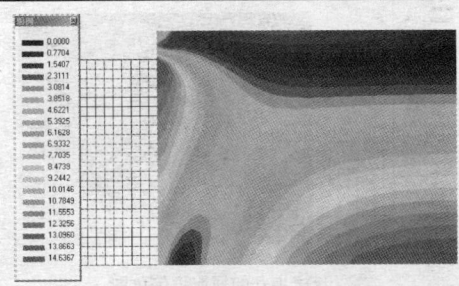

(a) 开挖步 1 的 τ_{max} 等色图

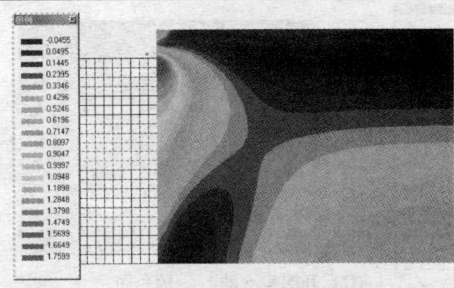

开挖步 1 的屈服度等色图

(b) 开挖步 2 的 τ_{max} 等色图

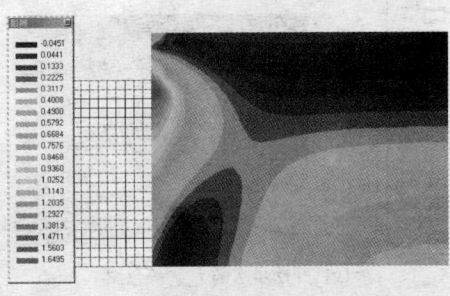

开挖步 2 的屈服度等色图

(c) 开挖步 3 的 τ_{max} 等色图

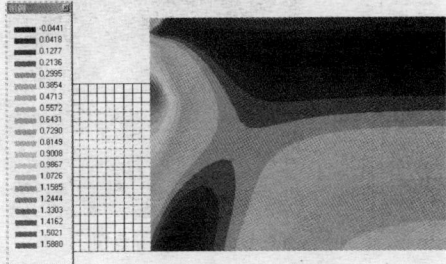

开挖步 3 的屈服度等色图

图 145 不夯填情况下各开挖阶段土体最大剪应力及屈服度等色图(一)

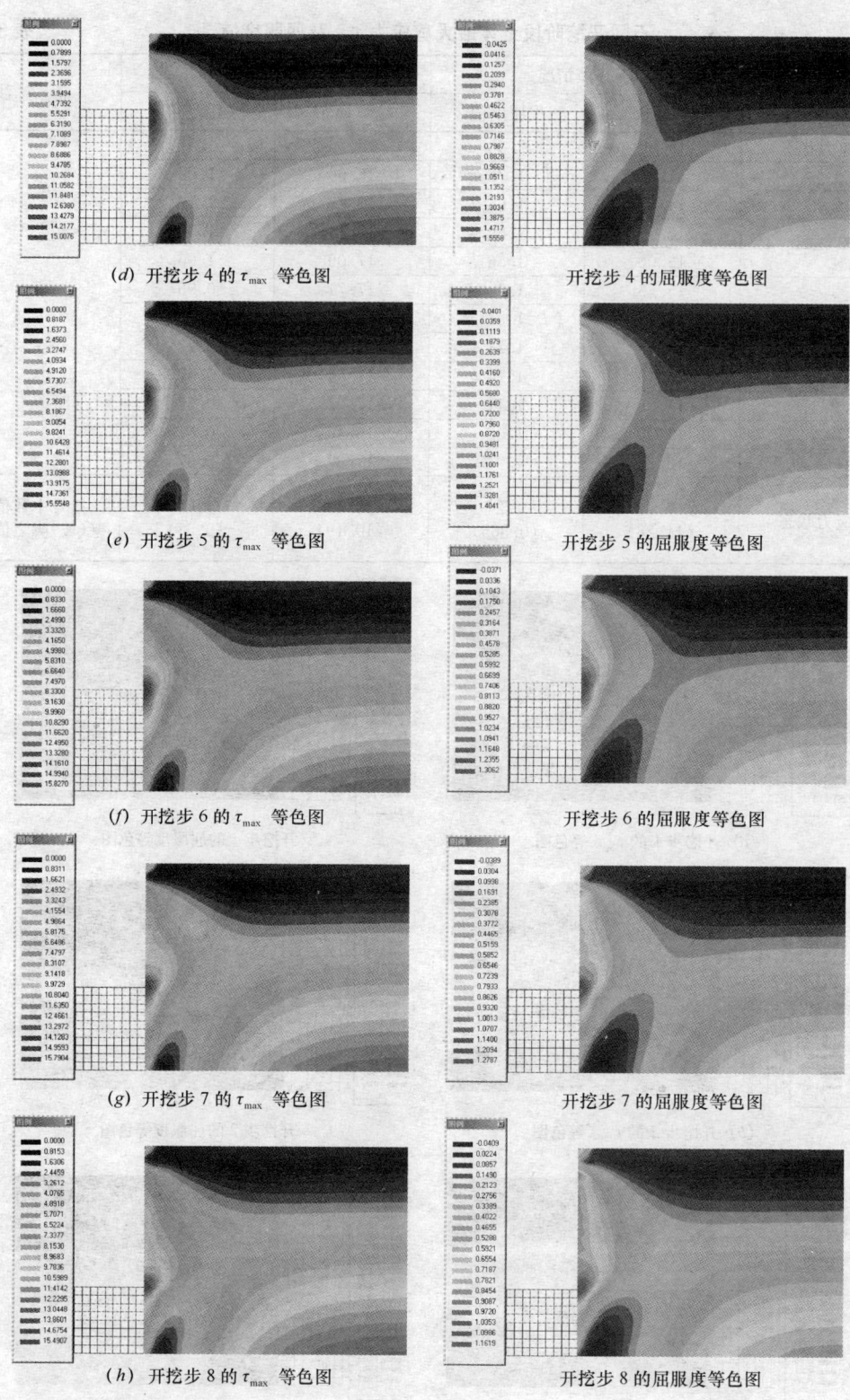

图 145　不夯填情况下各开挖阶段土体最大剪应力及屈服度等色图（二）

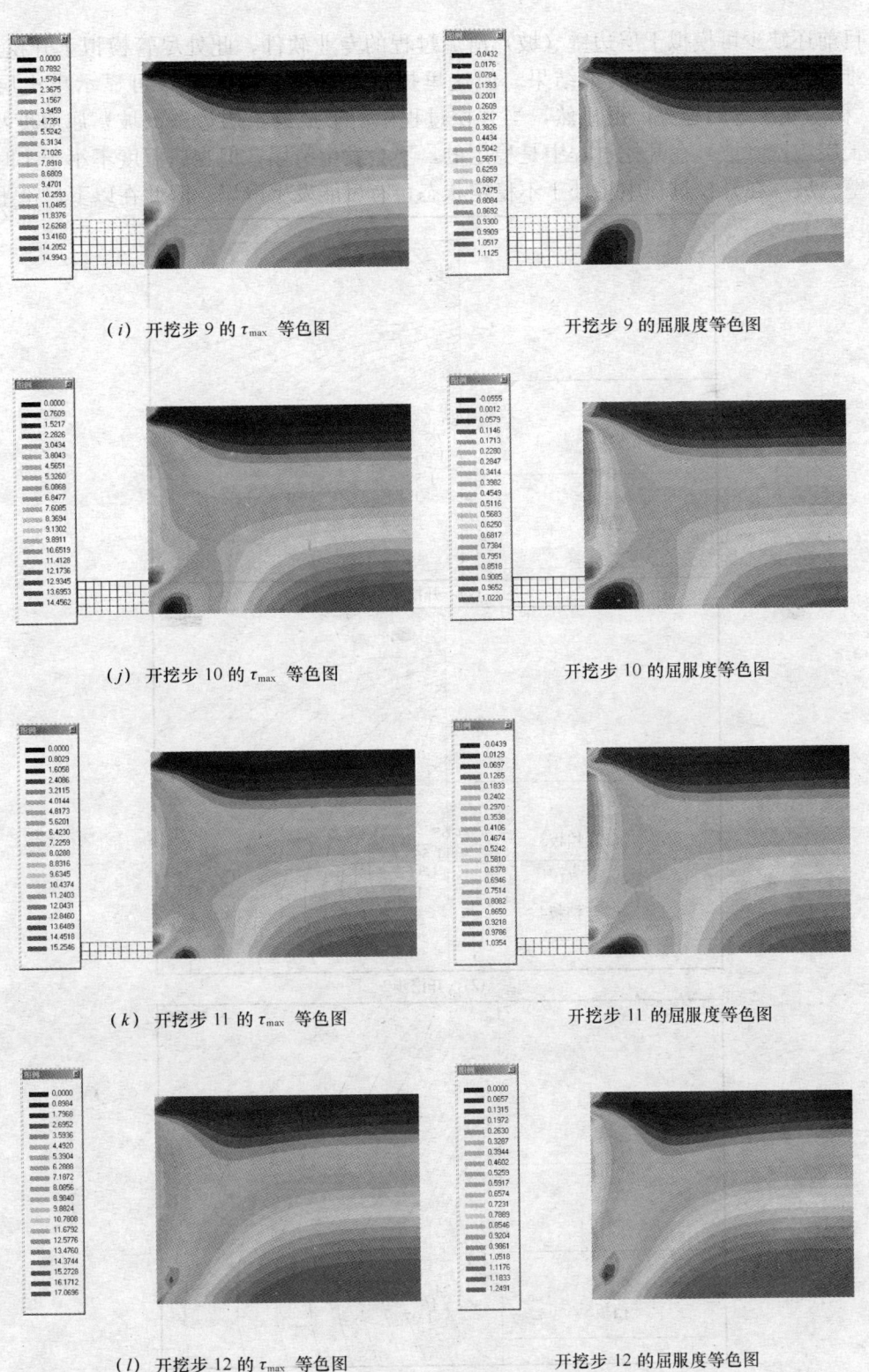

(i) 开挖步 9 的 τ_{max} 等色图　　　　　　　　开挖步 9 的屈服度等色图

(j) 开挖步 10 的 τ_{max} 等色图　　　　　　　开挖步 10 的屈服度等色图

(k) 开挖步 11 的 τ_{max} 等色图　　　　　　　开挖步 11 的屈服度等色图

(l) 开挖步 12 的 τ_{max} 等色图　　　　　　　开挖步 12 的屈服度等色图

图 145　不夯填情况下各开挖阶段土体最大剪应力及屈服度等色图（三）

目前还缺少可模拟土层边壁（坡）滑塌过程的专业软件，此处尽管模拟了开挖过程，但很难直接给出滑塌过程模拟结果。但这里提供的最大屈服度分布可显示出土层边壁（坡）稳定或滑塌的趋势。很显然，当开挖过程中所形成的土层边壁（坡）屈服度小于1时，土层边壁（坡）在开挖过程中是稳定的，不会发生滑塌；但当屈服度不小于1时，土层边壁（坡）在开挖过程中将处于不稳定状态，有可能发生滑塌。因此在以下讨论土层边

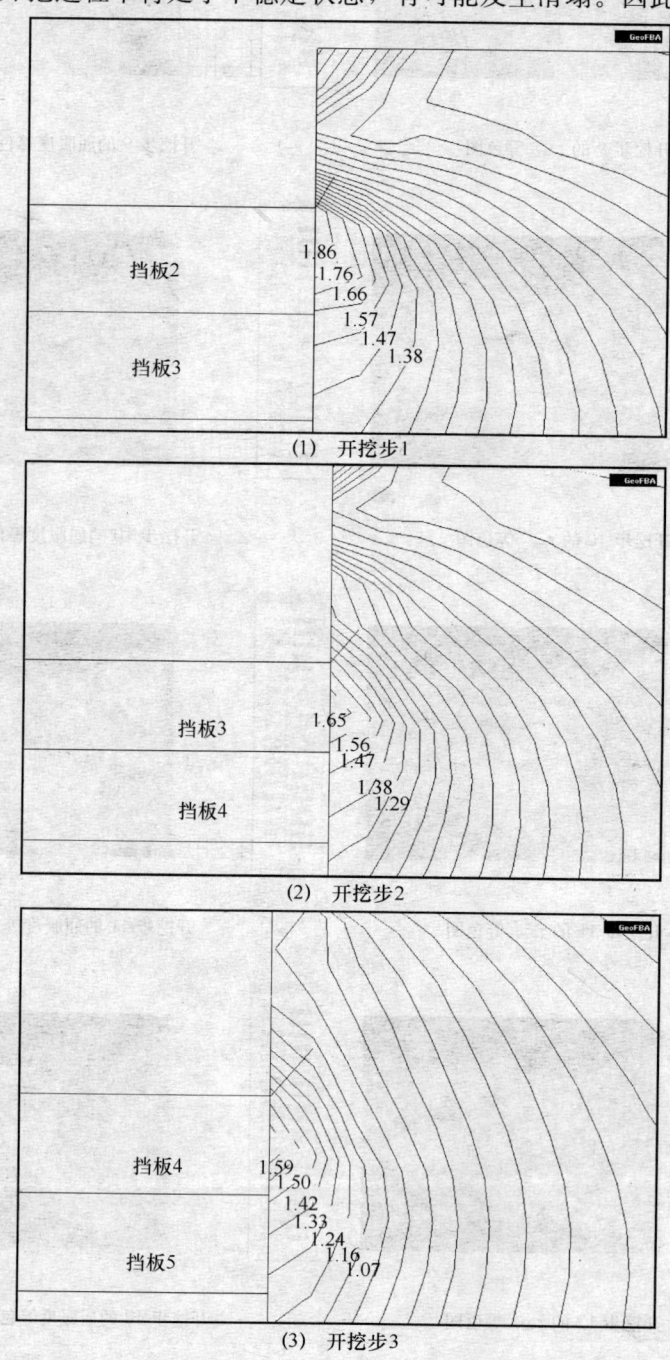

图146 不同开挖阶段不夯填土层边壁（坡）局部区域的屈服度等高线及滑塌趋势线（一）

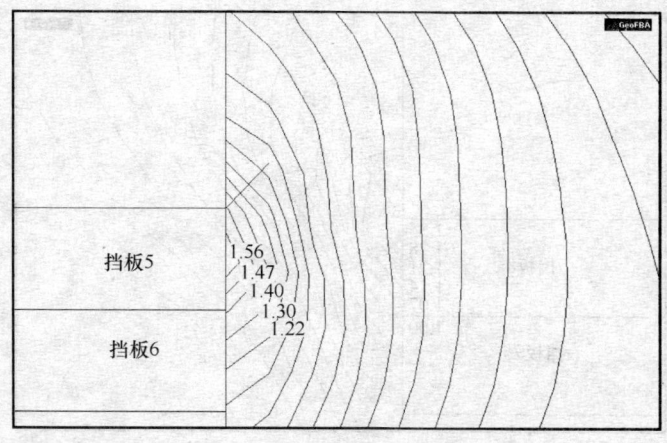

(4) 开挖步4

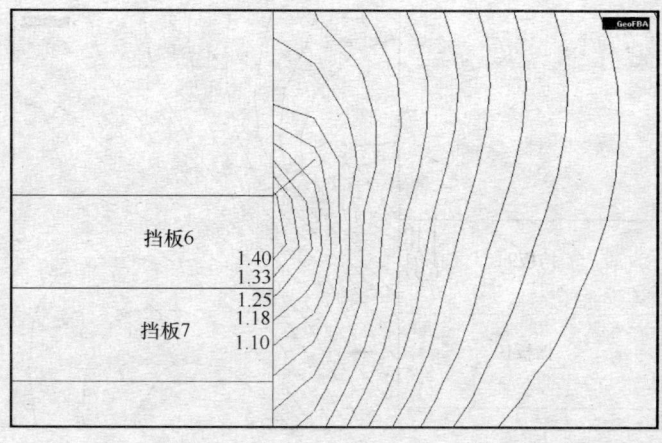

(5) 开挖步5

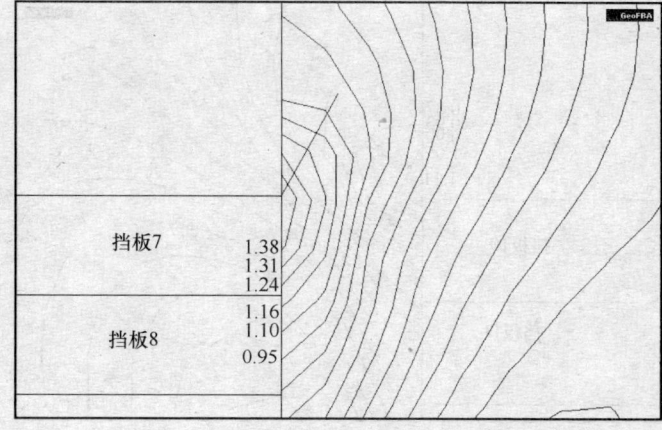

(6) 开挖步6

图146 不同开挖阶段不夯填土层边壁（坡）局部区域的屈服度等高线及滑塌趋势线（二）

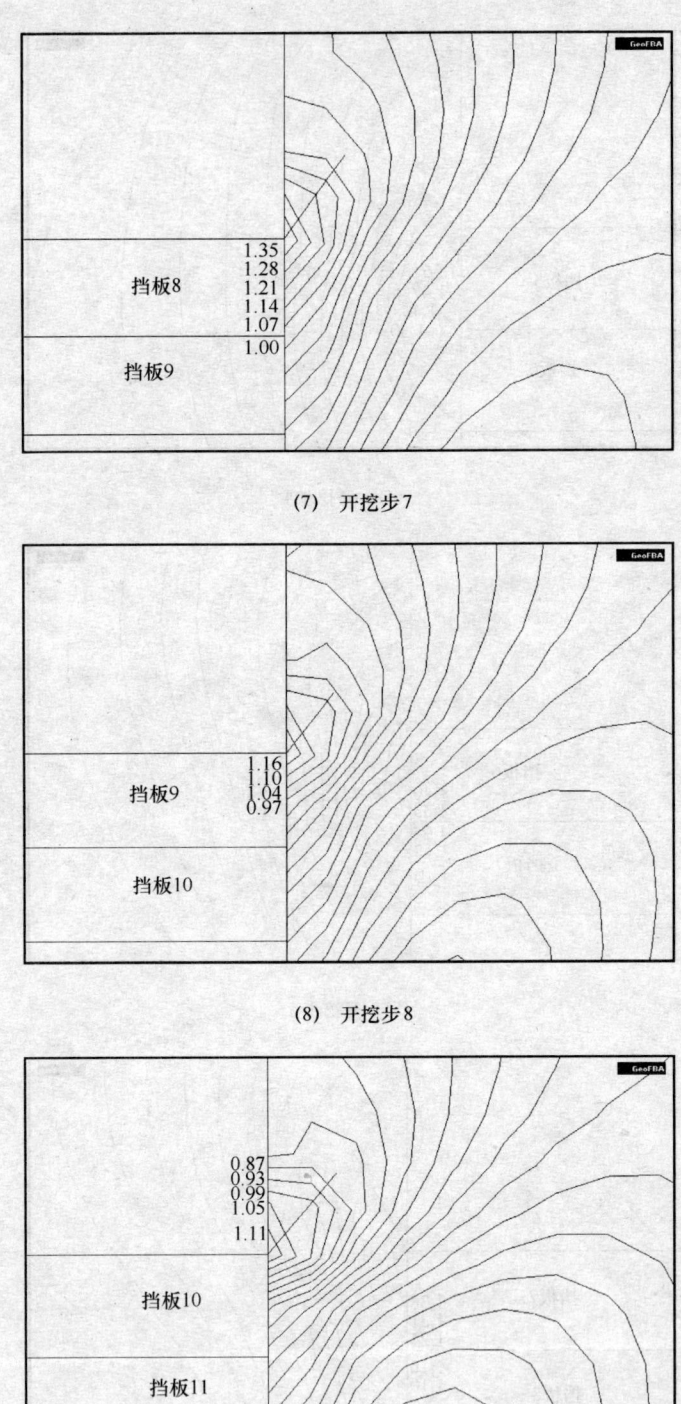

(7) 开挖步7

(8) 开挖步8

(9) 开挖步9

图146 不同开挖阶段不夯填土层边壁（坡）局部区域的屈服度等高线及滑塌趋势线（三）

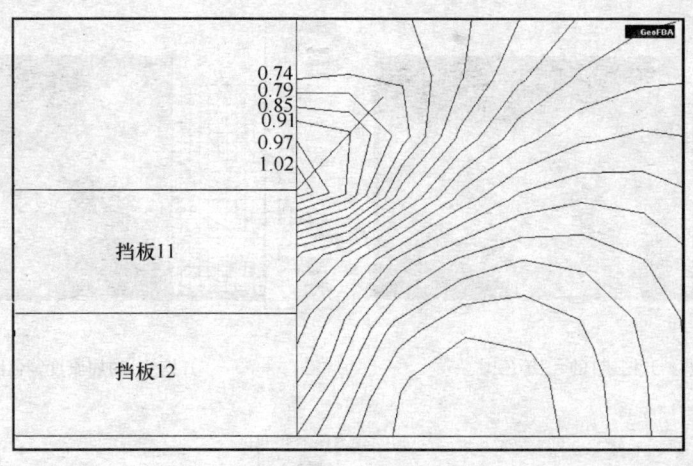

(10) 开挖步10

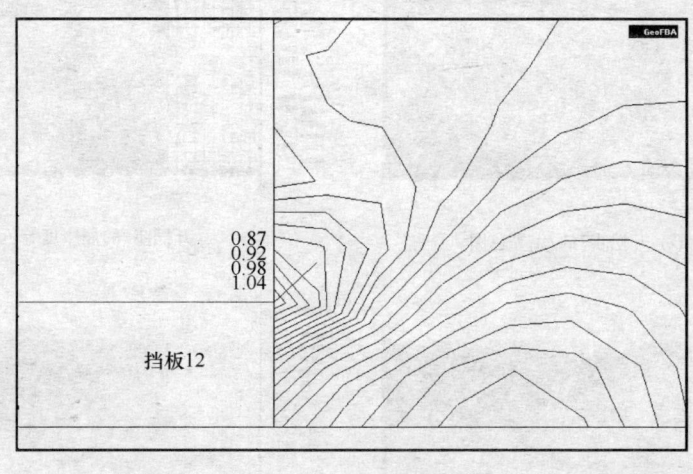

(11) 开挖步11

图146 不同开挖阶段不夯填土层边壁（坡）局部区域的屈服度等高线及滑塌趋势线（四）

壁（坡）滑塌趋势时，主要考虑屈服度大于1的开挖步。图146给出各开挖步完成时，土层边壁（坡）与开挖底面交界处的屈服度等高线。从该图可看出：在已开挖出的土层边壁（坡）上，屈服度最大值一般发生在开挖水平面与土层边壁（坡）的交界处。因此可以认为在实验过程中拆除该挡板后，土层边壁（坡）的滑塌将从这一交界处开始。假定土层边壁（坡）滑塌沿屈服度等高线以最短坡降路径发展，图中同时画出了滑塌发展趋势线，这一趋势线与水平线的夹角在45°～60°，大致与试验得出的土层边壁（坡）沿60°坡度线平面滑塌结果一致。

（2）夯填土情况

图147为在夯填情况下，相应于不同开挖阶段的土体最大剪应力 τ_{max} 及屈服度等色图。由该图可见，每一步开挖完毕后，最大剪应力位置处于开挖后的底面与土层边壁（坡）交界处。从前四步开挖的屈服度等色图中可知，在此前四步开挖过后，此处土体的屈服度大于1（如表32所示），说明此时土体已经发生破坏，在实际土层边壁（坡）中，土体将从该处开始滑落。

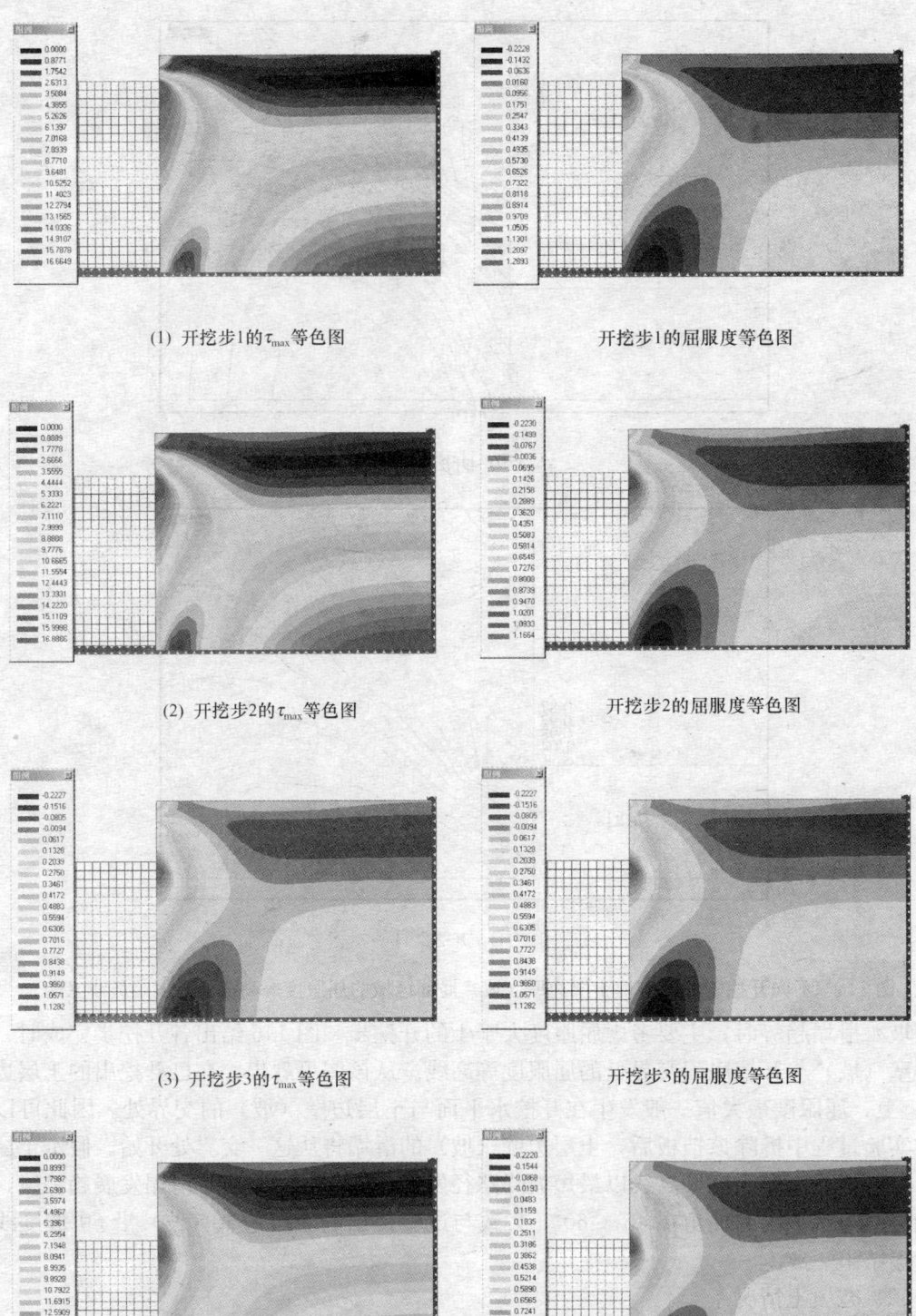

(1) 开挖步1的τ_{max}等色图　　　　　　开挖步1的屈服度等色图

(2) 开挖步2的τ_{max}等色图　　　　　　开挖步2的屈服度等色图

(3) 开挖步3的τ_{max}等色图　　　　　　开挖步3的屈服度等色图

(4) 开挖步4的τ_{max}等色图　　　　　　开挖步4的屈服度等色图

图 147　夯填情况下各开挖阶段土体最大剪应力及屈服度等色图（一）

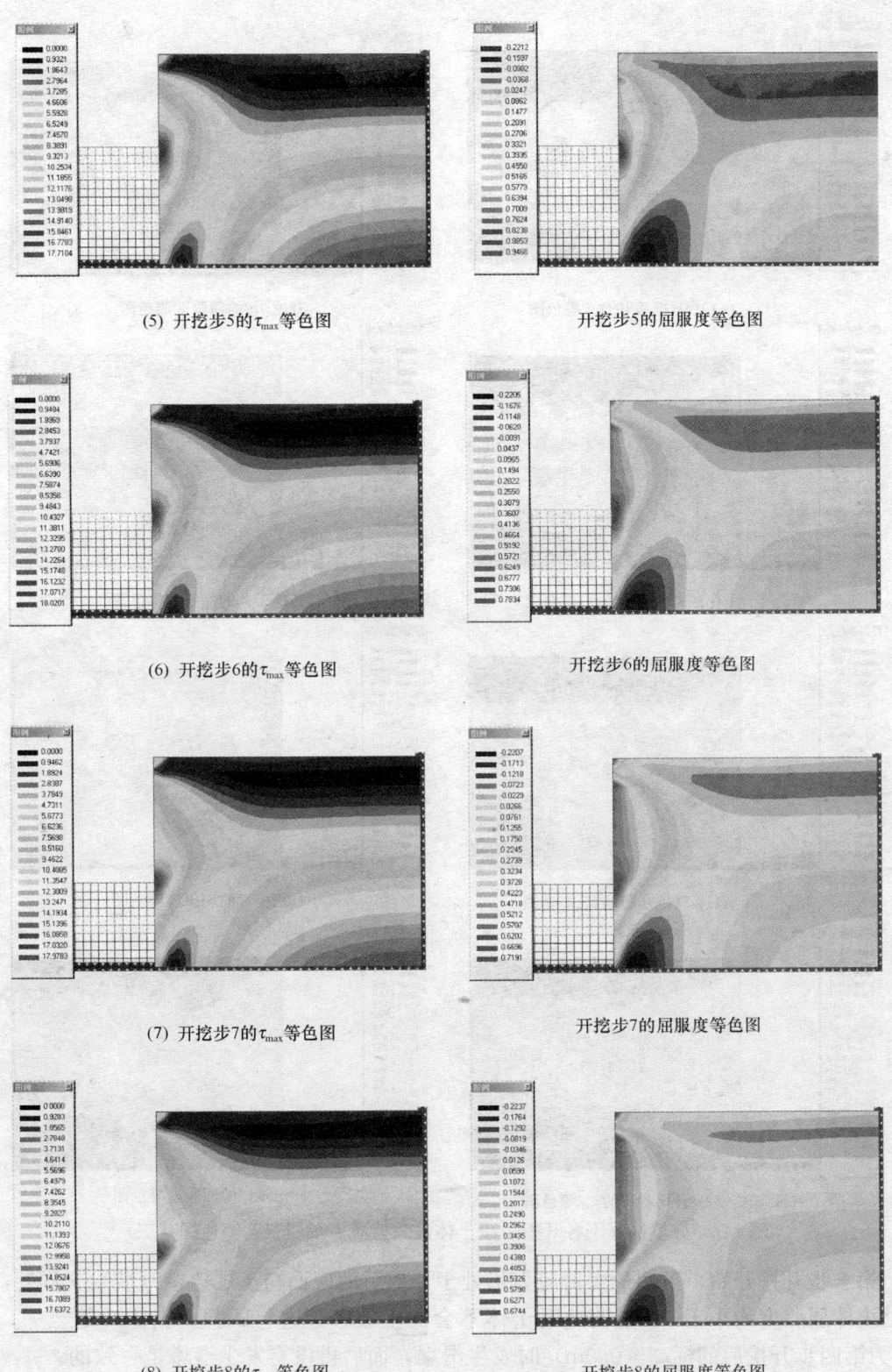

(5) 开挖步5的τ_{max}等色图　　　　　　开挖步5的屈服度等色图

(6) 开挖步6的τ_{max}等色图　　　　　　开挖步6的屈服度等色图

(7) 开挖步7的τ_{max}等色图　　　　　　开挖步7的屈服度等色图

(8) 开挖步8的τ_{max}等色图　　　　　　开挖步8的屈服度等色图

图 147　夯填情况下各开挖阶段土体最大剪应力及屈服度等色图（二）

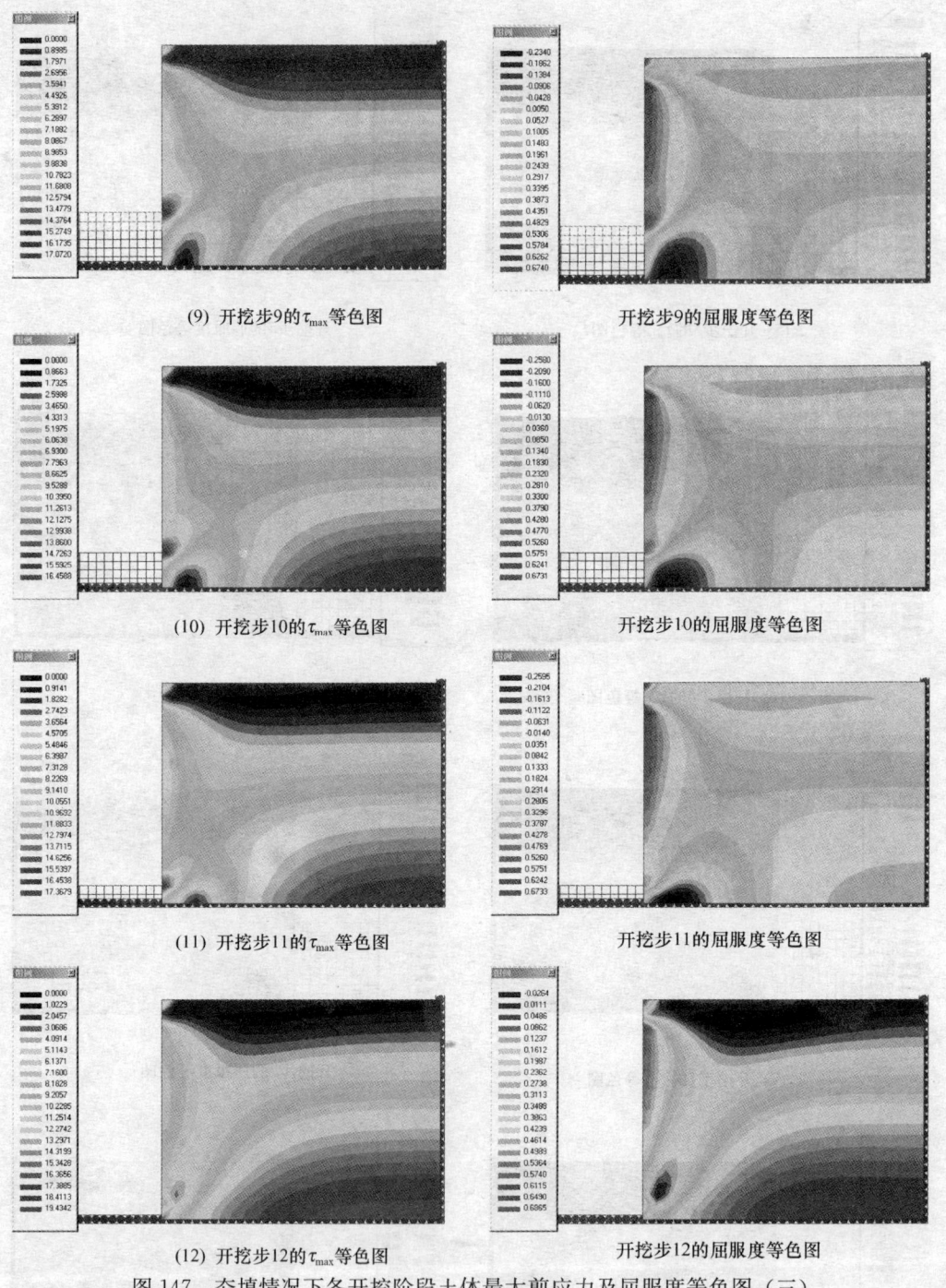

图 147 夯填情况下各开挖阶段土体最大剪应力及屈服度等色图（三）

第五步开挖开始，虽然最大剪应力仍处于开挖后的底面与土层边壁（坡）交界处，但此处土体屈服度均小于1，说明此时土体不会发生破坏。这与试验中土体开挖至−1.0m（约为第四步开挖后的标高−0.9m）时发生滑塌，而后再没有发生滑塌是一致的。

图148给出各开挖步完成时，开挖底面与土层边壁（坡）交界处屈服度等高线及滑塌趋势线。该趋势线与水平线夹角为50°～60°，大致与试验得出的土层边壁（坡）沿60°坡

度线作平面滑塌的结果相一致。

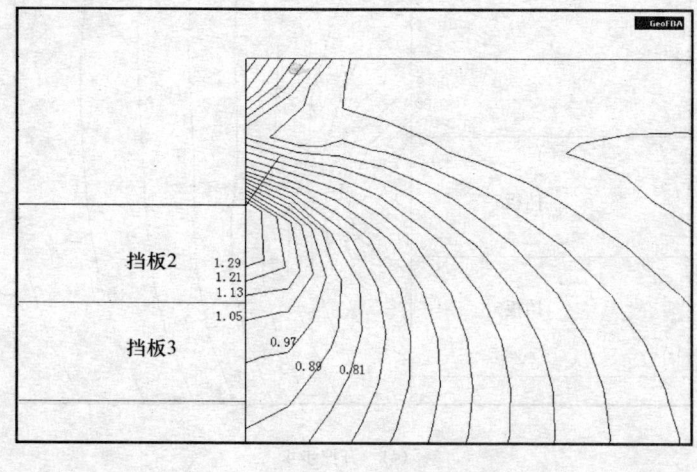

(1) 开挖步1

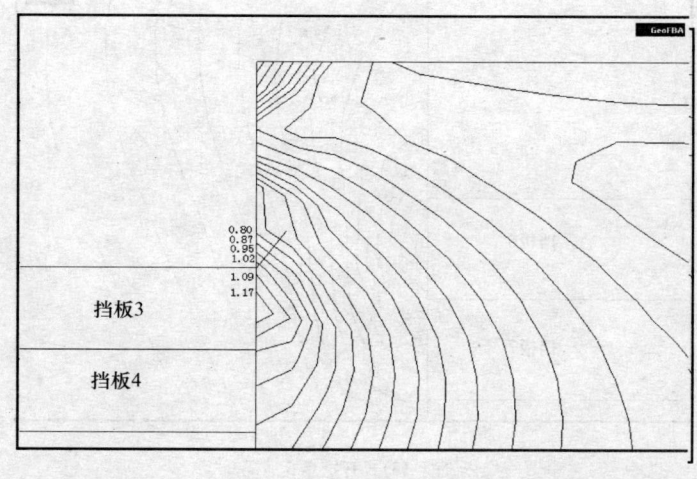

(2) 开挖步2

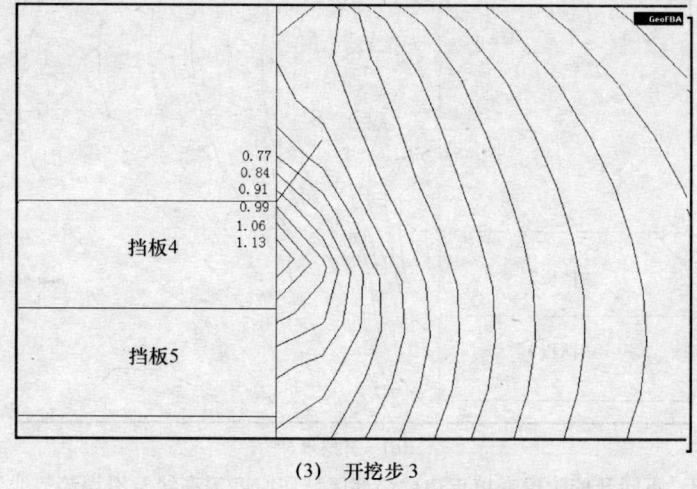

(3) 开挖步3

图148 不同开挖阶段夯填土边壁局部区域屈服度等高线及滑塌趋势线（一）

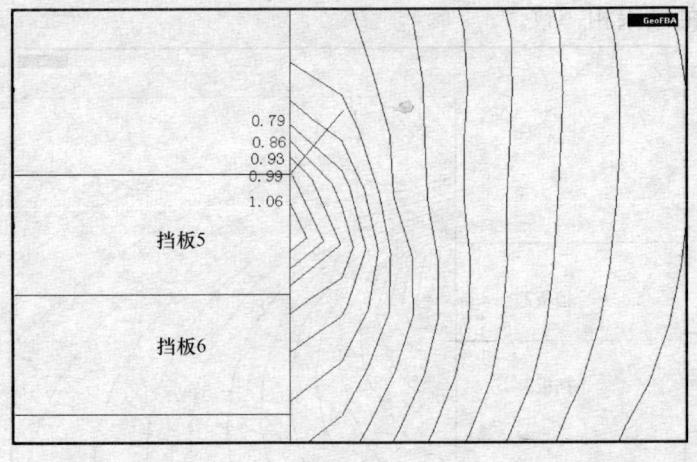

(4) 开挖步4

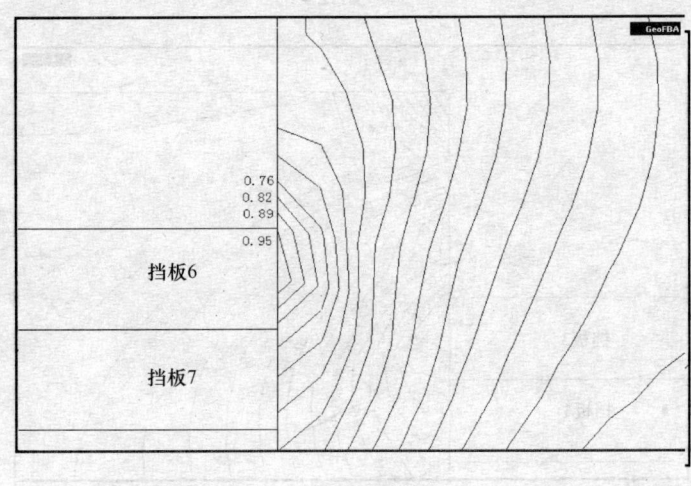

(5) 开挖步5

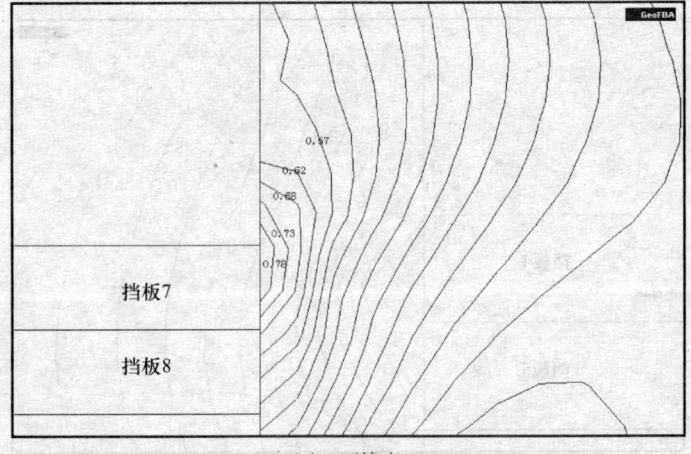

(6) 开挖步6

图 148 不同开挖阶段夯填土边壁局部区域屈服度等高线及滑塌趋势线（二）

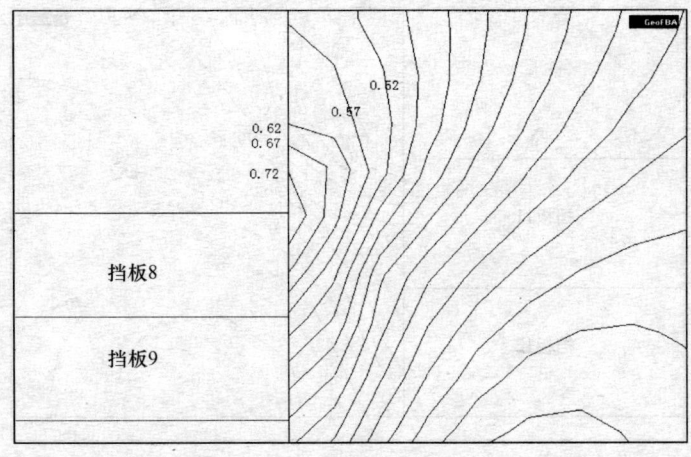

(7) 开挖步7

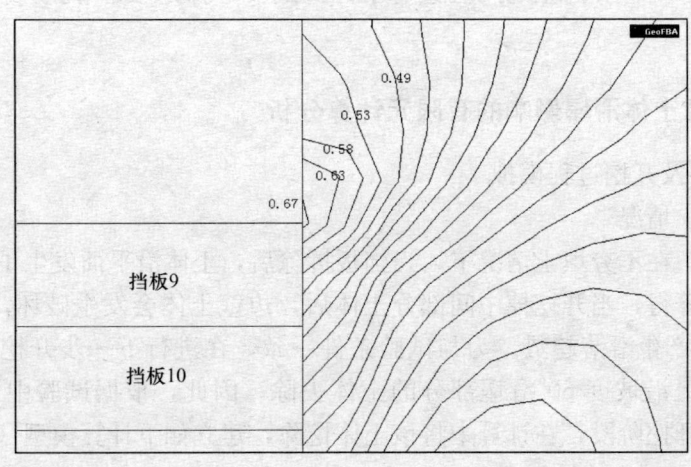

(8) 开挖步8

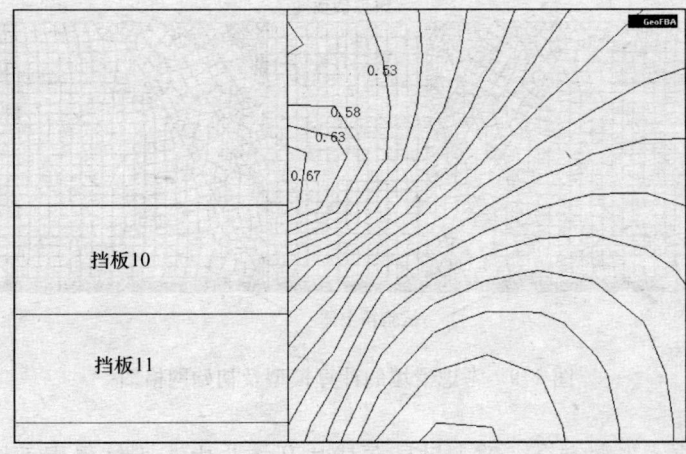

(9) 开挖步9

图148 不同开挖阶段夯填土边壁局部区域屈服度等高线及滑塌趋势线（三）

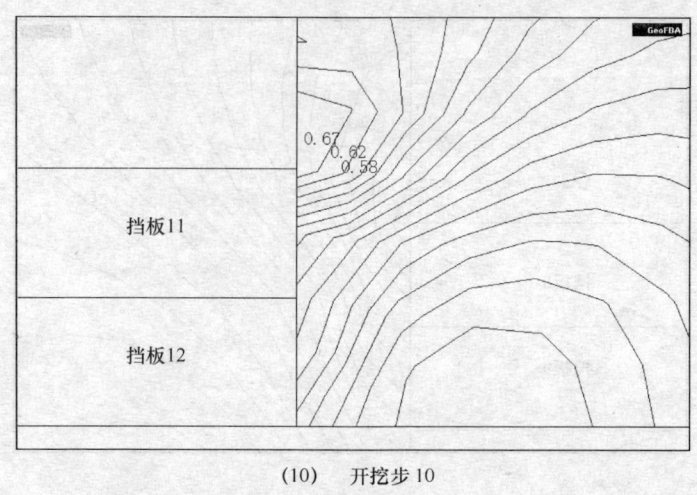

(10) 开挖步10

图 148　不同开挖阶段夯填土边壁局部区域屈服度等高线及滑塌趋势线（四）

3.7.4　考虑土体滑塌影响的有限元计算分析

1）计算模型及开挖过程模拟

（1）不夯填土情况

由试验可知，在不夯填土情况下，当挡板拆除后，土体沿平面发生了滑塌；在前述的计算分析中也已算得，当开挖掉中间部分土体后，边壁土体会发生破坏，有沿坡度为 45°～60°左右的平面产生滑落趋势。为与试验条件一致，在进行下一步开挖分析计算时，应将在试验中基本上沿坡度 60°滑塌部分的土体去除。因此，根据试验中土体实际滑塌情况，考虑在不同开挖阶段，在计算中将该土体挖除，建立如下计算模型（图 149）。

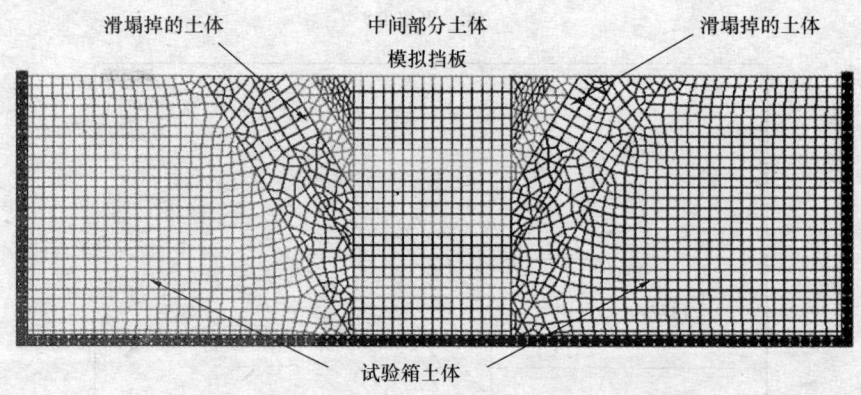

图 149　考虑滑塌的计算模型及初始网格图

开挖步骤与前述步骤完全一致，只是在某些开挖步由于土体滑塌而增加若干增量步，以模拟实际试验中每步试验后所产生滑塌的实际情况，并作为下一步开挖计算的实际工况。部分开挖步骤如图 150 所示。

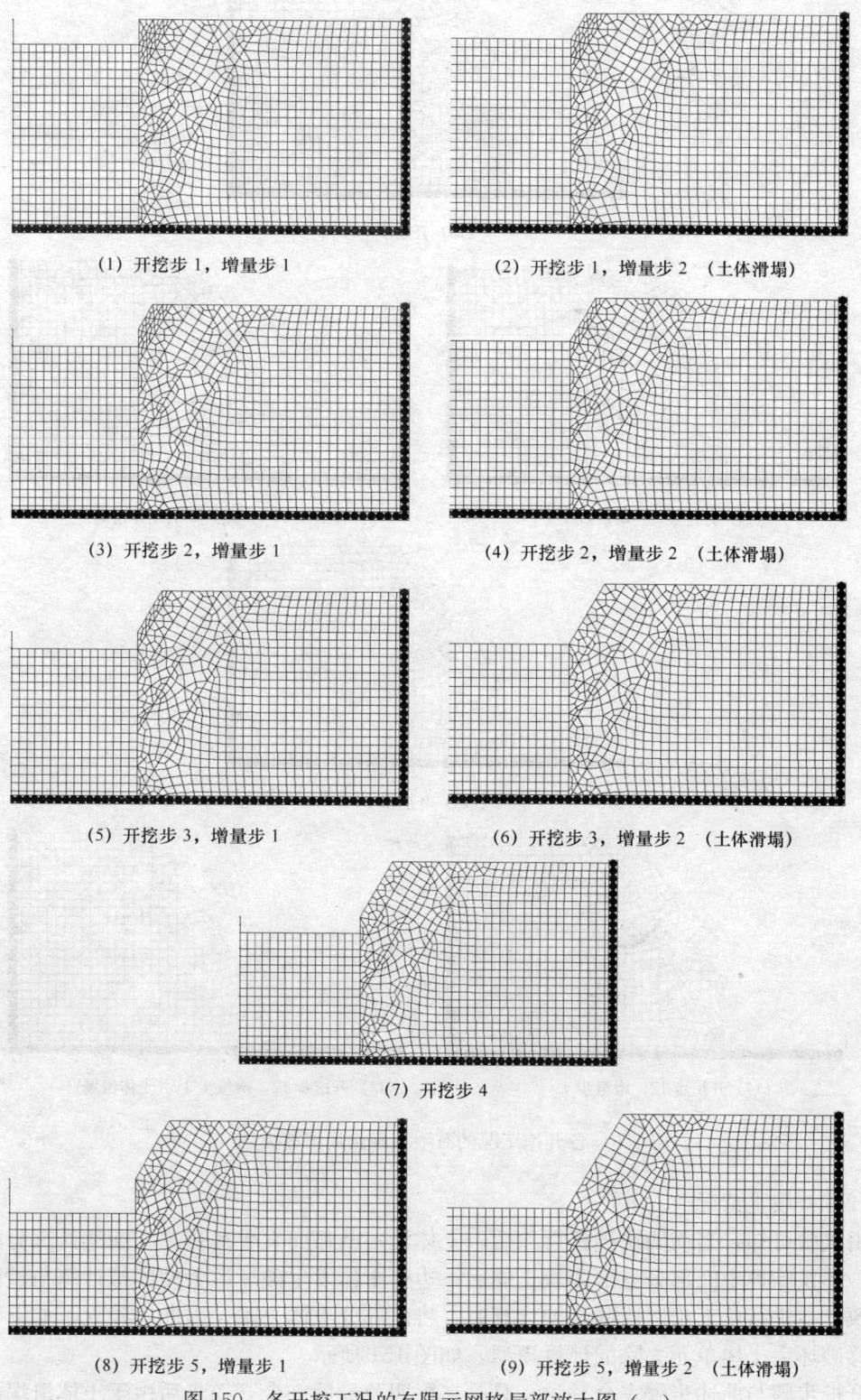

图150 各开挖工况的有限元网格局部放大图(一)

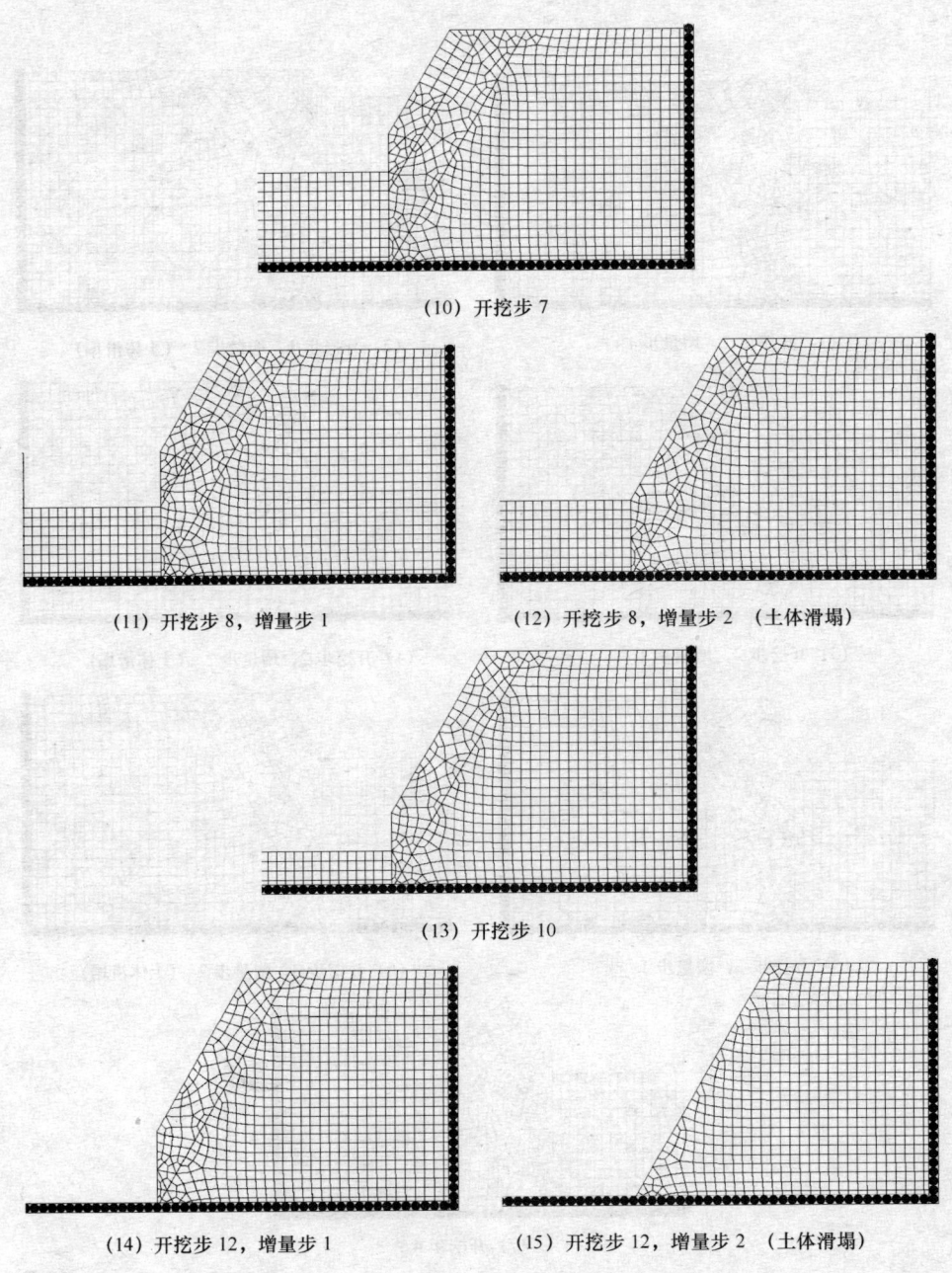

图 150 各开挖工况的有限元网格局部放大图（二）

(2) 夯填土情况

由试验可知，当前四块挡板拆除后，土体沿一凸弧面发生滑移；在前述计算分析中已表明，当挖除掉中间部分上部四块土体后，边壁土体发生破坏。为使模拟计算与试验条件相一致，在进行第五步以后的开挖计算时，将此部分土体去除。因此，建立了如下考虑土体滑移破坏后土体单元去除的计算模型，如图 151 所示。

开挖步骤与前述步骤完全一致，只是在第四及最后一个开挖步后由于土体滑塌而局部增加了增量步，部分开挖步骤如图 152 所示。

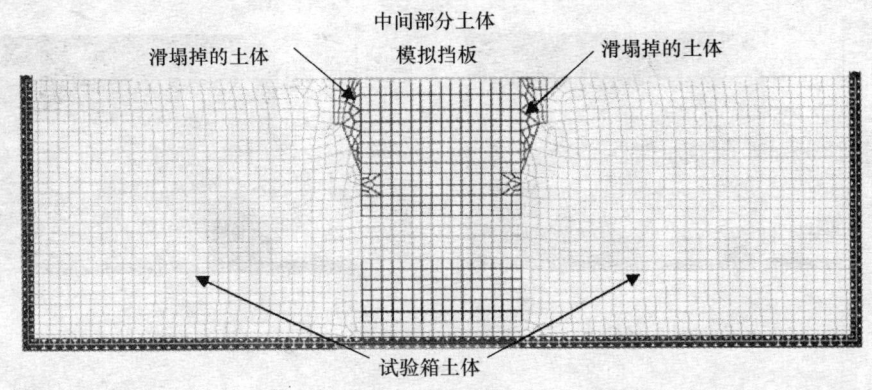

图 151 考虑滑塌的计算模型及初始网格图

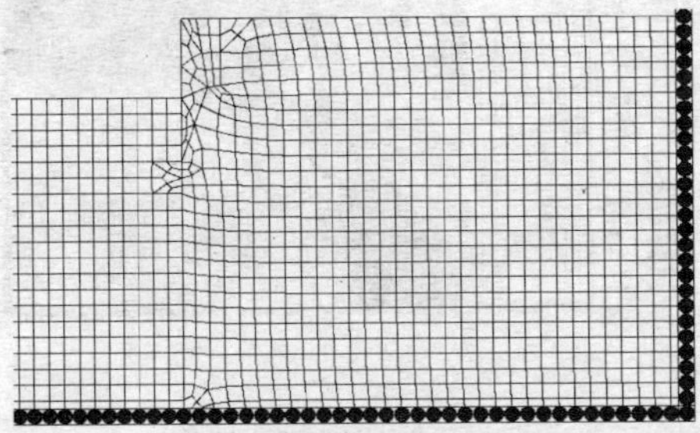

(a) 开挖步 2

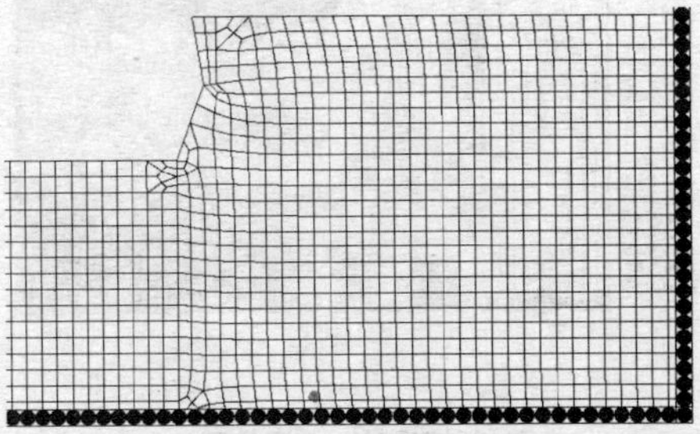

(b) 开挖步 4，局部土体滑塌

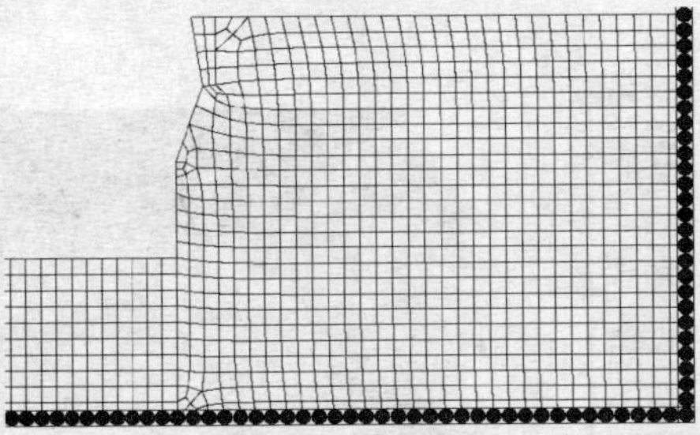

(c) 开挖步 7

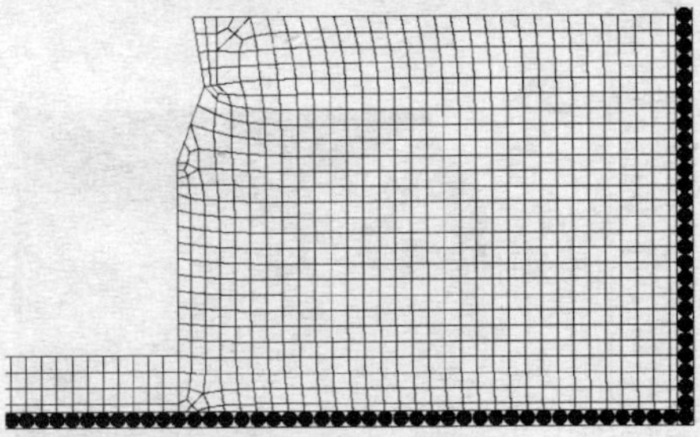

(d) 开挖步 10

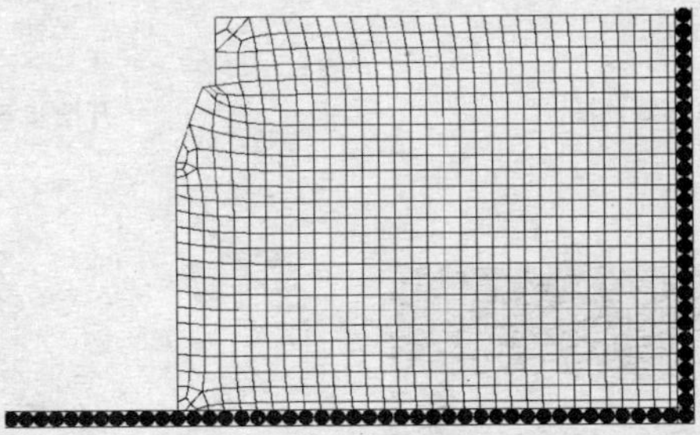

(e) 开挖步 12

图 152 各开挖工况的有限元网格局部放大图

2) 计算结果及分析

基于 3.7.1 节所建有限元模型，计算得到了在不夯填情况下，考虑土体滑塌时不同开挖阶段土体最大剪应力 τ_{max} 及屈服度等色图，如图 153 所示。

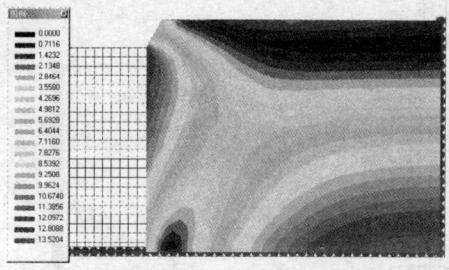
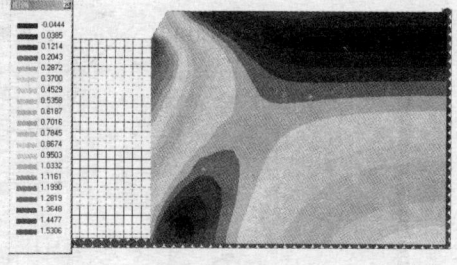

(1) 开挖步1的τ_{max}等色图　　　　　　　　开挖步1的屈服度等色图

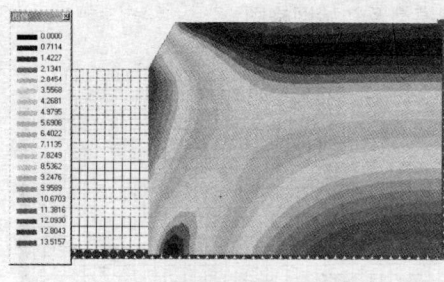
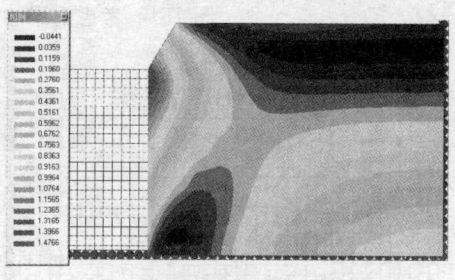

(2) 开挖步2的τ_{max}等色图　　　　　　　　开挖步2的屈服度等色图

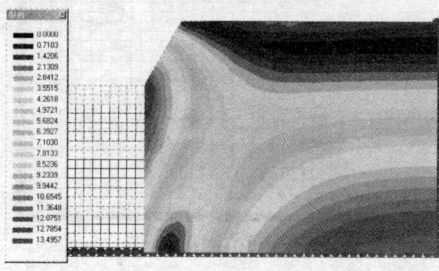
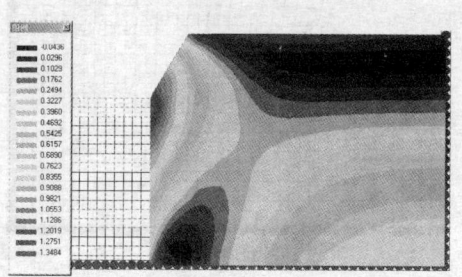

(3) 开挖步3的τ_{max}等色图　　　　　　　　开挖步3的屈服度等色图

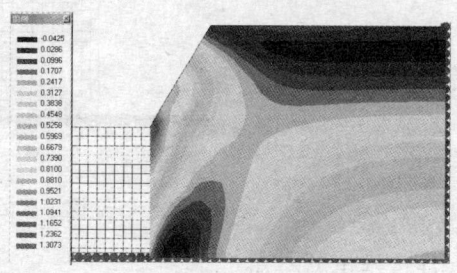

(4) 开挖步5的τ_{max}等色图　　　　　　　　开挖步5的屈服度等色图

图153　不夯填情况下考虑滑塌体时各开挖阶段土体最大剪应力及屈服度等色图（一）

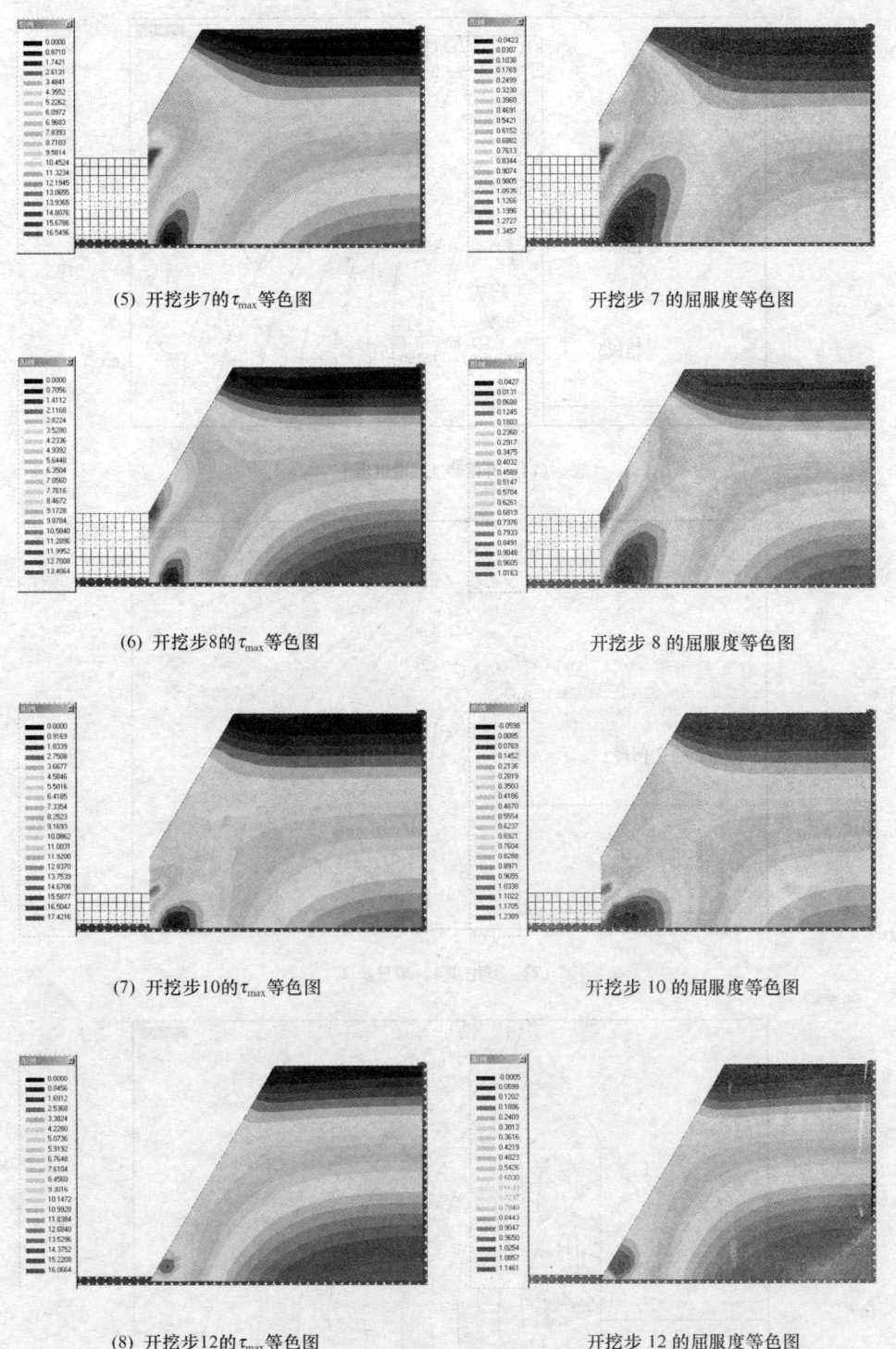

(5) 开挖步7的τ_{max}等色图　　　　　　　开挖步7的屈服度等色图

(6) 开挖步8的τ_{max}等色图　　　　　　　开挖步8的屈服度等色图

(7) 开挖步10的τ_{max}等色图　　　　　　开挖步10的屈服度等色图

(8) 开挖步12的τ_{max}等色图　　　　　　开挖步12的屈服度等色图

图153　不夯填情况下考虑滑塌体时各开挖阶段土体最大剪应力及屈服度等色图（二）

图154给出了各开挖步完成时，开挖底面与土层边壁（坡）交界处屈服度等高线及滑塌趋势线。

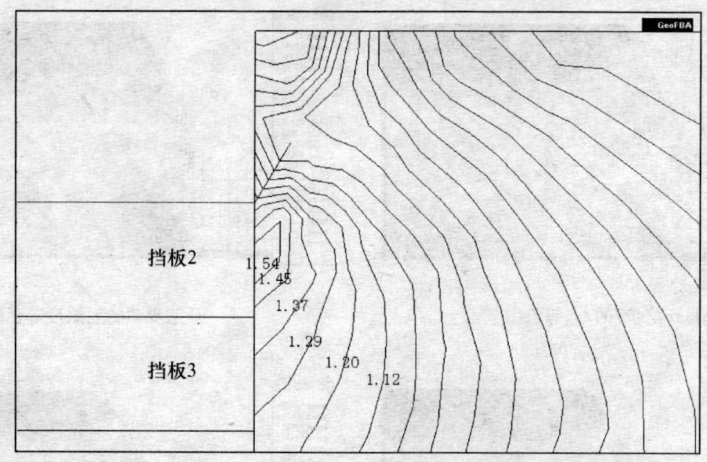

(1) 开挖步1,增量步1

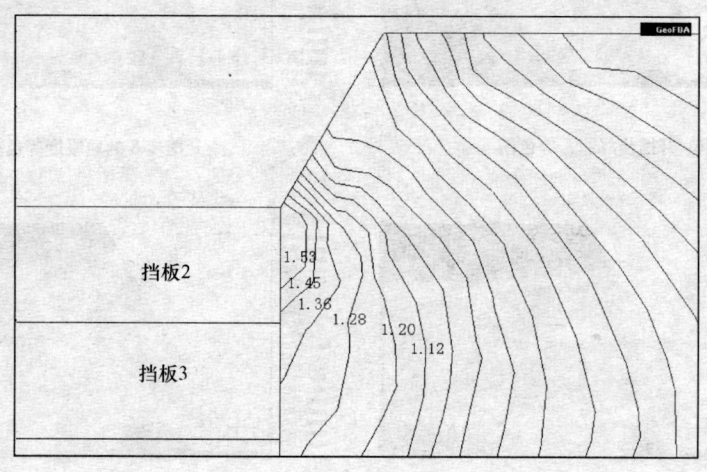

(2) 开挖步1,增量步2

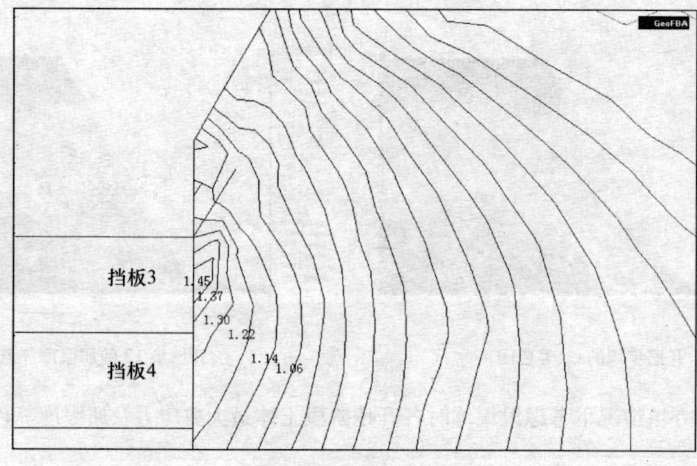

(3) 开挖步2,增量步1

图154 考虑土体滑塌影响时不夯填土边壁局部区域屈服度等高线及滑塌趋势线（一）

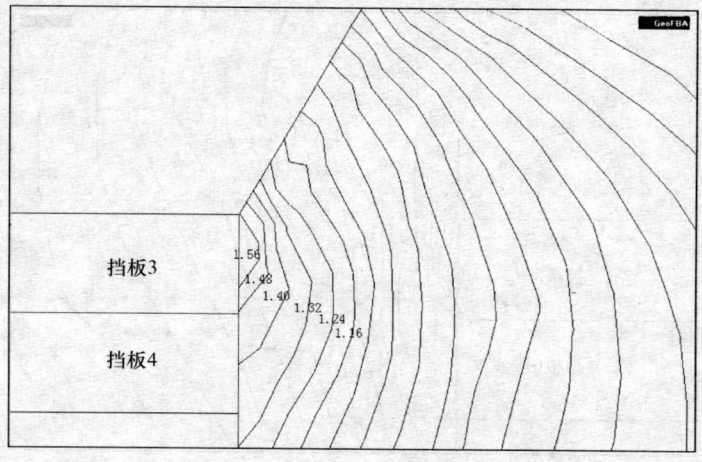

(4) 开挖步2,增量步2

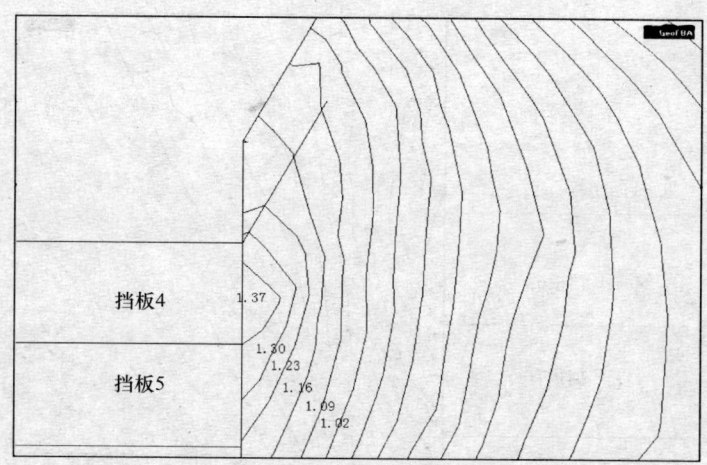

(5) 开挖步3,增量步1

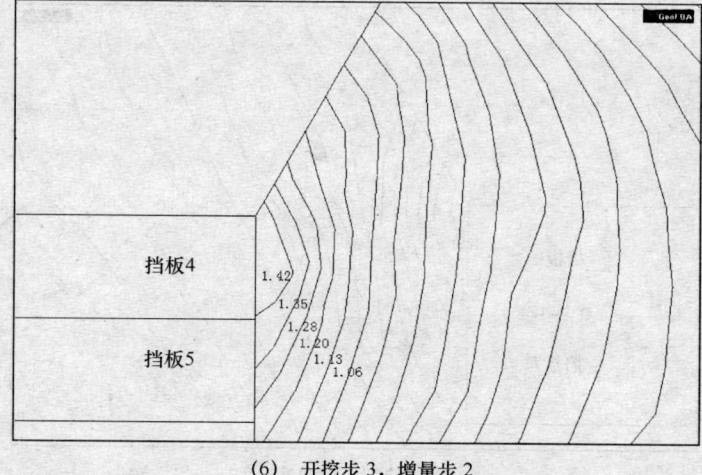

(6) 开挖步3,增量步2

图154 考虑土体滑塌影响时不夯填土边壁局部区域屈服度等高线及滑塌趋势线(二)

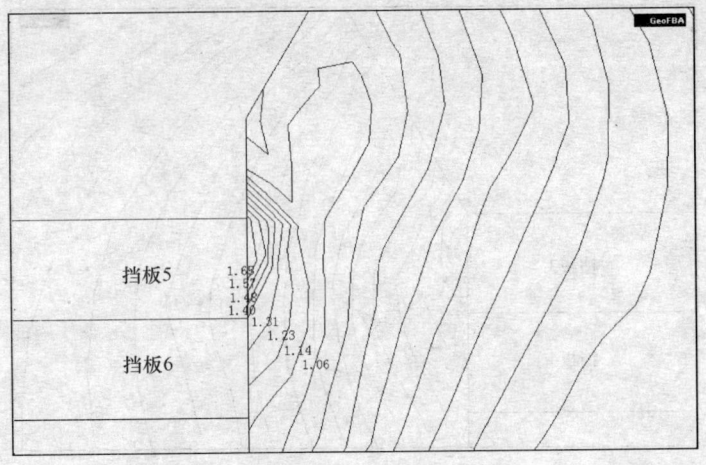

(7) 开挖步 4

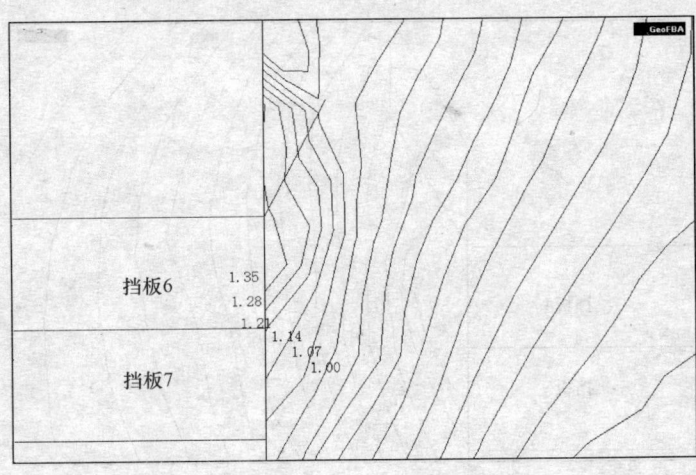

(8) 开挖步 5，增量步 1

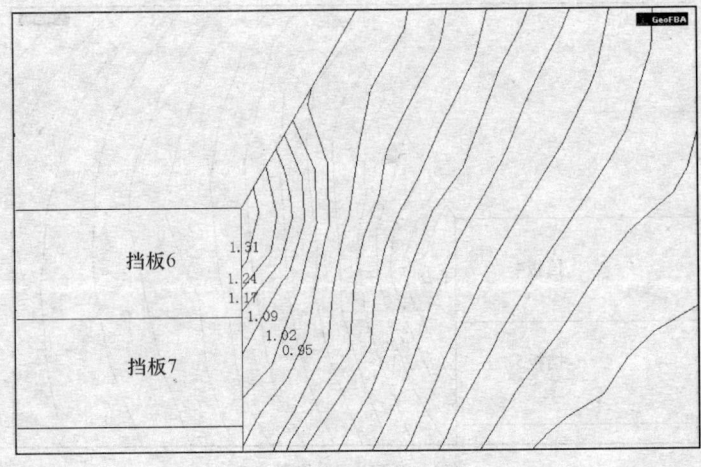

(9) 开挖步 5，增量步 2

图 154　考虑土体滑塌影响时不夯填土边壁局部区域屈服度等高线及滑塌趋势线（三）

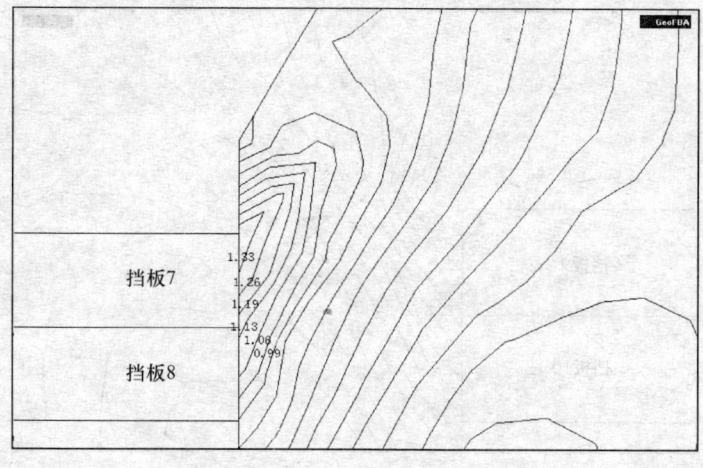

(10) 开挖步 6

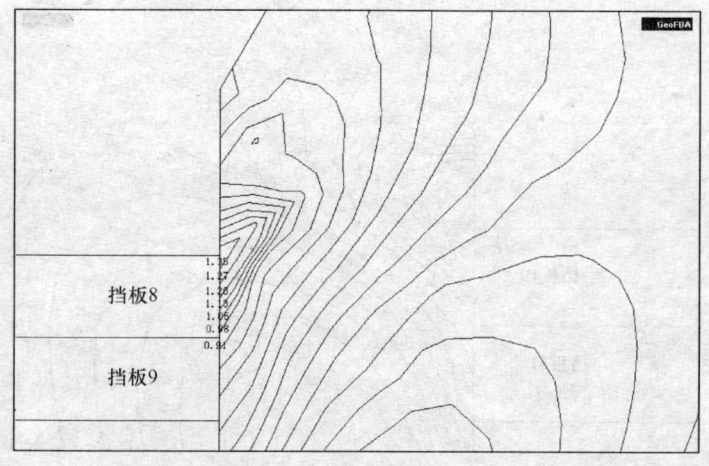

(11) 开挖步 7

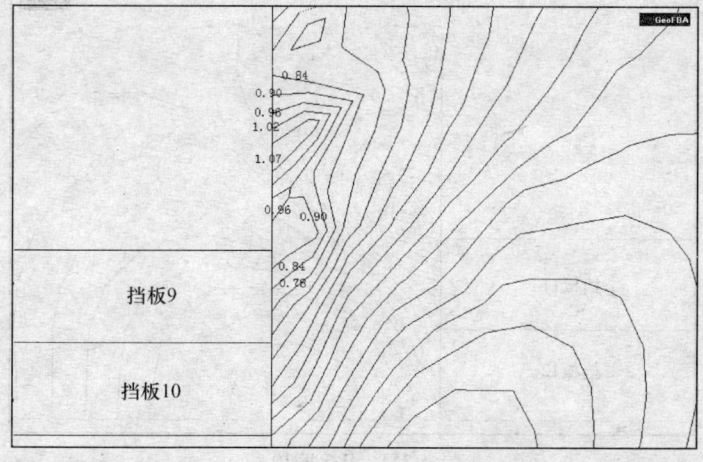

(12) 开挖步 8，增量步 1

图 154 考虑土体滑塌影响时不夯填土边壁局部区域屈服度等高线及滑塌趋势线（四）

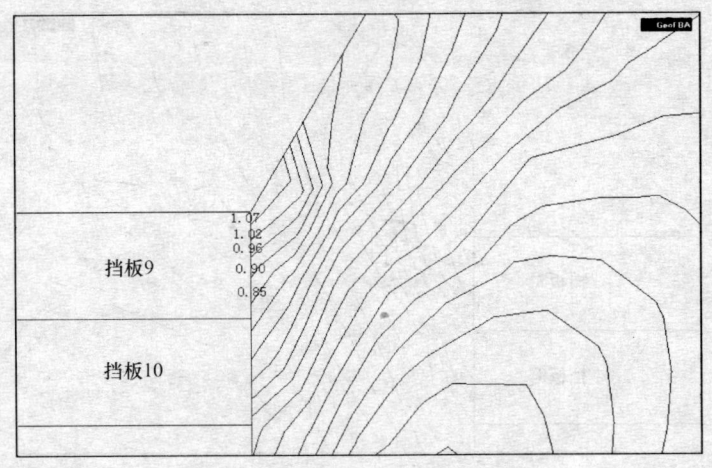

(13) 开挖步8，增量步2

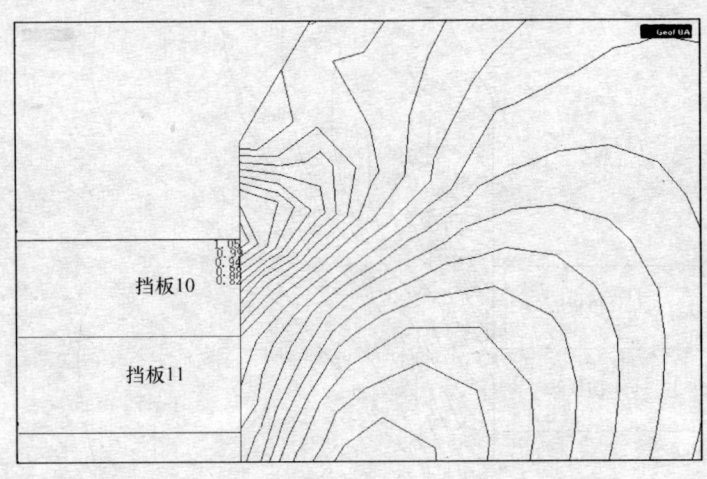

(14) 开挖步9

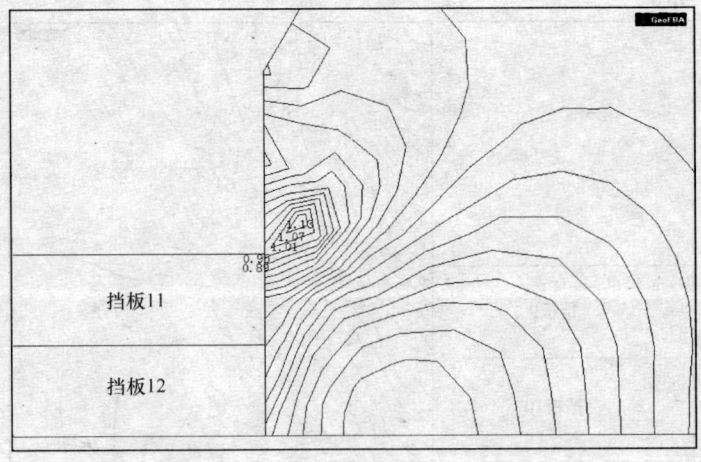

(15) 开挖步10

图154 考虑土体滑塌影响时不夯填土边壁局部区域屈服度等高线及滑塌趋势线（五）

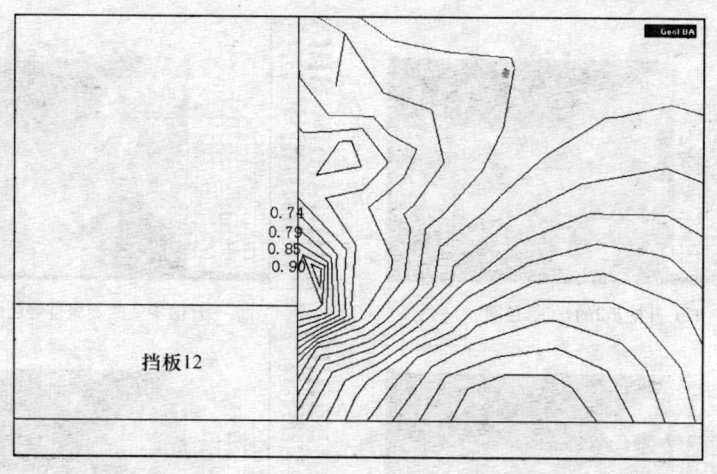

(16) 开挖步 11

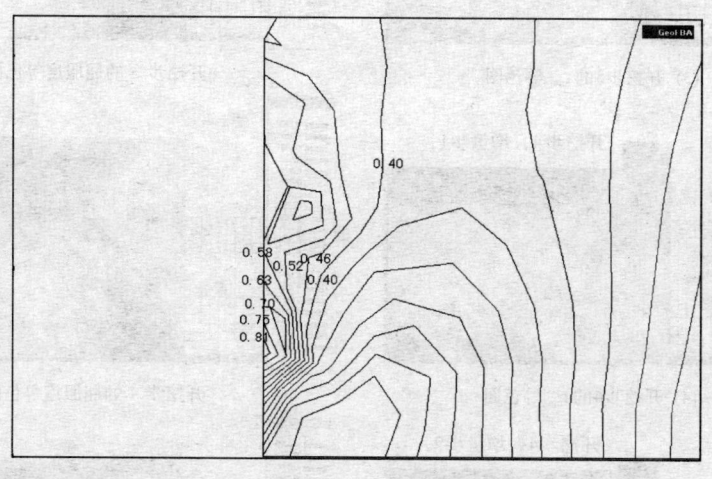

(17) 开挖步 12，增量步 1

图 154　考虑土体滑塌影响时不夯填土边壁局部区域屈服度等高线及滑塌趋势线（六）

基于 3.7.1 节所建有限元模型，计算得到了在夯填情况下，考虑土体滑塌时不同开挖阶段土体最大剪应力 τ_{max} 及屈服度等色图，如图 155 所示。

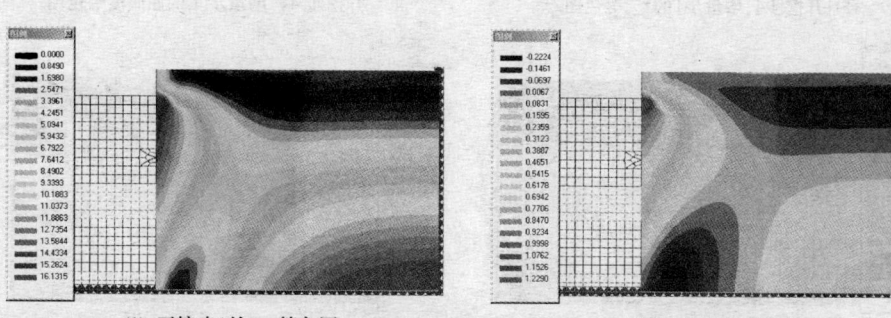

(1) 开挖步1的 τ_{max} 等色图　　　　　　开挖步1的屈服度等色图

图 155　夯填情况下考虑滑塌体时各开挖阶段土体最大剪应力及屈服度等色图（一）

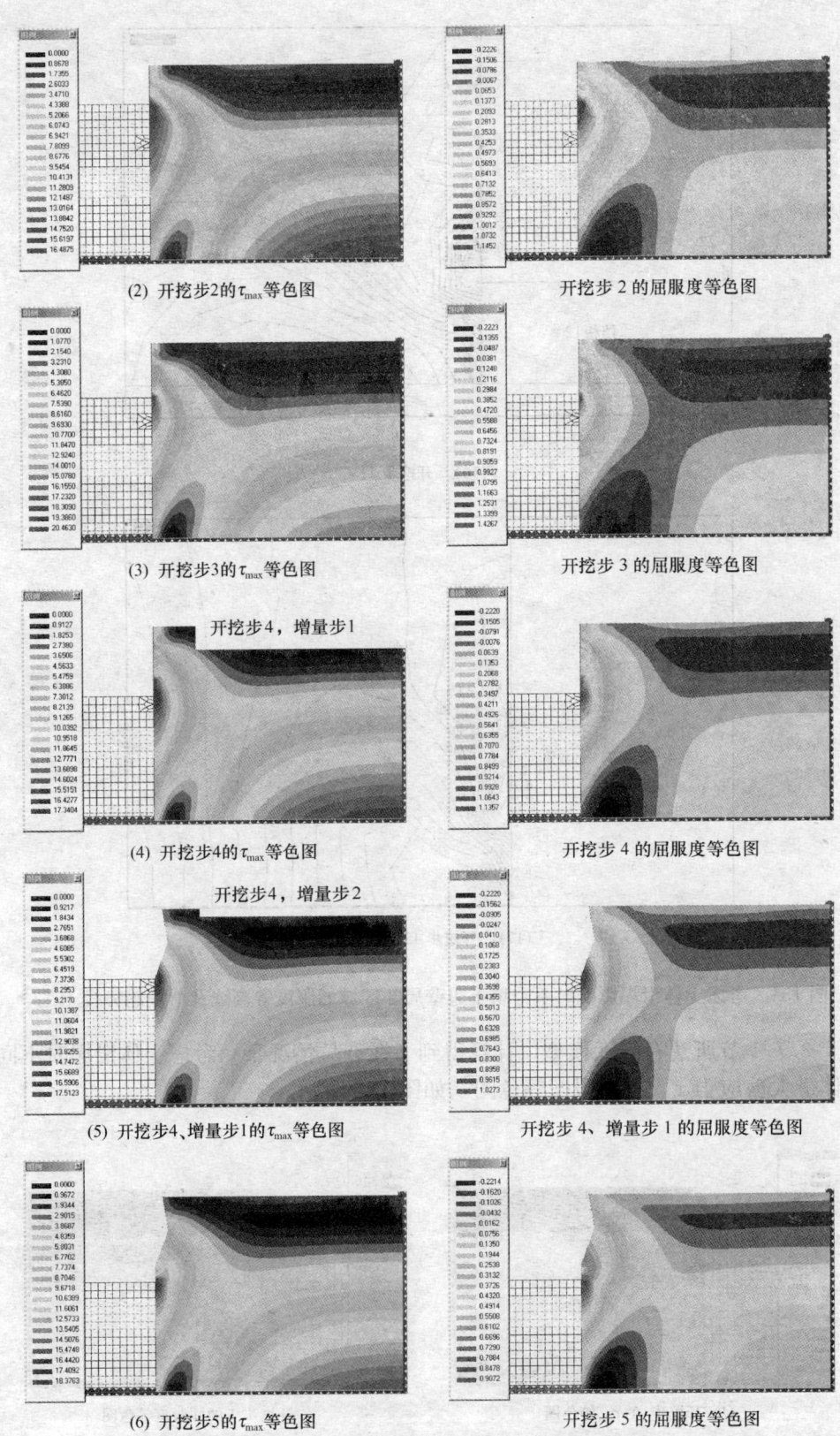

图 155 夯填情况下考虑滑塌体时各开挖阶段土体最大剪应力及屈服度等色图（二）

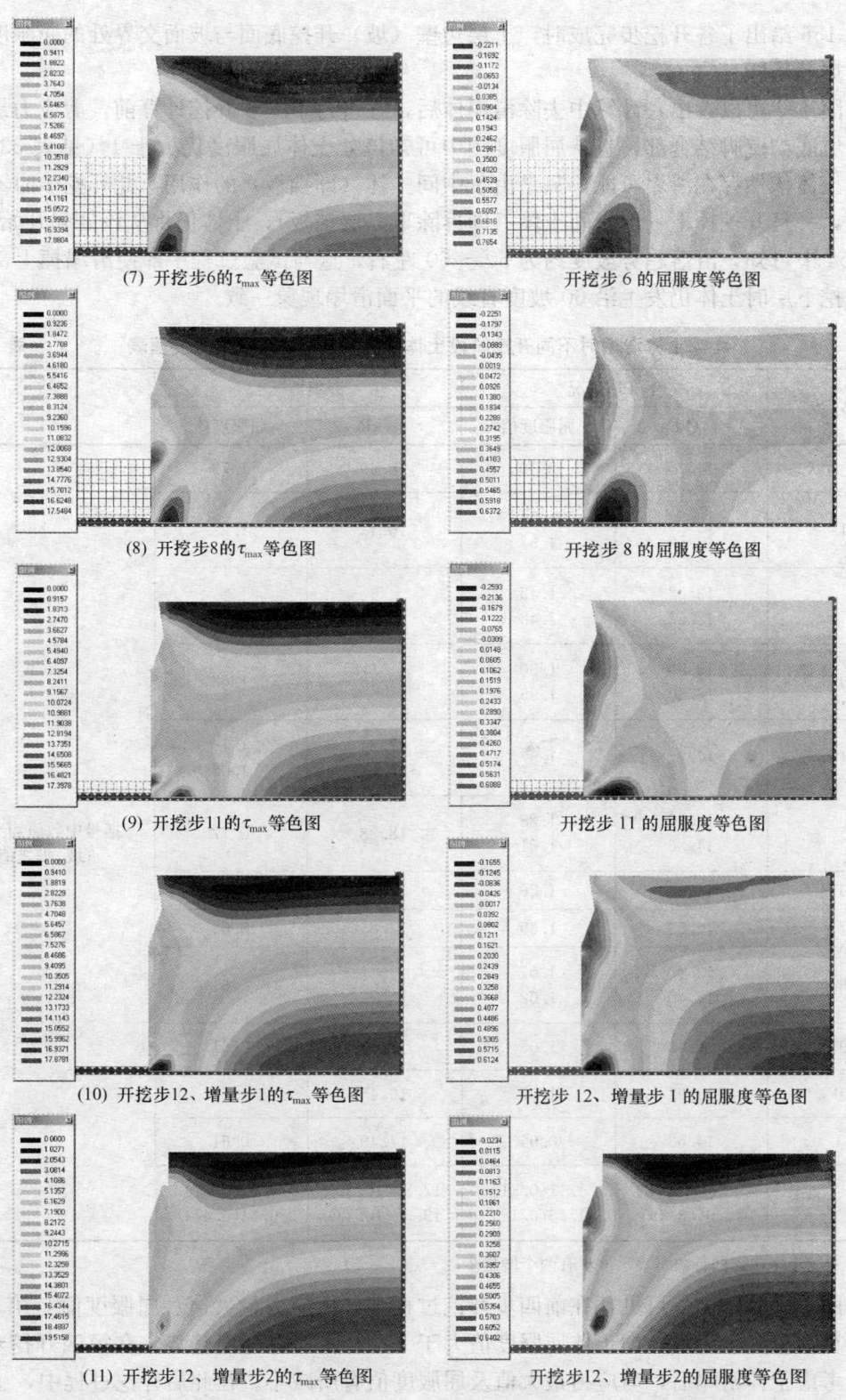

(7) 开挖步6的τ_{max}等色图　　　　　　开挖步6的屈服度等色图

(8) 开挖步8的τ_{max}等色图　　　　　　开挖步8的屈服度等色图

(9) 开挖步11的τ_{max}等色图　　　　　　开挖步11的屈服度等色图

(10) 开挖步12、增量步1的τ_{max}等色图　　开挖步12、增量步1的屈服度等色图

(11) 开挖步12、增量步2的τ_{max}等色图　　开挖步12、增量步2的屈服度等色图

图155　夯填情况下考虑滑塌体时各开挖阶段土体最大剪应力及屈服度等色图（三）

图 156 给出了各开挖步完成时，土层边壁（坡）开挖底面与坡面交界处的屈服度等高线及滑塌趋势线。

由图 153 可以看出，计算中去除滑塌体后，在进行下一步开挖计算前，剪应力最大值仍处于坑底与壁脚结合部，且从屈服图中可知该处土体屈服度仍大于 1（见表 33），说明该处土体依然存在滑塌可能，只是由于中间土体（即挡板）的作用，此开挖步时不会发生滑塌，一旦开挖掉下一层中间土体（即拆除下一层挡板），土体仍将从该处起开始滑落。从图 154 中可知，滑落趋势坡度约为 $50°\sim60°$ 左右，这与试验过程中即使滑塌掉上部土体后，开挖下层时土体仍发生沿 $60°$ 坡度直线的平面滑塌现象一致。

考虑土体滑塌时不同开挖阶段土体最大剪应力 τ_{max} 及屈服度值表　　　　表 33

开挖步	不夯填情况		夯填情况		备 注
	τ_{max}(kPa)	屈服度值	τ_{max}(kPa)	屈服度值	
初始应力状态	14.75	2.10	18.49	1.73	
1	13.52 13.52	1.54 1.53	16.13	1.23	
2	13.52 13.52	1.45 1.48	16.49	1.15	
3	13.50 13.50	1.30 1.35	20.46	1.43	
4	17.22	1.57	17.34 17.51	1.14 1.03	
5	13.76 14.36	1.28 1.31	18.38	0.77	括号中数值为土壁（坡）脚之值
6	15.10	1.26	17.88	0.71	
7	16.55	1.35	17.85	0.64	
8	13.40 13.40	1.07 1.02	17.55	0.61	
9	14.40	1.05	17.02	0.61	
10	13.92	1.07	16.45	0.61	
11	14.68	0.95	17.40	0.61	
最后应力状态	15.75(10.78) 16.06(3.49)	1.11(0.81) 1.15(0.18)	17.88(10.92) 19.52(10.28)	0.61(0.37) 0.64(0.47)	

注：开挖步中包含两行数字表示该步有两个增量步。

由图 155 和图 156 可见，在前四步开挖过程中，剪应力最大值、屈服度值与第 3.7.3 节中计算结果完全一致，即土体屈服度值大于 1，土体具有滑塌趋势。在第四开挖步第 2 增量步考虑土体滑塌后，剪应力最大值及屈服度值有所减小。在此后开挖过程中，土体屈服度均小于 1，不存在滑移可能性。这些计算结果与试验现象是一致的，从而可以定性地解释模型试验中的破坏现象。

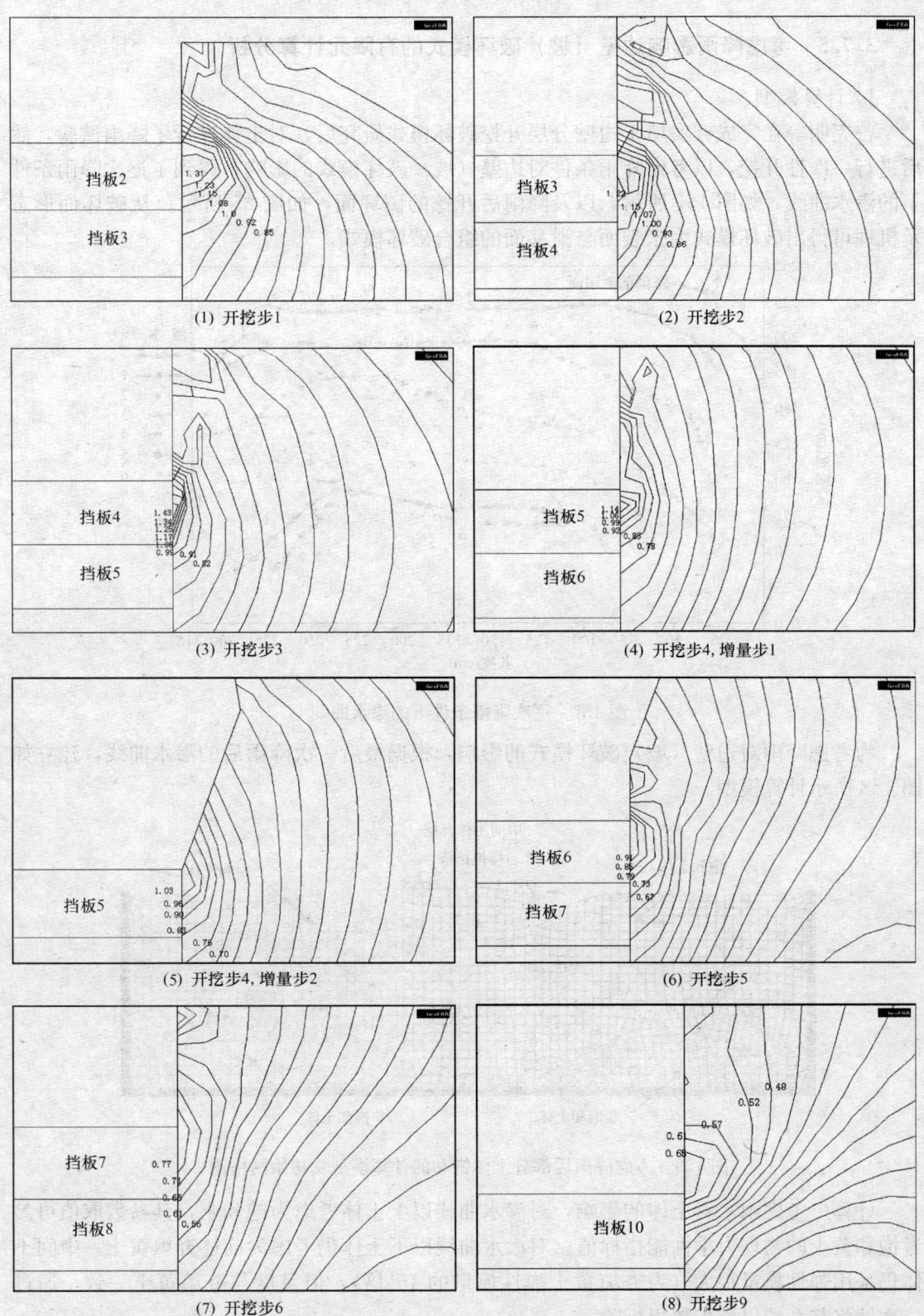

图 156 考虑土体滑塌影响时夯填土边壁局部区域屈服度等高线及滑塌趋势线

3.7.5 考虑降雨影响边壁（坡）破坏模式的有限元计算分析

1）计算模型

曾宪明等在完成夯实填土边壁分层开挖破坏模式研究后，对土体进行了降雨试验，然后进行一次性开挖，以考虑降雨条件对边壁（坡）破坏模式的影响，得到了逐次降雨条件下的渗水曲线，如图 157 所示，以及降雨后开挖的破坏面，如图 85 所示。从破坏面形态及机理可得出破坏模式为张裂面与滑移面的组合破坏模式。

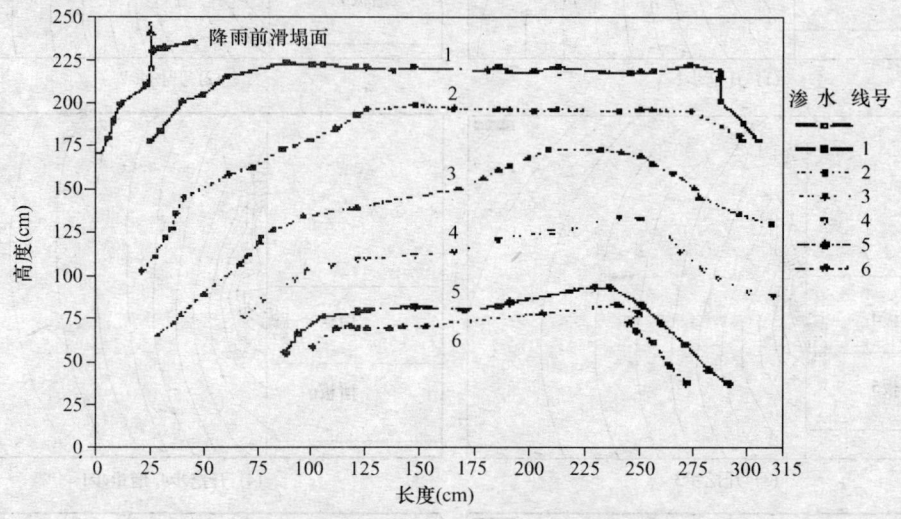

图 157　逐次降雨条件下的渗水曲线

为考虑降雨对边壁（坡）破坏模式的影响，根据最后一次降雨后的渗水曲线，建立如图 158 所示计算模型。

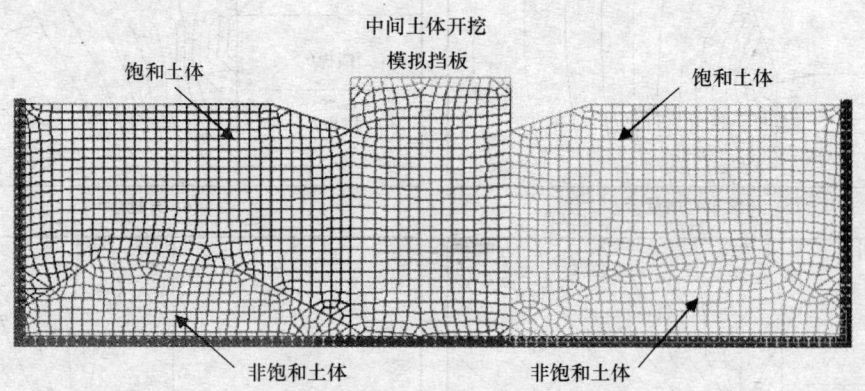

图 158　考虑降雨后部分土体饱和的计算模型及初始网格图

计算中考虑雨水对土体的影响，对渗水曲线以上土体考虑为饱和土，其参数取值可参考饱和黄土的物理力学性能指标值；对渗水曲线以下土体仍考虑为前述夯填黄土。中间土体仍采用弹性模量很大（为夯填黄土弹性模量的 10^3 倍），但重度与夯填黄土一致，通过一次性将其开挖以模拟挡板拆除。

2）计算结果及分析

基于上述有限元模型，计算得到土体在开挖后的最大剪应力 τ_{max} 及屈服度等色图和等值线图，如图159、图160所示。

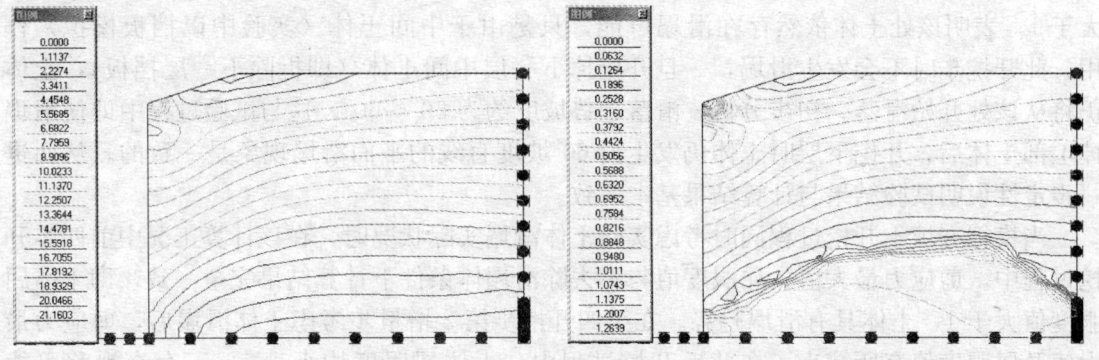

图159　考虑降雨影响土体一次开挖后最大剪应力及屈服度等值线图

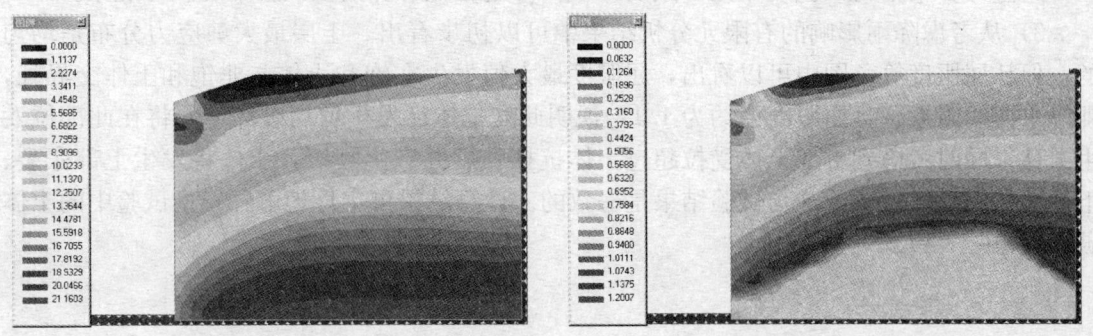

图160　考虑降雨影响土体一次开挖后最大剪应力及屈服度等色图

从最大剪应力等色图可看出，土层最大剪应力分布是均匀的；但从屈服度等色图显见，屈服度最大值发生在饱和土体与非饱和土体交界处，即渗水曲线附近，且屈服度值约为1.1，说明此处土体已发生剪切破坏，将沿此部位发生滑移；同时考虑到上部土体受拉超过土体抗拉强度并产生裂缝，土体将发生上部张裂、下部滑移的破坏模式，这与试验结果是一致的。计算结果可定性地解释模型试验中土体破坏现象。

3.7.6　小结

本章分析了填土边壁（坡）破坏模式的相似模型试验研究中三类试验条件共5种工况下试验土体应力状态与破坏趋势，通过数值结果，从定性角度与破坏试验结果进行对比分析，总体上有较好一致性。主要结论有：

1）在不考虑边壁（坡）土体滑塌影响，仅模拟开挖过程的计算工况中，当土体为不夯填土时，每步开挖后，土体内最大剪应力位置处于开挖后坑底与边壁脚结合部，且该处土体屈服度值大于1。这说明在这类土层中开挖时，若不采用防护工程措施，必然发生滑塌破坏。如以屈服度等高线梯度来判断滑落趋势，大多在45°~60°之间。当土体为夯填土时，每步开挖后，土体内最大剪应力位置仍处于开挖后坑底与边壁脚结合部，但该处土体屈服度值并不都大于1。只有到第4步开挖后，坑底与边壁脚结合部土体屈服度值才大于1，表明土体将发生破坏，意味着在实际填土边壁（坡）中土体将可能从该处开始滑落。

2）当模拟不夯填土开挖过程同时考虑实验土体滑塌实际状况时，在去除滑塌体后进行下一步开挖计算前，剪应力最大值仍处于坑底与壁脚结合部，而且该处土体屈服度仍然大于1，表明该处土体依然存在滑塌可能，只是由于中间土体（实验中以挡板模拟）作用，此开挖步时不会发生滑塌，一旦开挖掉下一层中间土体（即拆除下一层挡板），土体仍将从该处开始滑落。初步分析，滑落趋势坡度约为50°～60°，这与试验过程中即使滑塌掉上部土体后，开挖下层时土体仍发生沿60°坡度直线的平面滑塌现象是一致的。从而进一步定性说明试验结果与计算结果基本一致。

当模拟夯填土开挖过程同时考虑实验土体滑塌实际状况时，在该计算工况中前四步开挖过程中，剪应力最大值、屈服度值与不去除滑塌体条件下计算结果完全一致，即土体屈服度值大于1，土体具有滑塌趋势。在第四开挖步第2增量步考虑土体滑塌后，剪应力最大值及屈服度值有所减小。在此后开挖过程中，土体屈服度均小于1，不存在滑移可能性，这些计算结果与试验现象是一致的，从而可定性地解释模型试验中的破坏现象。

3）从考虑降雨影响的有限元分析结果中可以初步看出，土层最大剪应力分布是均匀的；但从屈服度等色图中可以看出，屈服度最大值发生在饱和土体与非饱和土体交界处，即渗水曲线附近，且屈服度值约为1.1，说明此处土体已发生剪切破坏，并将在此部位发生滑移；同时考虑到上部土体受拉超过土体抗拉强度并产生裂缝，土体将发生上部张裂、下部滑移的破坏模式，这与试验结果是一致的。计算结果可定性地解释模型试验中的土体破坏现象。

4 复合土钉支护设计方法

4.1 土钉-超前锚杆复合结构作用机理

4.1.1 概述

土钉支护以充分利用土体自支承能力为出发点,通过在土体中按一定间距和长度设置土钉,并辅以钢筋网喷射混凝土面层与土体协同工作,形成复合式挡土结构,弥补了土体抗拉、抗剪强度低的弱点,同时改变了基坑(或土坡)变形和破坏性状,提高了地基土整体刚度和稳定性,以达到确保基坑稳定之目的。由于土钉支护具有造价低廉、施工迅捷、支护质量高、适用于多种地质条件等优点,已在基坑支护和边坡加固中得到工程界青睐。但是,在松散砂土、软黏土及地下水丰富的土层中应用时,常因土层不能对土钉提供足够抗拔力而难于实施。尤其在饱和软黏土层中,由于地基土自承载能力差,难以形成开挖坡面。因此,在软土地基中使用土钉支护受到一定限制。为弥补软弱地基自支承能力低的弱点,目前,通常采用超前锚杆-土钉复合结构形式。由于超前锚杆施工方便、速度快,而且能有效限制土体变形,增加基坑边壁稳定性,已在软弱地基基坑支护中得到广泛应用。但就目前土钉支护设计而言,大都未能考虑超前锚杆抗滑作用,在工程设计中仅作为安全储备之用,或仅验算其整体稳定性,设计理论已滞后于工程实践。鉴于此,浙江大学屠毓敏从桩土相互作用关系出发,分析研究了超前锚杆在土钉支护基坑中的工作机理,加深了对超前锚杆在土钉支护中抗滑作用的认识。

4.1.2 超前锚杆受力分析

对位于软弱地基中的基坑工程,当开挖深度较深时,常采用超前锚杆来提高土钉支护基坑稳定性。在基坑开挖到一定深度时,通过设置垂直注浆花管、小直径钢管(一般直径为48~159mm)或松木桩等来实施超前支护。设计超前锚杆应穿过最危险滑动面,并有足够深度进入稳定土层中,其端部与土钉钢筋(或钢管)相焊(连)接。其典型剖面如图161所示。

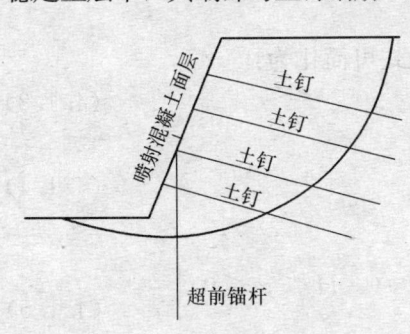

图161 复合土钉支护结构剖面图

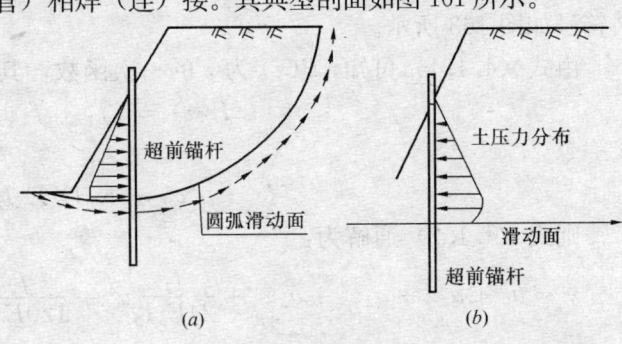

图162 超前锚杆抗滑作用

4.1.2.1 超前锚杆所受侧向土压力

土钉主要通过土体与锚固体之间粘结力所提供抗拔力来提高边坡整体稳定性,而超前锚杆作用有别于土钉。在复合土钉支护中,由于超前锚杆的存在,一方面对滑动土体起着阻拦作用(如图162a),另一方面,超前锚杆也承受着滑动土体侧向土压力作用(如图162b)。由于超前锚杆彼此间具有一定间距,作用在超前锚杆上土压力与朗肯土压力存在较大差异。Ito 与 Matsui(1975)曾将土和桩分别作为莫尔-库仑材料和刚性体,考虑软弱土体从排桩间产生挤出塑性变形,利用土的塑性理论建立了位于边坡中排桩承受边坡滑动时的极限侧向土压力,并用室内模型试验进行了验证。这对超前锚杆在土钉支护中极限抗滑设计具有指导作用。为此,屠毓敏利用 Ito 与 Matsui 的研究成果,将其应用于土钉支护中超前锚杆的抗滑作用分析。Ito 与 Matsui 所提出的作用于排桩上侧向土压力计算式为:

$$
\begin{aligned}
P(z) = & cD_1 \left(\frac{D_1}{D_2}\right)^{(N_\varphi^{1/2}\tan\varphi + N_\varphi - 1)} \cdot \left[\frac{1}{N_\varphi \tan\varphi} \cdot \left[\exp\left(\left[\frac{D_1-D_2}{D_2}\right] N_\varphi \tan\varphi \tan\left(\frac{\pi}{8}+\frac{\varphi}{4}\right)\right)\right.\right. \\
& \left.\left. - 2N_\varphi^{1/2}\tan\varphi - 1\right] + \frac{2\tan\varphi + 2N_\varphi^{1/2} + N_\varphi^{-1/2}}{N_\varphi^{1/2}\tan\varphi + N_\varphi - 1}\right] - c\left[D_1 \frac{2\tan\varphi + 2N_\varphi^{1/2} + N_\varphi^{-1/2}}{N_\varphi^{1/2}\tan\varphi + N_\varphi - 1} - 2D_2 N_\varphi^{-1/2}\right] \\
& + \frac{\gamma z}{N_\varphi}\left[D_1\left(\frac{D_1}{D_2}\right)^{(N_\varphi^{1/2}\tan\varphi + N_\varphi - 1)} \exp\left[\frac{D_1-D_2}{D_2} \cdot N_\varphi \tan\varphi \tan\left(\frac{\pi}{8}+\frac{\varphi}{4}\right)\right] - D_2\right] \quad (4.1.1)
\end{aligned}
$$

式中:$N_\varphi = \tan^2(\pi/4 + \varphi/2)$;$D_1$、$D_2$ 分别为超前锚杆之间中心距及净距;c、φ 为地基土抗剪强度指标;γ 为地基土重度。

4.1.2.2 超前锚杆受力分析

由图162中超前锚杆抗滑作用可知,超前锚杆可按侧向受载桩方法进行分析。取滑动面为坐标原点,向下为坐标轴正方向,则其挠曲线方程为:

$$
\left.\begin{aligned}
E_p I_p \frac{d^4 y}{dz^4} - p(z) = 0, & \quad (-H \leqslant z \leqslant 0) \\
E_p I_p \frac{d^4 y}{dz^4} + K_h D y = 0, & \quad (0 \leqslant z \leqslant L_d)
\end{aligned}\right\} \quad (4.1.2)
$$

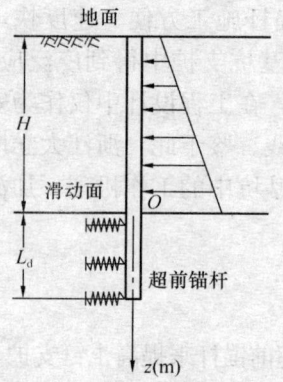

图163 超前锚杆受力分析

式中:$E_p I_p$ 为超前锚杆抗弯刚度;K_h 为地基反力系数(kN/m³);D 为超前锚杆直径;其余符号如图163所示。

由式(4.1.1)可知,$P(z)$ 为 z 的一次函数,其表达式可简化为:

$$P(z) = (f_1 + f_2 z)/D_1 \quad (4.1.3)$$

令

$$\alpha^4 = K_h D / E_p I_p \quad (4.1.4)$$

则式(4.1.2)通解为:

$$
\left.\begin{aligned}
y = & a_0 + a_1 z + a_2 z^2 + a_3 z^3 + \frac{f_1}{24 E_p I_p} z^4 + \frac{f_2}{120 E_p I_p} z^5 \quad (-H \leqslant z \leqslant 0) \\
y = & e^{-\alpha z}(a_4 \sin\alpha z + a_5 \cos\alpha z) + e^{\alpha z}(a_6 \sin\alpha z + a_7 \cos\alpha z) \quad (0 \leqslant z \leqslant L_d)
\end{aligned}\right\} \quad (4.1.5)
$$

由于超前锚杆顶部一般均与土钉钢筋（或钢管）焊接，则其边界条件为：

$$\left. E_p I_p \frac{d^2 y}{dz^2} \right|_{z=-H} = 0; \quad \left. E_p I_p \frac{d y^2}{dz^2} \right|_{z=L_d} = 0 \\ \left. E_p I_p \frac{d^3 y}{dz^3} \right|_{z=-H} = k_T y \big|_{z=-H}; \quad \left. E_p I_p \frac{d^3 y}{dz^3} \right|_{z=L_d} = 0 \right\} \quad (4.1.6)$$

式中：k_T 为土钉水平刚度系数，可按下式计算：

$$k_T = \frac{3E_c A_c}{3l_f + l_a} \cos^2 \theta \quad (4.1.7)$$

式中：A_c、E_c 分别为锚固体截面面积和复合弹性模量；l_a、l_f 分别为土钉锚固段和自由段长度；θ 为土钉水平倾角。

超前锚杆在 $z=0$ 处角的连续性条件为：

$$\left. \begin{array}{l} y(0-) = y(0+) \\ y'(0-) = y'(0+) \\ y''(0-) = y''(0+) \\ y'''(0-) = y'''(0+) \end{array} \right\} \quad (4.1.8)$$

根据超前锚杆边界条件和连续性条件可求得待定系数 $a_0、a_1、a_2、a_3、a_4、a_5、a_6、a_7$，令 $K = k_T/(E_p \cdot I_p), \beta = \alpha L_d$，则其矩阵表达式为：

$$\begin{bmatrix} 1 & 0 & 0 & 0 & -1 & 0 & -1 & 0 \\ 0 & 1 & 0 & 0 & \alpha & -\alpha & -\alpha & -\alpha \\ 0 & 0 & 1 & 0 & 0 & \alpha^2 & 0 & -\alpha^2 \\ 0 & 0 & 0 & 3 & -\alpha^3 & -\alpha^3 & \alpha^3 & \alpha^3 \\ 0 & 0 & 2 & -6H & 0 & 0 & 0 & 0 \\ K & -KH & KH^2 & 6-KH^3 & 0 & 0 & 0 & 0 \\ 0 & 0 & 0 & 0 & \tan\beta & -1 & -e^{2\beta}\tan\beta & e^{2\beta} \\ 0 & 0 & 0 & 0 & 1-\tan\beta & 1+\tan\beta & -e^{2\beta}(1+\tan\beta) & -e^{2\beta}(1-\tan\beta) \end{bmatrix} \begin{Bmatrix} a_0 \\ a_1 \\ a_2 \\ a_3 \\ a_4 \\ a_5 \\ a_6 \\ a_7 \end{Bmatrix} = \begin{Bmatrix} 0 \\ 0 \\ 0 \\ 0 \\ b_1 \\ b_2 \\ 0 \\ 0 \end{Bmatrix}$$

(4.1.9)

式 (4.1.9) 中 b_1、b_2 为：

$$b_1 = -\frac{f_1}{2E_p I_p} H^2 + \frac{f_2}{6E_p I_p} H^3 \quad (4.1.10)$$

$$b_2 = \frac{f_1}{E_p I_p} H - \frac{f_2}{2E_p I_p} H^2 - \frac{K f_1}{24 E_p I_p} H^4 + \frac{K f_2}{120 E_p I_p} H^5 \quad (4.1.11)$$

求得 $a_0、a_1、a_2、a_3、a_4、a_5、a_6、a_7$ 后，即可求得作用于超前锚杆上的弯矩和剪力，其弯矩分布为：

$$M(z) = -E_p I_p (2a_2 + 6a_3 z) - \frac{f_1}{2} z^2 - \frac{f_2}{6} z^3 \quad (-H \leqslant z \leqslant 0)$$

$$M(z) = -2\alpha^2 E_p I_p [e^{-\alpha z}(a_4 \sin\alpha z - a_5 \cos\alpha z) + e^{\alpha z}(-a_6 \sin\alpha z + a_7 \cos\alpha z)]$$

$$(0 \leqslant z \leqslant L_d) \tag{4.1.12}$$

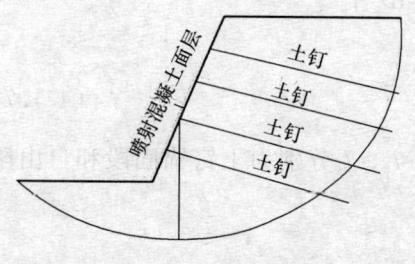

图 164 超前锚杆嵌固深度计算简图

4.1.2.3 超前锚杆嵌固深度的确定

超前锚杆在复合土钉支护中所起作用主要是提高基坑支护结构整体稳定性。为此，超前锚杆应有足够嵌固深度，其深度可按圆弧滑动简单条分法确定（图164）。当最危险滑动面穿过超前锚杆底端时，其最小安全系数应满足《建筑基坑支护技术规程》JGJ 120所规定的要求。

4.1.3 超前锚杆抗滑作用分析

超前锚杆在复合土钉支护中的抗滑作用通过超前锚杆与土体之间的相互作用来实现。其抗滑作用分析可按如下方法进行：首先，按《建筑基坑支护技术规程》JGJ 120方法求出无超前锚杆时土钉支护最危险滑动面及最小安全系数；其次，确定超前锚杆嵌固深度；再次，按式（4.1.1）求出作用于超前锚杆上侧向土压力 $P(z)$；最后，求出 $P(z)$ 对最危险滑动面所提供抗滑力矩，并求出设置超前锚杆时的最小安全系数，若最小安全系数不满足《建筑基坑支护技术规程》JGJ 120要求，则应调整超前锚杆直径和间距，直至满足要求为止。

4.1.4 工程应用

1）工程概况

某基坑开挖深度为6.0m，位于软黏土地基中，基坑开挖区内地基土的主要物理力学性能指标值如表34所示。

场地土主要物理力学参数指标值 表34

土层名称	层厚(m)	重度(kN/m³)	凝聚力(kPa)	内摩擦角(°)
淤泥	6.0	17.0	6.0	12.0
淤泥质黏土	10.0	17.8	12.0	20.0

在土钉支护设计时，取淤泥和淤泥质黏土与土钉锚固体之间极限摩阻力分别为16kPa和20kPa，土钉采用钢管击入钉，长度均为9.0m，水平间距为1.0m，其结构剖面如图165所示。

2）土钉支护整体稳定性分析

按《建筑基坑支护技术规程》JGJ 120要求，对图165中土钉支护进行整体稳定性分析。该图中弧1为无超前锚杆时最危险滑动面，此时最小安全系数为1.032；圆弧2为设置超前锚杆时最危险滑动面，此时最小安全系数为1.454。就该工程基坑而言，当无超前锚杆时，土钉支护处于极限滑动状态，其整体稳定性不满足《建筑基坑支护技术规程》JGJ 120 要求，而当设置长度为 5.0m 的超前锚杆时，其整体稳定性即可满足《建筑基坑支护技术规程》JGJ 120 要求。

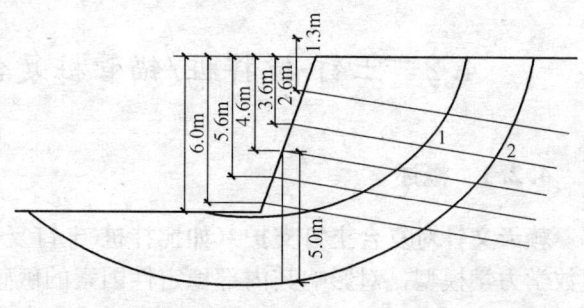

图 165 土钉支护结构布置图

3) 超前锚杆抗滑作用分析

土钉支护整体稳定性分析，仅能说明超前锚杆已具有足够入土深度并能满足《建筑基坑支护技术规程》JGJ 120 要求。至于超前锚杆在土钉支护中的抗滑作用，则应从超前锚杆与地基土相互作用来分析。

取超前锚杆直径为 0.1m，其间距为 1.0m，则作用在超前锚杆上土压力如图 166（a）所示。对最危险滑动面（如图 165 中圆弧 1）所提供抗滑力矩为 20.906kN·m，此时最小安全系数为 1.115，显然不能满足《建筑基坑支护技术规程》JGJ 120 要求，应调整超前锚杆间距和直径。若超前锚杆直径不变，其间距调整为 0.5m，则作用在超前锚杆上土压力如图 166（b）所示，对最危险滑动面（如图 165 中圆弧 1）所提供抗滑力矩为 90.606kN·m，此时最小安全系数为 1.388，满足《建筑基坑支护技术规程》JGJ 120 要求。

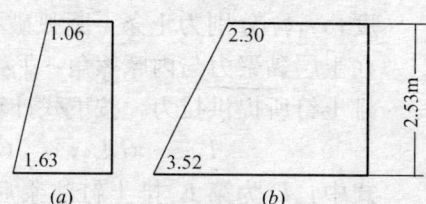

图 166 作用于超前锚杆上的土压力

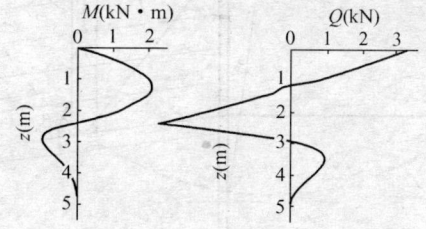

图 167 超前锚杆内力分布

4) 超前锚杆受力分析

由式（4.1.12）可求得作用于超前锚杆上的弯矩和剪力，如图 167 所示。由该图可知最大弯矩值为 2.07kN·m。若超前锚杆注浆体强度为 C20，注浆钢管型号采用 $\phi 48 \times 3.5$mm，则由《混凝土结构设计规范》可求得超前锚杆弯矩设计值为 2.146kN·m，满足设计要求。

4.1.5 小结

1) 土钉-超前锚杆这种复合结构形式受力合理，在不良地质条件下具有广泛应用。

2) 将 Ito 与 Matsui 关于边坡中排桩承受边坡滑动时的极限侧向土压力研究成果，应用于复合土钉支护中超前锚杆抗滑作用分析，是可行的。

3) 复合土钉支护中超前锚杆可以是钢筋、钢管、槽钢、工字钢、圆木或楠竹等，但锚头须与钉头作牢固连接。

4.2 土钉-搅拌桩/锚管桩复合结构设计参数敏感性

4.2.1 概述

赖天文针对复合土钉支护（如搅拌桩-土钉复合支护、土钉-锚管桩复合支护）问题建立数学力学模型，对影响其内部稳定性因素的敏感性进行了分析，其结果对复合土钉支护设计和施工，特别是对采用工程地质类比法进行设计和施工具有实用价值。

4.2.2 力学模型

如图 168 所示，当基坑为一般黏性土，具有一定自稳高度且地下水位较低时，对其边坡可采用复合土钉支护。其内部稳定性可用圆弧条分法计算，稳定系数 F_s 为：

$$F_s = \left[\Sigma\left((W_i + P_i)\cos\alpha_i \tan\varphi_i + \frac{c_i b_i}{\cos\alpha_i} \right) + \Sigma\left(\frac{T_K}{S_{xK}}\sin\beta_K \tan\varphi_i + \frac{T_K}{S_{xK}}\sin\beta_K \right) + nQ_f\cos\delta \right] / \Sigma(W_i + P_i)\sin\alpha_i \tag{4.2.1}$$

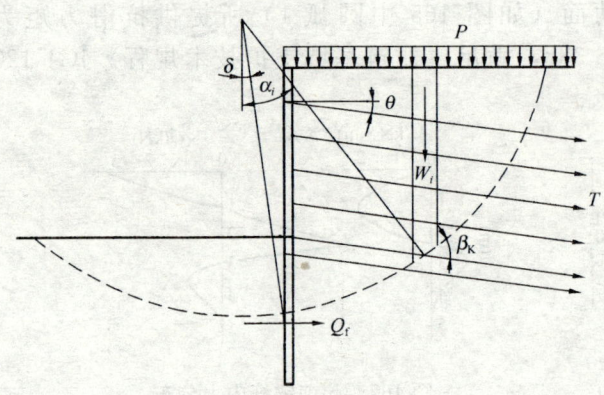

图 168　圆弧破坏模式示意图

式中：W_i，P_i 分别为土条 i 自重和坡顶超载；α_i 为土条 i 的圆弧破裂面中点的切线与水平面的夹角；b_i 为土条 i 宽度；c_i，φ_i 分别为土条 i 圆弧破裂面所在土层黏聚力与内摩擦角；T_K 为第 K 排土钉所提供拉力，按下式计算：

$$T_K = \pi D L_a \tau \tag{4.2.2}$$

式中：D 为第 K 排土钉注浆后直径；L_a 为第 K 排土钉有效长度；τ 为第 K 排土钉与土体间界面粘结强度；S_{xK} 为第 K 排土钉水平间距；β_K 为第 K 排土钉轴线与该破坏面切线之间夹角，按下式计算：

$$\beta_K = \theta + \alpha_i \tag{4.2.3}$$

式中：θ 为土钉倾角；n 为每延米桩根数；δ 为滑弧断桩点至圆心连线与垂线的夹角；Q_f 为单桩桩身极限抗力。

4.2.3 数值分析模型选取

若把每一种工况下最危险圆弧滑动面计算结果作为一次试验，将其稳定系数 F_s 作为试验指标，把公式中各参数作为影响因素来考察，则复合土钉支护敏感性分析可转化为以稳定系数 F_s 为考察对象的单指标多因素显著性分析。其线性模型为：$Y = \beta_0 + \beta_1 x_1 + \cdots \beta_n x_n + \varepsilon$。对于该模型，可选用正交试验（不考虑各因素间相互作用）来作定性分析，以确定各自变量 x_i（稳定系数 F_s 表达式中各参数）对因变量 Y（稳定系数 F_s）的显著性影响次序。

4.2.4 自变量参数选择和取值

选取式（4.2.1）中的 $L,d,Q_f,n,\tau,\theta,S_x,N,\gamma,\varphi,c,P,D$ 等 13 个参数进行敏感性分析。基坑边坡设定为一般黏性土边坡，其工况为：均质土体、竖直边坡、边坡深度为5m、坑内无地下水渗出，土钉按等长、等倾角布置。各参数简化为低、中、高三个因素水平，各参数及各因素水平次序随机排列，其取值如表35所示。

各参数取值及因素水平　　表35

水平	土钉长 L(m)	桩插深 d(m)	单桩桩身极限抗力 Q_f(kN)	每延米桩数 n(根)	界面粘结强度 τ(kPa)	土钉下倾角 θ(°)	土钉水平间距 S_x(m)	土钉排数 N(排)	土体重度 γ(kN·m⁻³)	内摩擦角 φ(°)	黏聚力 c(kPa)	坡顶超载 P(kPa)	土钉直径 D(m)
1	10	4	15	3	120	15	2.5	4	18	20	84	48	0.2
2	2.5	2	150	2	240	0	0.5	2	12	40	6	6	0.1
3	20	8	300	1	18	30	1.5	6	24	5	42	42	0.02

4.2.5 正交试验设计及计算结果

选用 $L_{27}(3^{13})$ 正交表安排试验，试验方案及计算结果如表36所示。

正交试验设计及结果　　表36

编号	L(m)	d(m)	Q_f(kN)	n(根)	τ(kPa)	θ(°)	S_x(m)	N(排)	γ(kN·m⁻³)	φ(°)	c(kPa)	P(kPa)	D(m)	F_s
1	10.0	4	15	3	120	15	2.5	4	18	20	84	48	0.20	5.13
2	10.0	4	15	3	240	0	0.5	2	12	40	6	24	0.10	1.40
3	10.0	4	15	3	18	30	1.5	6	24	5	42	0	0.02	2.93
4	10.0	2	150	2	120	15	2.5	2	12	40	42	0	0.02	5.14
5	10.0	2	150	2	240	0	0.5	6	24	5	84	48	0.20	4.75
6	10.0	2	150	2	18	30	1.5	4	18	20	6	24	0.10	0.49
7	10.0	8	300	1	120	15	2.5	6	24	5	6	24	0.10	1.21
8	10.0	8	300	1	240	0	0.5	4	18	20	42	0	0.02	4.27
9	10.0	8	300	1	18	30	1.5	2	12	40	84	48	0.20	4.04
10	2.5	4	150	1	120	0	1.5	4	24	40	84	24	0.02	3.79
11	2.5	4	150	1	240	30	2.5	2	24	20	6	0	0.20	1.07
12	2.5	4	150	1	18	15	0.5	6	18	40	42	48	0.10	3.01
13	2.5	2	300	3	120	0	1.5	2	24	20	42	48	0.10	0.96
14	2.5	2	300	3	240	30	2.5	6	18	5	84	24	0.02	5.06
15	2.5	2	300	3	18	15	0.5	4	12	5	6	0	0.20	1.02
16	2.5	8	15	2	120	0	1.5	6	18	40	6	0	0.20	2.85
17	2.5	8	15	2	240	30	2.5	4	12	5	42	48	0.10	1.08
18	2.5	8	15	2	18	15	0.5	2	24	20	84	24	0.02	3.01

157

续表

编号	L (m)	d (m)	Q_f (kN)	n (根)	τ (kPa)	θ (°)	S_x (m)	N (排)	γ (kN·m^{-3})	φ (°)	c (kPa)	P (kPa)	D (m)	F_s
19	20.0	4	300	2	120	30	0.5	4	24	40	84	0	0.10	11.8
20	20.0	4	300	2	240	15	1.5	2	18	5	6	48	0.02	0.58
21	20.0	4	300	2	18	0	2.5	6	12	20	42	24	0.20	5.69
22	20.0	2	15	1	120	30	0.5	2	18	5	42	24	0.20	3.56
23	20.0	2	15	1	240	15	1.5	6	12	20	84	0	0.10	11.4
24	20.0	2	15	1	18	0	2.5	4	24	40	6	48	0.02	1.10
25	20.0	8	150	3	120	30	0.5	6	12	20	6	48	0.02	3.78
26	20.0	8	150	3	240	15	1.5	4	24	40	42	24	0.20	9.03
27	20.0	8	150	3	18	0	2.5	2	18	5	84	0	0.10	4.38

4.2.6 极差分析

对正交试验进行极差分析，分析结果如表 37 所示。由该表可知，影响复合土钉内部稳定性的 13 个计算参数中，参数敏感性由大到小依次排列为：$c, L, P, \varphi, N, \tau, \theta, \gamma, D, Q_f, d, n$。

正交试验结果的极差分析　　　　表 37

因素	L (m)	d (m)	Q_f (kN)	n (根)	τ (kPa)	θ (°)	S_x (m)	N (排)	γ (kN·m^{-3})	φ (°)	c (kPa)	P (kPa)	D (m)
k_{1j}	3.26	3.93	3.62	3.75	4.24	4.40	3.32	4.18	3.26	3.98	5.93	2.71	4.13
k_{2j}	2.43	3.72	3.94	3.93	4.30	3.25	4.07	2.69	4.16	4.82	1.51	3.70	3.98
k_{3j}	5.70	3.74	3.84	3.72	2.85	3.75	4.01	4.52	3.98	2.59	3.96	4.98	3.29
R_j	3.27	0.21	0.32	0.21	1.45	1.15	0.75	1.83	0.90	2.23	4.42	2.27	0.84

4.2.7 方差分析

取 F 分布显著性水平 α 分别为 0.05、0.1，则：
$$F_{0.05}=(2,2)=19$$
$$F_{0.1}=(2,2)=9$$

若某因素试验结果的 F 值大于 19，则认为该因素对试验结果的影响是高度显著；若 F 值小于 19 且大于 9，则影响为一般显著；若 F 值小于 9，则为无显著影响。试验结果的方差分析如表 38 所示。

正交试验结果的方差分析　　　　表 38

参　数	离差	自由度	均方离差	F 值	显著性
L (m)	51.98	2	25.99	44.41	高度
d (m)	0.23	2	0.115	0.20	无
Q_f (kN)	0.13	2	0.065	0.10	无

续表

参　数	离差	自由度	均方离差	F 值	显著性
n(根)	0.95	2	0.475	0.80	无
τ(kPa)	12.11	2	6.055	10.40	一般
θ(°)	6.71	2	3.355	5.70	无
S_x(m)	3.81	2	1.905	3.30	无
N(排)	17.05	2	8.525	14.60	一般
γ(kN·m^{-3})	4.76	2	2.380	4.10	无
φ(°)	18.71	2	9.355	16.00	一般
c(kPa)	88.94	2	44.470	76.00	高度
P(kPa)	23.31	2	11.655	10.00	一般
D(m)	4.29	2	2.145	1.80	无
误差	1.17	2	0.585		

由表 38 可知，c，L 对复合土钉支护内部稳定性有高度显著影响；φ，N，P，τ 有一般显著影响；S_x，γ，D，n，θ，Q_f，d 无显著影响。方差分析结果与极差分析结果相一致。

4.2.8 小结

当基坑边坡采用复合土钉支护时，根据极差分析和方差分析的结果，其设计最优方案为：c，L，φ，N，D 和 τ 分别取最大值；P，S_x 和 γ 分别取最小值；n，θ，Q_f 和 d 分别取最中值。

4.3　土钉-搅拌桩复合结构设计方法

4.3.1　概述

土钉支护对于地层的依赖性很大，通常仅适于在地下水位较低、自立性较好地层中应用。《基坑土钉支护技术规程》CESS96：97 第 1.02 条规定，土钉支护适用于下列土体：有一定胶结能力和密实程度的砂土、粉土和砾石土、素填土、坚硬或硬塑的黏性土，以及风化岩层等。李象范等认为，这一规定，是考虑了以下因素：

1）土体可以提供给土钉足够抗拔阻力；
2）土体须有一定自立性，以便在自稳时间内进行支护作业；
3）喷射混凝土与土体之间有一定粘结强度。

我国经济建设较活跃地区多集中在东南沿海，这些地区除少数城市地层条件较好外，主要是海相沉积软地层。如以天津、上海、福州为例，地下水位距地表仅为 0.5~1.0m，地层为饱和的粉质黏土、淤泥质粉质黏土、粉土等。这种地质条件不属于土钉规程应用范围之内。但上海每年差不多有 200 个以上基坑在施工，每年花在基坑工程上投资多达 20 亿元人民币以上。用什么方法节省工程投资一直是人们十分关心的课题。有没有可能将土钉技术扩展应用于上海这样的软土地层中？李象范等对此作了较全面研究。

4.3.2 复合土钉结构形式与适用条件

所谓复合土钉支护，一般是以水泥土搅拌桩帷幕等超前支护措施解决土体自立性、隔水性以及喷射混凝土面层与土体粘结问题，以水平向压密注浆及二次压力灌浆解决土体加固及土钉抗拔力问题，以相对较长插入深度解决坑底隆起、管涌和渗流等问题，形成集防渗帷幕、超前支护及土钉等为一体的复合结构形式（图169）。

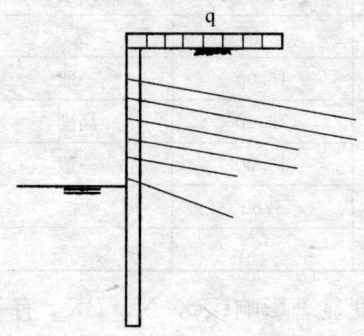

图169 复合土钉支护结构示例

复合土钉支护适用于砂性土、粉土、黏性土、淤泥及淤泥质土，在上海各类地层中，都有成功使用复合土钉支护的工程实例。由于饱和含水地层易产生较大侧向压力，因此，目前复合土钉支护仅限于深度为7.0m或以下的基坑围护。根据地层及环境要求不同，复合土钉支护发展了多种形式。

1) 开挖深度不超过4.0m，地层渗透系数较小，且周边环境对地表变形不敏感时，可放1∶0.3坡度，不进行超前支护，直接施作土钉支护（图170a）。

2) 开挖深度为4.0~5.0m，地层为渗透性较小的粉质黏土地层，基坑外降水不会引起地层显著沉降时，可采用图170b所示形式，即在坑外布置轻型井点管降水，对土坡进行垂直开挖或略带放坡（1∶0.2~0.3），再施作土钉支护。

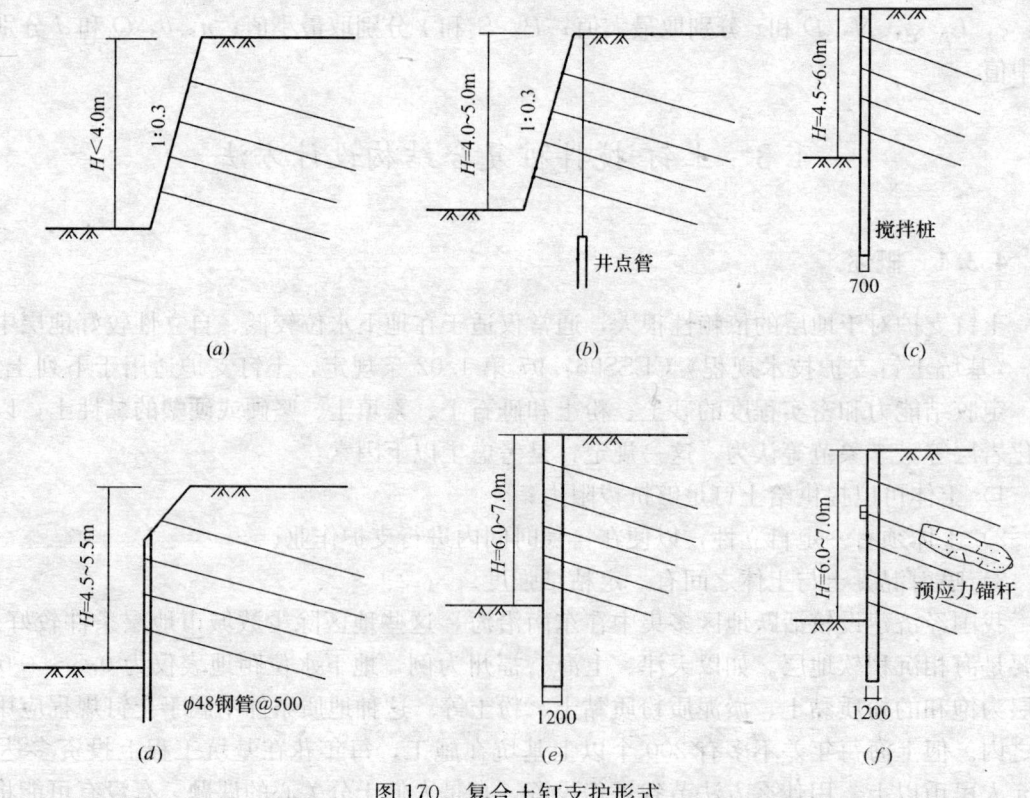

图170 复合土钉支护形式

3) 开挖深度为 4.5～6.0m，坑底处于上海第③层淤泥质黏土地层。开挖后有发生管涌及坑底涌土可能性时，首先施作水泥土搅拌桩构成防渗帷幕。防渗帷幕可采用宽度为 0.7m 的单排搅拌桩（图 170c），其插入深度应按抗渗要求设计，其强度应按基坑底部抗隆起要求设计。

4) 开挖深度为 4.5～5.5m，坑底虽处于淤泥质黏土中，但产生管涌可能性不大时，可采用单排（或双排）竖向立管作为超前支护（图 170d）。这种立管虽然不能形成隔水帷幕，但有增加土体自立性及防止坑底涌土的作用。

5) 开挖深度为 6.0～7.0m，坑底处于淤泥质黏土或淤泥质粉质黏土层，产生管涌及坑底隆起可能性增大时，必须施作 2 排水泥土搅拌桩（宽度为 1.2m）作为防渗帷幕和超前支护。2 排水泥土桩仍不能满足抗隆起强度要求时，可在水泥土桩中插入型钢、钢筋或钢管，形成配筋帷幕（图 170e）。

6) 当对土钉支护位移和后部土体沉降有严格要求时，可在土钉支护中配合使用预应力土层锚杆。预应力锚杆一般施作在顶部的一、二排（图 170f）。

以上六种支护形式，在上海地层中都有成功使用的工程实例。在广东惠州也有采用复合土钉支护淤泥基坑，其深度达到 10m 的范例。

4.3.3 复合土钉支护的变形性状

土钉支护变形性状对周边环境影响及支护本身安全性都至关重要。因此，变形性状在土钉支护试验研究中是不可或缺的组成部分。试验研究表明复合土钉支护表现出与一般土钉支护不同的变形性状。

一般土钉支护顶部水平位移随开挖深度加大而逐步向坑内发展，后部土体位移也是上层较大、下层较小，挡墙有前倾趋势，坑底以下（$0.3H$～$0.5H$）位移为零（图 171a）。复合土钉支护由于事先施作水泥土桩，开挖后桩顶位移较小，特别是当顶部土钉较长时，水平位移更小，但随着深度增加，深部土体有较明显水平移动趋势。开挖完成后，底部位移大于顶部位移（图 171b），边壁有向前凸起趋势。坑底以下相当深度处（如 $1.0H$）仍有这种位移趋势。

后部地表沉降也有不同形态。

用水泥土桩作为止水帷幕超前支护的复合土钉支护，其后部地表沉降较小，一般为 $0.3\%H$，且沉降槽如图 171a 所示：靠近开挖面的水泥土桩沉陷非常小，通常为几毫米，

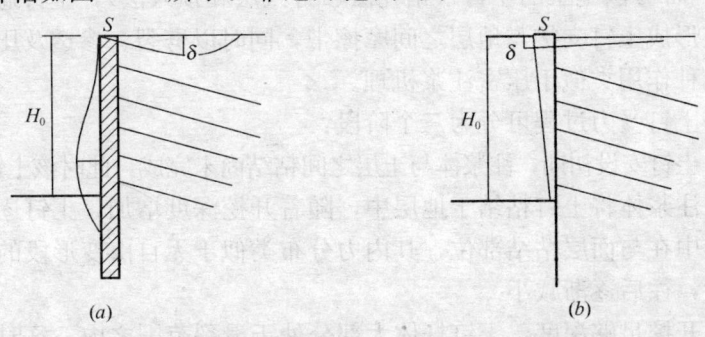

图 171 复合土钉支护与一般土钉支护沉降比较
(a) 复合土钉支护；(b) 一般土钉支护

最大沉陷位置距开挖面约为(0.5～1.0)H，沉降量为30～50mm，约为(0.3%～0.5%)H。沉降槽宽度，即沉降影响范围为(1.0～2.0)H。

无止水帷幕或仅用竖向钢管构成的复合土钉支护，随开挖发展的边壁位移和后部地表沉降量都比较大，沉降槽形状如图171b所示：越靠近开挖面沉降量越大，通常为40～50mm，离边壁越远，沉降量越小，影响范围为(1.5～2.0)H。

边壁位移和地表沉降均随开挖逐步发展。量测结果表明：每开挖一层(约为1.0m)，一般引起1～8mm沉陷和位移，沉陷与位移大小取决于开挖深度、土层性质及施工工艺等因素(图172)，并具有以下规律：

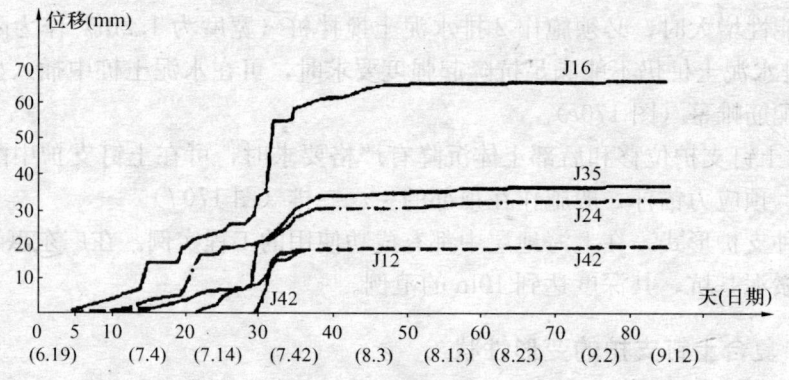

图172　复合土钉支护位移时程曲线

1) 开挖同样土层厚度，下层土开挖引起位移和沉陷较大；
2) 土层越松软，含水量越大，边壁位移和沉陷也越大；
3) 施工过程中，由开挖引起水土流失，以及注浆不及时或注浆量不够，随之引起地表沉陷也较大，故成孔方法、注浆压力和流量等均须与地层情况相适应。

4.3.4　土钉支护受力机理

1) 在土钉支护体系中，土钉是重要受力构件。土钉作用可分为：将作用于面层或水泥土桩上水土压力，通过土钉与土体摩阻力传递到稳定地层中去，类似于土层锚杆。
2) 通过密而短的土钉将边壁土体变形加以约束，形成由土体、注浆体及土钉组成的复合土体。此复合土体受力类似于重力式坝。这种作用类似于加筋土挡墙。
3) 不管用何种方法施工的土钉(钻孔法、打入法和顶入法)，土钉通道同时也是注浆孔，该注浆不仅形成土钉支护与地层之间摩擦带，同时以劈裂、渗透及压密注浆形式加固不稳定土体。这种作用类似于压密注浆机理。

量测表明，土钉受力过程可分为三个阶段：

第一阶段，土钉安设初期，注浆体与土层之间粘结尚未完成，此时该土钉基本不受力。

第二阶段，注浆体将土钉粘结于地层中，随着开挖深度增加，土钉逐渐产生拉力。此时土钉将拉力集中在与面层粘结部位，其内力分布类似于无自由变形段的土层锚杆，靠近面层处拉力最大，往后逐渐减小。

第三阶段，开挖足够深度，土钉杆体大部分处于滑裂范围之内。这时土钉内力表现为中间部位(近滑裂面)最大，两端最小。力的分布类似于加筋土挡墙中的拉筋(图173)。

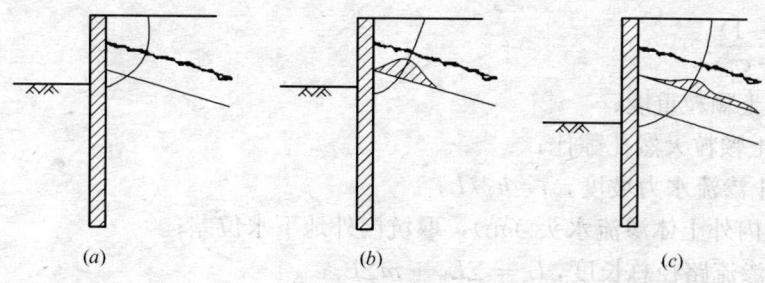

图 173 土钉受力的三个阶段
(a) 土钉内力为零；(b) 土钉内力类似于土锚；(c) 土钉内力类似于加筋土

4.3.5 复合土钉支护设计

根据复合土钉支护变形、受力机理，以及可能产生的破坏形态，其设计可从四方面考虑，即防渗设计、土钉设计、面层设计和稳定性验算。稳定性验算又可以分为内部稳定性和外部稳定性验算、整体稳定性和底部稳定性验算。

1) 抗渗设计

根据工程项目所处地层地下水位及地层渗透性，决定是否需要设置防渗帷幕。如需设置，宜选取何种形式？并需考虑确定其各部分几何尺寸等。

当基坑开挖深度小于 3.0m，且处于渗透性较小的粉质黏土或淤泥质粉质黏土地层（通常 $K<10^{-5}$ cm/s），另外基坑周围管线和建筑物对地表变化不敏感，对于这一类基坑一般可不设置防渗帷幕，而是直接施作土钉支护。

基坑开挖深度大于 3.0m 而小于 6.0m、基坑坑底处于粉土、粉质黏土以及粉砂地层、坑外地下水位下降可能危及周边管线和建筑物时，应采用水泥土搅拌桩作为防渗帷幕。由于水头压力较小，可采用单排水泥土桩形成封闭防渗墙。

开挖深度大于 6.0m 而小于 7.0m 的基坑，防渗帷幕的宽度宜增加到 1.20m（即双排水泥土桩），此时防渗墙不仅发挥隔水作用，更重要的是提高基坑支护整体稳定性和坑底稳定性。

水泥土桩，当水泥掺入比$>10\%$，其墙体的抗渗性能是可以保证的，一般可达 10^{-5} $\sim 10^{-8}$ cm/s。水泥土桩相互连接部分是水密性的重要组成部分，除保证有足够搭接长度外（200～250mm），严格的施工管理是十分必要的。

防渗帷幕插入深度应满足以下条件：

(1) 尽量使防渗帷幕插入渗透性较小的淤泥质土中 1.0m 以上；

(2) 当不能进入隔水层时，应按渗流理论分析产生动水压力大小以及产生涌土、流砂的可能性（图 174），抗渗流或抗管涌稳定性安全系数为：

$$K_s = \frac{i_c}{i} \quad (4.3.1)$$

式中：i_c 为坑底土体临界水力梯度，由坑底土性确

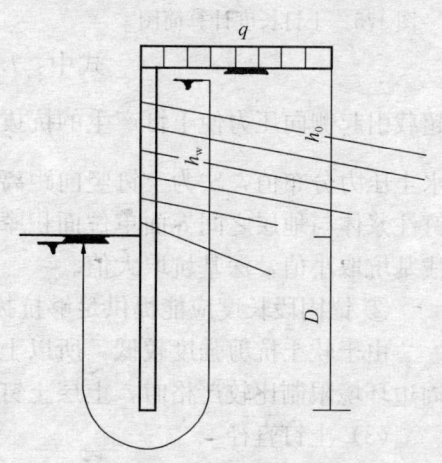

图 174 抗渗流验算简图

定，$i_c = \dfrac{(G_s-1)}{1+e}$；

G_s为坑底土颗粒重度；

e为坑底土颗粒天然孔隙比；

i为坑底土渗流水力坡度，$i = h_w/L$；

h_w为基坑内外土体渗流水头（m），取坑内外地下水位差；

L为最短渗流路径总长度，$L = \Sigma L_h + m\Sigma L_v$；

ΣL_h为渗流径水平段总长度（m），可取帷幕宽度；

ΣL_v为渗流径垂直段总长度（m）；

m为渗流径垂直段换算成水平段的换算系数，可取$m=1.5$；

K_s为抗渗流或抗管涌稳定性安全系数，一般应有$K_s=1.5\sim2.0$。

2）土钉设计

选择与地层情况相适应的土钉形式，确定土钉长度、直径、水平间距S_h和竖向间距S_v。

（1）土钉形式——锚管与锚筋

与软地层相适应的土钉由螺纹钢筋和钢管组成。螺纹钢筋作为土钉材料必须先钻孔，在钻孔中通过两次注浆，将土钉与地层粘结成整体；当处于粉土、粉砂等易流动地层时，成孔很困难，且成孔过程中易引起水土流失，导致地表下沉。此时可将钢管直接击入或顶入，再由管内向地层注浆构成土钉结构。

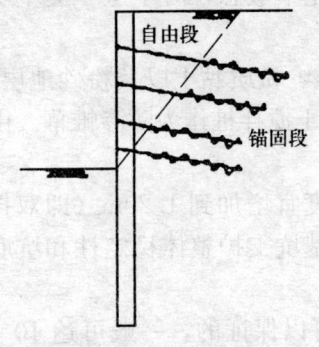

图175 土钉长度计算简图

通过钻孔注浆法施作的土钉，由于注浆比较充分，因此抗拔力较大。只要地层能够成孔，应优先选择该类土钉。用锚管作为土钉，多用直径为$\phi48$mm，壁厚为3.5mm的钢管，并在确保有充足注浆量和注浆压力前提下使用。

（2）土钉长度（图175）

① 土钉长度应由计算确定，以确保在水土压力作用下不被拔出。土钉长度由下式计算：

$$L \geqslant L_1 + \dfrac{F_{sd}N}{\pi d_0 \tau} \qquad (4.3.2)$$

式中：L_1为处于滑裂面以内的土钉长度；N为由土体自重及超载引起侧向压力使土钉产生的抗拔力，$N = \dfrac{1}{\cos\theta}pS_vS_h$，$\theta$为土钉倾角，$p$为土钉位置处水土压力分布值，$S_v$为土钉竖向距离，$S_h$为土钉水平距离；$d_0$为土钉注浆体直径；$\tau$为土钉注浆体与地层之间界面单位面积摩阻力；$F_{sd}$为土钉抗拉拔安全系数，一般取1.5~2.0，浅基坑取小值，深基坑取大值。

② 锚固段长度应能提供足够抗拔力，并满足整体稳定性要求。

由于软土抗剪强度较低，所以土钉长度较长，一般可取开挖深度的1.0~1.5倍，当周边环境限制比较严格时，上层土钉长度可达2.0H或以上。

（3）土钉直径

土钉要有足够截面积，使之在服务期内不被拉断。土钉直径可按下式计算：

$$R = 1.1\frac{\pi d^2}{4}f_{yk} \qquad (4.3.3)$$

式中：R 为土钉受拉屈服强度；d 为土钉钢筋直径；f_{yk} 为钢筋抗拉强度标准值，按《混凝土结构设计规范》GB 50010 取用。

设计土钉通常选用 ϕ22mm 或 ϕ25mm 的变形钢筋或 ϕ48mm×3.5mm 的钢管。这两种形式土钉的承载力均能达到 100kN 左右，可根据地层条件和施工条件灵活选用。

(4) 土钉间距 S_h 和 S_v

土钉主要发挥三方面作用：①承受作用在面层上的水土压力，并将其传递到稳定地层中；②约束边坡土体变形，形成整体变形的重力坝；③提供注浆以充盈浆孔并加固土体。在选择土钉间距时，须综合考虑以上三个因素。

竖向间距和水平间距的乘积即是一根土钉的承载面积。在高水位软地层中，侧向水土压力较大，且土体提供抗剪能力较低，因此土钉间距应较小。若每根土钉承担 1.0～1.5m² 范围内水土压力，则间距为 1.0～1.2m。软地层中注浆影响半径约为 0.5～0.75m，这也表明土钉间距一般应为 1.0～1.5m。

竖向间距与水平间距可以相同，也可以不同。如两个方向间距不同，则可使竖向间距略大，可减少分层挖土层数。

(5) 土钉倾角

通常以向下倾 10° 为宜，倾角太小，或水平钻孔，则注浆比较困难；如倾角太大，则人工成孔较难。最后一排土钉宜采用较大倾角（通常为 20°～25°），旨在对深层土体进行加固。

3) 面层设计

面层是指由钢筋网片和喷射混凝土组成的钢筋混凝土结构层。其主要作用为：

(1) 承受水土侧向压力，并将其传递到土钉上；

(2) 限制土体局部坍塌；

(3) 将土钉连接成整体，当水泥土桩防渗墙发生局部断裂时，面层内钢筋网片可将断裂部分兜住，以防发生涌土破坏。

面层是土钉支护系统中的重要组成部分，一般按构造设置，按强度验算。

钢筋网片一般设计为 ϕ6.5@150mm，双向布设；或 ϕ8@200mm，双向布设。喷射混凝土厚度一般为 100mm，宜分成两次喷射，其强度为 C20。面层初步设定后，应进行强度复核。

面层可看作以土钉为支点的多跨连续梁，荷载为水土侧压力和超载引起的侧向压力，按抗弯构件复核强度及网片配筋。

以一根土钉所能承受极限荷载，验算土钉与面层连接部位的抗冲剪能力，使之满足钢筋混凝土构件强度要求。

4) 稳定性验算

(1) 内部稳定性验算（图 176）

所谓内部稳定性验算，即假定滑裂面穿过部分或全部土钉，进而考察部分或全部土钉对稳定性的影响。

这种情况多发生于施工过程之中。当基坑开挖达到某一深度，而刚开挖形成的临空面还未安设土钉及面层时，滑裂面有可能通过坡脚形成。

（2）外部稳定性验算（图177）

由面层、土钉、注浆体及土体构成的边坡结合成为一个整体，类似重力式挡墙一样承受墙后水土压力。重力坝可能发生的失稳破坏为沿基坑底面滑移或绕坝趾而翻转。为防止这两种破坏形式发生，应进行土钉外部稳定性验算。

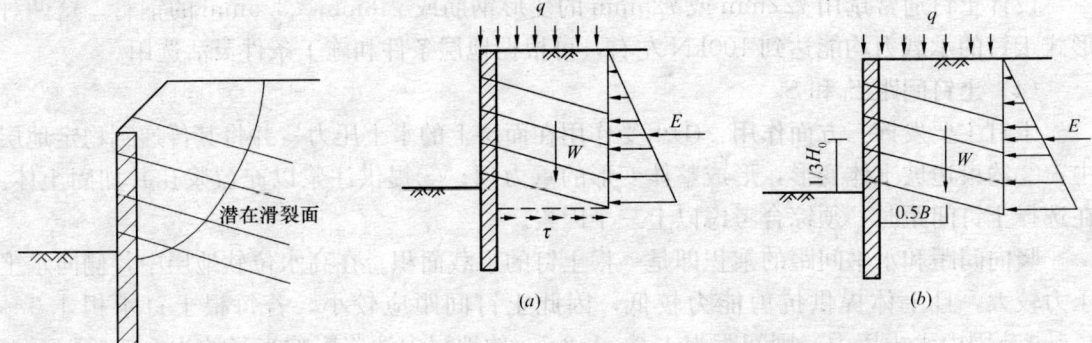

图176 内部稳定性验算简图

图177 外部稳定性验算简图
(a) 整体滑移；(b) 整体倾覆

坝体宽度：对于已施作水泥土桩的土钉支护，可取其宽度 $B=0.85L$（L 为土钉加权平均长度的水平投影长度），对于无水泥土桩的土钉支护，可取 $B=0.7L$。

支护整体沿底面水平滑动，按（图177a）进行，并取安全系数 $K_H \geqslant 1.2$；

支护整体倾覆验算，按（图177b）进行，并取安全系数 $K_a \geqslant 1.5$。

计算表明，土钉支护整体抗倾覆稳定性较易满足，而整体滑移安全度，却不易满足，其原因是：①软地层中，墙后水土压力比较大；②软地层中，墙底部摩擦力比较小。

为此可采取以下措施进行处理：

①局部加长 1～2 排土钉，借助墙外部分土钉拉力抗滑移；②将最后 1 排土钉倾角加大，调动墙体部分的入土深度；③将水泥土桩抗剪强度计入抗滑因素。

（3）整体稳定性（图178）

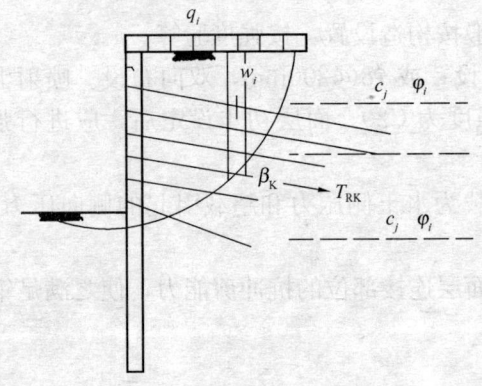

图178 整体稳定性验算

整体稳定性是指基坑开挖达到某一深度，土钉及面层已施作完毕，研究边坡作为一个整体产生滑动的可能性。

其验算过程为：

① 不计入土钉等因素影响，搜寻最危险滑裂面，仍按圆弧滑动法进行，计算出相应的安全系数，其值通常小于 1.0；

② 计入在滑裂面以外土钉抗拔力，及对抗滑力矩的有利影响；

③ 计入水泥土桩抗剪强度，及对抗滑力矩的有利影响。

整体安全系数可按下式计算：

$$K = \frac{1}{\sum[w_i + q_i \sin\alpha_i]}[(w_i + q_i)\cos\alpha_i \tan\varphi_i + V_i\cos\alpha_i\tan\delta_i + (T_{RK}/S_h)\sin\beta_K\tan\varphi_i$$

$$+ (c_j + D_i)(\Delta_i/\cos\alpha_i) + (T_{RK}/S_h)\cos\beta_K] \tag{4.3.4}$$

式中：w_i、q_i 分别为（无搅拌桩处）作用于第 i 土条的土体自重和地表超载之和；

V_i 为（有搅拌桩处）作用于第 i 土条的土体自重和地表超载之和；

α_i 为土条圆弧破坏面切线与水平层夹角；

Δ_i 为第 i 条土条宽度；

φ_i、c_j 分别为土条 i 圆弧破坏面所处第 j 层土层的内摩擦角和内聚力；

δ_i、D_i 分别为第 i 水泥土搅拌桩土条的内摩擦角和内聚力；

T_{RK} 为第 K 排土钉最大抗拔力；

β_K 为第 K 排土钉轴线与破坏面切线之间夹角；

S_h 为土钉水平间距；

K 为安全系数，取 1.25～1.30。

以上计算过程，也可逆向进行。即计算出某一边坡要满足某一整体稳定性安全系数，考察所需要土钉及水泥土桩设计参数指标值，求出满足整体稳定性的土钉长度。分析土钉最小长度并与初步设计的土钉长度作比较，以最大值作为施工依据。

(4) 底部稳定性

软地层土钉支护存在底部稳定性问题。底部稳定性表现为：底部土体承载力大小；坑底土体隆起；坑底附近水泥土桩破坏。

① 墙底土体地基承载力复核

基坑开挖之前，土体处于三维受力状态，开挖以后，在边坡上及坑底附近土体处于二维受力状态。受力状态改变，土体强度削弱，支护体底部土体在自重作用下，失去承载力的可能性很大。为此，须验算支护底部土体承载力，使之满足：

$$K_{wz} = \frac{\gamma_2 D N_q + c N_c}{\gamma_1 (h_0 + D) + q} \geq 1.2 \tag{4.3.5}$$

式中：γ_1 为坑外地表至支护底部各土层天然重度加权平均值（kN/m^3）；

γ_2 为坑内开挖面以下至支护底部，各土层天然重度加权平均值（kN/m^3）；

h_0 为基坑开挖深度（m）；

D 为支护在基坑开挖面以下的入土深度（m）；

q 为坑外地面荷载（kPa）；

N_q、N_c 分别为地基土承载力系数，根据支护地基土特性计算：

$$N_q = e^{\pi\tan\varphi}\tan^2\left(45° + \frac{1}{2}\varphi\right)$$

$$N_c = (N_q - 1)/\tan\varphi$$

式中：c、φ 分别为坑底土体黏聚力和内摩擦角。

② 基坑底部抗隆起复核

验算坑底隆起稳定性的方法很多，稳定系数法是其中之一：

$$N_s = \frac{\gamma H_0 + q}{S_u} < 6.0 \tag{4.3.6}$$

式中：N_s 为基坑底部抗隆起稳定系数；

γ 为坑外土体重度加权平均值（kN/m^3）；

H_0 为基坑开挖深度（m）；

q 为坑边地面超载（kPa）；

$\bar{S}_u$ 为支护土体与水泥土桩抗剪强度加权平均值（kPa）。

③ 坑底附近水泥土桩破坏复核（图 179）

水泥土桩既是防渗帷幕，又是开挖面的临时支护。当开挖至下一层而还未施作土钉及喷射混凝土面层时，已暴露出来的水泥土桩便发挥临时支护作用，防止幕后泥土被挤出。为此，应验算水泥土桩发生冲剪破坏和弯折破坏的可能性。

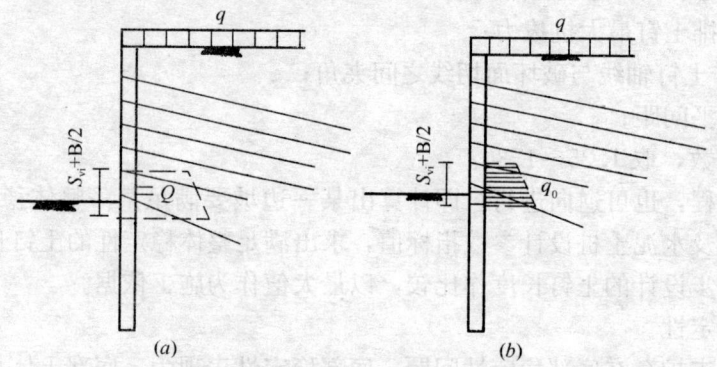

图 179 水泥土桩底部强度验算
(a) 抗冲剪验算；(b) 抗弯折验算

抗冲剪破坏可按下式计算：

$$K_c = \frac{V}{Q} = \frac{2BC_{u0}}{[k_a(\gamma h_0 + q) - 2c](S_v + 0.5B)} \geq 2.0 \quad (4.3.7)$$

式中：B 为防渗帷幕墙宽度（m）；

C_{u0} 为水泥土搅拌桩抗剪强度，$C_{u0} = (0.2 \sim 0.3) f_{cu}$ 或 $C_{u0} = c_0 + \gamma_0 h_0 \tan\varphi_0$；

f_{cu} 为水泥土桩无侧限抗压强度，可取 $f_{cu} = 1\text{MPa}$；

c 为土体凝聚力（kPa）；

γ 为土体天然重度（kN/m³）；

S_v 为土钉竖向间距（m）；

h_0 为基坑开挖深度（m）；

K_a 为主动土压力系数，$K_a = \tan(\pi/4 - 0.5\varphi)$。

抗弯折可按下式计算：

$$\sigma = \gamma_0 h_0 + \frac{3}{4} q \left(\frac{S_{vi}}{B} + 0.5\right)^2 < 0.5 f_{cu} \quad (4.3.8)$$

$$\sigma = \gamma_0 h_0 - \frac{3}{4} q \left(\frac{S_{vi}}{B} + 0.5\right)^2 < 0.5 \sigma_t = 0.1 f_{cu} \quad (4.3.9)$$

式中：σ_t 为水泥土抗拉强度，一般可取为 $0.2 f_{cu}$。

4.3.6 复合土钉支护施工

复合土钉支护施工工艺流程如下：

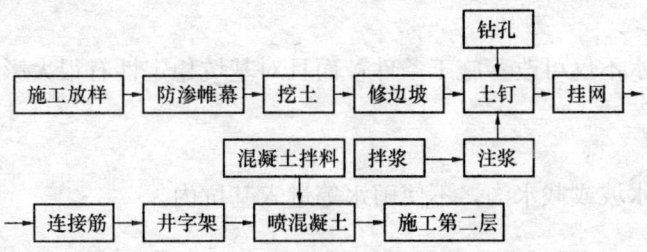

1) 防渗帷幕施工

防渗帷幕一般以单排水泥土桩构成，除水泥土桩体防渗特性外，桩与桩之间相互搭接的可靠性也很重要。可采取以下技术措施提高防渗帷幕施工质量：

(1) 适当增加搭接长度，可由 200mm 增至 250mm 或以上；

(2) 提高搅拌桩桩机定位精度，定位误差应小于 50mm；

(3) 桩架平台应水平设置，不使桩与桩之间开叉。

2) 挖土

挖土须与土钉支护施工密切配合，施工前应共同商定施工计划。根据土钉施工工艺，对挖土方的要求主要为：

(1) 须分层挖土。分层厚度与土钉竖向间距相适应。

(2) 须分段挖土。其目的是利用空间效应化解风险，减小边坡变形。分段长度以 20.0m 左右为宜。

(3) 不使挖出的作业面长时间暴露。原状土作业面暴露时间在 4.0h 内应封闭，水泥土桩作业面暴露时间不宜大于 12h。

3) 土钉安设

土钉是土钉支护结构主要受力构件，必须使之与地层充分粘结。为保证其粘结强度，凡能成孔地层均应先在孔内安设土钉。成孔方法可以是人工成孔，也可以是机械成孔。孔径一般为 80～100mm。成孔过程中应随时注意水土流失情况，水土流失将引起地表沉降等严重后果，钻孔完毕应立即置入土钉并注浆。

在钻孔中放置土钉时，沿土钉全长应焊接使土钉居中的定位构件，其间距以 2.0m 为宜。插入土钉时应与注浆管同时插入。

在淤泥质粉土地层中，成孔会引起坍孔和流砂。为减少对地表影响，有时可将土钉直接打入。为使打入钉也能注浆加固，可将杆状土钉改为管状锚管，并在管壁上开注浆孔，从管内向地层注浆。振动打入锚管有可能引起土层液化时，宜以机械顶入。

4) 钢筋网片及喷射混凝土面层

钢筋网片应牢固焊接在土钉上，不使其在喷混凝土过程中发生振动。网片钢筋搭接可以焊接，也可以绑扎，搭接长度应满足现行《混凝土结构设计规范》要求。目前喷射混凝土多用干法，即按比例将粗骨料（料径小于 12mm 的碎石）、细骨料（中粗砂）及水泥干拌在一起，用压缩空气输送到作业面，将混合料和一定比例的水同时喷射到受喷面层上（水灰比为 0.45 左右），并通过调整早强剂掺入量来调整喷层初凝时间。

喷射混凝土面层应自下而上进行，喷头与受喷面层之间距离宜控制在 0.8～1.2m 之间，主射流轴线与墙面垂直。当喷层厚度小于 100mm 时，可一次完成，喷射厚度较大时，宜分层进行，上下两层或左右之间搭接应喷射成斜面，以便牢固搭接。

5) 引排水系统

施工过程引排水不仅可改善施工条件,而且对基坑稳定性有很大影响。施工中引排水系统包括三个方面:

(1) 地表排水

沿基坑边作散水坡或截水沟,不使雨水等进入基坑内。

(2) 坡前引水

地下水可使水土压力增大,并对喷射面层凝固产生不利影响。为此,常在喷层中安设导流管,将部分地下水引至坑内排走。

(3) 施工中坑底排水

较深基坑都应有降水系统,以通过降水改善土性,提高基坑底部抗隆起稳定性。

开挖过程中在基坑内视情况开挖集水井。集水井随开挖而加深,并及时将水排出坑外,以改善施工作业条件,减少水对坡脚浸泡作用。

6) 监测

土钉支护法源于新奥法。新奥法基本指导思想是以围岩变形和变形速率作为控制施工的依据。同样,土钉支护施工必须进行监测,并将监测到的地面沉降和墙顶水平位移等,及时反馈于设计和施工,据此检查设计、施工合理性,提出土钉、注浆和面层施工等的修改意见。及时准确的监测资料,可使工程远离风险,减少事故。

监测内容通常包括:

(1) 地表、支护结构、管线及建(构)筑物沉降;

(2) 支护结构、管线和建(构)筑物水平位移;

(3) 地下水位观察;

(4) 深、大工程应进行深层位移(测斜)测量。

4.3.7 小结

本章综合论述了复合土钉支护结构形式与适用条件、复合土钉支护的受力变形性状、作用机理、设计与施工方法等。

大量工程实践已经证明复合土钉支护在东南沿海高水位软土地区具有推广应用价值,它极大地扩展了土钉支护的应用范围,仅上海地区,估计每年可节省工程造价1.2~1.5亿元。

4.4 挡土挡水复合土钉支护的设计

4.4.1 概述

深基坑工程支护问题因其高风险、高投入特点而成为工程项目控制性环节之一。

土钉支护作为一种新型基坑支护结构形式,自1992年由总参工程兵科研三所首次在深圳文锦广场基坑抢险工程中成功应用以来,在全国范围内得到了迅速推广,并取得了显著的技术经济效果。

常规土钉支护由原位土体、设置在土体中的土钉和喷射混凝土面层组成,根据《深圳地区建筑深基坑支护技术规范（SJG 05—96）》规定：深圳地区土钉支护基坑开挖深度一般限制在5～12m范围内；土钉支护不适用于含水量丰富的粉细砂层、砾砂卵石层等饱和含水地层；不应用于无临时自稳能力的淤泥等饱和软弱地层，并不宜兼作挡水结构。

当前深圳地区土钉支护，已突破深圳地区基坑支护技术规范对于地层及基坑深度的限制，创造出多种复合支护结构形式，初步形成了复合土钉支护配套设计方法、变形控制技术及施工工艺。

黄力平等依据深圳地区工程实践，对挡土挡水复合土钉结构适用范围、一般特点及结构形式、变形控制技术等进行了研究，并提出了挡土挡水复合土钉支护设计计算方法。

4.4.2 挡土挡水复合土钉支护结构形式及适用范围

据深圳地区工程实践，挡土挡水复合土钉支护由土钉、预应力锚杆、截水帷幕这三种支护体系相互结合而成，常用结构形式有：①截水帷幕-土钉；②预应力锚杆-土钉-截水帷幕。

挡土挡水复合型土钉支护可应用于含水丰富的粉细砂、砂卵石地层，亦可应用于厚度一般小于4m、无临时自稳能力的薄层淤泥等饱和软弱地层，并兼作挡水结构。复合土钉支护中帷幕体除了起挡水、截水作用外，另外一个重要作用是固化饱和软弱地层，在支护工作面形成一道"屏障"，保证支护工作面不出现流砂或淤泥流动等地层缺失现象。

具有预应力锚杆支护体系的复合土钉支护一般应用于需严格控制基坑变形场合。根据统计，复合土钉支护结构最大水平位移一般在$(0.1\%～0.5\%)H$之间（H为基坑开挖深度）。

复合土钉支护施工与土方开挖密切配合，随挖随支，其基本出发点在于超前支护，尽可能保持和利用岩土体固有强度。因此，复合土钉支护稳定性及变形控制的成败除了取决于安全、可靠而周密的设计外，还与施工过程配合等因素紧密相关。这是复合土钉支护区别于传统桩锚等支护体系的一个重要特征。

挡土挡水复合土钉支护揉合了截水帷幕及预应力锚杆技术的优点，与常规土钉支护相结合，极大地拓展了土钉支护技术工程的应用范围。

4.4.3 挡土挡水复合土钉支护设计计算

挡土挡水复合土钉支护的设计计算包括帷幕体设计、整体稳定性分析、抗拔力验算等内容。

1) 帷幕体设计

截水帷幕一般形式为灌浆帷幕、搅拌桩截水帷幕、旋喷桩截水帷幕。灌浆帷幕整体封闭性差，一般不宜采用；搅拌桩截水帷幕受施工机具能力限制，一般应用于淤泥等地基承载力标准值f_k不大于120MPa的地层；高压旋喷帷幕施工工艺适用面广，所形成帷幕体整体性好、可靠程度高，在深圳地区广为应用。

帷幕功能好坏是复合型土钉支护成败的关键，具体设计时应根据场地地质条件，综合安全、经济等因素，选择合理的帷幕体形式。

根据深圳地区工程实践，截水帷幕宜插入相对不透水层，插入深度d可按下式计算：

$$d = \frac{h - ba}{2a} \tag{4.4.1}$$

式中：h 为作用水头（m）；

a 为接触面允许水力坡降，当以残积黏性土作为相对不透水层时，可取为 2～3；

b 为帷幕厚度（m），一般不小于 0.8m。

若上式计算值小于 1.5m，应取为 1.5m；如果透水层或淤泥层厚度较大，截水帷幕呈"悬吊"形式未穿过饱和软弱地层或未插入相对不透水层时，尚应进行管涌及抗隆起等验算。

对于截水帷幕"悬吊"在透水层内情况，可按下式简化计算基坑涌水量：

$$Q = \frac{K'LH_0T_0}{n(H_0 + 2T)} \tag{4.4.2}$$

式中：Q 为基坑涌水量（m³/d）；

K' 为土层平均渗透系数（m/d）；

L 为基坑周长（m）；

H_0 为地下水位面至基坑底深度（m）；

T_0 为帷幕底面至不透水层顶面深度（m）；

n 为渗水路径修正系数，一般取为 1.1～1.8；

T 为帷幕嵌入基坑底面以下深度（m）。

2) 整体稳定性分析

复合土钉支护设计中，整体稳定性分析是一个控制性环节，其重点在于分步计算每一开挖阶段的稳定性。一般某一层开挖完毕而未施工土钉为最不利工况。

整体稳定性分析验算基本方法为简化的圆弧滑动分析法，其算式为：

$$K_s = \frac{\Sigma c_i l_i S + \Sigma W_i \cos\theta_i \tan\varphi_i S + \Sigma T_{Nj}\cos(\alpha_i + \theta_i) + \Sigma \zeta T_{Nj}\sin(\alpha_i + \theta_i)\tan\varphi_i}{\Sigma W_i \sin\theta_i \cdot S} \tag{4.4.3}$$

$$T_{Nj} = \pi d \cdot L_{Bj} \cdot \tau_f \tag{4.4.4}$$

式中：K_s 为整体稳定性安全系数；

W_i 为 i 分条自重（kN/m）。对于地下水位以下的土条自重，在计算抗滑力矩时用有效重度值，计算滑动力矩时用饱和重度值；

c_i 为 i 分条滑裂面处土体黏聚力（kPa）；

φ_i 为 i 分条滑裂面处土体内摩擦角（°）；

θ_i 为 i 分条滑裂面处，中点切线与水平面夹角（°）；

α_i 为土钉与水平面之间夹角（°）；

l_i 为 i 分条滑裂面处弧长（m）；

S 为计算单元长度（m）；

T_{Nj} 为第 j 个土钉滑裂面外稳定土体中土钉所提供的摩阻力（kN）；

ζ 为折减系数，根据经验可取为 0.5；

d 为土钉孔径（m）；

L_{Bj} 为滑裂面外稳定土体中第 j 根土钉长度（m）；

τ_f为土钉与土体界面粘结强度设计值。

整体稳定安全系数建议取为 1.4～1.5，视变形控制标准及基坑工程重要性等级而定。整体稳定性计算一般通过电算完成。

3）抗拔力验算

如何计算作用在土钉支护后水压力，不少学者提出了多种模式。根据深圳地区工程实践，复合土钉支护土压力计算按朗肯公式计算是经济可行的。对于砂卵石等透水地层，尚应水土分算，并计及全部水压力。

土钉及锚杆抗拔力验算按下式进行：

$$K_d e_{ai} S_x S_y \leqslant T_{ti} \cos\alpha_i \qquad (4.4.5)$$

式中：K_d为土钉及锚杆抗拔允许安全系数，一般取为 1.5；

e_{ai}为第 i 个土钉及锚杆位置处主动土压力强度（kPa）；

S_x、S_y分别为土钉及锚杆水平、垂直间距；

T_{ti}为第 i 个土钉及锚杆破裂面外土体提供的有效抗拔力（kN）；破裂面与水平面夹角取 $(\beta+\varphi)/2$；

β、φ分别为边坡坡角及土体内摩擦角（°）。

预应力锚杆与土钉在立面上应相间布置，土钉可消除锚杆因施加预应力而产生的拉应力区；预应力锚杆锚头部位喷射混凝土面层中钢筋网应适当加密，以适应张拉锁定时在锚头部位所产生的应力集中效应；从变形控制角度考虑，立面上预应力锚杆宜布置在支护土体中上部。

4）复合土钉支护变形计算

复合土钉支护变形计算尚无解析方法，目前一般采取数值方法或经验类比法进行估算。

较常用的数值方法为弹性模型及非线性弹性模型有限元法等。较好作法是结合现场实测资料，利用数值方法进行反分析，以提高数值方法预测精度。黄力平等已开发了相应的反分析计算程序。

经验类比法也是较常用方法，根据深圳地区工程实践，复合土钉支护位移一般可控制在 $(0.1\% \sim 0.5\%)H$ 之内。

复合土钉支护设计计算还涉及土钉与锚杆杆材、土钉面层抗冲切等常规验算内容，此处不再赘述。

4.4.4 挡土挡水复合型土钉支护变形控制技术

深基坑工程设计不仅要保证支护体系稳定，而且要满足变形控制要求。复合土钉支护变形控制技术是融设计与施工于一体的综合技术措施。

1）设计措施

复合土钉支护变形控制技术在设计方面所采取措施有截水帷幕体系及预应力锚杆体系。

帷幕体系除起挡水、截水作用外，更在于它在开挖支护工作面与原位土体之间先期形成超前"衬砌"屏障，超前支护开挖面，避免流砂、流泥、基底隆起及边坡壁面土体逐层剥落等破坏现象，因而使得复合土钉支护可应用于自稳能力差的饱和软弱地层。由于帷幕体系的上述作用,极大地减少了开挖过程中地层介质缺失,不仅增加了边坡支护施工安全性,而且较好地控制了边坡变形。

预应力锚杆一般用于对基坑变形需严格控制的场合,立面上应布置在边坡中上部,并以上密下疏为宜。

2) 基坑支护时空效应的利用

基本思路是充分利用基坑开挖的空间效应及饱和软弱地层变形的时间效应,严格制定分层、分块、对称、限时开挖和及时支护的科学施工工序。

根据现场监控反馈信息,合理确定施工进度,适时调整施工工序等。对于拟开挖面需严格分层分段开挖,随挖随支;同一层开挖面支护施工,可划分为间隔断开的施工段,每两个施工段之间预留平衡土体。

结合现场监控措施,建立严格科学的施工工序,可较好地控制地层位移。

3) 土钉及锚杆水下施工

施工土钉及锚杆时,采用常规成孔方法,常要打穿帷幕。此时,在一定水头压力下,易沿锚孔产生水土流失现象,造成不良环境效应。

为减少地层损失,保护环境,提高工效,可采用高压锚管法施工,即土钉及锚杆的杆体改用 $\phi 48mm$ 或 $\phi 57mm$ 钢管,管体上设有出浆口。采用锚杆钻机打管,成孔与杆体安装同步完成。土钉及锚杆被击入到位后,在管口设止浆塞,进行压力灌浆。

4) 动态设计与信息施工

在施工过程中,据现场监控量测情况,及时调整修改原设计及施工进度。

4.4.5 工程实例

深圳得景大厦由两幢 32 层塔楼及 4 层裙房组成,设两层地下室,其基坑深度为 8.4m。

该工程地处景田住宅小区内,新洲河边。基坑边坡地层自上而下分别为填土层、黏土层、中粗砂层及花岗岩残积土层;地下水主要附存于中粗砂层内,水量丰沛,稳定水位埋深为 3m。地基土主要物理力学参数指标值见表 39。

地层主要物理力学参数指标值　　　表 39

物理指标	填 土	冲洪积粉质黏土	中 粗 砂	残积粉质黏土
平均厚度(m)	1.40	2.50	6.20	12.4
$\gamma(kN \cdot m^{-3})$	18.5	19.2	19.4	18.8
$E_s(MPa)$	/	5	/	9
$N_{63.5}$(击)		11	17	22
$\varphi(°)$	10	18	30	20
$c(kPa)$	10	15	/	25

基坑三面邻近既有建筑物,一面邻近新洲河辅道,场地周围埋有煤气管、上水管等管网。经方案对比,确定采用三重管高压旋喷桩帷幕与常规土钉相结合的复合土钉支护对基坑进行垂直支护。

旋喷桩设计桩径为1.2m，桩中心距为1m，桩与桩相互搭接形成连锁状帷幕。该工程作用水头$h=5.4$m，帷幕厚度$b=1.2$m，取$a=2$，代入（4.4.1）式求得帷幕进入相对不透水层（残积土层）深度$d=0.75$m，实际取用$d=1.5$m。

该工程取地面超载为20kPa，按公式（4.4.3）编制程序进行计算，取定的支护剖面见图180。各分步开挖的K_s计算值均大于1.5。

由各土层c、φ值可画出水土压力沿深度分布图（见图181）。以第5层土钉为例，由公式（4.4.5）进行抗拔力验算得：

$$e_{a5}=38+22=60\text{kPa} \quad S_x=S_y=1.2\text{m}$$

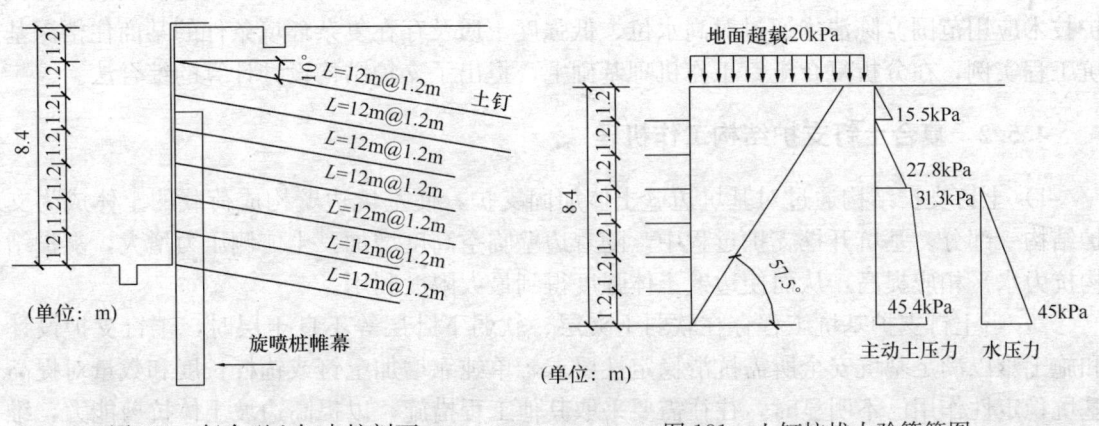

图180 复合型土钉支护剖面　　　图181 土钉抗拔力验算简图

土钉长度$L=10$m，破裂面内长度$L_1=1.5$m，锚固段长度$L_m=8.5$m；根据经验，取土层每延米抗拔力设计值为18kN/m，即：

$$T_{ti}\cos\alpha_i=8.5\times18\times\cos10°=150\text{kN}$$

$$K_d e_{a5} S_x S_y=1.5\times60\times1.2\times1.2=130\text{kN}$$

计算表明满足设计要求。

该工程土钉杆体分别采用单根$\phi25\sim32$mm 螺纹钢筋。

该工程采用非线性弹性模型有限元程序计算，预估边坡坡顶最大水平位移一般不超过3cm。实际上，从基坑开挖至地下室施工完毕，实测基坑边坡位移均小于1cm。

4.4.6 小结

复合土钉支护施工可与基坑土方开挖同步进行，随挖随支，基本不占或少占独立工期，因而可显著缩短建筑总工期和节省工程造价。深圳地区复合土钉支护每平方米支护面积单价约为500~700元。以得景大厦基坑为例，与常规桩锚支护体系相比，复合土钉支护可节省工程造价约15%~20%，节省工期50~60d，具有良好的技术经济效果。

复合土钉支护综合了截水帷幕及预应力锚杆的优点，在设计、施工中贯彻了超前支护、动态设计、信息施工理念，推动了土钉支护技术的发展，显示出勃勃生机和广阔的应用前景。

4.5 土钉-搅拌桩复合结构设计的综合法

4.5.1 概述

复合土钉支护是继土钉支护发展起来的新型支护结构。它是将土钉支护与深层搅拌桩、灌注桩、旋喷桩、各种微型桩，及预应力锚杆等结合起来，根据具体工程条件择优组合，从而形成的复合基坑支护技术（图182）。复合土钉支护弥补了一般土钉支护的某些缺陷和使用限制，适用于砂性土、粉土、黏性土、淤泥及淤泥质土，极大地扩展了土钉支护技术应用范围。陈清华通过对高水位、低强度土质及存在复杂环境条件的某商住楼深基坑工程实例，在分析复合土钉工作机理基础上，提出了支护结构设计计算的综合法。

4.5.2 复合土钉支护结构工作机理

1）土钉支护结构通过对基坑边壁土体加固支护，使基坑边壁构成荷载的土体成为支护结构一部分。基坑开挖支护过程中，随着边壁临空高度增加，土体侧压力增大，支护结构抗力水平相应提高，从而使边壁土体强度得到最大限度利用。

2）当土钉支护基坑工程存在软弱土夹层、软弱下卧层等不良土层时，土钉支护设计和施工难以满足基坑安全所需抗滑稳定性要求，单纯靠增加土钉或锚杆长度和数量对提高基坑稳定性作用已不明显时，往往需要采取其他工程措施，以提高边坡土体抗剪能力，维护基坑安全，如结合搅拌桩（或粉喷桩）、灌注桩及各种微型桩等超前支护的抗剪作用即可使基坑工程安全稳定性满足设计和施工要求。

3）桩体与土钉联合支护结构通常由前置排桩支护和土钉支护结构共同构成。在基坑边壁土压力作用下，排桩和土钉作为一个整体结构共同抵抗荷载和变形。对排桩支护部分而言，土钉加固部分的底部与下层土体接触，在水平土压力作用下，在土钉结构与土体间可被动地产生较大水平摩阻力，从而有效地减小主动区土压力作用。基坑底板以下被动区土体对桩体产生的被动土压力，显著提高了复合支护结构抗水平滑移和抗倾覆稳定性，缩短桩体在土中的嵌固深度，土钉支护底部，由于桩体抗剪强度较高，使复合土钉支护结构的内部和整体稳定性更易于满足要求。

4）复合土钉的桩体和土钉支护土体可看作是一人造边坡。因此，按人工构造边坡进行受力及稳定分析比较符合实际。如此，可以边坡稳定分析为基础，计及桩体、注浆土钉对边坡稳定的有利影响，如果注浆效果较佳，还可计及土体被改良的作用。

4.5.3 复合土钉支护的综合法设计

复合土钉支护可以分成四个方面分析，即土钉设计、桩体嵌入深度设计、面层设计和稳定性验算。稳定性验算又可以分为内部稳定和外部稳定性验算、整体稳定性和底部稳定性验算。

1）土钉的设计计算

通常土钉所受最大拉力或设计内力 N 按下式计算：

$$N = (1/\cos\theta) \times PS_v S_h \tag{4.5.1}$$

式中：P 为土钉长度中点处所受侧压力，它包括由土体自重和附加荷载引起的侧压力，$P = P_m + K_a q$；P_m 为土体自重，$P_m = K_a [1 - 2c/(\gamma \cdot H \cdot \sqrt{K_a})]\gamma H$，$P_m$ 取值应不小于 $0.2\gamma H$ 且不大于 $0.55 K_a \gamma H$；K_a 为侧压力系数，$K_a = \tan^2(45° + \varphi/2)$，$\varphi$、$c$ 及 γ 为土的内摩擦角、内聚力和重度，其值可分别取各层土的 $\tan\varphi_j$、c_j 及 γ_j 按其厚度 h_i 加权的平均值，q 为地面附加荷载，H 为基坑深度；N 为由土体自重及地面附加荷载引起侧向压力使土钉产生的抗拔力；θ 为土钉倾角，S_v 为土钉竖向间距；S_h 为土钉水平间距。

各层土钉长度应由计算确定，旨在确保在水土压力和附加荷载作用下不被拔出：

$$L \geqslant L_1 + L_m = L_1 + F_{s,d} N/(\pi d_0 \tau) \tag{4.5.2}$$

式中：L_1 为处于滑裂面以内的土钉长度，即土钉轴线与图 182 所示倾角等于 $(45°+\varphi/2)$ 斜线的交点到土钉外端点距离；N 为土钉设计内力，按式（4.5.1）确定；L_m 为处于滑裂面以外的土钉长度；d_0 为土钉注浆体直径；τ 为土钉注浆体与地层土体之间界面单位面积摩阻力；$F_{s,d}$ 为土钉局部稳定性安全系数，可取为 1.2～1.4，浅基坑取小值，深基坑取大值。

软土中土钉长度一般为开挖深度 H 的 1.0～1.5 倍，当周边环境限制比较严格时，其长度可达到 2.0H 或以上。

土钉直径要有足够截面积，使之在服务期内不被拉断：

$$1.1(\pi d^2/4)f_{yk} \geqslant F_{s,d} N \tag{4.5.3}$$

式中：d 为土钉钢筋直径；f_{yk} 为钢筋抗拉强度标准值。

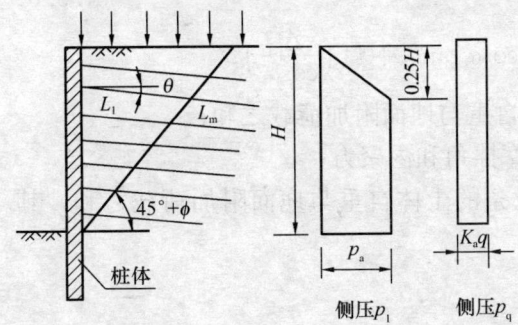

图 182　复合土钉支护计算简图

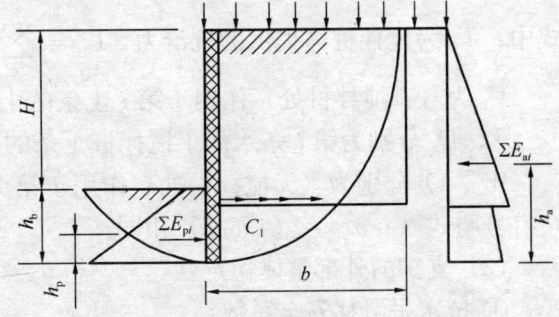

图 183　复合土钉支护结构整体稳定性分析

2) 桩体嵌入深度的确定

复合土钉支护结构桩体嵌入深度 h_d 按式（4.5.4）、（4.5.5）计算（图 183），并取其中最大值：

$$\Sigma E_{pi} + [(\gamma HB + qB)B\tan\varphi_1 + c_1 B] - F_s \Sigma E_{ai} \geqslant 0 \tag{4.5.4}$$

$$\sum_i [(W_i + Q_i)\cos\alpha_i \cdot \tan\varphi_j + c_j(\Delta_i/\cos\alpha_i)] + \sum_k (\sin\beta_k \tan\varphi_j + \cos\beta_k)\frac{R_k}{S_{hk}} - F_s \times \sum_i (W_i + Q_i)\sin\alpha_i \geqslant 0 \tag{4.5.5}$$

式中：ΣE_{ai}、ΣE_{pi} 为复合土钉支护结构基坑外侧和内侧土层水平土压力之和；

B 为底部土钉的水平投影长度；

W_i、Q_i 为作用于滑裂面上第 i 土条的自重、地面及地下荷载；

α_i 为土条 i 的圆弧破裂面切线与水平面夹角；

Δ_i 为土条 i 宽度；

c_j、φ_j 分别为土条 i 的圆弧破裂面所在处第 j 层土的黏聚力和内摩擦角；

c_1、φ_1 分别为坑底土体的黏聚力和内摩擦角；

R_k 为第 k 排土钉提供的最大抗力，按 $R_k = \pi d_0 L_m \tau$ 和 $R_k = 1.1(\pi d^2/4)f_{yk}$ 中最小值；

S_{hk} 为第 k 排土钉水平间距；

β_k 为第 k 排土钉轴线与该破坏面切线之间夹角；

F_s 为整体安全系数，应根据经验确定，否则可取 1.3，其余符号同式（4.5.1）。

3）稳定性验算

（1）支护内部稳定性

① 桩体破坏复核

按有关规范进行桩体结构内力计算，并做桩体在坑底附近及嵌入深度范围内软土层与硬土层交界附近的抗弯折和抗冲剪验算。

② 前置搅拌桩（或粉喷桩）与土钉支护结构还应按下式验算：

$$F_s = \frac{1}{\sum_i [(W_i + Q_i)\sin\alpha_i]} \times$$

$$\left\{ \sum_i \left[(W_i + Q_i)\cos\alpha_i \tan\varphi_j + c_j \frac{\Delta_i}{\cos\alpha_i}\right] + \sum_k (\sin\beta_k \tan\varphi_j + \cos\beta_k) \times \frac{R_k}{S_{hk}} + T_s \right\} \geqslant 1.3$$

(4.5.6)

式中：T_s 为搅拌桩体提供的抗滑力，$T_s = \sum_i V_i \cos\alpha_i \tan\delta_i + D_i \left(\frac{\Delta_i}{\cos\alpha_i}\right)$；

V_i 为（有搅拌桩处）作用于第 i 土条的土体自重与地面附加荷载之和；

δ_i、D_i 分别为第 i 条水泥土搅拌桩土条的内摩擦角和内聚力；

W_i、Q_i 分别为（无搅拌桩处）作用于第 i 土条的土体自重与地面附加荷载之和，其余符号与式（4.5.4）、（4.5.5）相同。

（2）支护的外部整体稳定性

① 抗水平滑移安全系数：

$$K_{st} = \frac{\sum E_{pi}}{\sum E_{ai}} + \frac{[(\gamma \cdot H \cdot B + q \cdot B)\tan\varphi_1 + c_1 B]}{\sum E_{ai}} \geqslant 1.3 \quad (4.5.7)$$

② 抗倾覆安全系数：

$$K_c = \frac{h_p \cdot \sum E_{pi}}{h_a \sum E_{ai}} + \frac{[(\gamma \cdot H \cdot B + q \cdot B) \times 0.5B]}{h_a \sum E_{ai}} \geqslant 1.3 \quad (4.5.8)$$

式中：h_a、h_p 分别为合力 $\sum E_{ai}$、$\sum E_{pi}$ 作用点距桩底距离。

③ 支护连同外部土体整体稳定性安全系数：

$$K_{sh} = \frac{\sum_i (W_i + Q_i)\cos\alpha_i \tan\varphi_j + c_j(\Delta_i/\cos\alpha_i)}{\sum_i (W_i + Q_i)\sin\alpha_i} +$$

$$\frac{\sum_k (\sin\beta_k \tan\varphi_j + \cos\beta_k)\frac{R_k}{S_{hk}}}{\sum_i (W_i + Q_i)\sin\alpha_i} \geqslant 1.3 \quad (4.5.9)$$

④ 基坑底部抗隆起复核：
$$N_s = (\gamma_2 D N_q + c_1 N_c)/[\gamma_1(H+D)+q] \geqslant 1.2 \qquad (4.5.10)$$
式中：γ_1 为坑外地表至围护墙底各土层天然重度的加权平均值；

γ_2 为坑内开挖面以下至围护墙底各土层天然重度的加权平均值；

N_q、N_c 分别为地基土的承载力系数，$N_q = e^{\pi\tan\varphi}\tan^2(45+0.5\varphi_1)$、$N_c = (N_q-1)\tan\varphi_1$，或参照有关地基规范取用；

D 为围护墙在基坑开挖面以下的入土深度；其余符号与式（4.5.1）、（4.5.4）、（4.5.5）同。

4) 面层设计

面层由钢筋网片和喷射混凝土组成。面层是土钉支护系统中很重要的组成部分，一般按构造设置，按强度验算。钢筋网片取 $\phi6.5@150$ 或 $\phi8@200$ 双向配置，喷射混凝土厚度一般为100mm，宜分两次喷成，其强度常为C20。面层初步设定后，即进行强度复核。

以一根土钉所能承受极限荷载，验算土钉与面层连接部位的抗冲剪能力，使之满足钢筋混凝土构件强度要求。

在复合土钉支护中，用桩体止水并考虑其对土体自稳贡献时，一般可减薄喷层厚度或不作喷层设计。此时，为协调土钉与土体间共同作用，仅采用钢筋网片与土钉相连即可。

4.5.4 工程实例分析

1) 工程概况

泉府大第商住楼工程位于泉州美食街中段东侧，原泉州线毯厂范围内，属旧城改造工程。该工程主楼为15层，裙楼为3层，基础采用静压预应力管桩。基坑周长约为420m，开挖深度为7.5m，局部为8.6m或10m。基坑一定开挖深度及基坑底以下一定范围内均为淤泥质土。

2) 场地环境和工程地质条件

（1）场地环境条件

该工程基坑周边环境十分复杂，基坑东侧7m处有一条河道，其宽度为6m，河床深度为3m。基坑南侧有两间一层简易房、一幢两层石砌房、一幢三层砖混结构办公楼、一个化粪池，距基坑边线为2~3m；一座34m高的烟囱，距基坑边线为6m；基坑西侧为美食街，距基坑边线不足3m，且设有工地大门，是材料及土方运输出入口；基坑北侧，有两栋5层浅基旧厂房，距地下室外墙为2.5~4m。基坑平面及场地环境如图184所示。

（2）工地地质条件

该工程建筑用地属滨海冲淤积地貌单元，土层自上而下为：

① 杂填土：灰褐色、棕褐色，主要由粉土、黏土、砂、砾等组成，松散-稍密状，饱水，全场分布。

② 粉质黏土：灰色、绿灰色，粉土、黏土为主，土层较均匀，含砂量少，可塑状，饱水，全场分布。

③ 淤泥质土：灰色、深灰色，土质较均匀，含有植物残骸等有机物，软塑-流塑状，饱水，其工程性能与淤泥相近，厚度大，全场分布。

④ 黏土：深黄色、浅黄色，以粉土、黏土为主，土质均匀，可塑偏硬状、饱和，全

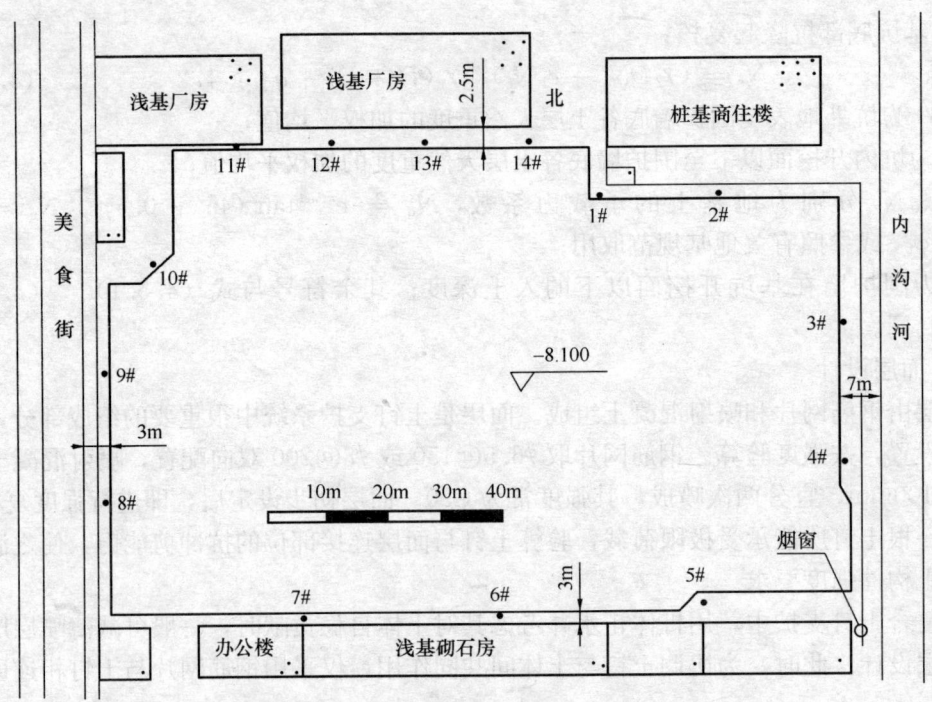

图184 基坑平面及场地环境

场分布。

各土层主要物理力学参数指标值见表40。

各土层主要物理力学参数指标值　　　　表40

土层	平均层厚度(m)	重度(kN/m³)	含水量(%)	黏聚力 c(kPa)	内摩擦角 φ(°)	压缩模量 E_s(MPa)	承载力标准值 f_k(kPa)	摩阻力标准值 q_m(kPa)
杂填土	2.0	17.5	—	10.0	12.0	—	—	20.0
粉质黏土	1.0	19.3	24.3	14.0	11	3.98	130	30.0
淤泥质土	8.0	16.6	49.8	9.0	5.0	1.74	70	18.0
黏土	5.6	19.5	24.2	22	15	6.5	220	40.0

3）基坑支护设计

该工程属环境复杂的软土地区深基坑工程，基坑超长，难度很大。①在整个开挖深度及基坑底以下一定范围内均为淤泥质土，其强度低且灵敏度高；②高地下水位。地下水位距自然地坪仅为0.6~1m，且基坑要经过整个雨季后才能回填；③基坑周边建筑物距基坑边壁很近。经方案分析比较，拟采用土钉支护。根据基坑四周环境和开挖深度，基坑各侧边采用不同剖面形式。

(1) 东、南、西侧边坡支护设计

边坡上部按1:0.2放坡。土钉采用ϕ48mm×3mm无缝钢管制作，其横向间距为1.0m，竖向间距为0.6~1.1m。面层厚度为100mmC20喷射混凝土，内配ϕ6@150×150mm钢筋和ϕ16mm骨架钢筋。坡前设两排间距为1.0m的竖向注浆锚管（ϕ48mm×3mm），锚管之间用ϕ20mm钢筋呈网状连接。由于原设计对地面附加荷载考虑不足，致使东侧基坑开挖至5.0m深度时,边坡侧向变形过大,出现滑移趋势。遂决定东、西、南侧边壁采用前置木桩与土钉联合支护方式,在坡下部和坡底前按每延米置4根木桩(ϕ100mm)与土钉支护连成整体。南侧边坡复合支护剖面如图185所示。

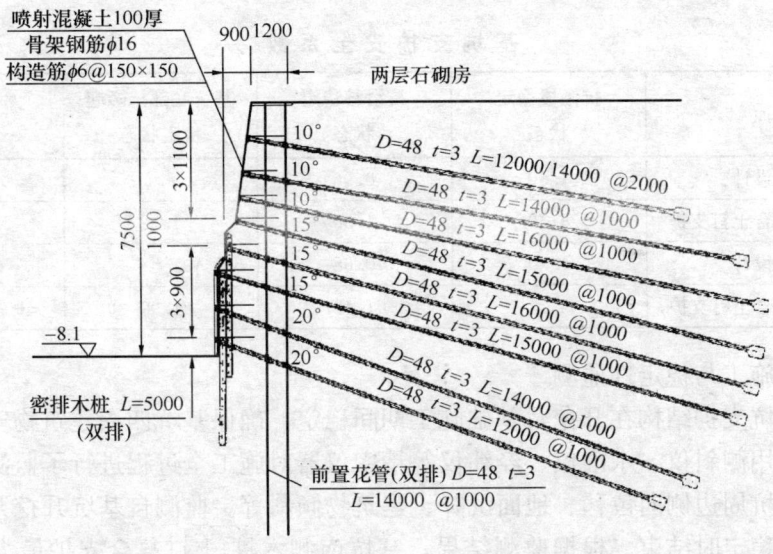

图185 基坑南侧复合土钉支护剖面

(2)北侧边坡支护设计

该侧边坡原设计也采用土钉支护,由于东侧围护施工过程中已出现滑移趋势,经重新复核计算,此方案不能满足安全要求。于是确定采用排桩与土钉联合支护结构形式,如图186所示。排桩直径为0.8m,间距为1.5m,桩长度为14.2m,配置纵筋为ϕ25mm,箍筋为ϕ8@200mm;土钉采用ϕ48mm×3mm无缝钢管,水平间距为1.5m,竖向间距为1.0m;自地面以下2.5m开始共设置5排土钉。土钉通过8#槽钢和连接件水平固定于竖向排桩上(图186)。

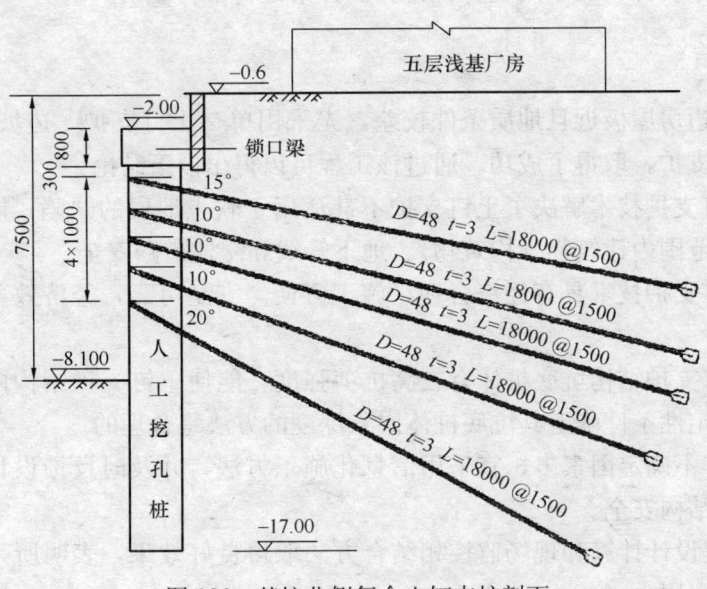

图186 基坑北侧复合土钉支护剖面

(3) 深基坑支护安全系数

根据基坑开挖深度、地面附加荷载、土层的物理力学参数指标值等，经计算得到修改的复合土钉支护结构和重新复核原设计基坑安全系数如表41所示。

基 坑 支 护 安 全 系 数　　　　　表41

剖面		抗倾覆稳定状态	抗滑移稳定状态	基坑底部抗隆起稳定状态	内部稳定性状态
1—1	原设计	4.50	0.96	/	1.2
	修改的复合土钉支护	3.70	1.30	1.32	/
2—2	原设计	4.80	0.68	/	0.99
	修改的复合土钉支护	3.27	1.42	1.99	/

(4) 基坑施工与稳定性监测

为保证基坑支护结构在开挖及基础施工期间稳定，确保基坑四周建筑物安全，在基坑施工过程中采用测斜仪、水准仪、经纬仪等精密仪器对施工全过程进行了监测。该工程监测项目包括基坑周边侧向位移、地面沉降、建筑物倾斜等。监测自基坑开挖开始至基坑围护完成并完全稳定时结束。根据监测结果，基坑南侧木桩-土钉复合支护最大水平位移为10cm，地面沉降最大值为8cm。基坑北侧排桩-土钉复合支护最大水平位移为5.5cm，与设计值3.11cm相差不大。地面沉降最大值为4cm。基坑边壁侧向位移较大的主要原因为该工程采用静压桩施工对土体产生挤压力未完全释放，从而在基坑开挖过程中产生回弹，加大了基坑边壁侧向变形。

基坑围护施工对基坑周边环境影响：至基坑围护施工完成时止，南侧石头房因桩基施工造成墙体裂缝没有发展，5层浅基厂房及其他邻近建筑物均未产生裂缝。围护施工过程中，基坑四周地表有少量裂缝，经封闭处理后未见发展。监测结果表明该工程基坑围护整体稳定安全，效果良好，所采用复合土钉支护方案是科学合理的。

4.5.5 小结

该工程距周边房屋极近且地质条件较差，先采用单一土钉支护，边坡产生了大变形，后采用复合土钉支护，取得了成功。通过该工程可以得出以下结论：

1) 复合土钉支护技术解决了土钉支护不甚适用于软土地层的缺陷，能够保护软土地层基坑开挖影响范围内建筑物（构筑物）、地下管线和交通道路安全。

2) 复合土钉支护技术具有经济合理，施工方便，安全可靠，经济效益和社会效益显著的特点。

3) 复合土钉支护结构坑底桩体有较高抗剪强度，能使土钉支护结构内部稳定性显著提高，按抗滑稳定性条件确定其坑底桩体嵌入深度的方法是合理的。

4) 岩土工程不确定因素多，宜采用信息化施工方法，并及时反馈设计，调整施工方案，以确保围护结构安全。

5) 采用工程设计计算和现场监控相结合方法取得良好效果，表明所采用设计计算方法合理、可行、实用。

4.6 土钉-搅拌桩复合结构整体稳定性计算方法

4.6.1 概述

在计算复合土钉支护最小稳定系数时，通常采用边坡稳定性分析计算方法，并通过计入土钉和搅拌桩各自贡献份额加以改进。常用方法有：简单圆弧法（条分法）、Bishop法、对数螺旋曲线法、Janbu法等等。一般根据土的性质来选用适当方法。目前较为流行的是用编程方便的圆弧滑动简单条分法，但是该方法却难以用计算结果解释复合土钉支护边坡裂缝发展趋势。尹骥等提出了一种计算复合土钉支护整体稳定性的新方法，该方法对圆弧滑动简单条分法加以改进，提出基坑底部滑裂面和主动区滑裂面不是同一圆弧假设，并结合复合土钉支护边坡裂缝开展阶段研究确定坑底圆弧参数。尹骥等指出，该方法计算结果与工程实际吻合尚好。

4.6.2 圆弧滑动条分法及其问题

1) 圆弧滑动简单条分法

整体稳定系数 K_s 一般可定义为：

$$K_s = M_f/M \quad (4.6.1)$$

式中：M 为滑动力矩，M_f 为抗滑力矩。滑动力矩由滑动土体重力所引起；抗滑力矩由土的内聚力、摩擦力，以及土钉抗拔力等所组成（图187）。

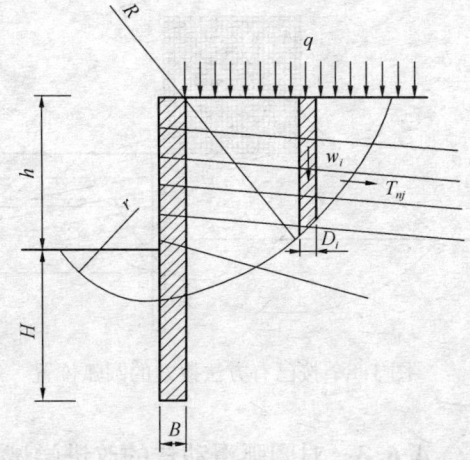

图187 稳定性计算示意图

李象范等推荐计算复合土钉支护整体稳定性的公式为：

$$K_s = \frac{\sum[(w_i+Q_i)\cos\alpha_i\tan\delta_i + (T_{Rk}/S_h)\sin\beta_k\tan\varphi_i(c_i+D_i)(\Delta_i/\cos\alpha_i) + (T_{Rk}/S_h)\cos\beta_k]}{\sum[(w_i+Q_i)\sin\alpha_i]}$$

(4.6.2)

式中：w_i，Q_i 分别为（无搅拌桩处）作用于第 i 土条土体自重和地表超载；

V 为（有搅拌桩处）作用于第 i 土条土体自重和地表超载之和；

α_i 为土条圆弧破坏面切线与水平面夹角；

Δ_i 为第 i 土条宽度；

φ_i、c_i 分别为土条 i 在圆弧滑裂面处的土内摩擦角和黏聚力；

δ_i、D_i 为第 i 条水泥土搅拌桩条在滑裂面处内摩擦角和内聚力；

T_{Rk} 为第 k 排土钉最大抗拔力；

β_k 为第 k 排土钉轴线与该处圆弧滑裂面切线之间夹角；

S_h 为土钉水平间距；

K_s 为安全系数（一般控制在1.5左右）。

2) 单圆弧滑动简单条分法的不足

(1) 单圆弧滑动简单条分法自身不足是：按其搜索最危险滑裂面，当圆心在特定区域时，就会出现不合理现象，见图188。

按单圆弧滑动简单条分法，A滑裂面是"可能"圆弧面。但形成B圆弧所耗能量比A圆弧小得多，因此B圆弧会抢先在A圆弧之前出现。这一点可由工程实际中，基坑墙趾前2~3m左右发生隆起，可推测滑裂面露头就在附近，从而排除了出现A圆弧可能性。

(2) 单圆弧滑动简单条分法与工程实践之间存在矛盾：根据多个工程实例，在上海地区软土层中，根据计算结果，整体稳定系数一般为1.7~2.0（视土层情况和土钉布置而定），已大于复合土钉支护整体稳定性的建议值1.4~1.5，应是"非常安全"的。但实际上在很多工程中土钉支护边坡出现了裂缝，且裂缝没有出现在按传统方法搜索到的"最危险滑裂面"上，而是基本上出现在土体按$45°+\varphi/2$所形成滑裂面上（图189）。

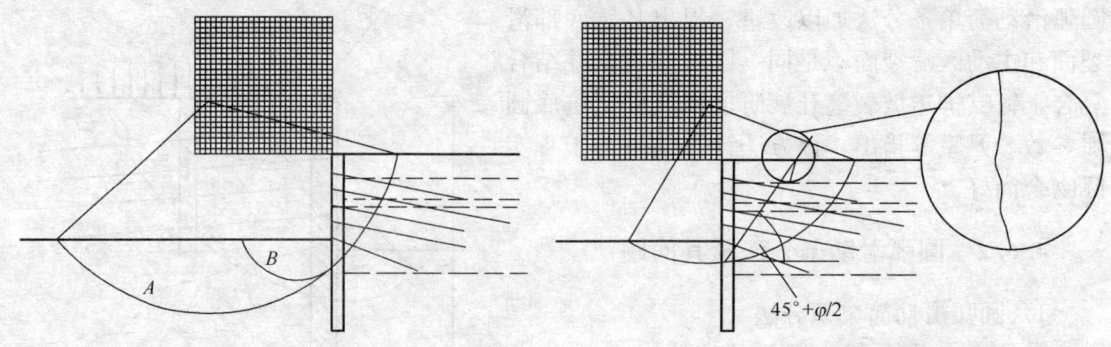

图188 按已有方法搜索的圆弧位置　　图189 实际工程中裂缝出现位置

4.6.3 对圆弧滑动法的改进尝试

1) 基本假设

图188中圆弧的不合理之处在于某些圆弧在坑底露头离墙趾过远。考虑到复合土钉支护中搅拌桩作用（搅拌桩强度参数指标值远大于软土的相应值），可以认为其存在破坏了圆弧完整性，改变了土体滑动趋势。并作假设如下：

(1) 坑底（被动区）滑裂面也是一个圆弧，但与滑动区圆弧不同心；

(2) 坑底圆弧直径小于滑动区圆弧直径；

(3) 坑底圆弧和滑动区圆弧光滑相接，不存在"角点"。

2) 改进方法的初步实现

为满足假设(3)，可以认为坑底圆弧和滑动区圆弧是相切的（图190）。圆O_0'和圆O_1'在坑底B点处相切，在坑底处用O_1'取代了O_0'。由于两圆相切，且$R_1<R_0$，故可知O_0'的圆心在AB上滑动，且以A，B两点为界点。从理论上推导出圆心位置难度较大，为认识圆心与最小稳定性之间的关系，尹骥按不同土层参数计算了几个实例。

3) 工程实例的改进算法

按不同的基坑开挖深度、土钉布置方式、土层参数以及坑底圆弧半径进行计算。

(1) 基坑开挖深度为4.6m，土钉间距为1m，超载为20kPa时，超前支护采用ϕ700mm水泥土搅拌桩。土钉参数、土层参数见表42和表43所示。坑底圆弧与上部圆弧半径比和最小稳定系数的计算成果见图191。

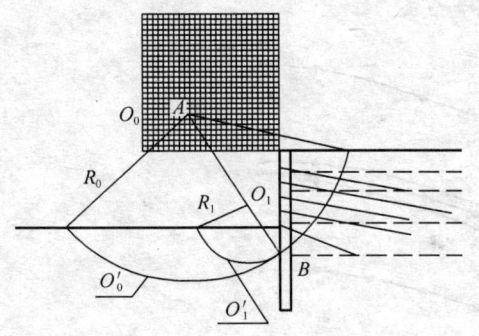

图190 滑裂面假设示意图

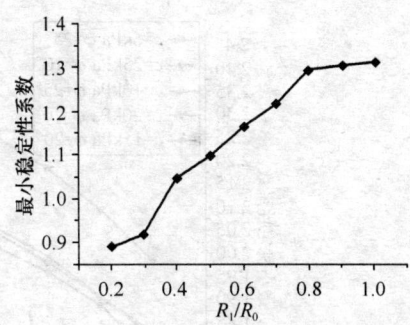

图191 稳定性系数与半径比的关系曲线（挖深4.6m）

土钉计算参数　　　　　　　　　　　　　　　表42

编号	埋置深度（m）	土钉长度（m）	土钉倾角（°）
0	−1.5	6	10
1	−2.5	12	10
2	−3.5	9	10
3	−4.5	6	20

土性计算参数　　　　　　　　　　　　　　　表43

编号	内聚力（kPa）	内摩擦角（°）	重度（kN/m³）	层厚（m）
0	10	10	17	1.0
1	14	22	18	2.0
2	13	15	18	3.0
3	13	9	18	8.0

（2）在不同土性参数、开挖深度、土钉布置方式下，最小稳定系数和坑底圆弧半径与滑动区圆弧半径的比值关系不同（表44、图192～194）。某典型软土条件下，不同半径比例的计算成果如图195。

计算稳定性参数　　　　　　　　　　　　　　表44

编　号	开挖深度（m）	土钉埋设位置（m）	土钉长度（m）
0	3.5	1.5，2.5，3.5	6，9，6
1	4.5	1.5，2.5，3.5，4.5	6，9，9，6
2	5.5	1.5，2.5，3.5，4.5，5.5	6，12，9，9，6

4）由算例得出的结论

（1）计算所得最小稳定系数与半径比（R_1/R_0）成正相关关系；

（2）与不同开挖深度对应的曲线形状基本相似（图192～图194）。在半径比（R_1/R_0）较大时曲线较平缓，较小时曲线较陡倾；

（3）当半径比较小时，计算所得最小稳定系数可能小于1.0；

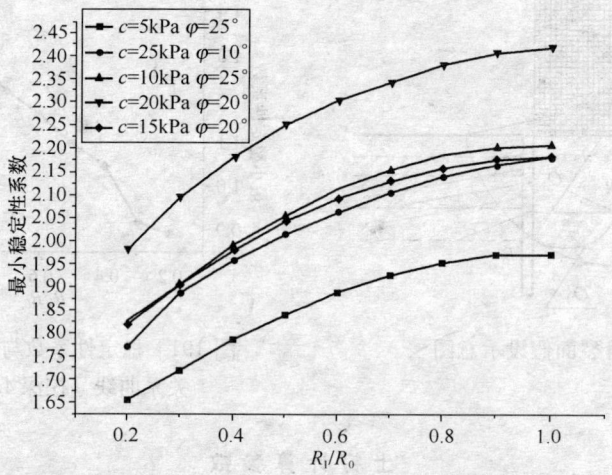

图 192　稳定系数与半径比关系曲线（挖深 3.5m）

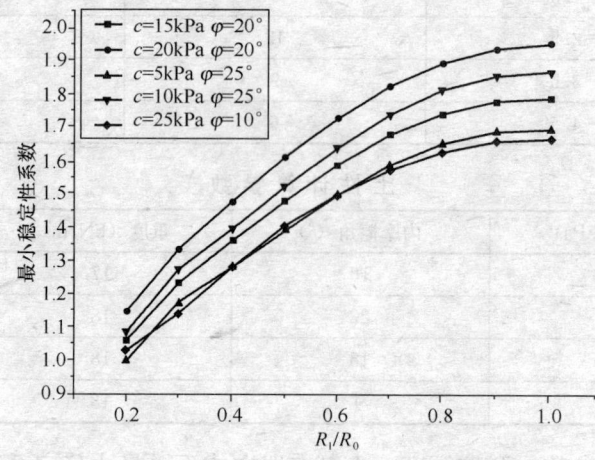

图 193　稳定系数与半径比关系曲线（挖深 4.5m）

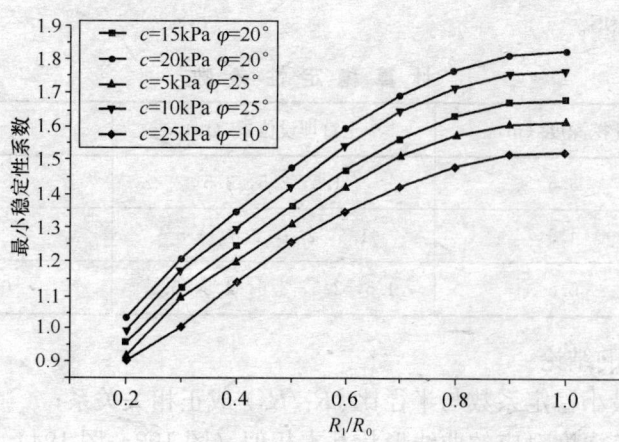

图 194　稳定系数与半径比关系曲线（挖深 5.5m）

(4) 计算所得最小稳定系数对半径比比较敏感;

(5) 如图 195 所示，随着半径比增加，圆弧总体上趋于平缓。

4.6.4 地表裂缝发展模式与滑裂面形态

1) 复合土钉支护地表裂缝发展模式

根据上海地区多年来设计和工程实践经验，可以总结出复合土钉支护地表裂缝发展基本上分为 3 个阶段（图 196）。

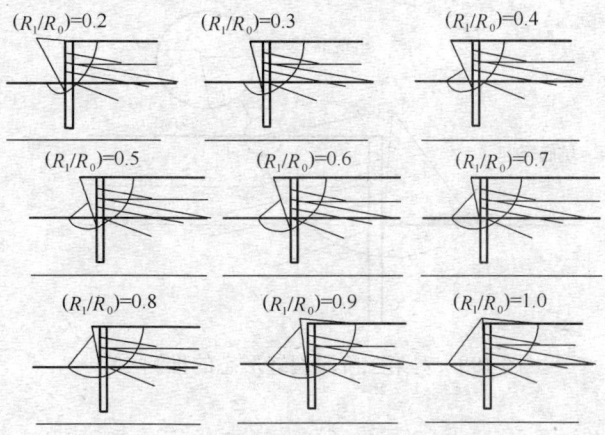

图 195 滑裂面形态与半径比关系曲线

第一阶段：基坑尚未开挖到坑底标高即在搅拌桩后出现裂缝；第二阶段：坑底土沿 $45°+\varphi/2$ 倾角形成滑裂面，该面与基坑地表面相交；第三阶段：土钉末端（里端）出现一条竖直且较深裂缝，坑底墙趾前 2~3m 左右隆起"小土包"。这是复合土钉支护失稳征兆，必须避免该裂缝产生，如果产生则须迅速处理。

2) 裂缝成因和滑裂面形态推测

(1) 第一阶段：因裂缝产生较早（在挖深不大时即产生），且较浅，可认为对基坑最终整体稳定性影响不大。其成因是搅拌桩与土体之间刚度差异较大所引起。

(2) 第二阶段：根据裂缝产生位置，可以认为是随开挖深度增加，土体应力达到较高水平时产生的。该阶段滑裂面形态如图 197 所示。

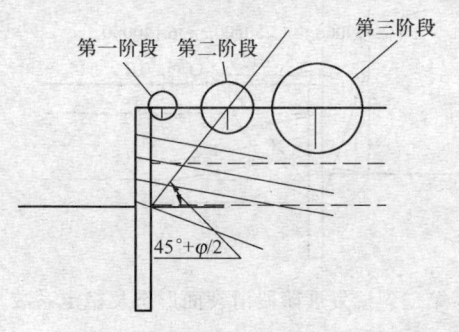

图 196 不同发展阶段裂缝形态

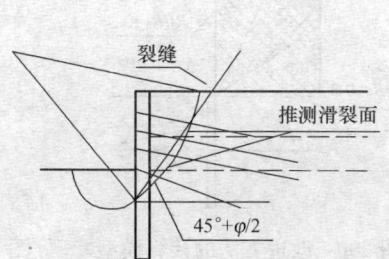

图 197 对第二阶段的裂缝形态

(3) 边坡如无土钉支护，第二阶段裂缝即为最危险滑裂面。但由于土钉作用，滑裂面以上土体不会沿该滑裂面滑动，而是通过塑性区不断向后扩展把滑裂面往后传递，坑底土体也开始产生塑性变形，表现为墙趾前隆起，产生小土包。最后塑性区发展到土钉锚固长度不足以提供足够锚固力，以至于形成最终破坏面。此时，地表裂缝处形成明显高差。根据几个已失稳基坑破坏特点，以及第三阶段基坑地表裂缝位置，可以推测破坏阶段滑裂面如图 198 所示。复合土钉支护失稳后土钉并未完全被拔出，但土钉注浆体对周围土体锚固作用已全部发挥，土钉产生弯折（图 199）。

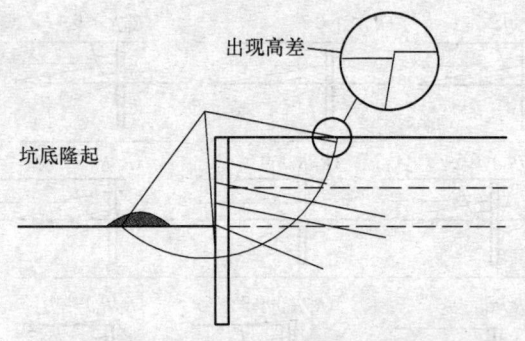
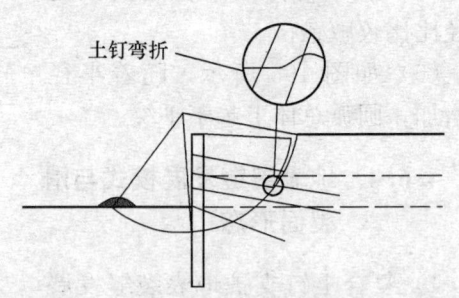

图 198 对第三阶段裂缝形态的推测　　　图 199 复合土钉支护破坏后的形态

4.6.5 由裂缝发展模式确定改进圆弧搜索法

复合土钉支护裂缝发展有两个主要阶段，对应的"最小稳定系数"也应有两个。

(1) 根据第二阶段裂缝搜索"初始最危险"滑裂面：计算所得最小稳定系数对半径比比较敏感，因此确定半径比 (R_1/R_0) 是难点。可以用该阶段地表裂缝位置约束滑裂面形态，从而确定半径比例。根据 4.6.3 节中所述结论，以及图 195 的计算成果，可初步确定其范围在 $R_1/R_0=0.2 \sim 0.3$ 之内。因此可假定计算模型如图 200 所示，并将搜索区域按角度等分为 3 块。

(2) 算例：土钉长度：6m，9m，9m，6m；超载 20kPa；土性参数见表 45。

计算结果见图 201，最小稳定系数：1.329987。

由图 201 可见，所搜索圆弧在地表露头部位与 $45°+\varphi/2$ 线在地表露头部位十分相近。这说明该方法与裂缝发展第二阶段相吻合，同时也说明取半径比例为 0.2～0.3 是可行的。

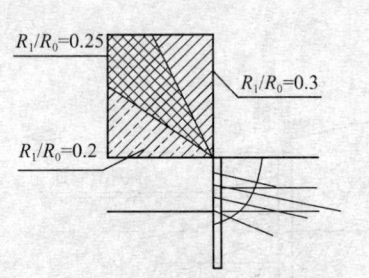
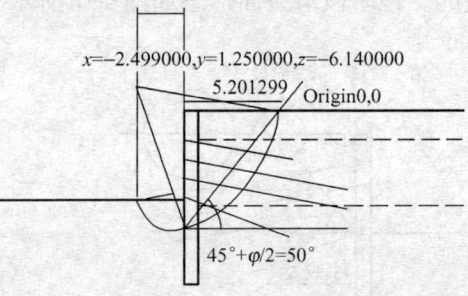

图 200 改进方法的计算模型　　图 201 第二裂缝发展阶段滑裂面形态及稳定系数

土 性 计 算 参 数　　　　　　表 45

土层编号	土　　层	层厚(m)	重度(kN·m^{-3})	φ(°)	c(kPa)
②	灰黄-青灰粉质黏土	3.4	18.9	11.5	13
③-1	灰色粉质黏土	7.56	18.2	14.5	12
③-3	灰色淤泥质粉质黏土	6.66	17.8	13.5	12
⑤-1	灰色粉质黏土夹砂质粉土	10.15	17.9	19.5	13

(3) 根据第三阶段裂缝搜索"最终最危险"滑裂面。其搜索可通过限制圆心搜索区域来实现。按照上海地区工程经验，可近似地把搜索区域限制在 $y=-2x$ 上方，见图 202。

（4）计算"最终危险"滑裂面：计算参数同 4.6.3 节，计算结果如图 203 所示，基本上与实际情况相符。

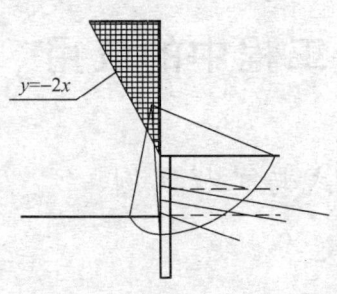

图 202 搜索第三裂缝发展阶段滑裂和稳定系数的计算模型

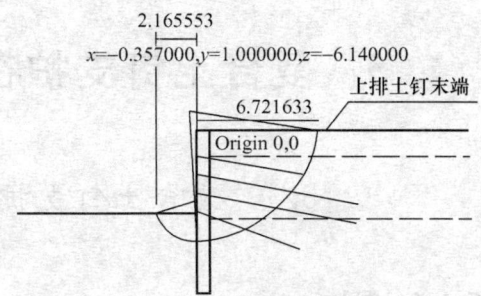

图 203 第三裂缝发展阶段滑裂面形态及稳定系数

4.6.6 小结

1）根据复合土钉支护边坡裂缝发展阶段改进的圆弧滑动法能够较准确地预测各阶段裂缝位置，并能算出相应阶段边壁支护结构整体稳定性系数。

2）该方法可加深对复合土钉支护边坡裂缝与稳定性的认识：沿 $45°+\varphi/2$ 处开展的第二裂缝开展阶段的裂缝并不可怕，其产生只是说明了土体开始进入塑性阶段，相应应力状态已达到较高水平，而不是基坑失稳征兆；但当土钉末端处出现裂缝时（第三裂缝发展阶段），则必须警惕，并采取必要措施进行处理。

3）对变形控制要求较高的基坑，应以第二裂缝发展阶段稳定系数作为设计依据；对要求较低者可用第三裂缝发展阶段稳定系数作为设计依据。

4）半径比和搜索"最终最危险"滑裂面时关于搜索区域的假设均带有经验性（上海地区）；分析中只考虑土性对稳定系数影响而没有分析土钉布置、超前支护变化对稳定系数的影响；也没有考虑注浆对土强度的影响等。这些尚需进一步探讨。

5 复合土钉支护在岩土工程中的应用

5.1 复合土钉支护常用形式与工程实例

5.1.1 概述

复合土钉支护是指基坑支护中，除采用土钉作为主要加固结构外，还采用其他地基处理技术作为辅助手段与之联合，并协同工作。复合土钉支护主要是针对软土、流砂、强膨胀土、厚砾石层等不良地质条件提出的，采用超前支护措施来解决土体的自稳性、隔水性以及喷射混凝土面层与土体的粘结等问题，以水平向压密注浆和二次压力灌浆解决土体加固及土钉抗拔力问题，以相对较大的插入深度解决坑底隆起、管涌和渗流等问题，构成由防渗帷幕、超前支护及土钉等组成的复合型土钉支护。

复合土钉支护在北京、上海、广州等地有许多成功工程实例，证明该技术可在复杂地质条件下应用，但对其原理、设计和工法的研究还不够成熟。清华大学土木工程系、石家庄铁道学院和总参工程兵科研三所通过合作研究，归纳了复合土钉支护的几种常见形式及其构造方法，介绍了若干典型工程应用实例。

5.1.2 复合土钉支护常见形式及构造方法

1) 土钉与止水帷幕复合支护

对基坑有防渗要求时（以防止因基坑外地下水位下降过大而引起显著地面沉降），可采用土钉与止水帷幕复合支护形式（图204）。该支护形式通常只在基坑内降水。

止水帷幕一般采用水泥土搅拌桩，单排厚度为600～800mm，水泥掺量为10%～15%，水泥土搅拌桩施工完毕2～3d后即可进行基坑开挖。止水帷幕作用机理主要有两方面：①解决基坑边壁土体的自稳性及隔水性问题。当边壁土体含水量较大时，网喷混凝土面层不易与土体粘结在一起，若喷层直接喷在水泥土搅拌桩上，则很容易粘结。②由于水泥土比原状土（主要指软土）的力学性能有所改善，当水泥土桩置于基底以下一定深度（入土比在0.7～1.0之间）后，对抵抗基底隆起、管涌等具有重要作用。

土钉与止水帷幕复合支护形式的施工步骤是在开挖基坑之前沿开挖线做止水帷幕，待止水帷幕达到一定强度后，再进行基坑土体开挖与土钉支护。

采用止水帷幕结合土钉支护，可避免开挖后土体渗水、强度降低，以至于不能临时直立而失稳及基底隆起、管涌等问题，并且由于立即进行基坑支护，使得土体变形较小，在支护完成后，坡面基本上是直立平整且干燥无水。

2) 土钉与微型桩复合支护

对基坑无防渗止水要求，或地下水位较低，不必进行防渗处理时，可采用该复合支护形式（图205）。超前微桩以一定间距布置，不能止水防渗，与水泥土搅拌桩的比较见表46。

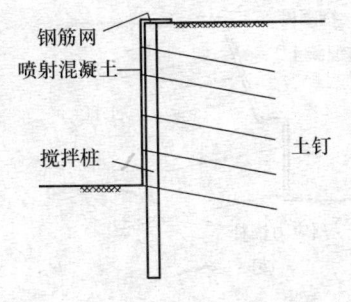 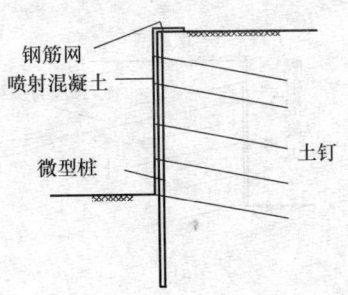

图 204 土钉与止水帷幕复合支护　　　图 205 土钉与微型桩复合支护

微型桩与水泥土搅拌桩的比较　　　　　　　　　　表 46

项　目	水泥土搅拌桩	超前微型桩
是否止水防渗	面层为一整体，止水防渗	面层间隔布设，不止水防渗
面层强度	有柔性，刚度小	刚度大
经济性	成本高	成本低
作业空间	基槽边，需有安设机械设备的作业空间	可在基槽内施作，不需槽外作业空间
制作时间	基坑开挖之前制作	既可在开挖之前制作，也可与土钉支护同时进行

微型桩一般采用直径为 $\phi 48\sim 108mm$ 钢管制作。微型桩在布置时通常有以下两种方式：①微型桩沿基坑深度通长布设；②基坑深度范围内不通长布设微型桩。后者又分为两种形式：一种形式为每开挖一层布设一次微型桩，在上层支护完毕、下一层开挖之前，顺着边壁向下打入微型桩，长度通常是下一层开挖深度的 1.5～2 倍。另一种形式是自基坑某一部位以下沿基坑通长布设微型桩，这种情况一般是地层上部土层较好，不必用通长微型桩进行超前支护。

微型桩上述两种布设方式如用锚杆替代，须将锚杆与上一层及以下各层土钉的横向加强筋焊接在一起，以起到调节应力分布作用。在福州地区，用密排木桩作微型桩较为普遍。实践表明，木桩可起抗滑、抗弯、提高地基承载力作用，木桩超前打入软土中，能避免淤泥直接暴露，减少淤泥蠕变位移，对于挖深较大基坑，可打入多排木桩，但其置入角度和长度应严格控制。

3）土钉与预应力锚杆复合支护

预应力锚杆主要特点是通过施加预应力来约束边壁变形，二者结合是复合土钉支护常用的有效形式。特别是在基坑较深、地质条件、周围环境较复杂，且对基坑变形有严格要求时，这种联合支护形式更显其优点。常见复合形式有两种，如图 206 所示。

在图 206（a）方案中，可施作一排或两排预应力锚杆；在图 206（b）方案中，基坑下部用预应力锚杆支护。为减小位移，要求锚杆自由段内土体和面层要有足够局部抗压强度，使锚杆达到设计预应力。在软土、砂土等不良土层中，如面层局部抗压强度不能满足要求，则预应力就达不到设计值，这就限制了预应力锚杆的使用。在土钉与预应力锚杆复合支护中，基坑边壁通过土钉注浆体的挤压和渗透，改变了原土体的粘结力、摩擦角和弹性模量等值，使土体物理力学性质明显不同于原地质体，而成为一种新地质体。这种新地质体能够满足预应力锚杆施作要求，为预应力锚杆与土钉联合支护提供了可能。土钉与预

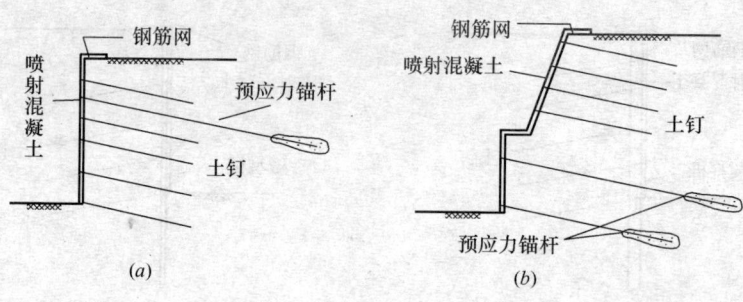

图 206 土钉与预应力锚杆复合支护

应力锚杆复合支护施工是在达到需设置预应力锚杆设计深度时予以布设,其施作方法按现行规范要求进行。通常情况下,基坑需要分段跳挖,每段开挖宽度不超过 20m。

4) 土钉与止水帷幕、钢管桩复合支护

由表 46 可知,水泥土搅拌桩刚度较小,而超前微型桩刚度较大,又考虑到水泥土搅拌桩可以止水防渗,超前微型桩则一般无此功能。这样可结合两者优点,与土钉共同形成一种新的复合土钉支护形式。

在实际应用中,如果对基坑位移有严格要求,可据具体情况对上述支护形式分别加入预应力锚杆;另外,对土钉可以施加一定预应力,使基坑位移及沉降更小。这就要求工程设计人员根据具体工程情况灵活运用土钉及其他各种支护构件支护原理,创造性地对基坑进行支护,以达到安全、经济、实用之目的。

5.1.3 复合土钉支护工程实例

1) 上海某高层住宅楼基坑支护工程

该工程位于上海西康路、澳门路、陕西北路交汇处。基坑长为 210m,宽为 60m,挖深为 6.15～6.65m。地层条件如表 47 所示。基坑支护采用双排水泥土搅拌桩与土钉复合的形式。搅拌桩搭接长度为 200mm。共设置 5 排土钉。土钉体是 $\phi 48$ 壁厚 3.5mm 的钢管,钉长为 6～12m,水平与竖向间距为 0.9～1.2m。坡顶测点显示整个基坑水平位移平均值为 33.6mm,最大值为 50mm,坡顶沉降平均值为 23mm,最大值为 28mm。

土层物理力学参数指标值　　　　表 47

土　层	f (kPa)	c (kPa)	φ (°)	E (MPa)	h (m)
杂填土	0.0	0.0	0.0	0.0	1.1～2.6
黏土	100	11.0	12.0	4.26	0.2～1.3
淤泥质粉质土	70	9.0	7.0	1.70	3.6～5.2
淤泥质黏土	65	7.0	8.2	2.26	9.7～11.0
黏质黏土	80	0.0	0.0	0.00	5.1～6.0

2) 上海国安大厦基坑支护工程

该大厦地下车库边壁采用土钉与微型桩(注浆锚管)复合支护。总建筑面积为 26680m²,地下车库挖深为 4.55m,距开挖边线 0.7m 处有一幢浅基础三层楼房。基坑土层条件如表 48 所示。

土层物理力学性能指标值　　　　　　　　　　　表48

土　层	φ (°)	γ (kN·m^{-3})	h (m)	c (kPa)
填土	0.0	18.0	1.6	0.0
粉质黏土	29.0	18.2	1.4	8.0
砂质粉土	31.5	18.1	6.4	4.0
砂质粉土夹粉土	33.0	18.2	3.6	4.0
淤泥质黏土	13.5	17.2	4.4	15.0

边壁共布置4排土钉,土钉筋体为φ28mm钢筋,水平和垂直间距为1.3～1.4m,土钉长度为6～8m。为防止基础隆起,设置了超前竖直高压注浆锚管,超前锚管用φ48×3.5mm钢管制作,间距为0.5～0.6m,长度为8m。监控点实测结果为:壁顶最大位移量小于5mm,基础施工期间,边壁稳定性良好,支护达到了预期目的。

3) 国家建材局北沙沟10号楼基坑支护工程

该工程位于北京市海淀区增光路。基础埋深为8.5m,用土钉与预应力锚杆复合支护,土钉用φ28mm螺纹钢制作,水平、垂直间距均为1.2m。坡面铺设φ6mm钢筋网,网格为0.2m×0.2m,并喷射厚度为60mm的混凝土。两排预应力锚索布设在深度为2.9m和5.3m处,每排9根锚索,上排长度为18m,下排为15m。场内地质情况自上而下为:杂填土(0.5～2.6m);粉质黏土(0～2.3m),稍湿,可塑状态;粉土(0～2.4m),稍湿,中等密度,局部夹透镜状粉砂;粉质黏土(0.8～1.4m),稍湿,可塑状态,有透镜状黏土夹层;中等密度粉土(0～1.4m);中、细砂(4.2～5.7m)。土方开挖及支护时间为35d,实际测得邻近写字楼最大沉降为7mm。

4) 广州海琴湾商住楼基坑支护工程

该商住楼位于广州市海珠区下渡路北端西侧,北邻珠江。该工程基坑长度为115.3m,宽度为42.8m,垂直开挖深度为4.8～5.1m。部分基坑支

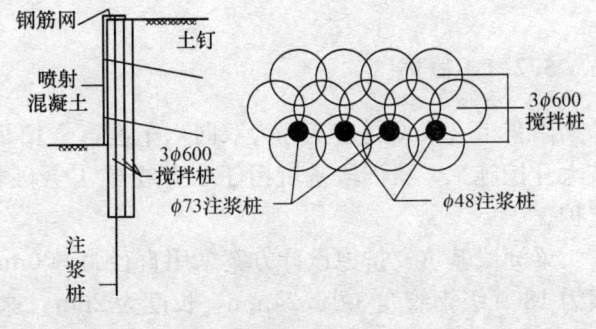

图207　部分基坑支护形式

护形式如图207所示,各土(岩)层主要物理力学性质参数见表49。

部分土层物理力学参数指标值　　　　　　　　　　　表49

土层	γ (kN·m^{-3})	c (kPa)	φ (°)	τ (kPa)
人工填土层	18.0	8.0	11.0	16.0
细砂	17.0	0.0	11.0	15.0
冲积层淤泥	16.7	13.5	6.2	16.0
淤泥质粉砂	18.0	2.0	12.0	22.0
残积层	20.0	32.2	28.0	50.0

设计要求深层搅拌桩穿过冲积层,进入残积层深度为0.5m,设计桩长度为7~8.5m,施工采用喷浆工艺,固化剂采用425#普通硅酸盐水泥,水泥浆水灰比为0.5~0.6。搅拌桩间沿基坑边线方向搭接长度为100mm,排间搭接为200mm。钢管注浆桩采用直径为 $\phi 48mm$ 和 $\phi 73mm$、长度为12m、间距为0.35m的钢管通过压密灌注水泥净浆而成,注浆压力不低于3MPa。土钉布置两排,分别位于基坑高程的-1.5m和-3.0m处,采用直径为 $\phi 48mm$、长度为12~15m的钢管注浆而成,垂直间距为1.5m,水平间距为1.2~1.5m,注浆压力为0.5~1.5MPa。该基坑支护工程除因土方超挖引起两次边坡局部险情外(很快得到妥善处理),在整个开挖施工过程中一直处于安全稳定状态。

5.1.4 小结

1) 常见复合土钉支护形式有：土钉与止水帷幕复合支护,土钉与微型桩复合支护,土钉与预应力锚杆复合支护,土钉与止水帷幕、钢管桩复合支护。如果对基坑沉降及位移有严格要求,可根据具体情况分别加入预应力锚杆(索)。

2) 复合土钉支护技术在我国各地均有许多成功工程实例,表明该技术可在复杂地质条件下应用,能够节省工程投资,有很好的应用前景。

3) 复合土钉支护技术的工程应用较多,而理论与试验研究工作做得相对较少,缺乏必要的设计分析方法,以及相关技术标准。

5.2 土钉-搅拌桩复合结构的应用

5.2.1 概述

南京市玄武湖隧道工程为双向六车道,全长2.66km。隧道湖底段基坑大部分采用放坡大开挖施工,梁洲段基坑由于大开挖施工会破坏梁洲岛上景观,故决定采用垂直开挖支护。

梁洲段基坑支护原设计方案采用直径为800mm钻孔灌注桩加三道背拉锚索,设计锚索为1860级钢绞线 $3\phi 15.24mm$,长度为26m。这种设计方案造价较高,而且在砂性土中成孔施工比较困难。段建立等采用自钻式土钉与SMW工法施工止水帷幕相结合的复合土钉支护技术进行支护,结果比较成功。

5.2.2 复合土钉支护设计

梁洲段场地土层主要为：①素填土：褐黄色,厚度为1.0m。②粉土夹粉砂：灰黄色,饱和,稍密,夹少量薄层粉质黏土,厚度为10.0m；土层重度为19.0kN/m³,黏聚力为8.7kPa,内摩擦角为30.7°。③粉细砂：灰色,饱和,稍密,厚度为12.0m；土层重度为19.1kN/m³,黏聚力为9.4kPa,内摩擦角为30.6°。

基坑北侧场地开阔,进行二级放坡,坡角设置三排花管土钉进行加固,南侧梁洲岛进行复合土钉支护,见图208。

砂性土自立性差,在其中成孔较困难,故首先施工止水帷幕。经试验,普通双轴深层搅拌机在该场地较密砂性土中,搅拌深度只能达到13.5~14.5m,不能满足设计要求。于

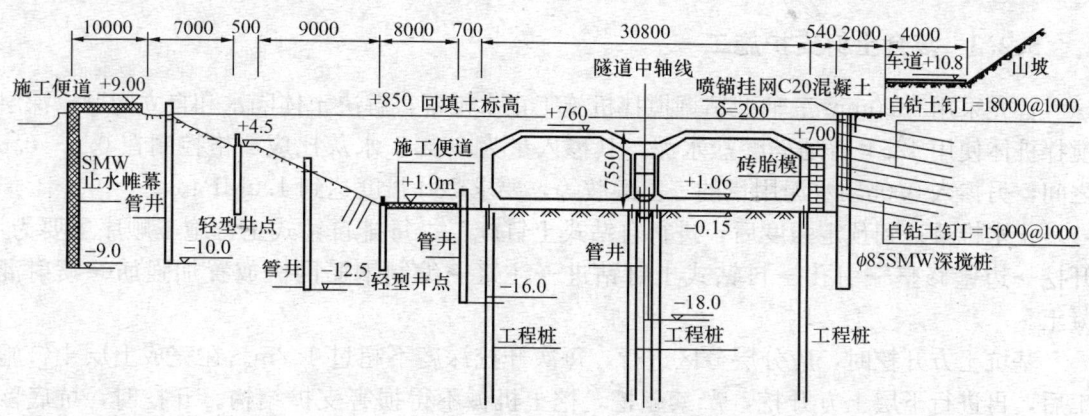

图208 土钉-搅拌桩复合支护基坑断面图

是采用SMW工法中常用三轴型钻掘搅拌机施工止水帷幕。然后采用自钻式土钉自行钻进到预定位置后，进行注浆。如此，不仅解决了施工时成孔困难问题，而且注浆效果可以得到保证。

利用《基坑土钉支护技术规程》CECS96：97和《建筑基坑支护技术》JGJ 120—99对自钻式土钉与SMW止水帷幕相结合的复合土钉支护技术分别进行了设计计算。设计开挖深度为10.0m，附加荷载为55kPa。SMW工法三轴型钻掘搅拌机施工止水帷幕，三轴深层搅拌机叶片直径为850mm，桩中心距为1.2m，桩体搭接长度为850mm，在止水帷幕中插入双排毛竹，毛竹大头直径不小于100mm，见图209。

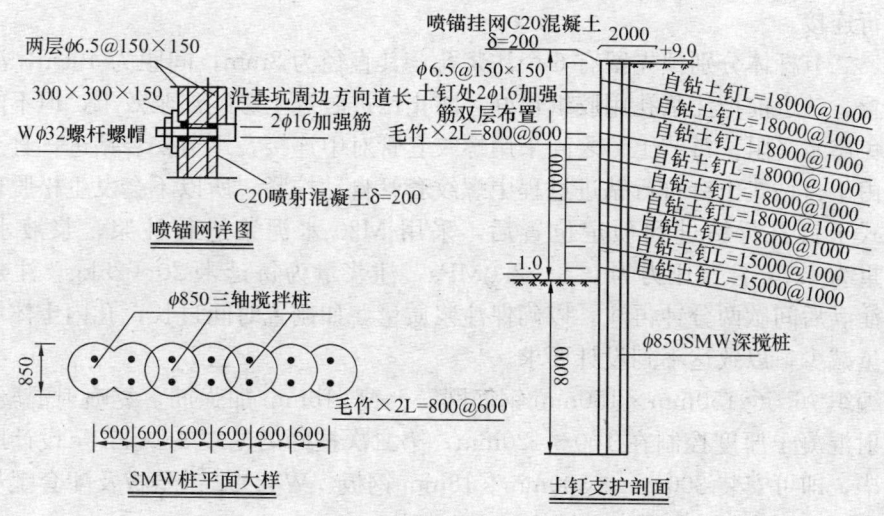

图209 复合土钉支护结构图

土钉结构设计参数：自钻式土钉成孔直径$D=110$mm，土钉倾角为15°；采用9排自钻式土钉，位于基坑深度5m以上者水平间距$S_h=1.0$m，垂直间距$S_v=1.2$m；5m以下者水平间距$S_h=1.0$m，$S_v=1.0$m。第1~7排自钻式土钉长度为18m，第8、9排为15m。面层采用$\phi6.5@150$mm×150mm双层钢筋网，$2\phi16$mm水平向加强筋，喷射C20混凝土。

5.2.3 复合土钉支护施工

首先采用 ϕ850mm 三轴型钻掘搅拌机施工止水帷幕，解决土体隔水和自立问题。深层搅拌桩体使用 425# 普通硅酸盐水泥，其掺入量为 20%。水灰比应严格控制在 0.6～0.8 之间，另掺入 0.05% 水泥用量的三乙醇胺等，要求 28d 强度达到 1.0MPa。

止水帷幕达到预定强度后，进行自钻式土钉施工。每排自钻式土钉施工顺序主要为：开挖→边壁修整→引孔→自钻式土钉钻进→注浆→编制钢筋网→放置加强筋→喷射混凝土。

基坑土方开挖时，应分层分区进行，每次开挖深度不超过 1.2m。在完成上层土钉施工后，再进行下层土方开挖，严禁超挖，挖土机械不得损害支护结构。开挖时，坑底留 30cm 土由人工清除。在施工过程中应按信息化施工要求，加强实时监控，确保边壁整体稳定性。

WTD32 型自钻式土钉杆体采用 ϕ32mm 无缝钢管压制螺纹而成，每段长度为 3.0m，用接头套管连接。经检测杆体破坏荷载为 260kN，接头套管破坏荷载为 240kN。采用 ϕ48mm 钢管自制土钉钻头，其长度为 150mm，如图 210 所示。采用洛阳风动工具厂小型钻机配麻花杆在预定部位引孔，其长度为 1.0m，主要是钻过止水帷幕。然后采用小型钻机作为动力将自钻式土钉自行钻进，用接头套管进行连接。

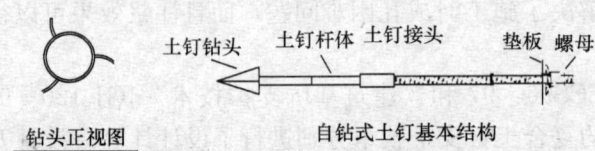

图 210 土钉及钻头结构示意图

第一、二节杆体分别预先留有 6 个注浆孔，其直径为 8mm，间距为 40cm，沿杆体径向均匀布置。钻进前把注浆孔用胶纸包好，防止钻进时进土影响注浆效果，但不能包两层以上，以免出浆受阻。每节土钉之间采用螺纹套管对中连接，逐节安装钻进，直至达到设计长度。由于自钻式土钉自行钻进过程中螺纹套管自动拧紧，所以不会发生松脱现象。

自钻式土钉自行钻进到预定位置后，采用 M20 水泥浆进行注浆，浆液水灰比为 0.58，比重为 1.7，注浆压力为 0.8～2.0MPa，注浆量为每延米 20～25kg。注浆以注满为原则，注满后间歇两分钟再注，以确保注浆质量。如搁置时间过长，孔内土体塌落过多会使注浆量减少，以致达不到设计要求。

最后编织 ϕ6.5@150mm×150mm 钢筋网，上覆 ϕ16mm 加强筋，复喷射混凝土面层。第一次喷射混凝土厚度控制在 100～120mm，第二次挂网后复喷 100mm 至设计厚度。面层施做完毕，即可安装 300mm×300mm×15mm 钢板、WTD32 型垫板及配套螺母，使土钉、面层、SMW 深搅桩和原位土体构成一个整体。

5.2.4 监测结果

该工程共设置 3 个试验断面。在每根试验土钉之 2.0m、5.0m、8.0m、16.0m 处布置电阻应变片测量土钉拉力分布。监测结果表明：复合土钉支护结构最大水平位移为 19mm，在安全范围以内。基坑内回弹位移为 2mm，由于是砂性土，回弹量很小，没有隆起现象发生。在开挖中进行了设计荷载检验试验，结果可以满足设计要求。

5.2.5 小结

1) 该支护工程于 2002 年 1 月 23 日开工,于同年 3 月 15 日竣工。与传统支护相比,投资明显降低且施工快速可靠,工期很短,经济和社会效益显著。

2) 采用自钻式土钉与 SMW 工法施工止水帷幕相结合的复合土钉支护对不良地质基坑是适用的,可以推广应用。

3) 复合土钉支护施工应严格工艺流程,科学管理,否则,再先进的设计也难以达到预期目的。

5.3 土钉-钢管桩复合结构的应用

5.3.1 概述

有些工程环境条件很差,采用复合土钉支护仍取得良好效果,杭州滨江大厦工程即是一例。郭清等在杭州滨江大厦所采取的施工方法,值得借鉴。

滨江大厦地下室东、西两侧边线离附近建筑物基础和道路围墙仅为 0.3～0.8m,单纯用土钉支护难以保证工作面,且对开挖后未支护的附近道路和建筑物产生影响,采用传统支护桩无施工作业条件,在不拆除围墙和移走管线情况下无法施工。针对上述周边实际情况,采用钢管桩-土钉复合支护方法取得了成功。

5.3.2 工程概况

滨江大厦工程位于杭州市秋涛路与凤起路交叉口之西北角,主楼 21 层,地下室一层,基坑开挖深度为 4.83m,总建筑面积为 16800m^2;建筑物底板边线南侧距凤起路为 10m,东侧距已建 3 层营业楼为 2.0m,离该楼基础和污水管为 0.8m,北侧距已建 7 层住宅楼为 9m,西侧距南肖埠小区道路围墙为 0.3～0.8m。周边环境条件较为苛刻。

5.3.3 工程地质条件

根据工程地质勘察报告,场地位于钱塘江冲海积平原区近代河漫滩一级阶亚区内,南肖埠路钱塘江冲海古堤外侧(东侧),地面形态较古堤内侧(西侧)形成为晚。因此,场地浅部土层沉积年代较近,土质松散,性质较差,主要为钱塘江近代河口相冲海积及漫滩相沉积层,表层为厚度不大的人工填土,之下为厚约 17m 的河口相粉土、粉砂层。开挖深度内主要地层分布如下:

① 人工填土:灰色,湿～饱和,松散,含生活垃圾及建筑垃圾;
② 砂质粉土:灰色,饱和,稍密,具水平层理;
③ 砂质粉土:灰色,饱和,松散,具水平层理;
④ 砂质粉土:灰色,饱和,稍密;
⑤ 粉砂:灰～青灰色,饱和,稍密。

各土层物理力学参数指标值见表 50。

场地地下水位埋深为地表下 1.0m 左右,为统一的潜水含水层。

土层物理力学参数指标值　　　　表50

层 序	土 名	含水量(%)	重度(kN/m³)	抗剪强度 c (kPa)	抗剪强度 φ (°)	渗透系数(m/d)	平均厚度(m)
①	人工填土	—	—	—	—	—	1.7
②	砂质粉土	30.4	19.4	8.0	25.0	0.013	2.6
③	砂质粉土	31.4	19.3	6.0	22.0	0.017	1.4
④	砂质粉土	29.5	19.6	6.3	28.0	0.024	2.2
⑤	粉　砂	29.2	19.7	4.0	32.0	0.400	3.9

5.3.4　支护方案的优选和设计

1) 支护方案的优选

该工程基坑支护方案选择主要有以下两个需重点考虑的难点问题：

（1）基坑东侧三层营业房和西侧小区道路处，支护可用工作面仅为0.3~0.8m，且在开挖中需对小区围墙、道路、营业楼及管线进行保护。在此条件下采用传统支护桩方案无施工条件，若采用则须拆除围墙和移走管线。如此，对周边小区道路通行和住户生活将产生重要影响，还会延长施工工期和增加工程造价。

（2）场地上部砂质粉土层为互层状土，渗透系数很小，仅为0.01m/d，轻型井点降水效果很差，土方开挖中常在坡脚出现流砂，单纯用轻型井点降水结合土钉支护方案也不可取。

综合考虑该工程开挖深度、周边环境、工程地质条件和以上两个难题，本着在确保基坑周边道路和建筑物安全条件下，应选用既经济又施工方便、快速的支护方案。经反复比较，最终确定采用轻型井点降水－钢管桩－土钉和纯土钉两种结构进行支护。

2) 支护方案设计

在西侧小区道路和东侧3层营业楼地段，采用钢管桩结合土钉的支护方法。设计计算参照桩加锚的计算方法，在安全系数取为1.3情况下，经计算采用$\phi 159\times 4.75 L6000@700mm$的钢管桩加三排土钉，桩尖进入坑底深度为2.57m。东侧车道处，由于开挖深度为2.9~4.3m不等，底板边线离小区围墙仅为0.3m，即使采用钢管桩也无施工作业面，后改用$\phi 48\times 3.5 L4000\sim 5000@250mm$钢管加二排土钉。基坑南侧和北侧，场地施工工作面较开阔，采用单一土钉支护方法。

5.3.5　基坑支护施工

该工程基坑支护与土方开挖同步进行，工程桩施工结束，全区挖除深度为1.2m的土方。随之进行一级井点管施工，在安装井点系统同时，施工钢管桩和上部土钉。观测水位深度已达到下一层土方开挖深度和上层喷射混凝土强度达到设计标准值的80%后进行下一层土方开挖。土方分层、分段开挖，开挖后立即进行土钉和喷射混凝土施工。土钉在杂填土内无法成孔时改用$\phi 48mm\times 3.5mm$的锚管，锚管体上每间隔0.5m设一个$\phi 8$渗浆眼。在开挖砂质粉土层时，由于该层为弱透水层，且具水平层理，开挖后常有局部流砂出现，此时喷射混凝土一定要及时，并在混合料中掺入水泥重量的3%左右速凝剂。由于该土层降水效果差,施工土钉时,钉孔时有缩孔现象,成孔非常困难,后改用锚管替代。

在整个基坑支护施工过程中未出现险情。实际施工总工期为26d(包括土方开挖)。

5.3.6 基坑监测和土钉拉拔试验

1)基坑监测

为提供支护结构总体及局部稳定安全信息,在基坑开挖中采用了信息化施工方法,用监测数据确定和优化下一步施工参数。监测内容为:在基坑东、西两侧钢管桩部位各布置一个深层位移监测孔和水位观测孔,在东侧3层营业楼和西侧围墙上布置6个沉降观测点。监测结果显示:两个深层位移监测孔测得最大位移量为基坑西侧的C_2点,为12mm;最大位移部位位于地表面,围墙最大沉降量为10mm;C_1点位移曲线见图211。从位移曲线分析,主要位移发生在开挖面以上,深层位移很小;在西侧围墙外小区道路上,仅见有宽度为2~3mm的裂缝;东西3层营业楼最大沉降量为6mm,无裂缝,未影响道路和建筑物正常使用。

滨江监测

测点号	深度(m)	累计位移(mm)
18	0.0	12.0
17	-1.0	10.3
16	-2.0	9.3
15	-3.0	8.5
14	-4.0	7.0
13	-5.0	4.5
12	-6.0	2.0
11	-7.0	1.1
10	-8.0	1.0
9	-9.0	0.3
8	-10.0	0.2
7	-11.0	0.0
6	-12.0	0.0
5	-13.0	0.0
4	-14.0	0.0
3	-15.0	0.0
2	-16.0	0.0
1	-17.0	0.0
0.00	-18.0	0.0

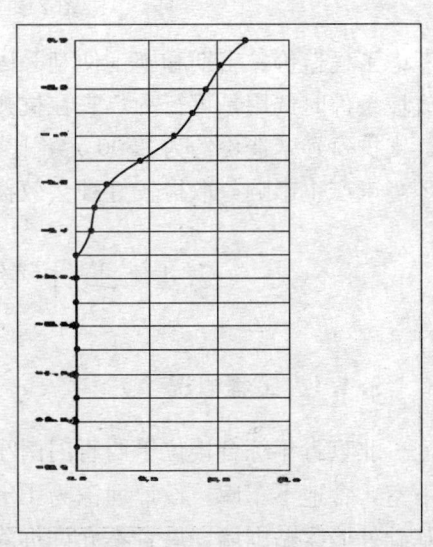

图211 C_1孔测点位移时程曲线

2)土钉拉拔试验

根据规范要求,为验证基坑设计计算准确性和优化下一步设计计算参数,需进行土钉抗拔力试验。该工程在支护施工中进行了一组3根土钉抗拔力试验。试验土钉长度均为7m,位于砂质粉土内,各土钉极限抗拔力分别为112、126、138kN,2号土钉拉拔曲线见图212。在拉力为105kN左右时土钉位移很小,设计时可将此值确定为该土钉设计拉力允许值。

5.3.7 小结

基坑支护作为施工中一种临时技术措施,在确保安全情况下,在选择方案时,应综合

锚杆抗拔试验记录表

工程名称：滨江大厦　　编号02

土钉规格：土钉体直径110mm，长度7000mm，受拉杆件为φ22钢筋

序号	荷载(kN)	百分表读数mm (读数时间min/次数)			
		时间	1	时间	3
1	0	0	0.00		0.00
2	20	0	0.78	5	0.79
3	40	0	1.80	5	1.87
4	60	0	2.55	5	2.99
5	80	0	4.86	5	5.32
6	100	0	6.32	5	7.89
7	120	0	16.53	5	23.22
8	126				46.00
总位移量			16.53		46.00

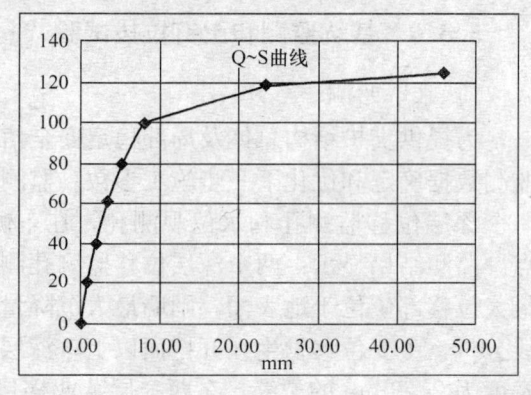

图212　2♯土钉拉拔荷载-位移曲线

考虑工程造价、工期和施工便利等因素。钢管桩结合土钉支护方法，在施工场地狭窄，无放坡条件时选用是可行的，它在杭州滨江大厦支护中应用比较成功。该工程钢管桩结合土钉支护每延米造价约为2500元，比用传统支护桩型节省工程造价约40％左右，且对周边环境未产生影响，取得较好社会效益和经济效益。

5.4　土钉-微型桩-预锚复合结构的应用

5.4.1　工程概况

北京青年综合楼位于西直门南小街68号院内，为5～8层框架结构综合楼，设二层地下室，含地下车库。设计埋深为12m和14m两种。由于基坑北侧临近街道马路，地下室基础外墙紧贴围墙，后者不允许拆除。基坑开挖线距结构外墙最近处仅为150mm。

根据基坑北侧环境条件，设计要求在基坑北侧全长为106m支护范围内采取垂直支护，并兼做外墙模板。同时要求北侧临街马路不允许路面产生裂缝（该道路是材料进场、混凝土罐车必经之路）。石建等采用复合土钉支护技术，成功地实现了上述设计要求。

5.4.2　工程地质与水文地质条件

1) 工程地质条件

基坑土层自上而下分别为：

(1) 黏质粉土、粉质黏土填土①层：厚度为3m左右。

(2) 砂质粉土、黏质粉土②层：层厚为4m左右，局部分布有粉质黏土、重粉质黏土、粉细砂。

(3) 粉质黏土、重粉质黏土③层：厚度为3m左右。
(4) 粉细砂④层：厚度为3m左右，局部有粉质黏土混卵石。
(5) 卵石⑤层：局部分布有细砂、砂质粉土、黏质粉土。该层未揭穿。
2) 水文地质条件
该工程实测静止水位埋深为18.7～19.4m。

5.4.3 基坑支护方案设计

支护方案是把土钉和预应力锚杆与微型钢管桩结合起来，以控制基坑开挖过程中变形，并制定合理分层、分段开挖高度和宽度来减少坡顶变形。图213为基坑开挖平面图。

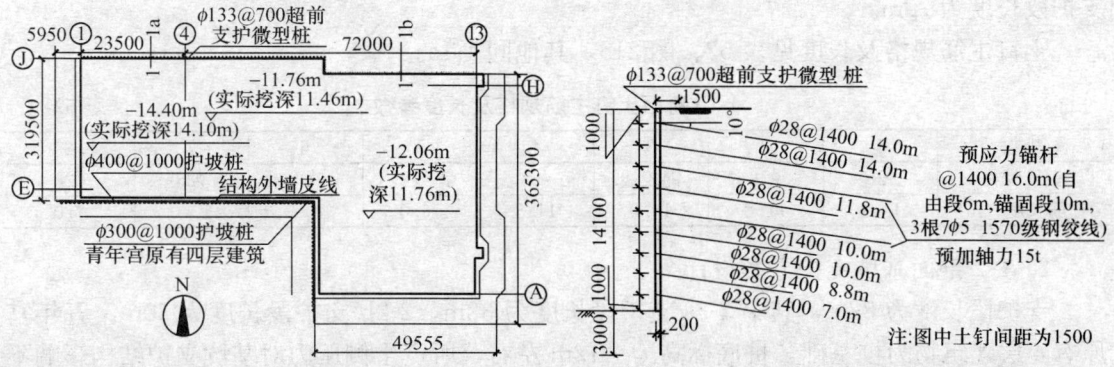

图213 超前支护微型桩设计方案（平面图）　　图214 复合土钉支护方案（断面图）

1) 1-1剖面基坑支护方案设计

该剖面开挖线距结构外墙为150mm，其中100mm为喷射混凝土厚度，另外50mm为抹灰厚度及土钉预计位移量之和。支护段长度为110m，其中1-1a支护段长度为32m，1-1b支护段长度为78m。采用预应力拉锚垂直于土钉支护，采用理正深基坑支护软件进行计算，并根据土钉内力测试结果选取钢筋。为有效控制位移，在墙后采用ϕ33mm微型桩作超前支护。方案设计如下：

(1) 1-1a：在1-4轴范围内，基坑实际挖深为14.10m，支护段长为32m。

土钉支护边壁坡度：垂直；土钉垂直间距：1.5m；土钉水平间距：1.4m；土钉倾角：10°；土钉直径：150mm；土钉水泥浆体强度：20MPa；土钉水泥浆水灰比：0.5；土钉主筋规格及长度见表51。

1-1a断面土钉主筋规格及长度参数　　　　表51

排数	1	2	3	4	5	6	7	8	9
钢筋规格	ϕ28	ϕ28	钢绞线	ϕ28	钢绞线	ϕ28	ϕ28	ϕ28	ϕ28
锚筋长度（m）	14.0	14.0	16.0	11.8	16.0	10.0	10.0	8.8	7.0

预应力锚杆：为控制位移，将两排土钉用两排预应力锚杆代替，锚杆设计预加轴力均为150kN，见图214。

微型桩：直径为ϕ133mm，内置ϕ89mm厚度为3.5mm钢管，嵌固深度为3.0m，灌

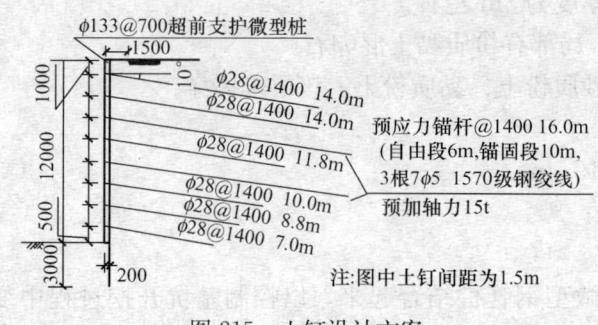

图 215 土钉设计方案

注水灰比为 0.5 的水泥浆，采用普通硅酸盐 425# 水泥，桩位线距土钉喷射混凝土面层为 20cm，桩间距为 0.7m。

喷射混凝土设计强度：C20；水泥：砂：碎石：8880 速凝剂 = 1：2：2：0.03（重量比）；喷射混凝土厚度：100mm。

(2) 1-1b：在 4 轴以东，基坑实际挖深为 12.00（11.46 和 11.76）m，支护段长度为 78m。

土钉主筋规格及长度见表 52、图 215，其他同 1-1a。

1-1b 断面土钉主筋规格及长度参数　　　　表 52

排数	1	2	3	4	5	6	7	8
钢筋规格	φ28	φ28	钢绞线	φ28	钢绞线	φ28	φ28	φ28
锚筋长度（m）	11.8	11.8	16.0	11.8	16.0	10.0	10.0	7.0

2) 2-2 剖面基坑支护方案设计

支护段长度为 82m，其中 2-2a 支护段长度为 32m，2-2b 支护段长度为 50m。青年宫原有 4 层建筑物为桩基础，桩底标高为 -12m 左右，所产生侧压力对基坑支护结构影响不大，因此采用 φ400mm 和 φ300mm 护坡桩加锚杆支护即可。设计将 2-2a 上部厚度为 3.0m 的土体挖掉，在 -3.0m 处采用 φ400mm 护坡桩加二道预应力锚杆支护；将 2-2b 上部厚度为 5.0m 的土体挖掉，在 -5.0m 处采用 φ300mm 护坡桩加一道预应力锚杆支护。

3) 3-3 剖面基坑支护方案设计

3-3 剖面支护段长度为 134m，其中 3-3a 在 1-4 轴范围内，基坑实际挖深为 14.10m，支护段长度为 32m，采取 1：0.3 放坡后进行土钉支护。3-3b 在 4 轴以东，基坑实际挖深为 12.00m，支护段长度为 102m。根据现场情况，有 1：0.5 自然坡条件，且坡顶 8m 宽度以内无堆载，因此采用坡面挂网抹灰处理，以防雨水浸泡，产生滑坡。

5.4.4 预应力锚杆设计、施工特殊问题处理

1) 预应力锚杆设计、施工的特殊问题

由于基坑开挖线距拟建结构外墙仅为 150mm，其中喷射混凝土厚 100mm，另外 50mm 为抹灰厚度及土钉支护预计位移量之和。若采用常规工字钢梁或承压钢板做反力结构均不能满足要求。为此设计了一种特殊结构的锚垫板，而不用工字钢梁来承受锚杆预应力。喷射混凝土面层找平做防水处理后可作外墙模板使用。

锚垫板构造如图 216 所示。垫板设计成"盘状"是为了施加预应力时避免应力集中而破坏喷射混凝土面层。

2) 锚杆位置及其预应力

根据测试结果，相对于基坑深度 H 而言，土钉受力

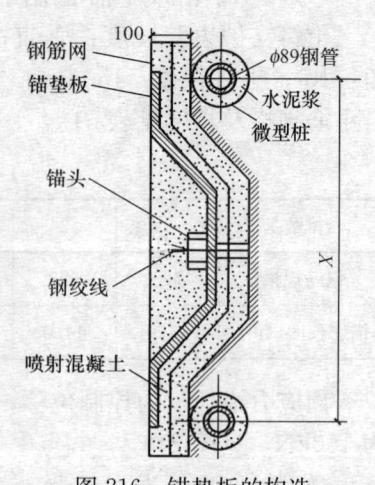

图 216 锚垫板的构造

最大区域在基坑中部偏上部位，距坡顶约为 $0.4H$ 处（由于地质条件不同受力最大处有所变化）。据此，设计土钉垂直间距为 1.5m，共计 9 层土钉，并将第 3、5 层土钉用预应力锚杆替代。每道锚杆所施加预应力均为 15t。

3）锚头处面层处理

预应力锚杆外端为盘状锚垫板，锚头位于相邻微型桩之间。桩间局部由人工挖成梯形坑，以与盘状锚垫板相匹配。

4）超前微型桩设计与施工

（1）微型钢管桩位置

确定桩位须考虑：相邻两桩间距，桩心连线距土钉面层距离。这两个距离对保证施工过程中变形控制起至关重要作用。设计桩间距为 0.7m，桩心连线距土钉面层距离为 0.2m。施工过程证明，设计是合理的。

（2）桩径和桩长

微型桩造孔孔径为 133mm，钢管型号为 $\phi 89mm \times 3.5mm$。桩长根据基坑深度不同而不同，嵌固深度均为 3m。

（3）微型钢管桩结构

① 钢管竖向连接方式：因原材料长度限制，为满足桩长要求，钢管连接采用对焊加帮焊方式，帮条系长度为 200mm、直径为 14mm 的螺纹钢筋，沿管外母线 120°均布，见图 217。

② $\phi 89mm$ 钢管在 $\phi 300mm$ 孔中按图 217 所示对中支架定位，每隔 3m 设对中支架一个。

③ 钢管底端结构：管底端以上 $L/3$ 范围内，用 $\phi 10mm$ 麻花钻钻 3 排出浆孔，钻孔方式为梅花型，每排距离为 400mm，如图 218 所示。

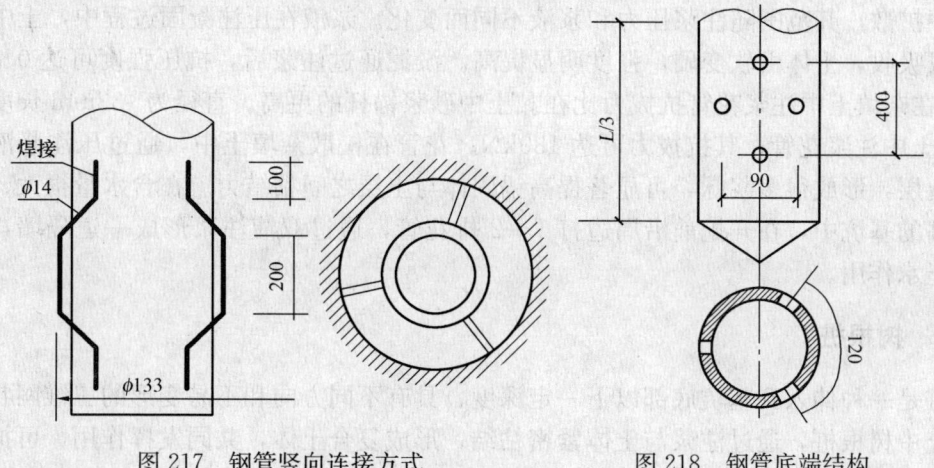

图 217　钢管竖向连接方式　　　　图 218　钢管底端结构

5.4.5　小结

1）设计思路是通过土钉箍束作用来调动土体浅部滑裂面外潜能，通过锚杆预应力来调动土体深部能量，通过密排微型桩被动挡土作用控制土层开挖过程中坡顶侧向位移。如此将上述主动支护与被动支护有机结合，坑底边坡形成固结板墙，显著提高了边坡稳定性，有效地控制了开挖过程中坡顶变形量。

2) 锚垫板结构设计比较合理：

① 从结构受力分析可知，它克服了平板式传力时应力集中而破坏喷射混凝土面层的缺点，将锁紧力的一部分通过面层和盘状边缘传到微型桩，改善了桩的受力条件。

② 最大限度利用了红线内地下空间。用盘状锚垫板取代反力梁的工字钢，使喷射混凝土面层维持原设计高度，抹平后可用作结构外墙。

3) 密排微型桩-土钉-预应力锚杆三者形成复合支护结构，达到主动支护与被动支护优势互补，可有效地控制坡顶变形。

5.5 土钉-树根桩-花管复合结构的应用

5.5.1 概述

1993年以来，吕麟信等在贵阳市承担了30多幢高层建筑深基坑支护工程，遇到过各种不同的软弱复杂地层，所采用支护方法主要是注浆花管、树根桩与土钉复合支护技术。采用该技术，确保了边坡稳定和邻近建筑物安全；未因支护问题发生边坡坍塌；用复合土钉支护永久性边坡，通过多年雨季考验，至今完好无损，其经验值得借鉴。

5.5.2 注浆花管

软弱土层包括松散杂填土、淤泥、淤泥质黏土和其他含水量很大的饱和粉细砂等。在这类土层中，通过注浆固结，可显著改变土层物理力学性能，提高土层抗剪强度，并可起到止水作用。使用钢管上钻有孔眼的花管打入土层后注入水泥或其他化学浆液，使其在管周围土层中扩散，其范围随注浆压力和浆液不同而变化。浆液在压注凝固过程中，土中含水被挤出或吸收，土体由软变硬，强度明显提高。淤泥通过注浆后，抗压强度可达$0.3 \sim 0.5$MPa。在杂填土中注浆花管抗拔力比在黏土中砂浆锚杆的更高。直径为$\phi 32$mm长度为6m的杂填土中注浆花管，其抗拔力可达180kN。花管在松散杂填土中，通过压注浆液渗入到周围土层，形成很多浆脉，可显著提高锚固体与土层之间粘结力。在含水量很大、地下水位很高的基坑中，在开挖前沿周边打1~2排花管，通过双液注浆形成一道隔墙，可起固结和止水作用。

5.5.3 树根桩

树根桩是一种伸入到基坑底部以下一定深度、具有不同方向和不易变形的三维网状结构。打入土中树根桩，通过注浆与土体紧密粘结，形成复合土体，共同发挥作用，可抑止土体变形，保持边坡稳定。

树根桩有两种布置方式：一种是在基坑开挖之前，沿周边向下打一排网状结构树根桩；桩与桩间距根据土质和地面超载情况而定，一般为1.0m。排桩顶部用钢筋混凝土盖梁连接成整体，形成一道隔离墙，可起预支护作用。然后从上至下分层分段开挖，并采用土钉支护。另一种是在边坡上垂直于坡面布置树根桩，用它来加强土钉支护，抑止边坡土体变形。

树根桩主要特点是：①所使用机械设备小而轻便，占用施工场地小；②桩径小（100

～150mm），对邻近建筑物无扰动；③用潜孔钻机冲击挤压钻孔，不排泥浆，对周围环境无污染；④施工速度快；⑤造价低。

5.5.4 工程实例

1) 贵阳市中华北路省国税大厦，设计楼层为27层，地下室两层，基坑深度为9.5m。地质条件：上部有厚度为1～1.5m杂填土，其下为可塑红黏土，基岩为白云质灰岩，埋深为10～15m，以下有溶洞。经多方案比较，选定树根桩与土钉复合支护方案。基坑开挖前，在边坡与大楼之间，使用轻型地质钻机向下打一排由两根ϕ100mm单桩组成的一组网状结构树根桩，伸入基底以下嵌入岩体内长度为2～4m，树根桩组与组之间距离为1.0m，一排共16组。在桩顶部现浇钢筋混凝土盖梁，将一排树根桩连成整体，并在梁两端设置两根长度为15m、倾角约为20°的斜拉锚杆，以增强树根桩整体稳定性。然后从上往下分层分段开挖，按土钉支护方法和程序，边挖边支护，并设观测点进行量测，直到基坑开挖支护全部完成，大楼未出现任何下沉和细小裂纹。

2) 贵阳中华南路市农业银行综合大楼设计楼层为26层，地下室两层，基坑深度为8m。基坑地层全部为松散砖瓦石块、建筑垃圾和黑色淤泥组成的杂填土层，自立高度很小。靠中华路一侧建筑轴线距街道商业房屋仅为0.6～1.0m，开挖边线紧贴房基竖直开挖。开挖基坑前贴房基打一排树根桩，间距为1.0m，伸入基岩深度为2.0m。因无盖梁位置，用两根ϕ22mm螺纹钢筋将一排树根桩顶部用电焊连结成整体，然后按土钉支护方法从上往下分层分段开挖与支护。当下挖至-3.0m时，边坡坡面出现大量涌水。经调查，主要是下水道漏水。设计采取在坡面涌水范围内钻孔埋设泄水管，在管周围喷混凝土，使散水集中成股从管内引出的方法进行处理。通过先钻孔插花管、挂钢筋网、喷混凝土并待其凝固后再压浆的工序，结果大部分水被挤往下部。随着基坑下挖，水位随之下降，最后引入基坑集水井中，用抽水机排到坑外。采取上述方法，完成了涌水量很大的软弱复杂土层基坑边坡开挖支护。

3) 贵阳市贵开路利民加油站土质边坡，高度为14m，因受城市规划空间限制，只能按1:0.2坡率放坡，用复合土钉进行永久性支护。该处为一斜坡地形，地面自然坡度约为25°。坡顶部为厂区和居民住宅。边坡土层：上部是厚度为5～6m的回填土，其下为红黏土，基岩为白云质灰岩，埋深为10～15m。厂区和住宅区有大量地表水流向该场区。边坡土体中含滞水较多。不首先解决水患问题，难以保证边坡稳定。因此，在开挖边坡之前，在距坡顶边缘约3m处沿边线修一截水沟，将水引入下水道。坡顶地面用混凝土封闭，原有排水沟重新用水泥砂浆抹面，防止地表水渗入边坡土体。然后按土钉永久支护标准进行设计：喷层厚度为200mm，设双层钢筋网，土钉与树根桩间隔布置，回填土中全部采用注浆花管，提高注浆压力，确保锚固质量。该边坡支护完成后，经过几个雨季考验，均安全稳定。

4) 贵阳市大南门省农业开发银行大楼设计楼层为28层，地下室两层，基坑深度为8.5m。基坑场地上部是厚度为2～3m的杂填土，其下为可塑至软塑红黏土，基岩为白云质灰岩，埋深为9～12m，属软弱地层。坡顶距边线3m为一幢三层楼房。该工程最初采用土钉支护，结果雨季中喷层开裂，边坡下陷，十分危急。于是采用复合土钉支护：树根桩-土钉复合结构。设计采用3排花管作增强支护，结果变形很快被抑止，边坡至今稳定性良好。

5.5.5 小结

1) 大量工程实例证明，注浆花管-树根桩-土钉复合支护技术应用在软弱复杂地层中具有良好效果。

2) 复合土钉支护之所以在不良地层中获得成功应用，主要是各单一支护优势互补，产生了显著复合支护效应。

3) 对土钉-树根桩-注浆花管这种新型复合结构形式，还应在作用机理和设计理论研究方面多做工作。

5.6 土钉-桩-锚复合结构的应用

5.6.1 概述

基坑土钉支护因基坑开挖而大量卸荷，土体应力迅速释放，周围土体在水平方向产生向基坑内的位移，在垂直方向产生沉降。当基坑开挖影响范围内无建筑物（或构筑物）、电线、管线等时，常规土钉支护设计可以根据经验将水平位移控制在允许范围内。但如遇到下面两种情况，常规土钉支护就难以满足要求：

其一，在基坑开挖影响范围内或邻近基坑有建筑物（或构筑物）、管线、电缆等，不允许有水平位移或变形要求很严格时；

其二，在施工和使用过程中因诸多因素干扰水文地质条件发生变化，产生流砂等恶劣情况时。

针对以上两种情况，马金普等在基坑土钉支护工程中，先后设计施工了土钉-桩-锚（图219）、土钉-锚杆-微型桩（图220）、土钉-预应力锚杆等多种复合土钉支护结构形式。实践证明，这类复合土钉结构能够有效限制或严格控制边坡土体水平位移，避免过大沉降发生。

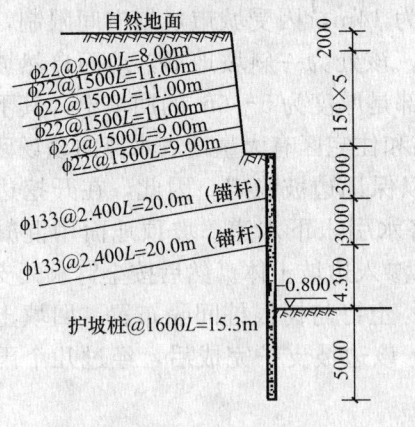

图 219 土钉-桩-锚工程实例

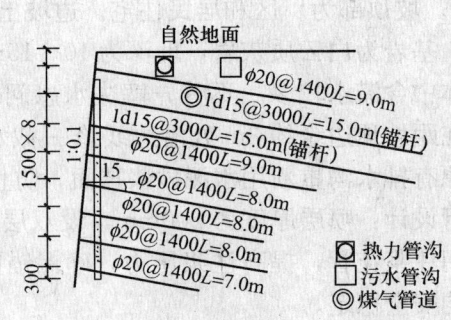

图 220 土钉-锚杆-微型桩工程实例

5.6.2 工程概况

某工程位于北京市朝阳区东三环路双井桥西侧，建筑物由两栋24层主楼和3~4层裙楼组成，建筑面积为92131.10m²，采用筏板基础，基础深度为－14.60m，基坑支护面积为5463m²。基坑西、南两侧邻近交通道路，南侧5m处有一条消防供水管，东侧5m处为新世纪大酒店，北侧为一排商店平房，距基坑约为5m。

基坑开挖不允许边坡产生水平位移。

场地地层主要由杂填土、第四纪洪积成因的粉土、黏性土、砂类土和卵石等构成。地下水类型为潜水，静止水位埋深为9.10m。

5.6.3 复合土钉设计计算

根据场地地质条件、环境条件和对基坑边坡变形的要求，经方案论证，该工程北坡和南坡拟采用复合土钉支护结构，支护面积为3794m²。东坡和西坡采用单一土钉支护。

1) 复合土钉计算

复合土钉计算采用基坑支护之星视窗版（V5.0）软件中的BRIDLE方法。该方法较适宜于黏性土和砂类土介质模拟分析，并能对边坡每步开挖后稳定性进行验算，便于反馈设计和信息化施工。它包括：

(1) 滑动面方程（对数螺旋线方程）；
(2) 土钉钢筋直径计算模型；
(3) 按分条法计算不平衡力矩；
(4) 土钉承受的剪力、拉力和土钉长度计算方法；
(5) 稳定性验算。

计算数据：基坑深度（地面距坑底距离）为14.60m，放坡角度为85°，地面超载为10kPa，墙背与土摩擦系数为0.5，第一排土钉距地表为1.50m，土钉钻孔直径为0.10m，土钉水平间距为1.20m，垂直间距为1.50m，土钉倾角为10°，要求土钉抗拔安全系数为1.5、抗滑安全系数为1.25、抗倾覆安全系数为1.5，表53中为计算用土性数据。

计算用土性数据　　　　表53

土层编号	深度（m）	重度（kN/m³）	黏聚力（kPa）	摩擦角（°）
①	2.5	19	10	15
②	6.5	19	18	30
③	9.0	20	30	15
④	12.0	20	30	30
⑤	16.7	20	0	35
⑥	25.0	20	20	20

2) 复合土钉设计

根据计算结果和工程经验，基坑北侧和南侧设计如图221所示。

基坑北侧2、3、4排锚杆自由段长度分别为5.50m、5m、5m，南侧为6m。杆体为一根d15钢绞线（$f_{ptk}=1570$N/mm²），锚具型号为QM15-1型，承压板采用300mm×300mm×15mm钢板，锚杆张拉锁定荷载为100kN。

面层钢筋网间距为200mm×200mm，混凝土面层厚度＞70mm，强度等级为C20。锚头部位挂双层钢筋网，网格间距为150mm×150mm，混凝土面层厚度＞150mm，分两次喷射施工。

北侧土钉杆体端头弯钩＞130°，弯芯直径＞75mm，用φ18加强筋水平横向焊接。南

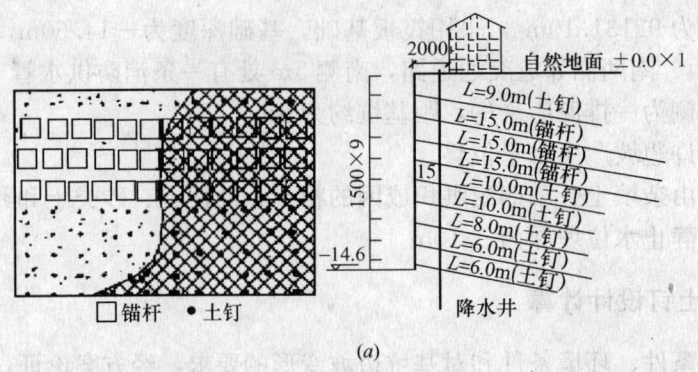

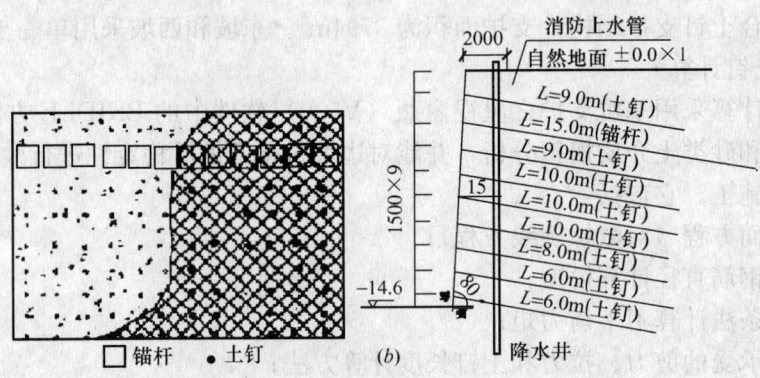

图 221 基坑边壁复合土钉支护设计
(a) 北侧；(b) 南侧

侧土钉施加承压板，用 M18 螺栓固定。

5.6.4 变形观测

复合土钉支护变形观测数据是施工中信息化管理依据，一旦边坡出现险情，立即进行反馈设计，采取必要加固措施。

该工程用经纬仪对边坡变形进行观测。在基坑坡缘南、北侧各布设 6 个观测点，东、西侧各布设 3 个观测点，随基坑开挖同步进行水平位移监测。各坡中部观测点水平位移数据见表 54。

从表 54 水平位移观测数据可看出，当开挖至基坑深度的 1/3 左右时，位移有明显增大趋势；至深度的 1/5 左右时达到最大值并很快趋于稳定。土钉支护东、西侧最大水平位移量仅为预警值的 1/3，复合土钉支护北、南侧仅为正常预警值的 1/7，达到严格控制边坡水平位移之目的。通过现场实地察看，基坑开挖影响范围内未发现地面裂缝，有效保证了基坑周边建筑物、管道和交通道路安全和正常使用。

实测水平位移数据表（m） 表54

开挖深度（m）	1.8	3.3	4.8	6.3	7.8	9.3	10.8	12.3	13.8	14.6
东侧 a 点	1	1	1	1	2	2	2	2	2	2
南侧 b 点	1	1	1	3	5	7	8	10	11	11
北侧 c 点	1	1	2	3	5	7	8	10	10	10
西侧 d 点	1	1	2	4	4	5	20	22	25	25

5.6.5 小结

1）复合土钉技术能够严格控制基坑边坡变形，确保基坑开挖影响范围内建筑物（构筑物）、地下管线、电缆、光缆和交通道路安全。

2）复合土钉技术可取代以往多数情况下采用的排桩和桩-锚支护形式，具有经济合理、施工方便、安全可靠之特点。

3）该工程采用土钉支护的计算模式，只是根据工程经验，在关键部位设计了比土钉长、孔径稍大和施加预应力的锚杆。所以，对复合土钉工作机理和计算方法需作进一步研究。

4）编制、发布《基坑复合土钉支护技术规程》势在必行，且时机已成熟。如此，可以规范地应用该项技术，避免不应有的工程事故发生。

5.7 土钉-桩-锚索复合结构的应用

复合土钉支护是一项新型的边坡和基坑支护技术。许斌等在长城盛世家园深基坑工程中采用复合土钉支护获得成功。

5.7.1 工程概况

深圳长城盛世家园是两个高层建筑群，总建筑面积 34 万 m^2，一期基坑已于 1999 年施工完成；二期基坑至 2002 年 2 月已开挖到底，基坑最深处超过 21m，垂直或近于垂直（坡度为 85°）的坡高达到 14.6~18.8m。这两个基坑主要支护形式均为复合土钉支护结构，此处简介一期基坑工程设计与施工。

长城盛世家园位于深圳市福田区，一期建筑面积近 10 万 m^2，地上 34 层，地下 3 层，基坑开挖轮廓为 92m×73m，开挖深度约为 21m。

该基坑开挖范围内自上而下主要土层有：厚层人工填土、埋藏植物层、厚层淤泥质黏土、粉质黏土、粗砾砂、残积层等。

基坑东侧和南侧有较密管网和重要交通道路，特别是南侧道路下有燃气管、排洪沟、上下水管等 7 种管线，距基坑最近处只有 2m。北侧相邻建筑为灌注桩基础，西侧为待建小区道路。基坑平面布置见图 222。

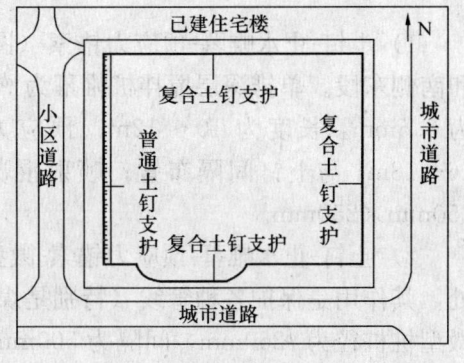

图 222 基坑平面示意图

5.7.2 止、降水方案

该场地东、南两侧管网密集，铺设有给水、污水、雨水、电信、电气、燃气等多种管线，并有彩田路、莲花北路等主要交通道路；北侧相邻建筑基础为摩擦型沉管灌注桩，且地质条件复杂，有厚层人工填土、淤泥质土、粗砾砂等，人工降水势必引起管线、道路变形和不均匀沉降，特别是燃气管线对变形要求十分严格。因此，决定对基坑东、南、北三侧采用帷幕止水。基坑西侧施工初期小区道路尚未修建，道路另一侧建筑物为人工挖孔桩基础，故西侧采用人工降水方案。

5.7.3 支护方案

根据对本场地地质条件、工程条件和周边环境综合分析，经筛选比较，认为适合该工程的支护方法主要有以下两类：

第一类是传统桩锚支护或地下连续墙支护。这两种支护形式在技术上均可行，但支护费用较高（前者约需750～800万元，后者约需1200～1300万元）。第二类是北、南、东三侧采用复合土钉支护法，西侧为普通土钉支护法加降水方案。该方案技术可靠，简便可行，工程费用约需350万元左右。

从安全、经济、施工方便等全面考虑，最后确定采用第二类支护方案。

基坑支护主要形式见图223。

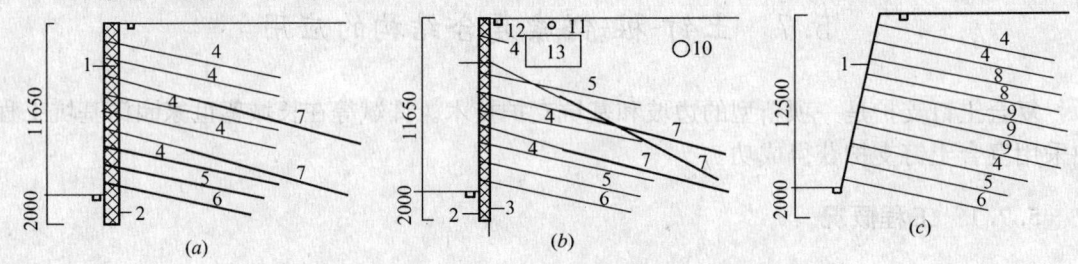

图223 基坑支护主要形式
1—喷射混凝土面层；2—搅拌桩帷幕；3—微型桩；4—土钉 $L=12m$；5—土钉 $L=11m$；
6—土钉 $L=10m$；7—土钉 $L=18m$；8—土钉 $L=13m$；9—土钉 $L=14m$；10—供水管；
11—煤气管道；12—通信电缆；13—市政排洪渠

1）土钉-止水帷幕-预应力锚索（图223a）方案。该种支护形式用于基坑北侧、东侧和南侧东段。单排深层搅拌桩帷幕为 $\phi550mm@450mm$；钢管直径为48mm，钢管壁厚度为3.5mm，长度为10～12m；预应力锚索由3根 $1\times7\phi15mm$ 钢绞线组成，长度为16～18m，与土钉间隔布置；喷射混凝土厚度为100mm，$\phi6mm$ 双向钢筋网，网格为 $250mm\times250mm$。

2）土钉-止水帷幕-预应力锚索-微型桩方案（图223b）。该种支护形式用于南侧弯道处，其作用是保护各种管线（特别是煤气管道离基坑只有2m）不使产生过大变形。支护微型桩桩径为 $\phi250mm$，间隔为500mm，内置18号工字钢。其余同方案1）。

3）土钉-降水（后加强一排预应力锚索）方案（图223c）。普通土钉支护用于西侧。支护完成后，因西侧修路时挖管沟，雨季积水及路基填土较厚，造成该侧位移较大，故增加一排预应力锚索支护。

5.7.4 稳定性监测

盛世家园一期基坑从1999年6月3日开始，至同年8月18日完成开挖和支护，1999年11月完成人工挖孔桩和底板施工，2000年5月底地下室施工至±0.000。基坑监测从1999年6月5日～2000年6月10日结束，历时一年有余。根据该基坑工程特点，监测内容包括基坑周边水平位移，坡顶及邻近道路沉降，地下水位变化及坡体位移等。监测提供的丰富资料不仅保证了基坑施工安全，而且深化了对复合土钉支护的认识。

1）基坑周边水平位移及沉降发展趋势典型曲线见图224。

2）基坑周边水平位移及沉降在基坑"开挖-支护"及"人工挖孔桩-地下室"施工两个阶段最大平均值见表55。

3）由以上监测结果可以看出，复合土钉支护对地层加固作用和对变形控制能力比普通土钉支护要强得多：①在基坑"开挖-支护"完成后，就水平位移平均值及沉降平均值而言后者约为前者的1.5倍左右。一年后，后者分别为前者的2倍到2.7倍；②挖孔桩阶段与支护阶段比较，复合土钉支护变形（特别是沉降）发展速率比普通土钉支护的低。

两种支护结构位移及沉降平均值比较　　　　　　　　　　表55

支护结构类型	周边水平位移（mm）			坡顶及地面沉降（mm）		
	测点数目	1999/08/28	2000/06/10	测点数目	1999/08/28	2000/06/10
复合土钉支护	15	34	43	16	20	35
普通土钉支护	3	56	86	2	30	95

4）坡体变形量测（测斜仪）结果表明，复合土钉支护最大水平位移部位在基坑中部$0.4\sim0.8H$（H为坑深）处，见图225，而不是在坡顶。这与普通土钉支护条件下的变形特点不相同。最大变形位置差异表明二者受力机理不同。

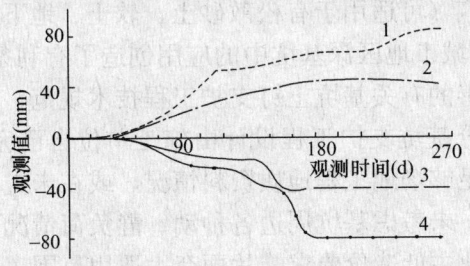

图224　坡顶水平位移及地面沉降典型曲线
1—普通土钉支护位移；2—复合土钉支护位移；
3—复合土钉支护沉降；4—普通土钉支护沉降

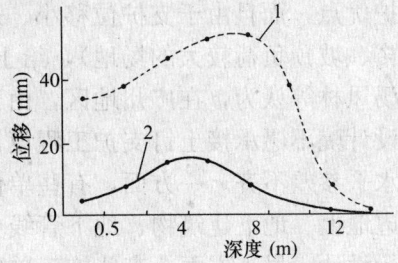

图225　坡体变形典型曲线
1—1999年7月15日；
2—2000年6月10日

5.7.5　小结

1）长城盛世家园一期基坑工程经过开挖、支护、工程桩（人工挖孔桩）及地下室施工，特别是雨季台风和暴雨考验，周边位移及沉降均在规范允许范围之内，基坑及周边道路、管线安全无恙，说明基坑支护设计方案是合理的。

2）复合土钉支护与同类使用条件的排桩支护相比具有显著经济效益。类似该基坑地质条件和工程环境，以往一般采用排桩支护或桩-锚支护，二者相比较，复合土钉支护工程造价仅为桩-锚支护的50%左右。

3）复合土钉支护将几种单项支护技术有机地组成复合支护体系，克服了普通土钉支护的技术弱点，扩大了其应用范围。另一方面，在很多情况下，复合土钉支护可以取代排桩支护或地下连续墙支护，是极具发展前途的新型支护技术。

4）经几年研究和发展，对复合土钉支护的认识在不断深化，工程应用中取得显著效果，已得到工程界普遍认可。但另一方面，复合土钉支护又是一项技术性很强的复合结构形式，而且应用范围也必须与其技术特点相适应。因此，制定适用于复合土钉支护技术标准，以规范设计与施工已是当务之急。

5.8 土钉-深层搅拌桩-钢管桩复合结构的应用

5.8.1 概述

土钉支护技术是在原位土体中置入较密间隔排列的细长杆体，如钢筋或钢管等，从而使整体土体力学性能得以改善、边坡稳定性得以提高的支挡技术。土钉支护结构由被加固土体、放置于原位土体中的细长金属杆件（土钉）及附着于坡面的网喷混凝土面板组成，三者密切结合构成一个复合土体。土钉通过与周围土体接触，在土体发生变形条件下，通过接触界面上粘结力使土钉被动受力，并主要通过土钉抗拉、抗剪和箍束骨架作用，以及板面对坡面变形约束作用，使复合土体自稳能力和整体刚度大为提高，从而达到制约边坡变形、提高边坡整体稳定性之目的。

复合土钉支护技术是在土钉支护结构中结合了其他土体加固技术，不但保持了传统土钉支护优点，而且由于支护位移小、适用范围广（可适用于有松散砂土、软土、地下水补给充裕、坡顶负荷较大的场地），给土钉支护在城市地区深基坑中的应用创造了有利条件。

汤凤林等认为，在广州地区，由于缺乏完善的有关基坑土钉支护工程技术规范，多数建筑设计院不愿承接土钉支护工程设计；大部分基坑支护工程设计由施工单位自己完成，设计水平参差不齐。一方面，有些单位在没有足够场地工程地质资料情况，或在未查明基坑周边地上、地下建筑物、地下管线分布情况，未考虑基坑周边各种动、静负荷情况下盲目进行设计；另一方面，有些施工单位为迎合业主低造价要求，片面夸大适用范围，在有松散砂土、软塑-流塑黏土和有丰富地下水存在情况下，单独使用土钉支护。在短短几年内，发生过多起土钉支护边坡崩塌事故，土钉支护边坡产生大变形、开裂和下陷等现象时有发生。因此，研究广州地区基坑支护工程中复合土钉支护技术具有重要实际意义。

汤凤林等结合工程实例，探讨了广州地区基坑支护工程中常用复合土钉支护结构组合类型、施工工艺和施工流程。

5.8.2 实用复合类型

广州地区基坑支护工程中常用复合土钉支护结构有：土钉-预应力锚杆复合支护结构，如广州安信大厦基坑支护工程；单排（或多排）钢管注浆桩-土钉复合支护结构，如广州福祥大厦基坑支护工程；单排（或多排）钢管注浆桩-土钉-预应力锚杆复合支护结构，如广州中泰广场基坑支护工程；深层搅拌桩（或高压旋喷桩）-土钉复合支护结构，如广州二沙岛国际俱乐部基坑支护工程；深层搅拌桩（或高压旋喷桩）-单排（或多排）钢管桩（或钢管注浆桩）-土钉复合支护结构，如广州海琴湾商住楼基坑支护工程。现以广州海琴湾商住楼基坑围护工程为例介绍复合土钉支护的设计与施工。

5.8.3 工程概况

广州海琴湾商住楼位于广州市海珠区下渡路北端西侧,北邻珠江,拟建 3 幢 30 层住宅楼,设地下室 1 层,基坑长度为 115.3m,宽度为 42.8m(图 226),垂直开挖深度为 4.8～5.1m。基坑北侧邻近一混凝土道路,有机动车行驶,30m 外为珠江河道;西侧 15m 外为广东省水产公司冷冻厂房,离基坑开挖线 1m 处为一排 1 层临建房;南侧离开挖边线 1m 处也为一排 1 层临建房;东侧邻近一条在建混凝土路面和施工机械、材料堆放场。

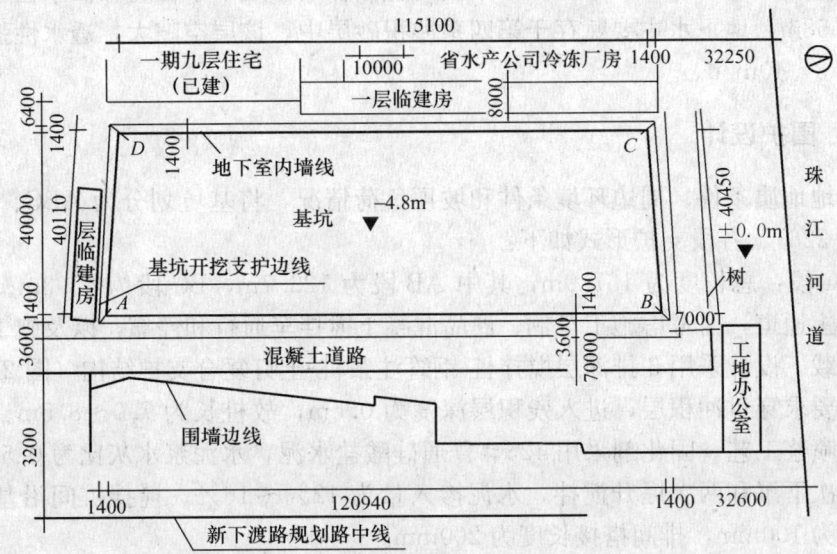

图 226 广州海琴湾商住楼基坑围护平面图

5.8.4 场地地质条件

根据工程勘察地质资料,场地土层自上而下为:

1) 人工填土层(Q_{ml}):场区内均有分布,厚度为 1.10～3.10m,为杂填土,由建筑垃圾和砂组成,松散。

2) 冲积层(Q_{al}):主要由细砂、淤泥(淤泥质土)和淤泥质粉砂 3 个亚层组成,自上而下为:①细砂:场区内均有分布,层顶埋深为 1.40～2.80m,厚度为 0.5～5.10m,平均值为 2.21m;灰绿-灰黑色,饱和,松散。②淤泥(淤泥质土):场区内均有分布,层顶埋深为 1.10～6.50m,厚度为 1.40～5.20m,平均为 3.14m。灰黑色,局部含有较多粉细砂、贝壳等,饱和,流塑-软塑。③淤泥质粉砂:仅于场区西北角和东侧有分布,层顶埋深为 4.70～6.50m,厚度为 0.60～2.85m,平均值为 1.79m;灰黑色,由粉砂加淤泥组成,饱和,松散。

3) 残积层(Q_{el}):场区普遍分布,层顶埋深为 6.30～8.20m,厚度为 0.60～4.20m,平均值为 2.16m;灰黑色,由粉砂加淤泥组成,饱和,松散。该层为泥质粉砂岩风化产物。土性主要为粉土、粉质黏土,棕红色。

4) 基岩(K_2):场区基岩主要为白垩系泥质粉砂岩、泥质细砂岩和泥质粗砂岩。层顶埋深为 7.60～12.40m。按风化程度分为强风化、中风化和微风化 3 个带。

各土(岩)层主要物理力学参数指标值见表 56。

各土（岩）层主要物理力学参数指标值　　　　表56

参　数	人工填土层	细砂	冲积层淤泥	淤泥质粉砂	残积层	强风化层
重度 γ (kN·m^{-3})	18	17	16.7	18	20.0	21
黏聚力 c (kPa)	8	0	13.5	2	32.2	80
内摩擦角 φ (°)	11	11	6.2	12	28.0	40
抗剪强度 τ (kPa)	16	15	16.0	22	50.0	150

场区紧邻珠江河道，地下水受珠江水侧向直接补给，地下水位与珠江水位一致，埋深为1.00～1.58m。地下水主要赋存于第四系冲积砂层中，该层空隙大，透水性强，渗透系数在1.93～34.40m/d。

5.8.5　围护设计

根据场地地质条件、周边环境条件和坡顶负荷情况，将基坑划分为ABC、CDA两个设计段（图226），各段支护形式如下：

1) ABC段：总长度为167.0m，其中AB段为123.7m，BC段为43.3m。该段边坡为施工运输主通道，需考虑施工车辆、商品混凝土搅拌车通行和停靠，以及施工材料堆放等的附加荷载。设计采用3排深层搅拌桩-钢管注浆桩-土钉复合支护结构（图227）。深层搅拌桩深度要求穿过冲积层，进入残积层深度为0.5m，故桩长为7.0～8.5m。深层搅拌桩施工采用喷浆工艺，固化剂采用425#普通硅酸盐水泥，水泥浆水灰比为0.5～0.6。每根桩均经两次下沉和两次提升搅拌，水泥掺入量为12%～16%。搅拌桩间沿基坑边线方向搭接长度为100mm，排间搭接长度为200mm。

钢管注浆桩在搅拌桩成桩10d后施作，即沿前两排搅拌桩中间平行基坑边线布设，采用100型地质钻机成孔。成孔口孔径为90～110mm，孔深为12m，全长间隔置入 $\phi48$mm 或 $\phi73$mm 钢管并压密灌注水泥净浆，注浆压力不低于3MPa。桩顶用2根 $\phi25$mm 钢筋通长焊接（图228），顶部现浇厚度为150mm的C20混凝土顶压梁。

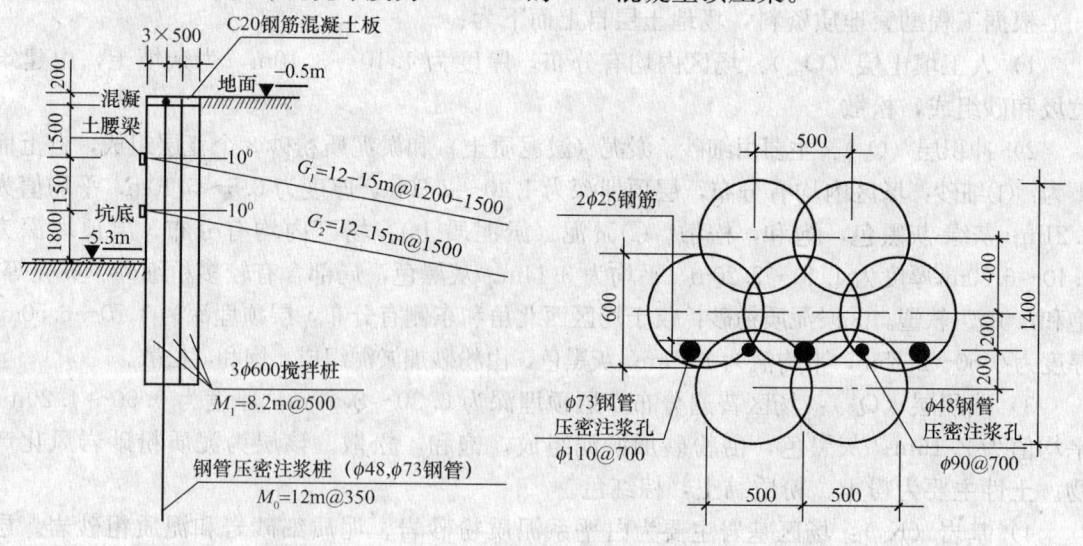

图227　海琴湾商住楼基坑ABC段支护结构断面图

图228　ABC段深层搅拌桩和钢管注浆桩平面布置图

沿基坑深度为-1.5m和-3.0m处设置两排土钉。其水平间距为1.5m，采用打入式ϕ48mm注浆锚管，长度为12～15m。锚管外端沿水平方向用2根ϕ25mm钢筋通长焊接，并在锚管端部两侧加焊长度为100mm、ϕ25mm锁定筋，分排通长捣筑断面为200mm×300mm的C20混凝土腰梁。锚管注浆在腰梁浇注24h后进行，注浆压力为0.5～1.5MPa。

2) CDA段：总长度为160.8m，其中CD段为117.9m，DA段为42.9m。靠近该段基坑开挖边线的主要为一层临时建筑，坡顶负荷较小。设计采用两排深层搅拌桩-钢管注浆桩-土钉复合支护结构（图229）。深层搅拌桩深度要求穿过冲积层，进入残积层内约为0.5m，桩长为6.0～8.5m。钢管注浆桩布设在两排搅拌桩之间，钢管直径为ϕ48mm和ϕ73mm两种，长度均为12m，桩顶用2根ϕ25mm钢筋通长焊接（图230），顶部现浇厚度为150mm的C20混凝土顶压梁。

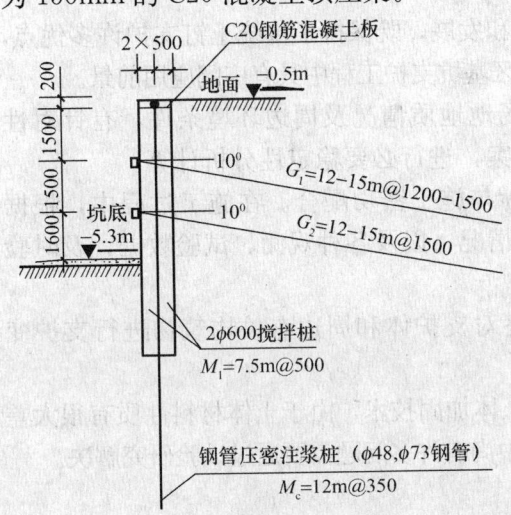

图229 海琴湾商住楼基坑CDA段支护结构断面图

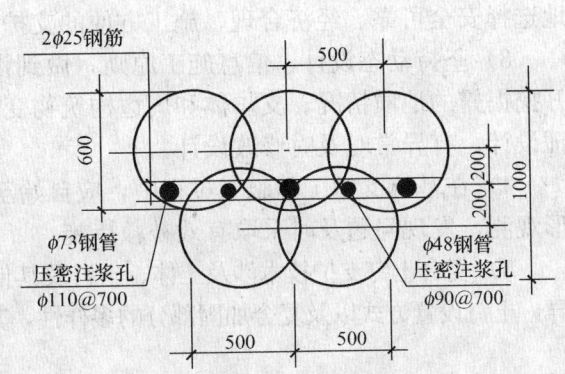

图230 CDA段深层搅拌桩和钢管注浆桩平面图

沿基坑深-（1.5m～1.8m）和-（3.0m～3.2m）设置两排土钉，其水平间距为1.2～1.5m，采用打入式注浆锚管，长度为12～15m。钢管外端沿水平方向用2根ϕ25mm钢筋通长焊接，分排通长捣筑断面尺寸为200mm×300mm的C20混凝土腰梁。

5.8.6 特殊问题处理

1) 地下障碍物。在对基坑BC段进行土钉施工时，发现土钉被击入3m左右时均碰到障碍物而打不进去。经查该区历史资料发现，该段边坡处于由毛石堆砌而成的古江堤上，后经地质雷达探测确定了该古江堤的存在，并判定其底部在基坑开挖深度之下。BC段边坡中只存在3m厚的土体，对支护坡面压力比预计的要小得多，已施工的3排深层搅拌桩和两排长度为3m左右的土钉足以起支挡作用，因此没有采取其他加固措施。

2) 土方超挖引起边坡险情。海琴湾工程总包方为赶工期在基坑CD段北侧刚完成第一排土钉施工、局部土钉灌浆尚未完成情况下，就要求开挖土方，而且一次开挖到底（-5.1m），致使该段出现两次险情：在10号和11号观测点处，在第一排土钉尚未注浆就开挖土方致使这两个点位移分别由30mm和33mm剧增到95mm和100mm，坡顶出现宽达50mm裂缝并有下陷现象,在及时采取回填土措施后才使险情得到控制,避免了事故发生;11~13号观测点坡段在土方开挖到底时,在施工第二排土钉后发现,12~13号观测点之间搅拌桩在第二排土钉之下约300mm处出现一条约10m长横向裂缝,最宽处达5mm,在及时复填土方,阻止裂缝进一步发展,并在-2.2m处通长设置30c槽钢,用125b工字钢斜撑支于基坑内工程桩之上后,才避免了事故发生。经加固后该段边坡确保了在后续地下室结构施工期间安全稳定。

基坑其他各段边坡土钉施工基本上按设计要求进行,做到分层开挖、分层支护。在整个开挖支护施工过程中一直处于安全稳定状态。

5.8.7 小结

1) 复合土钉支护技术是土钉支护技术的改进和发展,既保持了传统土钉支护许多优点,又具有支护位移小、适用范围宽等特点,在城市地区基坑支护工程中具有广阔应用前景。

2) 基坑复合土钉支护工程设计应充分考虑场地地质情况及周边环境条件,有针对性地选择安全可靠、经济合理、施工方便的支护方案,进行必要稳定性分析计算。

3) 坚持动态设计、信息施工原则,做到设计与施工密切配合。在施工过程中,根据开挖揭露的地质情况、支护体和周边构筑物变形情况,以及各种观测、试验数据,及时验证设计,有异常时及时修改设计。

4) 在基坑支护工程施工过程中,应自始至终对支护体和周边有关构筑物进行支护变形观测,发现问题及时采取有效补救措施。

5) 复合土钉支护技术涉及土体、土钉及其他土体加固技术,由于土体材料性质有很大差异,土钉设置方式以及复合加固部分的多样性,其中尚有许多问题需要通过试验研究解决。

5.9 注浆钢管土钉-板桩复合结构的应用

5.9.1 概述

注浆钢管土钉-板桩结构是一种新型复合土钉支护结构形式。它采用竖向槽钢(板桩)做初期围护,随着基坑开挖分层设置注浆钢管土钉。钢管端部通过连接件固定于竖向槽钢之上,形成有一定插入深度的钢管土钉-板桩复合土钉围护结构。

大量工程实践表明,这种复合结构克服了单一土钉支护不太适用于软土地层的缺点,具有安全可靠、施工方便、工期短、造价低等优点,极具推广价值。张旭辉等结合工程实例介绍了这种复合土钉支护应用原则,分析了它的特点和存在的问题。

5.9.2 工程概况

某高层建筑,设地下室2层,基坑开挖深度为6.80m。该基坑北侧边线约4.7m外有一幢三层办公楼,西侧距基坑边线约5m处为临时用房,其下部有埋深为0.5m左右的地下管线,南侧约8m处为施工单位用房。

基坑开挖深度及影响范围内土层由杂填土、黏土、淤泥、粉细砂加淤泥等组成。

各土层主要物理力学参数指标值见表57。

各土层主要物理力学参数指标值　　　　表57

土 层	平均厚度 (m)	重度 γ (kN/m³)	含水量 (%)	黏聚力 c (kPa)	内摩擦角 φ (°)	压缩模量 E_s (MPa)	承载力标准值 f_k (kPa)	摩阻力标准值 q_k (kPa)
(1) 杂填土	0.6	17.8	46.8	12.6	6.1	3.0	80	23.4
(2) 黏土	0.8	15.6	46.8	12.6	6.1	3.0	80	23.4
(3) 淤泥	6.0	16.6	78.1	7.2	4.0	0.9	41	11.2
(4) 淤泥加粉细砂	2.5	16.6	59.5	9.0	6.6	1.8	54	38.4
(5) 淤泥	16.0	16.1	64.2	10.0	5.2	1.4	52	18.6

场地地下稳定水位埋深为 0.5～1.0m，并受季节变化、大气降水、人为地表排水等因素影响。

1) 注浆钢管土钉-板桩复合支护设计

经方案比选，该基坑工程拟采用注浆钢管土钉-板桩复合支护结构。围护设计断面如图231所示。

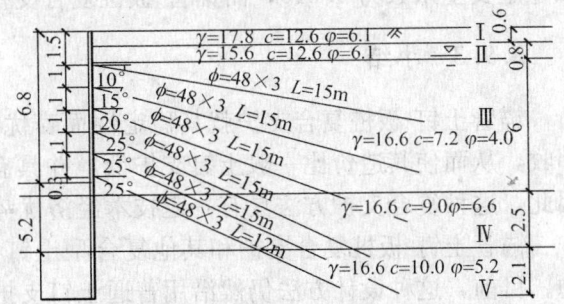

图231　注浆钢管土钉-板桩复合设计断面

槽钢采用Ⅰ级钢［25#，围檩为 2［14#。为防止地下水渗入基坑内，槽钢采用扣钉，并在槽钢缝中喷射水泥砂浆。

锚管采用ϕ48mm×3mm焊接钢管；在锚管外壁上钻2排梅花形布置的孔径为6～8mm注浆孔，在同一直线外壁上其间距为450～500mm，以利于浆液外挤并形成ϕ150～ϕ180mm粗糙圆柱形浆体；在每一壁孔附近焊一只角度为30°角钢，其长度为$L=50$mm倒钩作为定位护孔架；里端部焊一直径为ϕ89mm、长边为200mm扩大锥头。锚管外端部通过2根［14#槽钢作水平围檩与连接件焊牢。

锚管平面布置间距为1m×1m。其他设计参数如图231所示。

2) 稳定性分析

钢管土钉-板桩复合支护系统由注浆锚管（土钉）、板桩和被加固土体三者组成。其稳定性依赖于钉、桩、土三者相互作用和协调工作。这种支护结构作用机理较为复杂，就定性而言，有如下几点有利于边坡整体稳定性。

(1) 槽钢作为面层一部分其整体性好、强度高，其底部插入土中可限制坑底水平位移和隆起。

(2) 锚管侧壁倒钩形成"倒刺状管式土钉"，使其与周围水泥浆粘结力高于普通钢筋，同时由于压力注浆在压浆孔附近形成类似树根形胶结体，使其较普通土钉有更大抗拔力。

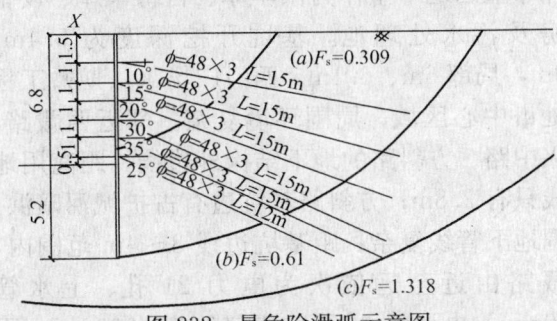

图232　最危险滑弧示意图
(a) 无锚管无板桩 (b) 无锚管有板桩 (c) 锚管-板桩

(3) 锚管头部扩大锥头不仅利于进土，还使锚管具有"锚固钉"特性，锚管有效直径等于增大的尖头直径，从而具有较高抗拔能力。

为比较锚管和板桩在支护中作用，采用不同计算方案进行了整体稳定性分析。计算结果见表58和图232。

217

整体稳定性计算结果　　　　　　　　　　　表 58

计算方案	滑弧圆心（m, m）	半径（m）	插入深度（m）	安全系数 F_s
无锚管无板桩	4.329，−7.969	14.769	6.80	0.309
无锚管有板桩	1.816，−11.429	23.500	12.07	0.610
锚管-板桩	0.039，−20.423	35.123	14.7	1.318

注：坐标系原点位于基坑顶部，X 轴指向基坑外侧，Y 轴指向地下。

由表 58、图 232 可见，无支护开挖稳定安全系数仅为 0.309，加槽钢板桩后过桩底滑弧稳定安全系数为 0.610，而锚管-板桩复合支护稳定安全系数达 1.318。

5.9.3　小结

锚管土钉-板桩复合支护就其稳定性而言优于一般土钉支护。由于施工完毕后槽钢可回收，从而使其造价比一般土钉支护低，并具有施工方便、便于管理、工期较短等优点。因此，这种复合支护方法具有一定技术经济优势，可广泛应用于软土基坑围护工程。

锚管土钉-板桩复合支护和其他复合型土钉支护方法一样存在理论研究落后于实践问题。目前，这种设计方法仍然沿用普通土钉支护设计方法，未能充分考虑有一定插入深度的槽钢桩对围护稳定性的贡献。理论相对落后给这种复合支护的推广应用带来不利影响。如能阐明其工作机理并有与之配套的设计计算方法，将使此种复合土钉支护具有更广阔的应用前景。

5.10　土钉（锚杆）-水泥土墙复合结构的应用

李象范在上海西门广场基坑通过采用复合土钉与水泥土墙加锚围护技术，确保了基坑边壁稳定和周边环境的安全，并创造了极为显著的经济效益，为软土地区基坑工程推广该技术积累了宝贵经验。

5.10.1　工程概况

西门广场（一期）工程位于上海市黄浦区老西门地区，基坑平面与周边环境见图 233。基坑开挖总面积为 14000m²。该工程包括 30 层的 A、B 两幢住宅、8～12 层假日酒店及连接三幢建筑物的 3～5 层商场，地下设有 1 层呈整体布置的地下室作为汽车库、自行车库、设备用房及污水处理池。基坑开挖深度为 5.4m、5.9m，局部 6m、6.1m。西门广场（一期）工程地处市中心区域，周围环境复杂。邻近西藏路、复兴中路、方斜路的地下结构外边线，距离用地红线只有 2.8m；方斜路基坑边有古护城河暗浜。周围地下管线复杂：距基坑边线 3～4m 范围内，西藏路由近至远依次为电力 21 孔、上水管 $\phi500mm$、电话线 36 孔、煤气管道 $\phi300mm$，雨水管 $\phi1650mm$ 等；复兴中路依次为电力 21 孔、

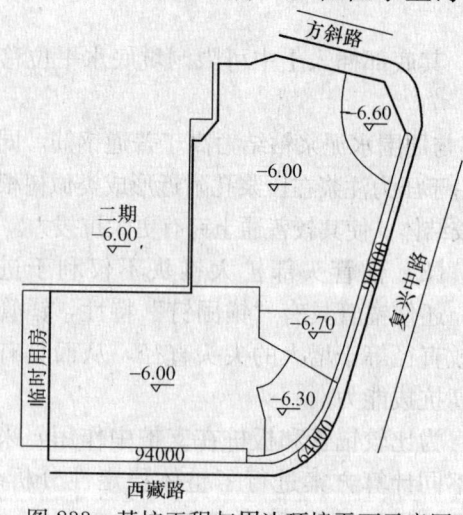

图 233　基坑工程与周边环境平面示意图

煤气管 ϕ500mm、电话线 24 孔、下水管道 ϕ1800mm 等；方斜路依次为电力 21 孔、电话线 24 孔、上水管 ϕ150mm、雨水管 ϕ450mm；基坑东北角夹弄内有上水管 ϕ100mm。

5.10.2 工程地质条件

该工程地处饱和软土地基，且基坑外围是新近填土，土体抗剪强度低，压缩性及触变性较高。土层自上而下依次为：

①层：填土，厚度为 2.1m；

②层：浜填土，厚度为 1.8m；

③层：粉质黏土，厚度为 1.7m，$w=33.4\%$，$\gamma=18.5\text{g/cm}^3$，$c=23\text{kPa}$，$\varphi=18°$；

④层：淤泥质粉质黏土，厚度为 3.7m，$w=40.6\%$，$\gamma=17.5\text{g/cm}^3$，$c=12\text{kPa}$，$\varphi=20.5°$；

⑤层：淤泥质黏土，厚度为 10.3m，$w=50.5\%$，$\gamma=16.5\text{g/cm}^3$，$c=14\text{kPa}$，$\varphi=10.5°$。地下水位为地表以下 0.58～0.75m。

5.10.3 基坑围护

1) 围护方案

该工程基坑围护采用两种形式，即水泥土墙加锚围护结构（图 234）和复合土钉支护（图 235）。西藏路、复兴中路、方斜路三侧围护采用水泥土墙围护结构；临二期场地的三边围护采用复合土钉技术。

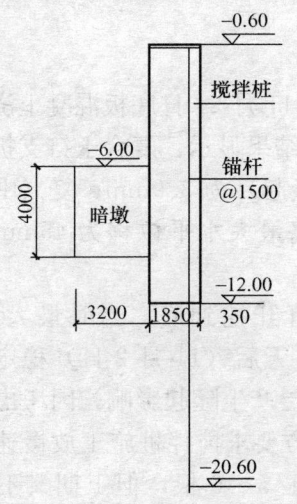
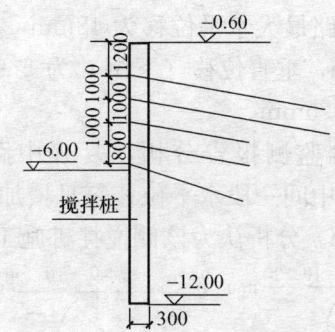

图 234 水泥土墙加锚围护示意图　　图 235 复合土钉支护示意图

该工程水泥土墙加锚结构采用四排搅拌桩（宽度为 2.2m、深度为 11.4m）形成挡土挡水水泥土墙；顶部现浇 250mm 厚度的 C25 混凝土冠梁，内配双向钢筋网，连成整体以增加墙体刚度及作为锚杆承压板；待搅拌桩达到强度要求，再加偏心垂直预应力锚杆（长度为 20m，锚固段长度为 8.6m，锚杆孔径为 300mm，预应力设计值为 200kN），锚杆每间隔 1.5m 设一根。

复合土钉支护采用一排搅拌桩（宽度为 0.7m、深度为 11.4m）隔水；五排土钉，采

用 $\phi 48mm\times 3.5mm$ 钢管，钉长分别为 9m、9m、6m、6m、6m，钉排深度分别为 1.2m、2.2m、3.2m、4.2m、5.2m。由于基坑两侧单边长度超过 100m，为减小基坑变形，在西藏路和复兴中路两侧坑内每隔 15m 增加一深层搅拌桩暗墩（暗墩长度为 4.2m、宽度为 3.2m、深度为 4.0m），以提高坑内被动土抗力。

2) 围护方案分析

该工程开挖深度为 5.4~6.1m，在上海常用围护形式有复合土钉支护、搅拌桩重力坝和 SMW 工法。若采用搅拌桩重力坝方案，5.4m 挖深需 3.7m 坝宽。但由于西藏路、复兴中路、方斜路三侧可利用围护场地只有 2.8m，此外搅拌桩重力坝位移不便控制。而该基坑地处市中心，且基坑单边长度超过 100m，周围环境复杂，位移控制要求较严。显然搅拌桩重力坝无法满足要求。复合土钉支护方案无论是造价、工期还是位移控制都很有竞争力，关键是会超过用地红线，所以该工程只能在临二期场地的三侧采用。SMW 工法位移小，但必须配合支撑，基坑面积很大，造价提高许多，且影响土方开挖及地下结构施工。

针对上述基坑环境，经计算分析，提出了水泥土墙加锚围护结构形式。该围护结构宽度只有 2.2m，造价比 SMW 工法低得多，且略低于搅拌桩重力坝，其位移与复合土钉支护相差不多，特别是不影响后续工序施工。该围护结构中搅拌桩宽度只有重力坝的搅拌桩宽度的 60%，但增加竖向预应力锚杆能提供较大剪力，弥补了搅拌桩抗滑移的不足，抑制了围护结构水平滑移；预应力锚杆是偏心设置，提供了较大抗倾覆力矩，也弥补了搅拌桩抗倾覆的不足，减小了水泥土受拉区应力。

5.10.4 围护效果及分析

该基坑挖土作业自 2000 年 10 月 3 日开始，同年 11 月 24 日底板混凝土浇筑完毕。共挖土方 8 万余方，土方采用分区分层开挖。最后监测结果显示：复合土钉支护最大位移为 40mm；西藏路最大水平位移为 42mm，垂直位移（隆起）为 3.9mm；复兴中路最大水平位移为 59mm，垂直位移（下沉）为 5.9mm；方斜路最大水平位移为 45mm，垂直位移（下沉）为 13.5mm。

此外根据监测报告分析，复兴中路 10 月 25 日开挖到底，当时最大水平位移为 34mm，此后中间一段水平位移每日增加 2~3mm，7 天后（11 月 2 日）稳定，最大水平位移为 55mm。分析认为该侧搅拌桩施工会对周围地层产生隆起影响，因考虑周围管线安全，甲方要求搅拌桩施工放慢速度，每台班只能施工 5~6 根，但工期又不能延长，故该边用三台搅拌机同时施工，造成搅拌桩"硬接头"，可能是该缘故所致。深层土体位移监测曲线（图 236：复兴中路最大位移点对应的深层土体位移监测曲线）显示：围护结构开挖面以上在偏心预应力锚杆作用下水平位移未增加反而回复，曲线呈弓形。对比该点 10 月 11 日曲线 1（挖深为 4.0m）与 11 月 2 日曲线 2（挖深为 5.4m）的两条曲线，可知预应力锚杆在开挖后期作用更明显。

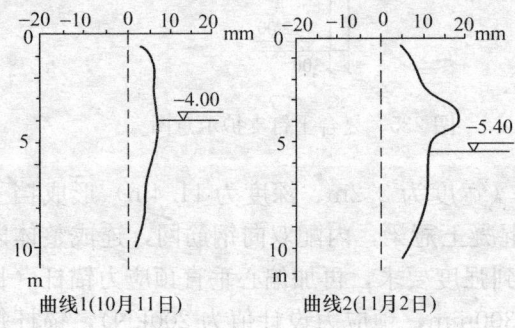

图 236　深层土体位移曲线图

5.10.5 小结

1）上海西门广场基坑工程历时四个半月顺利完工，通过采用复合土钉与水泥土墙加锚围护技术，确保了周围环境安全，并节省了大量工程投资。

2）复合土钉支护技术，以水泥土搅拌桩帷幕等超前支护措施解决软土土体自立性和隔水性；以相对较长插入深度解决坑底抗隆起、管涌和渗流等问题，提高复合土钉支护边坡整体稳定性；由于水泥土搅拌桩的存在，使土钉受力得到调整，有利于提高土钉局部稳定性。

3）水泥土墙加锚围护技术，相比搅拌桩重力坝，更能充分利用水泥土抗压能力，与预应力锚杆共同作用一起挡土挡水，大幅度减小了搅拌桩宽度；利用竖向偏心预应力锚杆弥补了抗倾覆能力，提高了抗滑移能力，因此能很好地控制边壁位移。

5.11 土钉-深层搅拌桩复合结构在软土中的应用

5.11.1 概述

某综合楼位于上海河南南路尚文路口。该工程主楼高度为23.95m，设地下室一层，基坑开挖深度为5.02m，局部为6.11m。在南侧尚文路，距基坑6m处地下埋有：ϕ300mm上水管，埋深为0.7m；ϕ200mm煤气管，埋深为0.7m。东侧河南南路，距基坑6～8m处人行道下埋有1万伏电缆；路面下埋有ϕ300mm上水管，埋深为0.7m；30孔电话管，埋深为0.7m；ϕ700mm煤气管，埋深为1.1m。西侧为三幢三层砖木结构住宅，距基坑边线约为4.0m。北侧为六层大砌块住宅楼，距基坑边线为8～10m。根据该综合楼周边环境，特别是西侧施工场地很小，同时结合土体含水率较高、摩擦角较小及土层渗透情况，孙晓勉等选用经济实用的深层搅拌桩加土钉支护方案，取得了成功。

5.11.2 工程地质情况

该工程基坑土层自上而下依次为：

第一层为填土，层厚为1.70～2.00m，上部为水泥地坪、碎砖石等，下部为褐黄-灰黄色黏性土。

第二层为褐黄色粉质层，厚度为9.20～2.30m，湿-很湿、软塑，$w=37.7\%$，$\gamma=18.4kN/m^3$，$\varphi=11.8°$，$c=13MPa$。

第三层为灰色淤泥质粉质黏土层，厚度为3.00～3.40m，很湿-饱和，夹有薄层粉砂，$w=40.5\%$，$\gamma=18.0kN/m^3$，$\varphi=11.3°$，$c=9MPa$。

第四层为灰色淤泥质黏土层，厚度为9.20～10.50m，饱和流塑，夹有粉砂薄层及团块，顶层埋深为7.0m左右，$w=49.8\%$，$\gamma=17.3kN/m^3$，$\varphi=11.2°$，$c=9MPa$。

5.11.3 基坑围护方案

基坑围护方案包括支护方案和防渗方案。支护方案采用深层搅拌桩加土钉的支护形

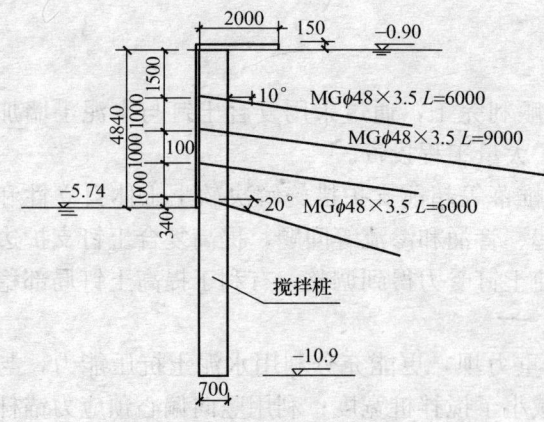

图 237 基坑边壁复合土钉支护方案

式,见图 237。

防渗方案采用水泥土搅拌桩防渗帷幕。以水泥土搅拌桩一排(宽度为 700mm),西北角处因基坑局部深度加大,采用二排搅拌桩(宽度为 1200mm),局部加墩子(见图 238),形成防渗帷幕。搅拌桩伸入渗透性较小的第四层淤泥质黏土层中,水泥掺入量为 13%,采用 425# 水泥,搅拌桩搭接长度为 200mm,垂直误差 <1%。

1)设计计算结果为:基坑抗渗流验算。以一排深度为 10m 的水泥土搅拌桩进行验算:$K=1.95>1.5$。

2)整体稳定性。采用圆弧条分法,对水泥土搅拌桩抗剪强度及土钉抗拔作用对抗滑力矩贡献进行分析:$K=1.4>1.2$。

3)外部稳定性。验算重力坝式墙体抗滑移及抗倾覆:抗滑移安全系数 $K_H=1.78>1.2$;抗倾覆安全系数 $K_Q=2.45>1.3$。

4)内部稳定性。分层计算土钉抗拔力:第一层土钉 $K_1=1.61>1.5$;第二层土钉 $K_2=1.80>1.5$;第三层土钉 $K_3=2.01>1.5$;第四层土钉 $K_4=2.41>1.5$。

5)施工阶段抗冲切及抗弯折验算。验算水土压力作用下,水泥土搅拌桩是否会产生冲切破坏及弯折破坏。抗冲切安全系数 $K=3.5$;抗弯折安全系数 $K=2.81$。

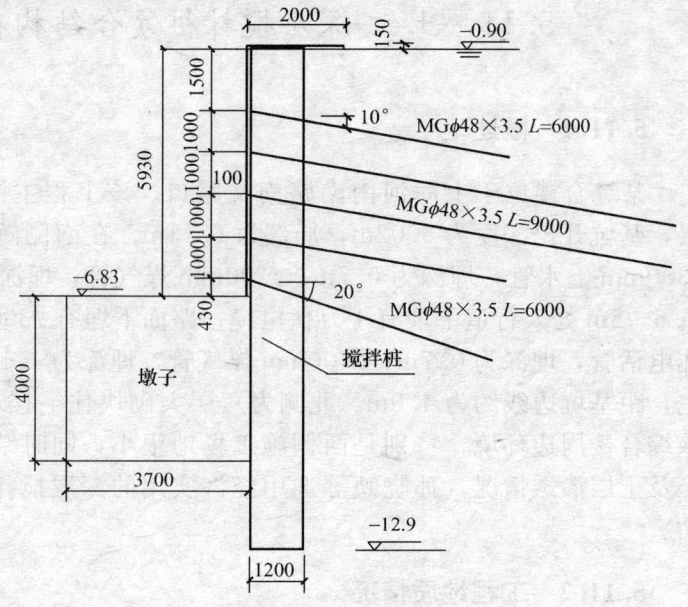

图 238 基坑局部双排搅拌桩防渗方案

5.11.4 施工措施

1)防渗帷幕施工

为缩短施工周期,在钻孔灌注桩施工同时,考虑到防渗帷幕即深层搅拌桩养护时间,在桩基施工到一半时,开始施工防渗帷幕。施工中因场地小,造成搅拌桩施工不能连续进行,产生多处接偏。为保证防渗效果,在接缝处采取了压密注浆技术。

2)压顶施工

为适应城市文明施工,改善施工对周围环境影响,该工程在基坑开挖前,在开挖区域以外先做 1m 宽混凝土基坑压顶,压顶内横向钢筋于坑内侧预留出 1m,待开挖后与坑壁钢筋网焊接,坑外侧与远端的土钉相连接。

3) 土钉制作

土钉采用 φ48mm 钢管制作,里端做成锥状,管身适当位置开孔并做压帽,以利浆液顺利压出,并于局部形成树根桩效应。

4) 挖土方案

在开挖深度范围内分四层开挖。第一层开挖深度为1.8~2.0m,第二、三、四层开挖深度控制在1.0~1.2m,严禁超挖。挖土由西北向东南方向逐层、逐段呈阶梯形开挖,且每段开挖长度为10~12m。分段跳挖,挖出距边坡6~8m的作业空间。在没有完成上层作业面土钉喷射混凝土支护前不允许进行下一层开挖。

5) 地下障碍物处理

在先期防渗帷幕(搅拌桩)施工过程中遇到地下障碍物,基坑北侧局部搅拌桩无法施工。进行局部开挖后发现有地下人防洞室底板及原建筑物的碎石桩,且碎石桩密度很大,无法继续施工。整个基坑北面产生了长度为23.5m防渗帷幕缺口。遂对影响基础部分采取凿除后再回填的方法。在长度为23.5m、宽度为4.5m、深度为9m范围内采用压密注浆措施,在所注浆液中加入适量速凝剂,并加打垂直土钉,使其产生与搅拌桩相同的防渗效果和松土加固效果(见图239)。

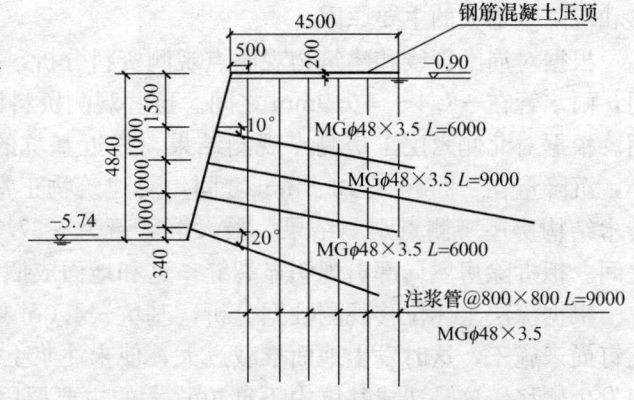

图239 对防渗帷幕缺口的处理方案

6) 土钉施工

在已挖基坑边壁上每隔1.0m采用振动方式击入土钉,并特别注意避开附近地下管线。击入到设计深度后分两次进行压力注浆,注浆时对压力和注浆量进行严格控制,边注浆边观察、边记录。浆液采用425号水泥配置,水灰比为0.4~0.5,并掺入速凝剂。浆液滞留容器内时间不得超过15min。注浆压力控制在0.3~0.8MPa。

7) 喷射混凝土面层施工

当坡面人工修好后,击入土钉,注浆后即挂钢筋网片,上部钢筋网片同压顶预留钢筋焊接,钢筋网片搭接长度不小于一个网格边长,联系筋牢固固定在边壁上,钢筋网与土钉井字架相焊接。然后进行混凝土面层喷射。喷射距离为0.8~1.5m,主射流方向垂直指向喷射面并从底部逐步向上部喷射,其厚度不小于10cm。采用粒经不大于2.5mm的中砂,水泥为425号硅酸盐水泥,石子用粒经小于10mm的碎石,混凝土配合比为水泥:砂:石子=1:2:2,水灰比为0.4~0.5。砂、石、水泥灰料在进入喷射机料斗前充分搅拌均匀,随拌随用。

5.11.5 信息化施工

该工程在整个基坑支护施工及地下室施工中委托专业测量单位进行严密监测,对地下水位、基坑沉降和位移,周围管线、民房的沉降和深层土体位移等进行量测,共设沉降观测点48个，水位观测井4口，深层土体位移4处多点。基坑开挖后底板浇捣期间每天观测二次，以后逐渐减少次数并及时反馈监测结果，指导后继施工，及时调整施工节奏。

根据水位监测，北侧下挖2m后，地下水位没有下降，说明上部防渗帷幕已起作用，第一排土钉施工后地下水位略有下降，是因为土钉打入后地下水顺着土钉流入基坑内，当土钉注浆完成，浆液凝固后地下水位逐渐上升。随着基坑开挖加深，土钉打入后，W_2、W_3处水位下降突然加大，经检查局部土钉打入后水顺土钉孔进入基坑内，水量比较大。施工中及时采取压浆措施，调整浆液配比，使地下水位保持在适当范围内。

根据对基坑顶端12个观测点的变形测量结果分析，随着开挖深度增加，观测点垂直沉降、水平位移也向基坑内增大，最大水平位移点Q_{11}为55mm，其余为9～39mm，最大沉降点Q_2为－22.3mm，其余为－3.9～－18.5mm。地面沉降和基坑位移满足设计要求。Q_{11}点沉降和Q_2点水平位移量较大原因是：基坑施工场地狭小，东、西、北三侧只有施工便道，基础钢筋制作和堆场均在四周，有时地面成捆钢筋堆放高达0.6m，且钢筋制作时基坑刚好开挖一半，即在整个围护体系尚未完成之前，地面堆载已经很大，这是造成位移和沉降量增大的主要原因。

根据对周围管线和建筑物观测点观测资料分析，上水管沉降量在－0.3～－3.2mm之间，雨水管在－7.4～－9.9mm之间。这些观测资料说明基坑开挖不影响周围管线安全使用。根据对北侧六层工房测点观测结果，靠近基坑的沉降量较大，远离基坑的沉降量较小，沉降量在－2.8～－12.5mm之间，对建筑物正常使用不构成影响。根据对西侧二层砖木结构房屋观测点观测结果，最大沉降量为－37.5mm，其余均在－12.7～－35.5mm之间。拟拆除房屋局部出现明显裂缝。这和地面成捆钢筋堆放过高有关。

根据深层土体位移观测数据分析，基坑－4.0m处位移最大。这是因为第一、第二排土钉尚未施工，这时发生地面堆载过大，使未注浆土体由于上部荷载作用，向开挖后的坑内发生侧移。这是造成基坑中下部位移大的主要原因。另外，C_4处位移最大，这与坑中沉降位移监测数据，及周围建筑物的监测数据相符。

综合上述测量结果可知，挖土越深，变形越大。基坑外堆载，是影响基坑水平位移和垂直沉降主要因素。随着注浆体强度增加，土钉随之产生作用，在土钉喷网面层共同作用下，垂直沉降和水平位移趋向稳定。

5.11.6 小结

该工程复合土钉支护的成功，从经济效益上显示出较强优越性，与现行其他支护体系相比，施工周期较短，工程造价较低。从理论上讲，复合土钉技术可以充分利用土体自身承载能力，使其受力趋于平衡；改变过去基坑开挖中的被动支护为主动支护，有效地保护和提高围土强度，使土体荷载变为支护体系的一部分，联系钢筋和钢筋网能有效地调整喷层与土钉内应力分布，增大支护体系柔性和整体性。另外，土钉注浆具有灵活性，在松散土中可打入垂直土钉进行注浆加固，使松散土体形成整体。复合土钉支护具有及时、快速、随挖随支，与基坑开挖同步进行，不占独立工期，只占用较小施工场地等优点。在施工安全方面，只要采取动态施工，全面控制，一旦发生位移率偏大或超标等险情，可以比较灵活地进行注浆加固等，及时控制险情，保证边坡稳定。

此外，土钉注浆也有其不足之处：注浆方向难以控制，对基坑周围管线特别是雨污水管，浆液时常通过雨污水管接缝进入管内造成堵塞。这在以后的施工中应引起注意，特别是在注浆时对窨井、雨污水管应随时观察，发现漏浆应及时清除，避免上述问题产生。

5.12 多种复合土钉结构在软土工程中的应用

5.12.1 概述

复合土钉技术由于具有安全可靠、节省投资、施工快捷等优点而在基坑支护工程中得到越来越广泛的应用。以深圳地区近5年所建基坑工程为例，据不完全统计，在各种支护形式中，土钉支护结构所占比例超过了60%。但在中山地区，由于地处珠江三角洲冲积平原，软土深厚广布，力学性能差、含水量高、振动变形显著、开挖形成的边坡自稳能力不足，给这种支护推广应用带来了很大困难和挑战。以往该地区基坑开挖主要是采用钢板桩、槽钢排桩、钢筋混凝土排桩、水泥搅拌桩重力式挡土墙、沉井等几种支护形式，其造价一般较高。1997年，杨绍旗等在中山市人民医院杨志云外科大楼软土深基坑工程成功地应用了复合土钉技术，积累了宝贵经验，后来将其推广到其他几个软土基坑工程中，都收到了良好效果和明显经济效益，而且创造了多种因地制宜的崭新形式。

5.12.2 中山地区典型软土结构

中山地区典型软土地层结构及物理力学性状可以概括为：

1) 人工填土层

一般为杂填土，全场分布，堆填时间为一年至若干年不等，城区多为黏性土，其厚度以1—3m者居多；古镇、坦洲等周边镇区则一般分为黏性土和粉细砂两种，最大厚度超过5m。该层土一般密实，稍湿~饱和。部分场地含较多建筑垃圾，表面有薄层混凝土板。该层土底部往往有一层深度为0.5~1m的耕植土，其力学性能指标值多优于新填土层。

2) 第四系冲积层

该层土自上而下一般可分为淤泥、中砂或粗砂、淤泥质土、黏土或粉质黏土等四个亚层。有的场地只出现淤泥、黏土或粉质土三层，且淤泥或淤泥质土与砂层互层情况比较普遍（图240）。在中山港和坦洲镇，层厚超过10m的淤泥非常普遍，最厚处甚至可达70m以上。石歧城区淤泥层厚度介于1~15m不等，且以2~8m者居多。

淤泥及淤泥质土多呈黑色、黑褐色、灰黑色。淤泥层之$w=60\%~80\%$，天然重度$15~16.5kN/m^3$，黏聚力$c=0~8kPa$，内摩擦角为$0°~8°$，地基承载力为$20~50MPa$，呈流塑状态；淤泥质土的$w=40\%~60\%$，天然重度为$16.5~17.5kN/m^3$。黏聚力$c=8~15kPa$，内摩擦角为$8°~15°$，地基承载力介于$80~120kPa$之间，呈软塑状态。该层土一般含有不同程度的细砂。在古镇镇区，该层土还含有20%~40%的贝壳。含贝壳淤泥多呈软塑状态，其黏聚力和内摩擦角室内试验值比纯淤泥高出30%~50%。

中砂或粗砂层多呈松散-中密状态，饱和，含水量丰富，透水性强，层厚多介于0.5~5m之间，地基承载力介于80~220kPa之间。

黏土或粉质黏土，层厚多为1~4m，呈软塑-可塑状，$w=20\%~40\%$，天然重度为$17.5~19.5kN/m^3$，黏聚力$c=12~18kPa$，内摩擦角为$10°~18°$，地基承载力为$120~180kPa$。

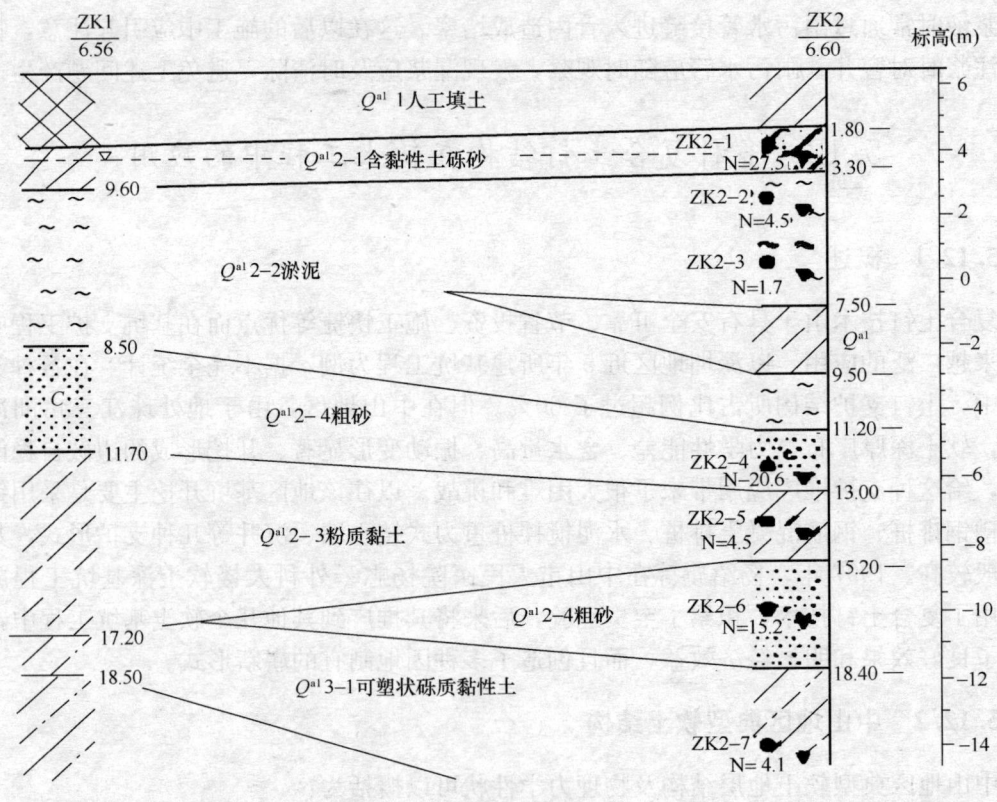

图 240 某综合楼场地地层构造

3）第四系残积层

黏性土，可塑-硬塑状态，天然重度为 18～19.5kN/m³，$w=20\%～35\%$，黏聚力 $c=$ 15～25kPa，内摩擦角为 10°～18°，地基承载力为 120～180kPa。

该地层在城区普遍分布，使得当地基坑工程软土问题非常突出。

5.12.3 软土复合土钉结构特点

根据中山地区近几年工程实践，复合土钉支护结构具有以下特点：

1）在软土基坑工程中应用复合土钉结构时，必须增设其他辅助结构使其具有超前支护功能，不能简单地沿用适用于非软土边坡的常规形式。

2）软土基坑复合土钉支护结构除了要求进行内部稳定性、外部整体稳定性（包括外部圆弧滑动稳定）、水平滑移稳定性、坑底隆起稳定性等的设计计算外，地基承载力问题也非常突出。

3）冲积地层中淤泥层与砂层互层情况较普遍，复合土钉支护在这种场地基坑工程中的应用往往要同时解决地下水控制问题。

实践证明，以下几种新型复合结构形式符合上述要求，技术可行，造价节省。

5.12.4 软土复合土钉支护实用形式

1）"水泥搅拌桩帷幕墙-土钉"结构

中山市基坑工程较多地采用了这种支护形式（图241）。其中水泥搅拌桩帷幕具有挡水挡土双重功能，并作为超前支护结构。这种"土钉-搅拌桩"结构很好地解决了土钉施工中由于分层开挖而出现边壁（坡）临时难以自稳问题，因而得到了推广应用。该结构具有如下特点：

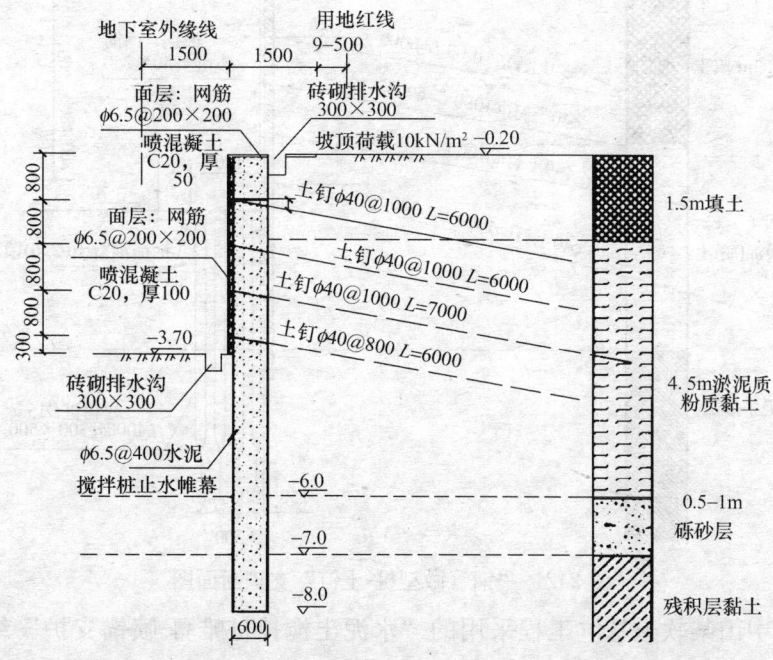

图241 某基坑边坡复合土钉支护断面图

（1）场地淤泥质土呈软塑状态，物理力学性能指标值较低，但土钉长度相对较短，帷幕墙厚度一般不大，搅拌桩只有一排。

（2）淤泥质土厚度较小，帷幕墙易于穿过该层土而嵌入下部接近基坑底硬土层，基坑抗隆起、抗深层滑动、抗水平滑移、地基承载力等问题均较易解决。

2）"微型桩-土钉"结构

中山市中级人民法院综合楼基坑工程东侧边坡采用了这种支护形式（图242）。该侧边坡由于紧贴已有建筑而无法施工水泥土搅拌桩帷幕墙，考虑到该场地淤泥质土属于弱透水地层，坑深范围内没有其他强透水层，地下水控制问题并不突出，因而采用钢管微型桩代替水泥土搅拌桩作为超前支护结构是可行的。

钢管微型桩虽然止水功能不强，但由于它具有施工速度快、不需要专门养护时间、造价低等优点，实践证明在地下水控制问题不突出条件下，它优于水泥搅拌桩。

除小型钢管外，树根桩、厚板桩、槽钢桩等都可用作超前支护微型桩。

3）"搅拌桩-喷锚"结构

目前已有诸多文献对喷锚支护与土钉支护这两种支护形式进行过比较，指出无论是其组成结构还是受力机理都有较大差异。从受力机理看，土钉是通过原位加筋形成类似于重力式挡土墙支护结构，是加固作用机理，而喷锚支护结构则主要考虑诸力平衡，是锚固作用机理。因此，除了锚杆外，其面层结构也是主要受力构件之一。对软土基坑工程而言，该面板不仅要有足够支护能力，而且要有足够刚度，以保证在锚杆受力时不产生过大变形。它一般由超前支护结构（各类桩）和钢筋网喷射混凝土组成。

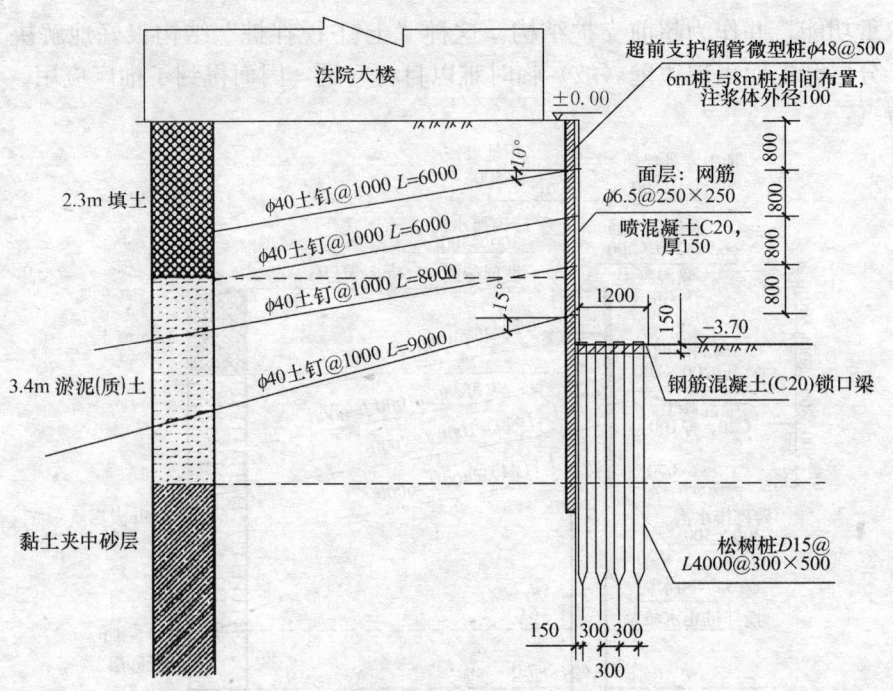

图 242 "钢管微型桩-土钉"支护断面图

图 243 为中山某软土基坑工程采用的"水泥土搅拌桩帷幕-喷锚支护"结构形式。与土钉支护类似，如果地下水控制问题不突出，其中水泥土搅拌桩也可用微型桩替代，或采用不连续搅拌桩阵列形式。

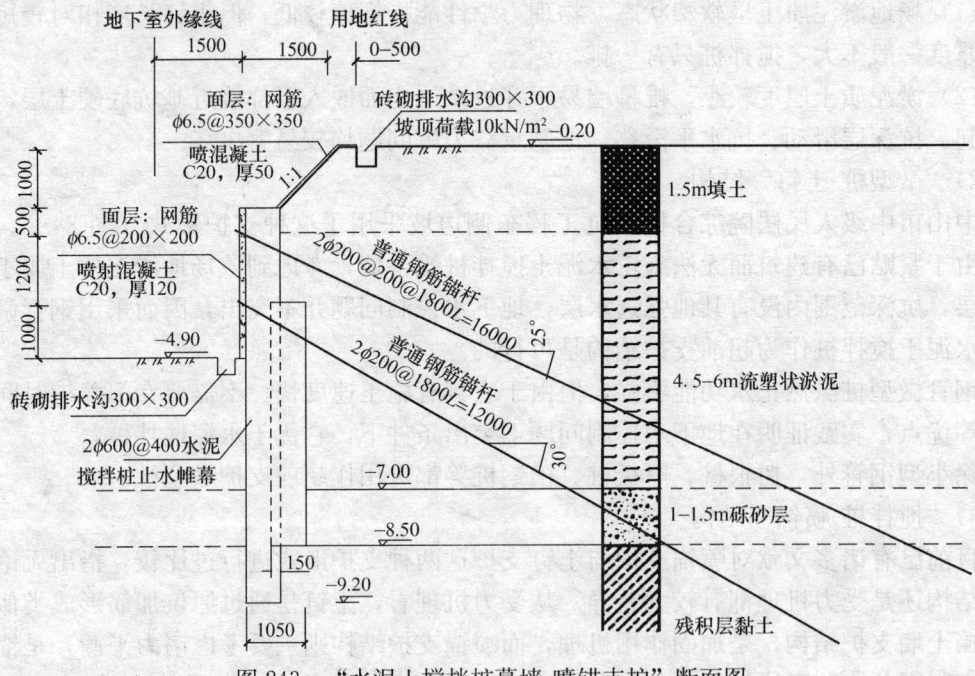

图 243 "水泥土搅拌桩幕墙-喷锚支护"断面图

4)"松树树根桩-钢筋网喷射混凝土面板"结构

中山市华侨商业城基坑工程采用了这一结构形式（图 244）。其主要特点是：

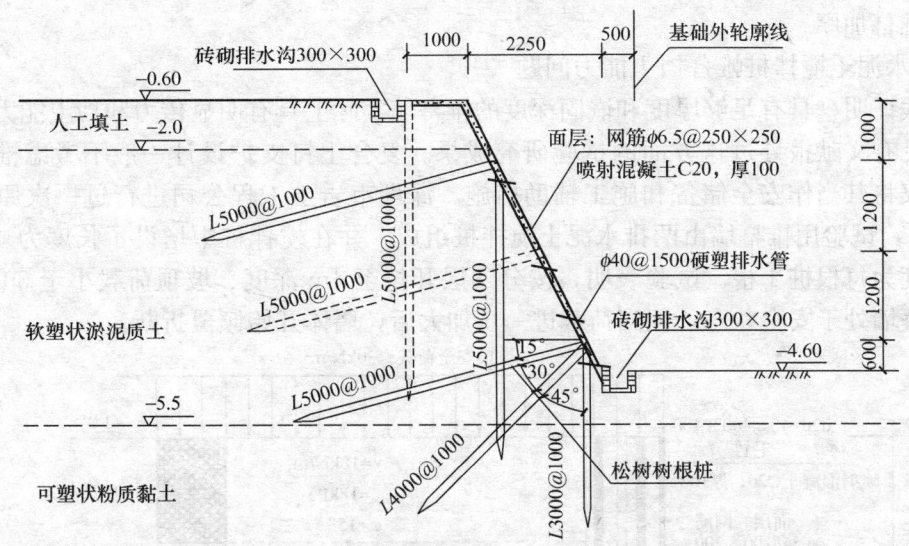

图 244 "松树树根桩-钢筋网喷射混凝土面板"支护剖面

(1) 应有足够放坡空间,坡度约为 1∶0.5～1∶1。

(2) 分层设置垂直向松树桩具有挡土、超前支护、分担荷载并限制边坡沉降等功能。

(3) 斜向松树桩作用在很多方面与土钉相似。由于其断面尺寸较大,因而刚度较大,其抗剪、抗弯、传力性能均优于常规注浆型小直径土钉。此外,它还具有小直径土钉所不具备的明显挤密效应。

(4) 垂直向和斜向松树桩组成相当稳定的支护结构,使边坡土体受到巨大箍束作用,在松树桩所及边坡范围内形成稳固整体,具有良好挡土能力。

(5) 分层开挖、分层支护,支护结构施工滞后于土方开挖时间一般不超过 6h,开挖到底即支护到底,施工速度比土钉更快。

(6) 就地取材,节省投资。

(7) 止水效果差,不适用于地下水控制要求高的情况。

5.12.5 几个应注意的问题

1) 地基承载力问题

软土基坑复合土钉支护结构地基承载力问题比较突出。某基坑工程采用"水泥土搅拌桩帷幕-土钉"支护结构形式,由于在设计时未考虑地基承载力问题,使得帷幕墙底端悬挂于淤泥层中。结果基坑开挖至一半时坡顶沉降位移值已高达 50mm,边坡面临失稳,不得不采取补救措施处理。

经验表明,此时可通过增加坑底部分支护结构侧向约束力和刚度,或通过专门地基加固方法来提高支护结构地基承载力。

2) 帷幕强度问题

与非软土基坑不同,软土基坑支护结构尤其是其坑底部分往往承受着巨大剪力、压力、拉力或弯矩,而且由于坑底帷幕部分单独受力,抗剪、抗拉性能均较上部为差,稍不注意,可能导致内部失稳甚至整体失稳。建议按类似于图 242、图 243 形式对坡脚进行加固或将帷幕加厚。

3) 水泥土搅拌桩帷幕挡土能力问题

实践证明,具有足够厚度和嵌固深度的帷幕墙实际上具有明显传力和挡土能力。但迄今还未见有文献报导过这方面的试验研究成果。复合土钉支护设计一般不考虑帷幕墙影响,而仅将其当作安全储备和施工辅助措施。深圳市岩土工程公司进行过一次原位测试(图245),试验用帷幕墙由两排水泥土搅拌桩组成,并在搅拌桩中增设了长度为4m的毛竹,密度为每根桩1根。试验表明,按分四层开挖至4m深度、坡顶荷载小于30kPa时,悬臂帷幕墙处于安全状态,但当荷载进一步加大后,墙体开始倾覆折断。

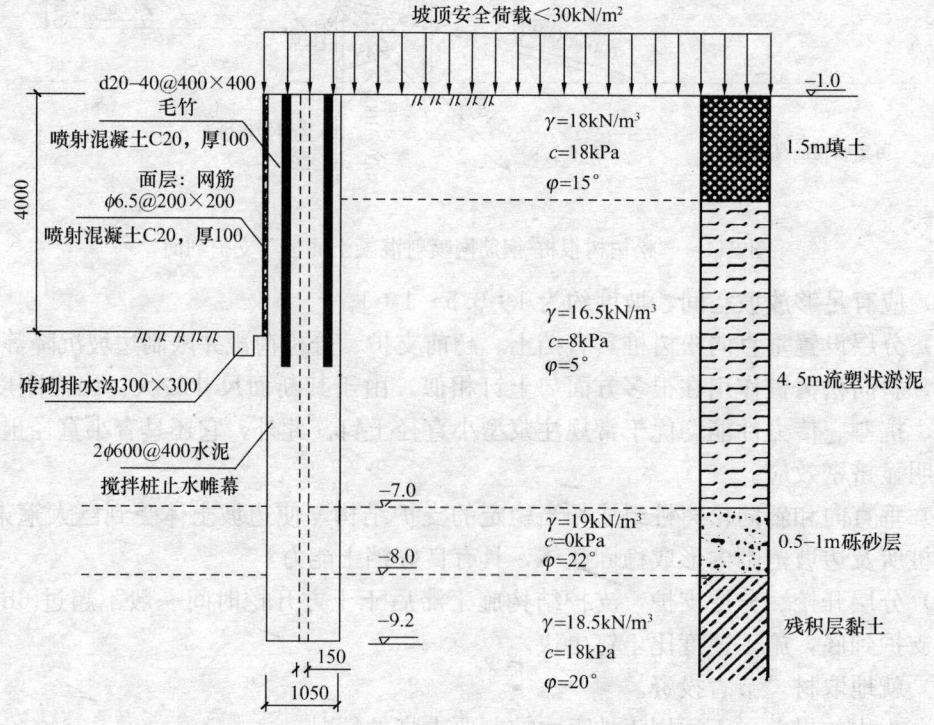

图245 水泥土搅拌桩帷幕挡土性能原位测点布置图

4) 土钉与锚杆抗拔力问题

中山市君悦豪庭基坑工程及中山市中级人民法院基坑工程中分别进行了注浆锚管和不注浆锚管极限抗拔力对比试验,其中注浆锚管自然养护时间为3d,锚管结构见图246,持力层为淤泥层。

试验表明,养护3d的锚管抗拔力仅比不注浆锚管增加了20%左右,不注浆锚管的抗拔力为3~5kN/m,注浆养护3d的锚管的抗拔力为4~6.5kN/m。据分析主要是水泥浆在淤泥中其强度增长缓慢的缘故。养护3d时,锚固段水泥固结体强度增长有限,与天然土体强度相差不大。这表明,在软土基坑工程中设计施工复合土钉支护结构时,将相邻层段特别是相邻上、下两段边坡施工间隔时间加长至1星期左右是必要的。若工期很紧,设计时应充分考虑到这一特点而将土钉有关参数进行必要调整。

5) 施工顺序问题

软土易变形,并具有触变和徐变特点,如认识不足、措施不力,极易出现边坡位移沉

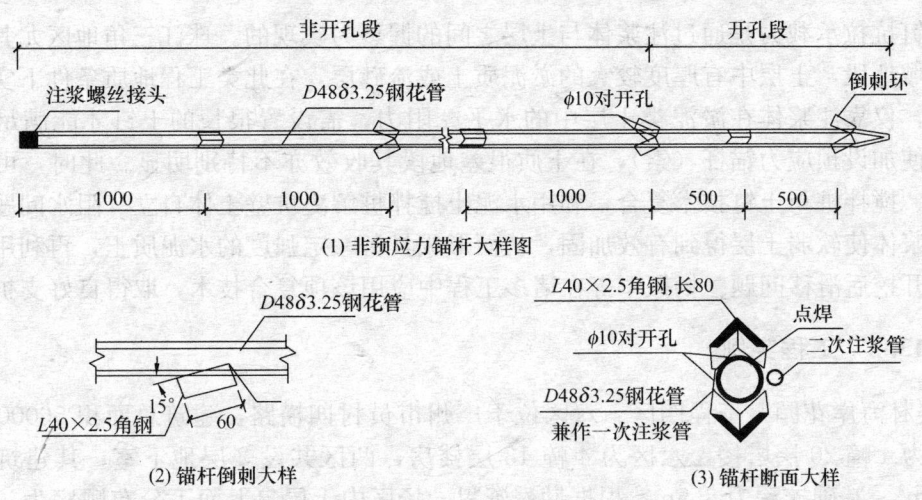

图 246 试验锚管结构图

降值大、历时长的现象,对邻近环境造成损害。因此,既要严格遵循强度控制与变形控制并举、动态设计、信息化施工原则,又要合理安排基础工程施工顺序。一般要求先施工桩基,后开挖基坑,且开挖时要按照分区、分层、分段、对称、均衡、适时的原则进行。

中山某工程采用锤击式管桩基础,基坑实行大放坡开挖,坡度为1:2,深度仅为2m,坡面堆置护坡砂袋两层。结果在施工锤击式管桩时引起边坡失稳,坡顶裂缝发展到5倍坑深宽度。经分析主要是管桩施工中锤击振动引起淤泥层产生过大超孔隙水压力而导致边坡失稳。

6) 适用范围问题

软土基坑工程采用复合土钉支护结构是有条件的,图241~244所示地层条件较适合于采用这种支护形式。之所以适用,其原因是流塑状软土层厚度不大,当其厚度较大时,似不宜再采用土钉-树根桩这种结构形式,但可能可以与喷锚支护形式复合。如果流塑状淤泥厚度很大,喷锚支护形式也可能不再适用。

5.13 土钉-注浆花管复合结构的应用

5.13.1 概述

复合土钉支护以水泥土搅拌桩或竖向花管注浆帷幕等超前支护措施,解决坑壁土体自立性和隔水性问题;以水平向压密注浆锚固体以及二次压力灌浆解决土体加固及土钉抗拔力问题;以一定插入(嵌固)深度解决坑底抗隆起和管涌问题。

其实质是止水帷幕、超前支护及土钉三者组成复合型土钉支护体系。

当基坑周边环境良好时,可采用水泥土搅拌桩-土钉支护形式,目前这种结构形式已被广泛应用于基坑支护工程。

在基坑局部支护段,由于空间位置限制,有时桩机无法就位,此时可采用超前花管法施工。花管注浆压密后能形成一道连贯、封闭的止水帷幕,不仅使土体在原位得以加固,解决抗剪、抗倾覆等问题,而且经过二次加压注浆后,其止水性能也有大幅度提高。

土钉抗拉承载力是通过注浆体与土层之间的握裹力实现的。珠江三角地区尤其是直接靠近水域地段，土层中有厚度较大的淤泥质土或流砂层，在此类工程地质条件下实施土钉施工时，仅靠注浆体在淤泥类土层中的水平摩阻力，需设置很长的土钉才能满足安全要求，即使加设预应力锚杆（索），在土质很差地段其收效亦不特别明显。此时，可考虑超前花管、搅拌桩与土钉技术复合，利用水泥土搅拌桩解决坑壁土体自立、阻水问题，利用花管注浆体使软弱土层得到有效加固，从而形成具备一定强度的水泥质土，再利用土钉解决土体开挖后滑移问题。杨振军等在诸多工程中应用该项复合技术，取得良好支护效果。

5.13.2 工程实例

"美林海岸花园"工程四区、六区位于广州市员村四横路，建筑总面积 56000m²，其中四区为 4 幢 20 层塔楼，六区为 4 幢 13 层楼房，两区共设 2 层地下室，其建筑面积为 112000m²，基础挖深为 8.5m。根据勘察资料，场区内土层自上而下分布顺序为：杂填土（0.5～2.4m）、中细砂层（0～3.2m）、淤泥质土（0.4～2.5m）、黏土层（1.3～1.4m），以及粉质黏土层（1.7～4.1m）。地下水位高且赋存量大。受场地所限，基坑土方采用垂直开挖，支护面积约为 4700m²。基坑平面如图 247 所示。

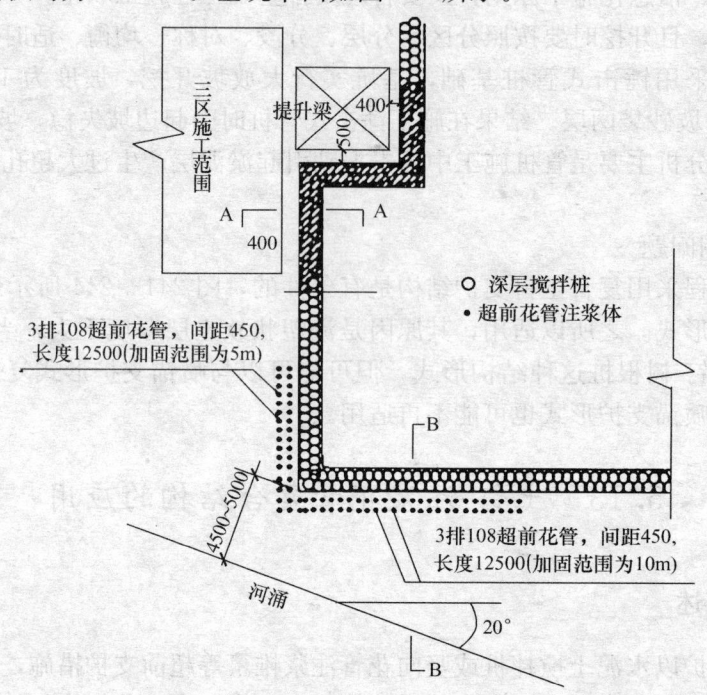

图 247 美林海岸花园工程基坑支护平面图

5.13.3 支护方案设计

该工程东、南、北侧场地条件良好，仅西南角比较狭窄，支护方案采用 2 排直径 $\phi=1200mm$ 的水泥土搅拌桩相互搭接（搅拌深度为 12500mm，搭接长度为 150mm）。形成一道宽度约为 1050mm 的水泥土墙用于止水和挡土；土钉采用间距为 1200mm×1200mm 的 $\phi25mm$ 钢筋注浆体，自上而下共设置 6 排，长度由 8m 递增到 16m，在回填土或淤泥、流砂层中难以钻进成孔时，采用 $\phi48$ 钢管直接击入后再注浆，其长度仍按同排钢筋长度，钢

筋网为 $\phi6@200mm\times200mm$，外设纵横加强筋为 $\phi16@1200mm\times1200mm$，土钉与钢筋网连接采用 L 型 $\phi16mm$ 钢筋搭焊并锁头；面层为 C20 喷射混凝土，厚度为 100mm。该方案支护面积为 $3800m^2$，施工时间仅为 45d。经后期检测，坑壁变形量甚微，该支护工程无论从方案选择还是施工应用，均比较成功，而且取得了良好技术经济效果。

5.13.4 复杂地段设计方案优化

基坑西南角场地环境复杂且土质条件较差，是该工程支护重点和难点所在。通过对设计提供的几套方案进行比选和优化，确定以下综合加固方案。

A-A 剖面支护方案：该地段地上有在建项目的外排栅及提升架，1.6m 净距无法使桩机就位实施搅拌作业，而且地下有预应力管桩群，部分地段安插土钉已失去效用。经稳定性验算，采用超前花管注浆帷幕与土钉复合的技术方案，仍可满足边坡土体稳定性要求。具体措施是：

1) 用小型钻机钻孔后，安插长度为 $L=12.5m$ 的超前花管（$\phi108mm$ 无缝钢管），其上每隔 2m 开 2 个注浆孔并设置护孔板；清孔、封口后利用高压注浆技术对软弱土层进行原位加固。

2) 注浆体凝固后进行基坑土方开挖和土钉跟进施工。

3) 坡顶现浇厚度为 200mm 通长混凝土板，内置双排双向筋 $\phi6@200mm\times200mm$，采用 2 道加强筋 $\phi16@1200mm\times1200mm$ 与钢管焊接，再用 $\phi16mm$ 筋双面搭焊锁定，使面层兼具冠梁作用。

通过复合加固，使该坡段固结为一个高强锚固体系，将邻近建筑物向外传递的部分侧向压力通过复合体系支撑，维持在原有应力平衡状态。

B-B 剖面支护方案（图 248）：该坡段基坑侧壁距河堤仅为 4.5m，不仅使安插的土钉

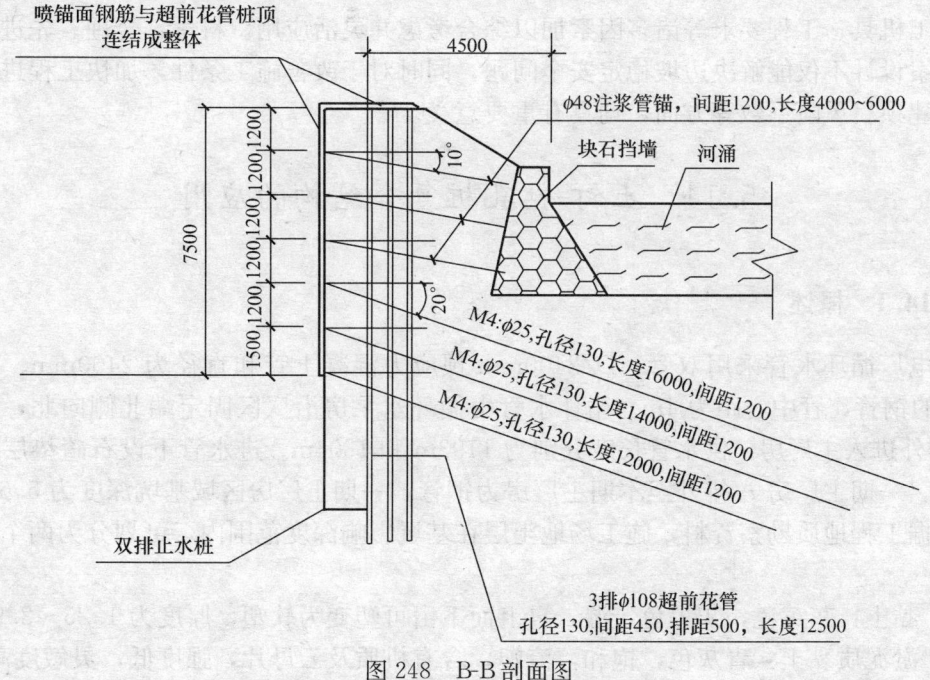

图 248 B-B 剖面图

极限抗拉承载力达不到稳定性要求，而且解决丰水期河水使边坡造成侧面压力以及河水渗透问题。根据 ZK52 揭露土层情况显示，该区域淤泥质土与细砂层厚达 5.7m，仅靠长度为 4~5m 的土钉拉结，将无法满足边坡稳定性要求。经研究决定采用花管桩-搅拌桩-土钉复合方案。不同于 A-A 剖面处理方案的是：高压注浆技术因考虑河水与地下水位贯通作用，在该坡段不宜使用，后改为常压灌注形成第一道止水帷幕，土钉施工完毕后喷射防水混凝土形成第二道抗渗体，从而构成整体刚性防护结构，共同抵御由原位土体及流体所产生的侧向压力。

5.13.5 基坑监测

施工期间每周测量基坑坡顶变形量 2 次，其中最后一次沉降位移量统计如表 59 所示，表中 F_8、F_9、F_{10} 为 A-A 剖面处观测点，F_{12}、F_{13}、F_{14} 为 B-B 剖面处观测点。

实测水平位移与沉降量统计　　表 59

观测点	下沉量（mm）	位移量（mm）	观测点	下沉量（mm）	位移量（mm）
F_8	15	12	F_{12}	5	10
F_9	18	12	F_{13}	8	13
F_{10}	7	10	F_{14}	13	14

该工程现已交付使用。虽然施工期间经历了连续多天雨水浸泡，但基坑结构仍然完好，坑顶无任何缝隙产生，达到了预期支护目的。

5.13.6 小结

复合土钉支护体系在具体应用时，要根据基础挖深、场区内土质情况以及周边环境，结合施工机具、工程要求等诸多因素加以综合考虑并灵活应用。科学、合理、先进的复合支护方案设计不仅能解决边坡稳定安全问题，同时对于改善施工条件，加快工程进度以及降低在建项目风险系数等方面，均具有重要意义。

5.14 土钉-钻孔桩复合结构的应用

5.14.1 概述

某电厂循环水管采用双管：DZ2400mm 预应力混凝土管和直径为 2400mm、壁厚为 16mm 的钢管，管中心距为 4m。循环水管由循环水泵房沿厂区固定端北侧向北，至本期"A"排外进入主厂房。供水管长度分别为 1193m 和 1304m。进水管下设石碴垫层及混凝土基础。一期主厂房 A 排外至本期主厂房为钢管，一期主厂房区域基坑深度为 5.6m。

根据工程地质勘察资料，施工场地土层在基坑影响深度范围内，可划分为两个主要地质层：

1) 黏土：灰黄色，灰褐色，湿，自上而下由可塑变为软塑，厚度为 1.25~2.95m。
2) 淤泥质黏土：青灰色，饱和，流塑，含有机质及云母片，强度低，灵敏度高。

地下水位一般在地表下0.5～1.0m。

土层物理力学参数指标值见表60。

土层物理力学参数指标值 表60

土层名称	含水量 w (%)	重力密度 γ (kN/m³)	承载力 f_k (kPa)	内聚力 c (kPa)	摩擦角 φ (°)	十字板剪切 (kPa)
黏土	37.5	18.9	90	21.3	7	16.3
淤泥质土	64.7	16.1	50	11.4	6	34.0

该工程施工关键在于土方开挖，其中最困难的是循环水管穿过一期主厂房与升压站之间的一段。由于该段出线构架基础之间净距为4.5m，构架基础埋深仅为2m，设计采用天然基础，循环水管外侧与构架基础之间净距只有8m，而基坑开挖深度为5.6m，若采用大开挖施工，势必影响出线构架安全。因此必须对该段基坑进行有效支护。但该基坑上部为40kV及220kV出线，高压线离地面仅为8m，根据电力部《电力建设安全工作规程》DL 50091—92，施工机械与220kV出线最小安全距离为4.7m，实际作业空间高度仅为3.3m。稍有不慎，即有可能引起电厂向外供电中断，其损失之大无法估计。

5.14.2 围护体系方案选择

根据工程地质报告及建设方提供资料，郑坚等作了如下分析与处理：

1）该基坑特点

（1）基坑在软土地基中开挖深度为5.6m，可采用的围护结构形式较多；

（2）基坑主要处于淤泥层，其物理力学性质很差；

（3）地下水位很高，但坑底淤泥层是很好的不透水层，对防止坑底管涌有利。

2）该基坑围护体系选择应考虑的因素

（1）基坑围护工程体系侧向变位必须严格控制，根据以往经验，最大侧向变位应控制在4～5cm之内。

（2）坑底是典型软土层，防止坑底隆起失稳，控制边壁下部侧向变位是问题关键。

3）对于该工程基坑按常规考虑的方案

（1）深层水泥搅拌桩重力式挡墙围护；

（2）土钉支护；

（3）单排桩悬臂式围护；

（4）单排桩带内支撑围护；

（5）双排桩门架式无支撑围护。

由于受周边环境特别是受高压线限制，管道安装无法采用履带吊装，只能采用坑底小龙门吊安装就位。最后决定采用土钉-钻孔灌注桩-锚杆复合支护方案，见图249。

该方案具有以下特点：首先在施工可

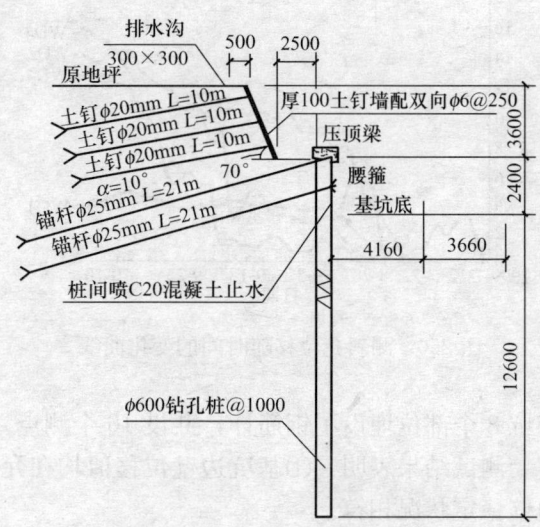

图249 土钉-钻孔桩支护剖面图

行性方面,由于边壁上部3.0m采用土钉支护,使得机械作业安全净空高度从原来3.3m提高到6.3m,为下部钻孔灌注桩施工创造了条件(该工程桩机经改造,高度在5m左右)。其次,充分发挥了土钉施工简单、方便、速度快、造价低廉的优点,同时可充分利用灌注桩抗弯能力强、桩身质量容易保证等特点。第三,经济合理。从综合费用分析,该方案每平方米造价较低。如果全部采用土钉支护,造价将更低,但不能阻止基坑隆起,难以避免边坡失稳;如果仅采用悬臂灌注桩,桩长>25m,桩径>1000mm,费用将增大3倍;如果采用内支撑,将给管道安装带来困难。故在上部采用土钉支护后,下部必须打设灌注桩,并且采用锚杆锚固,从而充分发挥土钉、钻孔桩、锚杆各自的技术优势。

边壁上部喷射混凝土面层按构造要求设计,其厚度为100mm,混凝土强度等级为C20,内配 $\phi6@250mm$ 钢筋网一层;土钉成孔直径均为100mm,土钉钢筋直径为 $\phi20mm$。土钉设计按《建筑基坑支护技术规程》JGJ 120—99 分别进行土钉抗拔承载力和整体稳定性验算,按一级基坑设计,基坑侧壁重要性系数取为1.1,下部按桩锚结构进行设计,设计工况见表61。

设 计 工 况　　　　　　　　　表61

工况	深度(m)	支撑刚度(kN/m³)	支撑编号
开挖	3.5	—	
加撑	3.15	12.21	1
开挖	4.5	—	
加撑	4.3	13.23	2
开挖	5.6		

5.14.3 施工和监测

根据规程要求,在基坑开挖以前对该支护工程三个不同地段的锚杆进行了拉拔试验,旨在确定锚杆锚拉力。分别选用长度为18.5m和12.5m、直径为 $\phi25mm$ 钢筋进行试验。试验采用锚板反力架法,反力架为槽钢与混凝土板构成并与拉杆和油压千斤顶相连,由油压自动千斤顶产生的反力将荷载传递给锚杆。根据测得极限抗拉力换算出锚固体与土体之间抗剪强度值为14.92kPa。

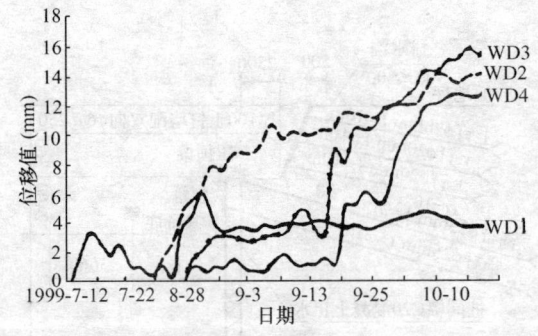

图250 测斜孔位移随时间的变化曲线

为指导基坑开挖安全施工,掌握基坑围护结构及其附近出线构架塔基变形状况,采用信息化施工方法,对基坑重要部位进行了测试。测试内容为地层变形和钢筋应力。共埋设测斜管4个,埋深为20m。在基坑8个部位埋设了钢筋计,共设16个测点。测试结果之一见图250。

测试结果表明:①基坑边壁位移值均在允许范围之内;②测试曲线最终趋于收敛,与边壁稳定状况相符。

5.14.4 小结

从位移-时间关系曲线可以看出,基坑开挖位移变形很小。开挖当日变形稍大,此后很快稳定甚至回弹,这说明围护结构比较稳定。四个测斜孔中 WD1 孔位移很小,WD2 孔、WD3 孔位移稍大,位移速率最高为 3mm/d,最大位移量为 15.56mm(WD3 孔于 10 月 16 日达到的位移),均未超过监测方案中安全限值。钻孔桩上钢筋计变化量甚小,大多在 0~2kN 之间,最大值为 7kN。锚杆上钢筋计变化也在安全范围之内,最大拉力为 47kN,安全系数大于 2。从工程施工结果看,此次复合土钉支护是成功的,为以后类似工程设计与施工积累了经验。

5.15 多种复合土钉结构在软土地基中的应用

5.15.1 概述

土钉技术由于其具有材料用量少、施工速度快、安全可靠、经济实用等优点,目前在高层建筑深基坑开挖中得到愈来愈多的应用,甚至不少是用于采用常规支护基坑失稳时进行抢险加固或塌滑处理。但土钉支护也有其局限性,在松散砂土、软土、流塑黏性土以及有丰富地下水源情况下不宜单独使用,而应与其他土体加固支护方法相结合。事实上,随着土钉技术在我国逐步推广,其在东南沿海地区应用已有大量的工程范例。

周健对几种常用复合土钉技术在软土工程中的应用经验进行了归纳和总结。

5.15.2 复合土钉支护类型

1) 土钉-土层锚杆结构

广州安信大厦软土基坑边坡即采用该支护结构形式。该支护系统主要是由锚杆、土钉、钢筋网喷射混凝土面层等构成,它们互相作用、优势互补,形成类似于重力式挡土墙的复合结构。从安信大厦所处地质分层看出,整个基坑土层从上至下大部分为软塑-可塑状态,属于典型软土地基,经反复论证后确定采用预应力锚杆复合土钉技术。在基坑内共设置 6 排土钉,2 排锚杆,其中局部加强段设两排加长锚杆(长度均为 4.5m),采用钢筋网喷射混凝土面层,每排土钉头之间有加强筋相连,形成暗梁。

上述设计,经过土钉长度和截面验算、边坡内部稳定性验算、外部整体稳定性验算、抗滑移验算、抗倾覆验算、基坑底稳定性验算等,以及变形检测,结果均符合规程要求。该工程若采用挖孔桩-锚杆方案,每平方米造价为 3000 元,而采用复合土钉支护,每平方米造价仅为 1800 元,而且显著缩短了工期,收到了良好技术经济效果。

2) 土钉-搅拌桩结构

该种复合土钉支护结构曾应用于上海市华敏小区和南京市审计局办公楼等工程,主要是利用搅拌桩体与土钉共同作用,产生良好的抗渗性和结构稳定性,解决基坑开挖后存在临时无支撑条件下边壁土体自立稳定问题。

3) 土钉-超前微型桩结构

此种复合土钉支护形式曾应用于广州安信大厦工程。超前微型桩位于喷射混凝土面层背部，间距为500～1000mm，用直径为108～150mm注浆钢管制作，插入坑底以下2～4m。微型桩作用是减少施工分层开挖中土体侧向变形和浅层坍塌、支撑喷射混凝土面层重力，以及改善支护整体稳定性等。

4）土钉面层-地下室外墙合一逆作法

所谓合一就是将土钉支护面层与地下室钢筋混凝土外墙或砖墙合二为一，同时施工，亦即土钉支护模板墙方法。

石家庄火车站广场地下商业街基坑工程施工即采用该方法。该工程用逆作法施工，即按自上而下顺序进行地下主体结构支护施工。该工程负二层地层开挖后，对开挖面进行土钉网喷联合支护，取得良好支护效果。开挖后，对受喷面应尽快喷上混凝土，封闭开挖面，以防脱水。喷层不仅可有效封闭土层表面，还与一定深度土层结成硬壳，利用挂网加强喷层强度，以防喷层与土层脱离。施工时四周边壁采用跳跃式开挖，即在桩两侧用正台阶法对称开挖出台阶，随开挖随打入土钉挂网喷混凝土，然后现浇边桩基础及其两侧墙体混凝土。

该工程选用土钉钢筋直径为22mm螺纹钢，人工打入土钉。为减少对侧壁土层扰动，在开挖面上预留厚度为300mm土层，待土钉打入规定深度后，再将预留土层挖除，然后按如下顺序施工：挂外侧细钢筋网→喷含有黏稠剂的水泥砂浆→挂内侧粗钢筋网→焊接→喷混凝土。

5）土钉-放坡-多级降水体系

一般土钉用于支护直坡或斜坡。放坡土钉支护则是根据库尔曼公式分层计算确定各土层开挖深度及坡角。在基坑开挖至设计深度后，配合挖土每开挖一段就浇筑一段坡脚矮墙。该矮墙既可保护边坡稳定，也可作为浇注基础底板的外模使用，便于后期土建施工。放坡有利于开挖和边坡稳定。为提高其安全程度，保证坡体整体稳定性，再击入土钉，对土体潜在滑动面进行加固，同时应在注浆液中加入适量外加剂。

土钉与周围土体之间界面摩阻力为：$F = K_e \gamma Z \tan\varphi + c$，式中：$K_e$为侧压力系数，可取$K_e = 0.5$；$Z$为埋深；$\gamma$为重度；$\varphi$为土体内摩擦角；$c$为土体黏聚力。

该支护方法具有代表性的工程是常州喜尔广场。该工程采用二级放坡加土钉支护体系及多级环形降水的总体设计方案。

5.15.3 小结

复合土钉支护在某些工程中是将以上几种方法综合使用。在土钉支护施工中，不但要做好支护方案，同时也要有成效显著的隔渗、防水、降水措施，还要不断地进行变形观测并迅速反馈于设计与施工之中。开挖后立即筑墙，快速击入土钉，这对于软弱地基尤为重要。对特别软弱地基，采取有效超前加固措施也是必不可少的。

5.16 土钉-搅拌桩复合结构在软土中的应用

在类似于上海地区饱和含水软弱地层中，采用复合土钉支护技术加上严格、科学的施工工艺和技术要求，可使基坑避免渗水，并使结构具有较强支护能力。李文丘等采用复合土钉支护上海锦江高层公寓基坑工程取得成功，积累了有益经验。

5.16.1 工程概况

上海锦江高层公寓工程,由15层主楼和裙房组成,后者采用天然地基,其基坑开挖深度为5.4m;前者采用桩箱基础,基坑开挖深度为6.0m。靠近基坑东北角50m范围内开挖深度为7.0m。基坑周边长度为275m,最长边为96m。

该基坑周边环境比较复杂。南侧相距3～4m为交通主干道,人行道下分布有市政电缆线;东侧为一里弄小路,但其下埋设有供居民小区使用的上、下水管道及煤气管道;北侧与基坑边线平行有一幢6层砖混结构住宅楼,该楼距基坑边线为8～9m。基坑西侧及南侧一部分为施工用地。基坑周边建(构)筑物及道路、管线现状决定了对基坑变形控制的严格要求。

5.16.2 地质条件

根据勘察报告,基坑开挖范围内所涉及土层依次为(参见表62):
第①层杂填土:土质软、散,厚度为1.3～2.4m;
第②层分为三个亚层:
第②-1层为褐黄色粉质黏土,厚度为0.60～1.30m;
第②-2层为灰色粉质黏土,厚度为1.50～2.20m;
第②-3层为灰色砂质夹黏质粉土,厚度为14～14.8m;
第③层:灰色淤质粉质黏土,渗透性较小,埋深为19.0～20.0m。
地下水位埋深为0.5m。

各土层物理力学性质指标 表62

序号	土层名称	含水量 $w(\%)$	天然重度 $\gamma(kN/m^3)$	内摩擦角 $\varphi(°)$	内聚力 $c(kPa)$	渗透系数 $R(cm/s)$	厚 度 (m)
1	①杂填土	—	19	12	10	—	2.4
2	②-1褐黄色粉质黏土	33.0	18.7	23.0	5	1.24E-6	1.3
	②-2灰色黏质粉土	36.0	18.5	36.0	3	1.33E-5	2.2
	②-3灰色砂质土夹黏质粉土	32.8	18.7	32.8	3	1.80E-5	14.8
3	③灰色淤泥质黏土	47.9	17.6	11.5	15	1.16E-7	1.0

5.16.3 土钉-搅拌桩施工

土钉支护工艺性极强。其工程成功与否在很大程度上依赖于施工工艺、施工方法的选择及施工操作过程中严谨程度。

在软土地层中土钉施工工艺为:

施工放样→施打防渗帷幕→挖土→修边坡→钻孔→(土钉制作)置放土钉→(拌浆)第一次注浆→挂网→施作锚头→(混凝土拌料)喷第一层混凝土→(拌浆)第二次注浆→(混凝土拌料)喷第二次混凝土。

在第二次喷混凝土并抹平2h后,即可进行下层开挖。完成以上工艺过程大约需要1～2d时间。只要施工组织好,可以连续进行挖土及支护作业。

施工中为使设计意图得到贯彻,必须严格执行下列技术要求:

1) 水泥土搅拌桩施工必须保证足够搭接长度。

2) 根据地质条件和受力条件选择土钉材料。土钉锚管采用 $\phi 48mm \times 3.5mm$ 钢管，锚管连接采用对接焊并用 $3\phi 16mm$ 加筋帮焊。

3) 土方开挖：土方必须分层开挖，基坑四周先挖 7m 宽喷锚网作业面，再将基坑中部土方挖除，严格做到开挖一层支护一层。土方开挖过程中应及时做好排水、疏水和止水工作。

4) 土钉安设：土钉是复合结构中主要受力构件。成孔方法可以是人工成孔，也可以是机械成孔，孔径一般为 80~100mm。成孔过程中应随时注意水土流失，对完成的钻孔应立即放置土钉并注浆封闭。在钻孔中放入土钉时，土钉全长应焊接使土钉居中的定位器，定位装置间距以 2m 为宜。

5) 该工程南侧距道路轴线仅为 3~4m，不存在放坡条件，北侧有住宅建筑，也不允许基坑有较大位移，因此必须加长土钉至 15~17m，以增加基坑底部的侧向限制位移能力。土钉竖向间距为 1.0m。

6) 土钉支护基坑坡度为 1:0.3。面层采用厚度为 100mm、C20 喷射混凝土，$\phi 6.5$@200mm 双向配筋。锚管打入后进行注浆，注浆压力为 0.6~1.0MPa。该工程采用集水井排水方案，并与喷射混凝土面层同时施工。

7) 施作喷射混凝土面层。

8) 挂钢筋网。

9) 锚管注浆：锚管注浆前要用清水清洗管体，直到管内流出清水为止，然后用低压进行多次注浆。注浆压力为 0.6~1.0MPa，注浆管直径为 150mm。当排气管停止排气且注浆压力达到设计要求并稳定 3min 后（或孔口溢出浆液时）方可停止注浆。

5.16.4 基坑支护效果

根据监测单位观测资料，基坑至施工完毕，坑顶最大水平位移为 4cm 左右，最大土体沉降（发生在长边中部）为 2cm，临近构筑物、市政管线均完好无损。

5.16.5 小结

在软土中进行土钉支护，虽然有其天然不利地质条件，但只要与相应技术措施结合，仍能取得良好效果。为克服在软弱土中土钉锚固力偏低问题，在土钉支护施工时，主要技术措施是对土钉进行多次压浆，以增加锚固力，并缩小土钉间距，一般从 1.5m 减小到 0.8~1.0m。采用搅拌桩-土钉复合支护方法施工，虽然成本、工期较单一土钉支护略高，但对渗水性大的淤泥质土层仍是较好选择。该工程基坑支护后，面层干燥不渗水，为下一步施工创造了良好条件。工程监测表明，基坑支护变形均在规范许可范围之内。因此，运用复合土钉对软弱土层深基坑进行支护，只要采取相应技术措施是完全可行的。

5.17 土钉-搅拌桩-微型桩复合结构的应用

5.17.1 概述

微型桩又被称为"钢管桩"、"花管"、"注浆花管"、"锚管"、"超前竖直注浆锚管"

等。土钉-微型桩复合结构是复合土钉支护最早的应用形式，它最初于1992年应用于著名的深圳文锦广场抢险工程。此后又用于深圳发展银行大厦基坑抢险工程等。土钉-搅拌桩复合结构与土钉-微型桩复合结构作用机理有相近之处，不过前者隔水性能要优于后者。赵佩胜等，采用上述两种复合结构形式，在软弱地层基坑工程中应用均获得满意效果。

近年来，我国东南沿海地区，如上海、福州等一些城市均出现了大量浅基坑工程（开挖深度 $H \leqslant 7m$，主要是多层住宅的地下室、污水池以及地下车库等）。这些工程所处地层条件较差，土层以淤泥及淤泥质土为主，地下水位较高。由于经济及安全方面原因，传统基坑支护结构形式在浅基坑这一领域已无竞争力，新近发展起来的对软土地层基坑支护特别有效的"复合土钉技术"逐渐为人们所接受。对于这种支护加固方法，一方面，具有十分显著的经济效益；另一方面，其作用机理尚在研究之中，甚至连设计计算方法也是借鉴于其他支护技术类型（如常规土钉和土层锚杆）。这样，工程技术人员实际施工经验就显得非常重要。赵佩胜等通过对两个工程实例分析，说明在软土地层中设计和施工复合土钉支护结构应注意的一些问题。

5.17.2 软土地层中的复合土钉技术

常规土钉支护正常工作基本条件有三个：①土体能给土钉杆体提供足够抗拔力；②土体有一定自立稳定性，以保证支护作业及时进行；③喷射混凝土面层与土体之间有一定黏结强度。这就使它对地层有很大依赖性，通常仅适用于地下水位较低、自立性较好地层，如《基坑土钉支护技术规程》CECS96：97 规定，土钉支护适用于下列土体：有一定胶结能力和密实程度的砂土、粉土和砾石土、素填土、坚硬或硬塑的黏性土，以及风化层等。

显然，软土地基不在上述推荐应用范围之列。为此，我国科研及工程技术人员提出了专门针对软土地层进行支护、加固的复合土钉支护概念——以水泥土搅拌桩等超前支护措施解决土体自立稳定性、地下水渗流以及喷射混凝土面层与土体黏结等问题，以水平向压密注浆和二次压力灌浆技术解决土体加固及变形控制问题，以超前支护结构插入深度解决坑底隆起、管涌以及坑后土体深部旋转滑移问题。就目前应用状况看，主要有两种结构形式：①

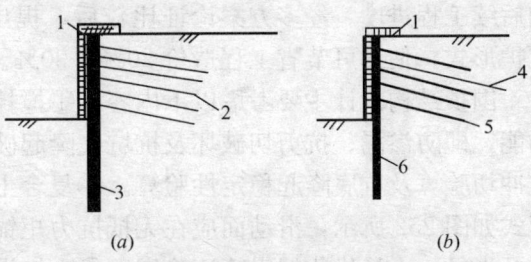

图 251　复合土钉支护的两种结构形式
(a) 搅拌桩-土钉；(b) 钢管微桩-土钉
1—钢筋网；2—土钉；3—搅拌桩；
4—土层锚杆；5—锚管；6—钢管微桩

搅拌桩-土钉支护联合使用（图251a）。一般搅拌桩深度可达 12～14m，强度为 1.2MPa，当相互之间搭接较好时，其侧向抗渗系数可达 10^{-6}cm/s 以上；主要用于开挖深度较大（如 $H=5.5 \sim 7m$）且地下水丰富的软弱地层；②钢管微桩与土钉支护联合使用（图251b）。微桩一般选用直径为 $\phi 48 \sim 108$mm 钢管，其间距为 500～800mm，并在钢管上制作注浆孔，将钢管安装到位后在其中进行高压注浆。由于不易形成很好的隔水帷幕，所以主要用于地下水位较深且基坑相对较浅的围护工程中（$H \leqslant 5.5m$）。当基坑周围环境条件要求严格控制位移时（如周围有道路、密集地下管线或紧邻多层建筑），对于上述两种情况，通常将土钉支护的第2或第3排土钉用加有预应力的土层锚杆取代，以使结构主动受力，最大限度地减小边壁变形。

5.17.3 土钉-搅拌桩/微型桩复合结构的应用

1) 上海某基坑围护工程甲

(1) 工程概况

该工程是一外商投资兴建的高层豪华住宅群，基坑工程由5幢高层住宅和1个高层会所的地下室、2个地下车库及1个污水处理站组成。基坑开挖深度最深处为5.8m，最浅处为5.2m，平均为5.5m。基坑平面呈极不规则多边形，且有多处内凸阳角，最长边为107.8m，总支护面积达2100m^2。在拟建基坑周围，有交通干道、市政管线，以及多、高层办公楼和居民住宅，对基坑变形以及施工时间有严格要求。

该场地地层分布如下：第①层为杂填土，厚度为1.2～1.5m；第②层为褐黄色粉质黏土，厚度为1.2～2.3m，可塑，低透水性；第③层为灰色粉质黏土，厚度为2.6～3.6m，透水性较好；第④层为灰色砂质粉土夹黏质粉土，厚度为12～13.5m，透水性较好。地下水位埋深为0.5m，渗透性较小的灰色淤泥质黏土层埋深为18.2～21m。

(2) 围护方案选择及结构设计

由工程地质资料可知，基坑及围护结构均涉及灰色砂质粉土。该土层性能极不稳定，在一定动水压力作用下，极有可能产生流砂和管涌，自稳性极差。无论采用何种结构支护形式，都必须考虑治水措施。若按上海以往做法，一般采用灌注桩加内支撑作为主支护结构，并辅以水泥土搅拌桩作防渗隔水帷幕，或者采用既可承载又可防渗的格构式重力挡墙。显然，这两种方法在安全和技术方面均有保证，但经济性较差，且工期较长，可能影响后续工程进度。经多方案论证比较后，提出了复合土钉支护方案，即采用搅拌桩-土钉支护形式，估计可节省工程造价20%～30%。

围护结构设计主要考虑以下内容：①搅拌桩设计计算——主要考虑搅拌桩三方面作用功能，即防渗漏、抗剪切破坏及抗坑底隆起破坏，相应地要进行抗渗设计、搅拌桩根部的抗冲切验算及坑底隆起稳定性验算。②复合土钉支护整体滑移稳定性验算——假定其破坏模式如图252所示，滑动面应在无抵抗力矩锚固区以外。滑移面位置（包括圆弧面转动中心及半径）由最优化搜索算法确定。③土钉设计——主要包括确定土钉行距和排距、长度及单孔注浆量。其中，假定软弱地层中土钉须发挥两方面作用——加固土体形成重力式挡墙同时承受墙后主动土压力和静水压力，这就对其长度有特殊要求。这里采取的解决方法是将它既作为土钉又作为土层锚杆来计算。④喷射混凝土面层强度验算——按多跨连续板验算其强度和配筋，并验算板在支座截面处的冲切强度。

(3) 施工技术措施

复合土钉支护除了要有可靠设计计算外，还要有专业施工技术人员来实施。需注意：①基坑上部几排土钉最好用钻孔法施工，并在

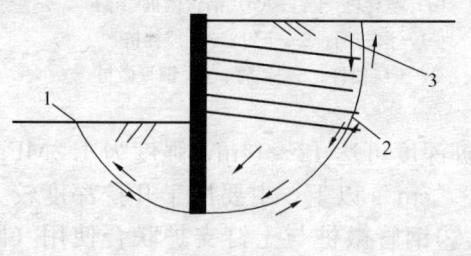

1—基坑底部；2—滑移体；3—滑移线；
4—深部稳定体

图252 复合土钉支护深部滑移稳定问题

第2或第3排土钉端头施加预应力。由常规土钉支护变形规律知,其最大侧向位移发生在上部。为控制基坑变形,应坚持对1~3排土钉以二级钢筋作为杆体,用钻孔法送入土中,并对第2或第3排土钉按预应力锚杆方法施工,待二次注浆体达到一定强度后,施加30~50kN预应力。其余各排土钉则可采用钢管代替钢筋,击入软土中,即采用锚管法进行施工。②按信息化反馈方法进行施工。土钉必须是开挖一层,支护一层。在此过程中,要时刻关注现场监测数据走势和基坑周围宏观变形情况,发现问题应及时反馈于设计,并按新修改方案施工。当基坑平面长边大于30~40m时,应作分段跳格开挖,即按先两头后中间方法进行开挖支护。③注浆质量是保证土钉和锚杆抗拔力的关键。其中最主要的问题是注浆量和注浆压力。为保证最大注浆量,一般采用二次注浆工艺。第一次为低压灌浆,以填充钻孔周围裂隙和孔洞;待浆液初凝后,用高压进行第二次注浆,目的是压密周围土层,以提高土钉杆体与周围土层间粘结力。

(4) 变形监测

根据上海市标准《基坑工程设计规程》DBJ 08—61—97,该基坑工程属二级类型,监测项目有:①围护墙水平位移;②墙顶沉降;③周围土体沉降和位移;④周围地下管线沉降和位移。图253、图254为具有代表性的围护墙各点沿高度方向水平位移时程曲线。从图中可以看出,复合土钉支护水平位移曲线与常规土钉支护的已完全不同;最大位移点不在墙体顶部,而是位于基坑壁中间偏下部位,与刚性支挡结构侧向变形性能相似。同时也说明,应重视基坑底部附近土钉设计和施工,因此处土钉受力较大,也是控制侧向变形的关键部位。监测还发现,水平位移变化幅度最快时段是土钉施作阶段,一旦测点附近土钉开始受力,喷射混凝土业已固化,基坑边壁侧向位移发展速率就迅速减小甚至停止。就某一点位移时程曲线来说,变化趋势基本上呈台阶跳跃形式。当土钉支护施工结束,底板素混凝土垫层浇筑完毕后,边壁侧向位移增量基本为零,累积位移变量趋于收敛,说明基坑已经稳定。

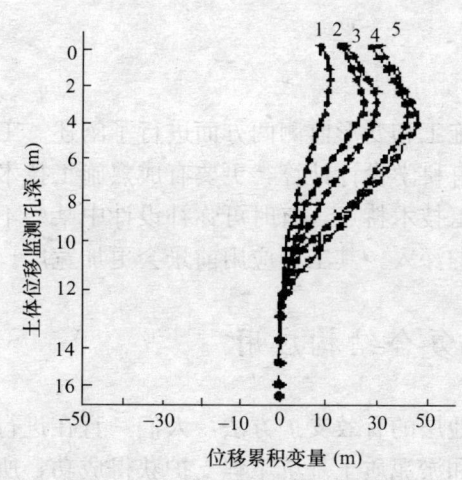

图253 基坑工程甲 JX5 孔土体水平位移随深度变化曲线

1—9月1日;2—9月2日;3—9月3日;4—9月4日;5—9月5日

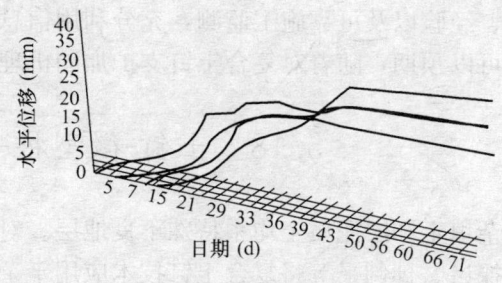

图254 边壁顶部 J5、J10、J12、J16 测点水平位移时程曲线

2) 上海某基坑围护工程乙

该工程是一地下车库基坑,位于某在建高层住宅一期工程东侧,最近处间距小于7m。

地下车库占地面积约2500m²，基坑开挖深度为4.7m，基坑东侧（418m²）采用1∶1放坡，外加喷射混凝土护面，其余三侧（686m²）边壁均采用复合土钉支护。

(1) 工程地质概况及围护方案选择

该场地地层可分为3层：①杂填土：层厚为0.7~3.2m，地下水位在地表以下0.7~1.1m处；②褐黄色粉质黏土及淤泥质粉质黏土，层厚为1.2~2.9m，可塑，低渗透性（$k_v \leq 10^{-6}$cm/s）；③灰色淤泥质粉质黏土夹砂质黏土，层厚为3.4~4.1m，饱和、流塑，垂直和水平向渗透系数均较小（k_h、$k_v \leq 10^{-6}$cm/s）。

该基坑地下水渗漏可能性较小，不必专门采用水泥土搅拌桩隔水，但应考虑开挖土体自立稳定性和抗坑底隆起稳定性问题。因此，该基坑围护工程采用了复合土钉支护技术的另一种形式，即超前钢管微桩-土钉支护。为挖土方便，首先在基坑边进行降水，然后以较小间距（50cm）打入垂直钢管微桩，在个别区段对钢管内进行高压注浆，以解决开挖后边坡土体临时自立稳定问题；土层开挖后，即可直接施做土钉支护。为进一步控制位移，将第2排土钉施加预应力，并在这一高度上设置通长水平槽钢圈梁连接。

(2) 应用效果评价

在工程施工过程中，遇到多次特大暴雨，给基坑围护施工带来很多不便，如基坑经常积水，开挖后还未来得及支护的土体易发生坍陷，由于基坑抽排水速度较慢，坑内土体长时间浸水，无法进行下一步开挖，延误工期，甚至出现局部险情。主要原因是在靠近已有高层建筑地下室一侧，锚管不能按设计长度进行施工，再加上该侧土层几乎都是回填土，未经压密，其中有大量孔洞，土钉达不到设计抗扰力，造成土体产生较大变形。在经及时加固处理后，基坑变形明显趋于稳定，并最终未对后续地下室工程产生不良影响，围护结构施工仍基本按期完成。信息化施工优点在此得到充分体现。监测结果表明，围护结构最大水平位移和最大沉降量均满足环境控制要求。

5.17.4 小结

围绕两个有代表性复合土钉支护工程实例，从施工和变形监测两方面进行了阐述。工程实践证明，一个成功的复合土钉支护工程不仅要有科学设计计算，更要有成熟施工技术方法、经验以及可靠施工监测，充分利用信息化施工技术特点，有时可弥补设计中某些不足。可以预期，随着对复合土钉支护加固机理研究的深入，其工程应用前景会更加宽广。

5.18 土钉-微型桩-预锚复合结构应用

杂填土和淤泥质土均系特殊不良地层。对这种地层的有效支护方法，人们一直在进行不懈探讨。孙剑平等将复合土钉技术应用于杂填土和淤泥质土基坑工程支护获得成功，所积累的工程经验，具有重要实用价值。

5.18.1 工程概况

济南某大厦主楼为14层框架结构，高度为46m，设地下室2层，基坑最大开挖深度为8.9m。工程一侧为泉城路，另三侧均有已建构筑物，基坑距建筑物外墙最远处为1.9m，最近处仅为0.4m（图255）。

该场地地层自上而下依次为：①杂填土：成分为粉质黏土、灰渣及碎砖、瓦片等，结构松散；②淤泥质粉质黏土：灰黑色，软塑～流塑，饱和；③黏土：棕红～褐色，可塑～硬塑，含少量姜石；④残积土：灰绿色，可塑～硬塑，中密，很湿，为闪长岩风化而成。各土层主要物理力学参数指标值见表63。地下水位埋深为1.4m。主楼2层地下室底板坐落于第③层黏土上，裙楼1层地下室则须将淤泥质土全部挖除后，再回填级配砂石至设计标高。

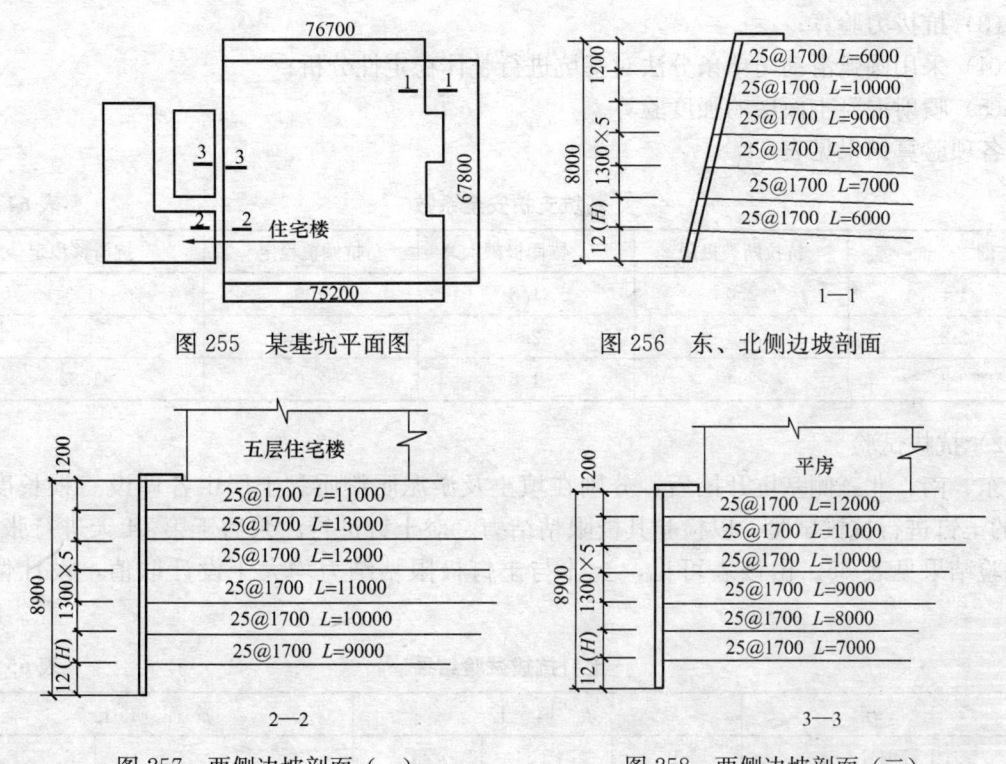

图255 某基坑平面图　　　图256 东、北侧边坡剖面

图257 西侧边坡剖面（一）　　图258 西侧边坡剖面（二）

土层主要物理力学参数指标值　　表63

土层名称	H(m)	γ(kN/m³)	w(%)	I_L	E	E_s(MPa)	N	c(kPa)	φ(°)
①填土	3.8～6.5	—	—				1.3		
②淤泥质粉质黏土	1.2～3.6	17.4	32.6	1.02	0.99	1.3	1.3	7	9.5
③黏土	2.1～6.8	18.8	32.2	0.05	0.76	9.7	10	84	7.4

根据现场情况，该支护工程最大难点在基坑西侧，考虑到施工场地条件限制，经论证，决定对东、南、北三侧边坡采用普通土钉支护；对西侧边坡，由于距建筑物太近，为防止建筑物开裂，必须严格控制边坡沉降和位移，遂决定采用复合土钉对该侧边坡进行支护。

5.18.2 普通土钉支护

1) 普通土钉设计

该部分基坑支护设计按以下步骤进行：

(1) 根据工程类比法和工程经验，初选结构各部分尺寸参数。首先对东、南、北三侧边坡按 1∶0.2 放坡。接着进行土钉支护设计。设计普通水泥砂浆土钉直径为 100mm，内配一根 $\phi 25$mm 钢筋。土钉长度及竖向间距如图 256 所示。土钉水平间距为 1.7m。面层厚度为 100mm，内配 $\phi 8@200$mm×200mm 钢筋网。各种土层对土钉极限粘结力标准值取为：填土 $\tau=40$kPa；淤泥质粉质黏土 $\tau=30$kPa。

(2) 土钉抗拉强度验算；

(3) 抗拔力验算；

(4) 采用圆弧滑动简单条分法对基坑进行整体稳定性分析；

(5) 喷射混凝土面层的强度验算。

各项验算结果见表 64。

基坑支护安全系数　　　　　　　　　　　　　　表 64

剖　面	抗拉断裂极限	锚固极限	抗倾覆稳定	抗滑移稳定
1-1	2.0	1.8	1.9	1.3
2-2	2.4	2.0	2.6	1.4
3-3	2.4	1.8	2.0	1.32

2）抗拔试验

东、南、北三侧基坑开挖后，分别在填土及淤泥质粉质黏土层中各埋设三根长度为 5m 的土钉进行抗拔试验，以检验其极限粘结力。对土钉进行注浆后于第 14 天进行张拉，其试验结果见表 65。由该表可见，土体与土钉极限粘结力均大于设计取值，设计偏于安全。

土钉抗拔试验结果　　　　　　　　　　　　　　表 65

土　层	杂　填　土			淤　泥　质　土		
土钉编号	1	2	3	4	5	6
极限抗拔力（kN）	96	94	87	67	59	72

5.18.3 复合土钉支护

在淤泥质土层中采用土钉支护，最重要的是控制基坑边坡水平位移及坡顶沉降。影响土钉边坡位移主要因素为：

① 土钉长度：在一定范围内，土钉（特别是上部土钉）长度越长，则边坡位移越小。

② 土钉倾角：增大土钉倾角将导致位移增加。

③ 土钉支护结构在紧靠面层 $0.3H$ 范围内土体水平位移最大，约占全部位移的 50%～70%。

④ 开挖时下部土体侧向挤出。由于西侧边坡距已建建筑物较近，为防止基坑边坡位移过大造成邻近建筑物开裂，决定采用复合土钉支护。

针对上述因素，为尽量减小边坡位移，采取以下方法：

① 将土钉长度加长。根据计算，上层土钉长度为 12m 时，即可满足要求，设计偏于安全地将上部土钉长度增至 14m。

② 将土钉作水平设置。

③ 在距面层距离为 2m 范围内将土钉做成非锚固段，待土钉及面层强度达到设计强度的 70% 时，对土钉进行预应力张拉，张拉力为土钉极限抗拉力的 25%。

④ 在每层土体开挖前，先将 $\phi48$mm 钢管竖向打入，钢管间距为 150mm，端部进入下部黏土层深度为 1.5m；开挖时采取锯齿形开挖。

住宅楼部分边坡土钉长度及竖向间距如图 257 所示。其水平间距为 1.2m。土钉直径为 100mm，内配 $\phi28$mm 钢筋。面层厚度为 150mm，内配 $\phi14@200$mm×200mm 双层钢筋网。根据土钉抗拔试验，将填土与土钉黏结力值取为 $q=50$kPa，淤泥质粉质黏土与土钉取为 $q=40$kPa。验算方法仍同普通土钉，复合土钉各项验算结果见表 66。

为比较复合土钉与普通土钉支护边坡位移差异，在五层宿舍楼北侧 5m 处平房部位采用普通土钉支护（图 258）。普通土钉支护仍采用直立边坡，土钉间距、孔径、钢筋等设计参数值均不变，但其面层部位不设非锚固段，也不施加预应力，土钉长度均比复合土钉短 2m。

5.18.4 监测结果

为保证基坑支护结构在开挖及基础施工期间稳定，确保西侧建筑物安全。首先在北侧边坡进行土钉抗拔试验。试验结果见表 65。其抗拔力均满足设计要求。另外，在基坑边坡坡顶设置水平及沉降观测点，并对建筑物两侧倾斜度进行监测。量测在每层开挖前及支护后进行，同时注意观察基坑四周裂缝。住宅楼位置边坡坡顶水平位移、竖向沉降及住宅楼倾斜随基坑开挖深度的变化见表 66。北侧普通土钉支护部分的位移见表 67。平房墙体开裂非常严重，裂缝宽度最大达到 15mm，地面以下 3.2m、5.8m 及 12m 处的边坡面层上出现三条裂缝，缝宽分别为 4mm、2mm 和 1mm。对比表 66 和表 67 可以看出，与普通土钉支护相比，复合土钉支护边坡位移量值较小，仅为普通土钉的 1/3。

复合土钉边坡坡顶水平位移、竖向沉降及住宅倾斜 表 66

时间	3.23	3.26	4.12	4.16	4.20	4.24	5.26
开挖深度（m）	2.4	3.6	4.8	6.0	7.2	8.4	8.4
水平位移（mm）	1	3	4	5	9	15	18
竖向沉降（mm）	1	2	3	4	6	9	10
房屋倾斜（‰）	0	0	0.01	0.02	0.05	0.09	0.1

普通土钉边坡顶水平位移、竖向沉降 表 67

时间	3.23	3.26	4.12	4.16	4.20	4.24	5.26
开挖深度（m）	2.4	3.6	4.8	6.0	7.2	8.4	8.4
水平位移（mm）	3	5	9	19	31	47	54
竖向沉降（mm）	2	4	5	11	17	31	39

5.18.5 小结

该工程基坑在开挖至设计标高后一个月，测得西侧施加预应力土钉的边坡坡顶水平位移量为18mm，竖向沉降量为10mm，建筑物未出现任何开裂。而其北侧平房部位，因未施加预应力，边坡位移明显变大，平房及地面出现较大开裂。

该工程在距房屋极近且地基条件较差情况下，采用复合土钉进行支护，取得圆满成功。通过该工程得到以下几点认识：

1) 在杂填土及淤泥质土中采用复合土钉支护是可行的，与普通土钉相比，其边坡位移明显减小。

2) 为减小施工开挖过程中边坡位移，在施工中应采取快速打入临时钢管及锯齿形开挖等施工措施。

3) 对土钉进行抗拔试验以确定土钉极限承载力是必要的，并应在施工期间对其持续进行监测监控。

5.19 土钉-锚杆-微型桩-搅拌桩复合结构在重要工程中的应用

5.19.1 工程概况

河南移动通信枢纽楼基础位于郑州市东郊深厚软土地层中，南北长为55.0m，东西宽为36.0m，总建筑面积25000m^2，建筑高度为59.9m，地上14层，地下一层；基坑呈多边形，周长约为216.4m，挖深为5.6m。基坑南、北、东侧环境相对较宽松。西侧紧邻河南移动公司通信机房楼，该段边坡集中了基坑工程中诸多不利因素：①场地狭小。通信机房楼为二层楼房，其条形基础埋深为2.20m，距拟建楼房西侧底板仅有0.5m，考虑新楼地下室防水施工空间为0.2m，西侧基坑边坡必须垂直开挖，其支护及止水结构厚度不得大于0.3m。②土质软、水位高。航测资料显示，拟建楼房和原通信机房楼均位于古河道内，现场螺旋钻钻孔取土试验发现，地下3.0m深处见水，下面土层均呈饱和流塑状，通信机房楼基础下卧土层承载力较差，基坑开挖前已产生较大不均匀沉降，裂缝最大宽度达4~5mm，对基坑变形和施工扰动非常敏感。③安全度要求高。通信机房楼内正在运行的大型设备为全省移动通信计费系统，保护通信机房楼是该基坑工程的重点和难点所在。在工程难度很大的情况下，许光宇等采用可严格控制变形的复合土钉支护结构，对工程进行加固支护，有效地保护了重要通信机楼房安全稳定。

5.19.2 场区地质水文条件

场区处于黄河冲积平原，原地形为鱼塘洼地，经人工平整为现地貌。其主要地层情况如下：

1) 杂填土，层①：以褐黄色粉土为主，混杂砖块、石块、建筑垃圾等，层厚为1.50~3.30m。

2) 粉土，层②：褐黄色、饱和、稍密，局部接近粉砂。层底埋深为3.0~4.0m，厚度为0.7~1.2m，平均厚度为0.8m，层位变化较大。

3) 粉质黏土，层③：浅灰色、灰色、褐灰色、饱和、软塑至流塑。局部夹黏土和黏土薄层，见有少量铁锈色条纹，含有蜗牛碎片。层底深度为5.2~7.2m，层厚为1.6~3.1m，平均厚度为2.26m，层位稳定。

4) 淤泥质粉质黏土，层④：深灰色、黑色、饱和、软塑。层底深度为10.5～13.9m，该土层夹有多层粉土，富含有机质，可见少量泥炭薄层。

5) 淤泥质粉质黏土，层⑤：深灰色、黑色、饱和、流塑。层底深为18.50～20.70m，富含有机质，夹有多层粉质黏土薄层。

各土层主要物理力学参数指标值见表68。

各土层主要物理力学参数指标值　　　　　　　　　　　　表68

土层编号	含水量 $w(\%)$	干重度 $\gamma(kN/m^3)$	天然孔隙比 l	饱和度 $S_r(\%)$	内摩擦角 $\varphi(°)$	黏聚力 $c(kPa)$	压缩模量 $E_s(MPa)$
②	28.0	15.5	0.800	98	15	25	6.0
③	30.0	15.0	0.850	100	4	20	3.0
④	65.0	13.0	2.200	100	2	16	2.0
⑤	66.0	11.5	2.500	100	3	10	2.0

场区勘探深度范围内地下水属潜水，略具承压性，地下水初见水位为3.0m，次日稳定水位埋深为2.5m，受降雨等因素影响，地下水位变幅为0.5～0.8m。

5.19.3 基坑降水和支护方案设计

1) 基坑降水及止水帷幕设计

基坑降水采用郑州地区常用轻型井点降水方案，即在基坑周围设置轻型井点，间距为1.5m，井深为8m。在基坑西侧，改为"内井点"降水，即在基坑内距边线约10m处布置一道降水井点，同时沿通信机房楼基础外侧布置一道双排水泥土搅拌桩止水帷幕，并向南北向各延长10m长度，水泥土搅拌桩直径为500mm，间距为350mm，长度为9m，桩顶高程为-2.0m；垂直开挖坡段因空间限制，无法施作水泥土搅拌桩，以微型注浆钢管桩代替。

2) 南、北、东侧和西侧无楼房地段支护设计

南、北、东侧和西侧无楼房地段，环境不甚复杂，支护目的主要是保证边坡整体稳定。设计采用阶梯式放坡开挖和土钉支护。共设四排土钉，坑底设置一排木桩，并与最后一排土钉相连接。支护结构剖面如图259所示。

3) 西侧立坡复合土钉支护、止水设计

复杂环境条件下软土基坑主要问题一是大变形问题，二是整体稳定性，即坑底隆起和深层滑移问题。为防止基坑变形过大或整体失稳，该段直立边坡止水设计方案主要考虑：

(1) 超前保护法。为尽量减少支护结构荷载并减少通信机房楼对基坑施工扰动的敏感性，基坑开挖前先对该楼沿基坑一侧框架柱进行锚杆静压桩托换。然后沿基

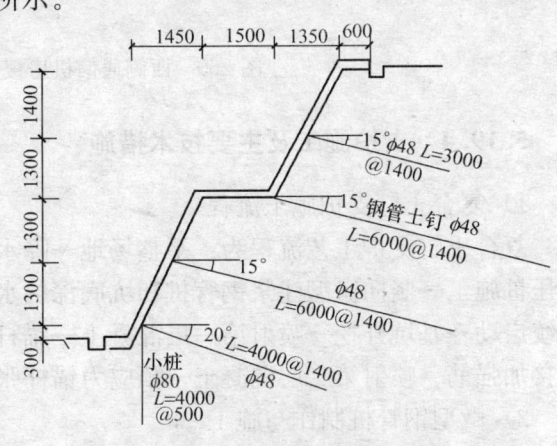

图259　四周无楼房坡段支护结构剖面图

坑西侧边线施工一道微型注浆钢管桩，通过高压灌浆，固化软弱土层，形成止水帷幕，在开挖支护工作面与原位土体之间先期形成"衬砌"屏障，以减少开挖过程中水土流失和软土变形。

(2) 过程控制法。复合支护结构中上部土钉全部改为预应力锚杆，以严格控制基坑开挖过程中支护结构侧向位移和软土流胀变形，在上、下两排锚杆之间增加一排水平注浆花管土钉，通过"跟踪注浆"办法适时弥补地层水土缺失，以严格控制基坑开挖支护过程中地面不均匀沉降。

(3) 整体优化，综合治理。根据现场环境条件采用"主动区花管注浆插筋补强-微型注浆钢管桩嵌入坑底-坑底被动区土体水泥搅拌桩加固"的联合抗隆止滑方案。西侧垂直边坡复合土钉支护结构主要由预应力锚杆-钢管土钉-喷射混凝土面层-微型钢管桩-水平注浆花管-坑底深层水泥土搅拌桩组合而成（图260）。

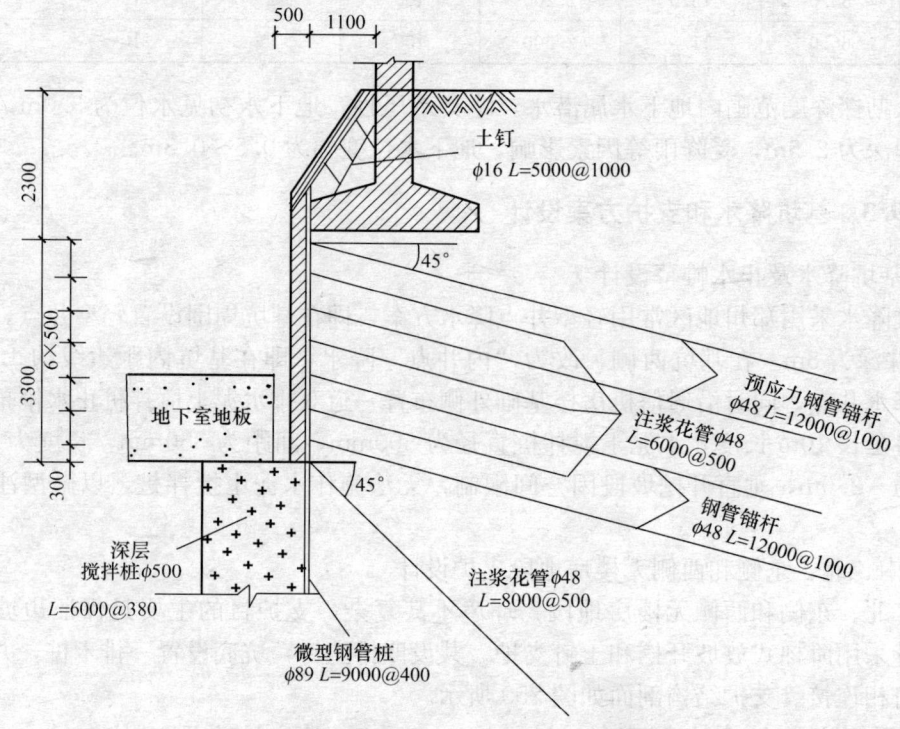

图260 西侧通信机房楼处支护结构剖面图

5.19.4 支护施工及主要技术措施

1) 复合土钉支护施工流程

复合土钉支护工艺流程为：平整场地→降水井成井→西侧局部开挖至条形基础→锚杆静压桩施工→竖向微型注浆钢管桩和坑底深层水泥土搅拌桩止水抗滑帷幕施工→基坑降水系统启动→基坑开挖→喷射第一层混凝土→锚杆（土钉）施工→铺设钢筋网→焊锚杆头、连接加强筋→喷射第二层混凝土→预应力锚杆张拉→重复以上工序至基坑底。

2) 微型钢管桩制作与施工

微型注浆钢管桩钢管选用直径为 φ89mm，厚度为 3.5mm 钢管，桩顶高程为 -2.2m，嵌固深度为 5.6m，管端设置注浆孔，孔径为 $\phi 5 \sim 8$mm，梅花形布孔。钢管桩底端加工成锥形，以便击入。采用自制 QC-15 型冲击钻孔机，因桩排与地下室底板距离很近，通过给钻机增设一个长导向滑架并适当控制钻进速度，保证了成桩垂直度。设计注浆压力为 $1 \sim 1.5$MPa，注浆前对孔口进行有效封堵。孔口返浆后持续加压 $4 \sim 8$min，以保证注浆质量。

3) 复杂环境条件下高水位软土层中锚杆施工

预应力锚杆和土钉全部采用"一次性钻机成锚法"，采用冲击钻击入，集造孔和锚杆安设一次完成，钻杆留在孔中作为拉杆。此法成锚速度快，避免了成孔过程中水土流失现象。钢管锚杆以 6m 为一段，在管口外端 $1.5 \sim 2.0$m 范围内不开注浆孔，其余管体均布注浆孔，每米开设 $3 \sim 4$ 个。为保证钢管锚杆锚固力，采用强力冲孔措施和孔底二次高压劈裂注浆技术注浆。管体打至设计深度后，立即用高压水从管口冲至管底，接着将一根注浆管插入管底，注浆管底部密封，然后扎紧钢管锚杆口部，以钢管锚杆为注浆通道由口部进行注浆，口部返浆后，停止注浆，待浆液初凝时，通过注浆管实施底部二次高压劈裂注浆。以注浆量 $60 \sim 80$L/m 为主要控制指标，当注浆量不足 50L/m 时，控制注浆压力不低于 1.2MPa，并恒压 15min，现场拉拔试验表明采用二次高压劈裂注浆技术，锚杆锚固力可以提高 $40\% \sim 60\%$。

4) 花管静压"跟踪注浆"施工

为减少不均匀沉降，紧随基坑开挖支护实施"跟踪静压注浆"保护。由于地基存在较大缝隙，如果控制不当，可能使浆液流失；地层中水位较高，注入的浆液可能会被稀释，影响结石强度。为解决上述难题，施工中采用了若干针对性较强的技术措施：①采用 CS 复合型浆材，根据施工监测，适时调整配比，控制胶凝时间，使注浆体结石率增大；②采用"选定域"原则，科学安排注浆顺序，即先注周边孔，以限定注浆区域，再注中间孔，隔孔施工，减少施工对土体扰动和各注浆孔之间互相干扰（窜浆）；③为克服冒浆和地层吃浆量小的问题，采用 CS 浆材的劈裂注浆和间歇式注浆方式，保证注浆效果和抬升作用；④采用定压注浆法注浆。当注浆压力达到或接近设计终压时，可结束注浆；而当压力超过或达到终压的 80% 时，会出现较大跑浆现象，此时经间歇注浆后，也可结束注浆。

5) 优化施工组织设计

实践证明，基坑土体位移除与地层物理力学性质和周边环境有关外，施工周期、开挖土体水平长度和深度、开挖土体暴露时间等时空因素对坡体变形影响也相当显著，此即系基坑工程"时空效应"。该基坑工程施工组织特别强调"时空效应"，按照分层、分步、对称、平衡及限时原则制定可操作的开挖和支护施工工序，详细规划开挖和预留土体长度、宽度及作业时间，通过有规律地分层、分段、跳挖、跳撑，适当减少每步开挖土方空间尺寸，尽量利用土体自身支撑作用并减少土体暴露时间，以达到控制基坑土体位移之目的。

6) 强化现场监测

该基坑工程主要进行了西侧边坡顶部水平位移监测和通信机房楼沉降监测，同时还由有经验工程技术人员每日进行巡察和裂缝观测，并及时整合信息，绘制位移-时间关系曲线，对各项监测结果和巡察情况进行综合分析并相互验证和比较，在此基础上，对支护结构工作状态进行反演分析，指导和优化下一步施工。

5.19.5 结语

1)复合土钉结构能较好地解决深厚软土地层中复杂环境条件下基坑边坡变形和稳定问题,且造价低廉、施工方便,具有先进性和代表性,在城市地下工程施工中具有广阔应用前景。

2)在类似地质条件下,竖向微型钢管桩注浆止水帷幕止水效果非常好,且经加固后的土体自立性能良好,能有效控制基坑开挖过程中土体变形。

3)在软土地区采用考虑"时空效应"的理论和方法进行需严格控制变形的深基坑施工,是一条经济而可靠的技术途径,根据监测信息适时优化施工工艺及参数,是工程成功的保障。

5.20 钢管土钉-搅拌桩复合结构的应用

厚杂填土边坡由于其"厚"、"杂"而成为一种特殊不良的复杂地质体,工程问题甚多而突出。采用复合土钉支护厚杂填土边坡已有不少研究成果和工程实例。实践证明,采用复合土钉支护厚杂填土边壁(坡)不仅是可行的,而且具有显著经济技术效果。刘彦忠结合复合土钉技术在杂填土基坑中成功应用的工程实例,总结了针对杂填土基坑特点的设计思想和工程经验。

5.20.1 工程概况

东大花园位于太原市坝陵北街和坝陵南街之间,三墙路东侧,南北长约270m,东西长为130m,由10座塔楼组成,其中3栋21层、5栋15层、2栋28层。基坑西侧相距6m左右为三墙路,是一条重要城市交通主干线,车流量较大。南侧约8m为坝陵南街;北侧约2m为一栋三层办公楼。基坑东侧紧邻一条宽3m的马路,马路边即为分属不同单位的建筑物,包括:建于70年代的5层办公楼,新建的7层住宅楼以及建于清代的老房屋。这些老房墙体已开裂,属危房。此外,还有较多上水、下水管道设置于此,情况较为复杂。由于地势北高南低,因而基坑开挖深度有所变化,东侧基坑开挖深度为8~9.8m,西侧基坑开挖深度为6.5~7.5m。

5.20.2 工程地质及水文地质条件

建筑场地位于太原市东山冲洪积平原下部,主要由杂填土、粉土、粉细砂、含卵砾中细砂、粉土等土层组成。各层土分布及特征如下:

1)杂填土:厚度为6.5~9.5m,杂色,湿、饱和,松散状态,主要成分为填土、砖块、石块、煤屑及建筑垃圾等。

2)粉土:平均厚度为3.3m,褐黄色,饱和、软塑-流塑状态,标准贯击数为1~6击,夹有细砂层及透镜体,中等压缩性。

3)含卵砾中细砂:平均厚度为3.3m,黄褐色,饱和松散状态,该层分布不连续,在场地东北部呈透镜体分布,以中细砂为主,含砾石及粉土,平均标准贯击数为9.5击。

4)粉土:平均厚度为13m,褐黄色,饱和、可塑状态,夹有粉细砂、中粗砂透镜体,局部夹有黏土层，中等压缩性。

该场地地下水埋深为1.05~2.3m，20m以上为潜水，20~50m为微承压水，含水层为中细砂和粉土层。

5.20.3 支护方案设计

该基坑占地面积为270m×130m，开挖深度为6.5~9.8m，是太原地区支护面积最大的基坑之一，开挖深度内以压缩性高、强度低的杂填土为主，并且地下水位高，基坑所处周边环境复杂。设计拟采用复合土钉技术进行支护。

土钉与原位土体构成的复合体，破坏时形成的滑动面与原位土体破坏形态不同。根据土钉工程实际观测分析，王步云提出了对数螺旋滑裂面模式：

$$\left. \begin{array}{l} R = R_0 e^{k\theta} \\ K = 1/\tan(90°-\varphi) \end{array} \right\} \tag{5.20.1}$$

式中：R_0，K 均为常数；R 为极半径；φ 为土的内摩擦角；θ 为极半径与水平线之间夹角。

对于相对细长的土钉，只考虑土钉抗拉作用。根据不同场地试验段用应变计监测结果显示，在土钉支护边壁的2/3~3/4高度范围内，土钉最大荷载约为 $0.75K_a\gamma HS_hS_v$，并不随深度变化，土钉头荷载约为 $0.5K_a\gamma HS_hS_v$，其中 K_a 为主动土压力系数；γ 为土重度；H 为开挖深度；S_h，S_v 分别为土钉水平和垂直间距。按照对数螺线滑裂面，需计算滑动土体滑动力矩和抗滑力矩，确定土钉所需提供的平衡力矩。但是仅满足极限平衡状态要求，并不能保证设计合理，还应满足以下约束条件：①墙体高度上半部土钉长度应一致。②墙体高度下半部土钉长度应适当缩减。

考虑到基坑开挖卸载的应力路径、土钉施工注浆浆液扩散效应，结合太原地区杂填土力学特性，选定计算参数为：$c=15$kPa，$\varphi=15°$，经计算初步确定如图261和图262所示复合土钉支护方案。

1) 对7.5m基坑（$S_h=1.2$m，$S_v=1.4$m）：

滑裂面极点为（-2.2m，4.7m）（以坡顶为坐标圆心），$R_0=8.0$；整体稳定安全系数为1.3；土钉最大荷载为108.7kN；土钉头荷载为72.4kN。

2) 对9.0m基坑（$S_h=1.0$m，$S_v=1.4$m）：

滑裂面极点为（-5.6m，2.6m）（以坡顶为坐标圆心），$R_0=9.5$m；整体稳定安全系数为1.29；土钉最大荷载为108.7kN；土钉头荷载为72.4kN；未计入搅拌桩阻滑作用，其作用拟作为安全储备。

选用 ϕ25mm 钢筋可满足钉筋抗拉要求，钉头采用 150mm×150mm×10mm 钢垫板焊接。

深层搅拌桩超前支护主要起稳定开挖面和截水作用，并兼有阻滑作用，桩长为13m，进入粉土层之中，桩径为500mm，桩间距为350mm。

土钉为钻孔注浆型，孔径为100mm，钢筋为 ϕ25mm。为限制基坑顶部位移，对第二排土钉施加适当预应力。喷射混凝土面层厚度为80~100mm，其配合比为水泥：砂：石子=1:2:2，钢筋网为 ϕ6mm@200mm，并设置 ϕ14mm 加强筋。水位以下难以成孔部位用钢管土钉代替。

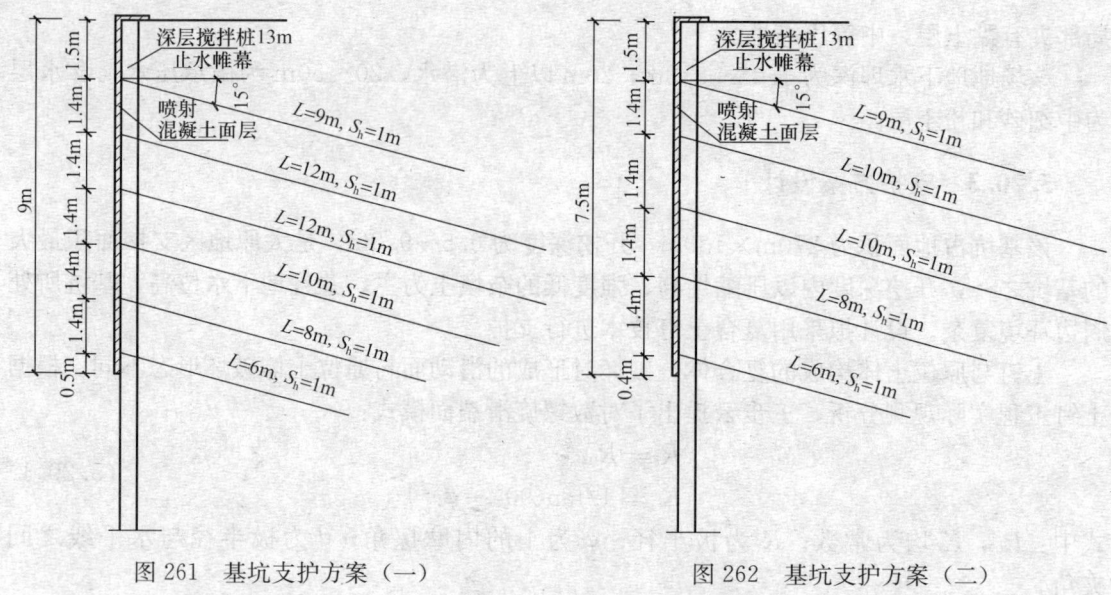

图261 基坑支护方案（一）　　图262 基坑支护方案（二）

5.20.4 土钉支护施工

根据支护设计方案，先施工深层搅拌桩，然后进行基坑开挖。为最大限度地利用天然土体自身强度，要求尽可能少地扰动土体，故采取边开挖，边支护的跟进作业法。开挖深度应满足设计要求，严禁超挖。正常施工流程为：开挖→成孔→插入土钉→注浆→编网→喷射混凝土→养护→下一步开挖。针对实际施工中具体问题，采取相应措施予以解决。

1) 钢管土钉制作和设置

杂填土沉积年代短，强度低，压缩性高，在水位以下，处于软塑-流塑状态，自稳性差，难以成孔。故在实际工程中采用直径为48mm钢管土钉。钢管土钉沿长度方向每隔300～500mm设两个出浆孔。在出浆孔处加焊倒刺形等边角钢，其作用是防止钢管在打击过程中泥沙流入钢管内，同时，注浆后也可增加土钉与周围土体的粘结力。在靠近土钉头3m以内不设出浆孔，土钉里端做成锥形，其外套焊一个外径为80mm、壁厚为5mm锥体，以便于钢管土钉击入。钢管土钉不能按设计长度制作时，可拼焊3根长度为150mm、直径为ϕ8mm加强筋。钢管土钉可用滑锤击入，也可用专用顶管机顶入。

2) 钢管土钉注浆

注浆质量是保证土钉拉拔力的关键。工程中采用低压慢注、间歇注浆、逐渐加压等注浆方法，取得较好效果。

(1) 注浆前，用压力水清洗钢管土钉，直至挤入钢管内部泥沙和钢管外虚土被冲洗干净，流出清水为止。

(2) 设置止浆塞，从管底开始注浆。最初采用低压慢注方式，注浆压力为0.3～0.4MPa，使钢管内、钢管与土间孔隙全部由浆液充满。然后采用多管轮流、间隙注浆方式，在间隙注浆中逐步加大压力，直至将压力提高到0.6MPa以上。

良好的注浆质量，可使浆液在杂填土层中得到扩散和充填，不仅改良了周围土体，提高了土体抗剪强度，相应的也提高了土钉抗拔力。

3）拉拔试验

为确定钢管土钉拉拔力，在基坑中对 3 根土钉进行了拉拔试验。试验参数见表 69，试验结果见图 263 所示。现场试验表明，钢管土钉抗拔力约为 11.1kN/m，与钻孔注浆型土钉基本相当。

钢管土钉拉拔试验结果　　　　　　表 69

编　号	最大加载值（kN）	最大位移值（mm）	土钉长度（m）
1#	100	15.8	9.0
2#	100	20.5	9.0
3#	100	18.6	9.0

4）止水帷幕渗漏处理

利用深层搅拌桩作为止水帷幕是一种常用方法。该工程由于基坑较深，水位较高，场地土层变化较大，加之施工质量等方面原因，以单排搅拌桩作为止水帷幕，存在渗漏问题。渗漏水给基坑降水、土钉施工带来较大困难。在基坑东侧开挖时，许多部位均不同程度地出现了漏水现象，为此，依据现场实际情况，在施工中采取了若干行之有效的办法进行处理。

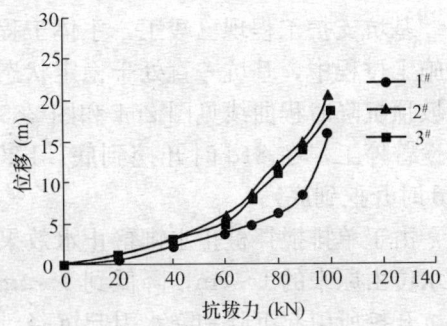

图 263　钢管土钉拉拔力与位移关系曲线

（1）内部封堵

对于渗漏点较浅、水量较小渗漏部位，采用内部封堵法，即利用水玻璃砂浆等直接封堵渗漏点。对于渗漏点较深、水量较大渗漏部位，则先在渗漏区打入若干直径为 48mm 花管，然后注入 CS 浆液，并封堵花管。

（2）外部封堵

对于渗漏点更深、水量更大渗漏部位，则采用内部封堵结合树根桩进行堵漏，即在渗漏区外侧补打一排树根桩，注浆压力控制在 0.1MPa 左右。在局部地段采用双管双塞法进行重复注浆，也取得较好效果。

5）设计、施工中动态化管理

整个基坑分块进行开挖。首先开挖基坑东侧南段。在此地段距基坑边线 3m 处有一长度为 12m 的澡堂。在基坑开挖过程中，曾发现在此范围混凝土面层和钉头处有轻微渗水现象，通过设置位移观测点进行观测未发现异常，地面也无裂缝出现。但是，在对最后一层分段（长度为 15m）开挖后，施打最后一排土钉前，发现地面出现一条裂缝，基坑顶部位移增幅加大（基坑东侧南段沉降时程曲线见图 264，沉降观测点 L25 位于澡堂渗漏处，L24、L23 分别在 L25 以北 10m 和 20m 处，在 39d 时该段开挖到最后一层）。经调查，确认系澡堂下水管道漏水，引起边坡压力增大所致，因此必须马上采取措施：①切断水源。②在坑壁上设置一排排水孔，排出积水。③增加观测次数，发现异常及时处理。以上措施实施后，险情得到缓解，后期变形趋于平稳。

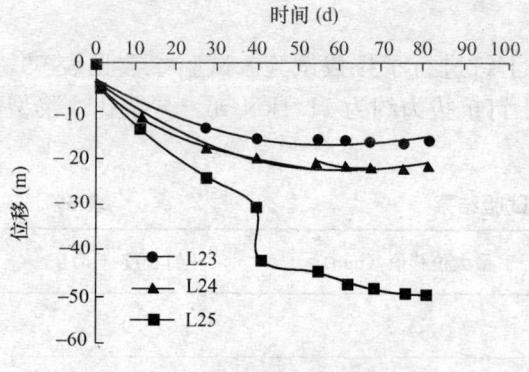

图 264 基坑东侧坡顶沉降时程曲线

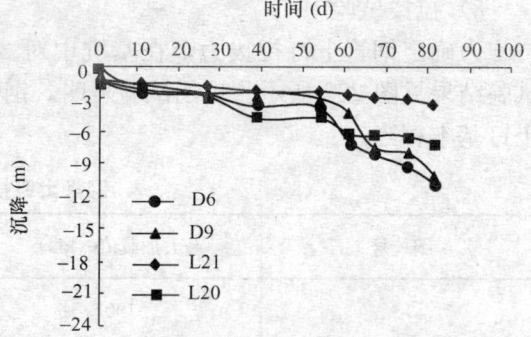

图 265 基坑西侧坡顶沉降时程曲线

5.20.5 小结

基坑支护工程现已竣工，主体工程已超出自然地面，部分地段已回填。在整个地下工程施工过程中，基坑一直处于稳定状态，边坡最大水平位移不超过 20mm，基坑西侧、东侧坡顶沉降时程曲线见图 264 和图 265（D6、D9 为设置于基坑西侧的沉降观测点，该段中途曾停工，在 81d 时开挖到底。L20、L21 为设置于基坑东侧的沉降观测点，该段在 60d 时开挖到底）。

由于单排搅拌桩止水帷幕止水效果差，许多地段出现不同程度渗漏现象，致使基坑外侧水位由原来的 1～2m，降低到 3～4m。在图示中的坑顶累积沉降主要由两部分构成，即基坑开挖所引起沉降和降水引起沉降。另外该基坑面积较大，周围环境复杂，土钉采用分步分段施工，因此在降水过程中采取回灌、设置观测井、增加观测次数等措施，来控制水位降低，调整降水漏斗曲线，使其尽可能平缓，以减轻由于降水引起不均匀沉降。一系列基坑支护措施的实施，有效地限制了由于基坑开挖、降水引起的变形，保证了基坑周围建筑物、地下埋设物安全。

止水帷幕设置，保证了土钉支护在水位以上基坑支护中的应用，预应力土钉有效限制了边坡位移，钢管土钉成功地解决了杂填土中易塌孔、难以施工的难题。复合土钉支护技术在该工程中的成功应用，解决了传统支挡结构费用高，工期长，安全度低的问题，为太原地区杂填土基坑支护开辟了一条新路，其推广应用必将带来巨大社会和经济效益。

5.21 土钉-改良加筋土复合结构的应用

5.21.1 概述

厚填土是一种松散介质，以往一般沿用圆弧破坏模式进行稳定性分析和支护参数设计计算。研究表明，厚填土边壁（坡）在夯实条件下，不取圆弧破坏模式，而是取平面-弧面组合破坏模式。曾宪明、宋红民等依据这一模式，采用复合土钉支护方法，对洛阳市中州渠厚填土边坡工程进行了成功加固支护。本节简介了夯实填土边坡的破坏模式及其变形破坏特性，概述了中州渠工程复合土钉支护的设计、施工及工程稳定性。

5.21.2 夯实填土的复杂破坏模式

根据式（2.6.3），在大型试验箱（长×宽×高＝315cm×250cm×60cm）内进行了夯实填土边壁（坡）破坏模式的相似模型试验。研究表明（图266）：

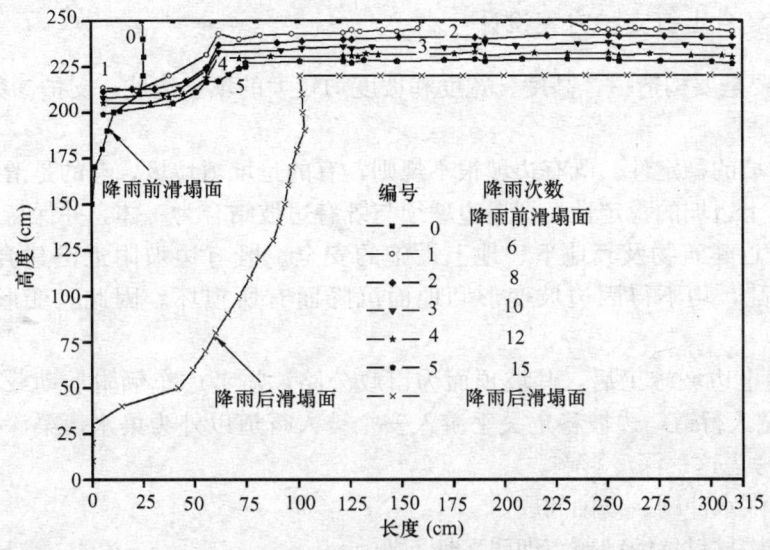

图266 夯实填土边壁降雨前后的滑塌形态

1）人工夯实填土条件下，边壁（坡）滑塌面的空间形态既不是圆弧面也不是平面，而是平面与凸弧面的组合形式，即上部为直立平面，下部为凸弧面，上部主要为倒塌破坏，下部主要为滑移破坏。

2）造成上述破坏形态的机理为：开挖后，土体侧向约束被解除，于是产生侧向变形，并在土体内部产生侧向拉应力。在该拉应力超过介质抗拉强度点处，土体产生张裂缝，同时使不稳定土体成为相对孤立体。此孤立体连同其下部土体自重荷载形成的剪应力超过相应滑移面的抗剪强度时，即发生滑移。此时上述相对孤立体即成为完全孤立体，并在滑动过程中伴随部分倒塌。

3）综上所述可知，人工夯实填土边壁（坡）的破坏模式可概括为平面－凸弧面组合破坏模式，即复杂破坏模式。

5.21.3 工程与地质条件

穿越洛阳市整个市区的中州渠工程始建于20世纪50年代，总长度为12.8km，原为一条灌溉渠。随着城市规模扩大以及环境污染，中州渠灌溉功能已丧失，逐渐变成了一条排污渠，排污口多达800余处，且沿岸建有许多违章建筑。为彻底整治中州渠，洛阳市政府专门成立中州渠综合整治指挥部，进行统一规划和治理。受该指挥部委托，总参工程兵科研三所承担了中州渠沿线坡度1∶0.3以上的全部边坡加固任务。其中有多处大型塌方区地段须恢复原貌。复原后的路面要长期保证车辆行驶和游人观光，坡面须长期稳定并能抗雨季洪水冲刷。下面选取其中较为典型的一例阐述如下：

塌陷区总长为113m，垂直高度10.4m，水平塌陷宽度上部距边坡顶边线8.5m，下底为 6.5m。残存塌陷区表面为垃圾、砖石和淤泥，深约 3m，且延伸进入原边坡内 6~7m；7m 之外为典型的洛阳Ⅱ级湿陷性黄土，其含水量为 7%~15%，天然重度为 17kN/m³，液限为 3%，内摩擦角为 20°，内聚力为 20kPa。紧靠塌陷区边沿原有一幢五层住宅楼，受塌方影响已全部倒塌。

5.21.4 复合土钉支护方案设计

该工程主要是要构造一个高度、宽度和坡度均较大的填土边坡。支护参数设计所需考虑的主要因素是：

① 既有边坡的稳定性。既有边坡很不规则，有的是堆填垃圾，有的是滑塌松散体。

② 拟造填土边坡的稳定性。拟造边坡须与既有边坡结合为一体，并保持长期稳定。

③ 边坡附近建筑物及其地下、地上设施的安全。既有边坡附近已建合法和不合法建筑物多而零乱，均不得因边坡变形和地面沉降而有所损坏。因此，变形控制是很重要的。

④ 拟造填土边坡竣工后，其坡顶面为市政公路，需考虑车辆附加动载 2t/m² 作用；坡脚处为 3m 宽人行道，边坡稳定关乎游人安全；人行道以外为渠水，渠深为 6m，边坡稳定性分析须考虑这一深度影响。

⑤ 坡面抗洪水冲刷、侵蚀问题。

⑥ 支护结构材料抗蚀问题，即耐久性问题。

填土边坡防护预案有以下几种：

① 一般支挡结构，如浆砌块石挡墙。

② 预应力锚索支护。

③ 土钉支护。

采用挡墙结构，结构可能做得很肥厚，且因高度大，支挡效果欠佳。预应力锚索拉拔强度较高，但介质软弱，难以提供较大锚固力，致使锚索高强性能难以发挥。土钉靠群体起作用，其注浆对填土具有良好改性效应，但由于既有边坡破碎软弱，成孔质量及抗拉强度均会受到一定影响。经综合分析，最终决定采用土钉支护与加筋土（改良）的复合结构形式。

复合土钉支护参数设计采用叠加原理，即填土边坡土压力，一部分由土钉支护承担，另一部分由加筋承担。此外土钉支护尚须对既有边坡提供支护力。由于既有边坡及其稳定问题的存在，以及工期较紧原因，加筋靠既有边坡一侧的预制挡板，用垂直向下或倾斜向下的灌浆锚栓替代；靠坡面一侧的预制挡板，用喷射钢筋混凝土面层替代，因而是一种改良加筋土结构形式。面层设计考虑传递土钉拉力、抗冲刷和抗腐蚀等因素影响。

基于上述考虑所求得填土边坡稳定性安全系数为 2.1，相应支护设计断面见图 267。

5.21.5 复合土钉支护施工

1) 回填：回填土采用无杂质洛阳黄土。该土质可塑性好、湿陷性大。在回填过程中采用填土→浇水→夯实的循环施工方法。填筑高度每增加 50cm 为一个循环，以增大回填土密实度，减小施工过程中及竣工后边坡垂直沉降和水平位移。外表面码放的土袋在交错叠放后也作夯实处理。

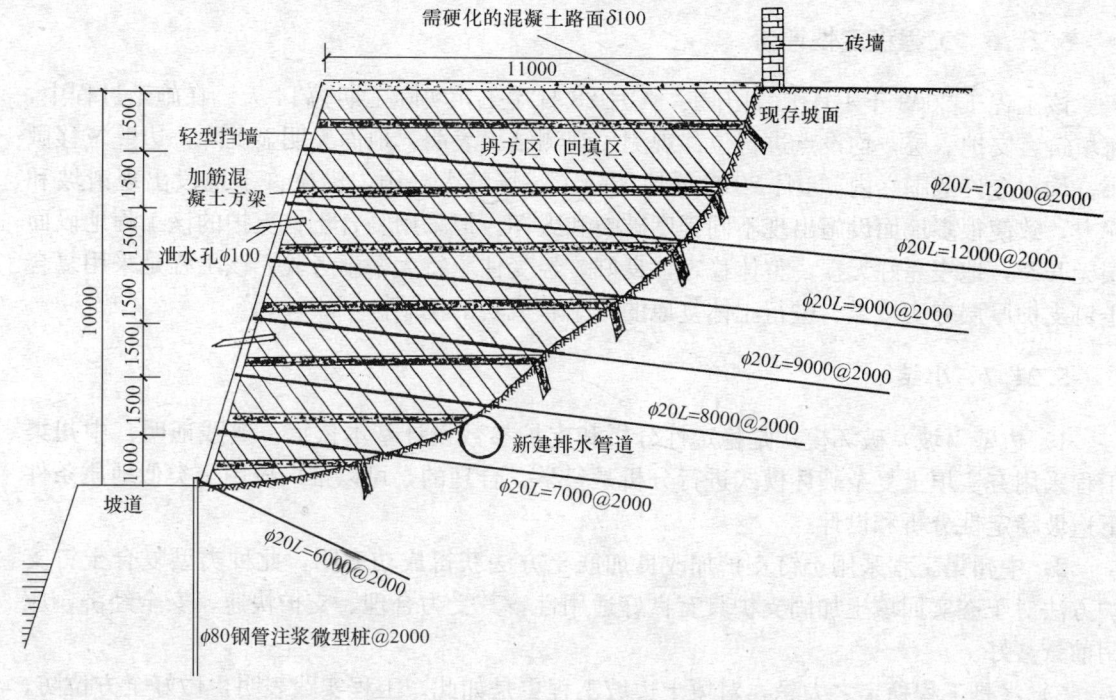

图 267 复合土钉支护的设计

2）土钉制作、成孔与注浆：无论是既有边坡，还是拟填筑边坡，一律采用锚管替代土钉，以解决既有边坡中难以成孔问题。先对既有边坡进行锚管支护，并将其外端露出面层，使之与填土边坡中的锚管相焊接。锚管采用顶部扩大头形式，以便减小设置过程中的摩阻力，并使孔壁与管外壁之间有一定浆液保护层厚度。注浆前用水冲洗锚管。注浆时采用间歇式多次注入法，以确保浆液饱满。此外，回填土中锚管表面在安设到位后，先作防蚀处理，后填土埋设。

3）改良加筋土结构施工：加筋里端的预制混凝土挡板，用垂直向下或倾斜向下的灌浆锚栓替代，锚栓用长度为 1m 直径为 ϕ20mm 钢筋制作。加筋用现浇混凝土（截面尺寸 300mm×300mm）包裹。加筋外端挡板用喷射钢筋混凝土面层替代。

4）面层施工：土袋每码高 2m 左右，即在外表面初喷 3cm 厚混凝土，然后敷设 ϕ6.5—200mm×200mm 钢筋网片；在网片上再覆以加强筋；加强筋顺钉管排列：水平向为 ϕ18mm 钢筋，竖向为 ϕ48mm 的优质钢管。将加强筋牢固焊接在钉头上，再复喷 9cm 厚混凝土形成最终面层（图 268）。

图 268 填筑至地面时的情景

5.21.6 工程稳定性评价

该工程于2003年4月15日开工，4月28日竣工，实际工期为14天。在施工过程中，每填筑、支护一层，均设点进行位移观测。观测结果表明，地面无明显沉降，边壁位移微小，均在允许范围之内。6月22日该地区降了一场特大暴雨，沿岸许多地段出现滑坡和塌方，致使很多地面设施出现不同程度破裂和毁坏。但采用复合土钉支护的该工程地段面层无开裂，地表完好无损，整体稳定性良好，经受住了特大暴雨考验。该工程是采用复合土钉支护厚层夯实填土、进行土体复原的一个较成功的例子。

5.21.7 小结

1) 边壁（坡）破坏模式是稳定性分析和支护参数设计基本依据。实践证明：中州渠工程采用夯实填土复杂破坏模式进行分析是科学、合理的，可以推广应用于类似地质条件下边坡稳定性分析和设计。

2) 中州渠工程采用土钉支护加改良加筋土方法获得成功表明，此种类型复合土钉支护方法对于夯实回填土加固支护具有良好适用性，其受力合理、支护快速、安全经济，应用前景甚好。

3) 水是工程稳定之大忌，对填土边坡工程更是如此。工程实践表明，做好全方位防、排水处理是十分必要的。不过，在分层夯填过程中，适量洒水有助于减小后期不均匀沉降。

4) 对填土加强夯实有助于提高其密实度和工程稳定性，并具有较好经济效益。

5.22 复合土钉支护在CFG桩复合地基中的应用

CFG桩在复合地基中已有较多应用。CFG桩成功应用与基坑边壁（坡）围护结构类型紧密相关。周同和举例说明，采用复合土钉支护的基坑，CFG桩应用很成功，采用单一土钉支护的基坑，CFG桩难以做成，工程甚至出现险情。

5.22.1 概述

深基坑工程与地基处理工程同属于岩土工程范畴。基坑工程与地基工程均存在时空效应问题，二者相互关联密不可分，其相互作用及其对环境影响已逐渐为人们所重视。地基处理增加了被动区土压力，有利于支护结构及变形控制。有插入深度的支护结构对地基土的约束同样影响基础周边地基土应力分布，有利于减少地基变形。

图269～图271显示出围护结构与竖向增强体复合地基互相作用关系。

从图中可以看出：在一定地质条件下，由于采用不同边壁支护形式，CFG桩施工将对周围环境带来不同影响。

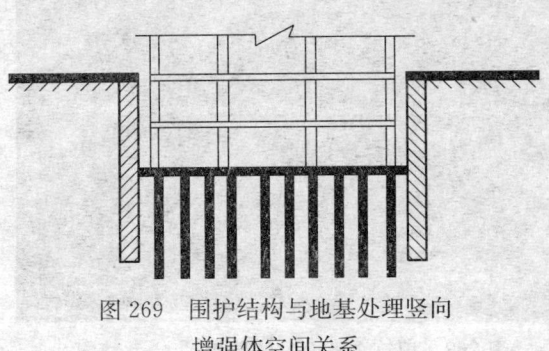

图269 围护结构与地基处理竖向增强体空间关系

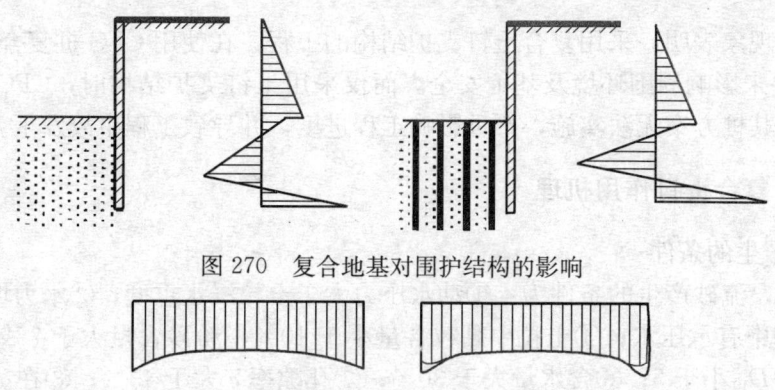

图270 复合地基对围护结构的影响

图271 围护结构对地基应力曲线的影响

5.22.2 CFG桩施工对基坑工程环境的影响

某基坑工程A长度为145m，宽度为48m，深度为12.9m，地基处理采用CFG桩复合地基方案，围护设计采用排桩预应力锚杆加土钉复合支护结构。所处同一路段（相距1000m）地质条件亦相近的另一基坑工程B深度为10m，地基处理也采用CFG桩复合地基，而支护结构则采用单一土钉支护。A、B二基坑围护结构剖面分别见图272和图273。B基坑在土钉支护施工至一定深度后，开始施工CFG桩，结果发生流砂现象，坑外粉砂、粉土在CFG桩成孔时产生流动，造成基坑周围主干道路面大范围下沉，产生宽达50mm裂缝，并使相邻两侧建筑物开裂并下沉，严重威胁基坑及周围环境安全。而A基坑工程除因工作面狭窄，未完成止水带施工的约15m长基坑边缘产生约10mm宽的地面裂缝外，其余约370m长基坑范围内未发现任何地面下沉和裂缝现象。

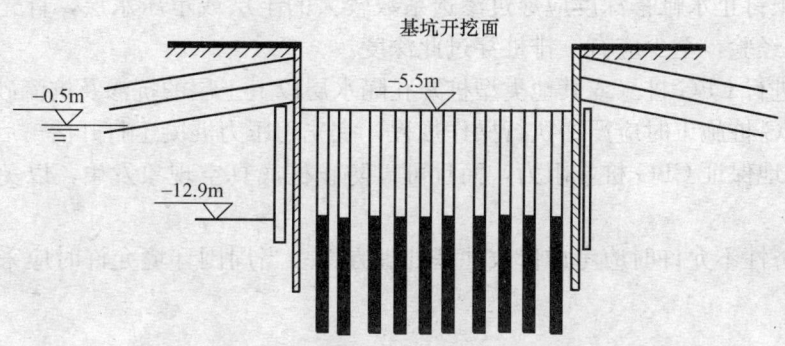

图272 A基坑支护与地基工程剖面图

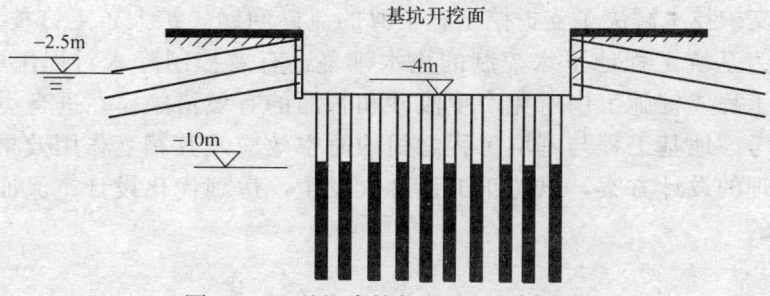

图273 B基坑支护与地基工程剖面图

上述工程现象表明,采用复合土钉支护结构的工程,在使用CFG桩复合地基方案时,CFG桩施工并未影响周围环境及基坑安全。而仅采用土钉支护结构时,CFG桩施工因产生流砂,而使其桩方案无法实施,严重影响工程进度,并导致工程事故发生。

5.22.3 复合土钉作用机理

1) 流砂产生的条件

分析认为,流砂产生的条件为:①动水压力大于土粒浸水重度;②水力坡度超过临界值l_{cr};③地基中有承压水;④土粒中黏粒含量小于10%,粉砂含量大于75%;⑤土粒不均匀系数D_{60}/D_{10}小于5;⑥含水量大于30%;⑦孔隙率e大于43%;⑧在黏性土中夹砂层厚度大于250mm。

2) 复合土钉防止流砂的作用及机理

复合土钉中止水帷幕的存在不仅解决了基坑开挖支护过程中流砂现象,扩大了土钉使用范围,还起到了打桩过程中对环境及基坑安全保护和方便地基工程施工的作用。

根据流砂和管涌产生的条件,止水带的存在阻止了承压水和坑外一定范围内水土直接沿水力坡流向CFG桩施工孔内或基坑内,路径的增加使动水流阻力加大,动水压力降低,渗液时间延长。止水帷幕的存在显著改变了流砂及管涌产生的条件,是防止地基工程CFG桩、人工挖孔桩、旋喷桩等施工时产生孔内流砂,进而影响基坑及环境安全的有效措施。

5.22.4 CFG桩施工应注意的问题

1) 复合土钉止水帷幕深度应穿过渗透系数较大的土层或承压水层,首先起到截流作用。根据工程经验,至少应有一排桩穿过此深度。

2) 必须进行CFG桩(或其他类型桩)孔隔水层以上土层的抗渗及抗流砂验算。

3) 在CFG桩施工时应严格执行操作规程,宜先用压力混凝土打开活瓣后再提钻。这样不仅能有效地保证CFG桩端阻力,而且可以防止桩底真空现象发生,以免加大动水压力引起流砂。

4) 当经济性不允许时应考虑修改地基处理方案;当周围环境允许时应采取降水措施减小水位差。

5.22.5 小结

复合土钉支护技术解决了支护挖土施工时的流砂问题,扩大了土钉技术应用范围,止水带不仅作为基坑工程地下水控制的止水帷幕,有效控制降水对周围环境的危害,同时也是地基工程成桩施工中避免产生流砂和管涌的有效措施。在进行类似基坑工程设计时应充分考虑地基工程与基坑工程之间的时空效应及其相互作用效果,采取统一规划、优化合理的设计方案,以防止工程事故发生,达到优化设计、保证安全、降低工程造价之目的。

5.23 土钉-预锚复合结构的应用

5.23.1 概述

复合土钉支护技术是在传统土钉支护技术基础上，配合采用预应力锚杆、水泥土搅拌桩、超前树根桩等技术措施，以控制土钉支护变形，满足环境对支护技术要求而形成的一种复合支护技术。虽然与单一土钉支护技术相比，造价有所提高，但仍比采用护坡桩大为节省，且不需大型、重型施工机械，施工方便，工期短，得到了普遍应用。特别是随着该技术日趋成熟，可利用土钉支护形成竖直、平整表面作为地下结构施工外模，节省了主体结构施工费用。张钦喜等认为目前该技术在北京地区已发展成基坑支护主流技术，近于直立支护深度已达约20m。北京某工程地处复杂环境，即是采用复合土钉支护进行设计与施工。

5.23.2 工程概况

金地街1#地综合楼工程，场区南侧为金地街，北侧为干面胡同，西临东四北大街。拟建综合楼包括：15~18层四星级酒店1栋，高度为56.75~68m，框剪结构；17层写字楼1栋，高度为68m，框剪结构；13层快捷酒店1栋，高度为50m，框剪结构；3~5层裙房，高度为16~18m，框剪结构；地下车库一座，框架结构。整个建筑物均设有3层地下室，坐落在同一块1.5m厚的筏板基础上，基础埋深为16.5m。基坑形状如图274所示。

1) 工程地质条件

根据勘察报告提供资料，场区工程地质条件可概括为：

① 0~5.3m 为房渣土及粉质黏土、黏质粉土填土。

② 5.3~7.8m 砂质粉土、黏质粉土，硬塑。

③ 7.8~10.8m 粉细砂，中上密。

④ 10.8~14.3m 粉质黏土、黏质粉土，可塑，中~中低压缩性。

⑤ 14.3~16.5m 中、细砂，密实。

⑥ 16.5~20.5m 卵石、圆砾，中密。

⑦ 20.5~28.5m 黏质粉土、砂质粉土，硬塑~可塑。

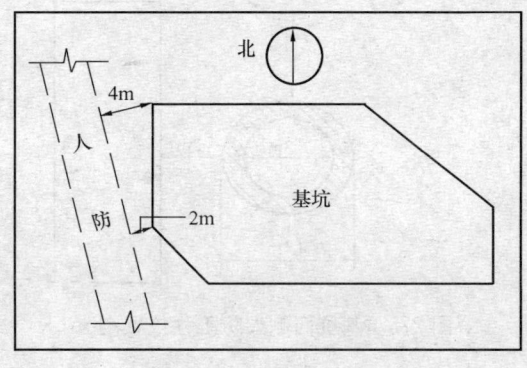

图274 基坑平面示意图

2) 水文地质条件

场区内地下水较丰富，共分布有三层地下水。其中第一层为上层滞水，静止水位埋深为10~12.3m，分布于场区北半部；第二层为潜水，静止水位埋深为15~16.7m；第三层为承压水，埋深为22.3~23.2m。

根据以上水文地质条件，在基坑四周布置一圈大口径井进行降水，井深为23m，井间距为8~10m。

5.23.3 基坑支护设计

基坑北侧距基坑6m有一新建12层建筑，在该侧采用桩锚方案进行支护，其他三侧均采用土钉支护，其中东侧、南侧土钉支护设计与施工均属常规条件下一般支护设计。而场区西侧，由于紧邻高度达4.1m的地下人防（图275），在2排土钉无法按正常情况进行设计和施工条件下，如何确保临近新建地下人防工程安全，成为该工程土钉支护设计时遇到的难题和重点问题。

1）设计条件

根据该工程地下结构特点，建设方提出—6.2m以上按1∶0.1坡度进行土钉支护，以下进行垂直土钉支护并直接作为地下结构施工外模板，土钉支护水平变形不得大于50mm。

2）复合土钉支护设计

针对以上设计要求和该段环境条件，经综合分析，共设计9排土钉，土钉位置和长度见图276和表70，其中第3、6、7排土钉用预应力锚杆替代，并在下部2排预应力锚杆之间沿竖向加设钢梁（20a），锚杆施加120~150kN预应力。通过施加预应力和加设竖向钢梁，控制两排锚杆之间土体变形，土钉（锚杆）水平间距为1.5m，竖向间距见图276。

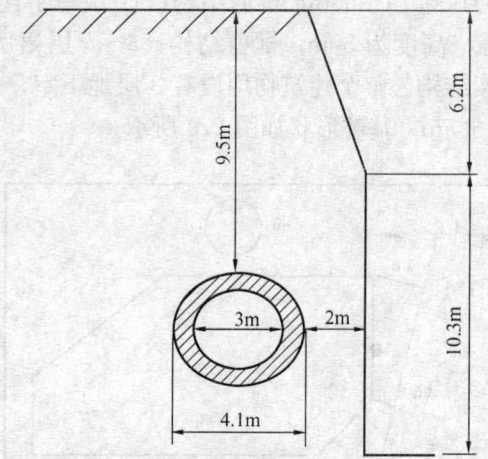

图275 基坑西侧人防工程位置图

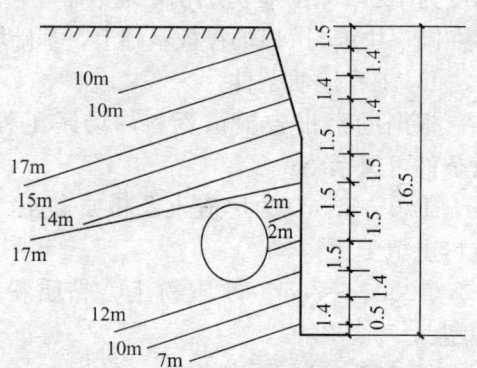

图276 土钉支护设计剖面图（尺寸单位：m）

各排土钉设计参数　　　　　　　　　　表70

土钉序号	土钉（预应力锚杆）长度 (m)	主筋根数与直径 (mm)	成孔直径 (mm)	预应力 (kN)
1	10	1ϕ25	110	0
2	10	1ϕ25	110	0
3	17	2ϕ15.2	150	120~150
4	15	1ϕ25	110	0
5	14	1ϕ25	110	0
6	17	2ϕ15.2	150	120~150

续表

土钉序号	土钉（预应力锚杆）长度 (m)	主筋根数与直径 (mm)	成孔直径 (mm)	预应力 (kN)
7	12	2φ15.2	150	120～150
8	10	1φ25	110	0
9	7	1φ25	110	0

注：1φ25 是指 1 根直径为 25mm 的 Ⅱ 级钢筋；2φ15.2 是指 2 根直径为 15.2mm 的钢绞线（1860级）。

5.23.4 数值模拟分析

1）模型建立

为确保边坡安全，采用 FLAC（Fast Lagrangian Analysis of Continua）软件对西侧复合土钉支护进行了多种工况下数值模拟分析。FLAC 有限差分程序由美国 Itasca 咨询公司开发，它可以模拟岩土或其他材料力学行为。FLAC-2D 采用显式有限差分格式来求解场的控制微分方程，并应用混合单元离散模型，可准确地模拟材料的屈服、塑性流动、软化直至大变形，尤其在材料的弹塑性分析、大变形分析以及模拟施工过程等方面有其独到之处，已广泛应用于隧道、矿山、大坝、边坡、基础工程的设计与研究。

分析时土体采用莫尔-库仑模型。该模型和线弹性模型相比，可以考虑土体屈服后的反应，与其他更复杂模型相比，所需力学参数简单，通过常规试验即可得到，不需要复杂的三轴试验。土钉采用一维杆单元，面层及型钢采用梁单元，土钉和面层及型钢之间作刚性连接，土钉和土体之间用弹簧连接，土钉内力与钉-土间相对剪切位移成正比，破坏时拉力取决于土体性质。

土层划分和计算参数取值如表 71 所示，土钉及预应力锚杆长度和计算参数取值见表 70。在用 FLAC 进行数值模拟时，按实际开挖步骤和开挖深度进行计算，并对锚杆施加一定预应力，即依照施工程序，在开挖一定深度后进行喷锚支护，迭代至平衡状态后再开挖下一步，直至达到设计深度为止。

土层计算参数取值　　　　表 71

地层号	γ (kN/m³)	c (kPa)	φ (度)	E (MPa)	v
①	20	15	20	8	0.35
②	20	20	30	15	0.3
③	20	0	35	25	0.28
④	20	20	20	15	0.30
⑤	20	0	36	25	0.25
⑥	20	0	42	50	0.25

2）数值模拟结果及分析

图 277(a) 为不加槽钢时 X 方向位移等值线图，图 277(b) 为设置槽钢后 X 方向位移等值线图。计算结果表明：最大位移发生在下面两排锚杆之间无法施打土钉部位，如果不设槽钢，土体位移超过 7cm，设置槽钢后，位移减小至 6cm，证明设置槽钢对减小土体变形有一定效果。由于槽钢较长，刚度相对较小，对减小变形的效果尚有限。

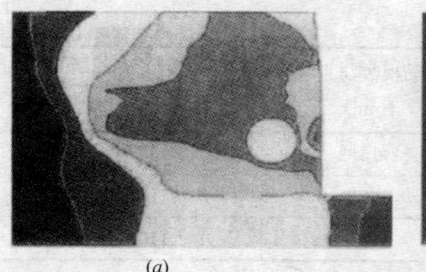 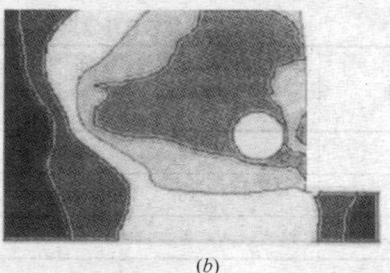

图 277　X 方向的位移等值线图
(a) 不设槽钢；(b) 设置槽钢

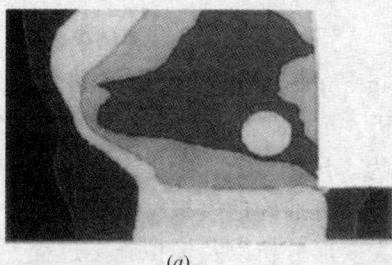 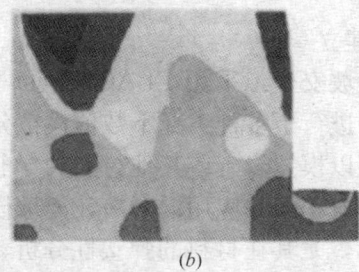

图 278　加设短土钉后的位移分布图
(a) X 方向的位移等值线图；(b) Y 方向的位移等值线图

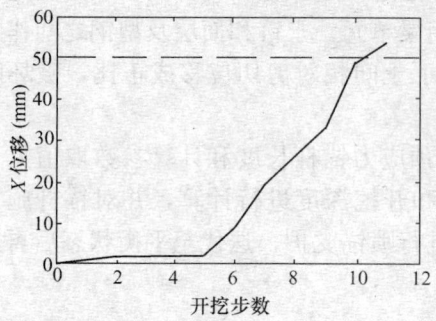

图 279　坡顶水平位移随开挖变化曲线

因人防工事上下两排锚杆之间距离较大，即使设置槽钢也不能满足要求，因此在两排锚杆之间又加设了两排较短土钉，土钉长度为 2m。加设短土钉后该处土体位移减小到 5cm，基本上能够满足要求。图 278 (a) 为加设两排短土钉后 X 方向位移等值线图，图 278 (b) 为其 Y 方向位移等值线图。图 279 为地表在基坑开挖过程中 X 方向位移随开挖步变化曲线，图 280 为地表在基坑开挖过程中 Y 方向位移随开挖步变化曲线。计算结果表明，在采取以上技术措施后，土钉支护最大侧向位移为 53mm，地表最大沉降量为 26mm，基本满足设计要求。

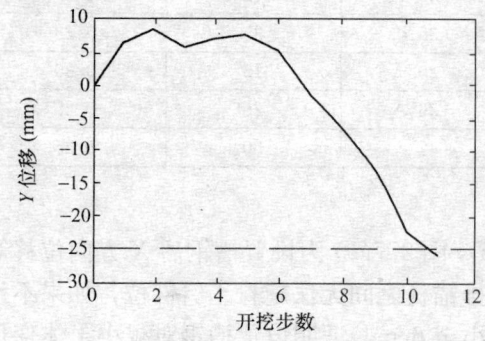 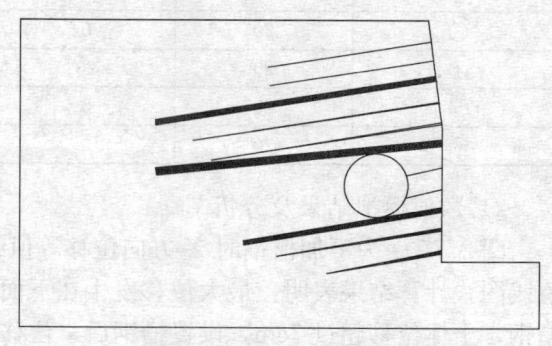

图 280　坡顶地表沉降随开挖变化曲线　　图 281　土钉轴力的数值模拟结果

土钉所受轴力数值模拟结果如表72和图281所示。从土钉所受轴力计算结果看，用FLAC-2D计算出土钉最大受力为101.5kN（第8排），预应力锚杆最大受力为232.5kN（第6排）。作为对比，表72还给出了用不同方法得到的计算结果。从中可以看出，方法不同，土钉受力相差较大。

用不同计算方法求得的土钉受力　　　　　　　表72

序号	FLAC数值模拟结果 (kN)	文献[1]*法计算结果 (kN)	文献[2]*法计算结果 (kN)	文献[3]*法计算结果 (kN)	实测结果 (kN)
1	27.81	85.4	157.4	155.4	
2	14.12	76.9	149.8	155.4	
3	158.7	109.6	162.4	155.4	
4	52.6	133.6	168.2	155.4	87
5	77.3	162.6	174.0	155.4	96
6	232.5	386.1	348.1	310.8	
7	195.5	517.8	342.3	310.8	
8	101.5	264.1	162.1	155.4	
9	95.3	243.3	139.2	155.4	

注：[1] 中华人民共和国行业标准：建筑基坑支护技术规程 JGJ 120—99
　　[2] 中国工程建设标准化协会标准：基坑土钉支护技术规程 CECS 96：97
　　[3] 张钦喜，霍达. 土钉墙设计的滑楔平衡法[J]. 工业建筑，2002（2）：33～36

5.23.5 实测结果与分析

为探索土钉受力及变形规律，对土钉支护水平位移及土钉受力进行了监测，其中水平变形采用高精度经纬仪进行监测，测点设在西侧中部坡顶距坑边20cm位置；土钉内力采用钢筋计测量，测点设在第4、5排土钉的理论最大受力部位（即边坡的理论滑裂面处）。2003年3月15日基坑开挖至设计深度时，测得坡顶最大水平位移为3.8cm，第4、5排土钉最大受力为87kN、96kN，略大于FLAC数值模拟结果，但明显小于表72中所列文献建议方法的计算结果。

5.23.6 小结

1）通过对复杂条件下土钉支护的FLAC数值模拟，完善和优化了支护方案，对确保支护结构安全起到了重要作用。

2）该工程实际位移量略小于数值模拟结果，而土钉实际受力则略大于数值模拟结果，说明采用FLAC可以对土钉支护变形和受力等作出较好预测。

3）该工程实测结果表明，土钉实际受力明显低于采用现有常规计算方法所算出量值，这与已发表若干实测数据规律相似。

4）土钉轴力是边坡土体变形积累导致土与土钉间出现相对位移或相对位移趋势造成的，单纯按某种分布形式的土压力计算土钉内力，不能反映土钉实际工作性态，得出的土钉内力与实际情况有较大差异。

5.24 锚管-注浆-排水复合系统处理险情工程

5.24.1 工程概况

某险情工程（挡土墙工程）位于深圳市银湖别墅区内，挡土墙长度为50m，高度为10～15m，挡土墙与地面垂直。其外部4m外有一3层别墅，并有一条汽车道，其余地带为规划中的绿化区域；墙内部4m外为别墅区内一条重要马路（图282）。挡土墙分两期完成，第一期为1995年，第二期为2000年。挡土墙原设计高度为5m，后应业主要求改为现有高度。墙内除底部有少量原状土外，其余均为杂填土，未完全固结。

该挡土墙部分地段虽经加固，但墙体还存在多处安全隐患，宋红民、曾宪明等采用钢管—注浆—排水复合系统对之进行了全面加固处理。

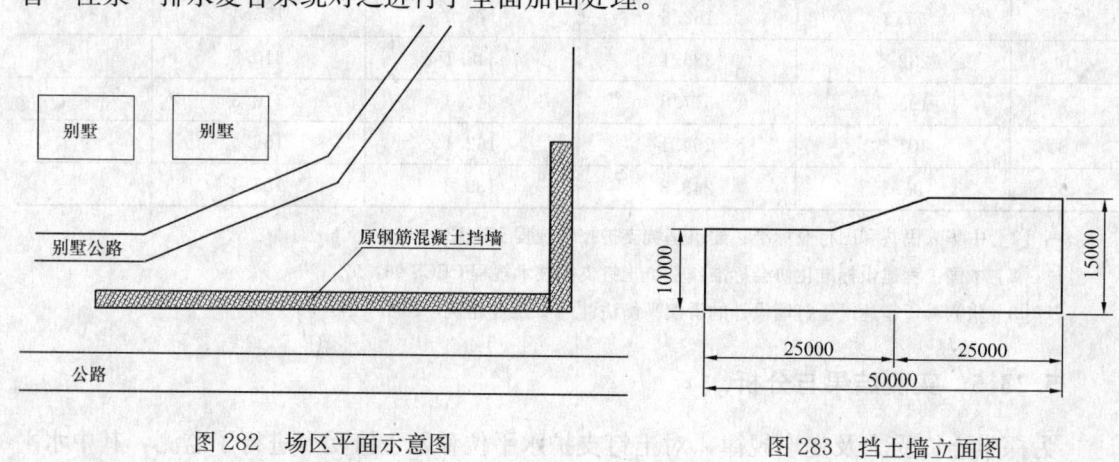

图282 场区平面示意图　　　　图283 挡土墙立面图

5.24.2 地质情况

场区内分布有人工填土层及第四系残积层，下伏基岩为震旦系混合岩。

人工填土（Q^{ml}）属素填土，呈褐黄、褐红等色，主要由黏性土构成，混有约30%的角砾石、碎石，局部偶见块石，分多次堆填，未经分层碾压，密实程度不均，一般呈松散状态。各勘探钻孔内均见此层分布，厚度为7.30～12.90m。该层堆填时间较短，尚未完成自重固结，不能再作为建筑地基。该层土位于挡土墙内侧，对挡土墙产生较大土压力。

第四系残积（Q^{el}）粉质黏土，呈褐红、褐黄等色，系由混合岩风化残积而成，原岩结构清晰可辨，各钻孔内均遇见此层，揭露层厚0.50～3.40m。该层具有中等强度及中等压缩性，是良好地基土。

震旦系（Z）强风化混合岩，呈褐灰、褐黄等色，大部分矿物已风化呈土状，风化裂隙发育，裂隙间充填有黏性土，岩块用手易折断，冲击钻进困难。各钻孔均遇见此层，其顶面埋深介于8.40～13.50m之间。该层是场地基岩，属硬质岩石，是良好地基土，但构成边坡坡体时，对斜坡稳定性不利。

各土层物理力学参数指标值见表73。

各土层主要物理力学参数指标值　　　　　　表73

地 层	承载力标准值 f_k(kPa)	压缩模量 E_s(MPa)	天然密度 ρ(g/cm³)	内摩擦角 φ(°)	凝聚力 c(kPa)	渗透系数 K(cm/s)
人工填土(Q^{ml})	局部尚未完全自重固结	局部尚未完全自重固结	1.90	11	14	3×10^{-4}
第四系残积粉质黏土(Q^{el})	220	6.0	1.90	18	22	3×10^{-6}
震旦系强风化混合岩(Z)	400	—	2.10	55	—	—

5.24.3　险情分析

该工程本身未失稳，但隐患甚大，险象环生。

1) 由于前期填土未夯实处理，结构松散，随着时间推移，土体逐步固结，引起地面产生不均匀沉降，在已建别墅内，最大地表沉降量达10cm，以至于底板需重新修建。别墅区内房屋已经进入装修阶段，不允许再发生大的沉降变形。

2) 挡土墙实际高度比原设计高度在最大处高出2倍，且墙体施工质量不佳。在垂直墙体上部虽无大的附加荷载，但三层别墅和汽车荷载是不能不考虑的因素。第二区段虽经桩加固，但只是一种被动加固，不能完全解决沉降和稳定问题。

3) 墙体部分地段已经出现纵横交错的宽、大裂缝，缝中有水流出。墙整体已产生大变形。挡土墙在别墅区的位置很重要，一旦出事后果将不堪设想。

5.24.4　加固处理设计

该挡土墙是厚度为70～90cm的钢筋混凝土墙，其具体设计参数甲方因故未能提供。从现场情况看，工程质量较差，在墙面上可见多处裂缝，最宽可达5mm。内部填土是分批填入，在填土过程中，未作夯实处理，土质较松。场区内无地下水，但多处排水孔均有施工水渗出。挡土墙本身预留的部分排水孔已经失去作用，故业主在墙上补打了部分排水孔。墙体Ⅰ部分高度为10m，未作任何处理，维持原状，表面可见多处裂缝；墙体Ⅱ部分高度为15m，已作加固处理：采用ϕ600mm的3排混凝土桩加固，水平间距为3m，桩间用混凝土梁连接，表面重新进行了混凝土抹面。但加固完毕后，墙体裂缝和地面沉降仍在发展。

综上所述，该工程加固目的有两个，其一是提高墙后土体自稳能力，减轻钢筋混凝土挡土墙上侧压力，保持挡土墙长期稳定；其二是减小墙后填土沉降量，保证已建别墅和路面不发生大面积沉降变形。设计思路是通过高压注浆，锚管支护和排水复合系统，在填土体内形成一个与挡墙高度相等、经加固处理后具有自稳能力的新地质体。

据工程经验知，此种土体注浆半径约为1m（现场试验结果，最大注浆半径为1.5m），为取得良好注浆效果，设计注浆半径取为0.85m，使任相邻两孔间距相等，即形成一个等边三角形。注浆的排距为1.5m，水平距离为1.75m（详见图284）。锚管采用ϕ48mm钢管制作，前部制成扩大头，采用气动植桩机击入。每段锚管长度为1.9m，各管段间采用电焊连接，由纵向加钢筋固定（详见图285）。第一部分锚管长度为10m，第二部分锚管长度为15m。注浆压力为0.6～1.0MPa，水灰比0.5～0.8。锚头采用井字架焊接，并用水泥抹面。

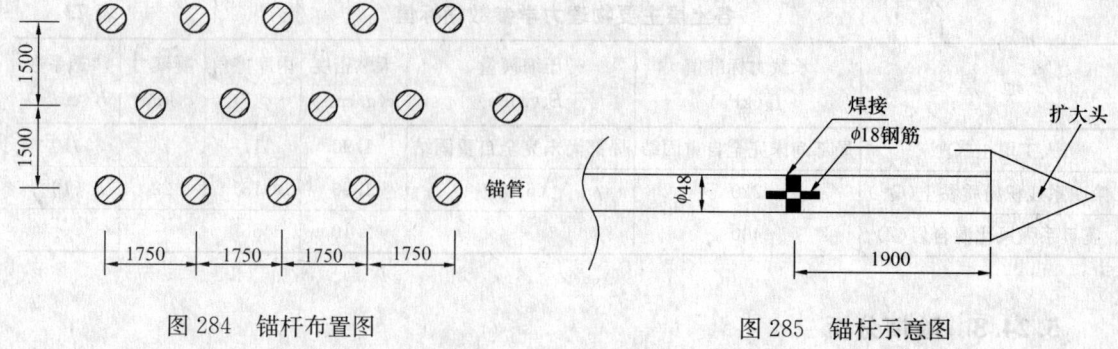

图 284 锚杆布置图　　　　　　　图 285 锚杆示意图

地面重新封闭处理，不使雨水和生活用水进入边坡内。

系统布设排水孔，排出滞留于坡体内的大量积水。

5.24.5 施工组织及问题处理

首先在现场搭脚手架，此时需考虑植入锚管时架设植桩机。钢管架层高为1.5m，每层钢管高度在孔位下方30cm。

当钢管架搭到第三层时开始进行击入锚管施工。

打完第二层锚管后开始注浆作业。锚杆与注浆作业平行。

施工中问题处理：

1) 在第一部分墙体上原有两排已做好的排水孔，其直径为55mm，间距为1.7~2.0m，排距为1.9m。在墙体上再开锚孔，短时会对墙体造成较大损害。原排水孔间距与设计锚孔间距相差不大，于是将最下部两排排水孔改做锚孔。

2) 在第二部分，上部空间尚有1.3m高度还未来得及填土时，险情即已发生。故险情处加固中，最上一排锚杆施工，因距地表距离太短，会造成注浆外泄至地面。故第二部分墙体最上一排锚杆作加筋土处理。

3) 注浆量过大的处理。在部分孔注浆过程中，第一次注浆量超过设计注浆量时，注浆压力几乎为零，此时采用了间歇式注浆和加大水灰比办法。结果证明这两种方法可行。

5.24.6 小结

经过加固处理，该工程挡土墙稳定性良好，已有裂缝不再发展，新裂缝未再产生，沉降得到有效的控制，得到质检和建设部门肯定。

5.25 注浆钉-击入钉复合结构的应用

5.25.1 工程概况

青岛某商住楼位于青岛市高科技工业园内，主楼地上为18层，占地面积约1841m²，设2层地下室，基坑开挖深度为自然地坪下10.50m，基坑长度为75m，宽度为30m。该工程东、北侧紧邻马路，西邻海尔路绿化带，南靠青岛市出入境检验检疫局实验楼，场地狭窄，不具备自然放坡开挖条件，必须进行基坑支护。

闫君等在该工程中采用注浆钉-击入钉复合结构支护,对其设计计算方法、施工工艺、监测方案与效果作了简介。

5.25.2 基坑工程地质条件

拟建场区在地貌上原为山间沟地,后经人工改造回填成平地,场地内土层分布及主要力学性质指标见表74。

根据钻孔显示,本场地地下水主要为潜水,水量丰富,赋存于杂填土下部与砂混黏土中,其来源主要是大气降水补给。初见水位埋深为3.8~5.0m。

土层厚度及物理力学性质　　表74

层 号	岩土名称	厚 度 (m)	w (%)	γ (kN·m^{-3})	φ (°)	c (kPa)
1	杂填土	4.5~6.0		18.8	35	5
2	粗砂混黏性土	1.0~1.5		19.0	26	7.5
3	粉质黏土	5.2~7.5	25.3	19.5	20	22
4	强风化花岗岩	未揭穿		21.0	45	10

5.25.3 土钉支护设计计算

1) 土钉施工方案

根据现场实际情况,场地上部杂填土主要成分为粉质黏土、强风化岩碎屑、碎石、砖块及生活垃圾等,属于非夯实填土介质,若采取传统钻孔注浆式土钉,机械成孔较困难,常发生塌孔、遇到块石无法钻进。经多次技术论证,最终确定对上部杂填土层采用击入式土钉支护,下部粉质黏土采用注浆式土钉支护。

2) 土钉支护设计

该工程土钉支护设计计算采用平面滑动分析法。滑弧经搜索确定,无任何限定条件。

(1) 根据土体侧压力计算土钉拉力及验算抗拔所需锚固长度

① 计算每一层土钉设计内力：

$$N = (1/\cos\theta)q_0 S_v S_h \tag{5.25.1}$$

式中：θ 为土钉倾角,按照15°设计；S_v、S_h 分别为土钉水平、垂直间距,上部2排击入式土钉,水平及垂直间距均为1.0m,第一排距离基坑顶部为2.0m,基坑下部设注浆式土钉4排,土钉水平与垂直间距均为1.5m；q_0 为土钉长度中点所处深度位置上的侧压力。

作用在土钉面层上土压力采用经验土压力图形,其计算公式为：

$$K_a = \tan^2[45° - \varphi/2] = 0.49 \qquad K = (1/2)(K_a + K_0) = 0.57$$

$$K_0 = 1 - \sin\varphi = 0.6 \qquad q_0 = m_e \gamma h$$

式中：m_e 为工作条件系数,取 $m_e = 1.0$；K 为土压力系数；K_0 为静止土压力系数；K_a 为主动土压力系数；h 为土压力作用点距坡顶距离,当 $h \leqslant H/2$ 时,h 取实际值,$h > H/2$ 时,取 $h = 0.5H$。

根据上述公式代入数据得到：

$$N_1 = 34.14 \text{kN} \quad N_2 = 46.47 \text{kN} \quad N_3 = 99.20 \text{kN}$$
$$N_4 = 92.44 \text{kN} \quad N_5 = 12.176 \text{kN} \quad N_6 = 175.11 \text{kN}$$

② 土钉长度及抗拔力计算：

$$l \geqslant l_1 + (F_{s,d} N)/(\pi d_0 \tau_f) \tag{5.25.2}$$
$$T_j = (1/S_h) \pi d_0 l_b \tau_f \tag{5.25.3}$$

式中：$F_{s,d}$ 为土钉局部稳定性安全系数，取 $F_{s,d} = 1.2 \sim 1.5$；l_1 为土钉与最危险滑弧线交点至土钉外端点距离；l_b 为土钉在滑动面外约束区长度；d_0 为土钉孔径；T_j 为第 j 层土钉抗拔力；τ_f 为土钉与土体之间界面粘结强度。

根据上述公式，通过不断调整土钉长度，使其抗拔安全系数均大于 1.4，代入数据得到：

$l_1 = 6$m 时，$T_1 = 49.52$kN　　　$l_2 = 6$m 时，$T_2 = 75.78$kN
$l_3 = 9$m 时，$T_3 = 181.34$kN　　$l_4 = 7$m 时，$T_5 = 201.11$kN
$l_5 = 7$m 时，$T_4 = 225.37$kN　　$l_6 = 7$m 时，$T_6 = 258.81$kN

③ 土钉钢筋直径计算：

$$d \geqslant \sqrt{(4 F_{s,d} N)/(1.1 \pi f_{rk})} \tag{5.25.4}$$

式中：f_{rk} 为钢筋抗拉强度标准值。

代入最大设计内力得：

$$d \geqslant \sqrt{(4 \times 1.4 \times 140000)/(1.1 \times 3.14 \times 310)} = 27.1 \text{mm}$$

采用 1 根 $\phi 28$mm 钢筋可满足设计要求。

(2) 边坡整体稳定性验算

土钉支护结构安全系数：

$$F_s = \frac{\sum_{i=1}^{m}(1/m_{ai})[cb + (W_i + qb)\tan\varphi] + \sum_{j=1}^{n} T_j \sin\beta_j \tan\varphi}{\sum_{i=1}^{m}(W_i + qb)\sin\alpha_i + \sum_{i=1}^{n} T_j d_j / R} = 1.686 \tag{5.25.5}$$

式中：q 为地表均布荷载；b 为第 i 土条宽度；c 为土条底部土体黏聚力；φ 为土体底部土体内摩擦角；β 为土钉倾角；W_i 为第 i 土条自重；T_j 为第 j 层土钉抗拔力；d_j 为第 j 层土钉轴线到圆心的距离；R 为圆弧半径；m 为土条数；n 为土钉层数。

5.25.4　基坑支护施工

1) 挖土及修坡

基坑机械开挖至土钉设计标高下 0.5m 后，开挖面辅以人工修理平整，以确保边坡方位角和壁面平整度。然后由现场设置的控制点放土钉孔位线，并经复测后施工成孔。

2) 钻孔与注浆

上部 2 排土钉采用空气压缩机风镐头将其直接击入杂填土中，下部土钉采用地质钻机成孔。

成孔后，应将孔内浮土清除。喷射混凝土时，对土层干燥地段可用清水湿润。为确保钢筋居中，在主筋上每隔 2m 焊接一个托架，然后放入指定孔中并注入素水泥浆，其水灰比为 0.4～0.45。水泥为 32.5R 硅酸盐水泥。为保证浆体与周围土体紧密结合，注浆采用软塑料管孔底灌注法，注满后再补浆 1～2 次。

3）面层施工

在水泥浆达到设计强度后，即可施工面层。利用钉头将预制 $\phi 6@200mm$ 钢筋网挂于坡面上 50mm 处。然后在土钉端部用 $\phi 16mm$ 钢筋与钉头焊接，并将钢筋网与横向联系钢筋点焊在一起。最后喷射混凝土，其骨料采用粗砂和圆砾（直径为 4～6cm），水泥用 32.5R 硅酸盐水泥。按实验结果确定水泥、圆砾、粗砂配比关系，速凝剂用量约为水泥用量的 3%～5%。

4）排水措施

在地下水上游施工降水井以降低地下水位，并在基坑边坡内设置排水管，将水汇集于坡底排水沟内用水泵排出坑外。

5.25.5 位移观测

该工程根据实际情况在基坑四周坡顶重要部位设置 10 个监测点，其中东、西侧各 4 个，南北侧各 1 个，另在变形影响范围之外布设基准点 3 个，工作点 2 个。

观测结果表明：基坑最大水平位移为 21mm，最大垂直位移为 29mm，均在允许范围之内。

5.25.6 小结

实践证明，该基坑所选支护方案合理、安全，经多次降雨考验，基坑均未发生任何破坏，从而确保了该工程地下室安全施工。该工程为复合土钉支护技术在厚杂填土地层中应用取得宝贵经验。

5.26 小钉管-大钉管-注浆复合结构的应用

5.26.1 概述

某工程为未完工程，设计开挖深度为 7.0m，其土性参数如表 75 所示。根据勘察资料，现场采用井点降水，围护设计采用土钉支护。土钉用洛阳铲成孔，孔径为 90mm，主筋为 $\phi 20mm$，倾角为 10°，其布置如图 286、图 287 所示。喷射混凝土面层厚度为 10cm，其配合比为水泥：豆石：砂子＝1：1：3。

土层主要物理力学参数指标值 表 75

地层层位	厚度（m）	黏聚力 c（kN）	内摩擦角 φ（°）
杂填土	2.0～2.5		
粉质黏土①	1.0～1.5	42.5	14.2
粉质黏土②	2.3～2.7	52.8	10.3
粉质黏土③	5.0	74.2	8.5

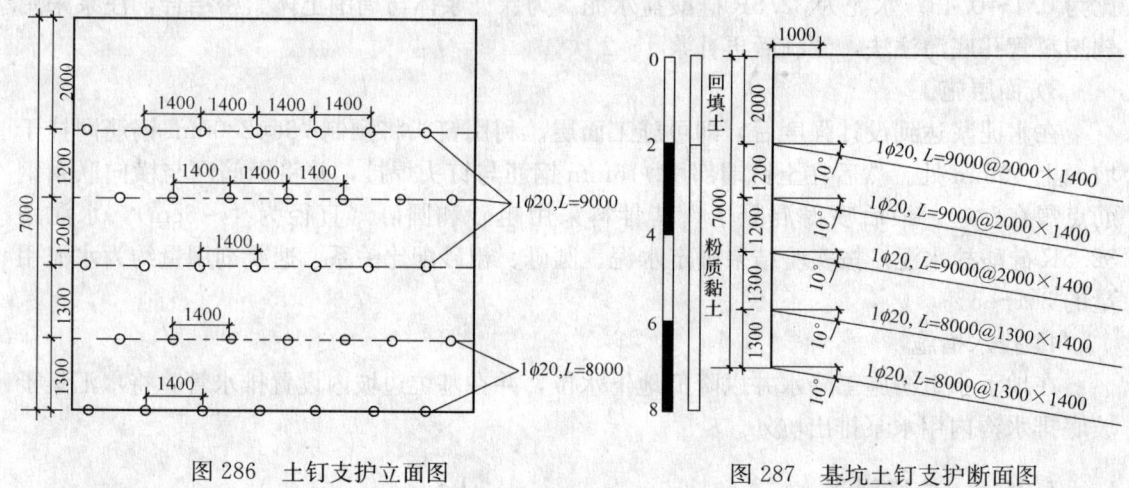

图 286 土钉支护立面图　　图 287 基坑土钉支护断面图

设计计算结果为：设计总体安全系数用圆弧法计算为 $K_p=1.80$；单根土钉抗拔力安全系数为 $K_B=1.65$；土钉整体抗拔力安全系数为 $K_F=3.12$；外部稳定抗滑安全系数为 $K_h=4.21$。均满足设计要求。

但由于种种原因，李方震等最终采用小钉管-大钉管-注浆复合结构支护该工程取得成功。

5.26.2 施工问题

该基坑东南角回填土厚达 7.0m 左右，其内夹有大量碎砖等建筑垃圾，与勘察报告不相符。在开挖过程中，发现采用洛阳铲成孔十分困难，原设计施工工艺无法满足现场施工要求。又由于现场场地狭小，改用护坡桩也不具备条件，且不经济实用。因此不得不对原土钉施工工艺进行改进。

5.26.3 处理方法

经同有关各方协商取得一致意见后，决定采用复合土钉支护。首先，在基坑上部，采用 6 分管作土钉体，其长度为 6.0m，用手摇触探机作为将钉体压入人工杂填层中动力源，土钉水平间距改为 1.0m，垂直间距保持不变。其次：在基坑下部，采用 ϕ48mm 钢管作钉体，其长度为 6.0m，用自制滑锤作动力进行安设。最后分别对上述两种钉管进行注浆。注浆采用通用设备，灌注纯水泥浆，其水灰比为 0.5。面板设计保持不变。

5.26.4 方案的实施

1）采用 6 分管施工时，手摇触探机反力系统制作要求较严格；由于管径太细，灌注浆液时流体压力损失较大，且与土钉面板焊接工艺要求较高。其抗拔试验结果如表 76 所示。

2）在采用 ϕ48mm 钢管钉施工中，由于地层孔隙较大，因而浆体灌注量很大，平均每孔灌注量为 0.5t 素水泥浆，最多时灌注量为 1.2t。素水泥浆液中应加入一定量早强剂。由于浆液在回填土中的劈裂充填作用，使二者形成一定强度的胶合物，其抗拔结果如表 77 所示。

6分管土钉抗拔力试验结果　　　　　　　　　　　　　　　　表76

土钉编号	S-1	S-2	S-3	平均值
抗拔力（kN）	75	80	95	83.3
土钉位移（mm）	14	12	15	13.7

Φ48mm钉管抗拔力试验结果　　　　　　　　　　　　　　　　表77

土钉编号	S-1	S-2	S-3	平均值
抗拔力（kN）	250	220	240	236.7
土钉位移（mm）	11	12	11	11.3

5.26.5 施工监测

该基坑施工运用信息化管理，采用J2经纬仪测量基坑侧向变形。监测结果如图288、图289所示。从监测曲线看，基坑土钉施工2d后，变形即达到稳定，且总变形量很小，能够满足设计要求。

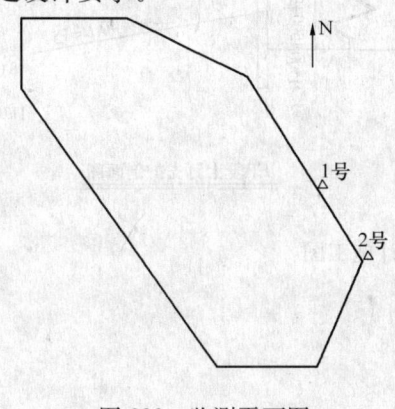
图288　监测平面图

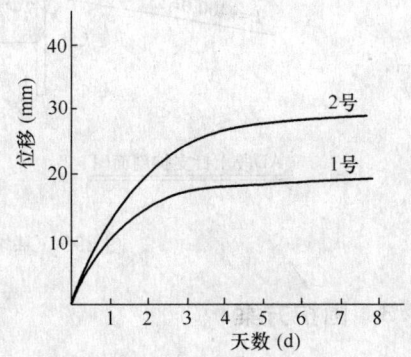
图289　位移与时间关系曲线

5.26.6 小结

杂填土厚度较大基坑在支护过程中，常会遇到采用传统土钉无法施工，而采用其他支护方式又不具备条件的情况。此时可采用本节介绍的打入式和灌注式土钉相结合的复合支护工艺。抗拔试验和位移监测结果表明，此时坡体变形量很小，施工较为简便，可取得满意支护效果和良好经济效益。

5.27　土钉-排桩-挡墙复合结构的应用

5.27.1　概述

在长沙地区，朱绍新等针对某综合楼基坑坑壁上部存在较厚人工填土、淤泥质黏土等自稳性能很差土层的具体工程条件，设计了土钉-排桩-挡墙复合结构支护方案。实施结果表明，其经济效益显著，加固效果良好。

5.27.2 场地工程、水文地质条件

该综合楼位于长沙市芙蓉路与八一路相交处之西北侧，西邻建湘路，北为停车场，南为待拆迁宿舍楼，地形西高东低。场地地貌单元属湘江冲积阶地，原始地形为长沙古护城河道，人工填土厚度大。基坑开挖后形成10.40m（西）～7.00m（东）深基坑，距两侧公路分别为2.50m（西）～8.00m（东）（见图290）。场地内地下水有赋存于人工填土中的上层滞水及下伏砂层中潜水，水量较大。支护工程主要受上层滞水影响，滞水补给来自大气降雨及生活用水。

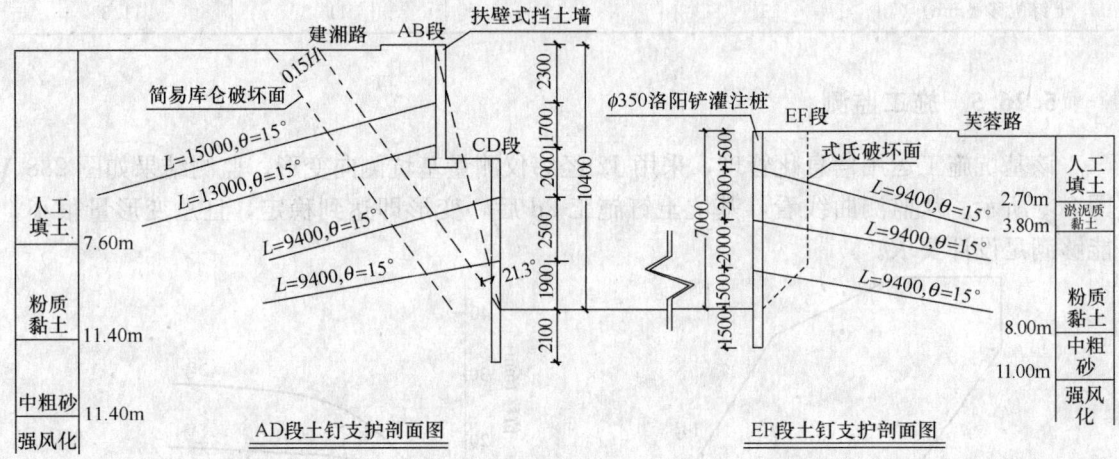

图290 基坑边壁设计施工图

5.27.3 围护方案

1) 坑壁土特性指标

据勘察结果，与基坑开挖支护相关各土层工程特性指标见表78。

土层工程特性指标　　　　　表78

地层	重度 (kN/m^3)	凝聚力 c (kPa)	内摩擦角 φ (°)	主动土压力系数 (K_a)	地层层厚 EP段	地层层厚 AB-CD段	状态
人工填土	18.0	10	12	0.66	2.7	7.6	尚未固结
淤泥质黏土	17.0	10	5	0.84	1.1	0	流-软塑
粉质黏土	18.5	20	25	0.49	4.2	3.8	可-硬塑
中粗砂	19.0	0	32	0.31	3.0	3.0	中密

2) 东侧EF段支护方案及计算

EF段基坑开挖深度为7.0m，地面荷载为10kPa，上部人工填土、淤泥质黏土均为软弱地层，自稳性很差。施工场地狭窄，基坑边线距芙蓉路路缘为5.80～8.00m（作施工场地用），拟采用土钉-排桩复合结构支护。先施工洛阳铲灌注桩，桩长为8.50m，桩径为0.35m，桩距为0.95m，采用C20混凝土灌注，并用6ϕ12mm钢筋通长配筋；再分层开挖，分层施工土钉。

各层土主动土压力分布见图291。

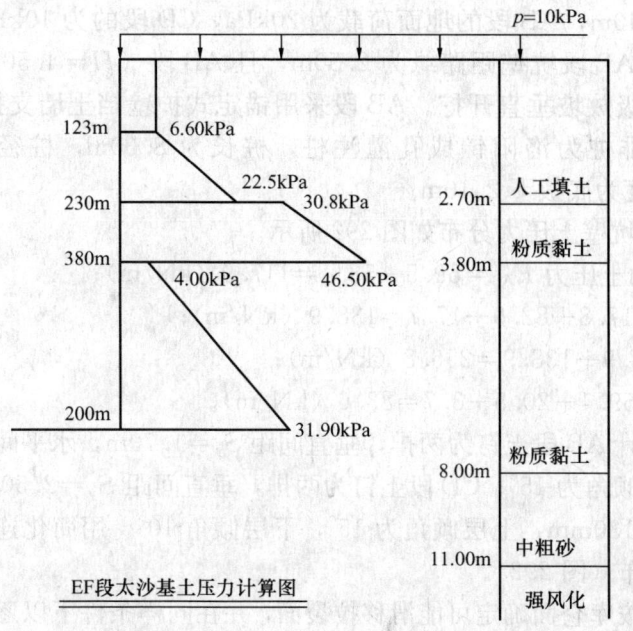
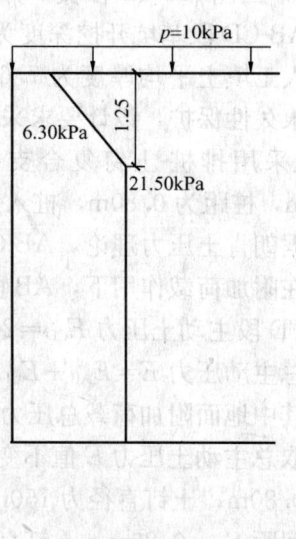

图291 EF段主动土压力分布图

在附加荷载作用下，总主动土压力为：
$$E = E_1 + E_2 + E_3 = 24.1 + 57.8 + 54.8 = 136.7 (kN/m)$$

取 E 值不变，按"太沙基-贝克"土压力分布模式（图291），用简化连续梁1/2分担法可得各层土钉轴向支承力 T，其中：
$$q_1 = q_0(K_1h_1 + K_2h_2 + K_3h_3)/7 = 43.8/7 = 6.3 (kPa)$$
$$q_2 = 2 \times (136.7 - 43.8)/(1.75 \times 7) = 15.2 (kPa)$$

设计土钉为3排，水平间距 $S_x = 1.90m$，垂直间距 $S_y = 2.00m$，第一排为避免对已建地下管线产生影响，设计标高为 $-1.50m$，倾角 $\beta_1 = 15°$，孔径为130mm，第二、三排设计倾角 $\beta_{2-3} = 10°$，孔径为130mm。各层土钉计算结果见表79所示。为保证开挖安全，同样条件下以分层开挖支撑力不变法对土钉所受拉力 T_i 进行了安全验算。该计算方法是根据实际施工开挖情况，按每层支撑受力后不因下阶段支撑及开挖而改变数值的原理进行。

EF段各层土钉计算结果　　　　表79

土钉	位置 (m)	土钉内力 T_i (kN)		分层开挖支撑力与1/2法比较结果	有效段计算长度 L_a (m)	土钉计算长度 L (m)	计算安全系数	有效段长度 L_b (m)	土钉设计长度 L (m)	有效锚固段抗拉强度 T (kN)	安全系数
		$\frac{1}{2}$法	分层开挖支撑力不变法								
T_1	1.5	83.6	95.6	14%	7.10	9.20	1.6	7.30	9.40	137.5	1.65
T_2	3.5	83.0	44.9	−46%	5.42	7.50	1.6	7.30	9.40	160.4	1.93
T_3	5.5	103.8	88.6	−14.6%	6.78	8.90	1.6	7.70	9.40	188.6	1.82

3）西侧 AB-CD 段支护方案及计算

AB-CD 段基坑开挖深度为 10.40m，AB 段的地面荷载为 20kPa，CD 段的为 10kPa；上部人工填土平均厚度为 7.60m。AB 段坑壁距路缘为 2.50m，且 AB 段（$H=4.50$m）需作永久性保护，设计要求采用分级放坡垂直开挖。AB 段采用锚定式护壁挡土墙支护，CD 段采用排桩-土钉复合支护。排桩为洛阳铲成孔灌注桩，桩长为 8.00m，桩径为 0.35m，桩距为 0.80m，桩入土深度为底板下 2.10m。

据朗肯土压力理论，AB-CD 段坑壁土压力分布如图 292 所示。

在附加荷载作用下，AB 段主动土压力 $E_{AB}=59.5+58.4=117.9$（kN/m）；

CD 段主动土压力 $E_{CD}=20.5+17.8+82.9+17.7=138.9$（kN/m）；

总主动压力 $E=E_{AB}+E_{CD}=117.9+138.9=256.8$（kN/m）；

其中地面附加荷载总压力 $E_q=59.4+20.5+3.7=83.6$（kN/m）。

取总主动土压力 E 值不变，设计 AB 段土钉为两排，垂直间距 $S_y=1.70$m，水平间距 $S_x=0.80$m，土钉直径为 150mm，倾角为 15°；CD 段土钉为两排，垂直间距 $S_y=2.50$m，水平间距 $S_x=0.80$m，土钉直径为 130mm，上层倾角为 15°，下层倾角 10°。用简化连续梁 1/2 分担法可得各排土钉内力分布（图 292）。

连接 AD 为等值坡角 $\alpha=73°$，按库仑面确定可能滑移拉裂面，并在同样条件下以逐层开挖支撑力不变法对土钉所受拉力 T_i 进行安全验算，结果如表 80 所示。

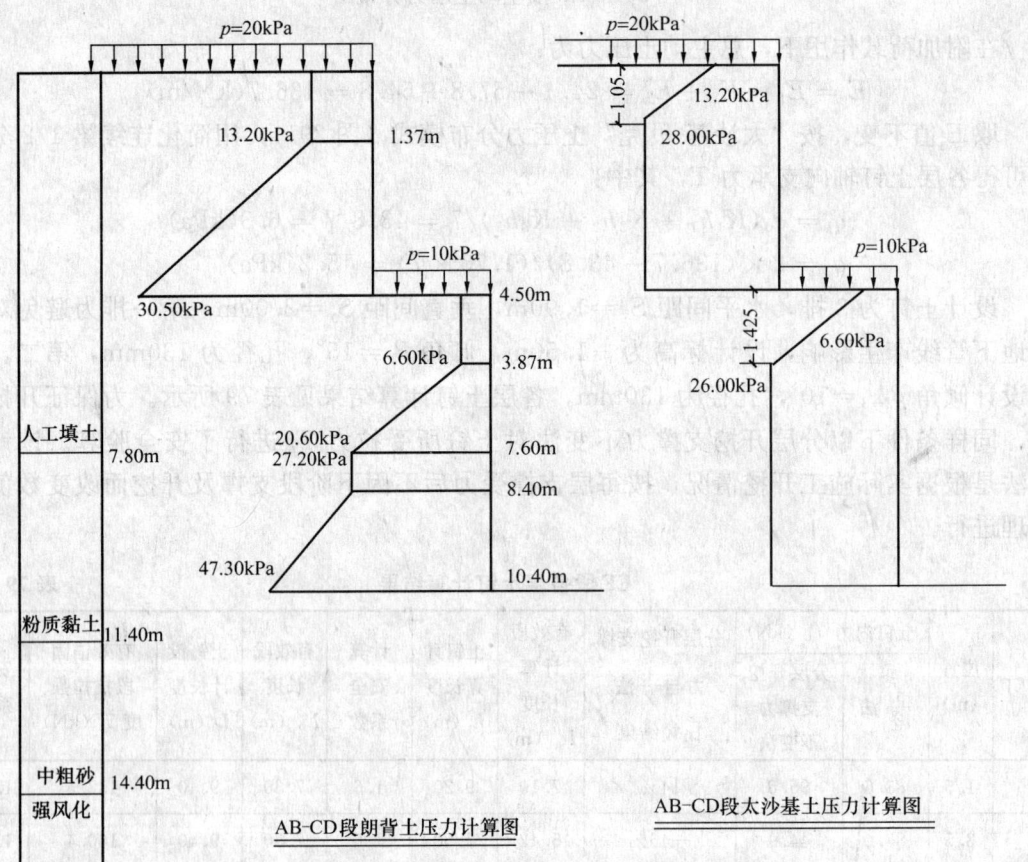

图 292 AB-CD 段基坑壁土压力分布形态

AB-CD段各层土钉计算结果　　　　　　　　表80

| 土钉 | 位置 (m) | 土钉内力 T_i(kN) | | 分层开挖支撑力与 $\frac{1}{2}$ 法比较结果 | 有效段计算长度 L_a(m) | 土钉计算长度 L(m) | 计算安全系数 | 有效段长度 L_b(m) | 土钉设计长度 L(m) | 有效锚固段抗拉强度 T(kN) | 安全系数 |
		$\frac{1}{2}$ 法	分层开挖支撑力不变法								
T_1	2.3	129.2	149.3	15%	10.97	151.1	1.6	11.0	15.0	206.7	1.60
T_2	4.0	103.3	113.5	10%	8.77	11.8	1.6	10.0	13.0	188.4	1.82
T_3	6.3	49.9	36.0	−28%	3.26	7.6	1.6	5.1	9.4	108.6	2.18
T_4	8.5	68.6	58.0	−15.5%	4.48	7.3	1.6	6.6	9.4	161.6	2.36

由土钉支护整体稳定性验算可知 EF 段土钉安全系数 $K_{EF}=1.58$，AB-CD 段支护结构安全系数 $K_{AB-CD}=1.42$，均符合规程要求。

计算结果表明，1/2 法计算所得土钉受力较平均，接近于实际土压力分布形态，由分层开挖支撑力不变法计算所得上部土钉所受内力 T 值一般高于 1/2 法 10%~15%，两者较为接近，下部土钉所受内力 T 值低于 1/2 法 15%~46%，明显偏低，亦表明下部土钉长度可适当缩短。

5.27.4 施工要点

坑壁软弱土层自稳性差，分布范围大，施工须严格遵守操作规程，实行分层、分块、分段开挖并支护，及时安装钢梁及挡土板，严格控制每次开挖高程，严禁超挖，以确保工程安全。

针对人工填土软硬、密实度不均匀特点，对该区段土钉须采用二次劈裂灌浆，并加入早强剂。该工程注浆充盈系数已达 2.2，保证了该区段土钉抗拔力要求。

5.27.5 施工沉降变形观测

根据支护结构特点，在施工过程中对 AB 段挡土墙采用蔡氏 010 1″ 经纬仪进行了变形及沉降观测，测得水平位移 $\Delta S_{max}=26.4$mm，沉降 $\Delta H_{max}=12.95$mm，最大水平变形 $\Delta S/H=0.0059$，最大沉降变形 $\Delta H/H=0.0029$，均在允许变化范围之内。

支护结构施工完毕后，变形趋于稳定。变形变化量最大发生在基坑开挖到深度为 4.50m 第二排土钉部位，其原因是：由于大量降雨及供水管道渗漏，地下水水位抬升对基坑支护造成不利影响，且该段（AB）无灌注桩超前支护。

CD 段基坑开挖前由于堆载引起人工填土固结沉降而产生沉降裂纹，而该段因有灌注桩超前支护，变形较小，至竣工时，未见其继续发展。

5.27.6 小结

该基坑周长为 207.0m，支护面积为 1356m²，总造价为 76 万元，工期为 3 个月。原设计为人工挖孔灌注桩支护，预算造价为 178 万元。由此可见，土钉—排桩—挡墙复合结构经济效益非常显著。

支护设计应根据工程地质条件及场地环境进行综合考虑，选择合理支护方案，在保证支护结构安全同时，尚应考虑工程造价及施工方便等因素。该工程施工方案视现场土质情况作了适当修改，CD、EF段由放坡（75°）喷锚支护改为复合土钉支护垂直开挖，增加了施工面积，且采用灌注桩超前支护，解决了人工填土自稳性差、易产生变形的问题。

深基坑支护结构施工应加强监测，做到信息化施工，以确保工程安全。

5.28 土钉-搅拌桩复合结构在不良地层中的应用

5.28.1 概述

复合土钉支护由被加固土体、放置于原位土体中土钉杆件、喷射混凝土面层和其他传统工法组成。复合土钉技术具有结构轻、柔性大、施工简便、安全快速、经济合理等特点，已在岩土工程加固支护中获得广泛应用。蒋孙春等在南宁某办公综合楼基坑采用复合土钉支护取得了成功。

5.28.2 工程与地质条件

该办公综合楼位于南宁市竹溪路，地上21层，地下2层，框架剪力墙结构，建筑面积23590m²。工程场地南侧为竹溪沟绿化带，北侧为其他单位待建空地，东侧为竹溪路（坡顶外边线距竹溪路缘约为4m），西侧为竹溪沟。建筑场地属邕江Ⅰ级冲积阶地之竹溪沟河床，地形低洼，工程动工时已填至绝对标高为76m处。场地土层分布自上而下为：

1) 素填土1：黄～黄褐色，结构较松散，上部干燥，强度较高，填土厚度为5.3～10.50m，底层标高为65.6～0.69m，场地内均有分布；

2) 淤泥质粉土2：深灰色，局部为淤泥质粉砂，含腐殖质，具腥臭味，略具黏性，土层呈饱和软塑状。厚度为1.1～6.60m，层顶埋藏标高为65.6～70.69m；

3) 粉砂3：深灰色，局部含黏土团块，该层厚度为2.00～2.50m，层顶埋藏标高为67.49～68.03m；

4) 砾砂4：灰～灰黄色，以中粗砂为主，砾石含量为20%～49%，砾径为2～15mm，厚度为0.7m～3.70m，层顶埋藏标高为63.02～66.18m，场地内均有分布；

5) 粉细砂5：灰～灰绿色，浅黄色，均质，呈饱和，稍密状，场地内均有分布，厚度为1.1m～3.10m，层顶埋藏标高为62.12～64.19m；

6) 圆砾6：灰～灰黄色，其中粗砂含量为10%～20%，砾石含量为54%，砾石成分以石英为主，砾径为2～30mm，少数大于30mm，多以中～细砾为主，级配差，磨圆度好，次圆状，中密，该层分布均匀，厚度为8.4～9.80m，层顶埋藏标高为60.78～62.36m。

5.28.3 支护参数设计

基础底设计标高最低为66m，基坑最深达9.30m。由于基坑开挖较深，同时又临近竹溪沟，因此设计采用土钉支护结合水泥土搅拌桩隔水。土钉行距和排距均为1m，呈梅花状分布（见图293）；基坑采用分两个大层开挖的方案，即在第一层土开挖完毕后，在标高约 72m 的基坑东、南、北三侧用两排深层搅拌桩隔水，并在以下部位采用土钉支护。在土钉施工前做了 6 根土钉试验，试验土钉钻深为 5.5m 和 9.5m 两种各 3 根，注浆采用水泥净浆，水灰比 0.45。注浆压力为 0.4MPa，设计孔径为 150mm，单根土钉直径为 ϕ25mm，倾角为 15°。试验结果为：土钉长度为 5.5m 的抗拔力分别为：100kN、80kN、100kN；土钉长度为 9.5m 的抗拔力分别为：140kN、160kN、140kN。均满足设计要求。

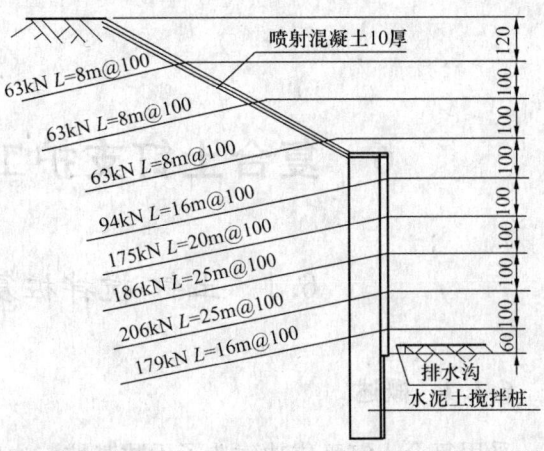

图 293　基坑支护剖面图（单位：cm）

5.28.4　施工

在进行第二层土开挖时，于场地东侧出现粉细砂层。采用 MD-50 型机械钻机钻进易，但成孔差，不断出现塌孔现象；后改用洛阳铲人工成孔，同样出现塌孔。导致施工一度出现停顿。经几方讨论确定：用 ϕ48×3.5mm 钢管代替钢筋，并从管内进行压力注浆，从而较好解决了这一施工技术难题。

施工完毕，基坑四周没有出现地表开裂，附近竹溪路主干道在基坑支护施工完成后近两年时间内经受了大型车辆碾压和雨季考验，均未出现变形和裂缝等不良现象。复合土钉支护设计施工达到预期目的。

5.28.5　小结

采用钢管土钉代替钢筋土钉具有以下优点：

1）解决了在松散填土和砂性土中成孔难问题；

2）通过钢管对松散填土和砂性土进行压力注浆，其渗透效果明显，可以充分改良基坑边坡土质成分，增大边坡自身稳定性；同时由于水泥浆液渗透作用，也使实际锚固体直径大于原设计钻孔直径，增大了浆体与周围土层间粘结力。

3）以钢管杆体代替钢筋杆体，并采用击入式，可将土钉钻孔、安装、注浆及锚固工序一次完成，施工速度大为提高，工期显著节省。

6 复合土钉支护工程事故原因剖析

6.1 土钉-搅拌桩复合结构倒坍原因

6.1.1 概述

采用复合土钉已成功建造了无数基坑、边坡、地基和地下洞室工程,但采用复合土钉支护的工程也时有事故发生。李象范等通过对设计和施工不当,导致某复合土钉支护基坑工程事故的分析,提出复合土钉支护应用于软土地区时特别不能忽视水泥土桩、降水及注浆的重要作用。

6.1.2 工程概况

事故工程系某新开发小区能源中心工程。该工程设地下室两层,分别用于配电和集体供暖。地上一、二层房屋为管理用房。该工程位于小区东北角。

基坑周边环境比较复杂。北侧之外 2.0m 左右为围墙。围墙外为另一小区的新村路,宽度为 4.0m 左右。距坑边 8.0~10.0m 为一已投入使用的高层公寓,桩箱基础;西北角紧靠一幢 8 层办公楼,桩基;西侧是场区内施工临时用房。东侧紧贴基坑边沿为一正在使用的变电站;距坑边 6m 为围墙,围墙外为市政公路,其下埋有 $\phi300mm$ 上水管,南侧与该小区 4#楼相邻,此楼正在进行上部结构施工。

基坑设计开挖深度为 6.9m。由于地表标高起伏变化较大,实际挖深在西南角大约为 6.7m,东北侧深度为 7.10m。

基坑所处地层分布如下:I_{-1} 填土:厚度为 1.0~2.7m;I_{-2} 滨土:黑色,饱和,土质极软,厚度为 1.0~2.10m;Ⅱ粉质黏土:褐黄色,很湿,可塑~软塑,厚度为 0.6~1.70m,$c=15kPa$,$\varphi=18°$,$K_0=0.46$,$S_u=34.8kPa$;Ⅲ淤泥质黏土:灰色,饱和,软塑~流塑,高压缩性,厚度为 3.10~6.70m,$c=11kPa$,$\varphi=20°$,$K_0=0.46$,$S_u=30.5kPa$;Ⅳ淤泥质黏土:灰色,饱和,流塑,高压缩性,厚度为 9.0~10.70m,$c=14kPa$,$\varphi=11°$,$K_0=0.59$,$S_u=26.2kPa$。

根据场地情况及工程经验,基坑围护设计采用复合土钉支护。

基坑东、西、北三侧为复合土钉支护,采用 2 排水泥土搅拌桩(宽度为 1.2m,长度为 13.0m),5 排土钉,土钉竖向间距为 1.2~1.3m,横向间距为 1.0m,土钉长度:第 1 排为 12m 与 9.0m 相间设置,第 2 排为 12m,其他各排均为 9.0m;南侧利用 4#楼基坑重力式坝围护(图 294)。西北角距已建建筑物很近,采用局部钻孔灌注桩、水泥土搅拌桩加钢筋混凝土内支撑支护形式。为使两种不同支护形式形成良好传力体系,在角支护两端各施作一水泥土桩墩。

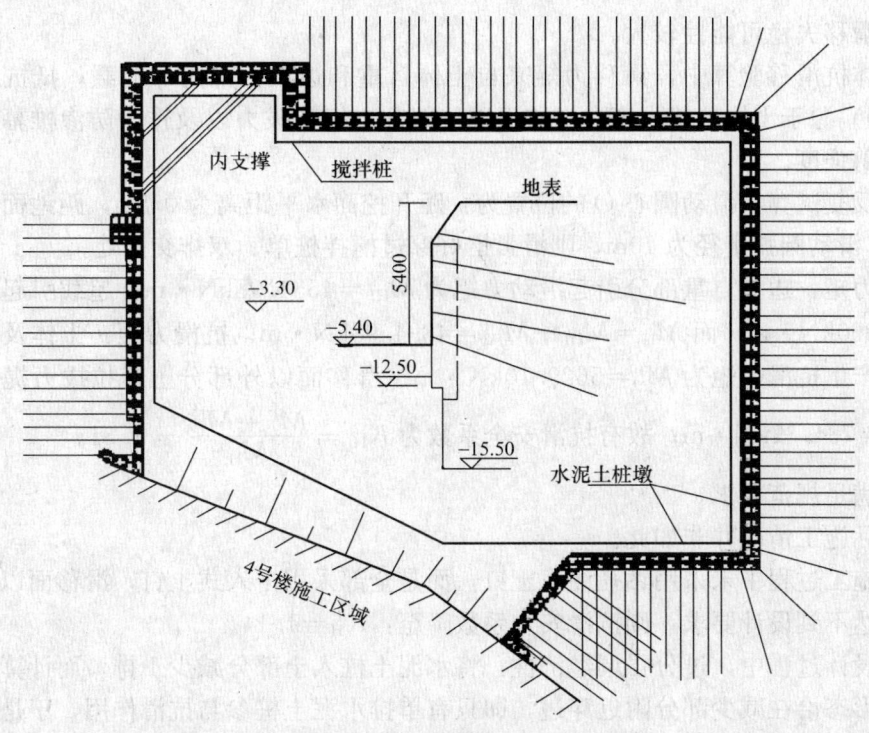

图294 围护方案示意图

6.1.3 施工与事故发生过程

施工顺序是西侧-北侧-东侧的2/3部分，东南侧作为出土路线最后施工。

施工中发现西侧、北侧地表沉降较大，特别是北侧沉降达到10cm。为此，在施工土钉支护同时，在地表进行竖向注浆。注浆以后西侧围护结构基本趋向稳定，沿西侧开挖到底并浇筑了素混凝土垫层。

但北侧注浆以后沉降仍然很大，且沉降速率无减缓趋势。于是采取两项措施：①在墙中部增打一排长度为12m土钉；②在底部增打一排长度为6m土钉，倾角均为20°～30°，并注浆，目的在于加固墙基土体。在采取第①项措施后，沉降明显减小。因此，施工放弃了第②项措施。基本稳定1～2d后，继续开挖剩余的0.2～0.3m坑底土。就在这时，北侧土钉挡墙发生突然倒塌破坏。破坏情况：距墙脚2～3m处坑底发生隆起；隆起的条状宽度为3～4m，隆起高度为0.5～1.0m；围护墙根部向前推进1m左右；围护墙顶部后倾并下沉1.0m左右。破坏过程历时约10min。

事故发生后采取了应急措施：①于该地段坡脚部位回填厚度为2～3m的坑土；②加强对西、东侧围护结构监测；③采取有效措施进行治理。

6.1.4 原因分析

根据对破坏过程的观察，分析认为产生滑移原因可能是以下三种破坏之一，也可能是三种破坏的综合：①整体滑移失稳；②基坑支护结构强度不够引起失稳；③基坑底部隆起失稳。

要严格区分以上三种破坏较为困难。由于滑移线与计算整体最危险滑移面极为接近，因而整体滑移失稳可能性较大。

在整体抗滑移验算中，滑移力矩来自土体自重和边坡上部附加荷载；抵抗滑移力矩（稳定力矩）源于土体抗剪强度、滑移面以外部分土钉抗拔力以及作为防渗帷幕的水泥土搅拌桩抗剪强度。

经过反复试算，滑动圆心 O 的位置为：距开挖面水平距离为 0.5m，距地面竖向距离为 1.5m，滑动圆弧半径为 10m，则滑弧恰好穿过搅拌桩单、双排交接处。

滑动力矩：边坡自重部分引起滑动力矩为 $M_{H1}=4534.98$kN·m；超载引起滑动力矩为 $M_{H2}=360$kN·m，而 $M_H=M_{H1}+M_{H2}=4894.98$kN·m；抗滑力矩：土体及水泥土桩抗剪强度产生抗滑力矩为 $M^{I}=5629.10$kN·m；滑移面以外部分土钉拉拔力提供抗滑力矩为 $M^{II}=784.37$kN·m；故有抗滑安全系数为 $K_H=\dfrac{M^{I}+M^{II}}{M_H}=1.31$。

基本满足规范要求。

但实际施工情况并非如此。

（1）施工过程中未采用钻孔注浆土钉，而是全部采用击入式土钉，滑移面以外部分土钉抗拔力达不到设计要求，则抗滑安全系数降至：$K_H^{I}=1.14$。

（2）设计过程中，过分强调经济性，将水泥土桩入土部分减少 1 排。而计算滑移面及实际破坏形态恰在减少部分附近穿过，即只有单排水泥土桩参与抗滑作用，于是抗滑安全系数进一步降低：$K_H^{II}=0.90$。

（3）发生滑移后观察发现，滑移面穿过了相邻建筑基坑扰动土，土中还夹有较早期石灰浆等，说明北侧土体抗剪强度极低。

（4）施工中坑内降水措施不仅是为了方便挖土和运输，同时对坑底土体有固结加固作用。而该基坑施工中取消了这一措施，加上施工扰动，使抗滑安全系数进一步降低。

综上所述，该基坑事故产生原因是多方面的，既有设计考虑不周因素，也有施工随意改变工艺的因素，还有管理部门提供周边资料不周全，取消坑内降水措施等因素。

6.1.5 加固措施

该工程事故的加固处理设计如图 295 所示。

①沿坑底周边 3～4m 范围内，进行向下压密注浆，注浆深度为 3m，并在注浆孔中插

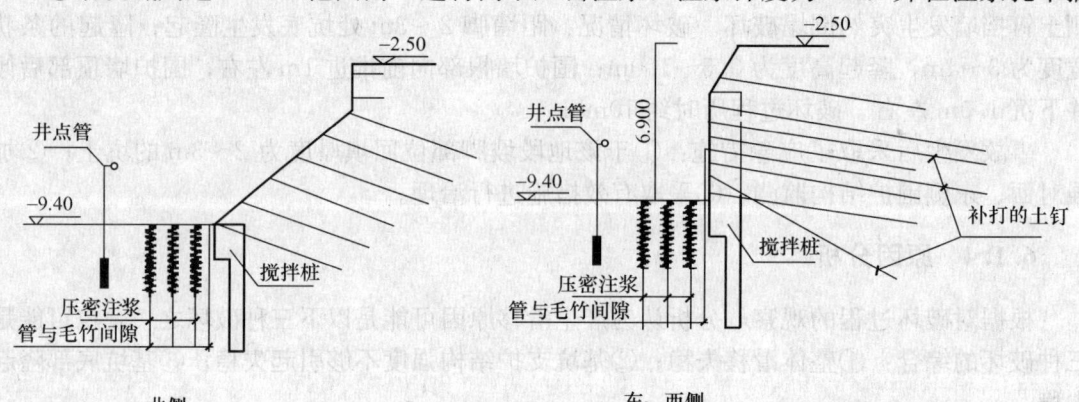

图 295 基坑边壁加固处理设计示意图

入 φ12mm 螺纹钢筋；②东、西两侧补打 2 排土钉，其长度为 9～12m；③沿坡角压入钢管，其长度为 6.0m，间距为 0.5m，钢管之间再插入毛竹；④补打井点管进行坑内降水；⑤北侧按 1：1 坡度放坡，重新设置土钉。

经过以上处理后，整体抗滑稳定安全系数可达到 1.5 左右。开挖及以后的施工表明，上述措施有效地提高了基坑边壁安全度，并减少了位移进一步发展。位移及沉降跟踪测量表明（图 296、图 297），加固开挖全过程无显著变化。

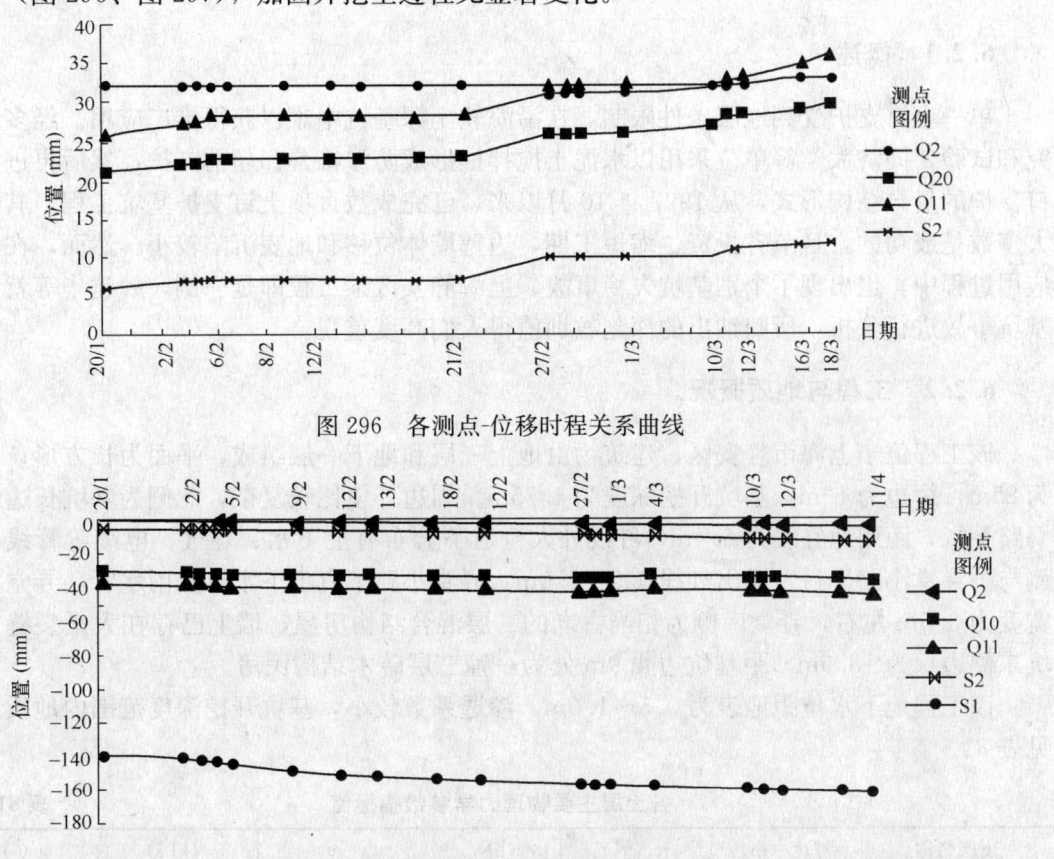

图 296 各测点-位移时程关系曲线

图 297 各测点-沉降时程关系曲线

6.1.6 小结

（1）应认真进行地质调查，特别是注意对周边环境的调查，对相邻基坑不利影响应认真分析，并采取相应措施。

（2）复合土钉支护中水泥土桩不仅可作为防渗墙，对于较深基坑还可起到约束墙底土体、防止坑底隆起之作用。水泥土桩大约可提供总抗滑力矩的 25% 份额。因此，不能随意削弱。

（3）软土地区土钉形式主要有两种：一种为钻孔注浆钉；一种为击入式锚管钉。在土质条件允许条件下，均应采用前者。因为此时可进行二次注浆，故粘结力较大，同时对地层加固作用明显。此外，土钉竖向间距应适当减小，这样既有利于减少分层开挖时产生土体水平位移，又有利于土钉对土体加固。土钉拉拔力产生抗滑力矩大约占总抗滑力矩的 10%～15%；

(4) 基坑底部降水，不仅为挖土、运输提供方便条件，更重要的是通过排水固结，提高坑底土体抗剪能力，减少或防止基坑底部隆起。降水所引起抗滑力矩效应约占总抗滑力矩的 5%～6%。

6.2 土钉-搅拌桩-暗墩复合结构两次失稳原因

6.2.1 概述

单一土钉支护受到地层条件限制，在沿海软土深基坑中难以获得推广应用。经多年研究和试验，同济大学等单位采用以水泥土搅拌桩形成防渗帷幕和超前支护，然后再进行土钉支护的复合结构形式，从 1997 年 10 月以来，已完成数百项土钉支护基坑工程。其中绝大多数是成功的，且节省投资、缩短工期，边壁墙体位移和地表沉陷较小。然而，在推广应用过程中，也出现了个别基坑失稳事故。上海静安区某工程即是一例，魏建华等就该例基坑事故进行分析，所归纳出的深刻教训值得人们高度重视。

6.2.2 工程与地质概况

该工程位于上海市静安区，建筑物由地上三层和地下一层组成，平面为长方形；长边为 85m，短边为 19m，基坑开挖深度为 4.75m。周边环境比较复杂，北侧为基坑长边，与马路平行，距用地红线为 6.4m，红线外人行道下分布有上下水、煤气、电缆等管线。南侧与一弄堂小路平行，退出红线 0.5～1.0m，弄堂小路下有上下水管及雨水管，弄堂小路宽度为 3.5m 左右，弄堂南侧为相当古老的二层混合结构房屋，墙上已存在大量裂缝。基坑东侧边长为 18.6m，距基坑边 4.9m 处为一幢三层砖木结构民房。

该工程地下水位距地表为 0.5～1.0m，渗透系数较小，基坑开挖深度范围内地质情况见表 81。

各土层主要物理力学参数指标值　　　　　　　　　表 81

土层名称	厚度（m）	w（%）	γ（kN/m³）	ε	c（kPa）	φ（°）
①杂填土	1.5～1.7	—	—	—	—	—
②粉质黏土	0.5～1.0	27.9	18.9	0.82	31	17.5
③淤泥质粉质黏土	5.5～6.0	42.3	17.3	1.21	14	14
④淤泥质黏土	6.5～7.1	47.7	16.8	1.37	13	9.5

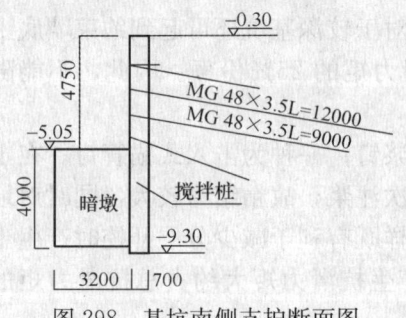

图 298　基坑南侧支护断面图

根据场地条件及工程经验，该基坑采用复合土钉支护。东、西、北侧支护采用一排搅拌桩，其宽度为 700mm，长度为 9.0m；四排土钉钢管为 $\phi48\times3.5$，长度分别是 6m、9m、9m、6m，水平间距为 1.0m。南侧支护采用一排搅拌桩，其宽度为 700mm，长度为 9.0m；四排土钉钢管为 $\phi48\times3.5$mm，长度分别是 6m、12m、9m、6m，水平间距为 1.0m；在坑内设置 6 个水泥土桩暗墩；另设置 2 排竖直注浆钢管，

其规格为 $\phi 48 \times 3.5mm$，长度为 6m，间距为 0.5m，以进行超前支护。基坑南侧支护断面设计见图 298。

6.2.3 施工过程中的两次事故

7月29日完成水泥土搅拌桩施工，8月1日开始进行第一层土方局部开挖，随之开始施工土钉。8月13日开挖第二层土，挖深达3.5m，南侧⑤～⑥轴的搅拌桩顶水平位移突然由4mm增至75mm，建筑物墙角沉降达7.7～8.5mm，同时水管断裂漏水。8月14日决定采取从坑内向坑外注浆，以加固地基。注浆完成后注浆管不拔出，而与翻边网片相焊接。

8月27日恢复开挖施工。29日完成第3排土钉施工。31日晚南侧④～⑤轴挖至坑底，并开始第4排土钉施工，此时在污水池及电梯井两部位分别超挖0.8m和1.1m。9月1日上午变形突增，JS4测点平均以4～5mm/h速率下沉，24小时累计下沉量为121mm，9月2日逐步稳定，JS4测点总沉降量为187mm。

6.2.4 事故原因分析

(1) 第一次事故原因

第一次事故发生在8月13～14日，主要是边壁土体内部稳定性下降造成变形过大。当时工况是：第1排土钉只施作了一部分，竖向注浆钢管未安装完毕，翻边未做，而此时挖深已达3.5m，实际上一次挖出了第2、3排土钉设置位置。由于严重超挖引起土体内部稳定性大幅度下降，同时产生过量变形，导致自来水管断裂，使墙后土体含水量大量增加。弄堂下水道长期渗漏，导致该区域土体已软化，土体力学特性更差，内部稳定性进一步下降，并为第二次事故留下隐患。

假设超载为 $30kN/m^2$，土体指标不考虑软化，即能说明超挖引起内部稳定性的下降程度。开挖3.5m，如按设计施工，当时应有两排土钉发挥作用，此时设计内部稳定性系数计算值为1.68；而实际施工时只有一排土钉发挥作用，其内部稳定性系数计算值为0.97。

(2) 第二次事故原因

第二次事故发生在8月31日。当时工况是：第3排土钉完成安装已2天，挖深已达4.75m，但同时又在南侧开挖污水池与电梯井基坑，增加深度为0.8～1.1m。此时开始施工第4排土钉，而基坑局部加深部位未进行支护。此次超挖，比上次超挖危害更为严重。

其一，超挖使抗隆起稳定性下降。超挖使基坑挖深达到5.55m，而搅拌桩长度只有9.0m，搅拌桩入土深度变成3.40m；当时发挥作用的只有三排土钉，而第3排土钉位置与坑底有2.35m临空面。挖深加大以及土体进一步损伤软化，引起 c、φ 值减小，基坑底部土体应力增大；另一方面，土体力学指标值下降，基坑底部土体承载力也同时降低，从而抗隆起稳定性变差。

其二，超挖使施工期间土体内部稳定性下降。第一次事故发生后，采取从坑内向坑外注浆加固地基，注浆管不拔出并与翻边网片相焊接的方法，事实上相当于增打了两排顶部土钉，土体力学指标得到部分恢复。但8月27～30日期间连续几天暴雨通过下水道又使土体进一步软化。但施工单位又在8月31日超挖土方，两个极为不利因素叠加造成边壁内部稳定性大幅度下降。假设超载为 30kN/m²，不考虑土体指标软化，即可说明超挖引起内部稳定性下降程度。如按设计施工，开挖深度为 4.75m 时已有三排土钉发挥作用，此时设计内部稳定性系数计算值为 1.42；而实际施工时开挖已达 5.60m，也只有三排土钉发挥作用，其内部稳定性系数计算值为 0.94。由此可见，屡次超挖是事故发生的主要原因。

6.2.5 小结

该工程基坑南侧局部失稳，导致临近建筑物严重开裂，造成较大经济损失和社会影响。针对该工程至少有以下经验、教训可以汲取。

（1）严禁超挖。

（2）重视水的危害，加强水的防范。水患产生主要有两种途径，一是墙后土体中下水道、旧管道的渗漏与积水；二是地面水的渗透。

（3）重视周边环境调查。

（4）重视基坑环境监测，及时、可靠的监测数据对施工具有重要指导意义。为降低工程造价，周围地表沉降、房屋倾斜等监测项目被不适当地删除了，因而无法反映周边环境随开挖所发生的变化。

（5）加强施工管理。建设方提出的污水池与电梯井局部挖深区（基坑设计平面图没有该挖深区）应严格验算，施工方却没有通知设计方。

6.3 土钉-双层深层搅拌桩复合结构大变形原因

采用复合土钉支护的郑州某基坑工程由于开挖不当，造成较大结构和环境变形。宋建学经分析其变形机理，认为超深、超长开挖，注浆中未添加早强剂，时间间隔不合理，降水效果不佳等构成主要原因。该工程最终以回填土抢险和开挖过程中预留土墩及其他控制措施保证了基坑的安全。

6.3.1 工程概况

郑州某基坑工程长度为 60m，宽度为 8.5m，深度为 6.3m。基坑南北边线距两幢已建住宅楼（1号楼和2号楼）均为 6.5m。1号和2号家属楼长度均为 97.5m，宽度为 15m，基础埋深为 2.5m，采用深层搅拌桩复合地基筏板基础。该基坑平面布置见图 299。地质勘察报告显示，该场地地下水位为 −1.5m，在开挖深度范围内，−1.9m 以上是杂填土，−1.9m 至 −15.0m 是粉质黏土。根据地质勘察报告及 1、2号楼基础埋设情况，施工方案采用深层搅拌桩止水帷幕与土钉相结合的复合土钉支护结构。坑内采用轻型井点降水，并按要求回灌。设计

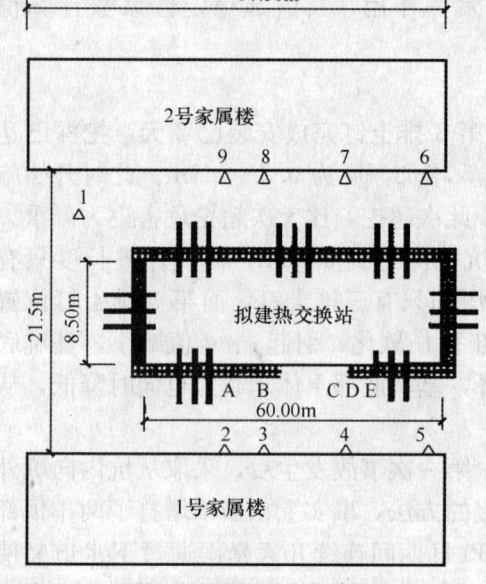

图 299 基坑平面示意图

止水帷幕为双排深层搅拌桩，直径 $d=500$mm，相邻桩间搭接长度为 100mm，桩长为 10.5m。土钉采用设有倒刺的圆钢管，其外径为 48mm，壁厚为 3mm，长度为 6m，用击入法施工，注浆率为 20～25kg/min，并进行二次劈裂注浆。土钉水平和竖向间距均为 1.2m，支

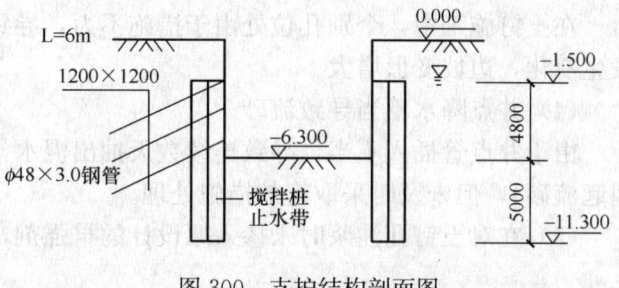

图 300　支护结构剖面图

护面积约为 863m²，共设计土钉 702 根。面层采用 ϕ6@200mm 钢筋网，钉头之间设 2@1480mm 加强钢筋，喷射混凝土面层强度为 C20，施工参照技术标准 YB 9258—97 和 CECS96：97 执行。复合结构设计断面见图 300。

为保证基坑施工安全，对相邻家属楼进行了沉降监测，监测仪器采用水准仪。在 1、2 号楼与基坑相邻一侧共设 9 个观测点，按闭合水准测量方法施测。在开挖前共进行了 3 次闭合水准测量，在观测精度满足要求前提下，以平差后点高程作为原始数据。在基坑开挖至 −1.5m 后，开始基坑降水及变形监测，沉降监测频率为每天一次。从 2001 年 5 月 22 日开始，至同年 8 月 10 日基坑施工完毕，监测周期为 80 余天。

6.3.2　边壁大变形过程

5 月 27 日上午，基坑开始分层开挖。为缩短工期，实际一次开挖深度为 2.0m，远大于土钉竖向间距 1.2m。同时，实际开挖长度超过 20m，且未留土墩。5 月 28 日上午，个别孔位处泥沙涌入基坑内。至中午，基坑南边坡出现长达 15m 的裂缝，宽度为 12mm 左右，裂缝距基坑边线为 4.5m。同时，在南侧边坡与 5、6 号沉降监测点对应部位，宏观可见深层搅拌桩止水帷幕向基坑方向错动，估计止水帷幕已产生局部断裂，但未发现漏水现象。北侧边坡未发现明显变化。同日，测得 2~5 号沉降监测点变形量为 1～2mm，其他点未发现异常。鉴于环境变形发展情况，增加了对基坑南、北两侧边坡的水平位移监测。水平位移采用经纬仪视准线测量法，在基坑南、北侧边坡各设 6 个监测点，南侧监测点为 A～F，北侧监测点为 A′～F′。适应基坑施工要求，沉降与水平位移监测频率增加为一天四次。

6.3.3　边壁变形机理分析

根据现场施工情况，分析边坡土体裂缝和相邻建筑沉降的主要原因如下：

(1) 基坑开挖超深

按照土钉支护基坑施工技术规程及原定施工方案，采用土钉支护基坑，应分层开挖，每层开挖深度与土钉竖向间距相等。在每层土钉施工完毕，达到一定强度后方可进行下一层开挖。但施工未执行原定施工方案。

(2) 基坑开挖超长

按照土钉支护施工技术规程，施工应分段开挖。根据土层特性，分段长度有所不同，且通常每超过 15m 时须留设土墩支挡土壁。根据现场观察，该工程开挖时为方便出土，实际开挖长度超过限值。

(3) 土钉成孔后流砂导致边坡较大变形

在土钉施工中,个别孔位处由于措施不力,导致泥砂外涌,致使边壁内土体应力状态发生变化,边坡变形增大。

(4) 井点降水不当导致流砂

由于井点管插入不当,导致连续数天抽出混水,实际观察发现含砂量较大(实际上已引起流砂),但未及时采取有效措施处理。

(5) 在对土钉孔注浆时未掺入原设计的早强剂,使土钉强度增长率达不到预定值。

6.3.4 大变形控制措施

采取以下措施控制边坡大变形:

(1) 立即向基坑内回填土,改变边坡受力状态,防止变形继续发展;
(2) 在南侧边壁原设计的第1、2排土钉之间及基坑底各增加一排土钉;
(3) 封堵土钉注浆口,不使泥砂外涌;
(4) 在土钉注浆中掺加早强剂;
(5) 部分井点管重新插入,提高降水压差;
(6) 用1∶0.5水泥浆灌注边坡上部裂缝,防止雨水渗入边坡;
(7) 土钉施工工艺作局部修改:在南北两侧边壁上,成孔与注浆交替进行,以减少边坡变形;
(8) 加强边坡变形监测,增加观测频率至每天4次,直至变形稳定为止。

在控制措施的实施过程中,5月29日,3~7号沉降监测点继续沉降1mm,6号点沉降2mm。29~30日,基坑东南部E、F号水平位移监测点位移已分别达到16mm和15mm。以后连续几天内各沉降监测点都继续下沉,沉降速率在1mm/d左右。与此相应,坑外各监测井点水位亦有所下降,平均在1.0m左右。这一阶段的变形至6月4日开始收敛。此后,D、F号位移观测点均向基坑外位移,这可能是基坑内回填土的原因。6月7日,E号位移观测点也显示基坑土体回移。沉降和边坡位移监测数据表明,基坑边坡已基本稳定。图301所示为相邻建筑在整个施工过程中的沉降发展情况。图302所示为南边坡在施工过程中水平位移发展情况。

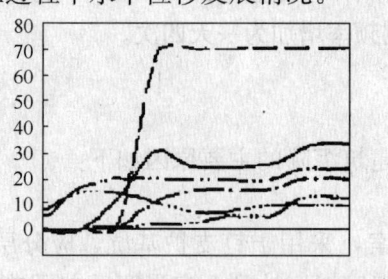

图301 相邻建筑沉降发展过程

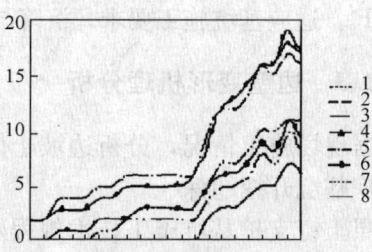

图302 南边坡水平位移发展过程

6.3.5 小结

(1) 采用复合土钉支护的基坑工程,其开挖必须严格执行分层、分段的有关设计要求;
(2) 为加快施工速度,并确保工程质量,在注浆体中加入早强剂是必不可少的;

(3) 快速向基坑内回填土方是基坑工程抢险的重要措施之一;
(4) 基坑周围土体位移明显先于相邻建筑物沉降。

6.4 钢管土钉-单排搅拌桩复合结构坍塌原因

6.4.1 工程与地质概况

上海某工程为 3 幢高层住宅楼，呈一字形排列，均有一层地下室，基坑开挖深度为 5.7m。3 幢楼相距较近，故设计开挖出一个长度为 115m、宽度为 35m 的大基坑。该工程地质条件如下：

① 杂填土，由杂色黏性土与煤渣、碎石和碎砖组成，厚度为 0.60~3.40m。
② 褐黄色粉质黏土，可塑~软塑，局部夹有薄层粉砂，见铁锰斑点，厚度为 0.20~2.40m，$w=30\%$，$\gamma=19kN/m^3$，$c=20kPa$，$\varphi=15°$。
③ 灰色淤泥质粉质黏土，流塑、饱和、高压缩性，厚度为 3.50~5.00m，$w=44\%$，$\gamma=18kN/m^3$，$c=7kPa$，$\varphi=12°$。
④ 灰色淤泥质黏土，流塑、饱和、高压缩性，厚度为 5.40~11.00m，$w=50\%$，$\gamma=17kN/m^3$，$c=9kPa$，$\varphi=7°$。
⑤ 灰色黏土，软塑、高、中等压缩性，厚度为 6.00m 以上，$w=35\%$，$\gamma=18kN/m^3$，$c=10kPa$，$\varphi=13°$。

该工程四周紧邻已建建筑物及市政道路，最近处为 3m 左右，并有煤气、电缆等各种管线。基坑底部位于第③层土。

6.4.2 支护方案

由于场地第③、④层土是高压缩性、低渗透性的淤泥质土，含水率高（$w=44\%$~50%），土的黏聚力低（$c=7$~9kPa），垂直渗透系数小（10^{-7}~10^{-3}cm/s），若采用常规土钉支护技术，必然存在下述问题：土钉与周围土体之间界面粘结力小，抗拔力低；土钉成孔时孔壁易坍塌；基坑开挖后难以自立，易出现渗水、坍塌；土层与喷射混凝土面层粘结强度低，难以施工等。设计采用搅拌桩加土钉的复合支护结构，利用搅拌桩体良好抗渗性和一定强度，解决基坑开挖后临时无支撑条件下的自立性、隔水性，并可在开挖后立即施做喷射混凝土和土钉支护。另外，改杆状土钉为管状土钉，并将其直接击入后进行压力注浆，避免了成孔时易塌孔的难题，浆液透过管孔渗入周围土体，固结为较为完整的整体，提高了管状土钉的抗拔力。

该工程基坑开挖深度为 5.7m，采用直径为 700mm 单排搅拌桩，相互搭接长度为 100mm，桩长为 12m。边坡土钉自上而下共设置 5 排，长度依次为 6m、12m、9m、9m、6m，水平、竖向间距均为 1m，呈梅花形布置，倾角为 10°。顶部土钉距地面为 1.5m，均采用直径为 48mm 钢管制作。施工顺序为先施工两边的 1 号、3 号楼，待地下室施工结束后，再开挖中间的 2 号楼。

6.4.3 施工流程

基坑施工工艺流程为：

搅拌桩施工→基坑内井点降水→开挖第一层土方→整修边坡→喷射第一层混凝土→制作、安放土钉→注浆→挂面层钢筋网→焊土钉端部加强筋→喷射第二层混凝土→养护→开挖第二层土方→重复上述流程，直到坑底。

6.4.4 基坑坍塌过程及原因

该工程设计先施工两端的1号、3号楼，待两楼地下室完成后再开挖中间2号楼。实际施工时由于工期紧，在1号楼施工至基础底板绑扎钢筋及3号楼基础底板混凝土浇筑完成后即开始开挖2号楼土方。2号楼挖至第④层土时，坑壁第③层土钉以下部位发生塌方，坑边沉陷，搅拌桩折断。针对此情况立即在坑内抛填块石、黏土等，用履带式挖掘机碾压，并对基坑侧壁进行压密注浆加固，及时排除了险情。分析事故原因如下：

（1）2号楼土方提前开挖，且在挖第④层土时未按每层挖深为1m，每段开挖长度为10m的要求进行，而是按1号、3号楼基坑底部标高将长度为30m之多的基坑一次挖完，深度达2m，严重超挖。

（2）2号楼开挖前，坑边为成品钢筋堆场。根据开挖所揭示地层情况看，堆场部位原为暗浜。由于该部位土质差、荷载大，混凝土地坪开裂沉降，雨水及地表水渗入使土质含水量大为增加，强度低、墙体薄的单排水泥搅拌桩在土压力和急剧上升的水压力作用下被折断，造成塌方。

6.4.5 软土土钉施工注意事项

认真总结经验教训，马军等认为软土复合土钉支护施工有如下几点特别值得注意。

（1）降水配合土方开挖与土钉支护同步进行。降水深度在基坑开挖面以下0.5m，以消除基坑底部向上的涌水并使基坑内含水土体得以疏干，减小土的流变变形。土方开挖分层、分区、分块、分段，抽槽开挖，随挖随支，各层开挖深度均控制在本排土钉高程以下0.3m，严禁超挖。同一层每两个施工段之间预留平衡土体，充分利用基坑开挖的空间效应及饱和软弱地层变形的时间因素。

（2）改杆状土钉为管状土钉，并增加其设置密度和长度。土钉采用直径为$\phi 48 \times 3.5mm$的钢管制作，水平、竖向间距均为1m。顶部及底部土钉长度为$1.0H$，中部土钉长度$1.5 \sim 2.0H$，钢管前端做成封闭锥形，里端1/3长度范围内按梅花形布设间距为$15 \sim 20cm$、直径为$10 \sim 15mm$出浆孔。借助普通风镐振动将钢管土钉植入土层至设计长度。沿钢管全长每隔$0.5 \sim 1.0m$焊接环形倒刺，利用环形倒刺扩出直径约10cm的圆柱形孔洞，以利注浆并可增加注浆量和锚固力。环形倒刺还能增加钢管与凝固体间摩擦力。

（3）注浆质量是保证土钉抗拔力关键。应严格控制注浆液配合比，并掺加高效减水剂、早强剂，以保证浆液流动性并提高其早期强度，使土钉尽快进入工作状态。采用土钉底部注浆方式，将注浆管插入钢管孔内距孔底约20cm处。注浆至浆液溢出土钉钢管口时，即在钢管口设置止浆袋进行高压注浆，注浆压力为$0.4 \sim 0.6MPa$，稳压5min后将注浆管拔出$30 \sim 50cm$，再施行高压注浆并稳压5min。在钢管端部布孔范围内重复上述步骤，进行高压间歇性反复注浆。在布孔范围之外，边高压注浆边缓慢匀速撤出注浆导管，注浆压力保持在$0.4 \sim 0.6MPa$。

上述注浆工艺使浆液在一定压力下通过钢管预留孔压入地层中，并向土体渗透、挤压和劈裂原状土，对原状土进行置换和加固，可显著提高软弱土层力学性能指标，增加土钉抗拔力。

（4）面层钢筋网随开挖分层设置。两层网之间竖向钢筋头应牢固焊接。土钉端部与加强钢筋、钢筋网及井型架应相互焊接牢固，以增强整体刚度。焊接后立即进行喷射混凝土作业。

（5）面层混凝土强度等级不应低于C20，碎石粒径不宜大于15mm，砂采用不大于2.5mm的中细砂，混凝土配合比为水泥：砂：碎石＝1：2.5：1.5，水灰比为0.4～0.5，并掺入2％的早强剂。当坑壁土质较差时，应采用两次施喷工艺。土方开挖、修整边坡后先喷一层，使作业面形成一层硬壳保护层，以保证其他工序进行。坑壁土质较好时，可在挂网后一次喷射成型。喷射顺序自下而上进行，从开挖层底部开始向上施喷。面层混凝土终凝2h后开始洒水养护。下层土方开挖在上层土钉完成注浆2d、面层喷射混凝土完成24h以后方可进行。

（6）必须设置良好排水系统，以防地表水渗透于土体中对喷射混凝土面层产生过大压力，降低土体强度和土体与土钉之间界面粘结力。基坑顶部地面应做混凝土护顶，并用水泥砂浆堵塞所有缝隙，将基坑边缘地面垫高，以防地表水注入基坑内。在边坡底部，喷射混凝土面层应插入坑底下部至少200mm。在每层作业区和坑底设置排水沟和集水井，用水泵及时将积水排除。

（7）强调动态设计和信息化施工。施工过程中要加强监测并将监测的位移、沉降等数据与设计允许值作比较，必要时还应及时修改设计或采取相应加固措施。

6.4.6 基坑监测

为随时掌握边坡变形和稳定状况，以便及时进行反馈设计，在土钉支护和基础施工中应进行全过程跟踪监测。监测项目有边坡水平位移、垂直沉降、周围建筑物及地下管线沉降等。沿基坑四周以间距为10～15m布置监测点，采用精密经纬仪、收敛计监测边坡水平位移，用水准仪监测垂直沉降。支护施工阶段每天监测3次；完成基坑开挖，变形趋于稳定时每天监测2次；地下室基础底板施工结束后每天监测1次，直至整个基坑回填结束为止。

该工程在加固处理全过程中，测得边坡水平位移平均值为8.8mm，最大值为19mm，沉降量平均值为7.8mm，最大值为14mm，周围建筑物及管线平均沉降值为2.8mm。

6.4.7 小结

（1）基坑开挖发生严重超挖是造成该工程坍塌的主要原因。不按设计要求开挖、严重超挖导致工程失稳的事时有发生，总是不能很好解决，值得人们深思。

（2）要十分重视对水的处理。这在软土地区显得尤为重要。对水的处理须全方位进行。

（3）为确保工程质量，须按设计要求施工。

7 专题研究

专题Ⅰ 锚固和复合锚固类结构抗动静性能问题研究

锚固类结构是指注浆锚杆、锚索、土钉及加筋土一类岩土工程加固支护结构。复合锚固类结构是指各单一锚固类结构彼此或与传统工法及构造措施等联合使用的一类岩土工程加固支护结构。业已证明和证实,锚固与复合锚固类结构具有优异的抗动静载性能,其中有的结构形式已有大量成功应用。但是,锚固和复合锚固类结构抗静载问题研究与应用较多,对抗动载问题研究与应用相对较少。这一状况国内外大体相近。有些锚固和复合锚固结构形式,如国外的吸能锚固和屈服锚固结构,我国的新型复合锚固结构,均有各自特色,特别是都具有极大的抗动载潜能和性价比。将其用于抗静载也是可探讨的。尽管对这些结构所做试验是初步的,都只完成了效应试验,尚未做深入机理研究,但发展前景看好,值得人们关注、借鉴并进一步探讨。

1 引言

锚固类结构是指注浆锚杆、锚索、土钉和加筋土一类岩土工程加固支护结构[1]。复合锚固类结构是指各单一锚固类结构彼此或与传统工法及构造措施等联合使用的一类岩土工程加固支护结构。在抗静载作用方面,锚固和复合锚固类结构不仅在一般岩土工程而且特别是在新奥法不建议使用的软土、流砂、厚杂填土等一类复杂地质体工程中已有大量成功应用,其对人类工程建设的贡献和所产生的社会、经济和军事效益公认是无法估计的。而在抗动载作用方面,这类结构同样具有优异性能。

本文综合论述了锚固和复合锚固类结构抗动静性能研究的国内外进展。限于篇幅,对抗静载问题只作了概括论述,重点主要在抗动载问题上。对特别值得人们关注与借鉴之处,笔者作了较细评述。

2 国内研究现状

我国开展锚固和复合锚固类结构抗静载研究与应用较多,而开展抗动载问题研究较少。在抗动载研究上,我国开展单一锚固类结构抗爆性能研究较多,而开展复合锚固类结构抗爆性能研究相对较少。锚固和复合锚固类结构抗动载研究主要是从现场试验研究、数值计算和设计理论探讨三方面展开。

2.1 试验研究

试验研究结果一般可靠性较好,置信度较高,比较接近实际情况,是研究该问题的主要方法。

文[2](1979)根据喷锚支护岩石坑道抗顶爆试验,分析指出:锚杆受力特征是先受压缩作用,后受拉伸作用,且拉应力峰值要高于压应力峰值;喷层抗爆作用主要在于防止不稳定岩石崩落和阻止稳定围岩在强大爆炸冲击荷载作用下发生剥离破坏；锚杆抗爆作用主要在于改善坑道受力状态、减轻和限制围岩剥落以及悬吊大块险石。

文[3]（1981）采用喷锚网支护作为我国第一条内爆试验巷道永久性支护方案。该试验巷道用于模拟矿井下爆炸及研究相应防爆措施。文[4]（1987）报道这条巷道在370余次炸药、煤尘、瓦斯等爆炸试验中均完好无损。

文[5]（1986）对砂砾地层中直墙拱顶形坑道喷锚支护在顶爆和侧爆条件下抗爆性能进行了比较试验。结果发现：①同等条件下，侧爆破坏作用要明显大于顶爆；②爆心距坑道较近时，喷锚支护不仅会出现严重破坏，而且爆炸产生的一氧化碳气体还会沿裂缝进入坑道内，引起坑道内人员中毒；③顶爆时，喷层主要是环向受压，内力分布较对称，而侧爆时，喷层主要是承受弯矩作用，内力分布明显不对称；④侧爆时，坑道断面位形变化是平移、变形、扭转三者复合，顶爆时，坑道断面位形变化仅限于形状改变；⑤在冲击振动方面，侧爆和顶爆相比，坑道底板振动加速度较大，且频率较低，因此，侧爆对坑道内人员和设备威胁更大。

文[6～8]（1990，1991，1992）进行了黄土坑道喷锚网支护抗爆性能试验研究。

文[6]根据试验结果，分别论述了在顶部平面装药和集团装药爆炸作用下，喷锚网支护和无支护黄土坑道破坏形态。结论包括：①在地面空气冲击波作用下，黄土坑道破坏发生在两侧边墙中部，支护参数设计须在此部位给予加强，坑道断面形状宜选用曲墙型；②地面空气冲击波作用下黄土坑道喷锚网支护受力破坏这一动力问题，工程上可作为拟静力问题考虑；③集团装药爆炸作用下，黄土坑道破坏主要发生在爆心投影点下坑道拱顶附近，支护参数设计须在此部位给予加强。

文[7]介绍了上述两种加载条件下，喷射混凝土、喷网、喷锚支护和无支护黄土坑道围土动压分布形态，对其与破坏形态的关系以及试验中发现的爆炸压密效应、嵌固层效应等作了讨论；比较了两种加载条件下，坑道支护不同受力变形特点，并与有限元计算结果进行了比较分析。

文[8]在对黄土坑道临界破坏进行约定基础上，用逼近法求得了毛洞、素喷混凝土支护坑道、喷网支护坑道和喷锚支护坑道临界承载力。

文[9]（1996）分析指出回采巷道基本特征是：围岩松软、成层性显著、受爆破振动和开采动载反复作用，并提出了回采巷道锚杆支护抗爆设计若干基本原则。

文[10]对某巷道内爆破对树脂锚杆影响进行了现场观测。研究指出：①爆破振动会导致树脂锚杆卸载，甚至会使其完全丧失支护能力；②锚杆预应力不同，锚杆卸载后终值也不同；③受爆破影响的树脂锚杆须进行重复张拉，方能保证其设计预应力。

文[11]（2004）介绍了屈服锚杆原理及制作和安装方法，并报道了某次试验中对其抗爆性能的验证。试验坑道为圆形断面，围岩采用屈服锚杆与喷网联合支护。根据爆后实测结果，屈服锚杆所受压应力和拉应力均很大，超过了材料屈服应力，接近材料极限抗拉强度，说明屈服锚杆在爆炸荷载作用下，能较充分地发挥加固围岩作用。美国和南非也分别独立地对屈服锚杆进行了研究，后者显示其性能特别优异。

文[12]（1996）对李家峡水电工程边坡锚固结构（1000kN级预应力锚索和600kN级预应力高强锚杆）近区爆炸响应进行了现场测试。分析认为：①在李家峡爆破安全准则条件下，距预裂面3m以外岩体动力响应不会对锚固结构产生很大影响；②爆破的主要影响来自预裂爆破和主炮爆破，其设计合理性是降低对锚固结构影响的关键；③锚固结构预应力有利于限制外锚头松动和减小锚固结构横向振动。

文［13，14］(1996，2000)根据李家峡水电工程高边坡施工中现场试验，研究了爆炸对锚固结构影响，得出结论：①开挖爆破时，由于药量大、距离近，将产生较大冲击荷载，介质及层面反、折射作用等都会对边坡上已建或正在施工的锚固结构带来较大不利影响；②600kN预应力高强锚杆实测最大轴向加速度为2.8g，垂直向为1.75g，实测锚索最大轴向加速度为1.50g，垂直向为0.35g，相应轴向振速为5.12cm/s；③采用动静力分析法在计入爆破对预应力锚杆（索）不利影响条件下，李家峡左肩典型滑面$f_{24}-\nabla 2080$，$f_{20}-\nabla 2080$是最危险滑面之一，在单响药量为100～300kg时，该滑面安全系数将下降约4.4%～6.8%。

文［15］(1998)报道，1989年底，在漫湾水电站左岸边坡预应力锚索加固工程中，进行了国内首次大吨位预应力锚索对边坡开挖爆破适应性现场观测试验。结果显示：预应力锚索对爆破动载有较好适应性，在一定条件下对锚固性能影响不大；只要选择合理装药量，且锚索施工质量可靠，可以保证锚索锚固性能。

文［16］(2003)对紫坪铺高陡边坡施工开挖期间爆破对预应力锚索影响进行了测试研究，通过对多点位移计测得位移-时间曲线进行分析，得到了边坡下部岩石开挖爆破振动效应与边坡上部预应力锚索拉固作用之间关系，为进一步优化进水口高陡边坡预应力锚索设计提供了试验依据。

文［17］(2004)分析指出：爆破是锚索预应力损失重要因素之一，当在距锚索3m以内进行爆破时，锚索预应力有明显损失，其量值比锚索在相应时间受静载作用所发生的大36倍左右，但在距离为5m以远，普通爆破影响不甚显著；爆破冲击作用还会使锚固段锚固力发生变化，尤其对破碎松散岩体会产生较大影响。

文［2～17］研究的均是单一锚固类结构。

文［18］(1982)对某次坑道抗爆试验中预应力锚索加固效果进行了调查分析。根据调查，处在断层破坏带与节理纵横交错地段、岩石完整性差的大锚杆段（锚索-锚杆-喷网联合支护）未遭到破坏，而与其相邻的毛洞段和离壁被覆段却遭到严重破坏。大锚杆段中除4根锚索遭到破坏外，其余均未破坏。在遭到破坏的锚索中，有2根位于坑道两侧拱脚处，钢绞线断口均呈颈缩状，是被塌落结构体所拉断，整块落石特征尺寸分别约为5.0m×3.9m×1.9m和3.0m×2.0m×1.9m；另两根锚索，一根是锚头，另一根是锚头和不长的一段锚索固定于断层下盘，其他部分则固定在断层上盘。

文［19］(1987)也介绍了文［3］所述某次预应力锚索加固洞室抗爆试验研究。对试验结果分析表明：采用锚索-锚杆-喷网联合支护形式，对于改善坑道受力状态、减少最小防护层厚度、缩减相邻洞库间安全距离等具有较高实用价值。

文［20］(2003)进行了单一锚固类结构与新型复合锚固类结构（锚杆-构造措施）黄土洞室在TNT集团装药顶爆下的原型与模型对比试验。研究指出，在相对平面度$\xi=0.6$条件下：①毛洞具有较低抗动载能力；②复合锚固类结构抗动载能力，分别为单一锚固类结构和毛洞的4.6倍和16.9倍，相应的临界加载装药量为单一锚固类结构和毛洞的6.6倍和33倍；③复合锚固类结构具有更好的抗动载性能；④复合锚固类结构优异的抗爆性能源于介质弱化机理；⑤弱化效应与弱化比面积及介质特性有关，因而存在抗爆效应优化问题；⑥研究建立的相似模型相似法则 $\pi_1=l^3/l'^3$（式中：π_1 为主 π 数；l 为模型长度；l' 为装药长度），经试验验证是正确的，可据此进行类似试验设计；⑦黄土毛洞在 $\xi=0.6$ 条件下的临界承载能力，比 $\xi=1.0$ 条件下的低 42%～56%。

文［18～20］研究的均是复合锚固类结构。其中文［20］是仅见的新型复合锚固类结构抗爆性能对比试验研究。

2.2 数值计算

数值计算是试验研究重要辅助手段，可以给出试验难以获得的某些信息，有助于了解问题实质。但由于锚固和复合锚固类结构抗爆问题数值计算较为复杂，迄今为止，我国在这方面所做工作尚不多。

文［21］（1984）进行了土中喷锚支护洞室在侧爆条件下非线性动态有限元分析。计算模型简化为平面应变状态。锚杆材料模型取为几何非线性杆单元，喷射混凝土和洞室近区土体材料模型取为 Drucker-Prager 模型，洞室远区材料模型取为线弹性。荷载取为三角形荷载。研究获得了洞室周边位移、喷层应力、塑性区范围、围岩应力及锚杆受力状况计算结果，并与试验结果进行了比较，两者在规律上较为一致。

文［22］（2004）运用基于三维快速拉格朗日有限差分原理数值计算软件，分析了预应力锚索对洞室抗爆加固机理。计算完整地模拟了炸药起爆、爆炸应力波传播、应力波与结构体相互作用，以及应力波对结构破坏效应全过程。计算利用程序提供的锚索单元专门模拟锚索作用，而不是将锚索预应力作为集中力施加在加固面上，较为准确地模拟了锚索与被加固介质的共同工作，比较符合试验实际情况。计算结果与试验结果在规律性上较为一致。

文［23］（2006）采用 Ansys 软件对锚杆支护隧道围岩在爆炸荷载作用下应力波传播过程进行了数值模拟。爆炸荷载采用国际上常用计算模式。计算表明：有支护隧道围岩在爆炸荷载作用下振速随距离变化具有明显衰减特征（这一特征与静载下剪应力衰减特征相近，值得关注），锚杆应力分布并不是对称的，故设计时不一定选用对称布置方式。

文［24］（2006）对无支护及有支护隧道围岩在爆炸荷载作用下应力波传播特性进行了有限元数值模拟。分析表明：在近距离爆炸波传播中，计算结果具有很好规律性；锚杆对应力波传播衰减作用明显，其关系可用指数函数来拟合（需要指出，这一规律与静力条件下是相近的——笔者注）；爆炸荷载作用下围岩周边各点振速并不相同，且相差较大，建议在设计支护系统时，可采用不对称支护系统。

文［21～24］研究的均是单一锚固类结构。

文［25］（1988）对软弱围岩隧道中①无支护、②薄层混凝土支护、③薄层混凝土-径向锚杆支护、④薄层混凝土-径向锚杆-超前锚杆支护、⑤厚层喷射混凝土-径向锚杆-超前锚杆支护五种形式，在爆破激振力作用下位移场和应力场进行了有限元分析。分析结论对软弱围岩隧道安全施工具有较重要意义。文［25］中第 1 和第 4、5 种支护形式分别为单一和复合锚固类结构。

2.3 设计理论探讨

锚固和复合锚固类结构抗爆问题理论分析较为复杂，涉及爆炸力学、应力波理论、岩石动力学、强度理论、结构动力学等多方面专业知识。迄今为止，我国在这方面所做工作尚少。

文［26］（1989）在诸多试验基础上，根据坑道锚喷支护受力破坏特点，将其从受力机制上划分为五种类型，即"结构力学型"破坏、受压破坏、剪切破坏、拉伸剥离破坏和横向断裂破坏。并指出爆炸荷载有其动态效应和准静态效应。准静态效应下，坑道支护破坏形态与静态下的相仿，而拉伸剥离破坏和横向断裂破坏是动态效应特有破坏形式。

文［27］（1993）根据试验实测资料，分析了顶爆下围岩与坑道锚喷支护相互作用若干特点。指出锚杆一端固定在围岩深部，通过砂浆与喷层表面垫板，有效约束了锚杆长度范围内围岩变形，承担了围岩中较大份额荷载，锚杆应变波形比围岩应变波形饱满得多，亦即在动载作用全过程中，锚杆发挥了很好支护作用。

文［28，29］（2005，2006）运用应力波理论和波函数展开法，研究了爆炸应力波与锚杆相互作用，给出了爆破振动作用下锚杆周围砂浆体中动应力和峰值振速分布特性，比较了不同频率应力波对锚杆影响，导出了不同频率应力波作用下砂浆锚杆安全质点振速范围。结果表明：入射频率越高，砂浆锚杆所允许安全质点振速范围越大。

文［30，31］（2004，2006）在文［20］试验研究基础上，对土钉支护瞬态应力和应变累计效应进行了研究。文［30］以黏弹性理论为基础，推导了 Maxwell 模型下洞室拱顶土钉应力解，通过与试验数据对比分析得到了洞顶土钉在爆炸应力波作用下瞬态应力公式，并从相应应力角度检验了结果正确性。文［31］考察对比了毛洞试验段、单一锚固试验段以及复合锚固试验段瞬态应变与爆炸当量关系，及三者瞬态应变与加载次数关系。指出药量、加载次数和不同支护参数是影响瞬态应变重要因素，复合锚固结构具有更好降低动应变量值、提高工程抗力能力。文［31］还提出了累次应变综合值概念。

上述文献［26～29］和［30，31］分别研究的是单一和复合锚固类结构。

2.4 抗静载问题研究与应用

锚固和复合锚固类结构在岩土工程中应用十分广泛。我国在 60 年代（1951～1960）末引进先进新奥法后，在隧道中大量采用喷锚临时支护加二次永久混凝土衬砌，按照定义，就是一种复合锚固类结构形式。尤其是近 15 年来，我国在铁道工程、交通工程、采矿工程，尤其是城建工程中，将锚杆、锚索、土钉与地下连续墙、深层搅拌桩、人工挖孔桩、钢板（管）桩、超前微型桩、挡土墙、加筋土墙等复合起来，提出了众多复合锚固类结构形式，并将其应用于隧道、边坡、基坑和地基加固支护中，取得了极大的社会、经济效益。在锚固类结构获得广泛应用同时，又开展了很多试验研究和理论分析工作，发表了大量论文，促进了锚固类结构的发展。

本文所述新型复合类结构在抗静作用方面尚未见应用。

2.5 小结

① 我国对锚固和复合锚固类结构抗静载问题研究较多，对抗动载问题研究相对较少。
② 我国对单一锚固类结构抗爆性能研究，明显多于复合锚固类结构。
③ 单一锚固类结构具有良好抗爆性能，复合锚固类结构则具有更加优异的抗爆性能。
④ 锚固技术加构造措施是一种特殊形式的复合锚固类结构，具有异乎寻常的抗动静载研究、开发与应用价值。
⑤ 我国对复合锚固类结构抗动静载性能研究总的来说还不甚深入、细致；试验研究和工程应用较多，理论研究还缺乏系统性和可靠性。

3 国外研究现状

同我国情况相似,国外对锚固和复合锚固类结构抗静载问题研究与应用较多,发表抗动载文献相比之下要少得多。在抗动载研究上,国外开展多是单一锚固类结构抗爆性能研究,关于复合锚固类结构抗爆性能研究文献尚未见发表,并且一般也不如此称谓。国外抗动载研究主要从现场试验、室内(模型)试验、数值计算三方面展开。

3.1 现场试验研究

国外对锚固类结构抗爆性能现场试验研究做得较多、较细。不过,均为单一锚固类结构形式。

文[32](1984)报道,南非曾在一金矿坑道中,对屈服锚杆和普通锚杆抗爆性能作过对比试验。屈服锚杆的屈服构件设在内锚头部位。试验以坑道一侧安装普通锚杆,另一侧安装屈服锚杆,在其他条件完全相同情况下,装药爆炸后,采用普通锚杆支护坑道一侧全部塌落,而用屈服锚杆支护一侧则完好无损。这里重点研究的是屈服锚杆。

R. K. Thorpe[33]等(美国,1985)对半球形密闭洞室内爆作用下锚杆动力响应进行了现场试验研究。试验测得压缩波到达时间与利用一维流体动力程序计算的应力波到达时间吻合。动力试验后的静力测试显示,锚杆预应力无损失,说明动力响应处于弹性阶段。试验结果为进一步建立用于分析部分注浆锚杆动力特性的数值模型提供了验证数据。这是一个典型的锚固类结构抗内爆问题研究。

B. Stillborg[34](瑞典,1984)对锚索在坚硬岩体中抗爆加固效果进行了现场试验研究。结果表明,锚索在承受峰值质点速度为 500mm/s 的爆炸时,其性能并未降低。

F. O. Otuonye[35,36](美国,1988,1993)对矿井内全长树脂锚杆对爆炸荷载动力响应进行了现场试验。结果表明:①由外锚头附近杆体应变计测得的锚杆频响与外锚头上加速度计测得的数据相关性很好,说明应变计可以用于锚杆动力响应测量;②锚杆外锚头处的振动和应变值均高于内锚头处的相应值(这表明锚杆受力不均匀,且与静载下的分布规律相近——笔者注);③阻尼自然频率(125.2Hz)对锚杆动力作用是主要的,占 86.5%,而阻尼频率(1755.0Hz)动力作用较小,只占 12.9%;④爆炸振动波衰减可能是由于多次重复爆炸在岩体内形成裂隙及其扩展所致,另外,锚杆与岩体间注浆胶结体被破坏,也导致了爆炸振动波衰减,减少了通过注浆胶结体传递给锚杆的能量。

G. S. Littlejohn[37,38]等(英国,1987,1989)在 Penmaenbach 隧道施工期间对长度为 6m、直径为 25mm 的树脂锚杆抗爆性能进行了现场测试。结果表明:即使锚杆在距隧道工作面距离为 1m 处,其锚固力也没有明显损失,树脂和锚杆之间粘结性能保持良好;施加预应力可降低爆炸震动对锚杆影响;锚杆自由段越长,锚杆受动荷载就越大。Littlejohn 等还建立了一个锚头处的 PPV(峰值质点速度—笔者注)与所受峰值动载之间线性关系式。

D. C. Holland 和 A. A. Rodger 等[39,40](英国,1989,1995)对 Penmaenbach 隧道和 Peny Clip 隧道(均位于英国北威尔士)施工过程中安装的树脂锚杆抗爆性能进行了研究。Holland 发现预应力增加将导致对锚杆振动加载作用的降低。在 Penmaenbach 隧道施工现场,Rodger 等发现即使锚杆离爆破面距离仅有 0.7m,预应力也未出现显著降低,树脂与锚杆也未分离。在 Peny Clip 隧道施工现场,Rodger 等还研究了不同岩体质量对树脂锚杆抗爆加固作用的影响。两处试验场研究结果都表明锚头振动加速度响应谱主要取决于锚杆长度、自由段相对长度、预应力大小及围岩质量等。

D. D. Tannant[41]等（加拿大，1995）对坑道中仅端锚的锚杆在爆炸荷载作用下动力响应进行了现场试验研究。现场试验包括两种情形，第一种是测量锚杆对邻近平行坑道内部爆炸的动力响应，第二种是测量锚杆对本坑道侧壁内部钻孔满填塞爆炸的动力响应。对于第一种情形，爆炸激励起了锚杆轴向和横向振动，坑道壁上 PPV 值约为 1m/s，锚杆振动时间持续了 30ms～40ms，大于坑道壁振动时间，锚杆最大应力低于其屈服应力，爆炸对坑道壁造成了轻微剥落破坏，降低了一定的锚杆预应力，但整体稳定性依然良好；对于第二种情形，横向振动是锚杆主要振动模式，持续时间为 200ms，坑道壁上 PPV 值大于 1m/s，锚杆峰值应力低于其屈服应力，爆炸使坑道壁外凸，并降低了锚杆预应力。

Gisle Stjern[42]（挪威，1998）报道，为评估近距离爆炸对注浆锚杆影响，在挪威 Grong 矿场进行了现场试验研究，包括锚杆拉拔试验及对岩石和锚杆进行振动测量。将邻近爆炸点（3.4m）锚杆与安装在较远处（22.0m）锚杆作对比，发现拉拔强度没有下降。把近期灌浆锚杆与早期灌浆锚杆作对比，发现在爆炸荷载作用后两者拉拔强度没有区别。对早先拉拔过的锚杆再次进行拉拔，结果显示出浆体存在"愈合"效应。试验表明爆炸后锚杆/砂浆性能没有下降。因此得出结论：充分注浆锚杆可以应用在作业面上或接近作业面处。

文［43］（1991）报道了美军对加筋土掩体进行的抗爆试验。与钢筋混凝土掩体相比，加筋土掩体具有造价低廉、构筑方便特点。试验中加筋土采用宽度为 4cm、厚度为 0.5cm、长度为 4m 的钢带作为增强材料。试验结果引人关注。总体上说，加筋土掩体是一种有效防护结构。对于复土内的爆炸，多数爆炸未引起墙板破坏，最严重者也只是局部性破损，未危及整个结构。由于掩体构造特性，局部破坏仅损坏数量有限的墙板，并可很快修复。

3.2 室内（模型）试验

同现场试验相比，国外对锚固类结构抗爆性能室内（模型）试验开展得少一些。这可能与模型试验条件离实际工程要远一些有关。

文［42］在进行现场试验同时，还进行了实验室研究，包括测量砂浆抗压和抗弯强度，及分析锚杆、砂浆和岩石组成的岩芯磨光薄片。结果表明，距爆炸点距离不同的锚杆，以及凝固程度不同的砂浆在受到爆炸荷载作用时，在裂缝形态及频度方面没有显示出任何差异。

J. P. Conway[44]等（美国，1975）对屈服锚杆进行了室内动力试验，结果表明屈服锚杆具有很好抗动载性能，与静力试验相比，动力试验屈服荷载略有增加（15%）。

D. K. V. Mothersille 和 H. Xu[45,46]（英国，1989，1993）对冲击荷载作用下预应力对锚杆动力响应影响进行了实验室模型试验。结果表明，动载沿锚固段按指数规律衰减，冲击荷载大小一定时，锚杆上任意点的动应力都随预应力增加而减小。笔者认为，该项试验以及上述多项结果表明，动、静力条件下锚杆轴向受力规律相似具有一定普遍性。

W. D. Ortlepp[47,48]（南非，1994，1998）设计了一种简单有效且可重复试验方法，对屈服锚杆和普通砂浆锚杆抗爆性能进行了宏观对比试验。结果表明：①在装药量接近相同情况下，由 5 根 φ25mm 的全长注浆锚杆（静抗力 1350kN）加固的混凝土块最大抛射高度为 4.7m，是无锚杆加固混凝土块最大抛射高度的 90%，试验中有 3 根锚杆被拉断，2 根锚杆被拔出；②由 5 根 ϕ22mm 的屈服锚杆（静抗力 1105kN）加固的混凝土块最大抛射高度仅为 0.5m，锚杆未受到任何破坏；③屈服锚杆在变位过程中比全长注浆锚杆多吸收了超过 20 倍的能量；④屈服锚杆能够承受 12m/s 的试件抛射速度。笔者认为，这种类型的屈服锚杆抗爆效应十分优异，试验方法也很新颖，很值得学习和借鉴。

Anders Ansell[49,50,51]（瑞典，2000，2005，2006）研制了一种用于抗爆的新型锚杆，并称其为"吸能锚杆"。吸能锚杆的杆体用软圆钢制作，不设套管，内锚段杆体呈肋状，并冲压有若干个椭圆形孔。垫板是一个壳形圆盘。当受高速冲击时，杆体受拉变长，杆径变细，从而内锚固段以外杆体与砂浆脱落，锚杆外端便可自由让压。文[49，50]介绍了对这种锚杆进行的自由跌落试验。结果表明：当受动载作用时，杆体塑性应变沿杆长分布不均匀，自锚杆外锚头向内递减（静载下受力规律亦大体如此——笔者注），其塑性屈服没有被充分利用；动载作用下，外锚头处螺母以及内锚头段是可靠的；在 12m/s 的加载速度下，距螺母 50mm 处杆体发生断裂。文[51]对这种（软圆钢）锚杆在高速加载机上进行了动力试验，并根据试验结果，提出了对这种锚杆进行抗爆设计的基本原则。这种吸能锚杆也很值得我国借鉴。

3.3 数值分析

国外的硬件和软件均有一定优势，但发表相关文献较少，这或许缘于单一计算结论尚难以用于实际工程设计与安全评估。

文[41]采用一维有限差分法对仅端锚的锚杆在爆炸荷载作用下动力响应进行了数值分析。结果表明，端锚锚杆振动可通过一根梁的轴向和横向振动来分析，锚杆内锚头与岩体间连接方式以及外锚头与垫板间连接方式对锚杆动应变值影响很大，内锚头和岩体间连接是数值分析中最复杂的单元，内锚头和外锚头处的连接也是研究端锚锚杆动力特性中复杂的边界条件。

Ana Ivanovic 等[52]（英国，2002）采用基于有限差分法的集中参数数值模型计算分析了冲击荷载作用下预应力对锚杆动力响应影响。主要得出以下结论：①锚杆长度一定时，自由段长度与锚固段长度比值增加将导致响应基频降低；②锚头是锚杆响应对预应力变化最敏感部位；③锚杆振动加速度衰减率随预应力增加而增加；④预应力增加将导致锚杆锚固段动应力降低。这些结论与作者先前试验研究结论相一致。

H. Hagedorn[53]（瑞士，2004）采用 UDEC 程序评估了喷锚支护洞室在两次相继冲击作用后稳定性。结果表明，钻孔壁与围岩裂隙相交处握裹注浆（环氧树脂）层的破坏避免了锚杆本身破坏，因而锚杆对围岩仍有加固作用，但须考虑对喷层造成的局部破坏影响。

P. J. Zhao 等[54]（新加坡，2003）结合一维弹性波理论和梁的动力分析方法，将喷锚网支护中钢纤维喷射混凝土层简化为一简支弹塑性梁，由此建立了一种冲击荷载作用下喷层抗剥落简化设计计算方法。算例表明，该方法是可靠有效的。

3.4 抗静载问题研究与应用

国外尚无锚固和复合锚固类结构这种称谓。但锚固和复合锚固类结构抗静载问题研究与应用却不乏其例[55~57]，尤其是关于前者，发表了不计其数的文献资料。对于后者，提出的研究与应用成果亦不在少数，其中有的结构形式具有先进性和新颖性。如 1985 年法国在一处深度为21m的基坑开挖临时支护中（由 Montpellier Opera 施工开挖），所采用的角钢击入钉，上部加一排锚杆的做法；1990年，法国在 Cotiere 隧道北进口（一条高速铁路隧道入口）高度为28m的边坡支护中所采用的10排长度为15m的注浆土钉，上部加2排长度为30m的锚杆的"土钉-拉锚"复合系统；德国在一处柏林土钉墙工程中所采用的一种"土钉-拉锚-竖桩"复合支护系统；美国在 Oregon DOT Portland 和 Light Rail 工程中采用的一种"加筋土墙-土钉墙"复合挡土结构；1997年日本研发的"板墙土钉支护法"（以预制钢筋混凝土板替代传统土钉支护中的喷射混凝土面层）等，均可看作是复合锚固类结构在抗静载方面的研究与应用。

本文所述新型复合锚固类结构形式及其研究与应用成果国外未见发表。

3.5 小结

① 国外尚无"单一锚固类结构"、"复合锚固类结构"这种称谓，但在抗静载研究与应用方面也不乏其例。

② 国外对锚固类结构抗爆性能试验研究非常重视，试验做得较多、较全和较细，特别是某些原型试验规模很大，有的试验方法很新颖，且近三十年来在持续进行研究。但均为单一锚固类结构。关于复合锚固类结构文献未见发表。后者受力更为复杂，研究起来更困难。

③ 国外关于锚固类结构抗爆性能数值计算文献甚少，某些用于工程设计的计算结论往往是与相应试验研究结果相印证。

④ 国外对某些锚固类结构（如吸能锚杆支护和屈服锚杆支护结构；前者国内未见发表，后者国内有研究，但原理有别）抗爆性能研究成果，对我国具有借鉴意义。

4 结论

综上所述，锚固和复合锚固类结构抗动静载性能研究是一个较复杂问题，其研究面很宽，内容主要涵盖锚固和复合锚固类结构在动静载作用下的响应、加固效应、破坏机理、动静载对锚固力影响、新型抗动静载锚固技术，以及复合锚固类结构的优化复合设计理论与方法等方面。虽然各类锚固结构抗动静载性能的研究存在诸多共同特点，但对于特定工程结构、地质环境、锚固形式、荷载大小等条件，结论往往存在较大差异甚至相互矛盾，需要具体问题具体分析，不可以偏概全。然而，试验研究总是主要研究方法，数值计算和理论分析则是不可或缺的辅助研究手段。

以下问题，无论国内或国外，均具有共性：

① 复合锚固类结构抗动、静载性能研究均很不够，尤其是对前者的研究与应用更欠缺。

② 国外提出的特殊形式的锚固结构（屈服锚杆和吸能锚杆支护结构），其抗爆性能极为优异，我国尚未见发表，具有良好开发应用前景，我国应加以借鉴并深入研究。

③ 本文所述新型复合锚固类结构国内外未见发表，其优异的抗动、静性能迄今仅见冰山一角，探讨其复杂作用机理和优化设计方法尚有许多工作要做。

④ 有关复合锚固类结构试验研究及应用成果，迄今还未能上升到系统、严密、公认的理论阐释程度。

参 考 文 献

1 曾宪明,陈肇元等. 锚固类结构安全性与耐久性问题探讨. 岩石力学与工程学报, 2004, 23(13): 2235~2242
2 曹国庆. 喷锚支护抗爆性能与设计. 防护工程, 1979, 1(2): 34~51
3 王学礼. 锚喷支护在内爆巷道中的应用. 建井技术, 1981, 2(2): 17~20
4 王学礼. 内压巷道锚、喷、网支护参数的选择及实践效果. 建井技术, 1987, 8(2): 40~42
5 任辉启. 砂砾地层中坑道喷锚支护在顶爆和侧爆条件下的抗爆性能. 防护工程, 1986, 8(1): 12~18
6 曾宪明,肖峰等. 黄土坑道喷锚网支护的抗爆性能(Ⅰ,破坏形态). 防护工程, 1990, 12(3): 20~27
7 肖峰,曾宪明. 黄土坑道喷锚网支护的抗爆性能-Ⅱ,围压分布形态. 防护工程, 1991, 13(4): 37~45
8 曹长林,曾宪明. 黄土坑道喷锚网支护的抗爆性能-Ⅲ,支护受力变形特性;临界承载能力. 防护工程, 1992, 14(1): 46~55
9 康天合,薛亚东. 基于围岩条件与动载作用的回采巷道锚杆支护设计原则. 岩石力学与工程学报, 1996, 15(s1): 571~576
10 侯忠杰. 爆破对树脂锚杆载荷的影响. 矿山压力与顶板管理, 1997, 14(1): 36~39
11 盛宏光,张勇. 钻地武器侵彻爆炸条件下坑道岩体的锚固技术初探. 见:中国土木工程学会防护工程分会第九次学术年会论文集, 长春, 2004(2): 1542~1547
12 张云,刘开运. 近区爆破对锚固设施的影响研究. 水利发电, 1996(8): 23~26
13 陆遐龄. 爆破对600kN预应力锚杆影响及锚固测力探讨. 见:中国土木工程学会防护工程分会第五次学术年会论文集, 成都, 1996: 453~464
14 陆遐龄. 岩石高边坡爆破开挖对锚固设施的影响. 爆破, 2000, 17(s1): 147~151
15 宋茂信. 岩体边坡开挖爆破对预应力锚索锚固性能影响的现场观测. 防护工程, 1998, 20(3): 74~77
16 苏华又,张继春. 紫坪铺高陡边坡抗爆破振动分析. 岩石力学与工程学报, 2003, 22(11): 1916~1918
17 周德培. 锚索预应力损失的影响因素及对策. 中国岩石力学与工程学会第八次学术大会论文集, 成都, 2004: 610~613
18 朱如玉,王承树. 某观察坑道在爆炸荷载作用下的破坏情况的宏观调查分析. 爆炸与冲击, 1982, 2(2): 17~26
19 黄承贤. 在爆炸荷载作用下长锚杆喷锚支护坑道的动态反应. 岩土力学, 1987, 8(3): 1~11
20 曾宪明,杜云鹤,李世民. 土钉支护抗动载原型与模型对比试验研究. 岩石力学与工程学报, 2003, 22(11): 1892~1897
21 孙永志,刘朝等. 土中喷锚支护洞室非线性动态有限元分析. 防护工程, 1984, 6(1): 19~31
22 郑际汪,陈理真. 爆破荷载作用下隧道围岩稳定性分析. 矿山压力与顶板管理, 2004, 21(4): 53~55
23 杨苏杭,沈俊等. 预应力锚索对洞室抗爆加固效应的三维动力分析. 防护工程, 2006, 28(1): 20~24
24 荣耀,许锡宾等. 锚杆对应力波传播影响的有限元分析. 地下空间与工程学报, 2006, 2(1): 115~119
25 赵幸源. 隧道爆破开挖效应的动静力有限元分析. 中国土木工程学会隧道及地下工程学会第五届年会论文集, 南京, 1988: 591~599
26 王承树. 爆炸荷载作用下喷锚支护破坏形态. 岩石力学与工程学报, 1989, 8(1): 73~91

27 王承树. 动载下围岩与坑道喷锚支护的相互作用. 见：曹志远主编, 结构与介质相互作用理论及其应用——全国首届结构与介质相互作用学术会议论文集, 南京：河海大学出版社, 1993：853～857
28 易长平. 爆破振动对地下洞室的影响研究. 武汉大学博士学位论文, 2005
29 易长平, 卢文波. 爆破振动对砂浆锚杆的影响研究. 岩土力学, 2006, 27(8)：1312～1316
30 喻晓今, 曾宪明等. 土钉瞬态应力的试验研究. 岩石力学与工程学报, 2004, 23(s1)：4438～4441
31 喻晓今, 余学文等. 数种情形下土钉的瞬态应变累积效应分析. 华东交通大学学报, 2006, 23(4)：1～4
32 沈德义, 刘五一. 介绍国外几种可用于动载条件的锚杆. 89002 部队资料室内部资料, 1984：9～11
33 Thorpe R K, Heuze, F. E. Dynamic response of rock reinforcement in a cavity under internal blast loading: an add-on test to the pre-mill yard event. DE86004667. 1985
34 Stillborg B. Experimental investigation of steel cables for rock reinforcement in hard rock. Doctoral thesis. Luleå University, Luleå, Sweden, 1984.
35 Otuonye F O. Response of grouted roof bolts to blasting loading. International Journal of Rock Mechanics and Mining Sciences & Geomechanics Abstracts. 1988, 25(5)：345～349
36 Otuonye F O. Influence of shock waves on the response of full contact rock bolts. In: Proceedings of 9th Symposium on Explosives and Blasting Research. San Diego, California, 1993：261～270
37 Littlejohn G S, Rodger A A, et al. Monitoring the influence of blasting on the performance of rock bolts at Penmaenbach tunnel. In: Proceedings of 1st International Conference on Foundations & Tunnels. Edinburgh, 1987(2)：99～106
38 Littlejohn G S, Rodger A A, et al. Dynamic response of rock bolt systems. In: Proceedings of 2nd International Conference on Foundations & Tunnels. London, 1989(2)：57～64
39 Holland D C. The influence of close proximity blasting on the performance of resin bonded rock bolts. Master of Science thesis, University. of Aberdeen, U. K. 1989
40 Rodger A A, Holland D C, et al. The behaviour of resin bonded rock bolts and other anchorages subjected to close proximity blasting. In: Proceeding of 8th International Congress on Rock Mechanics. Tokyo, 1995：665～670
41 Tannant D D, Brummer R K, Yi X. Rock bolt behaviour under dynamic loading: field test and modelling. International Journal of Rock Mechanics and Mining Sciences & Geomechanics Abstracts, 1995, 32(6)：537～550
42 Gisle Stjern, Arne Myrvang. The influence of blasting on grouted rockbolts. Tunneling and Underground Space Technology, 1998, 13(1)：65～70
43 李晓军. 美军加筋土掩体的抗爆试验. 防护工程快报, 89002 部队资料室内部资料, 1991, No. 69
44 Conway J P, et al. Laboratory studies of yielding rock bolts. PB245560, 1975
45 Mothersille D K V. The influence of close proximity blasting on the performance of resin bonded bolts. PhD thesis. University of Bradford, U. K. 1989
46 Xu, H. The dynamic and static behaviour of resin bonded rock bolts in tunneling. PhD thesis, University of Bradford, U. K. 1993
47 Ortlepp W D. Grouted Rock as Rockburst Support: A Simple Design Approach and An Effective Test Procedure. Journal of The South African Institute of Mining & Metallurgy, 1994, 94(2)：47～63
48 Ortlepp W D, Stacey T R. Performance of tunnel support under large deformation static and dynamic loading. Tunneling and Underground Space Technology, 1998, 13(1)：15～21
49 Anders Ansell. Testing and modelling of an energy absorbing rock bolt. In: Jones N, Brebbia C A, Structure under shock and impact VI. The University of Liverpool, U. K. and Wessex Institute of

Technology, U. K. , 2000. 417~424

50　Anders Ansell. Laboratory testing of a new type of energy absorbing rock bolt. Tunneling and Underground Space Technology, 2005, 20(4): 291~300

51　Anders Ansell. Dynamic testing of steel for a new type of energy absorbing rock bolt. Journal of Constructional Steel Research, 2006, 62(5): 501~512

52　Ana Ivanovic, Richard D Neilson, et al. Influence of prestress on the dynamic response of ground anchorages. Journal of Geotechnical and Geoenvironmental Engineering, 2002, 128(3): 237~249

53　Hagedorn H. Dynamic rock bolt test and UDEC simulation for a large carven under shock load. In: Proceeding of International UDEC/3DEC Symposium on Numerical Modeling of Discrete Materialsin Geotechnical Engineering, Civil Engineering, and Earth Sciences. Bochum, Germany, 2004. 191~197

54　Zhao P J, Lok T S, et al. Simplified spall-resistance design for combined rock bolts and steel fiber reinforced shotcrete support system subjected to shock load. In: Proceedings of 5th Asia-pacific conference on shock & impact loads on structures. Changsha, China, 2003. 465~478

55　陈肇元, 崔京浩主编. 土钉支护在基坑工程中的应用(第二版). 北京: 中国建筑工业出版社. 2000: 5~6

56　美国交通部联邦总局(FHWA-SA-96-069R). 佘诗刚译. 土钉墙设计施工与监测手册. 北京: 中国科学技术出版社. 2000: 94~95

57　Gyaneswor Pokharel, Tatsumi Ochiai, Design and construction of a new soil nailing (PAN Wall) method. Ground Engineering. 1997, 30(5): 28

专题Ⅱ 锚固类结构诸界面剪应力相互作用关系与设计方法问题研究

锚固类结构具有国内外一致公认的技术先进性，它们对人类工程建设的贡献是巨大的。但锚固类结构至今仍存在着若干问题亟待研究解决，这些问题制约着锚固类结构的可靠应用与进一步发展。问题之首，当属锚固类结构诸界面剪应力相互作用关系与设计方法问题。资料显示，国内外对锚固类结构诸界面剪应力相互作用关系的系统研究未见报导，而对锚固类结构的设计，国内外技术标准均采用了以第 2 界面平均剪应力为主的设计方法，这既不符合工程实际和大量严谨的试验结果，又使工程存在潜在危险性，是工程事故频发的重要原因之一，应予以摒弃。

1 问题

锚固类结构是指注浆锚索、锚杆和土钉一类岩土工程加固、支护结构。诸界面剪应力是指锚固类结构第 1、第 2 和第 3 界面剪应力。第 1 界面是指锚杆（索）杆体与注浆体之间的界面。第 2 界面是指注浆体与孔壁之间的界面。第 3 界面发生在锚孔周围被加固岩土介质内部，是一个广义的因介质不同而相异的"界面"。

锚固类结构具有毋庸置疑的技术先进性。人类应用锚杆有据可查的历史至少已有 134 年（1872），应用锚索的历史至少已有 72 年（1934），应用土钉墙技术已有 36 年（1970）左右时间，应用土钉支护和复合土钉支护也已有 14 年时间（1992）。

1999 年，笔者对当时及之前发生在我国的 243 例边坡和基坑工程事故进行了调查、统计和分析，计有工程失事原因 311 条，其中"设计"原因的频率为 39.9%，"规范"原因的频率为 0.6%。在 148 例采用各种支护结构形式的工程中，桩锚（支撑桩加锚杆或锚索）支护工程失事频率占 6.1%，板锚（钢板桩加锚杆）支护工程占 0.7%，喷锚网（含单一锚杆）支护工程占 10.1%；三项合计为 16.9%。在 90 例失事工程的加固处理中，墙锚（地下连续墙加锚杆或锚索）占 1.1%，喷锚网（含预应力锚杆或锚索）占 30.0%；二项合计占 31.1%。

在上述问题中，首要的是锚固类结构诸界面剪应力相互作用关系与设计方法问题。诸界面剪应力分布状态和演化规律是建立相应设计理论与方法的基本依据和前提条件。

锚固类结构与被加固支护的岩土介质构成一个复杂系统，锚固类结构诸界面剪应力间存在着强烈而复杂的相互作用、相互影响的关系。对此，相关的研究成果国内外未见发表。已有的关于诸界面剪应力的研究，一般是独立进行的。即便在这些独立进行的研究中，大多也不很充分，其间存在着不容忽视的问题。国内外对第 1 界面剪应力研究较多，在相关的文献资料中，约占 90%，但对其峰值与零值剪应力同浆体材料局部破坏同时发生向钻孔深部的转移特性及规律并未搞清楚。对第 2 界面剪应力研究较少，在相关的文献资料中，约占 9%，而理想第 2 界面剪应力分布国内外并没有真正测到过，所测得的仅是邻近第 2 界面剪应力。对第 3 界面剪应力研究甚少，迄今为止尚停留在理论分析和数值模拟阶段，系统而完备的实测数据国内外未见发表；在相关的文献资料中，仅占 1‰～3‰左右。

与诸界面剪应力相互作用效应紧密相关的是设计方法问题。总参工程兵科研三所研究员、中国工程院院士顾金才在其主持研究的《预应力锚索作用机理、设计方法与深钻孔精度研究》（国家科技进步二等奖）过程中，采用多种技术措施，测得与第2界面"邻近的""交结面"上剪应力分布规律后指出，剪应力沿孔壁的分布远不是均匀的。中国工程院院士郑颖人早在1982年发表的一篇题为"锚喷支护参数分析与选用原则"的论文中就曾指出，"粘结式锚杆各段受力不同，靠近洞壁段受力大，反之则小，这里只算平均拉力"。实际上，关于锚固类结构诸界面剪应力分布的非均匀性问题，数十年来，已为许多研究者所测得和认识，只不过对第2界面而言测得的仅是邻近第2界面剪应力而已。但是国内外的相关技术标准至今采用的仍然是基于平均剪应力的概念与设计方法。

平均剪应力最大的害处在于：只要设计锚固力不够，就增加锚杆（索）体长度，于是就出现了类似于8m深淤泥基坑中土钉被设计成50余米长度的许多荒唐事情。一方面，锚固类结构诸界面剪应力具有极其显著的非均匀性是不争的事实。另一方面，国内外相关技术标准仍普遍采用平均剪应力的概念和设计方法也是不争的事实。二者反差如此之大，原因究竟何在？笔者分析原因有四：①受1953年发表的新奥地利隧道施工法的影响；②受国外先进国家技术标准影响；③受平均剪应力的基本理论"钢纤维与水泥浆体材料界面的微观结构理论"（Pinchin D J，Tabor D，1978）的影响；④与科研的急功近利与浮澡之风有关。其实，土钉支护和复合土钉支护在软土一类不良地质体中的大量成功应用就已打破新奥法的应用禁区；钢纤维与水泥浆体材料之间的界面剪应力在长细比等于1时被证明是比较均匀的，但将其推广应用于锚杆钢筋就是一种误导。

综上所述可知：

① 锚固类结构诸界面剪应力相互作用关系及机理，国内外均未进行过系统的研究。孤立的研究难窥全豹。

② 即使孤立的研究迄今为止大多也很不充分，尤其是第2、第3理想界面剪应力并未真正测到过。

③ 基于平均剪应力的概念与设计方法，既不符合剪应力分布特征与演化规律的实际，又存在潜在的危险，已到了不得不进行修改的地步。

④ 国外的成果仅限于借鉴。新奥法有其适用范围。

⑤ 开展锚固类结构诸界面剪应力相互作用关系与设计方法研究，建立诸界面剪切破坏判据和更符合实际的设计计算方法，将有力地推动锚固技术的进步，促进国家经济建设的发展，避免和减少灾难性事故发生，具有极为重要的科研价值和广泛的应用前景。

2　国内研究进展

将锚固类结构的第1、第2和第3界面明确地给予划分和界定，主要是为了方便讨论，而国内外也的确存在将诸界面互相混指和彼此替代的现象。此外，为了追根溯源，笔者不得不提到某些早期（20世纪60年代～80年代）的重要相关文献，但以近期的为主。

铁道部第二勘测设计院蒋忠信研究了拉力型锚索第2界面剪应力分布特性[1]（2001），指出其分布符合高斯曲线，并与四个现场的实测结果作了比较。不过，这4个现场的测试结果均不是理想第2界面上的应变分布。铁道部第二勘测设计院科研所在用钢纤维混凝土喷锚墙加固DK146膨胀岩试验工点路堑边坡的两个断面5排长4m的锚杆中，对每根锚杆布置了 4 个钢筋计进行测试,所得结果为邻近锚杆杆体的砂浆介质内部的电阻式应变分布[2](1995)。铁道部科学院西北分院在上述膨胀岩土工程试验中,对用土钉加固南昆铁路 DK50+437.5 膨胀性红土试验工点路堑边坡断面的 6 根长 4m 的土钉,除去两端 0.5m 外,等间距地安装了 4 个电阻应变式钢筋计进行测试,所得结果与[2]同。四川省建筑科学研究院余坪等在试验锚索的长 3m 锚固段内粘贴 6 个应变片,进行了 6 级张拉试验,所得结果为第 1 界面剪应变分布状态[3](1996)。冶金部建筑研究总院程良奎等对北京京城大厦深基坑工程中长 12m 拉力型锚杆,粘结应变片进行了 5 级拉拔试验,所得结果仍为锚杆第 1 界面应变分布状态[4](1996)。

武汉水利电力大学水电学院朱焕春报道了反复张拉荷载下锚杆工作机理的现场试验研究[5](1999),不仅测试了第 1 界面上的轴向应变分布状态(沿杆体全长粘贴应变片),而且测试了邻近第 2 界面上的一定范围(在孔口 1m 范围内的孔壁上预置应变砖,其上粘有三向应变片)的剪应变分布状态。后者研究的是邻近第 2 界面问题。

总参工程兵科研三所郑全平研究员完成了预应力锚索内锚固段受力特点与破坏特征模拟试验研究[6](1998)。为获得第 2 界面剪应力分布规律,先在紧贴锚索受力筋处粘贴多个 45°应变花;每一个应变花可得一点三个方向的应变量 ε_1,ε_2 和 ε_3,再联合求解得到剪应变 $\gamma_{xy}=2\varepsilon_2-\varepsilon_1-\varepsilon_3$,最后利用注浆体剪变模量 G_g,通过 $\tau_{xy}=G_g \cdot \gamma_{xy}$,求得该点剪应力 τ_{xy}。同法可求得各点剪应力。这实际上是根据量测结果计算确定的第 2 界面剪应力。

顾金才院士等在洛阳市龙门东山的石灰岩中,完成了预应力锚索内锚固段受力特点现场试验研究[7](1998)。顾先生指出:"现场试验技术难度很大,主要是在钻孔内的注浆体中布置测试元件的方法和测试元件的防潮绝缘技术问题不好解决。我们经过多方努力,才攻克这两个难题,使试验获得了圆满成功。""注浆体与孔壁之间的剪应力分布状态",是"通过实测的注浆体与孔壁之间的剪应变 γ_g,按公式 $\tau_g=G\gamma_g$ 换算成剪应力,然后画出沿内锚段长度的分布状态"。就是说,这里所谓第 2 界面上剪应力分布状态采用了与文献[6]完全相同的"测试加计算"的方法。采用这种方法,首先要测得"紧贴锚索受力筋处"(即第 1 界面)的三向应变量。

长江科学院岩基研究所邬爱清等在国家自然科学基金资助下进行了单孔复合型锚杆锚固体应力分布特征的研究[8](2004)。测试参数主要是应变,测试方法是在钻孔的不同位置埋设应变砖,测试长度为 3.2m。应变砖通过灌浆方式固定于钻孔的不同位置。每个应变砖中沿锚杆轴向和垂直于锚杆轴线方向分别布置有应变测试元件,并进行了三维有限元分析计算。作者给出的仍然是邻近第 2 界面上的剪应变分布结果;虽然对垂直于锚杆轴线方向的应变作了测试,但未给出结果,估计是由于锚孔内空间有限,该方向的分布规律难以测出。作者指出,测试结果与计算结果在反映锚固体应变变化规律方面具有较好的一致性。笔者估计在量值方面是难以一致的,因为两者毕竟不是同一个界面(计算按理想第 2 界面进行)。

为"深入了解砂浆锚杆工作机理,合理进行锚固工程设计计算",武汉大学水利水电学院荣冠等进行了螺纹钢与圆钢锚杆工作机理对比(模拟)试验研究[9](2004)。测试方法是在模拟锚杆(长为 1.0m,直径为 32mm)杆体上粘贴应变片,在模拟加固介质混凝土内布置三向应变砖。锚杆直接打筑在混凝土中,与一般钻孔注浆锚杆工艺有别。前者测出的是第 1 界面(类似于击入钉,无第 2 界面)上的轴向应变分布,后者测出的是剪应变在介质中的衰减特性。

武汉大学水利水电学院杨松林等报道了混凝土中锚杆荷载传递机理的理论分析和现场试验[10]（2001）。理论分析的对象是理想的第1界面，采用的是Mindlin弹性理论解，现场试验则与文献［9］同。作者指出"理论值和实际值的明显差别"，"主要是现场张拉实验不满足变形协调条件"。不过，笔者认为，与理论的适用性、特别是理论与试验研究的对象并不是同一个界面似也有关。

河海大学吴胜兴（音）等报道在小湾拱坝进行了锚杆与混凝土之间粘结-滑移的系列动力试验研究[11]（2004）。矩形混凝土试件特征尺寸为长×宽×高＝600mm×600mm×2200mm（下部加宽至1300mm），锚杆沿高度方向设置。螺纹钢锚杆杆体内部（通过切开后车槽）和混凝土试件表面均贴有应变片。由文章的示意图看，锚杆是打筑在混凝土试件中的。作者既给出了界面上剪应力沿锚杆长度的分布形态，也给出了混凝土试件表面应变沿锚杆长度的分布曲线，还通过力的平衡分析，给出了一个计算界面剪应力的拟合公式。该项试验设计是很新颖的，成果质量也很好，只是如果锚杆是打筑在混凝土中的，那就不存在第2界面，同文献［9］试件条件相近，与一般的注浆锚杆从钻孔工艺到注浆材料均有较大差异。

中国矿业大学刘波（音）等报道，在北京某工程现场进行了土钉界面应力、应变状态等的测试和分析[12]（2004）。试验将测试元件应变片等间距地粘贴在土钉杆体表面，所测结果为第1界面上的轴向应变分布形态。

总参工程兵科研三所徐景茂等进行了锚索内锚固段注浆体与孔壁之间峰值抗剪强度试验研究[13]（2004），提出了两种测试第2界面峰值剪应力方法：①将已测到的邻近理想第2界面剪应力分布曲线进一步简化为三角形，然后通过积分求得；②沿锚索张拉体试件两端各施加一个大小相等、方向相同的力P_1和P_2（P_1为拉拔力，P_2为推力），根据叠加原理，认为此时剪应力沿试验段全长近似为均匀分布状态。第一种方法类似于美国方法，在长度为L范围内所求得的是平均剪应力；在$L\to0$时求得的是峰值剪应力，但其分布形态为未知，尤其是与零值剪应力和注浆体局部破坏同时发生向深部转移的峰值剪应力也为未知。$L\to0$时求得的剪应力与发生转移时最大剪应力在概念上有所不同，后者更有实际意义。上述第二种方法与锚索实际受力状态有所不同，且有应力集中的问题产生（应力重叠部分）。此外，P_1相当于拉力型锚索的拉力，P_2相当于压力型锚索的拉力，二者的剪应力分布是否完全对称且量值相等还有待于试验证实。

中国科学院与水利部成都山地灾害与环境研究所何思明等，对预应力锚索破坏特性和极限抗拔力进行了研究[14]（2004）。研究提出了一个描述锚索破裂面形状的双参数方程，并根据极限平衡原理及岩体的Hoek-Brown准则，研究了锚索的极限抗拔承载力。计算分为两种情况：①浆体材料和接触面强度小于（孔周）岩石强度；②浆体材料和接触面强度大于（孔周）岩体强度。情况①中考虑了较多影响因素，但剪应力τ^*值仍然是平均分布在锚固段上的，因为$\tau^*=P_{ult}/\pi dL$，式中P为拉拔力；d为锚索直径；L为锚索长度；π为圆周率。第②种情况是假定第1、第2界面抗剪强度均足够大，从而会出现第3个由一个幂次函数确定的曲线锥形破裂面（即本文所述第3界面）。这是同时考虑第2、第3界面的不多的例子。

湖南五凌水电开发有限责任公司、清华大学岩土工程研究所杨松林等，对岩体节理剪切过程中锚杆的变形进行了研究[15]（2004）。"当锚杆与砂浆的粘结未破坏时，以指数曲线来描述锚杆的侧剪应力分布；而对锚杆与砂浆的粘结遭到破坏的区段，采用抛物线来拟合"。显然，作者这里研究的是锚杆第1界面问题。

河海大学土木工程学院曹国金博士等研究提出了一种确定拉力型锚杆支护长度的方法[16]（2003）。其方法为：在Mindlin问题位移解基础上，导出拉力型锚杆受力的弹性解，给出锚杆在计算条件下的有效锚固长度约为2m，并对影响锚杆有效锚固长度的因素进行了分析。作者"假设水泥浆体与岩体为性质相同的弹性材料"，"锚杆与水泥浆体之间的变形处于弹性状态"，从而"可得锚杆所受的剪应力沿杆体分布"状态为一以锚杆长度z为变量的指数函数。这里作者研究的是第1界面问题。

河南科技大学王霞等采用ANSYS程序对"锚索锚固段摩阻力分布及扩散规律"进行了模拟研究[17]（2004）。这是对第2界面剪应力分布及其衰减规律所作研究的为数不多的例子之一。但作者所给出由其他人测得的两个试验结果，其中一个是第1界面上的"锚杆轴力和摩阻力沿锚固段长度的分布"，另一个则是邻近第2界面上"锚固体与孔壁之间剪应力"分布，而剪应力的衰减特性则无可资验证的试验结果和结论。

国家电力公司昆明勘测设计研究院科研所赵华等报道了"小湾水电站岩锚支护试验研究"[18]（2002），其中对锚索内锚段应力进行了测试。测试方法为采用加拿大ROCTEST公司进口的钢缆测力计和电阻应变片对锚索内锚固段和自由段的应力分布规律进行量测。这里试验研究的对象和方法显然与文献［2］同，即邻近第2界面问题。

西北勘测设计院谷建国等报道，为提高李家峡水电站双曲拱坝左岸拱肩安全度，开展了"特大吨位预应力锚索试验研究"[19]（2002）。研究方法是在钢绞线上粘贴应变片，研究的对象是第1界面。

云南大朝山水电有限责任公司甘文鸿报道[20]（2002）的大朝山水电站地下洞室锚杆、锚索的测试方法和研究对象与文献［19］同。

煤炭科学研究总院闫莫明研究员提出了单束锚索树脂锚固条件下锚固段长度的确定方法[21]（2002）。所给出的树脂锚固剂与钢绞线的粘结（即第1界面）长度、树脂锚固剂与钻孔岩壁的粘结（即第2界面）长度公式与我国现行规范给出的基本一致，它建立在平均粘结强度基础之上。

大连理工大学贾金青博士引述了程良奎给出的一个计算锚杆抗拔阻力转而计算第2界面剪应力的公式[22]（2004）。该公式是对平均剪切强度公式的有益修正。

大约在20世纪80年代中期（书损不详），我国煤炭科学研究院出版了一本名为《锚杆技术及应用》的书。该书由段振西审阅，淮南矿务局、冶金建筑研究总院等许多单位提供了宝贵资料[23]（约1975）。书中讨论了"杆体与锚固剂之间的锚固力与粘结力"、"锚固剂与锚固体（围岩、混凝土）之间的锚固力与粘结力"、"锚固体出现锥形剪切破坏的可能性"。作者指出："粘结强度的测定，一般均是通过拉拔得到锚固力，再除以粘结面的总面积而得出，它是一个平均值。假定粘结力沿整个锚长内为均匀分布"。可以认为，这是这个时期有代表性的专著的有代表性的观点。

西安冶金建筑学院赵树德在20世纪80年代初发表了一篇名为"岩洞工程短锚支护的探讨"文章，强调对于全长锚固的砂浆锚杆来说，其锚固力并不随锚杆长度增长而增大。拉拔试验结果是赵文的主要依据之一。赵文还指出最佳锚固长度$L=(20\sim30)d$，这里

d 为锚孔孔径。作者对试验现象的敏锐观察甚为难得，尽管还未涉及第 2、第 3 界面剪应力分布状态及转移特性等问题。

中国工程院院士、原空军工程学院郑颖人等[24]（1982）为确定由于锚杆受拉而增加的洞周附加抗力 σ_b 时指出："必须先弄清锚杆所受拉力。楔缝式和胀壳式锚杆所受拉力各处都相同，但粘结式锚杆各段受力不同，靠近洞壁段受力大，反之则小，这里只算平均拉力。"郑文可说明两点：①第 2 界面剪应力分布不均匀；②当时也是按平均值处理的。

铁道部专业设计院撰文[25]（1983）提出了一个"选定锚杆直径通常以锚杆能承受最大拉力或承载来确定"的方法。该方法所述锚杆与围岩间的剪切强度，即为第 2 界面上的平均剪切强度。

同济大学地下建筑教研室撰文[26]（1976）提出了一个根据砂浆与钢筋的粘结力计算锚固长度的方法，该方法假定第 1 界面粘结强度为平均强度。

为探索锚喷结构有关理论及合理的设计施工方法，国家建委于 1972 年 8 月组织水电部水电六局，水电部东北电力设计院，四川省电力建设三公司，交通部科研院西南研究所和同济大学等单位组成课题组开展研究工作。该课题组于 1973 年 5 月提出了一本当时在国内很有影响的科技报告：《锚喷支护结构设计理论及施工方法调查汇编》[27]。其中所提出锚杆与砂浆粘结强度计算公式与文献 [25] 完全相同。

文献 [28]（1986）总结归纳了我国水电部门在 1986 年以前近 20 年间研究与应用预应力锚索的成果及经验。其中在锚索设计部分，提出了两个计算内锚固段锚固长度 L_m 的公式，一个是按设计荷载校核钢筋或钢绞线与砂浆之间的握裹力是否满足要求；另一个是按钢筋或钢绞线被拉断的极限荷载与总握裹力平衡而建立的。这两个公式中的粘结力均是按平均值考虑的，未涉及第 2、第 3 界面问题。作者列举了：①梅山水库大坝工程；②麻石大坝工程；③双牌水库大头坝工程；④白山大坝工程；⑤南河大坝墩锚工程；⑥葛洲坝闸墩加固工程；⑦丰满坝基锚固工程；⑧丰满大坝西导流壁锚固工程；⑨250 工程集碴坑边墙加固工程；⑩某 40 米跨洞库拱部加固工程；⑪碧口电站隧道加固工程；⑫1170 大跨（24 米）洞室锚固工程；⑬白山电站地下厂房下流边墙锚固工程；⑭小浪底坝址大跨度隧道加固工程；⑮310 工程进水口山体加固工程中预应力锚索的设计、施工与监测情况。在这些工程中完成了大量的试验研究，但均未对第 2、第 3 界面剪应力进行测试，只在⑤、⑥、⑩、⑬和⑮项工程中测试了锚索的第 1 界面轴向应变分布规律。上述情况大体反映了这个时期我国关于锚索设计与研究工作的主要特点。

2001 年 12 月中国水利水电出版社出版了由水利水电规划设计总院编撰的《预应力锚固技术》[29]一书。该书是对我国应用预应力锚索技术以来的三十余年间（1964～2001）的研究与实践的全面总结，其中也涉及英、美、日、捷克等国的相关成果和经验。该书第一章第四节给出了与我国现行规范一致的计算第 2 界面平均剪应力公式；在第二章第二节则给出了：①以第 1 界面平均剪应力为基础的按胶结材料同钢丝或钢绞线握裹力决定的计算内锚固段长度的公式；②以第 2 界面平均剪应力为基础的按胶结材料同岩石孔壁的黏聚力决定的计算内锚固段长度的公式。上述①、②两个公式与文献 [28] 提出的相同。

该书在提出预应力锚索"内锚固段摩阻力分布规律"之后，有如下一段文字：

"实际上，胶结材料同孔壁之间的摩阻力并不是均匀分布的，许多研究和试验成果表明，锚固段沿孔壁的剪应力呈倒三角形分布，其分布是不均匀的，而沿锚固段长度迅速递减，并不是锚固段越大，其抗拔力越大，当锚固段长到一定程度，拉拔力提高并不显著，所以增加锚固段长度并不是提高设计张拉力的好办法。正因为如此，国际预应力混凝土协会实用规范（FIP）也特别规定锚固长度不宜超过10m"。

3 国（境）外研究进展

国（境）外对锚固类结构诸界面剪应力分布规律的研究十分重视，业已做了大量的试验研究工作，其起步也远早于我国，并已初步形成了一些计算方法。只不过这些方法并不完全统一，反映出对该问题的研究还在继续深入进行。

对于注浆锚杆，据国外资料介绍，黏性土中第2界面上剪应力[30]（2000）可表示为 $\tau_u = as_u$，其中 s_u 为土的不排水抗剪强度；a 为粘结系数，取 $a=0.3\sim0.75$，对硬土取低值。对于低压注浆锚杆，粘结强度与有效注浆压力有关，在无黏性砂土中，取 $\tau_u = PA\tan\varphi$，其中 A 为小于1的无量纲经验系数；P 为有效注浆压力；具体应用 P 值时通常限制在 3.5bar 或 $0.46H_{bar}$ 以内；H 为覆土深度（单位为m）；φ 为无黏性土内摩擦角。

击入钉是土钉的一种特殊形式，它是靠动力将钉体击入土层中并完全靠摩阻力对不稳定土层进行加固支护的，因而无第2界面。我国对击入钉第1界面剪应力分布研究甚少。国外对击入钉的 τ_u 值有时按 $\tau_u = \gamma H \mu^*$ 计算，其中：H 为覆土深度；γ 为重度；μ^* 为视摩擦系数，在砂土中当覆土较深时 $\mu^* = \tan\varphi$，而在覆土较浅时，由于土钉受拉时引起土体的剪胀效应，可产生较高的横向土压力，所以 μ^* 可大于1。当覆土小于6m时，μ^* 可增至2，应用时建议不大于1.5。对于无黏性土中的注浆钉，常用压力灌浆来防止孔壁土体松动出现孔洞并压密土体，有报道此时 μ^* 值可高到3。但也有资料认为注浆孔壁界面上的横向土压力在不同埋深处均相近。对于黏性土，常有资料取界面粘结强度为 $\tau_u = \gamma H \cdot \tan\varphi + c$，其中 c 为介质内聚力。但法国的研究结论认为，界面粘结强度与土钉的埋置深度无关。陈肇元院士分析其原因可能是视摩擦系数随深度减小，与正应力随深度增大正好相反，二者的影响互相抵消。法国对注浆土钉第2界面粘结性能做过比较系统的研究，并将粘结强度与用旁压仪测出的极限压力相联系，但结果也较为离散。

上述工作反映了国外锚杆、土钉在相应地层中的试验结果和经验，非常可贵。不过，都是基于平均剪应力的概念和方法。

美国交通部联邦公路总局的 FHWA-SA-96-069R 号报告认为："土钉内部钢筋段的局部平衡表明，沿土钉全长拉力的变化率等于该点单位长度上作用的剪力，用数学表示为 $dT/dL = \pi D\tau = Q$，其中：dT 为长度 dL 上土钉拉力的变化；D 为土钉钻孔孔径（钢筋和水泥浆体的外径）；τ 为水泥浆-土体界面上作用的剪应力；Q 为土钉单位长度的作用剪力（抗拔阻力）"[31]（2000）。这个式子在 $dL \to 0$ 时求得的剪力从概念上看是无隙可击的，但未知与零值点和浆体局部破坏部位同时发生转移的极限剪应力为几何，而且因为杆体过短也无法测得；当 dL 等于锚固段长度时就又回到了平均剪应力的概念，同我国现行的规范相同。显然，这里研究的是第2界面剪应力问题，未涉及第1、第3界面。

实际上美国的设计依据并不以此概念和相应的计算为主，而是以当地经验和实践来估算设计中使用的土钉抗拔阻力。美国在题为《锚杆》，报告号为 FHWA-RD-82-047[32]（1982）；《永久地层锚杆》，报告号为 FHWA-DP-68-IR[33]（1988）；《用于公路边坡稳定和开挖时土钉加固》，报告号为 FHWA-RD-89-198[34]（1991）；《土钉加固现场检验员手册》，报告号为 FHWA-SA-93-068[35]（1994）的美国联邦公路总局的几个技术标准中均概述了估算土层锚杆和土钉抗拔阻力以试验为基础的设计指标值。但这些指标值均为平均值。

法国 Clouterre 研究项目对土钉第 2 界面粘结性能做过比较系统的研究，并把土钉抗拔试验结果概括成为材料种类和设置技术的函数[36]（1991）。对每种材料类型和施工方法来说，单位极限粘结应力表示为旁压仪极限压力的函数。旁压仪被广泛用于法国以便初步估算极限钉—土抗拔阻力。然而，这个抗拔阻力是单位粘结应力与钉体长度的乘积，是一个平均值。

德国斯图加特大学的 R. Eligehausen，B. Lehr 和 J. Meszaros 等为了研究粘结锚杆的性能[37]（2003），调查破坏荷载的主要影响因素，进行了 1200 次单根锚杆和 350 次锚杆组的抗拉试验，研究了安装方法（如洗孔、混凝土湿度）的敏感性，以及混凝土中存在的裂缝对锚杆粘结性能的影响程度，提出了多个计算单锚和群锚粘结性能经验公式。不过，对锚杆诸界面均未布点进行量测。由此不难看出，这是基于诸界面平均粘结性能认识指导的结果。

文献［38～40］（1997，1978，1998）研究了温度对粘结强度的影响，指出粘结强度随温度的增加而有所降低。强度的降低与产品有关。对于乙烯树脂和不饱和聚酯树脂，80℃时的粘结强度约为 20℃时的 0.7 倍。文献［41］（1994）还研究了冻融循环对粘结锚杆 M_{12} 蠕变性能的影响。这些工作对我国有一定的借鉴意义，虽然它们只涉及峰值粘结强度而未涉及其转移特性。

Eligehausen、Mallée、Rehm[41]（1994）、Cook[42]（1993）和其他研究者[43]（1995）还给出了粘结锚杆的设计模型。斯图加特大学对此进一步作了开发，认为用它可计算粘结锚杆加固在中心受拉荷载作用下的破坏荷载。该模型描述的是第 1 界面问题，并将粘结强度取为平均值。

法国 Marc Panet[44]（2003）研究提出了被动锚杆加固岩体的两种实用设计方法，即：① 单根被动锚杆对单个不连续面的加固设计方法；② 把被加固介质视为复合材料，并分析其力学性能。这两种设计方法都是以第 2 界面上所提供的设计锚固力"是足够的"为前提，从而避免了对诸界面剪应力分布形态、剪应力大小及其极限状态转移的讨论。

澳大利亚 Marc A. Woodword 采用 BS8081：1989《英国地锚施工标准规范》，于 1997 年，在位于西澳大利亚黑德兰港的耐而森 BHP 铁矿扩大生产能力的建设项目（CEP）中，进行了预应力锚索的设计、试验、监测和施工方法研究，特别是对内锚段注浆体与地层之间剪应力（即第 2 界面剪应力）进行了多次相关测试并用于正式设计[45]（2003）。作者指出："达到 800kN 加载时锚索试验证明，注浆体与地层之间的粘结应力至少为 424kPa"；此时，"锚索标准直径为 150mm"，"锚固段长度为 4m"。笔者认为，这个粘结应力值正是按照平均剪应力公式 $\tau_u = T/\pi DL = 800kN/(3.14 \times 0.15m \times 4m) = 424kPa$ 算出来的，作者实际上也只测试了各级张拉荷载和对应的拉伸值。作者指出："现行澳大利亚规范如《Austroads 桥梁设计规范》和 AS3600—1997《混凝土结构》中有关锚索设计、施工和试验方面的内容非常有限"才采用英国规范的。这表明，不仅澳大利亚，而且英国所采用确定有关锚索第 2 界面剪应力的概念和方法，与我国现行规范相同。

日本 S. Sakurai 对锚杆加固节理岩体的机理进行了室内试验研究[46]（2003）。室内试验的试样由熟石膏制作而成,其中含有不连续面。不连续面由在三维方向上随机放置的许多薄纸片形成。用这些试样模拟节理高度发育的岩体。岩石锚杆由安装于试样内的铜棒模拟,铜棒完全与试样粘结在一起。试验时,在下述三种情形下获得了锚杆轴向应力与轴向应变的关系:①无锚杆;②铜锚杆;③熟石膏锚杆。熟石膏锚杆由熟石膏制作。其制作方法为:在试样中钻孔,然后向孔内注入熟石膏形成。这种特殊的试验使得铜锚杆和熟石膏锚杆都缺失第 2 界面,类似于击入钉的情形(钉孔与钉体直径相等),与一般注浆锚杆、注浆土钉和锚索的诸界面受力特点尚有较大差异。

英国 M. J. Turner 采用一种高强、价廉、防腐、抗弯折和抗撕裂性能优异的 Paraweb 聚酯织带材料替代岩土工程中大量使用的钢筋土钉,并对单个土钉的水泥浆体与土界面上的粘结应力进行了测试[47](2003)。用永久土钉加固的试验边坡是根据《英国增强土/加筋土及其他填料施工标准》(BS8006:1995)规定的方法,并采用具有专利权的加筋土/土钉分析程序进行设计的。测试采用了两种方法:①在坡面和加载块上建立测点进行光学测量;②在与①相对应的两个位置上用水平变形测定器测量坡面的水平位移。采用液压千斤顶对永久土钉和常规土钉进行了加载试验,以检验其性能与设计要求是否一致。作者"对这两种形式的土钉的水泥浆与土界面上的设计粘结应力都进行了测试。界面上达到的最大粘结应力为 $41kN/m^2$,并且没有损伤和位移"。这里所谓"最大粘结应力"按照所述测试方法为第 2 界面最大平均粘结应力,并用同文献 [45] 一样的公式算出来的。

德国 R. Eligehausen 和 H. Spieth 为研究锚杆的粘结性能,用单根钢筋进行了不同安装情况、不同厚度握裹层的拉拔试验[48](2003)。试验介质为混凝土。试验采用两种注浆方法。这两种方法所用浆液均含有乙烯基树脂和水泥混合物。在混凝土试件表面粘贴应变片用以测量其变形。为增大应变片与混凝土之间的匹配性,在混凝土试件表面涂了两层聚四氟乙烯底胶。用液压机对锚杆钢筋进行拉拔。作者指出:"为简化起见,把混凝土握裹层的平均粘结强度用直线连接起来。但粘结强度随握裹层厚度的增加可能是不同的。"由此可知,这里所谓的界面粘结强度同样是基于平均值的概念和方法。

中国台湾 Chunghua 大学 Wu J 等采用螺纹钢进行了粉细砂介质中击入钉与注浆钉界面上剪应力量值的室内对比试验,所得剪应力前者比后者低 30%[49](2004)。计算采用界面最大剪应力的公式与我国内地相关规范所采用的完全相同,只是符号不同而已。

日本 Saga 大学的 Chai X. J. 等为研究水泥土中水泥含量与注浆土钉(第 2)界面上剪应力关系,在砂质黏土中掺入不同比例的水泥(从 3.5%~35%),进行了系列室内试验研究[50](2004),其中界面平均抗剪强度公式与我国现行规范相同。

澳大利亚 Vienne 技术大学的 Brandl H. 在 2004 年 10 月南京"土钉支护与岩土工程稳定性国际会议"(International Conference on Soil Nailing & Stability of Soil And Rock Engineering)上所作专题报告(2004)[51]中指出,土钉与周围土体相互作用,由于受多种因素影响,只能在有限范围内采用计算方法进行分析,对其破坏机理的研究可借助拉拔试验来进行。他介绍了法国早期的一个在松散砂中完成的足尺现场试验情况。但这个著名事例研究的却是第 1 界面剪应变的函数值分布。

H. Stang 等研究了滑移与剪应力分布规律,指出采用他们的分析模型可以推导出沿钢纤维的界面剪应力分布[52](1990)。在此计算模型中,剪切层外的浆体材料被假设为刚性材料，并且不考虑泊松比的影响。笔者分析认为，钢纤维是直接打筑在浆体材料中的，因而上述模型描述的是第1界面剪应力分布形态，并且是按平均剪应力处理的。

Here, Patrikis, Andrews 和 Yong 等根据其他研究者的工作，推导建立了沿钢纤维界面剪应力的分布模型[53]（1994）。在此模型中，作者应用了 Cox 的剪力层理论并且考虑了泊松比的影响。与文献［52］分析模型相似，该模型也是以第1界面为研究对象的。这两个模型都显示出当钢纤维的长细比较小（如 $L/D=1$）时，界面剪应力趋向于均匀分布。笔者认为，这一结论在理论上是无可非议的，也与美国的极限概念和我国顾金才先生主张的"拉拔试验段要尽可能短"相一致。问题是：①锚杆能不能简化为钢纤维？大量试验证明是不行的；②实际锚固段长度（L）怎么可能只与锚孔直径（D）一般大？③锚固段长度很短，发生破坏和转移的峰值剪应力及其演化特性就难以测得。

中国香港科技大学 Zongjin Li 等也提出了类似于文献［52，53］的分析模型[54]（1991），并指出，当钢纤维长细比很小时，界面开裂时的受力即为最大拔出力；界面粘结被破坏后，由于界面正压力的存在，机械咬合作用与界面摩擦力仍对钢筋滑移产生抗力，此时摩擦力沿钢纤维分布也可视为均匀分布。如果界面剪应力沿钢纤维长度方向为均匀分布，则界面剪应力可很容易求得。文［54］提出的第1界面剪应力的公式再次回到了我国现行规范的形式，较大的区别在于纤维的长细比 L/D 很小。

新加坡 Luo S. Q 等[55]（2004）认为土钉界面相互作用机理十分复杂，主要有两种理论方法计算土钉极限侧面阻力。一种是弹性分析方法（Schlooser, 1982），另一种是塑性分析方法（Jewell, 1990；Jewell 和 Pedley, 1990 和 1992）。但对这两种方法均有争议。于是作者在 2001 年提出了一个"塑性土-弹性钉破坏模型"。这个模型有其新颖性。作者的本意是研究注浆钉的第2界面剪应力，但为验证此模型而试验的3排16个应变测点均粘贴在钉体表面，因而测得的是第1界面剪应力分布。

朝鲜 Hongik 大学 Kim Hong-Tack 等为研究面层刚度对土钉"摩擦应力"（friction stress）（宜为粘结应力）的影响[56]（2004），进行了不同面层刚度的土钉室内系列对比试验。结果表明，面层刚度越大，第2界面摩擦应力越大，而作者所采用的实测元件应变片则是粘贴在钉体表面的，即测取的是第1界面上的轴向应变。

水利部和能源部东北勘测设计院周增富[57]（1991）翻译了日本山田邦光一篇名为《岩土边坡锚固》的文献资料。作者在分析讨论锚索张拉力与其安全系数的关系时，提出了一个计算第2界面上的粘结力公式。该公式以锚固段长度 L 内的平均粘结强度为基础来表述总粘结力 F。

早在 20 世纪 80 年代，Sell, R 等[58]（1973），Lang, G 等[59,60]（1979），就对单根锚杆的粘结强度进行了研究。拉拔破坏时不饱和聚酯药卷状粘结锚杆的平均粘结强度，假定为沿锚固段粘结体—钢筋界面全长均匀分布，其值为 $\tau_u \geq 10\text{N/mm}^2$。作者认为，该值适用于试块（200mm 立方体）抗压强度约为 20N/mm^2 的混凝土和埋深约为 9d 的情形（d 为锚杆直径——笔者注）。研究发现，平均粘结强度随混凝土强度的增加而增加。文献［59，60］有如下特点：①界面粘结强度取为平均值；②研究对象为第1界面。

Cook[61]（1979）在低强度和高强度混凝土中进行了 20 次产品试验，研究发现，安设有粘结锚杆的混凝土的强度对锚杆粘结强度有一定影响。高强混凝土对粘结强度的影响与产品相关。$f_{cc}=25\text{N/mm}^2$ 时测得的粘结强度可用于 $f_{cc}=55\text{N/mm}^2$ 的混凝土中。对于强度更高的混凝土，由于钻孔孔壁更为光滑，其粘结强度可能降低。作者讨论的是打筑在混凝土中锚杆的平均粘结强度。

在20世纪80年代及以后，人们就用不同的试件与方法研究了钢纤维与水泥浆体材料界面的微观结构[62,63,64]（1978，1985，1997）。研究发现：浆体材料在界面处存在一个相对较弱的界面区。此界面区主要由氢氧化钙晶体、C-S-H等组成，对界面力学特性起着非常重要的作用。由于界面层材料的微观构造尺寸即使与很细的钢纤维相比仍然非常小，因而纤维直径的变化不会引起界面层微观结构的变化。鉴此，提出了基于平均剪应力的界面剪切强度与摩擦剪应力计算方法，并认为可以用表面处理相同的钢条或钢筋替代钢纤维进行试验，以确定界面的力学特性。文献[62~64]研究的都是打筑在浆体材料中钢纤维（或锚杆钢筋）的力学性能（第1界面），研究也很深入，可看作是平均剪应力的基本理论依据，至今仍有重要影响而被引用。但该理论经不起试验和工程检验是不争的事实，原因可能是其应用超出了理论的适用范围。

澳大利亚煤炭工业研究试验室提出了"标准锚固力测定程序"[65]（1971），据此可以确定界面上的剪应力，作者说明该程序是根据美国的方法发展起来的。测定方法是进行拉拔试验，测定程序是测定"锚头最大锚定力"和"荷载/位移特性"，再根据锚固段长度和孔径参数求出界面上剪应力。这只能求出该界面上的平均粘结强度。

美国波特兰有限公司基础学科副主席及总工程师唐奈·J.道特斯等[66]（1971）撰写了一篇关于"岩石锚杆锚固体系的现场试验"的论文，文章"希望对从事现场试验以及岩石锚杆设计等两部门的人员，都具有实用价值"。文章阐述了通过拉拔试验及分析获得设计锚固拉力的方法。该方法以平均剪应力为基础。作者强调的是"荷载"与"变位"参数的测取，并且与澳大利亚"标准锚固力测定程序"的说明[65]是吻合的。与上述研究相近的工作，我国主要是在20世纪90年代及以后做的。这表明：① 在对锚固强度的相关研究方面，我国要比先进国家晚起步10~15年时间。这一差距的缩短，与"具有浓厚中国特色的土钉支护"（中国工程院院士、总参科技委常委钱七虎语——笔者注）于1992年以来在我国的蓬勃兴起有关；② 20世纪80年代美国在该问题上研究水平即如文献[66]所述，用今天的眼光看这还是较为粗糙的，它所采用的概念和方法显然是以平均锚固强度为基础，并且一直延续至今；反观我国的情况又未尝不是如此。

日本隧道技术协会1979年编写了《新奥法量测规则（草案）及解释》[67]，其中第11条明确规定"锚杆拉拔试验是为确认锚杆安设后的锚固效果"，"应用时采取在锚杆上贴应变片的方法进行"。在第14条中规定，"锚杆轴力量测的目的是量测锚杆轴力并依其应力度获得是否增设锚杆等的判断资料。量测采用贴在锚杆上的应变片或量测锚杆"来进行。显然，这里关注的均是第1界面问题。这种作法主要源于新奥法的影响[68]（1982）。

4 结论

4.1 关于国内的研究

① 国内关于锚固类结构第1界面剪应力分布规律的研究，包括室内外试验和理论分析计算，已经做了较多的工作，成果较为丰富。但峰值剪应力转移等特性仍未搞清楚，强制和非强制性技术标准仍然不适当地采用了平均剪应力的概念和方法。

② 对邻近第2界面上剪应力分布形态的研究，所做工作还很有限，有些问题还未真

正搞清楚，如不同加固介质中锚固类结构杆体的临界锚固长度问题等。

③ 至于理想第2界面剪应力分布形态，我们还没有真正测到过，还有不少问题需要探讨。

④ 关于界面剪应力沿垂直于杆体轴线方向衰减问题，所做工作不多，主要还停留在理论探讨阶段，系统的测试未见发表。

⑤ 在我国工程界和学术界，对锚固类结构的3个破坏界面给予明确区分的意识还不是很强。有时提得较为笼统，有时出现混淆和相互替代现象。

⑥ 锚固类结构诸界面平均剪应力的概念和方法自上世纪70年代以来是一脉相承的；尽管早已发现了问题，却未真正有效地予以解决。

⑦ 将第1、第2和第3界面视为一个系统，进而研究诸界面剪应力的相互作用关系和机理，以及设计方法，这种研究方法和结论，国内未见发表。

4.2 关于国（境）外的研究

① 国（境）外尚没有"锚固类结构"、"锚固类结构第1、第2和第3界面"的明确概念，一般是混称的，有时需要仔细阅读才能分辨其所指。

② 国（境）外研究锚固类结构界面剪应力的方法主要有以下几种：a. 经验法；b. 解析法；c. 数值分析法（本文述及较少）。但实际用于设计的主要是a和b两种方法。

③ 国（境）外对锚固类结构界面剪应力分布规律的研究和实践比我国早10～15年时间，经费投入也大得多。尽管如此，关于理想第2、第3界面剪应力分布形态的试验研究成果同样未见报道（数值模拟的除外）。

④ 国（境）外绝大多数国家和地区关于界面剪应力分布均是采用平均值的概念和方法，在所述及的资料中，只有美国的概念要先进一些，但也未见付诸应用，见之于设计技术标准的主要是通过试验法获得的有效数据，并且同样是基于平均剪应力的方法。

⑤ 国（境）外对第1界面受力性能的研究，明显多于第2界面；也有将前者替代后者或混为一谈的情况。这同我国工程界的有些作法是相似的。

⑥ 国（境）外没有对临界锚固长度、界面剪应力的峰值点和零值点同浆体材料局部破坏部位同时发生转移、界面剪应力沿垂直于杆体轴线方向的衰减规律等进行系统研究，而这些问题均与诸界面剪应力相互作用关系密切相关。

⑦ 国（境）外早期关于浆体材料的微观结构研究成果，以及将浆体材料中钢纤维的研究结果推广至混凝土中锚杆钢筋的结论，在国际上被广泛引用，可看作是平均剪应力的理论基础。但却具有误导性而不能应用。

⑧ 国（境）外关于锚固类结构诸界面剪应力相互作用关系和机理研究成果未见发表。

参 考 文 献

1 蒋忠信. 拉力型锚索锚固段剪应力分布的高斯曲线模式. 岩土工程学报，2001，23(6)：696～699

2 李敏，蒋忠信，秦小林. 南昆铁路膨胀岩(土)路堑边坡应力测试分析. 中国地质灾害与防治学报，1995，(专辑)：60～69

3 余坪，余渊. 滑坡防治预应力锚索的试验研究. 中国地质灾害与防治学报，1996，(1)：59～63

4 程良奎. 土层锚杆的几个力学问题. 岩土锚固工程技术. 北京：人民交通出版社，1996：1～6

5 朱焕春. 反复张拉荷载作用下锚杆工作机理试验研究. 岩土工程学报，1999. 11，21(6)：662～665

6　郑全平. 预应力锚索加固作用机理与设计计算方法. 中国防护工程科技报告, 1998. 11

7　顾金才, 明治清, 沈俊, 陈安敏. 预应力锚索内锚固段受力特点现场试验研究. 见：中国岩土锚固工程协会编, 岩土锚固新技术, 北京：人民交通出版社, 1998

8　邬爱清, 韩军, 罗超文, 程良奎. 单孔复合型锚杆锚固体应力分布特征研究. 岩石力学与工程学报, 2004, 23(2)：247～251

9　荣冠, 朱焕春, 周创兵. 螺纹钢与圆钢锚杆工作机理对比试验研究. 岩石力学与工程学报, 2004, 23(3)：469～475

10　杨松林, 荣冠, 朱焕春. 混凝土中锚杆荷载传递机理的理论分析和现场试验. 岩土力学, 2001, 22(1)：71～74

11　Wu Shenxing. Dynamic experimental study of bond-slip between bars and the concrete in XiaoWan arch dam, New Developments in Dam Engineering-Wieland, Ren & Tan(eds), © 2004 Taylor & Francis Group, London, ISBN 04 1536 240 7：951～959

12　Bo Liu, Libing Tao, Longguang Tao. Field Tests of Nails' Strains and Their Spatial Behavior in Vertical Soil Nailing Wall of Deep Excavation, Proceedings of the International Symposium of Civil Engineering in the 21st Century, Beijing, China, 11-13 October, 2000：417～423

13　徐景茂, 顾雷雨. 锚索内锚固段注浆体与孔壁之间峰值抗剪强度试验研究. 岩石力学与工程学报, 2004, 23(22)：3765～3769

14　何思明, 王成华. 预应力锚索破坏特性及极限抗拔力研究. 岩石力学与工程学报, 2004, 23(17)：2966～2971

15　杨松林, 徐卫亚, 黄启平. 节理剪切过程中锚杆的变形分析. 岩石力学与工程学报, 2004, 23(19)：3268～3273

16　曹国金, 姜弘道等. 一种确定拉力型锚杆支护长度的方法. 岩石力学与工程学报, 2003, 22(7)：1141～1145

17　王霞, 郑志辉等. 锚索内锚固段摩阻力分布及扩散规律研究. 煤炭工程, 2004, (7)：45～48

18　赵华, 董泽荣等. 小湾水电站岸锚支护试验研究. 见：徐祯祥等主编, 岩土锚固技术与西部开发. 北京：中国建筑工业出版社, 2002

19　谷建国, 王再芳等. 特大吨位预应力锚索试验研究. 见：徐祯祥等主编, 岩土锚固技术与西部开发. 北京：中国建筑工业出版社, 2002

20　甘文鸿. 大朝山水电站地下洞室主要支护施工技术. 见：徐祯祥等主编, 岩土锚固技术与西部开发. 北京：中国建筑工业出版社, 2002

21　闫莫明. 单束锚索树脂锚固. 见：徐祯祥等主编, 岩土锚固技术与西部开发. 北京：中国建筑工业出版社, 2002

22　Jia Jingqing, Zheng Weifeng, et al. The research on prestressed anchor flexible retaining method for deep excavation, Int'l Conference on Soil Nailing & stability of Soil and Rock Engineering：21-22 October 2004, Nanjing, China

23　煤炭科学研究院. 锚杆技术及应用. 出版不详, 约 1975

24　郑颖人, 杨会龙. 锚喷支护参数分析与选用原则. 空军工程学院科技报告, 1982

25　铁道部专业设计院. 锚杆支护设计探讨. 铁道部专业设计院科技报告, 1983

26　同济大学地下建筑教研室, 锚杆·喷射混凝土支护——地下建筑工程专题, 同济大学科技报告, 1976

27　水电部第六工程局, 水电部东北电力设计院, 同济大学, 四川电力建设三公司, 交通部科学研究院西南研究所锚喷小组. 锚喷支护结构设计理论及施工方法调查汇编. 科技报告, 1973

28　水利水电地下建筑物情报网. 预应力锚固技术与工程应用. 地下工程技术, 1986, No. 1

29 赵长海主编，董在志，陈群香副主编．预应力锚固技术．北京：中国水利水电出版社，2001
30 陈肇元，崔京浩主编．土钉支护在基坑工程中的应用（第二版）．北京：中国建筑工业出版社，2000
31 美国交通部联邦公路总局（FHWA-SA-96-069R）主编，佘诗刚译．土钉墙设计施工与监测手册，北京：中国科学技术出版社，2000
32 Weatherby D E. Tiebacks, Federal Highway Administration, Washington D. C., FHWA-RD-82-047, 1982
33 Cheney, Richard S., Permanent Ground Anchors, FWHA-DP-68-1R, Federal Highway Administration, Washingtion D. C., 1988
34 Elias V and Juran I., Soil Nailing for Stabilization of Highway Slopes and Excavations, Federal Highway Administration, Washington D. C., FHWA-RD-89-198, 1991
35 Porterfield J A., Cotton D M and Byrne R J., Soil Nailing Field Inspectors Manual, Federal Highway Administration, Washington D. C., FWHA-SA-93-068, 1994
36 French National Research Project Clouterre. Recommendations Clouterre 1991 (English Translation) Soil Nailing Recommendations, Federal Highway Administration, Washington D. C., FHWA-SA-93-026, 1991
37 （德国）R. Eligehausen, B. Lehr, J. Meszaros, W. Fuchs 文，张新乐译．两种粘结锚杆抗拉性能与设计．见：曾宪明，王振宇等编译．国际岩土工程新技术新材料新方法．北京：中国建筑工业出版社，2003
38 Eligehausen, R.; Mallée, R. Rehm, G.: Befestigungstechnik. In: Betonkalender 1997, Ernst & Sohn, Verlag Für Architektur und technische Wissenschaften, Berlin, 1997
39 Rehm, G.: Langzeitverhalten von HILTI-Verbundankern HVA. Gutachtliche Stellungnahme vom 23. 06. 1978, not published
40 Cook, R. A.; Kunz, J., Fuchs, W., Konz, R. C.: Behavior and Design of Single Adhesive Anchors under Tensile Load in Uncracked Concrete. ACI Structural Journal, January-February 1998
41 Eligehausen, R.; Mallée, R.; Rehm, G.: Fixings formed with Resin Anchors. Betonwerk+Fertigteil-Technik, Vol. 10 to 12, 1994
42 Cook, R. A: Behavior of Chemically Bonded Anchors, Journal of Structural Engineering, vol. 119, No. 9, September, 1993
43 Fuchs, W.; IExpansion, R., Breen, J E.: Concrete Capacity Design (CCD) APPROACH FOR Fastening to Concrete. ACI-Structural Journal, 1995, Vol. 92: 73~94
44 （法国）Marc Panet 文，张新乐译，被动锚杆加固岩体的实用设计方法，见：曾宪明，王振宇等编译，国际岩土工程新技术新材料新方法，北京：中国建筑工业出版社，2003
45 （澳大利亚）Marc A. Woodword 文，朱大明译，锚索设计、试验、监测和施工方法，见：曾宪明，王振宇，等编译．国际岩土工程新技术新材料新方法，北京：中国建筑工业出版社，2003
46 （日本）S. Sakurai 文，张新乐译，锚杆加固节理岩体的机理与分析方法，见：曾宪明，王振宇等编译，国际岩土工程新技术新材料新方法，北京：中国建筑工业出版社，2003
47 （英国）M J Turner 文，李世民译，永久性防腐土钉墙的性能、设计与施工，见：曾宪明，王振宇等编译，国际岩土工程新技术新材料新方法，北京：中国建筑工业出版社，2003
48 （德国）R. Eligehausen, H. Spieth 文，蔡灿柳译，插入式钢筋连接的性能与方法，见：曾宪明，王振宇等编译，国际岩土工程新技术新材料新方法，北京：中国建筑工业出版社，2003
49 （台湾）Wu J, Zhang Z, Experimental study of the pull-out resistance of soil nails, Int'l Conference on Soil Nailing & Stability of Soil and Rock Engineering: 21-22 October 2004, Nanjing, China, 205~212

50 （日本）Chai X. J., Hayashi S., Du Y. J., Contribution of dilatance to pull-out capacity of nails in sandy clay, Int'l Conference on Soil Nailing & Stability of Soil and Rock Engineering: 21~22 October 2004, Nanjing, China, 73~80

51 （澳大利亚）Brandl H., Adam D., Soil and rock nailing-stability analyses and case studies, Int'l Conference on Soil Nailing & Stability of Soil and Rock Engneering: 21~22 October 2004, Nanjing, China, 1~16

52 Stang, H., Li z., and Shah, S. P.: The pull-out problem-the stress versus fracture mechanical approach, ASCE, J. Engng Mech., 116 [10], 1990: 2136~2150

53 A. K. Patrikis, M. C. Andrews and R. J. Yong,: Analysis of the single-fibre pull-out test by the use of Ram an spectroscopy. Part I: pull-out of aramid fibers from an epoxy resin, Composites Science and Technology 52, 1994: 387~396

54 Zongjin Li, Barzin M obersher, Surendra P. shah, Characterization of interfacial properties in fibre reinforced ccm entitious composites, Journal of American Ceramic Society, 74, 1991: 2156~2164

55 Luo S. Q., Stabilization of slopes in residual soils with soil nailing, Int'l Conference on Soil Nailing & Stability of Soil and Rock Engineering: 21-22 October 2004, Nanjing, China

56 Kim Hong-Tack, Kang In-Kyu, Kwon Young-Ho., Park Shin-yong, Influence of Facing Stiffness on Global Stability of Soil Nailing Systems, Int'l Conference on Soil Nailing & Stability of Soil and Rock Engineering: 21-22 October 2004, Nanjing, China

57 （日本）山田邦光文，周增富译，田裕光校. 岩土边坡锚固，1991

58 Sell, R.: Festigkeit und Verformung Mit Reaktionsharzm örtelpatronen Versetzter Anker, Verbindungstechnik 5, Volume 8, 1973

59 Lang, G; Vollmer, H.: Dubelsysteme fur Schwerlastverbindungen. Die Bautechnik, Volume 6, 1979

60 Lang, G.: Festigkeitseigenschaften von verbundanker-systeen. Bauingenieur 54, 1979

61 Cook, R. A., Bishop, M. C., Hagedoorn, H. S., Sikes, D. E., Richardson, D. S., Adams, T. L., De Zee, C. T.: Adhesive bonded anchors. Structural and Effects of In-service and Installation Conditions. Structural and Materials Research Report No. 94-2A. University of Florida, 1994

62 D. J. Pinchin and D. Tabor, Interfacial phenomena in steel fiber reinforced cement I: Structure and strength of interfacial region, Cement and concrete research, 8, 1978: 15~24

63 A. Bentur, S. Diamond and S. Mindess, The microstructure of the steel fiber-cement interface, Journal of Materials Science, 20, 1985, 3620~3626

64 M. N. Khalaf, and C. L. Page, Steel/mortar interface: microstructure features and mode of failure, Cement and concrete research, 9, 1997, 197~208

65 （澳大利亚）矿业与金属学会编，交通部科学研究院西南研究所译. 岩石锚杆论文集，1971

66 （美国）唐奈. J. 道特斯，金尼斯. L. 福格文，空军后勤部设计研究局高厚宽译. 岩石锚杆体系的现场试验，约1971

67 （日本）隧道技术协会编，关宝树译. 新奥法量测规划（草案）及解释. 情报资料，1979

68 韩瑞庚. 新奥法的量测. 空军工程学院情报参考资料，1982

专题Ⅲ　岩土高边坡破坏模式、预测预警与防治方法问题研究

本专题综合论述了岩土高边坡破坏模式、预测预警与防治方法研究的国内外进展，提出了存在的若干重要问题和解决问题的方法建议。研究强调指出，对人类在该方面的大量研究成果，应慎重加以整理，建立起相应技术咨询系统，以充分地加以利用；而对存在的重点、难点和关键问题，应开展相应的原创性研究，并不断将研究成果补充到已建立的技术咨询系统中，使其更加完备、科学和合理，更好地造福于人类的工程建设。

1　引言

边坡破坏模式是边坡破坏的空间分布形态和造成此形态的机理的抽象。对岩体而言，是指边壁（坡）优势面组合与滑动等的形式；对土体而言，是指一定滑动面的形式，它们的内涵是不稳定体的形态特征和破坏机理。边坡破坏模式是边坡稳定性分析的基础和前提，也是边坡预测预警和有效防治的必要条件之一。人类对边坡破坏模式的研究已有久远的历史，并已建立起了数十个经典破坏模式。这是人类共同的财富，应充分加以利用。采用这些破坏模式，可以有效地指导岩土高边坡的治理。

搞清楚了岩土高边坡破坏模式，就清楚了它的滑塌形态、滑动方向、规模大小和滑塌机理。但是，它何时才会滑？这就是一个预测预警准则问题。没有准则，就没法预警。这是一个理论技术难度很大的问题。对此，多年来国内外已做了不少研究，但还不统一、有争议，离解决问题还有很远距离。例如，美国人提出以位移（变形）参数指标值作为破坏准则。然而，一个不再发展变化的历史上的位移量就不是至关重要的，甚至是没有多大意义的。因此，相比之下，边坡变形速率更为重要。于是，S. D. Wilson 和 P. E. Mikkelsen（美国）于1978年又提出以位移速率作为破坏准则。但是，有位移就有位移速率，不是只要存在位移速率边坡就会发生破坏。研究结果和经验告诉我们，一定边坡介质条件下，只有达到并超过某个临界变形速率值时边坡才会产生破坏。因此，只有临界变形速率才能作为破坏准则之一。迄今为止，我们仅知道有限的几种边坡介质的临界变形速率，更多的尚为未知之数。结合我国高、陡、危边坡工程，既要对各种行之有效的预测预报方法进行归纳总结，建立起预测预报系统，又要进一步开展相应的破坏准则和预测预报研究，这将是十分必要而紧迫的。

我国岩土高边坡的防治，宜采用以锚固类结构为核心的综合技术措施。锚固类结构是指锚索、锚杆、土钉墙、土钉支护、复合土钉支护一类岩土工程加固、支护结构。锚固类结构的先进性无人怀疑，它们对人类工程建设的贡献是巨大的。锚固类结构在岩土工程中的研究与应用已有十余年至一百多年不等的时间，业已提出了许多优秀的研究成果。这些成果对于指导岩土高边坡防治将是卓有成效的。但迄今为止，锚固类结构中仍存在许多问题未得到解决。这些问题直接制约着锚固类结构的应用与发展。例如，锚固类结构都存在一个临界锚固长度问题，超过临界锚固长度的设计不仅不经济，而且存在潜在危险；不同介质中锚固类结构的临界锚固长度不等，具体工程中其临界锚固长度为几何？一般不清楚。又如，一般锚孔长于10m后，就开始发生偏斜，且偏斜方向带有随机性，因而锚孔

轴线不是一根直线，也不是一根平面曲线，而是一根空间曲线。各国对锚孔偏斜率的规定有所不同，我国规定为 1/30。这意味着，钻一个 30m 长的锚孔，偏斜 1m 是合理的。我国锚索长度最长已达 80m，国外已超过 100m 之多。此时锚孔偏斜的设计允许值是多少？它们的真实偏斜率又是多少？在这种情况下，推送到锚孔中的锚索在重力作用下必与孔壁发生多处接触，尽管设有对中支架，但在大吨位的预应力作用下，对中支架于事无补。于是，与孔壁接触部位的摩阻力就使得设计锚固力变得很不真实。长锚孔轴线空间形态分布规律研究在国内外均为空白，倾斜及水平长锚孔的偏斜率的量测还缺乏有效手段，设计锚固力存在不真实问题，这些都是工程安全的隐患。再如，我国普遍地倾向于使用自由锚索。其原因在于，自由锚索工序简化，施工方便，造价较低，并且在特殊场合便于对预应力进行调整。但自由锚索只适用于工程重要性程度较低的工程。对于重要工程应慎用。其缘盖出于自由锚索外锚头的应力松弛问题难以避免，且在振动条件下更易于产生；耐久性也存在问题；一旦外锚头失效，就意味着整根锚索报废。而二次灌浆锚索可通过第二次注浆将预应力"冻结"在岩体内，即便外锚具失效，锚索仍能照常发挥作用，因此具有双保险功效。由于这里存在很大的误区，结合工程现场进一步进行两种锚索的对比试验而加以证实也是十分必要的。在三峡电站边坡加固方案论证会上，曾就采用二次灌浆锚索还是采用自由锚索问题，在专家学者中引起了长时间的非常激烈的争论，不过最终倾向性的意见主要还是前者。

综上所述知：

（1）边坡破坏模式是稳定性分析、预测预警和防治的基础和前提，已有的破坏模式研究成果在指导边坡稳定性分析、滑坡预测预报和防治方面将发挥重要作用，但它又不能完全概括各工程现场复杂的地质条件。因此，还必须结合现场条件开展新型边坡破坏模式的研究。

（2）边坡预测预警研究，是国际性难题。一方面，对已取得的国内外优秀成果须建立预测预警系统，充分而有效地加以利用；另一方面，还须结合现场情况，进一步深入开展预测预报工作。

（3）以锚固类结构为核心的滑坡综合防治技术，已有大量成果和成功经验，这对于指导滑坡防治是有益的。但另一方面，锚固类结构还有许多重要问题亟待研究解决。

结合工程的实际情况，研究并解决上述问题不仅具有典型意义，可对岩土高边坡治理提供直接支持，而且还具有重要的科研价值和广阔的应用前景。

2 关于岩土高边坡破坏模式研究的国内外进展

边壁（坡）变形破坏模式是稳定性分析的基本依据，它对方案设计、工法与工程成败具有决定性意义。破坏模式选取不当，再精确的设计，再先进的工法也将黯然失色，难以达到设计施工的预期目的。

人类对岩土高边坡破坏模式的研究已有数十年历史。研究是从简单破坏模式开始的。1916 年，Petterson 和 Hultin 提出了均质软黏土的圆弧破坏模式（单滑式）[1][2]；1953 年，Toms 和 Fukuoka 分别提出土坡的复旋滑和黏土的连续单滑破坏模式[3][4]。

1946 年，新西兰的 Benson 叙述了倾斜的砂质黏土岩上的玄武岩块的平移块滑破坏模式[5]。1953 年，Skempton 发表了产生于风化黏土或斜坡基岩碎屑上的片滑破坏模式[6]。

1954年，Henkel和Skempton提出了由初期片滑发展起来的复合平移滑动破坏模式[7]。

1953年，Legget和Bartley提出了泥流破坏模式[8]。1955年，Skaven, H. S. 阐述了流滑破坏模式[9]。1969年，Skempton和Hutchinson以及Za'ruba和Mencl分别提出土流和岩屑流破坏模式[10][11]。

1961年，Bazett等提出了下伏于超固结黏土层下的纯砂层或粉土层的崩塌破坏模式[12]。

1971年，英国岩石力学家E. Hoek经过详细的研究，在前人工作基础上，归纳出岩体边坡的破坏模式主要有4种，即圆弧破坏模式、平面破坏模式、楔形破坏模式和倾倒破坏模式[13]。实际上，这些破坏模式的应用范围不仅包括了岩石，也包括一部分土壤介质，如圆弧破坏模式。这一结果此后被各种文献大量引用，并在工程中被大量采用，在国际上具有很大影响，以至于在一定程度上和在一定范围内人们以为边坡破坏模式仅限于这4种。

近十余年来，岩土深基坑高边坡破坏模式研究具有方兴未艾之势，其间，中国工程技术人员也作出了自己的贡献。

1989年，中华人民共和国国家标准《建筑地基基础设计规范》GBJ 7—89推荐了折线破坏模式[14]。

1992年，中国科学院地质研究所工程地质力学开放试验室罗国煜等提出了火成岩地区边坡变形破坏的15种破坏模式[15]。不仅对已有的某些破坏模式作了进一步的细分，例如对楔形破坏细分为4种类型，对圆弧破坏模式细分为5种类型，对崩塌破坏模式细分为3种类型，而且又增加了岩体松动破坏模式，发展和促进了破坏模式的研究。

1990～2005年来，总参工程兵科研三所结合推广岩土深基坑土钉支护法和复合土钉支护法，对软土、强膨胀页岩和填土的破坏形态和机理进行了试验研究，提出了流鼓破坏模式、胀裂破坏模式[16]，以及不同类型填土的多个破坏模式。

从20世纪40年代以后，国内外对破坏模式的研究由简单破坏模式进一步发展到了复杂破坏模式，即组合破坏模式（由两种或两种以上简单破坏模式构成）。1932年，海姆（Heim）归纳出了岩崩-碎屑流组合破坏模式[17]。1952年，扎留巴（Za'ruba, Q.）归纳了岩石转动-倒塌组合模式[18]。1972年，尼姆乔克（Nemcok, A.）、帕谢克（Pask, J.）、里巴尔（Ryba'r, J.）归纳出了岩石滑坡-岩崩组合破坏模式[19,20]。1973年，夏普（Sharp. R. P.）归纳出了转动滑坡-土流组合破坏模式[21]。1980年，杜永康、余定生对倾倒-滑动，滑动-倾倒，滑动-倾倒-滑动等组合破坏模式作了深入研究[22]。1994年总参工程兵科研三所结合对著名的广州065工程18m深基坑大滑坡机理分析和工程处理设计与施工，提出了圆弧-平面组合破坏模式[23]。笔者总结归纳了人们对岩土高边坡破坏模式的研究成果，将已有经典破坏模式分类如图Ⅲ-1所示。

综上所述可知：

① 边坡破坏模式是稳定性分析、滑坡预测预报和防治的基础和前提，具有决定性意义。

② 对边坡破坏模式的研究已有约90年有据可查的历史，至今仍在发展中。

③ 许多经典的边坡破坏模式可对岩土高边坡的治理提供卓有成效的指导。

④ 对已有经典破坏模式所不能概括的岩土高边坡工程，应有针对性地开展新型边坡

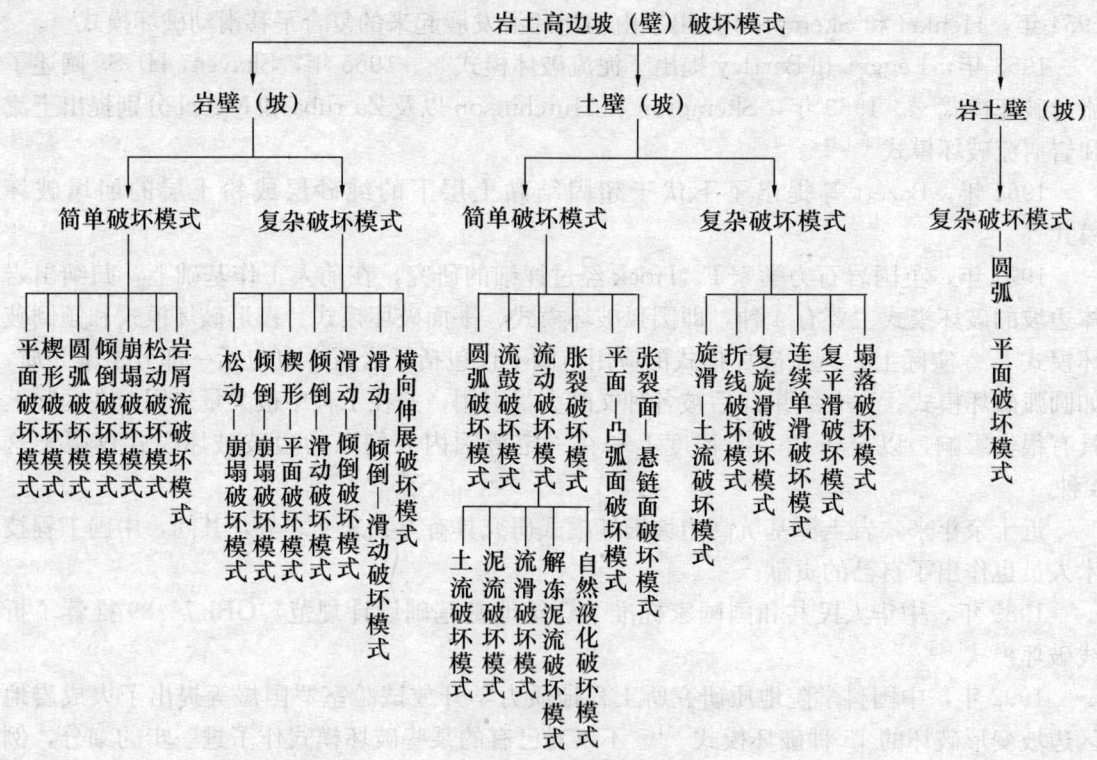

图Ⅲ-1 岩土高边坡（壁）破坏模式分类（1916～）

破坏模式研究。

3 关于岩土高边坡滑塌预测预警研究的国内外现状

关于边坡预测预警研究，是一个国内外岩土工程界和学术界都十分关注、已取得不少成果、仍有大量工作要做、难度甚大的问题。总的来说，对于此项研究，国外起步早于我国，不少成果我国目前仍在借鉴使用。

德国数学-生物学家 Verhulst 在 1837 年建立了以其名字命名的模型，简称 V 氏模型。该模式最初是用于生物繁殖随时间发展变化的预测，后来人们通过国内外几个重大滑坡的反演预测研究，认为 V 氏非线性灰色模型应用于滑坡临滑时间预测具有很好的适用性[24]。

20 世纪末，Е.Л.叶米里杨诺娃就发表了计算稳定系数法[25]。其方法为：先分别确定斜坡当前的稳定系数 K、周期 T 内稳定系数可逆动的负差幅度的年平均值 A_{cp} 及其可能的最大值 A_{max}、斜坡稳定系数不可逆变化的年平均速度 ΔK_{cp} 及其在周期 T 内的预报 $\Delta K = f(t)$，则预报周期结束时的稳定系数 $K' = K - \sum_{i=1}^{T}\Delta K$，如果 $K' - A_{max} > 1$，则滑坡发生的可能性小；如果 $K' - A_{max} < 1$，则滑坡可能发生；若 $K' - A_{cp} < 1$，则滑坡发生的可能性很大。显然，这一预测结果仅仅是事件发生的一种概率，而且由于各有关系数不可能准确预测，更加大了预测结果的不确定性。在斜坡稳定性计算中，常有 $K>1$ 时斜坡不稳定，$K<1$ 时斜坡反而稳定的例子，更何况是对数年后稳定系数的预测。

斋腾迪孝滑坡预报法是 20 世纪 80 年代末提出来的[26]，在国际上有较大影响，至今我国仍在研究与应用。斋腾迪孝提出最好在斜坡变形初期依据蠕变曲线第二阶段进行概略预报，接近崩塌时，依据第三阶段蠕变曲线进行临滑预报。当坡体位移进入第三蠕变阶段后，利用简单的图解法常可作出令人满意的预测。

Pearl 模型预测法。孙景恒等认为："边坡失稳破坏的发展过程曲线与描述生物生长规律的生物生长曲线类似，……可以采用预测生物生长的方法对边坡失稳时间进行预报"[27]，并对此进行了应用研究，效果尚好。但铁道部科学研究院西北分院徐峻龄则认为，Pearl 曲线与表征斜坡破坏的蠕变曲线在形态和含义上完全不同，尤其是后期。后者显示的是越到后期变化速率越大，剧滑时间预报就是在该曲线上寻求 $\Delta t \to 0$、$\Delta s \to \infty$ 的那一点，物理概念清晰而明确。而前者越到后期变化速率越小，利用这一曲线进行剧滑时间预报的物理概念不甚明确[28]。

Phillips J D[29,30] 深入地研究了混沌现象，并建立了边坡破坏的混沌模式。边坡系统内部各个子系统之间及系统与外界环境因素之间的相互作用、相互制约，使边坡的演化过程表现为确定性与确定的随机性（即混沌）综合运动的特点，滑坡的发生是系统内各要素通过一系列非平衡不稳定产生的空间的、时间的、功能的、结构的自组织过程，从而导致开放系统远离平衡状态，发生一系列的混沌现象。对混沌现象的本质认识，在现代科学技术中起着十分重要的作用，被誉为20世纪第3次科技革命。

Sah N K 等[31] 借助于人工神经网络（Artificial Neural Network）方法，充分利用已有的研究成果，对边坡稳定性预测进行研究，取得了一定的研究成果。

Packard N H 和 Eckmann 等[32,33] 研究提出了相空间重构法，它是混沌时间序列预测的基础。其基本思想是：系统中任一分量的变化都是由与之相互作用着的其他分量所决定，故这些相关分量的信息就隐含在任一分量的发展过程之中，在由一维观测序列及其适当延时值所构成的维度合适的相空间中，系统演化的动力学行为可由此空间中点的演化轨迹无歧义地表达出来。

雨致滑坡是一个国际上延续争论了30多年的问题。争论的焦点究竟是连续降雨导致滑坡，还是强降雨导致滑坡，还是连续降雨后的强降雨导致滑坡？连续降雨或强降雨何时开始滑坡？其中 Kim S K[34]，Pierson T C[35]，Folloni G[36] 等做了大量的工作，其研究成果具有一定的代表性。

地理信息系统技术（GIS）的飞速发展，为日益增多的岩土工程问题研究开辟了一条新的途径。Carrara A 等，Fritsch D 较早地进行了基于 GIS 的岩土边坡（滑坡）方面的研究工作[37,38]。

基于现场位移量测信息为数值分析提供实用的"计算参数"的反分析方法是从上世纪80年代开始发展，至今已不再是单纯确定计算参数，而是作为工程预测分析的一部分，有着良好的应用前景。反分析的基本思想最先由 Kavangh（1973），Gioda 和 Maier（1980）等人提出。Sakurai（1983）首次给出了均匀地应力与岩体弹性模量的有限元反分析数值解。

滑坡灾害风险评价是滑坡灾害风险管理的基础性工作，是制定各项防灾减灾措施，尤其是非工作防灾减灾措施的重要依据。因此，滑坡灾害风险评价对于减轻滑坡灾害的损失具有重要意义，已引起人们高度重视。H. H. Einsten（1988）[39] 给出了滑坡灾害评估的框架建议。R. Anbalagan 和 Bhawani Singh（1996）[40] 在 R. Anbalagan 前期在关于山区滑坡灾害风险评价制图和区划制图研究基础上，提出了滑坡灾害风险评价制图的新方法和风险评价矩阵。上述研究对我国的相应研究具有启迪作用。

综上所述，国外关于滑坡预测预报研究具有以下特点：

① 研究起步早；

② 研究途径多样化；

③ 某些研究已较成熟；

④ 离全面解决问题还有较远距离。

国内关于滑坡预测预报研究虽然起步晚于国外，但最近十余年间取得了突破性进展。

灰色预测预报在国内已有大量研究和应用。灰色系统理论由我国学者邓聚龙提出。他指出："灰色系统建立的是微分方程描述的模型，微分方程所揭示的是事物发展的连续的长过程"[41]。显然，灰色预测适用于依据位移数据进行滑坡预报。晏同珍[42]和梅荣生[43]均曾较早采用这种方法进行滑坡预报方面的探讨。后者研究指出，当滑坡处于蠕动阶段时，可用灰色模型进行滑坡变位趋势预测；当滑坡处于滑动阶段时，则可进行剧滑时间预报。

徐峻龄[28]回归分析方法。在二维坐标系中，据滑坡位移-时间关系的散点分布趋势，可在二变量间用回归分析方法建立起一个一元二次方程 $y=ax^2+bx+c$，通过把表示该方程的曲线适当外延即可对滑坡作出预测预报。此外，如用位移 s 和时间 t 取代上述方程中的变量，二者应符合方程 $t=as^2+bs+c$，按求导办法即可确定滑坡剧滑的时刻。

廖小平把塑性力学理论引入滑坡理论，提出了滑体变形功率预报理论，并将其用于黄茨等滑坡的预报，均取得良好效果[44]。用这种方法，可依据多个测点的资料预报出一个统一的剧滑时刻。无疑，这是滑坡预报的一个突破性进展。

黄志全等运用现代混沌理论与神经网络方法的基本原理，把混沌理论与神经网络结合起来，建立了边坡稳定性预测的混沌神经网络模型。经对64个典型滑坡实例的研究结果表明，该模型具有较高的精度[45]。唐璐等也对混沌和神经网络结合的滑坡预测方法进行了研究[46]。

殷坤龙等在滑坡时空预测基本论点的基础上，建立了滑坡时空预测的信息模型和Verhulst灰色模型。经对重庆市和鸡鸣市滑坡灾害的实例分析研究，说明这两种模型是可靠的。

黄志全基于单状态变量摩擦定律，把协同学和分岔理论联系起来，建立了边坡失稳时间预报的协同分岔模型[47]。经对新滩滑坡的预报，证明该方法精度较高。

李邵军等将滑坡监测与当前先进的三维可视化及地理信息技术相结合，建立了三维滑坡的监测信息系统，实现了滑坡监测信息与监测场址三维地理信息的综合表达，为滑坡监测方案，设计和监测成果的综合分析提供了一个可视化的信息平台[48]。针对滑坡位移复杂的非线性演化问题，结合时间序列分析的基本思想，采用遗传算法确定时间序列模型的结构和参数，从而获得滑坡变形的预测模型。据作者介绍，采用该方法对福宁高速公路八尺门滑坡进行智能预测分析，其结果与实测结果的相对误差仅为 $1.25\%\sim4.39\%$。

谢全敏等从系统理论的观点出发，提出了滑坡灾害复杂大系统的概念。以此为基础，作者探讨了滑坡灾害风险特征及滑坡灾害风险估价的基本内容，提出并系统地阐述了以滑坡危险性分析、承灾体易损性分析，和滑坡灾害破坏损失评估为核心内容的滑坡灾害风险评价的系统理论[49]。

廖野澜等提出以"黄金率灰色拓扑选择"建立预报模型的方法，对隔河岩水电站引水隧洞洞群施工期监测得到的收敛位移数据进行了数据列预报，在此基础上，利用时间 t_1 与速率 v_1 的关系，提出了短期塌方预报方法[50]。

刘汉东以 1985 年 6 月 12 日凌晨长江三峡新滩滑坡为例进行了工程地质力学白光散斑模型试验[51]，用白光散斑照相技术和自动记录仪测量模型表面的位移矢量场，模型试验过程为 1410min，破坏前位移量为 21.20mm。依据位移-时间相关关系和边坡模型滑面的抗剪强度，分别用斋藤法，灰色系统预测理论和有限单元法进行了中长期定时预报，预报的失稳时间分别为 1395、1435 和 1415min，与试验模型实际破坏的时间基本一致。

王在泉以隔河岩水电站厂房基坑集水井边坡工程施工过程中的动态稳定预测、变形规律分析及失稳时间预报为例，研究了边坡动态稳定性与边坡发育阶段的关系，据实测资料分析了边坡的稳定状态及趋势，提出了非等间距 GM（1，1）-Verhulst 灰色联合失稳时间预报模型[52]。

张玉祥对岩土工程中的时间序列预报问题进行了研究，认为在该类问题中，灰色建模存在着一定的问题，通过对两个实例的分析，指出神经元网络法是解决岩土工程时间序列预报问题的有效方法[53]。

许东俊等以多年边坡位移监测资料为基础提出了预测滑坡时间的 2 种方法。第 1 种是根据位移-时间曲线从等速蠕变阶段转入加速阶段的位移速率作为滑坡临界速率的方法；第 2 种是作用序列分析法，即根据前几年位移规律预测后几年位移发展趋势，并用国内外滑坡实例确定的滑坡位移速率作为滑坡判据的方法。用这 2 种方法，提前一年预报的滑坡时间和滑坡位移速率同实测值吻合较好[54]。

唐天国等进行了高边坡安全监测的改进 GM 模型预测研究[55]。由于一般的 GM（1，1）预测存在较大的局限性及产生的系统误差，对一般 GM（1，1）模型进行了误差来源追踪分析并提出改进方法，得到改进后的 GM（1，1）预测模型，并将其用于高边坡安全监测。依据碧口水电站高边坡连续 8 a 的监测数据，建立了碧口水电站高边坡灰色安全监控模型。把改进的 GM（1，1）预测模型与一般的 GM（1，1）模型、统计模型等预测模型进行了对比，同时还进行了平均误差、相关系数以及最大误差分析对比。研究表明，改进 GM（1，1）模型监控精度较高，预测结果与实际吻合较好。

陈志坚等提出了基于剪切位移的层状岩质边坡稳定性的预测预报模型[56]。在阐述了层状岩质边坡的工程特性和控稳因素后，提出了层状岩质边坡内地下水的分布特征。针对包气带裂隙水对边坡稳定性的重要影响，提出了将其概化为经水力折减后的面力的模拟方法，并将包气带水力折减系数作为反演参数，采用三维非线性有限元法和可变容差优化方法，建立了基于潜在滑裂面剪切位移实测值的边坡稳定性预测预报模型，该模型在江阴大桥等工程实践中取得了满意的效果。

杨治林根据地下水作用下复合介质边坡岩体位移的分岔特征，给出了边坡岩体在渐近性破坏过程中的位移计算公式及岩体突发失稳的充分条件。针对地下水主要是通过物理化学作用软化了滑面带岩体的特点和机理，建立了此类边坡剧动式灾变的位移判据[57]。

孙星亮等进行了自适应时序模型在地下工程位移预报中的应用研究[58]。自适应时序模型的基本原理就是将自适应滤波理论应用于自回归时序 AR（n）模型中。该模型在一定程度上根据量测数据和估计结果自行调整模型参数，通过递推算法自动地对模型参数加以修正，使其接近某种最佳值，即便在尚不完全掌握序列特性的情况下也能得到满意的结果。通过对山东龙口洼里煤矿一回采巷道金属支架的收敛位移和北京地铁王-东区间隧道北正线中洞断面收敛位移进行自适应建模，预报结果表明，此方法可行，预报结果也令人满意。将该方法应用于滑坡预测预报也许是可行的。

丁继新等详细研究了三峡地区部分县市的滑坡和降雨历史资料，从滑坡与降雨量、暴雨以及降雨时间3者的关系分析了降雨与降雨型滑坡的关系。在此基础上，提出了降雨因子的概念。同时，还提出了一种预报降雨型滑坡的新方法，定量化地描述了降雨型滑坡的易发程度。按照一定的标准，对每种降雨因子进行分级，通过多因子叠合分析来研究降雨因子与降雨型滑坡之间的关系，并据此预报滑坡的易发程度。通过将这种滑坡预报新方法应用于三峡的万县地区，证明可以比较准确地确定滑坡发生的时间[59]。这种滑坡预报方法将为根据历史降雨和滑坡资料来预测降雨型滑坡奠定良好基础。

王旭春对三峡库区滑坡预测预报3S系统的关键问题进行了研究[60]。三峡水库的形成将面临着水库的正常运行和现有城镇安全的两大方面问题，并突出表现在岸坡的稳定性上。作者研究确定了滑坡地质信息GIS可视化空间数据库的建立途径与方法，建立了滑坡体GIS地质信息数据库等。

周萃英从斜坡岩体的结构组成、运动特征、岩石力学试验、统计物理学特征及分形几何学等方面研究了斜坡系统的复杂性特征。提出了斜坡系统是开放的复杂的新认识，指出滑坡预测同时应重视确定性知识与非确定性知识的综合运用，且应立足于基于满意原则的预测思想。应以预测过程和结论的"满意解"为原则，不必花费高代价去追求"最优解"[61]。

马崇武进行了滑坡机理及其预测预报的力学研究[62]。其工作体现在三个方面：①破坏机理与稳定性分析；②滑坡的临界时间预报；③高速滑坡的强度预测。其中②是基于塑性功率的概念[44]，并有所改进。

陈益峰等提出了一种最大Lyapunov指数的改进算法[63]。这种改进算法不仅对小数据序列较为可靠，而且计算量小。通过对边坡位移历史数据序列进行特征分析，计算出最大Lyapunov指数，并利用最大Lyapunov指数破坏模式进行边坡位移预测。作者认为，这种改进的方法比已有的研究方法更可靠，而且操作起来比较方便。通过对三峡水库高边坡和新滩滑坡实际位移数据进行预测，结果令人满意。

滑坡预报的临界变形速率法[64~66]。国内外都报道过滑坡预报的位移速率法，笔者也作过探讨，感觉使用时有不方便之处，根本原因是没有一个准则或判据。位移速率为何值时边坡才会发生剧滑？自然界各种介质边坡均存在一个临界变形速率，在临界速率到达之前的速率并不会造成边坡失稳。一定介质边坡在给定条件下的临界速率是一个常数。找到了这个常数也就找到了预测预报的准则或判据。笔者研究确定了三种简单介质的临界变形速率：强膨胀页岩、软土、厚填土。我国地大物博，地质条件千变万化，各种各样的简单介质以及更加复杂的复合介质数不胜数，要确定它们各自的临界变形速率值是极其困难的。但临界变形速率法不失为一种可靠的滑坡预报方法，1991年，它为小浪底水电站某洞脸边坡的开裂变形进行较准确预测预报和加固支护方案提供了依据。

以上概述了我国近十余年间在滑坡预测预报研究与应用方面的主要成果、方法和经

验,也提到某些可以用于滑坡预测预报的方法。实际上,滑坡预报在国内外都是一个古老的话题。兹将上述研究总结归纳如下:

① 我国有关滑坡预测预报的研究起步晚于国外,借鉴了国外不少理论与方法。

② 我国最近十余年来关于滑坡预测预报的研究进展较快,有的工作取得了很大突破。将这些成果进行认真、系统的归纳和总结并形成预测预报专家系统,对岩土高边坡的预测预报具有极重要意义。

③ 至今我国离系统、全面、可靠、精确的滑坡预测预报仍有很远距离。因此,结合岩土高边坡工程实际,进一步开展此项研究是十分必要的。

4 关于岩土高边坡滑塌综合防治方法研究的若干问题

滑坡防治方法多种多样,各有所长,且国内外大致相近。我国同国外的差距,主要体现在材料和工艺上。从大型机械设备到小型仪器装置工作性能,很多都还存在一定差距。我国目前用国产钻机钻的锚索孔最长为80m,而国外最长的早已达到100m。我国目前还没有自己生产的大型岩石隧道掘进机,而美国第二代产品也早已问世,差距几何不言自明。

滑坡防治技术有土有洋,各有千秋。例如滑坡防水、截水及排水措施;陡坡清方减载;抗滑段填方加载;抗滑桩及抗滑挡土墙;坡面植被防护等,均被证明是可靠、经济而有效的方法,仍应视情况加以采用。不过,笔者认为,岩土高边坡的防治,应采用以锚固类结构为主体的综合技术措施,以提高所采用措施的技术含量,推动科学技术的发展与进步。

锚固类结构的技术先进性和可靠性,以及良好的经济效益,在国内外都是公认的。但是,无论是国内还是国外,至少以下重大或重要问题还没有得到很好的解决,或者尚未涉及:

① 锚固类结构第二交结面(锚杆砂浆与孔壁之间界面)上剪应力分布特征研究得还很不充分,实际上理想第二交结面剪应力并未真正测到过,主要还停留在理论分析阶段,而相应规范给出的只是一个平均剪应力公式,不仅不符合剪应力分布的实际情形,而且隐含着不安全因素。关于此问题的国内文献参见文献[67-76],国外文献参见文献[77-86]。

② 第一交结面(锚杆(索)体与砂浆之间的界面),第二交结面与第三个破坏面(发生在岩土介质内近似圆锥形的破坏面)的相互作用关系研究基本上还是空白。由经验知,在一定条件下,三者间应存在定量的相关关系,设计准则应由三者来控制,而不是只由其中一个面来控制。目前国内外大多是以第二交结面为主来控制的。尽管有的同时考虑了第二、第一交结面,但不是从它们的相互作用关系角度考虑的,而是分别考虑的。关于此问题的国内文献可参见文献[87-96],国外文献可参见文献[97-106]。

③ 剪应力沿垂直于锚固类结构杆体轴线方向的衰减规律研究,所做工作极其有限,国内外限于理论研究的文章也极少。但是这项工作做好了,就有可能揭示第三破坏面产生的机理。

④ 锚固类结构杆体临界锚固长度问题研究得很不充分;关于峰值剪应力和零值剪应力以及锚杆(索)砂浆局部破坏同时向杆体深部发生转移的现象和机理研究,国内外均未涉及。临界锚固长度研究的重要性在于,超过临界锚固长度的设计不仅是不经济的,而且

存在潜在危险。自从笔者提出关于锚杆临界锚固长度的概念后，引起一些年青学子的兴趣，近年来有不少文章进行讨论，并且提出了一些设计计算方法。总的来说对此问题的研究尚在起步阶段。至于对上述三个因素"同时转移"问题研究，还有待继续。不过这两个问题之间是有密切联系的；在同时发生转移的峰值剪应力与零值剪应力的对应部位之间，始终是一个常数，这个常数就是临界锚固长度。不同岩土介质中临界锚固长度值不相等。

⑤ 锚孔轴线空间分布形态与最大偏斜率研究，是一个很新很难很重要的问题。由于孔眼偏斜，轴线较长，介质不均匀，使得钻孔轴线远不是一根直线或平面曲线，而是一根很不规则的空间曲线。关于这条空间曲线的分布规律研究，国内外均未见报道。三峡电站试验锚索的偏斜率是用简单方法量测后取得的，一般不会很精确。我国规范移植了国外标准，规定锚孔偏斜率为 1/30。如此大的偏斜率，摩擦阻力是多少？设计锚固力在多大程度上是真实的。可以断言，长度超过 30m 的预应力锚索和锚杆，设计预应力一般都是失真的。这难道不危险吗？尽管规范有明确规定，实际上对绝大多数的锚孔也未进行偏斜率测试，设计锚固力的失真性也基本上未作考虑。

⑥ 锚固类结构高预应力误区问题。锚固类结构尤其是锚索的预应力在国内外均有不断攀升破纪录的情况。过高的预应力吨位会在岩体介质内产生强烈的应力集中现象，也会加速金属杆体应力腐蚀发生，均不利于边坡的长期稳定。

⑦ 重要岩土高边坡加固支护工程中目前采用的自由锚索均宜改为二次灌浆预应力锚索。其原因前已述及。

⑧ 锚固类结构抗动载问题研究还很不深入和充分，与前述静力条件下相对应的动载条件下诸界面剪应力分布问题研究尚为空白。

上述问题除⑦外都是非常前沿、亟待解决、影响锚固类结构进一步发展与应用的问题，也是国内外带有共性的问题。结合岩土高边坡工程现场实际情况，既认真总结归纳以往进行边坡防治的成功经验和有效方法，使之形成方便实用的技术咨询系统，又针对防治技术研究中存在的严重问题，深入开展以锚固类结构为主体的综合防治技术研究，这对促进岩土高边坡工程的建设和推动科学技术的发展，都是十分必要的。

5 岩土高边坡破坏模式、预测预警与防治方法研究建议

5.1 研究目标

Ⅰ 建立岩土高边坡破坏模式分析系统（综合集成）；结合工程实际情况，针对已有国内外经典破坏模式所不能概括的岩石高边坡问题开展新型破坏模式研究（原始创新）。

Ⅱ 建立岩土高边坡滑坡预测预报系统（综合集成）；结合岩土高边坡工程实际情况，选择具有典型性和量大面广破坏模式，开展滑坡预测预报研究（原始创新）。

Ⅲ 建立以锚固类结构为核心的边坡综合防治技术咨询系统（综合集成）；结合高边坡工程实际，针对国内外尚未深入研究的一系列重大前沿问题有重点地开展研究（原始创新）。

Ⅳ 在上述三个系统基础上建立一个统一的"岩土高边坡破坏模式、预测预报与防治方法系统"。

5.2 研究内容

5.2.1 针对研究目标之Ⅰ的主要研究内容

① 对人类已有的 30 余个经典破坏模式进行综合研究。对其破坏形态、破坏机理、破

坏特征、时空效应、适用范围和条件进行科学、准确和详细描述，并输入计算机，构成系统以供设计选用。

② 对已有经典破坏模式所不能概括的高边坡工程，开展破坏模式的创新性研究。

5.2.2 针对研究目标之Ⅱ的主要研究内容

① 目前已有一定影响、在一定程度上已经实践检验的国内外滑坡预测预报方法已有数十个。这些方法是人类的共同财富，系统地对其加以综合、归纳、整理是一件承前启后、十分必要的工作。这一工作从系统性、完整性和很强应用性看，目前国内外未见发表。这是一件集大成的浩大工程。将上述方法的假设条件、应用范围、数学物理模型（编程）等一并输入计算机中，构成能快速反应的预测预报系统，可为现有不稳定边坡的预测预报提供多种方案的比选，使滑坡预报的范围和时间定量化和优化。

② 在现有工作的基础上进一步开展以实测为基础，以临界变形速率概念为指导的滑坡预测预报研究工作。

③ 最后，将这些具有原创性的方法补充到相应的子系统之中，使之更加完备。

5.2.3 针对研究目标之Ⅲ的主要研究内容

① 对锚杆锚索的研究已有久远的历史，对土钉墙、土钉支护和复合土钉支护的研究与应用也已取得较丰富的经验。以这些研究成果和经验为基础，建立以锚固类结构为核心的滑坡综合防治技术咨询系统，显然是一种明智的选择。但其工作量也是浩大的。

② 锚固类结构尚待研究解决的重大前沿问题尚多（国内外均如此），只能择其要者进行研究。

5.3 需解决的关键问题

① 岩土高边坡破坏模式分析系统是对研究边坡破坏模式有史料记载的约 90 年工作的系统总结与归纳，这项工作此前国内外无人做过，无从借鉴，缺乏经验，是关键问题之一。

② 新型边坡破坏模式的研究必须紧密结合现场实际，并且是在采用已有经典破坏模式无法进行相关分析的条件下进行。建立一个能反映客观实际、为世人所公认的新的边坡破坏模式并非易事。这是关键问题之二。

③ 现已发表的滑坡预测预报系统一般是以作者所研究提出的方法为主建立起来的。本项研究则是要在工程实践检验的基础上，将国内外所有公认行之有效的方法集成为一体组成一个大系统。这项工作此前未见发表，其工作量巨大，涉及多领域、多学科的专业知识与经验，难度甚大。这是关键问题之三。

④ 美国国家科学院和运输研究部门在 20 世纪 50 年代就提出滑坡预测预报的位移准则和位移速率准则，20 年后又作了补充、修改和完善。实践证明，只有临界变形速率才能作为判别准则之一。但中等以上岩体一般变形量较小，剧滑阶段短而滑速很高，要有效确定并测取其临界变形速率值，不采取特殊、专门措施亦难实现。这是关键问题之四。

⑤ 锚固类结构研究与应用的历史有的已长达一百数十年，所取得成果及经验极其丰富，国内外相关技术标准数不胜数。但也有一些经验或规定是不尽合理或有争议的，如我国相关技术标准规定的锚杆最小保护层厚度、最小水灰比、锚索的金属对中支架等。取研究与应用锚固类结构成果的精华，建立以锚固类结构为核心的综合的滑坡防治技术咨询系

统，有许多技术难点需要攻关。目前，国内外未见有类似的系统建立和发表。这是关键问题之五。

⑥ 锚固类结构发展应用至今，还存在许多重大前沿问题需研究解决，否则将给工程留下安全隐患。但是这些问题解决起来非常困难，例如不同介质中长锚孔轴线空间形态的描述问题，并不是一个纯理论问题，而是一个涉及设计锚固力在多大程度上是真实的严重问题。研究并解决此问题，无论是采用理论分析还是试验研究的方法，都是非常棘手的。这是关键问题之六。

5.4 研究思路

① 项目总体分为三大块：A. 破坏模式；B. 预测预报；C. 滑坡防治。

② 每一块均由两部分组成：一是对国内外已有研究成果进行归纳、提炼，并构成相应的系统；二是就存在的问题展开研究。

③ 项目总体研究思路见框图Ⅲ-2，具体研究思路见图Ⅲ-3～图Ⅲ-5。

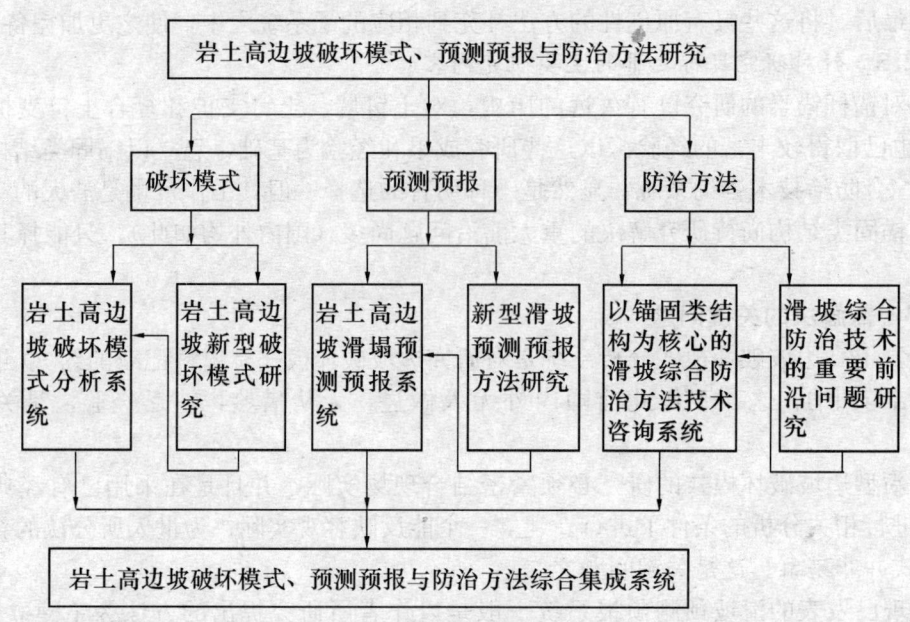

图Ⅲ-2　研究的总体思路

6　结语

1. 在岩土高边坡破坏模式、预测预警与防治方法研究方面，业已取得大量研究成果，将这些成果集成起来，组成相应的技术咨询系统，对于指导工程设计与施工是十分必要的。

2. 在岩土高边坡破坏模式、预测预警与防治方法研究方面，同时还存在许多难点、热点和未很好研究解决的问题。针对这些问题开展研究，是科学技术发展和工程建设的需要。

3. 将上述研究成果作再次集成，并补充到已建立的技术咨询系统中。这样，系统将更加完善和优化，并将具有极为重要的经济效益和社会效益。

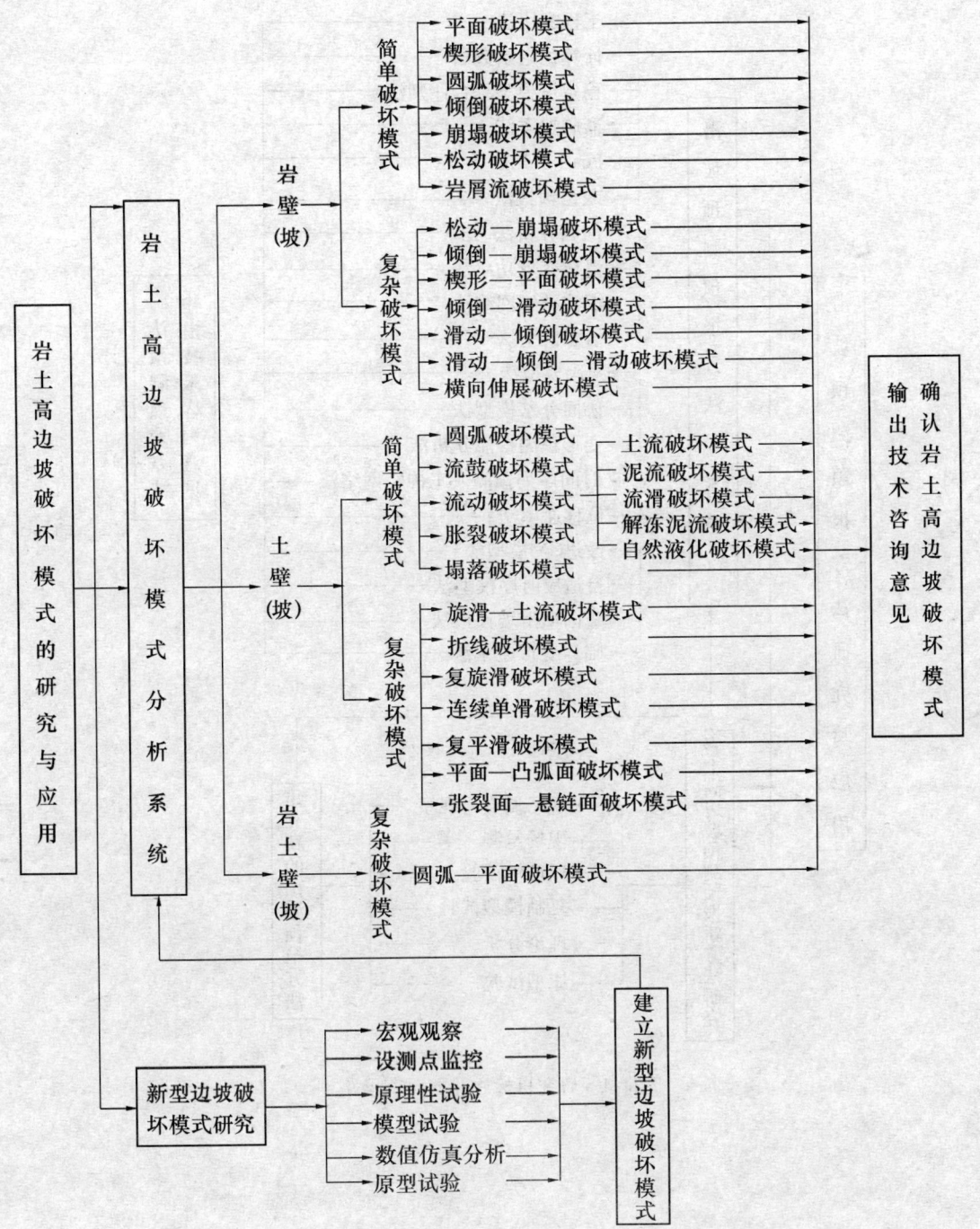

图Ⅲ-3 研究目标之Ⅰ的研究思路

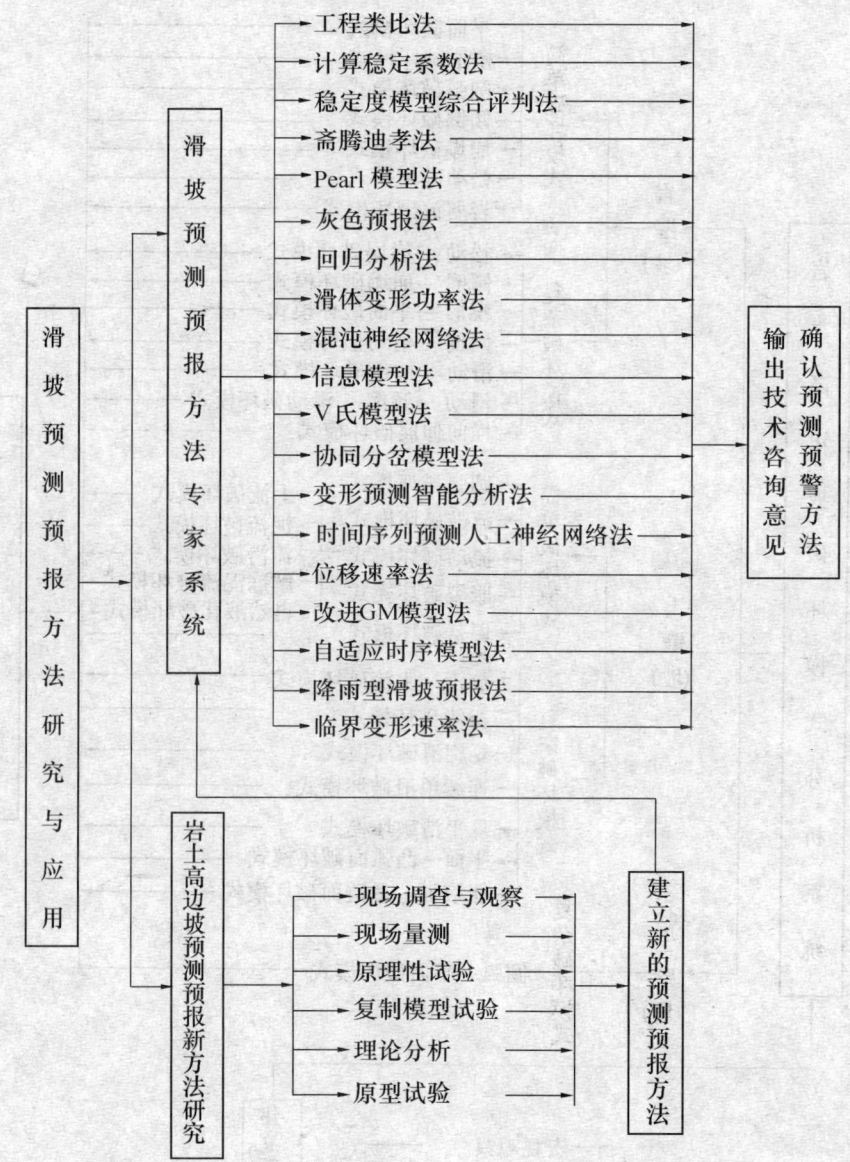

图Ⅲ-4 研究目标之Ⅱ的研究思路

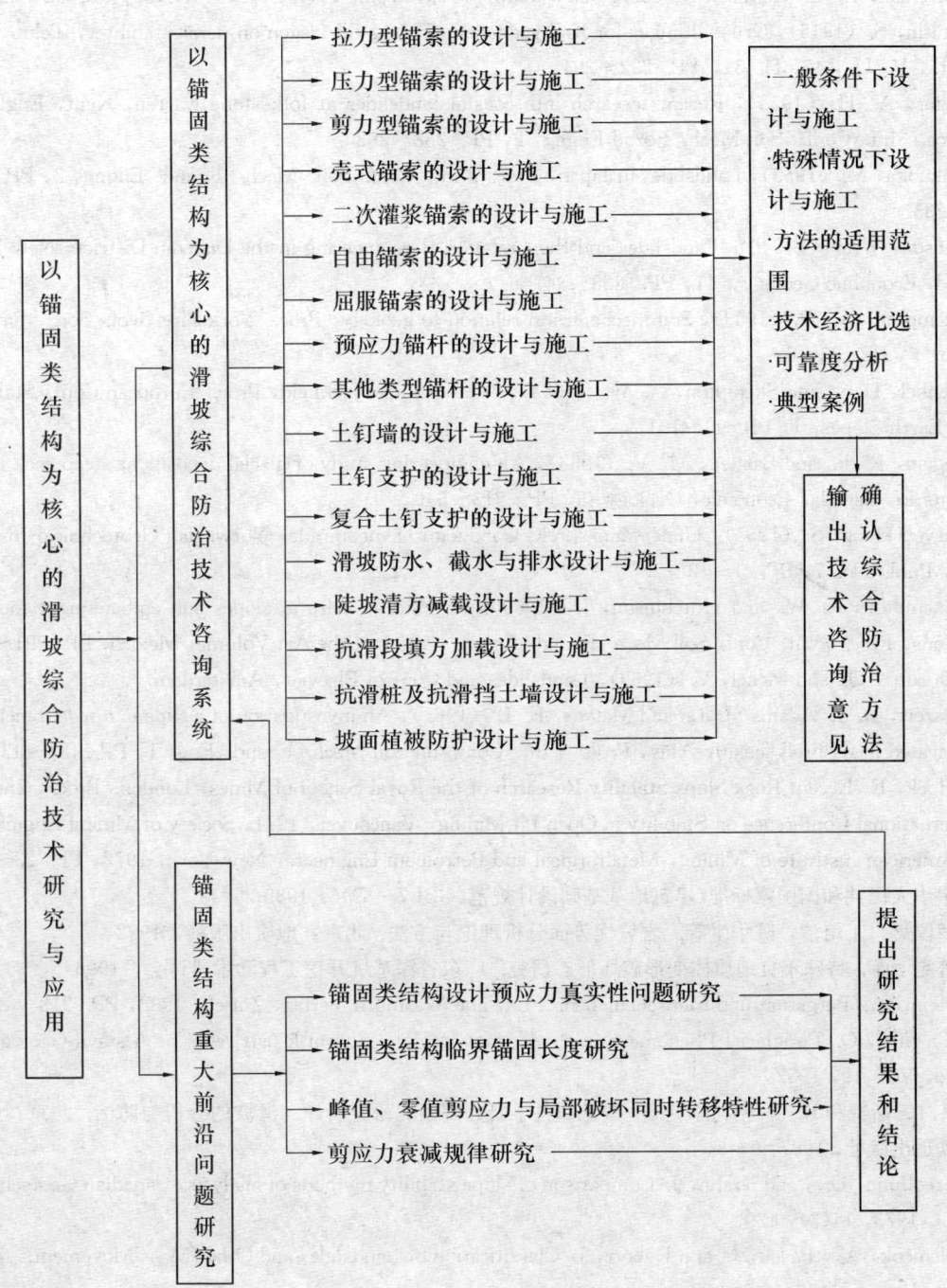

图Ⅲ-5 研究目标之Ⅲ的研究思路

参 考 文 献

1. Petterson, K. E. Kajraseti Göteborg den 5 mars, 1916, Tekn., V. U., 46, H. 30, PP. 281~287
2. Hultin, S. (1916), Grusfyllningar for Kajbyggnader. Bidrag till fragen on deras stabiliter, Tekn. Tidskr., V. U., 46, H. 31, PP. 292~294
3. Toms, A. H. (1953), Recent tesearch into coastal landslides at folkestone warren, Kent, England, Proc. 3lnt. Conf. Soil Mech. Fornd Engng, 2, PP. 288~293
4. Fukuoka, M. (1953), Landslides in Japan, Proc. 3 lnt. Conf. Soil. Mech. Found. Engng, 2, PP. 234~238
5. Benson, W. N. (1946). Landslides and their relation tl engineering in the Dunedin District, New Zealand, Economic Geology, 41, PP. 328~347
6. Skempton, A. W. (1953), Soil mechanics in relation to geology, Proc. Yorkshire Geol. Soc., Part 1, No. 3, PP. 33~62
7. Henkel, D. J. and Skempton, A. W. (1954), A landslide at jackfield, Proc. European Conf. Stability of Earth Slopes, 1, PP. 90~101
8. Legget, R. F. and Bartley, M. V. (1953), An engineering study of glacial deposits at steep rock lake, Ontario, Canada, Economic, Geology 48, PP. 513~540
9. Skaven-Haug, S. (1955). Undervannsskreki trondheim havneomrade, Norwegian Geotechnical Institute, Publ. No. 7, PP. 1~12
10. Skempton, A. W. and Hutchinson, J. (1969). Stability of natural slopes and embankment foundations, Proc. 7 Int. Conf. Soil Mech. Found. Engng., State of the Art Volume, Mexico, PP. 291~340
11. Za'ruba, Q. and Mencl, V. (1969), Landslides and Control Elsevier, Amsterdam
12. Bazett, D. J. Adams, J. L. and Matyas, E. L. (1961), An investigation of a slide in a test trench excavated in fissured sensitive clay, Proc. 5 Int. Conf. on Soil Mech. Found. Eng. 1, PP. 431~435
13. Hoek, E. Recent Rock Slops Stability Research of the Royal School of Mines, London. Proc., 2nd International Conference on Stability in Open Pit Mining, Vancouver, 1971, Society of Mining Engineers, American Institute of Mining, Metallurgical and Petroleum Engineers, New York, 1972, PP. 23~46
14. 中华人民共和国国家标准《建筑地基基础设计规范(GBJ 7—89)》. 1989
15. 罗国煜，王培清，陈华生等. 岩坡优势面分析理论与方法. 北京：地质出版社，1992
16. 曾宪明等. 特殊不良地质体变形破坏形态研究. 广东省深基坑开挖工程学术研讨会，1996
17. Heim, A. Bergsturz und Menschenleben. Fretz and Wasmuth Verlag, Zurich, 1932, PP. 218
18. Z a'ruba, Q. Periglacial Phenomena in the Turnor Region. Sborni'k ústr' edni'ho ú stavu Geologicde'ho, Vol. 19, 1952
19. P. L. 斯特和R. J. 克利泽克编，铁道部科学研究院西北研究所译. 滑坡的分析与防治. 北京：中国铁道出版社，1987：9~34
20. Freollund, D. J and Krahn, J. Comparison of slope stability methods of analysis. Canadian Geotechnical J., 1973, 14(3)：429
21. Nemcok, A., Pasek, J. and Ryba'r, J. Classification of Landslides and Other Mass Movements. Rock Mechanics, 1972, 4(2)：71~78
22. 中国科学院地质研究所著，岩体地质力学问题(三). 北京：科学出版社，1980
23. 曾宪明，曾荣生，陈德兴，王作民编著. 岩土深基坑喷锚网支护法原理、设计、施工指南. 北京：中国建筑工业出版社，1997
24. Yin Kunlong: A computer-assisted mapping of landslide hazard evaluation, Proc. of 6th IAEG Con-

gress. Lisbon,1994
25 Е. П. 叶米里杨诺娃．滑坡作用的基本规律．铁道部科学研究院西北研究所译．重庆：重庆出版社，1986
26 山田刚二，正亮，小桥澄治．滑坡和斜坡崩坍及其防治．《滑坡和斜坡崩坍及其防治》翻译组．北京：科学出版社，1980
27 孙景恒，李振明等．Pearl 生长模型预报边坡失稳时间．华北水利水电学报，1993,(2):37~42
28 徐峻龄．有关滑坡预报问题的讨论．见《滑坡文集》(第14集)．北京：中国铁道出版社，2000
29 Phillips J D. Nonlinear dynamical system in geomorphology: revolution or evolution. Geomorphology, 1992, (5): 219~229
30 Phillips J D. Nonlinear dynamics and the evolution of relief, Geomorphology., 1995, (14): 57~64
31 Sah N K, Sheorey P R, Upadhyaya L N. Makimum likelihood estimation of slope stability. Int. J. Rock. Mech. Sci. Geomech. Abs., 1994, 31(1): 47~53
32 Packard N H. Geometry from a time series. Phys. Rev. Lett, 1980, 45(6): 701~712
33 Eckmann J P, Ruelle D. Ergodic theory of chaos and strange attractors. Rev. Mod. Phys. 1985, 57(6): 617~624
34 Kim S K, Hong W P, Kim Y M. Prediction of rainfall triggered landslides in Korea. In: Bell ed. Landslides. Rotterdam: balkema, 1991, 989~994
35 Pierson T C, Iverson R M, Ellen S D. Spatial and temporal distribution of shallow land sliding during intense rainfall, southeastern Oahu, lawaii. In: Bell ed. Landslides. Rotterdam: Balkema, 1991, 393~1398
36 Folloni G, Ceriani M, Padovan N, et al. Rainfall and soil slipping events in Valtellina. In: Bell ed. Landslides. Rotterdam: balkema, 1991, 183~198
37 Carrara A, Guzzetti F. Use of GIS technology in the prediction and monitoring of landslide hazard. Natural Hazards, 1999, 20(2): 117~135
38 Fritsch D. Three-dimensional geographic information system: status and prospects. In: Proceedings of International Archives of Photo grammetry and Remote Sensing. Vienna: [s. n.], 1996, 215~221
39 Einsten H. H. Special lecture: Landslide risk assessment procedure. Proc. 5th. Int. Symp. Landslide: lausanne, 1988, 2: 1075~1090
40 Anbalagan R. &Singh B. Landslide hazard and risk assessment mapping of mountainous terrains-a case study from kumaun himalaya. India Engineering geology, 1996, 43: 237~246
41 邓聚龙．灰色控制系统．武汉：华中工学院出版社，1987
42 晏同珍．水文工程地质与环境保护．武汉：中国地质大学出版社，1994
43 梅荣生．滑坡剧滑时间预测模型建模方法．中国地质灾害与防治学报，1993(4):71~74
44 廖小平．滑坡破坏时间预报新理论探讨．地质灾害与环境保护，1994,5(3):25~29
45 黄志全，崔江利等．边坡稳定性预测的混沌神经网络方法．岩石力学与工程学报，2004,23(22):3808~3812
46 唐璐，齐欢．混沌和神经网络结合的滑坡预测方法．岩石力学与工程学报，2003,22(12):1984~1987
47 黄志全，张长存等．滑坡预报的协同分岔模型及其应用．岩石力学与工程学报，2002,21(4):498~501
48 李邵军，冯夏庭等．基于三维地理信息的滑坡监测及变形预测智能分析．岩石力学与工程学报，2004,23(21):3673~3678
49 谢全敏，边翔等．滑坡灾害风险评价的系统分析．岩土力学，2005,26(1):71~74
50 廖野澜，谢谟文．监测位移的灰色预报．岩石力学与工程学报，1996,15(3):269~274

51 刘汉东. 边坡位移矢量场与失稳定时预报试验研究. 岩石力学与工程学报, 1998, 17(2): 111~116
52 王在泉. 边坡动态稳定预测预报及工程应用研究. 岩石力学与工程学报, 1998, 17(2): 117~122
53 张玉祥. 岩土工程时间序列预报问题初探. 岩石力学与工程学报, 1998, 17(5): 552~558
54 许东俊, 陈从新等. 岩质边坡滑坡预报研究. 岩石力学与工程学报, 1999, 18(4): 369~372
55 唐天国, 万星等. 高边坡安全监测的改进GM模型预测研究. 岩石力学与工程学报, 2005, 24(2): 307~312
56 陈志坚, 李筱艳等. 基于剪切位移的层状岩质边坡稳定性预测预报模型. 岩石力学与工程学报, 2003, 22(8): 1315~1319
57 杨治林. 地下水作用下复合介质边坡岩体的位移判据研究. 岩石力学与工程学报, 2003, 22(5): 820~823
58 孙星亮, 汪稔. 自适应时序模型在地下工程位移预报中的应用. 岩石力学与工程学报, 2004, 23(9): 1465~1469
59 丁继新, 尚彦军等. 降雨型滑坡预报新方法. 岩石力学与工程学报, 2004, 23(21): 3738~3743
60 王旭春. 三峡库区滑坡预测预报3S系统关键问题研究. 中国矿业大学北京校区岩土工程研究所博士论文, 北京, 1999
61 周萃英. 斜坡岩体复杂性特性及其预测新认识. 岩石力学与工程学报, 2000, 19(1): 34~38
62 马崇武. 边坡稳定性与滑坡预测预报的力学研究. 兰州大学物理科学与技术学院力学系博士论文. 兰州, 1999
63 陈益峰, 吕金虎等. 基于Lyapunov指数改进算法的边坡位移预测. 岩石力学与工程学报, 2001, 20(5): 671~675
64 曾宪明, 黄久松编著. 土钉支护设计与施工手册. 北京: 中国建筑工业出版社, 2000
65 Zeng Xianming, Tan S Y. Proceedings of the International Conference on Soil Nailing Stability of Soil and Rock Engineering, 2004, Nanjing, China
66 曾宪明, 王振宇等编译. 国际岩土工程新技术新材料新方法. 北京: 中国建筑工业出版社. 2003
67 蒋忠信. 拉力型锚索锚固段剪应力分布的高斯曲线模式. 岩土工程学报, 2001, 23(6): 696~699
68 李敏, 蒋忠信, 秦小林. 南昆铁路膨胀岩(土)路堑边坡应力测试分析. 中国地质灾害与防治学报, 1995, (专辑): 60~69
69 余坪, 余渊. 滑坡防治预应力锚索的试验研究. 中国地质灾害与防治学报, 1996, (1): 59~63
70 程良奎. 土层锚杆的几个力学问题. 岩土锚固工程技术. 北京: 人民交通出版社, 1996: 1~6.
71 朱焕春. 反复张拉荷载作用下锚杆工作机理试验研究. 岩土工程学报, 1999, 21(6): 662~665
72 郑全平. 预应力锚索加固作用机理与设计计算方法. 中国防护工程科技报告, 1998
73 顾金才, 明治清等. 预应力锚索内锚固段受力特点现场试验研究. 见: 中国岩土锚固工程协会编, 岩土锚固新技术, 北京: 人民交通出版社, 1998
74 邬爱清, 韩军等. 单孔复合型锚杆锚固体应力分布特征研究. 岩石力学与工程学报, 2004, 23(2): 247~251
75 荣冠, 朱焕春等. 螺纹钢与圆钢锚杆工作机理对比试验研究. 岩石力学与工程学报, 2004, 23(3): 469~475
76 杨松林, 荣冠等. 混凝土中锚杆荷载传递机理的理论分析和现场实验. 岩土力学, 2001, 22(1): 71~74
77 美国交通部联邦公路总局(FHWA-SA-96-069R)主编, 佘诗刚译. 土钉墙设计施工与监测手册, 北京: 中国科学技术出版社, 2000
78 Weatherby D E. Tiebacks, Federal Highway Administration, Washington D. C., FHWA-RD-82-047, 1982

79 Cheney, Richard S., Permanent Ground Anchors, FWHA-DP-68-1R, Federal Highway Administration, Washington D. C., 1988

80 Elias V and Juran I., Soil Nailing for Stabilization of Highway Slopes and Excavations, Federal Highway Administration, Washington D. C., FHWA-RD-89-198, 1991

81 Porterfield J A., Cotton D M and Byrne R J., Soil Nailing Field Inspectors Manual, Federal Highway Administration, Washington D. C., FWHA-SA-93-068, 1994

82 French National Research Project Clouterre. Recommendations Clouterre 1991 (English Translation) Soil Nailing Recommendations, Federal Highway Administration, Washington D. C., FHWA-SA-93-026, 1991

83 （德国）R. Eligehausen, B. Lehr, J. Meszaros, W. Fuchs 文，张新乐译．两种粘结锚杆抗拉性能与设计．见：曾宪明，王振宇，等编译．国际岩土工程新技术新材料新方法．北京：中国建筑工业出版社，2003

84 Sell, R.: Festigkeit und Verformung Mit Reaktionsharzmörtelpatronen Versetzter Anker, Verbindungstechnik 5, Volume 8, 1973

85 Lang, G; Vollmer, H.: Dubelsysteme fur Schwerlastverbindungen. Die Bautechnik, Volume 6, 1979

86 Lang, G.: Festigkeitseigenschaften von verbundanker-systeen. Bauingenieur 54, 1979

87 Wu Shenxing. Dynamic experimental study of bond-slip between bars and the concrete in XiaoWan arch dam, New Developments in Dam Engineering-Wieland, Ren & Tan(eds), ©2004 Taylor & Francis Group, London, ISBN 04-1536-240-7：951～959

88 Bo Liu, Libing Tao, Longguang Tao. Field Tests of Nails' Strains and Their Spatial Behavior in Vertical Soil Nailing Wall of Deep Excavation, Proceedings of the International Symposium of Civil Engineering in the 21st Century, Beijing, China, 11-13 October, 2000：417～423

89 徐景茂，顾雷雨．锚索内锚固段注浆体与孔壁之间峰值抗剪强度试验研究．岩石力学与工程学报，2004，23(22)：3765～3769．

90 何思明，王成华．预应力锚索破坏特性及极限抗拔力研究．岩石力学与工程学报，2004，23(17)：2966～2971

91 杨松林，徐卫亚等．节理剪切过程中锚杆的变形分析．岩石力学与工程学报，2004，23(19)：3268～3273

92 曹国金，姜弘道等．一种确定拉力型锚杆支护长度的方法．岩石力学与工程学报，2003，22(7)：1141～1145

93 王霞，郑志辉等．锚索内锚固段摩阻力分布及扩散规律研究．煤炭工程，2004，(7)：45～48

94 赵华，董泽荣等．小湾水电站岸锚支护试验研究．见：徐祯祥等主编．岩土锚固技术与西部开发．北京：中国建筑工业出版社，2002

95 谷建国，王再芳．特大吨位预应力锚索试验研究，见：徐祯祥等主编，岩土锚固技术与西部开发．北京：中国建筑工业出版社，2002

96 甘文鸿，大朝山水电站地下洞室主要支护施工技术，见：徐祯祥等主编，岩土锚固技术与西部开发．北京：中国建筑工业出版社，2002

97 Cook, R. A., Bishop, M. C., Hagedoorn, H. S., Sikes, D. E., Richardson, D. S., Adams, T. L., De Zee, C. T.: Adhesive bonded anchors. Structural and Effects of In-service and Installation Conditions. Structural and Materials Research Report No. 94-2A. University of Florida, 1994

98 Eligehausen, R., Mallée, R. Rehm, G.. Befestigungstechnik. In: Betonkalender 1997, Ernst & Sohn, Verlag Für Architektur und technischen Wissenschaften, Berlin, 1997

99 Rehm, G.: Langzeitverhalten von HILTI-Verbundankern HVA. Gutachtliche Stellungnahme, 1978,

100 Cook, R. A., Kunz, J., Fuchs, et al. Behavior and Design of Single Adhesive Anchors under Tensile Load in Uncracked Concrete. ACI Structural Journal, January-February 1998

101 Eligehausen, R., Mallée, R., Rehm, G. Fixings formed with Resin Anchors. Betonwerk+Fertigteil-Technik, 1994, Vol. 10~12

102 Cook, R. A: Behavior of Chemically Bonded Anchors, Journal of Structural Engineering, 1993, Vol. 119, No. 9

103 Fuchs, W.; IExpansion, R., Breen, J E.: Concrete Capacity Design (CCD) Approach for Fastening to Concrete. ACI-Structural Journal, 1995, Vol. 92: 73~94

104 （法国）Marc Panet 文，张新乐译. 被动锚杆加固岩体的实用设计方法，见：曾宪明，王振宇等编译，国际岩土工程新技术新材料新方法. 北京：中国建筑工业出版社，2003

105 （澳大利亚）Marc A. Wood Word 文，朱大明译. 锚索设计、试验、监测和施工方法，见：曾宪明，王振宇等编译，国际岩土工程新技术新材料新方法. 北京：中国建筑工业出版社，2003

106 （日本）S. Sakurai 文，张新乐译. 锚杆加固节理岩体的机理与分析方法，见：曾宪明，王振宇等编译，国际岩土工程新技术新材料新方法. 北京：中国建筑工业出版社，2003

专题Ⅳ 锚固类结构及其耐久性与使用寿命问题研究

1 问题

锚固类结构主要指锚索、锚杆和土钉一类岩土工程常用加固、支护结构，在非临时性工程中，还可包含加筋土结构。这类结构的明显特点是：隐蔽性、较恶劣的地下腐蚀环境和对耐久性的严格要求。随着这类结构已经和正在出现一些问题，人们对其安全性与耐久性问题越来越关注。

20世纪70年代以来，我国在各类岩土工程中使用了大量锚杆，80年代以后使用了许多锚索，90年代至今使用了更多的土钉，其总数当以亿万计。这些锚固类结构的技术先进性和经济性无人怀疑。问题是，在用作永久支护的大量工程中，它们的使用寿命究竟有多长？是否有一天会寿终正寝，成为工程中的"定时炸弹"，使工程毁于一旦？这些问题目前我们尚不能很好作答。1986年，国际预应力协会（FIP）曾对35起因腐蚀造成锚索体断裂的事故进行调查，发现其中永久锚索占69%，临时锚索占31%，断裂部位多数位于锚头附近和自由段范围内。这是自由段无砂浆握裹以及张拉过程中锚具对锚头附近部位具有刻痕损伤之故。据说巴基斯坦一蓄能池工程（法国设计建造）也曾发生过锚索自由段氢脆断裂，致使外锚头凌空飞起，险些造成工伤事故。据报道，A. Coyne于1933～1934年在为加固舍尔法大坝所设计的34根10000kN级预应力锚索中就采用了防腐技术措施，但在20年后（1965）在对该坝进行检查时发现预应力损失即达9%。出现这种情况，估计与锚头松弛及腐蚀因素有关。Romanoff于1962年对埋设在土介质中的钢柱的锈蚀情况进行了观察，发现钢柱的锈蚀主要发生在置于回填土中的部分，而置于原状土中的基本无锈蚀。原因是回填土土质疏松，其中含有大量氧气。观察发现，不加任何防护的洁净碳钢，在潮湿的坑道内放置一昼夜即可见显著锈斑，三昼夜便出现连续锈层。我国安徽梅山水库的预应力锚索在使用6～8年后，发现有3根锚索的部分钢绞线因应力腐蚀而断裂（兼有氢脆）。河南焦作市冯营矿锚杆，有砂浆握裹部位，8年期基本无锈蚀；无砂浆或砂浆握裹不良部位，坑蚀最深处为0.65mm，腐蚀速率为0.041mm/年。焦作市焦东矿锚杆，安装时对中不良握裹层最薄处仅为1～2mm，12年期表层中性化深约0.8mm，杆体表面有浮锈；但握裹层厚大于3mm段则无锈蚀。鹤壁矿务局四矿楔缝式锚杆，28年期坑蚀深度分别为0.4～1.5mm（2#和5#锚杆，有渗漏水）和0.05～0.10mm（1#、3#和4#锚杆，无渗漏水）。我国某铜矿区采用普通硫酸盐水泥砂浆灌注锚杆，由于腐蚀环境恶劣，两年后表层砂浆即变为豆腐渣一样的松散体。成昆线羊臼河1号隧道，在应用喷锚衬砌后10年，喷层表面被腐蚀成厚1cm的酥松白色层。总参工程兵科研三所的初步研究结果表明：优质砂浆锚杆的使用寿命为75～169年；施工质量不良者约为50年；质量不良且环境恶劣者其寿命约为20～25年。

综上所述可知，锚固类结构的安全性和耐久性问题十分突出，必须引起高度重视。解决锚固类结构耐久性、使用寿命预测和防护对策问题的极重意义有两方面：A. 使这类目前在我国乃至世界仍占主导地位的工程加固、支护先进工法的设计和施工走上定量控制阶段，将具有巨大的经济效益、社会效益和重要科研价值；B. 对其在重大工程中的使用寿命进行较可靠预测，并提出相应的加固处理对策，对国计民生具有极重要意义。

2 锚固类结构使用寿命与防护对策问题研究的国内状况

随着"新奥法"在全世界的风行，我国的许多铁路公路隧道、电站地下厂房、岩土高边坡、港口岸坡、桥墩涵洞等大量地、广泛地使用了锚固类结构。仅1980年以后按"新奥法"原理建造的铁路隧道即约占我国隧道总座数和总长度的10%左右。不仅如此，这些支护方法，在所建造的岩土工程中，当时都是按照主要承载结构设计的（即使在隧道复合衬砌中也是如此）。这意味着，这些支护结构的失效，就是相应工程的破坏。

但是，我国关于锚固类结构耐久性与安全性的研究，少之又少。

国内的相关研究有20世纪80年代末90年代初的水工钢闸门防腐研究，以及环氧涂层在水利工程中的防腐研究等。近年来，我国土木工程界许多专家学者，对工程的安全性和耐久性问题非常重视，在各种不同场合大声呼吁，认为对结构耐久性和使用寿命问题的研究，近年来已成为结构工程学科的主要发展前沿，并做了不少调研及探讨性工作。这是鉴于土建结构耐久性不足最终造成结构安全事故的比重，要比设计安全度不足造成的大得多的惨痛教训而从科学家肺腑发出的呐喊。为改变耐久性基础性研究的落后现状，国家科委于1995年组织了国家基础性研究重大项目（攀登计划B），进行重大土木与水利工程安全性与耐久性的基础研究。刘西拉等以几种典型的重大结构物为依据，以结构"生命过程"的三阶段为主线，系统地研究了结构的安全性和耐久性。所获初步成果，如混凝土冻融破坏预测模型和大气环境下混凝土中钢筋锈蚀预测模型，大体代表了我国现阶段在该方面的研究水平。姚燕等针对影响混凝土耐久性的碱-集料反应、腐蚀、冻融、钢筋锈蚀等因素，开展了混凝土抗碱-集料反应性、混凝土耐久性、混凝土安全性专家系统，获得若干可喜科研成果。2001年11月17日～18日，中国工程院土木水利建筑学部等单位在北京举办的"土建结构工程的安全性与耐久性"工程科技论坛，集中反映了国家有关机关和专家对工程耐久性问题的重视。

不过，上述研究的腐蚀条件与锚固类结构的有所不同。锚固类结构的使用寿命取决于它们的耐久性，而对使用寿命的最大威胁则来自腐蚀。对锚固类结构造成腐蚀的环境是岩土介质及地下水中的侵蚀性质，双金属作用以及地层中存在着的杂散电流；在一定条件下，岩土介质中的酸碱度（pH）、氯化物以及硫酸盐等，均可对锚固类结构造成腐蚀。锚杆锚索一般都施加预应力，目前有的锚索预应力已超过10000kN，并且还有向更高吨位发展的趋势。但研究表明，在接近锚杆屈服极限应力作用下，其锈蚀速率随时间延长而增大，实验后90 d对锚杆试件进行抗拉强度试验，其承载力损失约为5%。由此可见，应力腐蚀问题不容忽视。锚固类结构的缺陷十分严重，这大多是盲目追求施工进度，偷工减料所致。锚杆锚索安装后通常灌注水泥砂浆或纯水泥浆，这种水泥（有的甚至是早强或超早强水泥）含量高、砂含量高或无砂的胶凝介质，较之混凝土更不耐腐蚀；加之握裹层薄、水灰比大（0.6～0.7）或为方便灌注随意采用水灰比；无压（重力法）或低压灌注使得锚索锚杆浆液灌注不饱满，干缩严重，最小握裹厚度得不到保证，局部无握裹层的情况较为严重。锚固类结构的对中支架也有不容忽视的问题。从锚索锚杆在我国应用的几十年中，几乎都是采用焊接钢筋支架（锚杆、土钉）或枣核状撑环（锚索）来解决杆体对中及增大握裹力问题。而支架或撑环外的锚索锚杆在重力作用下必然部分地与孔壁接触。这意味着灌注浆液后，这些部位的握裹层厚度为零。研究表明，在这种条件下，接触孔壁部位面积越大，其锈蚀面积及深度就越大。由于工程地质条件千差万别，锚固类结构还可能处于密闭潮湿、永久浸泡、干湿交替等多种环境下工作。初步研究表明：①在永久浸泡条件下，锚杆体在弱酸性溶液中的平均腐蚀速率为中性和弱碱性中的2倍以上，而在弱碱性溶液中的腐蚀速率又比中性的略高；②置于密闭且空气相对湿度为100%条件下的锚杆，其腐蚀速率仅为永久浸泡和干湿交替试件腐蚀速率的1/5左右；③无论在何种试验环境中，锚杆腐蚀量均随时间延长而增加，腐蚀速率则随时间延长而减小。由于锚固类结构属于隐蔽工程，要对其全寿命有较为准确的把握，较一般混凝土结构耐久性研究更为困难。

以上分析表明，锚固类结构的腐蚀环境、耐久性特性研究，有其复杂性和有别于一般混凝土结构的特点。国内直接针对锚固类结构使用寿命及防护对策所做研究工作鲜见报道。1985～1987年，总参工程兵科研三所以"砂浆锚杆的腐蚀与防护研究"为题，开展了锚杆使用寿命问题初步研究，得出了一些有益结果，但现场取样尚不广泛，室内试验欠系统深入，考虑时空效应的理论分析计算及一大批各种条件下的试件（至今仍原样保存在工程现场）试验，因经费等原因未能完成。

1996～1997年间，总参工程兵科研三所开展了"地下工程水泥砂浆在腐蚀环境下的耐久性试验研究"，制作516个试件进行了为期720d的单因素腐蚀试验。根据试验结果，可以预估水泥砂浆在腐蚀环境下的强度损失率的发展趋势，在已知腐蚀环境中腐蚀介质浓度，并给定强度损失率限值条件下，可推算出地下工程中水泥砂浆的耐腐蚀年限。不过，没有进行耦合因素试验研究。

锚固类结构在我国各类工程各种地层条件中业已应用20～40余年不等的历史。但很少有技术标准对它们的耐久性、使用寿命、设计寿命和防护对策提出相应要求。鉴于国内外锚固类结构腐蚀破坏现象时有发生，总参工程兵科研三所于1999年根据自身长期从事预应力锚索研制、设计和施工的经验，并借鉴国外技术标准，编制了中华人民共和国国家军用标准《岩土工程预应力锚索设计与施工技术规范》GJB 3635—99，其中专辟一章，对预应力锚索的"腐蚀与防腐"提出了要求。不过所提要求带有定性性，尚缺乏足够的理论基础和试验依据，仍然无法对锚索的设计寿命、残余寿命进行预测，所提防护措施要求多建立在工程经验基础之上。

综上所述可知：

① 锚固类结构的耐久性问题非常突出，其腐蚀环境与一般土建结构工程相比具有较大差异，不可等同，某些研究方法和成果可以借鉴，却不能也不可能替代之。

② 我国对锚固类结构的安全性与耐久性问题的研究尚在起步阶段，所做工作主要有："砂浆锚杆的腐蚀与防护研究"课题；"地下工程水泥砂浆在腐蚀环境下的耐久性试验"课题；《岩土工程预应力锚索设计与施工技术规范》中对"锚索腐蚀与防腐"章节的研编。

3 锚固类结构使用寿命与防护对策问题研究的国外状况

相比之下，国外特别是发达国家如美国、英国、法国和加拿大等国对锚固类结构耐久性的研究较为重视，其起步也远早于我国。这与发达国家大规模基本建设早、应用这些先进技术早、暴露出的严重问题早和经济实力雄厚科研投入多等有关。

1872年，英国首次使用金属锚杆。1900年到第一次世界大战期间，在各种矿山中采用全长锚固木锚杆支护。1973年，在西弗吉尼州伯克里一个生产煤矿的巷道中无意中穿透了一些在第一次世界大战前的巷道，发现这些旧巷中大量使用了全长锚固木锚杆支护。这些锚杆和巷道顶部当时仍处于良好状态。但第一次有记载的系统使用金属锚杆作为支护结构是在1927年的圣约瑟夫铅矿。直到1945年，才在工程文献上出现有价值的关于锚杆作为一种支护系统的文章。从那时起锚杆支护得到了迅速推广。英国国家煤炭局（National Coal Board）所属各矿1945～1957年每年锚杆使用量为50万根。1971年英国锚杆用量是5500～6500万根。

锚杆支护法在美国于1910年开始使用。1912年，艾尔费维·布希（Alfred Busch）在阿伯施莱辛（Aberschlesin）的费里登斯（Friedens）煤矿开始使用锚杆支护顶板。1915～1920年，美国的金属矿山开始使用锚杆支护，并有所发展和推广。1940年后在地下煤矿井下支护方面得到了广泛应用。据记载，在美国全面应用锚杆支护在1947～1949年左右，1951年有500个以上的现场在使用。当时锚杆的使用量是260万根/月。

20世纪50年代后半期以后，其他各国开始进行锚杆支护的研究和使用，法国1969年的锚杆使用量为570万根。

日本于1950年引进锚固技术，由于地质条件比较复杂和缺乏这方面的知识及经验，在此后的22年中没有推广应用。日本在1971年有32个金属矿山使用金属锚杆，在隧道等土木工程中有21处使用锚杆支护。

1966年，前苏联斯科琴斯矿业研究所研究开发了新型螺纹锚杆，由于其支护效果优异，在联合企业的机修车间安设了每年生产能力为18万根螺纹锚杆的螺纹轧钢机。1970年前苏联煤炭工业中广泛使用了锚杆支护，仅库荷巴斯矿区就用其支护了713公里长的准备巷道。

1960～1970年左右，澳大利亚新南威尔士煤矿在国外出版物中特别是在美国矿业局介绍的锚杆支护方法的启发下进行了局部性的试验并引起了极大的兴趣，锚杆使用量每年约130万根。

波兰捷莫维特（Ziemowit）煤矿在一个时期内锚杆月使用量为8210根。

预应力锚索是继锚杆之后发展起来的，它大都用于永久性的重要或重大工程中，特别是用于普通锚杆远不能提供足够的设计锚固力、地下工程的空间受到严格限制的场合。1918年即有使用锚索的记载（西里西安矿山），不过没有施加预应力。1934年阿尔及利亚在加高舍尔法大坝时使用的预应力锚索被认为是最早的工程实例之一。锚索在世界各国的各类工程中的使用数量是庞大的，尽管可能小于锚杆的使用量。

国外土钉墙技术是在锚固技术基础上发展起来的。它产生于20世纪70年代，发展于80年代，成熟于90年代，比我国早15年左右时间。其使用数量却不亚于锚杆。

锚固类结构在全世界的广泛应用与1952年路易斯·阿帕内科（Louis A. Panek）等发表的悬吊作用理论，雅各比（Jacobi）等发表的组合梁作用理论，特别是1955年拉布希威兹（T. L. V. Rabcewicz）发表的"新奥地利隧道施工法"有很大关系。

由于国外应用锚固类结构技术较早，因而对这些方法的耐久性问题的观测和认识也较早。采用这些先进的支护技术，虽然已经获得了巨大的成功，但也发生过不少锚固类结构设计寿命远未达到而出现失效的问题，从而引起了人们的警觉。在20世纪70年代末、80

年代初，法国、瑞士、捷克、澳大利亚先后颁布了地层锚杆的技术规范、锚索技术条例；90年代后又制定了土钉技术指南。这些技术标准充分考虑了锚固类结构在腐蚀环境中的防护问题，对其设计和施工作了严格规定。1975年挪威岩石爆破技术研究所（Norwegian Institute of Rock Blasting Techniques）的R. Schach等出版了《岩石锚杆实用手册》（Rock Bolting-a Practical Hand book）（1979年再版）。20世纪90年代，德国出版了包括土锚和岩锚在内的系列丛书。如1982年由Hanna, T. H. 编撰的《Foundation in Tension Ground Anchors》，和B. Stillborg编撰的《Professional Users Handbook for Rock Bolting》，对基础工程中的拉锚（索）和岩石锚杆的全方位防腐提出了明确要求。1974～1981年，美国ASTM委员会（American Society for Testing and Materials）出版了一套八本专门论述地上地下各种腐蚀对金属材料的效应丛书，其中包括自然环境腐蚀、应力腐蚀和防蚀措施等，具有较大影响。英国M. J. Turer对永久性防腐土钉墙进行了系统的试验研究，提出了一种高强、耐腐、经济的聚酯织带材料替代钢筋土钉，效果甚好。但对这种土钉材料的使用寿命未提出任何数据，仅以"永久性"冠之。德国的R. Eligshausen和H. Spieth对插入式螺纹钢筋的连接结构性能进行了研究，指出这种钢筋如果孔眼不净、粘结不牢固，其使用寿命可由100年减至75年。其推算依据和细节均未给出。

1989～1996年，美国交通部联邦公路总局（FHWA-SA-96-069R）出版了《土钉墙设计施工与监测手册》（Manual for Design and Construction Monitoring of Soil Nail Walls）、《锚杆》（FHWA-RD-82-047）、《永久地层锚杆》（FHWA-DP-68-IR）、《土钉加固现场检验员手册》（FHWA-SA-93-068）和《用于公路边坡稳定和开挖的土钉加固》（FHWA-RD-89-198），主要介绍了美国及西欧的锚杆、土钉墙设计、施工和监测新技术，对永久锚杆和土钉作了细致的规定。规定永久土钉系统的使用寿命是75～100年，临时土钉系统是1.5～3年。并指出，欧洲和美国使用了20年土钉墙（1976～1996）后才证实其长期工作性能；要重视专门的腐蚀研究和测试方法才可将土钉用于永久性公路工程；自钻进土钉不适于应用在腐蚀性介质中，而涂层包括镀锌、环氧和喷涂金属粉不应该看成是可接受的防腐措施，而应该通过消耗钢筋（即为设计钢筋直径的125%～150%）来实现防腐目的。这些观点有的与国内外一些流行的观点和做法相左，值得思考和探讨。

综上所述，国外对锚固类结构安全性和耐久性的研究与应用具有以下特点：

（1）发现问题早。这与国外应用这些先进技术早有关。

（2）研究和采取措施早。发现问题即开展研究，而且这种研究是全方位进行的，既有现场调查研究，也有室内模拟研究；既有探蚀仪器的研制，也有预防措施研究；研究之后很快将成果结论编入各种相关技术标准付诸应用。

（3）重视程度高。对这些问题的研究并不是专家个人行为（表现形式有时是，如发表论文、出版标准等），也不全是财团企业行为，而主要是在政府部门指导下由各类基金组织资助进行。

4 锚固类结构耐久性问题分析

关于锚固类结构安全性和耐久性所需探讨的问题尚多，需要对此作认真的调查研究、分析和梳理，从中提炼出亟待解决的关键问题，并据此开展锚固类结构使用寿命与防护对策的研究，以求使问题得到较好的解决。我国对锚固类结构安全性与耐久性问题的研究还刚刚起步，远落后于国外。兹将存在的主要问题列举如下：

① 对锚固类结构在我国各类重要和重大工程中的使用现状缺乏基本了解，对其剩余寿命难以作出定性评价，更难作出定量评估。以往更多地强调的是这些支护结构的强度、锚固力及满足力平衡条件的内部、外部及整体稳定性的分析和评价，在很大程度上忽视了对其在各种腐蚀环境下的工作性能、状态、破坏机理及防护对策的研究。近20余年来，我国若干大的重要的工程采用国际招标，一些国外公司组织或参与了对相应中标工程的管理或咨询，锚固类结构的防腐措施因之有较大改善和加强，但要对这些支护方法的安全性和耐久性作出较全面准确的评估尚非易事。不采用先进的测试手段、不组织跨部门、跨行业的工程技术专家和学者进行样本数量足够大的抽样调研、不从体制上给予支持，完成这项工作是非常困难的。

② 在设计施工预应力锚索锚杆吨位上存在很大的误区。预应力对于遏制大坝、山体、洞室和边坡等的变形并保持其整体稳定性是非常必要的。由此，国内锚索锚杆越做越大，预应力越来越高。20世纪70年代，一般洞室锚索（如涨壳式）仅有200～300kN，二次灌浆锚索只有500、600或900kN（表Ⅳ-1）。现在锚索预应力已创下超过10 000kN的吨位。

预应力并非越高越好。研究表明，预应力值越高，相同条件下的应力腐蚀速率越大。在确保把工程变形限制在合理范围以内与把应力腐蚀速率控制在可接受范围以内二者之间，应该存在最佳值点，研究探讨此最佳值点是困难的，但也是可能的。任何有所偏废的做法都是不合理、不可取的。

③ 锚固类结构的缺陷对其耐久性的影响十分显著。锚固类结构的缺陷包括两方面问题：一是由于我国工艺水平不高，不少材质本身存在缺陷；二是施工水平和管理水平不高，使得锚固类结构的施工质量一般难以达到设计（寿命）要求。后者的问题可能更严重一些。如水灰比指标，除重大工程较为严格外，一般都达不到规范要求（0.45～0.5）。且不论这一要求本身就偏高（日本规范为0.38～0.44；美国技术标准为0.4～0.5；根据笔者的试验研究，日本的下限值较为合理），实际施工中水灰比的掌握常具有随意性，由于偷工减料，有的已达到0.6～0.7或以上，情况是十分严重的。此外注浆压力、锚头的防护、地下腐蚀环境的测试和评价、握裹层的最小厚度（我国和德国规范均为5mm，也是不尽合理的，但绝大多数也达不到该要求）等，在现行标准中，或者无明确规定，或者规定不合理，或者施工根本满足不了规定要求。不能有针对性的抓住主要缺陷问题开展研究，提出相应的预测预报方法，对其剩余寿命进行评价同样是非常困难的。

国内采用预应力锚索的工程实例　　　　　　　　　　　　　　　表Ⅳ-1

序号	工程名称	加固对象	支护部位	吨位（t/孔）
1	梅山水库	基岩	右岸坝基	240或324
2	麻石大坝	绿石白云母石英岩	坝基	220
3	镜泊湖310工程	闪长岩	岩塞上部岩体边坡	95
4	丰满电厂250工程	变质砾岩	集渣坑边墙	50
5	碧口水电站	绢云母石英千枚岩	泄洪隧洞	30或220
6	碧口水电站		左岸进水口边坡	30或220

续表

序号	工程名称	加固对象	支护部位	吨位（t/孔）
7	双牌溢流坝工程	砂岩与板岩互层	坝基	150 或 230
8	某地下工程	泥岩或泥质泥灰岩	T字形交叉接头处	50
9	白山电站尾水管	混合岩	1#～2#、2#～3#岩墙	60
10	吉林市人防801工程	花岗岩	岩柱	60
11	白山电站大坝	混凝土	15#坝段	30 或 60
12	白山电站地下厂房	混合岩	下游高边墙	60
13	白山电站大坝	混凝土	17#、19#段	30 或 60
14	丰满水电站	混凝土墙与基岩	西导流壁	40～60
15	丰满水电站	混凝土与基岩	坝基	200
16	330工程	混凝土	大型弧门支墩	345
17	南河水电站	混凝土	闸墩	60
18	黄河小浪底水电站	泥质钙质粉砂岩	坝基断层	30 或 60
19	洪门水库	混凝土与细砂岩	溢流堰体	244
20	三峡水利枢纽工程	岩石	边坡	300
21	李家峡水电站	岩石	边坡	300
22	李家峡水电站	混凝土与基岩	重力坝	1000
23	二滩水电站	岩石	地下厂房	175
24	石泉水电站	混凝土与基岩	重力坝	600～800

④ 现行锚固类结构施工工艺存在普遍而严重的隐患，对其安全性和耐久性的影响不可低估。现行注浆工艺普遍采用水泥砂浆或净浆灌注，其砂含量和水泥含量高，较之普通混凝土更不耐腐蚀。尤其是为了加速固化，不少二次灌浆锚索的第一次注浆工艺采用早强或超早强水泥，水泥熟料中对早期强度贡献较大的矿物成分含量大为增加，其结果是有利于砂浆凝固体的强度而很不利于其耐久性。我国20世纪70～80年代，地下空间中主要使用涨壳式锚索支护，楔缝式锚杆和涨壳式锚杆也有相当多的应用。这类锚索和锚杆的内锚头直接与孔壁接触，部分砂浆握裹层厚度为零，对其耐久性十分不利。目前国外在永久性工程中，或者已不使用这类锚索和锚杆，或者做了其他改进。即使对于二次灌浆锚索，在工艺上也存在致命的并且较普遍被忽略了的弊端，这就是：二次灌浆锚索的内锚固段总有一部分握裹层厚度为零；其中部由于孔轴偏斜（即使达到规范要求的偏斜率1/30亦如此），仍有一部分杆体直接与孔壁接触而使砂浆握裹层厚度为零。这是因为：a. 我国目前施工的一般锚索，为加大其在砂浆凝固体中握裹力，内锚固均做成枣核状，核外并无防护，推送到位后在重力作用下，内锚固段直接与部分孔壁接触，结果注浆时接触部分无砂浆，导致握裹层厚度为零；b. 任何钻机钻出的锚孔都不是理想的直孔，孔深几十米后会发生较大偏斜。我国规范规定偏斜率不大于1/30，而目前我国最大孔深已达80m（铜街子水电站），偏斜量可达约2.7m，是一般锚孔尺寸的10倍以上；而实际上锚孔孔轴线远不是一根平面直线或曲线，而是一根不规则的空间曲线；因而在施加预应力过程中，部分索段将不可避免地与孔壁接触，导致这些索段握裹层厚度为零，且由于这些索段与孔壁间

的摩擦阻力而使所施加的预应力不真实。德国人很讲究锚索的自由段永久防护，采取了涂层外加玻璃钢罩双层防护措施，但在上述条件下，外罩的握裹层厚度仍为零。同样地，我国砂浆锚杆和全长注浆永久土钉的对中支架基本上是用金属焊接在杆体上的（这在美国已被禁止使用而代之以塑料制品），这些对中支架大都与孔壁接触，因而握裹层厚度同样为零。

⑤ 恶劣的地下腐蚀环境及综合因素影响是研究锚固类结构安全性与耐久性的基本问题。干湿交替、永久浸泡、密闭潮湿、一定条件下的介质电阻率、酸碱度（pH）、氯化物、硫酸盐等各种因素对锚固类结构都会造成一定程度的腐蚀；但腐蚀速率是不同的。置于密闭且空气相对湿度为100%条件下的锚杆，其腐蚀速率仅为永久浸泡和干湿交替试件腐蚀速率的1/5左右；研究表明，介质电阻率、酸碱度（pH）、氯化物和硫酸盐只有在一定条件下才对锚固类结构构成腐蚀或严重腐蚀，在另一条件则不构成腐蚀，其间存在某些临界值点（研究确定这些点的临界值及其作用机理显然是必要的）；诸多不利因素的耦合作用不一定是各单一因素效应的简单叠加；如把前述各种因素如材料缺陷、应力腐蚀、施工因素等一并耦合，研究难度将很大，但是这种最不利组合实际上是可能存在的。

⑥ 走出锚固类结构防腐误区，开展有效防护对策研究势在必行。目前工程界已开始重视锚固类结构的防腐问题，主要对杆体采用镀锌、环氧和喷涂金属粉等涂层措施。但美国的研究认为，这些防腐措施是不可接受的，并在相关技术标准中明文规定不宜采用。这表明，我们对防腐材料的认定及其防腐效果评价，只能从严谨的科学研究入手。当然美国人认为"只有防腐蚀可通过提供的消耗钢筋，即采用超尺寸钢筋来保证，这些土钉才可用于永久性加固工程"的观点，也不可照搬。因为无论杆体是主动受力（即施加预应力）还是被动受力（不施加预应力而靠介质变形使之受力），当其表层一定厚度被腐蚀之后，均无法受力而必然失效。

5 需要解决的几个关键问题

需要解决的问题较多，试择其要者列举如下：

① 多因素耦合效应的机理分析计算。单因素试验和分析只是一种简化条件，客观上是极少存在的。多数情况下都存在几种因素的耦合作用。耦合作用因素越多，问题就越复杂。在理论和技术上解决此问题将成为研究的突破口。

② 工程稳定性与耐久性的临界点研究。从工程稳定的角度出发，设计锚固类结构的预应力是完全必要的；但是预应力吨位越高，腐蚀速率越大，最终仍难以达到"永久"稳定之目的。这两者都需合理考虑，不可偏废，尤其是当今预应力设计吨位不断攀升情况下更有其现实意义。也许在预应力设计吨位与最小应力腐蚀速率之间存在最佳值点。研究并获得此最佳值点将是非常有意义的。

③ 在防腐对策上需要重点解决的另一个技术难点是钻孔精度与锚索杆体的匹配问题。如前所述，锚孔的轴线轨迹是一条不规则空间曲线，其最大偏斜量可在几十厘米到几米之间变化，而锚孔孔径一般在 $\phi 100 \sim 340mm$ 间变化，二者相差一个数量级或以上。张拉过程中则不可避免地出现部分索体与孔壁相接触从而导致索体握裹层厚度为零且预应力严重失真。这一问题几乎从锚索在我国应用开始一直延续至今；普通的对中支架难以承受高吨位荷载的挤压；自由锚索的双层防护装置在该部位的握裹层厚度仍然为零，且其破坏的概

率事实上比二次灌浆锚索高得多，在重要工程中一般不倾向于使用。此外，在施加预应力过程中，内锚固段握裹层会产生张裂缝，由此留下腐蚀隐患。这些问题的解决显然有利于提高锚索等的安全性与耐久性，但难度甚大。

6 开展锚固类结构使用寿命与防护对策问题研究的思路

根据以上分析，国外的相关技术可以借鉴，但由于国情、工程地质及环境条件等差异而不宜照搬。国外一般都没有发表理论技术细节，可操作性也较差。根据我国的实际情况，只能抓住主要问题进行较深入探讨。

① 针对早期应用锚固类结构的有代表性的重要工程，进行其工作现状的调查研究，以求对我国早期锚固类结构工作性能和状况有一个基本认识。调研从宏观和微观两方面着手，宏观观察已破坏的工程锚杆和锚索，或已被腐蚀的锚头；采用无损探测技术对其隐蔽部分（不少属于全隐蔽情况）进行探测，并对其腐蚀环境进行监测。评估所需数据通过以下途径获得：检查结构符合原设计的程度、检查劣化现状、试验室试验（岩相分析、化学分析、砂浆与钢筋钢绞线性能分析）、劣化程度评估、当前状态下的结构再分析等。非破损检测方法可视情况考虑选用分析法、物理方法和电化学方法等。

② 各种工况的模拟试验研究和理论分析。各种工况主要指：a. 由施工低劣造成的锚固类结构各种缺陷的腐蚀效应研究；b. 现行工艺造成的致命腐蚀隐患研究；c. 应力腐蚀问题；d. 理想条件下的全寿命研究。

试验分为单因素和两种以上因素的耦合试验。考虑的主要因素如下：腐蚀条件（碳化、氯离子扩散、电化学腐蚀、应力腐蚀）；环境条件（密闭潮湿、干湿交替、永久浸泡、氯化物等的掺量）；结构的缺陷条件（局部裸露、砂浆密实度、应力条件、握裹层厚度）；防腐条件（涂层、阴极保护、阻锈剂、不锈钢）。试验方法视情况采用加速试验预测法、比较预测法、经验预测法等。

理论分析研究工作可分为两部分：a. 考虑时空效应并与室内模拟试验方案相对应的有限元数值模拟计算以及人工神经网络分析。b. 数学模型预测方法及预测寿命的随机方法。数学模型方法预测的可靠程度与模型的合理性以及材料与环境参数的准确性有关。现在已发展了不同劣化过程的数学模型用于寿命预测，这些模型主要可考虑不同的侵蚀介质如水、盐类或气体从砂浆握裹层表面向里侵入的过程，包括渗透、扩散和吸附等。随机方法的前提是认为使用寿命受设计标准，材料性能，使用环境诸多因素影响，不可能准确预测。随机方法有两种：一为可靠度方法，其中将加速退化试验原则与概率思想相结合；另一为统计与确定性相结合，如用 Fick 扩散模型，将碳化深度用正态密度函数随机表示，统计参数如水灰比与碳化速率的关系根据现场调查获得，根据边界条件和假设，可求得若干年后碳化至某一深度的概率。

在试验研究和理论分析的基础上，可建立各种工况下锚固类结构的使用寿命预测模型；对各种工况下锚固类结构的剩余寿命提出较为准确、可靠的评估方法，作为有关决策部门提前采取相应对策的参考依据。

③ 锚固类结构防腐对策研究。这项工作包括：对国内外已有防护措施及研究结论，特别是有争议的问题（例如我国目前的一些防腐措施正是美国标准不允许使用的）进行试验检验和机理分析，真正提出一些有效的防护对策，以显著延长其使用寿命。

7 小结

① 锚固类结构的破坏在某些场合已经非常严重，其对重要或重大工程安全的威胁，随着时间推移将日渐显现出来，不可等闲视之。

② 我国对锚固类结构的安全性与耐久性问题的研究尚少，对防护对策有效性的研究也很欠缺，见之于标准的防腐对策还缺少原创性。

③ 国外对锚固类结构的安全性与耐久性的研究起步较早，所做试验研究、理论分析、防腐技术措施和技术标准应用工作较多，值得借鉴，但也不能照搬。

④ 锚固类结构在我国各类岩土工程中的应用已有几十年的历史，使用数量巨大，且一般都是按主要承载结构设计的。目前我国对这类结构的使用寿命、残余寿命、设计寿命的研究还非常欠缺，很多问题说不清楚，甚至还未引起人们的足够重视。这无异于在我们的各类工程中埋下了数不清的"定时炸弹"隐患。一旦这些支护结构寿命终结，它们将给我们带来始料未及的灾难。

⑤ 我们对锚固类结构的安全性与耐久性问题的严重性了解不多，研究尚少，并不是问题真的不严重。恶劣的地下腐蚀环境、普遍的基于各种原因引起的支护结构不同程度的缺陷、现行不正确且难以解决的施工工艺等，都会对支护结构的使用寿命带来严重影响。

⑥ 必须重视对锚固类结构使用寿命的研究，以期对各种工况下的残余寿命有比较可靠的把握，在其寿终正寝之前，采用相应对策予以加固处理，"定时炸弹"问题亦可得到有效解决。

参 考 文 献

1 曾宪明，陈肇元等. 锚固类结构安全性与耐久性问题探讨. 岩石力学与工程学报，2004，23(13)：2235～2242
2 孔恒，马念杰等. 钢筋锈蚀对其力学性能的影响. 中国煤炭，2001，27(11)：24～28
3 张弥. 我国铁路隧道结构安全性和耐久性分析. 见：陈肇元，钱家茹等编. 工程科技论坛：土建结构工程的安全性与耐久性. 北京：清华大学出版社，2001：1～4
4 李世平，吴振业等. 岩石力学简明教程. 北京：煤炭工业出版社，1996
5 闫莫明，徐祯祥等. 岩土锚固技术手册. 北京：人民交通出版社，2004
6 徐祯祥. 岩土锚固工程技术发展的回顾. 岩土锚固技术与西部开发. 北京：人民交通出版社，2002
7 张明聚. 中国人民解放军理工大学博士后研究工作报告：复合土钉支护技术研究. 江苏南京，中国人民解放军理工大学，2003
8 徐至钧，赵锡宏. 逆作法设计与施工. 北京：机械工业出版社，2002
9 国家标准：建筑结构可靠度设计统一标准(GB 50068—2001). 北京：中国建筑工业出版社，2001
10 国家标准：建筑结构设计通用符号、计量单位和基本术语(GBJ 83—85). 北京：中国计划出版社，1984
11 黄兴棣. 工程结构可靠性设计. 北京：人民交通出版社，1989
12 李田，刘西拉. 混凝土结构的耐久性设计. 土木工程学报，1994，27(2)：47～55
13 Rokhlin, S. L., Kim, J. Y., Nagy, H. Xoofan, B., Effect of pitting corrosion on farigue crack initiation and fatigue life. Engineering Fracture Mechanics, 1999, 62(4)：425～444
14 ACI Committee. Service-life prediction. State-of-the-art report, ACI365. R-00, 2000
15 Ruoxue Zhang, Sankaran Mahadeven, Reliability-based reassessment of corrosion fatigue life. Structural

Safety, 23: 77~91
16 Rokhlin, S. L., Kim, J. Y., et al. Effect of pitting corrosion on fatigue crack initiation and fatigue life. Engineering Fracture Mechanics 1999, 62(4): 425~444
17 Harlow, D. G., Wei, R., Probability modeling for the growth of corrosion pits. In: Chang C. I., Sun C. T., ed. Structural integrity in aging aircrafts. ASME, 1995, 185~194
18 Bamforth P. Predicting the Risk of Reinforcement Corrosion in Marine Structures. Corrosion Prevention & Control, Aug, 1996
19 S. L. Amey, et al, Predicting the Service Life of Concrete Marine Structures: An Envirpmental Methodology, ACI Sturctural Journal, March-April 1998
20 Service-life Prediction, State-of-the-art report, ACI 365. R-00, Reported by ACI Committee 365, 2000
21 刘西拉. 结构工程耐久性的基础研究. 见：陈肇元，钱家茹等编. 工程科技论坛：土建结构工程的安全性与耐久性. 北京：清华大学出版社，2001：200~206
22 姚燕. 混凝土材料的耐久性——重大工程混凝土安全性的研究进展. 见：陈肇元，钱家茹等编. 工程科技论坛：土建结构工程的安全性与耐久性. 北京：清华大学出版社，2001：266~273
23 陈肇元. 混凝土结构的耐久性与使用寿命. 见：陈肇元，钱家茹等编. 工程科技论坛：土建结构工程安全性与耐久性. 北京：清华大学出版社，2001：17~24
24 牛荻涛. 混凝土结构耐久性与寿命预测. 北京：科学出版社，2003
25 张誉，蒋利学等. 混凝土结构耐久性概论. 上海，上海科学技术出版社，2003
26 曾宪明，雷志梁等. 关于锚杆"定时炸弹"问题的讨论——答郭映忠教授. 岩石力学与工程学报，2002，21(1)：143~147
27 李永和，葛修润. 喷锚结构中钢锚杆锈蚀量的估计分析. 煤炭学报，1998，23(1)：48~52
28 范建海，张世飙等. 锚杆锈蚀对锚喷支护安全性影响分析. 安全与环境工程，2002，9(4)：48~50
29 邓聚龙. 灰预测与灰决策（修改版）. 武汉：华中科技大学出版社，2002
30 刘思峰，郭天榜等. 灰色系统理论及其应用. 北京：科学出版社，1999
31 邓聚龙. 灰色系统理论教程. 武汉：华中理工大学出版社，1990
32 邓聚龙. 灰理论基础. 武汉：华中科技大学出版社，2002
33 卞汉兵，吴胜兴. 锈蚀钢筋混凝土结构仿真分析中的几个关键问题. 见：陈肇元，钱家茹等编. 工程科技论坛：土建结构工程的安全性与耐久性. 北京：清华大学出版社，2001，341~345
34 惠云玲，林志伸等. 锈蚀钢筋性能试验研究分析. 工业建筑，1997，27(6)：10~13
35 马良喆，陈慧娟等. 钢筋锈蚀后力学性能的试验研究. 施工技术，2000，12
36 袁迎曙，贾福萍，蔡跃. 锈蚀钢筋的力学性能退化研究. 工业建筑，2000，30(1)：43~46
37 曹楚南. 腐蚀电化学原理. 北京：化学工业出版社，1985
38 中华人民共和国国家标准（GB 50010—2002）. 混凝土结构设计规范. 北京：中国建筑工业出版社，2001
39 洪定海. 混凝土中钢筋的腐蚀与保护. 北京：中国铁道出版社，1998
40 周世峰，董遂成等. 地下工程水泥砂浆在腐蚀环境下的耐久性试验研究. 防护工程，1998，3(1)：43~48
41 胡明玉，唐明述. 碳硫硅钙石型硫酸盐腐蚀研究综述. 混凝土，2004，176(6)：17~19
42 项蓁行. 建筑工程常用材料试验手册. 北京：中国建筑工业出版社，1998
43 雷志梁，张文巾等.《砂浆锚杆的腐蚀及防护研究》报告. 总参工程兵科研三所，1987
44 黄晋昌. 混凝土及钢筋混凝土的腐蚀与防护. 铁道工程学报，2000，(3)：99~104
45 王媛俐，姚燕主编. 重点工程混凝土耐久性的研究与工程应用. 北京：中国建材工业出版社. 2001
46 张弥. 我国铁路隧道结构安全性和耐久性分析. 见：陈肇元，钱家茹等编. 工程科技论坛：土建结构

工程的安全性与耐久性. 北京：清华大学出版社，2001：1~4

47 陈肇元. 混凝土结构的耐久性与使用寿命. 见：陈肇元，钱家茹等编. 工程科技论坛：土建结构工程的安全性与耐久性. 北京：清华大学出版，2001：17~24
48 覃丽坤，宋玉普等. 处于海洋环境的钢筋混凝土耐久性研究. 混凝土，2002，(12)：3~5
49 曾宪明，雷志梁，张文巾等. 关于锚杆"定时炸弹"问题的讨论——答郭映忠教授. 岩石力学与工程学报，2002，21(1)：143~147
50 周俊龙，杨德斌. 地下工程混凝土耐久性问题. 防护工程，2003，25(2)：66~70
51 雷志梁等.《锚杆孔渗漏水防治及锚杆防锈》科研报告. 中国人民解放军 61489 部队
52 董遂成等.《已建人防工程耐久性评估与分析》科研报告. 中国人民解放军 61489 部队
53 卫军，桂志华等. 混凝土中钢筋锈蚀速率的预测模型. 武汉理工大学学报，2005，27(6)：45~47
54 李果，袁迎曙，耿欧. 气候条件对碳化混凝土内钢筋腐蚀速度的影响. 混凝土，2005，8：40~43
55 贺鸿珠，范立础. 混凝土中钢筋锈蚀测定的 Kramers-Kronig 积分变换法. 同济大学学报（自然科学版），2005，33(1)：33~36
56 刘宝俊. 材料的腐蚀及其控制. 北京：北京航空航天大学出版社，1998
57 朱湘荣，王相润. 金属材料的海洋腐蚀与防护. 北京：国防工业出版社，1999 年
58 中国腐蚀与防护学会. 金属的局部腐蚀. 北京：化学工业出版社，1997
59 Yoon S, Wang K, Weiss W, et al. Interaction between Loading, corrosion, and serviceability. ACI Material Journal, 2000, 97(6): 637~644
60 Li C Q. Corrosion initiation of reinforcing steel in concrete under natural salt spray and service loading-results and analysis. ACI Material Journal, 2000, 97(6): 690~697
61 贡金鑫，王海超等. 腐蚀环境中载荷作用对钢筋混凝土梁的腐蚀影响. 东南大学学报，2005，35(3)：421~426
62 何世钦，贡金鑫，负载钢筋混凝土梁钢筋锈蚀及使用性能试验研究，东南大学学报，2004，34(4)：474~479
63 张平生，卢梅等. 锈损钢筋力学性能. 工业建筑，1995，25(9)：41~44
64 惠云玲，林志伸等. 锈蚀钢筋性能试验研究分析. 工业建筑，1997，27(6)：10~13
65 袁迎曙，贾福萍等. 锈蚀钢筋的力学性能退化研究. 工业建筑，2000，30(1)：43~48
66 章鑫森，戴靠山. 锈蚀钢筋的力学性能退化模型. 重庆建筑，2004，(S1)
67 范颖芳，周晶. 考虑蚀坑影响的锈蚀钢筋力学性能研究. 建筑材料学报，2003，6(3)：248~252
68 P. K. Mehta, R. W. Burrows, Building Durable Structures in the 21st Century. Concrete International, March 2001
69 Ch. Gehlen, P. Schiessl. Probability-Based Durability Design for the Western Scheldt Tunnel. Structural Concrete, June 1999, Pt1, No2

尊敬的读者：

感谢您选购我社图书！建工版图书按图书销售分类在卖场上架，共设22个一级分类及43个二级分类，根据图书销售分类选购建筑类图书会节省您的大量时间。现将建工版图书销售分类及与我社联系方式介绍给您，欢迎随时与我们联系。

★ 建工版图书销售分类表（详见下表）。

★ 欢迎登陆中国建筑工业出版社网站www.cabp.com.cn，本网站为您提供建工版图书信息查询，网上留言、购书服务，并邀请您加入网上读者俱乐部。

★ 中国建筑工业出版社总编室　　电　话：010—58934845
　　　　　　　　　　　　　　　　传　真：010—68321361

★ 中国建筑工业出版社发行部　　电　话：010—58933865
　　　　　　　　　　　　　　　　传　真：010—68325420
　　　　　　　　　　　　　　　　E-mail：hbw@cabp.com.cn

建工版图书销售分类表

一级分类名称（代码）	二级分类名称（代码）	一级分类名称（代码）	二级分类名称（代码）
建筑学（A）	建筑历史与理论（A10）	园林景观（G）	园林史与园林景观理论（G10）
	建筑设计（A20）		园林景观规划与设计（G20）
	建筑技术（A30）		环境艺术设计（G30）
	建筑表现·建筑制图（A40）		园林景观施工（G40）
	建筑艺术（A50）		园林植物与应用（G50）
建筑设备·建筑材料（F）	暖通空调（F10）	城乡建设·市政工程·环境工程（B）	城镇与乡（村）建设（B10）
	建筑给水排水（F20）		道路桥梁工程（B20）
	建筑电气与建筑智能化技术（F30）		市政给水排水工程（B30）
	建筑节能·建筑防火（F40）		市政供热、供燃气工程（B40）
	建筑材料（F50）		环境工程（B50）
城市规划·城市设计（P）	城市史与城市规划理论（P10）	建筑结构与岩土工程（S）	建筑结构（S10）
	城市规划与城市设计（P20）		岩土工程（S20）
室内设计·装饰装修（D）	室内设计与表现（D10）	建筑施工·设备安装技术（C）	施工技术（C10）
	家具与装饰（D20）		设备安装技术（C20）
	装修材料与施工（D30）		工程质量与安全（C30）
建筑工程经济与管理（M）	施工管理（M10）	房地产开发管理（E）	房地产开发与经营（E10）
	工程管理（M20）		物业管理（E20）
	工程监理（M30）	辞典·连续出版物（Z）	辞典（Z10）
	工程经济与造价（M40）		连续出版物（Z20）
艺术·设计（K）	艺术（K10）	旅游·其他（Q）	旅游（Q10）
	工业设计（K20）		其他（Q20）
	平面设计（K30）	土木建筑计算机应用系列（J）	
执业资格考试用书（R）		法律法规与标准规范单行本（T）	
高校教材（V）		法律法规与标准规范汇编/大全（U）	
高职高专教材（X）		培训教材（Y）	
中职中专教材（W）		电子出版物（H）	

注：建工版图书销售分类已标注于图书封底。